처음 만나는
디지털 논리회로

임석구, 홍경호 지음

한빛아카데미
Hanbit Academy, Inc.

지은이 **임석구** sklim@bu.ac.kr

한국항공대학교 전자공학과를 졸업하고 서울대학교 전자공학과에서 공학 석사학위를 취득했으며, LG 중앙연구소, 한국전자통신연구원에서 근무했다. 한국항공대학교에서 전자공학 박사학위를 취득한 후 2001년부터 백석대학교 컴퓨터공학부 교수로 재직 중이다. 저서로는 『최신 컴퓨터 구조(2판)』(한빛아카데미, 2025), 『디지털 논리회로(4판)』(한빛아카데미, 2022), 『디지털 논리회로 실험(2판)』(한빛아카데미, 2022), 『손에 잡히는 데이터 통신』(한빛아카데미, 2021), 『언어로 배우는 8051 마이크로프로세서』(한빛아카데미, 2014), 『순서도 for C』(정익사, 2013), 『공업수학』(대영사, 2006) 등이 있다. 관심 연구 분야는 통신 네트워크, 휴대 인터넷, 임베디드 시스템 등이며, 주요 강의 과목은 논리회로, 마이크로프로세서, 데이터 통신, 센서공학, 사물인터넷 등이다.

지은이 **홍경호** khhong@bu.ac.kr

영남대학교 전자공학과를 졸업하고 동 대학원 컴퓨터공학과에서 석사, 박사학위를 취득했다. 1996년부터 1998년까지 협성대학교에서 교수로 재직했고, 1998년부터 백석대학교 컴퓨터공학부 교수로 재직중이다. 저서 및 역서로는 『최신 컴퓨터 구조(2판)』(한빛아카데미, 2025), 『디지털 논리회로(4판)』(한빛아카데미, 2022),『디지털 논리회로 실험(2판)』(한빛아카데미, 2022), 『문제로 풀어 보는 C 언어 정석』(생능출판사, 2014),『순서도 for C』(정익사, 2013)』, 『컴퓨터 구조론』(한티미디어, 2009) 등이 있다. 관심 연구 분야는 컴퓨터 아키텍처, 패턴인식, 신경망, 임베디드 시스템, 유비쿼터스 등이며, 주요 강의 과목은 컴퓨터 구조론, 파이썬 프로그래밍, 파이썬 응용, 인공지능 등이다.

처음 만나는 디지털 논리회로 2판

초판발행 2024년 11월 8일
2쇄발행 2025년 7월 14일

지은이 임석구, 홍경호 / **펴낸이** 전태호
펴낸곳 한빛아카데미(주) / **주소** 서울시 서대문구 연희로2길 62 한빛아카데미(주) 2층
전화 02-336-7112 / **팩스** 02-336-7199
등록 2013년 1월 14일 제2017-000063호 / **ISBN** 979-11-5664-047-9 93000

총괄 박현진 / **책임편집** 김평화 / **기획** 유경희 / **편집** 심진성
디자인 박정우 / **전산편집** 김미경 / **제작** 박성우, 김정우
영업 김호철, 김태진, 김성삼, 이정훈, 임현기, 이성훈, 김주성, 심지연

이 책에 대한 의견이나 오탈자 및 잘못된 내용에 대한 수정 정보는 아래 이메일로 알려주십시오.
파본은 구매처에서 교환하실 수 있습니다. 책값은 뒤표지에 표시되어 있습니다.
홈페이지 www.hanbit.co.kr / 이메일 question@hanbit.co.kr

모든 것을 가르쳐 주는 절대적인 스승은 없다!

디지털 시스템 설계에 관한 연구는 반도체 산업과 컴퓨터 기술의 발달로 인해 비약적으로 발전해왔다. 디지털 시스템 설계 분야 중 하나인 마이크로프로세서는 공장 자동화, 각종 산업용 기기의 제어 장치, 각종 통신회로 설계 등과 같은 분야에서 널리 사용되고 있다. 디지털 시스템을 설계하기 위해서는 디지털 논리회로의 설계가 우선되어야 한다. 이러한 관점에서 볼 때 디지털 논리회로는 전자공학, 통신공학, 정보통신공학, 컴퓨터공학을 전공하는 공학도들이 꼭 알아야 하는 필수 지식이라고 할 수 있다.

현재 전자공학과와 컴퓨터 관련 학과에는 컴퓨터와 하드웨어의 이해를 돕기 위한 과목이 많이 개설되어 있다. 그중에서 디지털 논리회로는 컴퓨터 하드웨어의 기본을 이루고 있는 디지털 회로의 기초 부분으로, 컴퓨터 하드웨어의 원리 이해 및 디지털 시스템의 이해와 분석, 설계에 필요한 기초 개념들을 배우는 과목이다. 따라서 디지털 논리회로의 기초를 잘 다져놓아야만 후속 과목(마이크로프로세서, 컴퓨터 구조, 디지털 시스템 설계, 임베디드 시스템)에서 배울 마이크로프로세서의 주변 제어회로 설계, 컴퓨터 구조의 이해와 설계, 각종 하드웨어 인터페이스 설계, VHDL(VHSIC Hardware Description Language)을 이용한 FPGA 회로 설계 등을 제대로 이해할 수 있다.

2판에서는 초판의 내용을 전반적으로 유지하면서 보다 쉽게 이해할 수 있도록 예제를 풍부하게 추가했으며, 각 장의 연습문제와 기출문제도 더욱 풍부하게 구성했다. 또한 11장의 플래시 메모리 내용을 최신 내용으로 수정했다.

이 책의 구성

이 책은 가능하면 한 학기에 모든 과정을 마칠 수 있도록 구성했다. 전반부(1~7장)는 디지털 논리회로의 기초 부분으로, 디지털과 아날로그의 개념, 정보 표현을 위한 수의 체계, 다양한 디지털 코드, 기본 게이트, 불 대수, 카르노 맵, 조합논리회로 등을 자세히 설명했다. 후반부(8~11장)는 순서논리회로에 해당하는 플립플롭, 순서논리회로의 설계, 카운터와 레지스터, 메모리를 소개했다.

전체적으로 각 장의 연습문제를 충분하게 담았고, 아울러 최근 15년 동안 출제된 각종 기사 및 산업기사 자격시험 문제들을 선별, 수록하여 자격시험의 출제 경향을 파악하면서 정리할 수 있도록 했다.

감사의 글

강의를 통해 교재의 내용을 검증하고 수정·보완하였으나 아직도 집필상의 미숙함과 오류 등으로 부족한 점이 많을 것으로 예상된다. 이러한 문제점들은 지속적으로 수정·보완하여 디지털 논리회로 분야의 학문 연구에 좋은 지침서가 되도록 최선의 노력을 다할 것이다. 마지막으로, 이 책이 출간되기까지 많은 도움을 주신 한빛아카데미 ㈜ 관계자분들께 감사를 드린다.

지은이 **임석구, 홍경호**

미리보기

Chapter

01

들어가기

학습목표

- 아날로그 신호와 디지털 신호의 개념을 이해할 수 있다.
- 디지털 정보의 표현 방법을 이해하고 이를 활용할 수 있다.
- 주기적인 파형에서 주파수, 주기, 듀티 사이클의 개념을 이해하고 계산할 수 있다.
- 디지털 회로의 장점과 단점에 대해 설명할 수 있다.
- ADC와 DAC의 개념을 이해할 수 있다.

| 학습목표 |

해장 장에서 학습할 내용을 소개합니다.

1.1 디지털과 아날로그

❶ 디지털 신호와 아날로그 신호

디지털 시스템은 전자 및 통신 산업의 핵심으로 방송, 통신, 컴퓨터가 융합되는 정보화 사회로 진전하는 데 커다란 역할을 하고 있다. 디지털 시스템이 아날로그 시스템과 대조되는 점은 신호를 이산적인 단위량의 정수배로 표시하고, 이산량을 이용해 정보를 처리한다는 점이다.

현실 세계의 물리적인 양은 시간에 따라 연속적으로 변화하는 것이 많다. 예를 들어 온도, 습도, 소리, 빛 등은 시간에 따라 연속적인 값을 갖는다. 이러한 물리적인 양을 전기 · 전자적으로 측정하기 위해 트랜스듀서transducer를 이용해 전기 · 전자적 신호로 변환하면 원래의 물리적인 양과 유사한analog 연속적인 값을 갖는다. 이러한 전기 · 전자 신호를 아날로그 신호라고 한다. 이에 반해 디지털 신호는 분명히 구별되는 두 레벨의 신호값만을 갖는다. 아날로그 신호와 디지털 신호를 그림으로 표현하면 [그림 1-1]과 같다.

> **TIP**
> **트랜스듀서**
> 빛이나 소리의 에너지 신호를 전기 에너지 신호로 변환하여 출력하는 기기

| 본문 |

디지털 논리회로를 이해하는 데 필요한 내용을 간결하게 설명합니다.

| TIP 박스 |

본문에 대한 보충 설명이나 추가 내용을 제시합니다.

예제 1-7

그림과 같은 8비트 DAC에서 디지털 입력 $00110010_{(2)}$이 인가된 경우 아날로그 출력이 1.0V로 출력되었다면 8비트 DAC로부터 출력되는 가장 큰 값을 구하라.

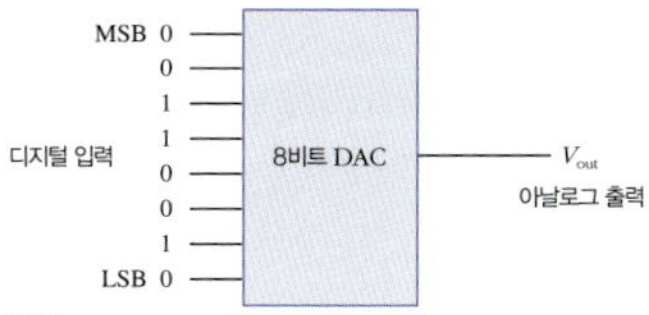

풀이

8비트 DAC는 $0(=0000\ 0000_{(2)})$에서 $255(=1111\ 1111_{(2)})$까지 입력되므로 $50(=0011\ 0010_{(2)})$이 1.0V로 출력되었다면 출력되는 가장 큰 값인 255인 경우에는 5.1V가 출력된다.

$$50 : 1\text{V} = 255 : x \leftrightarrow x = \frac{1\text{V} \times 255}{50} = 5.1\text{V}$$

| 예제/풀이 |

본문에서 다룬 개념을 적용한 문제와 그에 대한 풀이 과정을 제시합니다.

| 연습문제 |

해당 장에서 학습한 내용을 확인할 수 있는 문제를 제시합니다.

연습문제

01 다음 물음에 답하라.
① 컴퓨터 내부에서 10진수를 사용하지 않는 이유는 무엇인가?
② 컴퓨터의 디지털 회로는 단지 2진수로만 동작하는데, 8진수와 16진수가 필요한 이유는 무엇인가?

02 다음 10진수를 2진수, 8진수, 16진수로 바꿔라.
① 892 ② 783.8125 ③ 48.3515625
④ 0.0078125 ⑤ 52.7578125 ⑥ 47.9

03 다음 10진수를 괄호 안의 진수로 바꿔라.
① 398.3(3진수) ② 89.328125(4진수) ③ 32.2416(5진수)

| 기출문제 |

최근 15년간 각종 기사 및 산업기사의 출제 경향을 확인할 수 있는 문제를 제시합니다.

기출문제

01 BCD 코드란?
① 1byte code ② bit
③ 2진화 5진 code ④ 2진화 10진수

02 숫자 0에서 9까지를 나타내기 위해 BCD 코드는 몇 비트가 필요한가?
① 4비트 ② 3비트 ③ 2비트 ④ 1비트

03 4개의 비트에서 MSB로부터 차례로 8, 4, 2, 1 가중치를 갖는 코드는?
① BCD 코드 ② excess-3 코드
③ ASCII 코드 ④ Hamming 코드

04 BCD 코드의 가중치는?
① 7421 ② 6311 ③ 5421 ④ 8421

13 3초과 코드(excess-3 code)는 어떻게 구성하는가?
① 8421 코드에 6을 더한 코드
② 8421 코드에 3을 더한 코드
③ 착오 검출 코드
④ 착오 교정 해밍 코드

14 3초과 코드의 설명으로 옳지 않은 것은?
① 가중치 코드다.
② BCD 코드에 3을 더한 것과 같다.
③ 10진수를 표현하기 위한 코드다.
④ 코드를 구성하는 어떤 비트 값도 0이 아니다.

15 3초과 코드에 대한 설명으로 옳지 않은 것은?
① 자기 보수형 코드다.
② 언웨이티드 코드의 대표적이기도 하다.

* 정답은 문제 뒤에 수록되어 있습니다.

1 ④	2 ④	3 ②	4 ②	5 ③	6 ④	7 ③	8 ②	9 ②	10 ①	11 ③	12 ②
13 ③	14 ①	15 ④	16 ①	17 ①	18 ①	19 ②	20 ③	21 ④	22 ①	23 ②	24 ③
25 ②	26 ②	27 ③	28 ④	29 ④	30 ③	31 ④	32 ④	33 ②	34 ③		

강의 보조 자료 및 참고 문헌

강의 보조 자료

한빛아카데미 홈페이지에서 '교수회원'으로 가입하신 분은 인증 후 교수용 강의 보조 자료를 제공받을 수 있습니다. 한빛아카데미 홈페이지 상단의 〈교수전용공간〉 메뉴를 클릭하세요.

http://www.hanbit.co.kr/academy

연습문제 해답

이 책은 대학 강의용 교재로 개발되었으므로 연습문제 해답은 제공하지 않습니다.
단, 기출문제 정답과 풀이 과정은 아래의 경로에서 내려받을 수 있습니다.

한빛아카데미 홈페이지 접속 → [도서명] 검색 → 도서 상세 페이지의 [부록 / 예제소스]

참고 문헌

- A.P. Malvino and D.P. Leach, 『Digital Principles and Applications, 4th Ed.』, McGraw Hill, 1986.
- M.M. Mano, 『Computer Engineering : Hardware Design』, Prentice Hall, 1988.
- M.M. Mano and M.D. Ciletti, 『Digital Design : With an Introduction to the Verilog HDL, VHDL, and SystemVerilog』, Pearson, 2018.
- W. Kleitz, 『Digital Electronics, 6th Ed.』, Prentice Hall, 2001.
- R.J. Tocci and N.S. Widmer, 『Digital Systems : Principles and Applications, 9th Ed.』, Prentice Hall, 2003.
- Alan B. Marcovitz, 『Introduction to Logic Design』, McGraw Hill, 2002.
- Charles H. Roth Jr., 『Fundamentals of Logic Design, 5th Ed.』, Thomson, 2003.
- Thomas L. Floyd, 『Digital Fundamentals, 8th Ed.』, Prentice Hall, 2002.
- D. Ercefovac, T. Lang, 『Digital Arithmetic』, Morgan Kaufmann, 2003.
- 임석구, 홍경호, 『디지털 논리회로(4판)』, 한빛아카데미, 2022.
- 박송배, 『디지틀 회로의 원리와 응용』, 광문각, 1993.
- 김성락, 남시병, 임혜진, 『디지털 시스템』, 정익사, 2002.
- 이두성, 김선형, 임혜진, 허기중, 이홍석, 『디지틀실험 및 그 응용』, 청문각, 1990.
- 정차근, 조경록, 『디지털 논리 설계』, 미래컴, 2001.
- Texas Instrument, 『TTL Data Book』, 2003.

Contents

Contents

chapter 02 수의 체계

chapter 03 디지털 코드

Contents

Contents

Contents

Contents

Contents

Chapter

01

들어가기

학습목표

- 아날로그 신호와 디지털 신호의 개념을 이해할 수 있다.
- 디지털 정보의 표현 방법을 이해하고 이를 활용할 수 있다.
- 주기적인 파형에서 주파수, 주기, 듀티 사이클의 개념을 이해하고 계산할 수 있다.
- 디지털 회로의 장점과 단점에 대해 설명할 수 있다.
- ADC와 DAC의 개념을 이해할 수 있다.

1.1 디지털과 아날로그

1 디지털 신호와 아날로그 신호

디지털 시스템은 전자 및 통신 산업의 핵심으로 방송, 통신, 컴퓨터가 융합되는 정보화 사회로 진전하는 데 커다란 역할을 하고 있다. 디지털 시스템이 아날로그 시스템과 대조되는 점은 신호를 이산적인 단위량의 정수배로 표시하고, 이산량을 이용해 정보를 처리한다는 점이다.

현실 세계의 물리적인 양은 시간에 따라 연속적으로 변화하는 것이 많다. 예를 들어 온도, 습도, 소리, 빛 등은 시간에 따라 연속적인 값을 갖는다. 이러한 물리적인 양을 전기 · 전자적으로 측정하기 위해 트랜스듀서transducer를 이용해 전기 · 전자적 신호로 변환하면 원래의 물리적인 양과 유사한analog 연속적인 값을 갖는다. 이러한 전기 · 전자 신호를 **아날로그 신호**라고 한다. 이에 반해 **디지털 신호**는 분명히 구별되는 두 레벨의 신호값만을 갖는다. 아날로그 신호와 디지털 신호를 그림으로 표현하면 [그림 1-1]과 같다.

> **TIP**
> **트랜스듀서**
> 빛이나 소리의 에너지 신호를 전기 에너지 신호로 변환하여 출력하는 기기

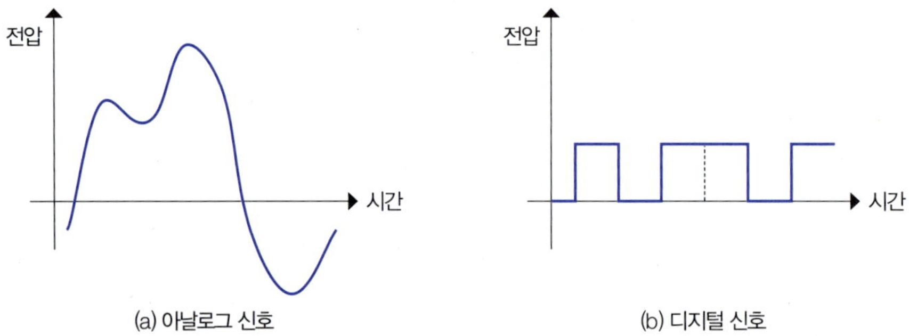

그림 1-1 아날로그 신호와 디지털 신호

일상생활에서 사용하는 전자기기는 아날로그 신호를 디지털 신호로 변환하여 사용한다. 시계를 예로 들면, 초침과 분침이 회전하는 형태의 눈금 시계는 아날로그 시계이고 시간이 숫자로 표시되는 형태의 시계는 디지털 시계다. 또 다른 예로 아날로그 테스터기와 디지털 테스터기를 [그림 1-2]에서 확인할 수 있다. 이렇듯 우리 생활 주변에서 온도계, 습도계, 시계, 회로시험기 등 아날로그 형태와 디지털 형태의 기기를 쉽게 발견할 수 있다.

(a) 아날로그 테스터기　　(b) 디지털 테스터기

그림 1-2 아날로그 테스터기와 디지털 테스터기

2 디지털 시스템과 아날로그 시스템

전기 · 전자회로는 취급하는 신호의 성격에 따라 아날로그 시스템과 디지털 시스템으로 구분하며, 각각 아날로그 신호와 디지털 신호를 통해 동작한다. [그림 1-3(a)]에 나타난 것처럼 이산적인 정보를 가공 · 처리하여 이산적인 정보를 출력하는 모든 형태의 장치를 **디지털 시스템**이라고 한다.

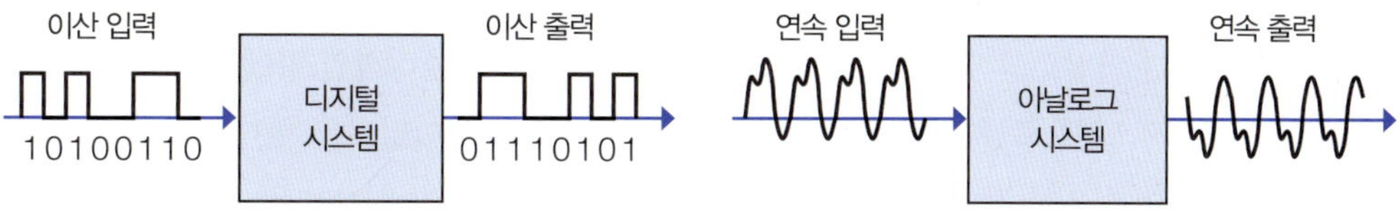

(a) 디지털 시스템　　(b) 아날로그 시스템

그림 1-3 디지털 시스템과 아날로그 시스템

시스템이란 임의의 종합된 형태의 작업이나 기능을 수행하는 일정한 체계를 갖춘 기기의 집합체로 정의된다. 디지털 시스템은 간단한 산술연산을 수행하는 장치에서부터 컴퓨터나 방송, 통신 시스템처럼 매우 복잡한 시스템에 이르기까지 다양하게 정의될 수 있다.

반면, **아날로그 시스템**은 디지털 시스템에 대응하는 것으로 [그림 1-3(b)]와 같이 연속적인 정보를 입력받아 처리하여 연속적인 형태의 정보를 출력하는 시스템으로 정의된다. 오늘날에는 대부분의 전자 시스템이 디지털화되었지만, 그 전에는 모두 아날로그 시스템이었다. 연속적으로 변하는 다양한 정보를 이산적인 정보로 변환하기 위해서는 아날로그-디지털 변환기ADC : Analog-to-Digital Converter를 사용한다. 디지털 시스템은 아날로그 시스템에 비해 다음과 같은 장점이 있다.

❶ 디지털 시스템은 내부와 외부 잡음에 강하다. 외부 잡음이나 온도 변화, 부품의 사용 기간 등에 민감하게 반응하는 아날로그 시스템과 달리 디지털 시스템에서의 전기 · 전자 신호는 이산 정보를 사용하기 때문에 내 · 외부 잡음의 영향을 줄일 수 있다.

❷ 디지털 시스템은 설계가 용이하다. 디지털 시스템에서는 스위칭switching 회로를 사용해 전압이나 전류가 정확한 값이 아니어도 일정 범위에 있으면 off 또는 on 상태를 쉽게 인식할 수 있다. 또 작은 서브시스템으로 분해가 가능하고, 고레벨에서 저레벨에 이르기까지 다양한 시스템 모델로 나타낼 수 있으며, 계층 구조 시스템 설계도 가능하다.

❸ 디지털 시스템은 프로그래밍으로 전체 시스템을 제어할 수 있어 규격이나 사양 변경에 쉽게 대응할 수 있다. 또 기능 구현의 유연성을 높일 수 있고, 개발 기간을 단축할 수 있다.

❹ 디지털 시스템은 디지털 정보의 이산적인 특징 때문에 정보를 저장하거나 가공하기 쉽다.

❺ 디지털 시스템은 정보 처리의 정확성과 정밀도를 높일 수 있으며, 아날로그 시스템으로는 다루기 어려운 비선형이나 다중화 처리 등도 가능하다.

❻ 디지털 시스템은 전체 시스템을 소형화하고 저렴한 가격에 구성할 수 있다. 여러 회로나 기능을 칩 하나에 집적하면 인쇄회로기판PCB : Printed Circuit Board의 크기나 부품 수를 줄일 수 있기 대문이다.

이러한 디지털 시스템의 장점들 때문에 기존 아날로그 시스템이나 새로운 시스템을 대부분 디지털 시스템으로 구성한다. 하지만 시스템에서 관측하고 동작, 제어되는 정보의 물리적인 양은 대부분 본디 아날로그 양이다. 사람들은 아날로그 정보인 물리적인 양에 좀 더 익숙하기 때문에 디지털 시스템으로 처리한 정보라고 해도 최종적으로는 아날로그 형태의 정보로 다시 변환해야 한다. 이를 위한 장치가 디지털-아날로그 변환기DAC : Digital-to-Analog Converter다.

디지털 시스템은 아날로그와의 인터페이스를 필요로 하기 때문에 전체 시스템을 효율적으로 구축하기 위해서는 아날로그 신호의 본질이나 특성도 이해해야 한다.

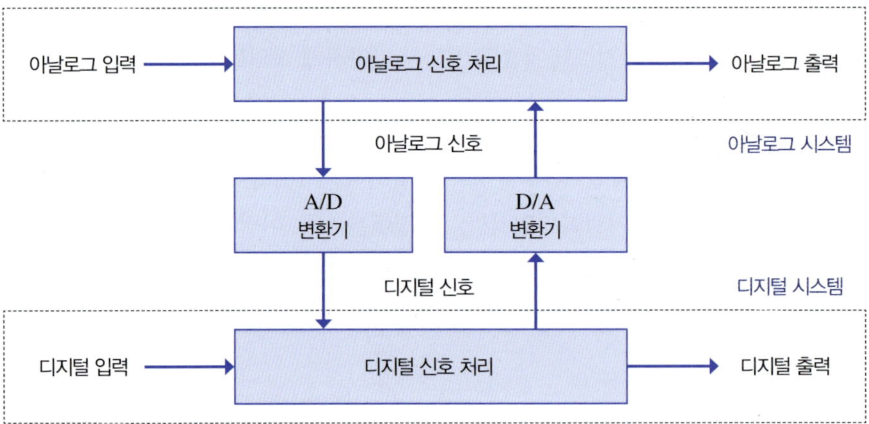

그림 1-4 아날로그 회로와 디지털 회로의 상호 연결

1.2 디지털 정보의 표현

1 디지털 정보의 전압 레벨

시스템에서 사용하는 정보를 신호라고 하며, 이러한 전기 신호는 일반적으로 전압이나 전류로 나타낸다. 디지털 정보를 표현하는 데 사용하는 2진수 체계binary system는 0과 1 두 디지트digit를 사용하기 때문에 정보를 가장 간단한 형태로 나타낼 수 있다.

[그림 1-5]는 디지털 시스템의 입출력에서 전압 레벨에 따라 2진 디지털 정보를 나타내는 예다. 출력 신호의 전압이 2.7~5V 범위에 있으면 High 레벨, 즉 2진수의 1을 나타내고, 0~0.4V의 범위에 있으면 Low 레벨, 즉 2진수의 0을 나타낸다. 만일 출력 신호의 전압이 0.4~2.7V 범위에 있으면 Low 레벨도 아니고 High 레벨도 아닌 **하이 임피던스**high-impedance 상태라고 한다. 이와 마찬가지로 입력 신호도 그림에 나타난 것처럼 전압 레벨의 변화에 따라 Low, High 또는 2진수 0, 1로 표현한다. 이때 입력 신호 전압의 변동 범위가 출력 신호 전압의 변동 범위보다 큰 이유는 신호 전송 과정 중에 발생하는 잡음에 강하게 대응하기 위해서다.

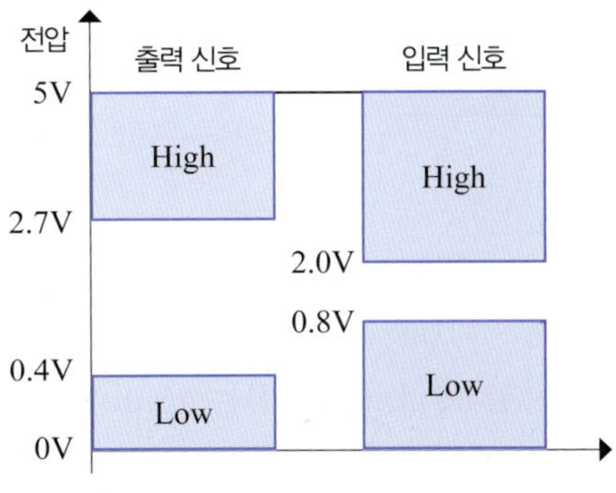

그림 1-5 디지털 시스템의 전압 레벨

2 디지털 정보의 표현 단위

디지털 정보의 표현 단위로는 비트bit, 바이트byte 등이 있는데, **비트**는 컴퓨터의 정보를 나타내는 가장 기본적인 단위다. 컴퓨터는 일종의 전자 장치로, 전압이 높고 낮음의 2가지 상태만을 감지할 수 있으며, 이를 간단히 2진수로 표현한다(예 0V → 0, +5V → 1). 2진수 한 자리(0과 1)는 2가지 상태의 정보를 표현할 수 있다.

비트 1개는 단순히 2가지 상태만 저장할 수 있기 때문에 매우 단순한 정보만 표현할 수 있다. 2비트는 4가지 상태의 정보를 표현할 수 있는데, 컴퓨터에서는 보통 비트 8개를 모은 8비트(**1바이트**)를 사용한다. 한편 1바이트의 반, 즉 4비트 단위는 **니블**nibble이라고 한다.

1byte = 8bit	2byte = 16bit
4byte = 32bit	8byte = 64bit

1바이트를 **1캐릭터**character라고도 한다. 이는 1바이트로 영어 알파벳 문자 하나를 표현할 수 있기 때문이다. 반면에 한글과 같은 동양권의 문자를 표기하려면 한 문자당 2바이트가 필요하다. 한글코드를 2바이트 조합형 혹은 완성형이라고 하는 말은 이러한 이유 때문이다.

사실 정확하게 말하면 영어권의 문자는 8비트(1바이트)가 아닌 7비트만으로도 표현할 수 있다. 7비트는 0~127까지 128개의 정보를 표현할 수 있으며, 알파벳과 특수문자를 표현하고도 남는다.

1워드word는 특정 CPU에서 취급하는 명령어나 데이터의 길이에 해당하는 비트 수다. 즉 컴퓨터 하드웨어에서 한 단위로 취급하는 비트 벡터다. 워드의 길이는 보통 8의 정수배로 나타내는데, 일반적으로 사용하는 워드 길이는 기종에 따라 8, 16, 32, 64비트 등이 될 수 있다. [그림 1-6]은 비트, 니블 및 바이트의 관계를 나타낸 것이다.

> **TIP**
> MSB Most Significant Bit : 최상위 비트
> LSB Least Significant Bit : 최하위 비트

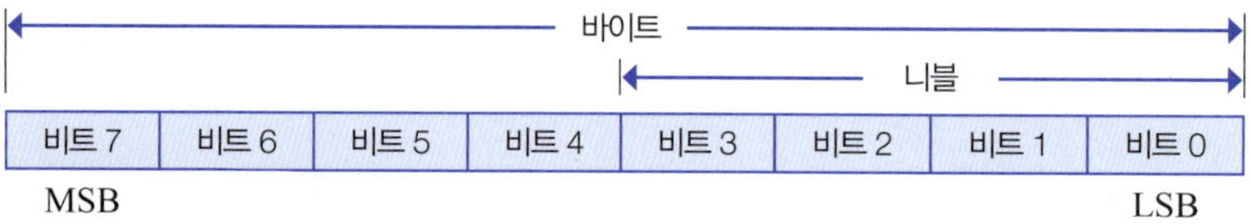

그림 1-6 비트, 니블 및 바이트의 관계

대용량인 경우 **IEC 단위**인 Ki, Mi, Gi, Ti 등을 사용해 나타내며, bit는 소문자 b, byte는 대문자 B를 용량 단위 뒤에 붙여서 사용한다. 4Mib는 4Mebibit, 4MiB는 4Mebibyte다. 초기에는 컴퓨터 용량의 단위로 SI 단위인 K, M 등을 사용했지만, 컴퓨터 산업이 발달하고 용량 단위가 커짐에 따라 SI 단위를 그대로 사용하면 큰 오차가 발생할 수밖에 없다. 예를 들어, RAM 용량이 512MB라면 실제로는 536,870,912B이므로, 정확하게 512MiB 또는 536MB로 표시해야 한다. 또 다른 예로 Mbit/s를 나타낼 때 네트워크 설계자는 일반적으로 1,048,576bit/s로, 통신공학자는 SI 단위인 1,000,000bit/s로 사용했다. 또한 PCI 버스의 대역폭인 133.3MB/s는 4바이트 데이터를 33.3MHz의 빠르기로 전송한다는 의미다. 여기서 MHz의 M은 1,000,000을, MB의 M은 1,048,576을 의미하므로 부정확한 표현이다.

데이터 용량과 전송률이 계속 증가하고 있는 현재 SI 단위를 혼용하거나 부정확하게 사용하면 심각한 문제가 될 것이다. 따라서 IT 산업에서는 IEC 60027-2에 정의된 정확한 단위를 사용해야 한다. [표 1-1]은 SI International System of Unit 단위와 IEC International Electrotechnical Commission 단위를 비교한 표다.

표 1-1 SI 단위와 IEC 단위 비교

SI(10진 단위)			IEC(2진 단위)			
값	기호	이름	값	기호	이름	10진 변환 크기
$(10^3)^1 = 10^3$	k, K	kilo-	$(2^{10})^1 = 2^{10} \cong 10^{3.01}$	Ki	kibi-	1,024
$(10^3)^2 = 10^6$	M	mega-	$(2^{10})^2 = 2^{20} \cong 10^{6.02}$	Mi	mebi-	1,048,576
$(10^3)^3 = 10^9$	G	giga-	$(2^{10})^3 = 2^{30} \cong 10^{9.03}$	Gi	gibi-	1,073,741,824
$(10^3)^4 = 10^{12}$	T	tera-	$(2^{10})^4 = 2^{40} \cong 10^{12.04}$	Ti	tebi-	1,099,511,627,776
$(10^3)^5 = 10^{15}$	P	peta-	$(2^{10})^5 = 2^{50} \cong 10^{15.05}$	Pi	pebi-	1,125,899,906,842,624
$(10^3)^6 = 10^{18}$	E	exa-	$(2^{10})^6 = 2^{60} \cong 10^{18.06}$	Ei	exbi-	1,152,921,504,606,846,976
$(10^3)^7 = 10^{21}$	Z	zetta-	$(2^{10})^7 = 2^{70} \cong 10^{21.07}$	Zi	zebi-	1,180,591,620,717,411,303,424
$(10^3)^8 = 10^{24}$	Y	yotta-	$(2^{10})^8 = 2^{80} \cong 10^{24.08}$	Yi	yobi-	1,208,925,819,614,629,174,706,176

TIP

kibi – kilobinary **mebi** – megabinary **gibi** – gigabinary **tebi** – terabinary
pebi – petabinary **exbi** – exabinary **zebi** – zettabinary **yobi** – yottabinary

예제 1-1

어떤 USB 메모리에 32GB가 표시되어 있다. 이러한 32GB USB 메모리에는 얼마나 많은 데이터가 저장되는지를 IEC 단위인 GiB로 표시하라. 단, $1\text{Gi} = 2^{30}$이다.

풀이

32GB는 관례적으로 사용하는 SI 단위(10진 단위)이므로 이를 2진 단위인 IEC 단위로 변환한다. 32G는 32,000,000,000을 의미하므로 2^{30}으로 나누면 $\frac{32,000,000,000}{2^{30}} = 29.802$이다. 따라서 32GB는 29.8GiB가 된다.

TIP

정보를 표현하기 위한 비트 수

- 비트 n개로는 2^n가지 정보를 표현할 수 있다. 예를 들어, n=4이면 16(=2^4)가지 정보를 표현할 수 있다.
- m가지 정보를 표현하려면 비트 $\lceil \log_2 m \rceil$개가 필요하다. 예를 들어, m=10이면 $\log_2 10 \approx 3.219$이므로 $\lceil \log_2 10 \rceil$=4비트가 필요하다. 여기서 기호 $\lceil\ \rceil$는 올림이다.

예제 1-2

최대 표현 정보가 256 종류인 경우 이를 표현하려면 몇 비트가 필요한가?

풀이

비트 n개로는 2^n 가지 정보를 표현할 수 있으므로 8(2^8=256) 비트가 필요하다.

3 전자소자를 이용한 논리 표현

디지털 정보를 0, 1 또는 Low, High로 표현하는 방법 외에도 다이오드diode나 트랜지스터transistor의 off/on, 전기 스위치의 open/close, 논리학의 false/true 등 여러 가지 표현이 사용되고 있다. 디지털 시스템에서 0과 1의 2진 상태를 전자회로로 구현할 때는 바이폴라bipolar 트랜지스터나 MOSMetal Oxide Semiconductor 트랜지스터를 주로 이용한다. [그림 1-7(a)]는 바이폴라 트랜지스터를 이용해 2진 상태를 표현한 예로, 입력 전압 V_i의 값에 따라 출력 전압 V_o의 레벨이 결정된다. $V_i = V_{CC}$면 트랜지스터 스위치가 on 상태가 되어 $V_o = 0V$가 된다.

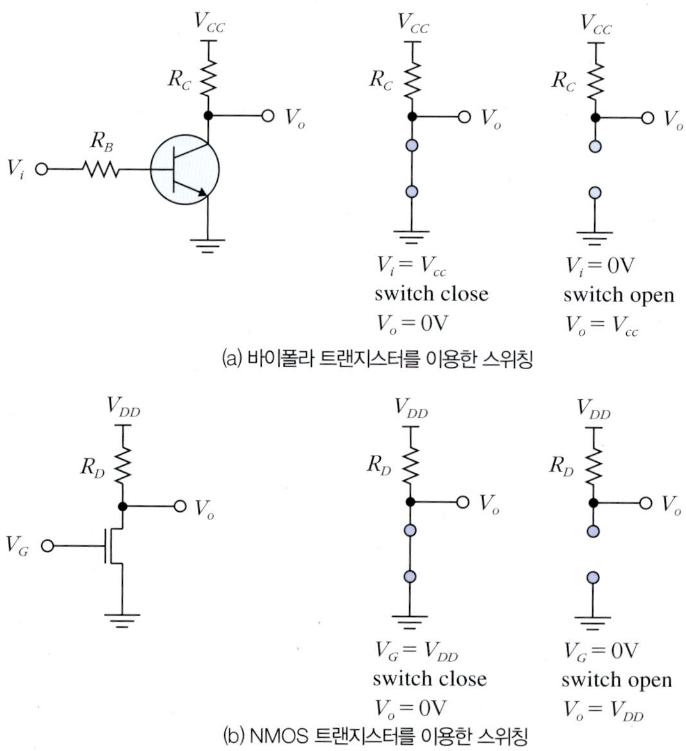

그림 1-7 스위칭 소자를 이용한 2진 상태 표현

> **TIP**
> **트랜지스터transistor**
> 디지털 회로에서 전자 스위치로 사용되는 반도체 소자. 베이스에 적절한 전압을 인가하여 컬렉터-에미터 접합이 개방 또는 단락된 스위치처럼 동작한다.

> **TIP**
> **NMOS**
> N-채널 MOSFET로 만들어진 IC의 계열

반면 $V_i = 0\text{V}$면 트랜지스터 스위치가 off 상태가 되어 $V_o = V_{CC}$가 되는 과정으로 2진 상태를 표현할 수 있다. [그림 1-7(b)]는 NMOS에 의한 2진 상태의 스위칭 논리를 나타낸 예로, 바이폴라 트랜지스터와 마찬가지로 입력 V_G에 따라 2진 상태를 표현할 수 있다.

예제 1-3

다음과 같은 트랜지스터 회로에 입력 신호 V_i가 인가되었을 때, 출력 파형 V_o를 그려라.

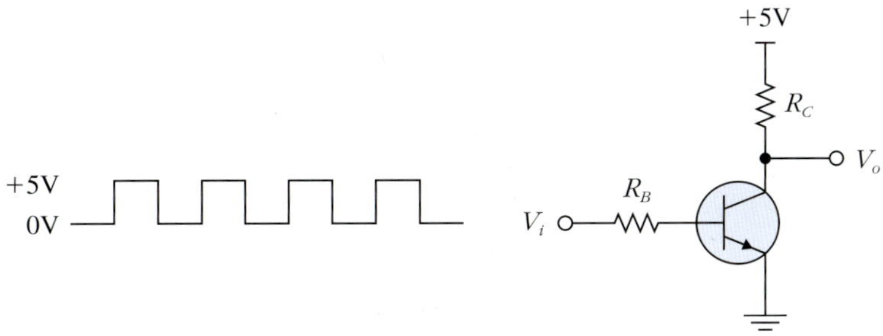

풀이

[그림 1-7(a)]의 트랜지스터 회로에서 $V_i = 0\text{V}$이면 $V_o = +5\text{V}$이고, $V_i = +5\text{V}$이면 $V_o = 0\text{V}$이다. 따라서 출력 V_o는 입력 V_i의 반전된 형태가 된다. 이 회로는 NOT 게이트로 동작한다(4장 참조).

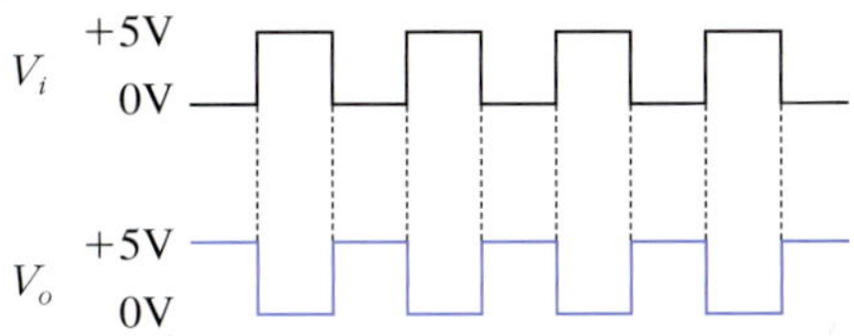

1.3 펄스 파형

1 펄스 파형

펄스pulse는 전압 레벨이 일반적으로 Low 상태와 High 상태를 반복하기 때문에 디지털 시스템에서 매우 중요하다. 디지털 시스템에서 사용하는 대부분의 파형은 일련의 펄스로 구성되고, 주기 펄스periodic pulse와 비주기 펄스non-periodic pulse로 나뉜다. 주기 펄스는 일정 구간마다 파형이 반복되며, 비주기 펄스는 주기가 없는 파형이다.

[그림 1-8]은 이상적인 주기 펄스의 모양을 나타낸 것이다. 그림에서 펄스는 2개의 에지edge, 즉 **상승 에지**rising edge와 **하강 에지**falling edge로 구성되어 있다. 상승 에지는 리딩 에지leading edge라고도 부르며, 하강 에지는 트레일링 에지trailing edge라고도 한다.

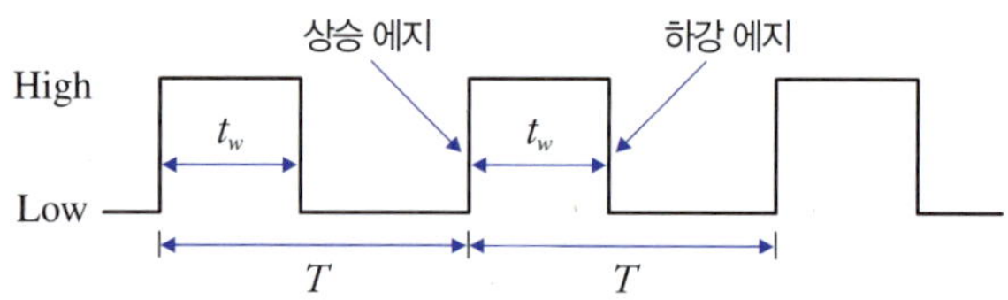

그림 1-8 이상적인 펄스 파형

펄스의 실제 모양은 [그림 1-8]처럼 Low에서 High로, 또는 High에서 Low로 순간적으로 변하지 않으며 [그림 1-9]와 같은 형태를 띤다. 여기서 t_r과 t_f는 각각 상승 시간과 하강 시간을 나타낸다. **상승 시간**t_r, rising time은 Low 레벨에서 High 레벨로 증가하는 데 걸리는 시간, **하강 시간**t_f, falling time은 High 레벨에서 Low 레벨로 감소하는 데 걸리는 시간을 의미한다.

실제로는 펄스 진폭(A)이 10%에서 90%까지 증가하는 시간을 상승 시간으로 정의하고, 펄스 진폭이 90%에서 10%까지 떨어지는 시간을 하강 시간으로 정의한다. **펄스 폭**t_w, pulse width은 펄스가 존속하는 시간으로, 상승 구간과 하강 구간의 50%인 두 지점 사이의 시간 간격으로 정의한다.

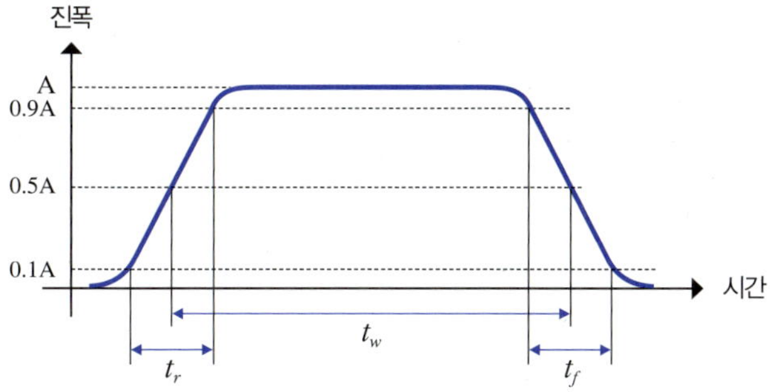

그림 1-9 실제 펄스 파형

❷ 주기, 주파수 및 듀티 사이클

주파수frequency는 주기적인 파형이 1초 동안에 진동한 횟수로, 주기가 1초 동안에 몇 번 반복되는지에 따라 결정된다. 주파수 단위는 전파를 처음 발견한 독일의 물리학자 헤르츠의 이름을 따서 헤르츠Hz를 쓴다. 또 주기period는 주기적인 파형이 1회 반복하는 데 걸리는 시간을 의미한다. 예를 들어, [그림 1-10]처럼 1초 동안 주기적인 파형이 1회 반복하면 1Hz가 되고, 주기는 1초가 된다. 1초 동안 2회 반복하면 주파수는 2Hz가 되고, 주기는 0.5초가 된다. 1000회 반복하면 주파수는 1000Hz(=1KHz)가 되며, 주기는 1ms가 된다.

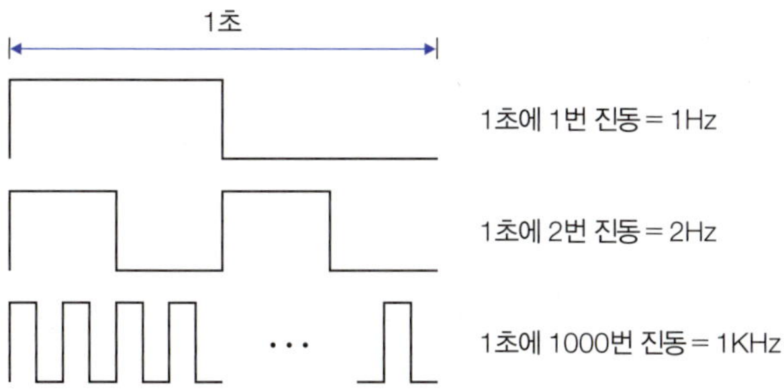

그림 1-10 주파수와 주기

펄스 파형의 주파수 f와 주기 T는 서로 역수 관계에 있으며, 다음과 같이 표현할 수 있다.

$$T = \frac{1}{f}, \qquad f = \frac{1}{T}$$

주기적인 펄스 파형의 주요 특성은 듀티 사이클duty cycle, 충격 계수이다. [그림 1-8]의 경우 듀티 사이클은 다음과 같이 정의되며, 주기 T에 대한 펄스 폭의 비를 백분율로 정의한다.

$$\text{듀티 사이클} = \frac{t_w}{T} \times 100\%$$

예제 1-4

펄스 폭이 50μs이고 주기가 500μs인 파형이 있다. 주파수와 듀티 사이클을 구하라.

풀이

주파수 : $f = \dfrac{1}{T} = \dfrac{1}{500\mu s} = \dfrac{1}{500 \times 10^{-6}} \text{Hz} = 2\text{KHz}$

듀티 사이클 : $duty\ cycle = \dfrac{t_w}{T} \times 100\% = \dfrac{50\mu s}{500\mu s} \times 100\% = 10\%$

예제 1-5

전압 레벨이 0V, +5V이고, 주파수가 250Hz이며, 듀티 사이클이 다른 펄스 파형이 있다. 펄스 파형의 듀티 사이클이 각각 0%, 25%, 50%, 75%, 100%라면 각 펄스 파형의 차이점을 간략하게 설명하라.

풀이

주파수가 250Hz인 펄스 파형의 주기는 4ms(=1/250)이다. 듀티 사이클이 0%인 펄스 파형은 1주기 4ms 동안 High인 구간이 없고 Low로만 구성되는 파형이며, 듀티 사이클이 100%인 파형은 1주기 동안 Low 구간이 없고 High로만 구성되는 파형이다. 또한 25%, 50%, 75%의 펄스 파형은 1주기 4ms 동안 High인 구간이 1ms, 2ms, 3ms인 펄스 파형을 의미한다. 이를 그림으로 나타내면 다음과 같다.

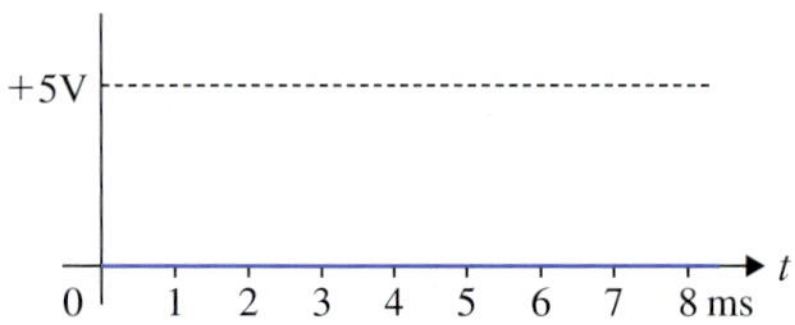

(a) 듀티 사이클 = 0%

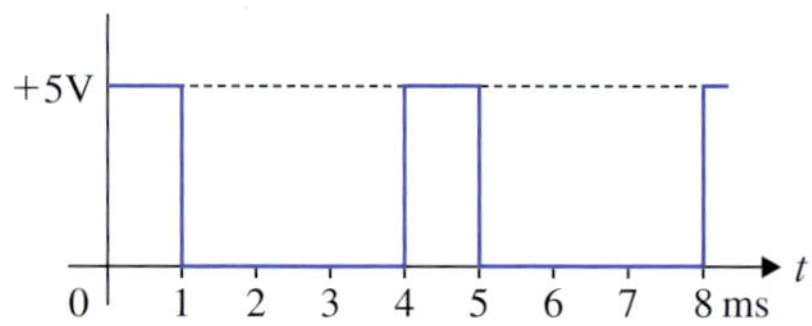

(b) 듀티 사이클 = 25%

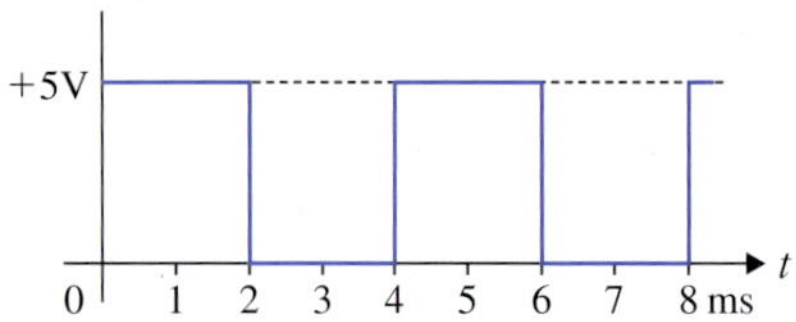

(c) 듀티 사이클 = 50%

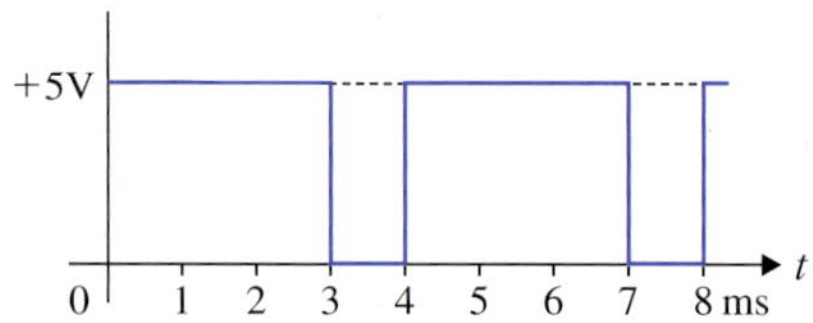

(d) 듀티 사이클 = 75%

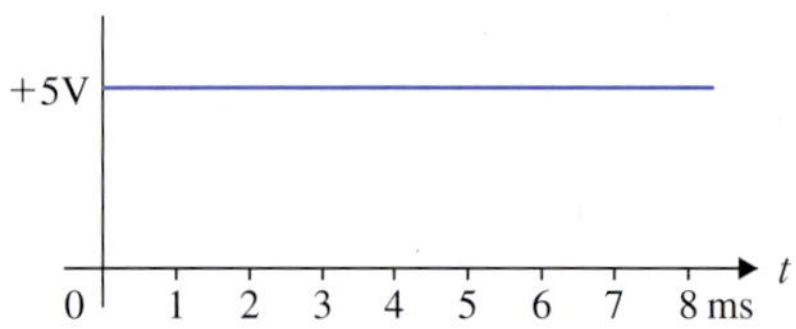

(e) 듀티 사이클 = 100%

1.4 디지털 집적회로

디지털 정보를 처리하는 디지털 시스템의 하드웨어hardware를 **디지털 회로**라고 한다. 즉 디지털 회로는 2진 상태와 회로를 구성하는 논리에 따라 2진 상태의 출력 신호를 발생시키는 것이다. 이와 같이 디지털 회로가 입력 신호에 반응하는 형태는 내부 회로 구성의 논리에 의존하기 때문에 디지털 회로를 **논리회로**라고도 한다. 이에 따라 디지털 하드웨어, 디지털 회로, 논리회로 등을 특별히 구별하지 않고 사용할 것이다.

1960년대의 논리회로는 저항, 다이오드, 트랜지스터 등과 같은 부피가 큰 개별 부품으로 구성되었으나 집적회로IC : Integrated Circuit 기술의 발전으로 여러 트랜지스터를 한 칩chip에 통합할 수 있게 되었다. **집적회로**는 작은 실리콘silicon 칩 위에 저항, 커패시터, 다이오드, 트랜지스터 등의 전자부품을 여러 단계의 공정을 거쳐서 내부적으로 상호 연결한 것이고, 칩은 실리콘 반도체다. 이 칩을 세라믹 또는 플라스틱 기판에 부착하여 필요한 외부 핀pin에 연결한다. 핀의 수는 내부회로에 따라 적게는 14개, 많게는 100개 이상이 되기도 한다.

1 IC 패키지

IC 패키지는 [그림 1-11]과 같이 PCBPrinted Circuit Board에 장착하는 방법에 따라 **삽입 장착**through-hole mounted**형**과 **표면 실장**SMD : Surface-Mounted Device**형**으로 구분한다. 삽입 장착형 IC는 PCB 보드의 구멍에 끼우는 핀을 가지고 있어 뒷면의 도체에 납땜으로 연결할 수 있다. 대부분의 삽입 장착형 IC는 [그림 1-11(a)]와 같은 DIPDual-in-Line Package 형태다. 또한 표면 실장형 IC로는 SOICSmall Outline Integrated Circuit, QFPQuad Flat Package, PLCCPlastic Leaded Chip Carrier 등이 있다.

(a) DIP (b) SOIC (c) QFP (d) PLCC

그림 1-11 제작 형태에 따른 IC 패키지의 종류

DIP는 1965년에 개발되어 IC 실장에 적용한 후부터 1980년대까지 IC 패키지의 주류였다. 그 후 표면 실장형 패키지로 PLCC 및 SOIC가 개발되어 자리를 양보하게 되었지만 지금도 범용 로직, EEPROM 등 많은 IC에 사용되고 있다. 세라믹 DIP는 CerDIP서딥이라고 하고, 플라스틱 DIP는 PDIP피딥이라고도 표시한다.

SOPSmall Outline Package는 DIP의 리드 간격을 절반으로 하고 리드는 표면 실장을 위해 다리가 바깥쪽으로 구부러져 있다. 미국에서는 SOP를 SOIC라고 부른다. 그리고 패키지의 4방향에서 리드 핀을 낸 것을 QFP라고 한다. PLCC는 QFP와 같이 패키지 4변의 측면에 리드가 나와 있으며, 리드의 끝 부분은 J자형으로 안쪽으로 구부러져 있다.

현대 전자공학의 미래는 더 작고 조밀한 부품과 시스템을 제조하는 능력에 달려 있다. SMD는 이러한 요구를 충족한다. SMD는 DIP 형태의 논리회로 크기를 70%, 무게를 90%가량 줄였다. 또한 PCB의 제조 가격을 크게 떨어뜨렸다. SMD는 PCB 기판 표면의 금속 처리된 곳에 직접 납땜 처리를 하기 때문에 비용을 절감할 수 있다. DIP는 각 핀에 해당하는 구멍을 뚫어야 하지만, SMD는 크기가 작아 특별한 도구와 기술이 필요하기 때문에 제거하는 데 어려움이 있다.

집적회로 기술이 개발된 이래 IC 제조 기술은 눈부시게 발전했다. 칩 소요 면적의 소형화뿐만 아니라 1990년대에는 트랜지스터가 수백만 개 집적된 마이크로프로세서microprocessor가 등장했으며, 현재는 수천만 개의 트랜지스터를 집적할 수 있게 되었다.

2 집적회로의 분류

집적회로는 집적되는 트랜지스터의 수에 따라 [표 1-2]와 같이 5가지로 분류한다.

표 1-2 소자 수에 따른 집적회로의 분류

종류	소자 수
소규모 집적회로SSI : Small Scale IC	100개 이하
중규모 집적회로MSI : Medium Scale IC	100~1,000개
대규모 집적회로LSI : Large Scale IC	1,000~10,000개
초대규모 집적회로VLSI : Very Large Scale IC	10,000~1,000,000개
극초대규모 집적회로ULSI : Ultra Large Scale IC	1,000,000개 이상

SSI(소규모 집적회로)

SSI는 복잡하지 않은 디지털 IC 부류로, 기본적인 게이트 기능과 플립플롭이 이 부류에 해당한다.

MSI(중규모 집적회로)

MSI는 좀 더 복잡한 기능을 수행하는 디코더decoder, 인코더encoder, 멀티플렉서multiplexer, 디멀티플렉서demultiplexer, 카운터counter, 레지스터register, 소형 기억장치 등의 기능을 포함하는 부류다.

LSI(대규모 집적회로)

LSI는 반도체 기억장치 칩, 휴대용 계산기 등과 같이 1개의 칩에 1,000~10,000개에 이르는 등가 게이트를 갖는 부류다.

VLSI(초대규모 집적회로)

VLSI는 한 칩에 10,000~1,000,000개에 이르는 등가 게이트를 포함하는 복잡한 집적회로는 일반적으로 VLSI 부류에 속한다. 이 부류에는 대용량 반도체 메모리, 1만 게이트 이상의 논리회로, 단일 칩 마이크로프로세서single-chip microprocessor 등이 있다.

ULSI(극초대규모 집적회로)

ULSI는 대개 한 칩에 회로 소자들이 약 1,000,000개 이상 들어 있는 집적회로를 가리킨다. 예를 들면, 인텔의 486이나 펜티엄 등이 ULSI 정도의 집적도를 가진 프로세서들이다. 그러나 VLSI와 ULSI 사이의 정확한 구분은 사실 모호하다.

모든 집적회로는 2가지 형태의 트랜지스터, 즉 바이폴라 접합 트랜지스터bipolar junction transistor와 MOSFETMetal-Oxide Semiconductor Field-Effect Transistor에 의해 구현된다. 바이폴라 트랜지스터를 사용하는 디지털 회로 기술로는 TTLTransistor-Transistor Logic과 ECLEmitter-Coupled Logic이 있으며, 이중에서 TTL이 더 많이 사용된다. MOSFET를 사용하는 기술로는 CMOSComplementary MOS와 NMOSN-channel MOS가 있으며, 마이크로프로세서에는 MOS 기술이 사용된다.

SSI와 MSI 회로에는 일반적으로 TTL과 CMOS가 모두 사용되며, LSI, VLSI, ULSI는 작은 공간을 차지하고 전력 소모가 적은 CMOS나 NMOS를 사용해 구현한다.

1.5 ADC와 DAC

디지털 회로를 이용한 신호 처리는 잡음의 영향을 덜 받아 더 정확하다. 또 정보를 저장할 수 있고 대규모 IC화가 용이하다. 그러므로 아날로그 신호를 디지털 신호로 변환하여 처리하는 것이 유리하다. 아날로그 신호를 디지털 신호로 변환하는 장치를 아날로그-디지털 변환기ADC : Analog-to-Digital Converter라고 하며, [그림 1-12]와 같이 세 단계로 이루어진다.

그림 1-12 아날로그-디지털 변환 과정의 블록도

1 표본화

음성과 같은 아날로그 신호를 디지털화하려면 일정 간격으로 표본화sampling해야 한다. 샤논Shannon의 표본화 정리sampling theorem에 따르면 신호의 최고 주파수 2배 이상의 빈도로 샘플링하면 샘플링된 데이터로부터 본래의 데이터를 재현할 수 있다고 한다. 예를 들어, 우리가 흔히 음성 전송에 이용하는 주파수 대역은 30~3,400Hz로, 음성 대역폭은 3KHz가 된다.

음성 대역은 이웃 채널의 간섭을 피하기 위한 보호 밴드guard band까지 포함하여 보통 4KHz다. 따라서 음성 신호를 재현할 수 있게 하려면 4KHz의 2배인 8KHz, 즉 1초 동안 8,000번 표본화해야 한다. 그러면 표본화 순간 아날로그 신호의 진폭과 같은 크기의 진폭을 갖는 펄스를 얻는다. [그림 1-13(a)]는 아날로그 신호를 표본화하여 얻은 펄스를 표시한 것이다.

예제 1-6

4KHz의 음성 신호를 재생하기 위한 표본화 주기를 구하라.

풀이

음성 신호를 재현하려면 4KHz의 2배인 8KHz, 즉 1초 동안 8,000번 표본화해야 한다. 따라서 표본화 주기는 125μs가 된다.

$$T = \frac{1}{f} = \frac{1}{8000} = 125 \times 10^{-6} = 125\mu s$$

2 양자화

[그림 1-13(b)]에 표시되어 있는 것처럼 펄스의 진폭 크기를 디지털 양으로 변환하는 것을 양자화quantization라 한다. 즉 최대 아날로그 신호의 진폭을 양자화 레벨의 숫자로 나누어 각 간격에서 뽑아낸 표본값을 미리 정해진 값에서 가장 가까운 값으로 변환하는 것이다. 이 과정에서 불가피하게 양자화 잡음quantization noise이 발생한다. 예를 들어, 그림에서 1번째 표본점의 원 신호 2.8과 양자화 파형 3.0 사이에는 0.2 차이가 존재하게 되는데, 이것을 양자화 잡음이라 한다. 신호 레벨의 수 분해능resolution을 늘리면 양자화 잡음을 줄일 수 있으나, 데이터의 양이 많아지는 단점이 있다.

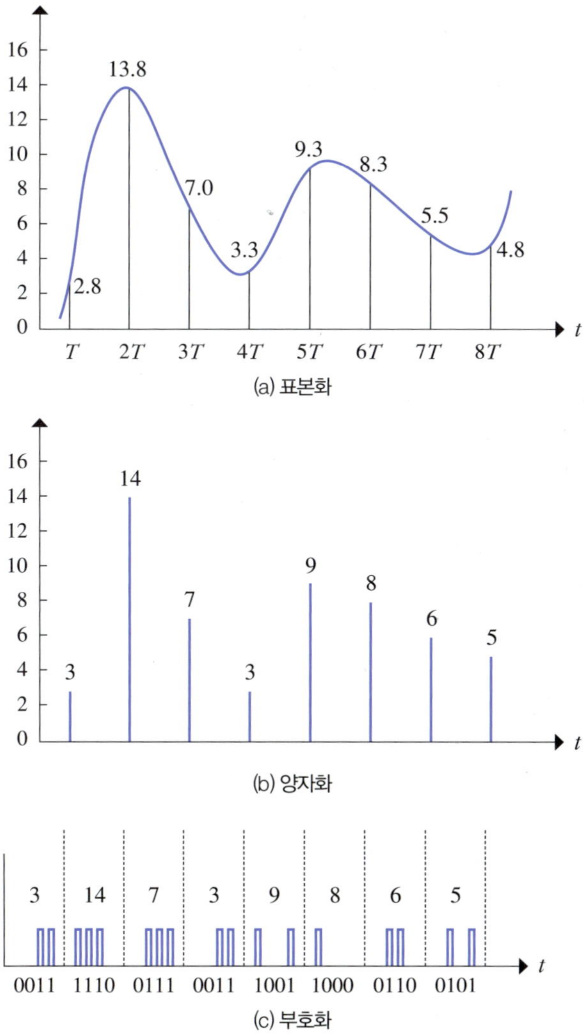

그림 1-13 아날로그-디지털 변환 과정

> **TIP**
>
> **분해능**
>
> 전체 진폭을 얼마나 잘게 쪼개었는가를 나타낸다. [그림 1-13]과 같은 4비트 변환기인 경우 분해능은 $1/(2^4-1)=0.067$이다.

> **TIP**
>
> **10진수 ↔ 2진수**

10진수	2진수
0	0000
1	0001
2	0010
3	0011
4	0100
5	0101
6	0110
7	0111
8	1000
9	1001
10	1010
11	1011
12	1100
13	1101
14	1110
15	1111

3 부호화

부호화encoding는 양자화한 값을 2진 디지털 부호로 변환하는 과정이다. [그림 1-13(c)]에는 4비트로 부호화하는 경우를 나타냈는데 일반적으로 전화 음성에서는 8비트로 부호화한다.

예제 1-7

그림과 같은 8비트 DAC에서 디지털 입력 $00110010_{(2)}$이 인가된 경우 아날로그 출력이 1.0V로 출력되었다면 8비트 DAC로부터 출력되는 가장 큰 값을 구하라.

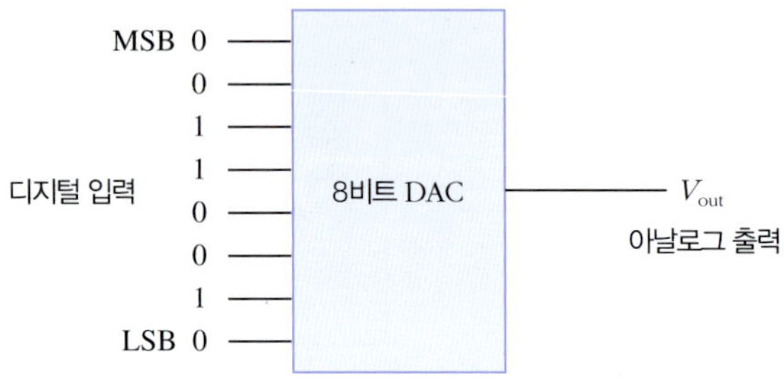

풀이

8비트 DAC는 0(=$0000\ 0000_{(2)}$)에서 255(=$1111\ 1111_{(2)}$)까지 입력되므로 50(=$0011\ 0010_{(2)}$)이 1.0V로 출력되었다면 출력되는 가장 큰 값인 255인 경우에는 5.1V가 출력된다.

$$50 : 1\text{V} = 255 : x \leftrightarrow x = \frac{1\text{V} \times 255}{50} = 5.1\text{V}$$

4 ADC와 DAC 과정의 예

ADC와는 반대 기능을 수행하는 장치, 즉 디지털 신호를 아날로그 신호로 변환하는 장치를 디지털-아날로그 변환기DAC : Digital-to-Analog Converter라고 한다. [그림 1-14]는 ADC와 DAC 변환 과정의 예로, CDCompact Disk 오디오 시스템의 신호 처리 과정을 표시한 것이다.

그림 1-14 CD 오디오 시스템의 신호 처리 과정

연습문제

01 아날로그 신호와 디지털 신호의 차이점을 설명하라.

02 다음에서 아날로그 양과 디지털 양을 구분하라.

① 전선에 흐르는 전류
② 실내 온도
③ 해변의 모래알
④ 비행기 고도
⑤ 어떤 물질의 원자 수

03 디지털 시스템의 장점을 설명하라.

04 디지털 정보의 단위에 대한 다음 물음에 답하라.

① 64비트는 몇 바이트와 같은가?
② 1024비트는 몇 바이트와 같은가?
③ 8바이트는 몇 비트와 같은가?
④ 1KiB는 몇 비트와 같은가?
⑤ 32KiB는 몇 바이트와 같은가?
⑥ 64MiB는 몇 바이트와 같은가?
⑦ 6.4GiB는 몇 바이트와 같은가?

05 컴퓨터 메모리에서 한 워드word의 길이가 4바이트일 때 다음 물음에 답하라.

① 64워드에는 몇 비트가 있는가?
② 1024워드에는 몇 비트가 있는가?

06 흑백 디지털 카메라는 이미지상에 대해 세밀한 격자grid를 놓고 격자의 각 셀에서 보이는 명암 정도를 2진수로 나타내어 측정하고 기록한다. 예를 들어, 4비트를 사용하면 검은색을 0000, 흰색을 1111로 주어지고 명암에 따라 값은 0000과 1111 사이의 값을 갖는다. 격자의 각 셀에서 254가지의 명암 정도를 구분하기 위해서는 몇 비트가 필요한가?

07 3백만 픽셀pixel의 디지털 카메라는 각 픽셀마다 빛의 3원색인 R, G, B 각각의 명암을 8비트로 저장한다. 모든 비트가 압축 없이 저장된다면 128MiB 메모리 카드에 몇 장의 화면이 저장될 수 있을까? 단, $1Mi = 2^{20}$이다.

08 그림에 나타낸 펄스에 대해 다음을 결정하라.

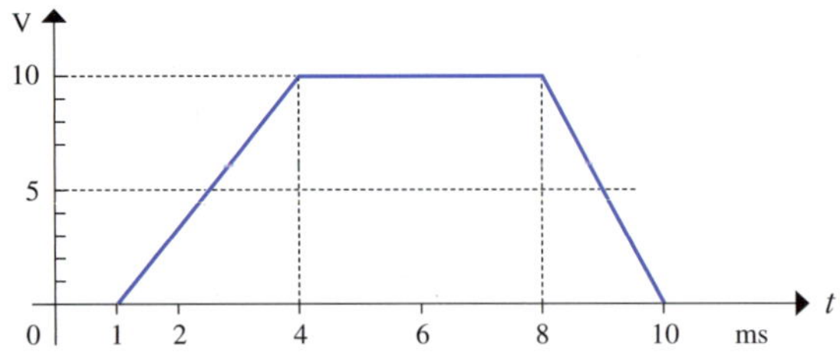

① 상승 시간(t_r) ② 하강 시간(t_f) ③ 펄스 폭(t_w) ④ 진폭(A)

09 그림과 같은 펄스 파형에서 주기, 주파수, 듀티 사이클을 결정하라.

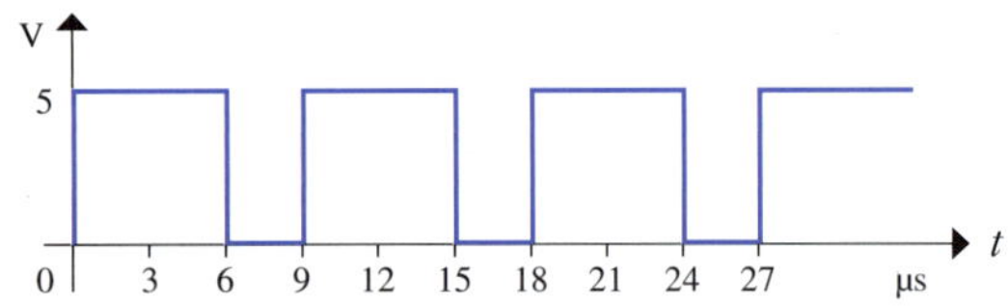

10 주파수가 4MHz, 전압 레벨이 0.2V, 4.0V인 펄스 파형을 그려라.

11 펄스 폭이 25μs이고 주기가 250μs인 주기 파형이 있다. 주파수와 듀티 사이클을 구하라.

12 양자화 잡음에 대해 설명하라.

13 0~100℃ 온도값을 0~10V로 표현하는 온도 센서가 있다. 이 온도 센서의 값을 1초에 100번, 10비트 디지털 신호로 변환하는 경우 다음 값들을 구하라.

① 입력 범위 ② 샘플링 레이트
③ 양자화 레벨 ④ 전압 분해능
⑤ 온도 분해능 ⑥ 최대 양자화 잡음

14 변환하려는 입력 전압이 0V에서 15V일 때, 몇 비트의 A/D 변환기를 사용하는 것이 가장 좋은가? 단, 분해능은 3.66mV이다.

15 8비트 D/A 변환기가 입력 $00011110_{(2)}$에 대해 6mA의 출력 전류를 갖는다면 이 변환기의 최대 출력 전류는 얼마인가?

01 비트(bit)에 대한 설명 중 옳지 않은 것은?

① 정보를 나타내는 최소 단위다.

② binary digit의 약자다.

③ 2진수로 표시된 정보를 나타내기 알맞다.

④ 10진수로 표시된 정보를 나타내기 알맞다.

02 논리회로의 논리 상태를 표현한 것 중 옳지 않은 것은?

① 1, 0 ② high, low

③ on, off ④ input, output

03 2진 값 신호가 아닌 것은?

① 디지털 신호

② 아날로그 신호

③ 스위치의 On–Off 신호

④ 반도체 소자의 동작, 부동작 상태

04 정보의 표현 단위 중 문자를 표현하기 위한 것은?

① 비트(bit) ② 바이트(byte)

③ 워드(word) ④ 레코드(record)

05 컴퓨터 내부의 클록 펄스는 초당 반복하는 펄스의 수로 표시된다. MHz는 펄스가 초당 몇 회 반복되는가?

① 10^4 ② 10^5 ③ 10^6 ④ 10^7

06 컴퓨터에서 4KiB는 정확히 얼마인가?

① 2,048byte ② 4,000byte

③ 4,052byte ④ 4,096byte

07 펄스 파형의 구간별 명칭에 관한 설명 중 옳은 것은?

① 지연 시간 : 목표량에 0~40%까지 접근하는 시간

② 정정 시간 : 목표량에 ±3%까지 접근하는 시간

③ 상승 시간 : 목표량에 10~90%까지 접근하는 시간

④ 하강 시간 : 목표량에 10~90%까지 하강하는 시간

08 상승 시간(rise time)은 펄스 진폭의 몇 %에서 몇 %까지 상승하는 데 걸리는 시간인가?

① 0~90% ② 10~90%

③ 10~100% ④ 0~100%

09 하강 시간(fall time)은 펄스 진폭의 몇 %부터 몇 %까지 떨어지는 데 걸리는 시간인가?

① 90~0% ② 90~10%

③ 100~10% ④ 100~0%

10 이상적인 구형파 입력 파형에 대한 출력 파형의 응답 시에 진폭과 시간 관계가 그림과 같을 때 하강 시간은 몇 μs인가? 단, 수치의 모든 단위는 μs이다.

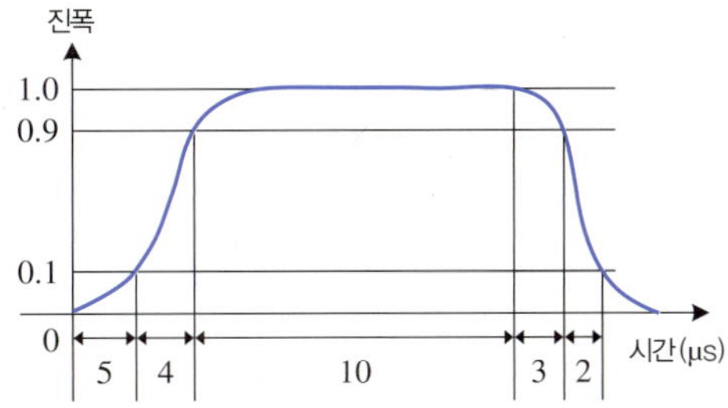

① 2μs ② 4μs ③ 5μs ④ 13μs

11 펄스 신호에 대한 설명으로 틀린 것은?

① 상승 시간이란 펄스의 진폭이 10%에서 90%까지 상승하는 데 걸리는 시간을 말한다.

② 하강 시간이란 펄스의 진폭의 90%에서 10%까지 하강하는 데 걸리는 시간을 말한다.

③ 펄스 폭이란 펄스 파형이 상승 및 하강의 진폭의 66.7%가 되는 구간의 시간을 말한다.

④ 오버슈트(overshoot)란 상승 파형에서 이상적 펄스파의 진폭보다 높은 부분을 말한다.

12 그림과 같은 출력 파형에서 주파수는 몇 Hz인가?

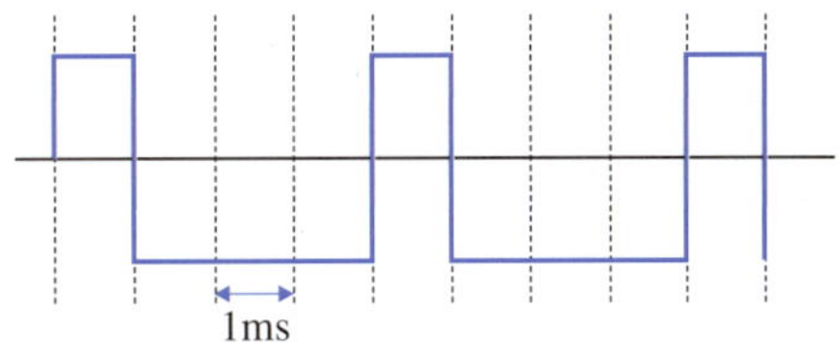

① 200Hz ② 250Hz

③ 300Hz ④ 350Hz

13 10MHz 클록의 클록 사이클 타임은?

① 10μs ② 1μs ③ 0.1μs ④ 0.01μs

14 그림은 이상적인 펄스다. 이 펄스의 점유율 D는?

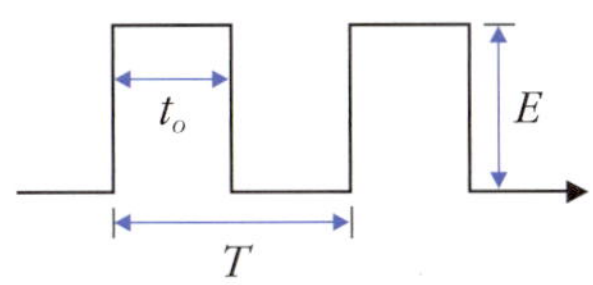

① $D=\frac{t_0}{T}$ ② $D=\frac{T}{t_0}$

③ $D=\frac{E}{T}$ ④ $D=\frac{E}{t_0}$

15 듀티 사이클이 0.1이고, 주기가 40μs인 펄스의 폭은?

① 10μs ② 0.2μs ③ 2μs ④ 4μs

16 다음 펄스 파형에서 펄스의 듀티 사이클은 몇 %인가? 단, τ = 0.5μs, T = 10μs이다.

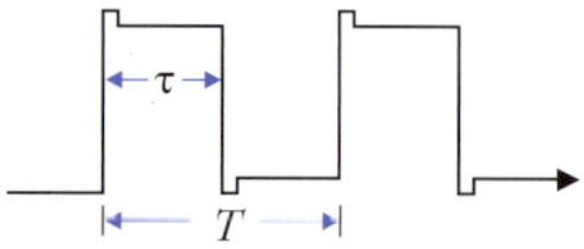

① 5% ② 10% ③ 20% ④ 25%

17 이상적인 펄스 파형에서 펄스폭이 30μs이고, 펄스의 반복 주파수가 1KHz일 때 점유율은?

① 3% ② 7% ③ 30% ④ 70%

18 펄스폭 10μs, 펄스 점유율 50%인 펄스의 주파수는?

① 50KHz ② 20KHz ③ 10KHz ④ 5KHz

19 집적회로와 가장 관계가 깊은 것은?

① 외부와의 연결 회로가 복잡하고 비경제적이다.
② 제작한 시스템의 크기가 작아진다.
③ 수명이 짧고, 고장률이 높아 신뢰성이 낮다.
④ 동작 속도는 빠르지만 전력 소비가 많다.

20 아날로그 입력 데이터를 디지털 신호로 바꿔주는 기능은?

① 전송 기능 ② 변환 기능
③ A/D 변환 기능 ④ D/A 변환 기능

21 아날로그 데이터를 디지털 신호로 변환하는 순서는?

① 양자화 → 부호화 → 표본화
② 부호화 → 표본화 → 양자화
③ 부호화 → 양자화 → 표본화
④ 표본화 → 양자화 → 부호화

22 일정 시간 간격으로 아날로그 신호의 순간적인 값을 취하는 것은?

① 표본화 ② 양자화 ③ 부호화 ④ 복호화

23 신호의 최고 주파수를 f_m, 표본화 주파수를 f_s라 할 때, 표본화 정리에서 원 신호를 정확히 복원할 수 있는 조건으로 옳은 것은?

① $f_s = f_m$ ② $f_s \geq 2f_m$ ③ $f_s \leq f_m$ ④ $2f_s = f_m$

24 15KHz까지 전송할 수 있는 PCM 시스템에서 요구되는 최소 표본화 주파수는?

① 10KHz ② 20KHz ③ 30KHz ④ 40KHz

25 아날로그 신호를 디지털 신호로 변환하는 과정에서 샘플링된 값을 대푯값으로 변환하는 단계는?

① 표본화 ② 양자화 ③ 부호화 ④ 복호화

26 6비트 D/A 변환기의 % 분해능은?

① 약 0.15% ② 약 1.59%
③ 약 15.9% ④ 약 159%

27 n개의 비트로 표시할 수 있는 데이터의 수는?

① n개 ② n^2개 ③ 2^n개 ④ 2^n-1개

28 8개의 비트로 표현 가능한 정보의 최대 가짓수는?

① 8가지 ② 64가지 ③ 255가지 ④ 256가지

29 N가지의 정보를 2진수로 부호화하는 데 필요한 비트 수는?

① $\dfrac{n}{\lceil \log_2 N \rceil}$ ② $\dfrac{n}{\lceil \log_{10} N \rceil}$ ③ $\dfrac{\lceil \log_{10} N \rceil}{2}$ ④ $\lceil \log_2 N \rceil$

30 서로 다른 17개의 정보 중 하나를 선택하려면 최소 몇 개의 비트가 필요한가?

① 3비트 ② 4비트 ③ 5비트 ④ 17비트

31 64가지의 각기 다른 자료를 나타내려고 하면 최소한 몇 개의 비트가 필요한가?

① 1개 ② 3개 ③ 5개 ④ 6개

32 500가지의 색상 정보를 저장하는 데 필요한 비트 수는?

① 6비트 ② 7비트 ③ 8비트 ④ 9비트

33 2바이트로 나타낼 수 있는 수의 표현 범위는?

① 2^8-1 ② 64K ③ 128K ④ 1M

34 픽셀의 색상을 RGB(Red, Green, Blue)로 표현하고 있다. 한 픽셀의 각 색상(R, G, B)을 256가지로 분류한다면 한 픽셀에 대한 저장 장소의 크기와 나타낼 수 있는 색상의 수는?

① 저장 장소 : 8비트, 색상 수 : 2^8가지
② 저장 장소 : 16비트, 색상 수 : 2^{16}가지
③ 저장 장소 : 24비트, 색상 수 : 2^{24}가지
④ 저장 장소 : 32비트, 색상 수 : 2^{32}가지

1 ④	2 ④	3 ②	4 ②	5 ③	6 ④	7 ③	8 ②	9 ②	10 ①	11 ③	12 ②
13 ③	14 ①	15 ④	16 ①	17 ①	18 ①	19 ②	20 ③	21 ④	22 ①	23 ②	24 ③
25 ②	26 ②	27 ③	28 ④	29 ④	30 ③	31 ④	32 ④	33 ②	34 ③		

Chapter

02

수의 체계

학습목표

- 10진수, 2진수, 8진수, 16진수 등의 표현 방법을 이해할 수 있다.
- 10진수, 2진수, 8진수, 16진수 등을 상호 변환할 수 있다.
- 2진수의 연산과 2진수 음수의 표현 방법을 이해하고 이를 활용할 수 있다.
- 부동소수점 2진수를 IEEE 754 표준 방식으로 표현할 수 있다.

2.1 진수

1 10진수

일상적으로 수를 셀 때는 0부터 9까지 10개의 기호로 표현하는 10진수decimal number를 사용한다. 10진수는 각 자릿수를 0~9 사이의 수로 나타낸다. 소수점을 기준으로 자릿수가 왼쪽으로 한 자리씩 이동하면서 0부터 1씩 증가하는 10의 양의 거듭제곱을 곱한 형태로 나타내고, 오른쪽으로 가면서 −1부터 1씩 감소하는 10의 음의 거듭제곱을 곱한 형태로 나타낸다.

$$\begin{aligned} 9345.35 &= 9\times1000+3\times100+4\times10+5\times1+3\times0.1+5\times0.01 \\ &= 9\times10^3+3\times10^2+4\times10^1+5\times10^0+3\times\frac{1}{10^1}+5\times\frac{1}{10^2} \\ &= 9\times10^3+3\times10^2+4\times10^1+5\times10^0+3\times10^{-1}+5\times10^{-2} \end{aligned}$$

현재 사용하는 10진법 기호인 1에서 9까지의 아라비아 숫자는 기원전 2세기에 인도에서 발명되었다. 기원전 2세기에서 8세기에 걸쳐 오늘날과 같은 모습이 되었고, 그러던 중 빈자리를 나타내는 0이 고안되어 사용되었다. 인도에서 사용한 이러한 기법이 아라비아로 전해지고, 다시 유럽으로 전해졌다. 0이 실제로 사용되었을 가능성은 기원전으로 본다. 그러나 실제로 문헌에 나타난 것은 인도의 수학자 아리아바타Aryabhata가 499년에 쓴 『아리아바티야Aryabhatiya』란 책을 통해서였고, 825년에 아라비아의 수학자인 알콰리즈미Alkhwarezmi가 인도의 수에 대한 책에서 영(0)을 소개했다. 아라비아의 기수법을 의미하는 알고리즘algorism은 그의 이름에서 유래되었다.

진법을 나타내는 기본수를 기수radix, base라 한다. 10이 기수인 수를 10진법, 2가 기수인 수를 2진법, 12가 기수인 수를 12진법이라 한다.

2 2진수

2진수binary number 역시 매우 오래 전에 만들어졌다. 프랑스의 계몽 사상가이며 철학자인 디드로Diderot가 중국의 『예김Ye-Kim』(기원전 25세기 무렵)이란 책을 소개하며 2진법을 다루었다. 이후 17세기 독일의 철학자이며 수학자인 라이프니츠Leibniz, 1646~1716가 2진법을 제안했지만 받아들여지지 않았다.

현재 2진수는 전기 · 전자 · 통신 · 컴퓨터공학에서 주로 사용하고 있다. 실제로 초기의 컴퓨터에서 사용한 펀치 카드나 종이 테이프 같은 데이터 입력기에서는 구멍의 유무에 따라 0과 1을 표현했고, 메모리로 사용된 자기 코어magnetic core의 경우에는 코어 중심부에 전선을 통과하여 자화하는 방향에 따라 0과 1을 표현했다.

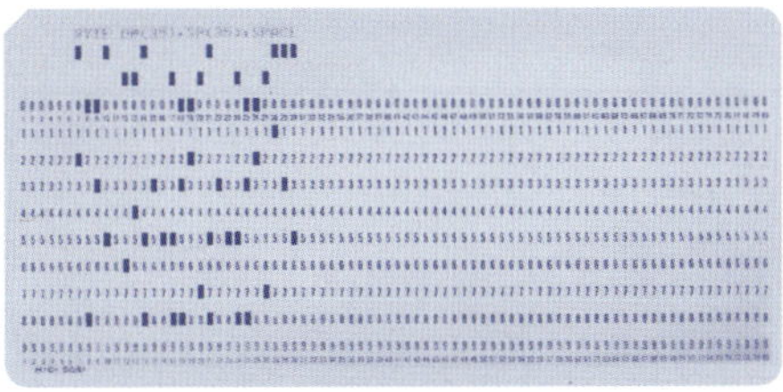

(a) 펀치 카드

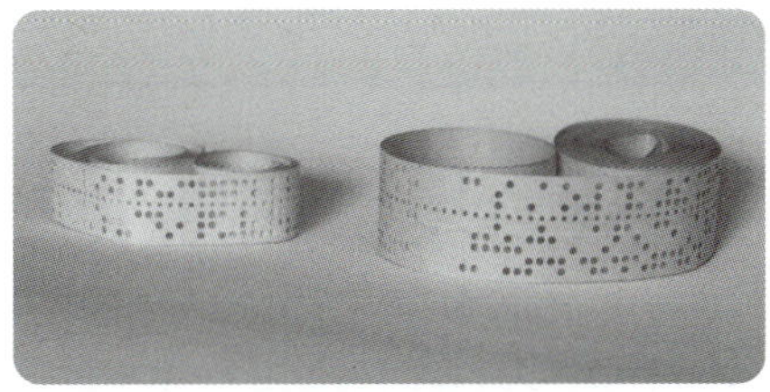

(b) 종이 테이프

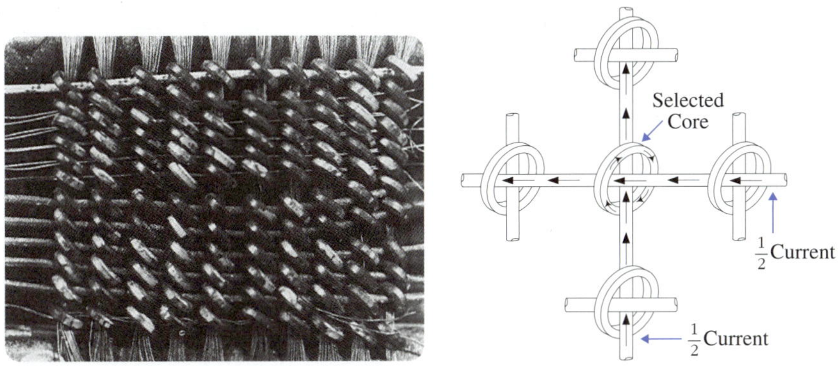

(c) 자기 코어

그림 2-1 다양한 2진수 표현 방법

다이오드diode와 트랜지스터transistor 등의 반도체가 발명되면서 전류의 유무에 따라 0과 1을 표현하게 되었다. 만약 현재의 디지털 반도체가 2진법을 사용하지 않았다면 매우 복잡한 컴퓨터가 되었을 것이다. 예를 들어, 전압의 세기에 따라 수를 표현한다면 상당히 복잡해지고, 아예 표현이 불가능했을지도 모른다. 2진수는 0과 1, 2개의 기호를 사용해 데이터나 신호의 유무를 판단한다. 2진수는 2를 기수로 하므로 다음 식과 같이 나타낼 수 있다. 보통 2진법을 표현할 때 기수 2를 표시하여 $\times\times\times.\times\times_{(2)}$ 또는 $\times\times\times.\times\times_{2}$로 나타내며(여기서 ×는 0 또는 1), 각 자리의 가중치를 2의 거듭제곱으로 표현한다. 각 자리의 값과 가중치를 곱하면 10진수가 된다.

$$
\begin{aligned}
&1010.1011_{(2)}\\
&=1\times 2^3+0\times 2^2+1\times 2^1+0\times 2^0+1\times\frac{1}{2^1}+0\times\frac{1}{2^2}+1\times\frac{1}{2^3}+1\times\frac{1}{2^4}\\
&=1\times 2^3+0\times 2^2+1\times 2^1+0\times 2^0+1\times 2^{-1}+0\times 2^{-2}+1\times 2^{-3}+1\times 2^{-4}\\
&=8+0+2+0+0.5+0+0.125+0.0625\\
&=10.6875_{(10)}
\end{aligned}
$$

2진수를 사용하는 데는 여러 가지 불편한 점이 있다. 수를 표현하는 데 많은 자릿수가 필요할 뿐만 아니라 정확한 크기를 가늠하기가 어렵다. 컴퓨터 내부 정보를 표현할 때는 2진수를 사용하지만 사람에게 보여주기 위해서는 2진수를 8진수, 16진수 또는 10진수로 바꿔서 표현해야 한다.

예제 2-1

2진수 $110010.011_{(2)}$을 10진수 값으로 나타내라.

풀이

$$
\begin{aligned}
110010.011_{(2)} &= 1\times 2^5 + 1\times 2^4 + 1\times 2^1 + 1\times 2^{-2} + 1\times 2^{-3} \\
&= 32 + 16 + 2 + 0.25 + 0.125 \\
&= 50.375_{(10)}
\end{aligned}
$$

3 8진수와 16진수

$2^3 = 8^1$이므로 2진수 3자리는 8진수octal 1자리로 표현할 수 있고, $2^4 = 16^1$이므로 2진수 4자리는 16진수hexadecimal 1자리로 표현할 수 있다. 2진수는 8진수나 16진수로 나타내면 좀 더 간결하게 표현할 수 있다. 보통은 8진수보다 16진수를 더 많이 사용한다. 논리회로, 컴퓨터 구조나 어셈블리어assembly language에서도 16진수를 더 많이 사용한다.

2진수를 8진수와 16진수로 변환하는 방법을 살펴본다. 다음과 같이 2진수가 있다면 소수점을 기준으로 좌우로 3자리씩 끊어서 8진수로 바꾼다. 왼쪽 끝과 오른쪽 끝의 빈자리는 0으로 채운다.

$$
\begin{aligned}
10101110100010.0111111_{(2)} &= \ \ 10\ 101\ 110\ 100\ 010.\ 011\ 111\ 1_{(2)} \\
&= 010\ 101\ 110\ 100\ 010.\ 011\ 111\ 100_{(2)} \\
&= \ \ 2\ \ 5\ \ 6\ \ 4\ \ 2.\ \ 3\ \ 7\ \ 4_{(8)}
\end{aligned}
$$

16진수도 마찬가지로 다음과 같이 소수점을 기준으로 좌우로 4자리로 끊은 다음 16진수로 변환한다. 빈자리는 0으로 채운다.

$$
\begin{aligned}
10101110100010.0111111_{(2)} &= \ \ 10\ 1011\ 1010\ 0010.\ 0111\ 111_{(2)} \\
&= 0010\ 1011\ 1010\ 0010.\ 0111\ 1110_{(2)} \\
&= \ \ 2\ \ B\ \ A\ \ 2.\ \ 7\ \ E_{(16)}
\end{aligned}
$$

8진수는 0부터 7까지 8개의 기호로 나타낸다. 각각의 자리는 다음과 같은 의미이며, 모두 계산하면 10진수가 된다.

$$
\begin{aligned}
607.36_{(8)} &= 6 \times 8^2 + 0 \times 8^1 + 7 \times 8^0 + 3 \times 8^{-1} + 6 \times 8^{-2} \\
&= 6 \times 64 + 0 \times 8 + 7 \times 1 + 3 \times 0.125 + 6 \times 0.015625 \\
&= 384 + 0 + 7 + 0.375 + 0.09375 \\
&= 391.46875_{(10)}
\end{aligned}
$$

16진수는 0부터 9까지의 숫자와 영어 알파벳 대문자(또는 소문자) A(a)부터 F(f)까지 16개의 기호로 나타내며, 그 의미는 다음과 같다.

$$
\begin{aligned}
6C7.3A_{(16)} &= 6 \times 16^2 + C \times 16^1 + 7 \times 16^0 + 3 \times 16^{-1} + A \times 16^{-2} \\
&= 6 \times 256 + 12 \times 16 + 7 \times 1 + 3 \times 0.0625 + 10 \times 0.00390625 \\
&= 1536 + 192 + 7 + 0.1875 + 0.0390625 \\
&= 1735.2265625_{(10)}
\end{aligned}
$$

2진수에 해당하는 8진수 및 16진수 기호는 [표 2-1]과 같다.

표 2-1 2진수에 해당하는 8진수, 16진수, 10진수 기호

2진수	8진수	10진수
000	0	0
001	1	1
010	2	2
011	3	3
100	4	4
101	5	5
110	6	6
111	7	7

2진수	16진수	10진수
0000	0	0
0001	1	1
0010	2	2
0011	3	3
0100	4	4
0101	5	5
0110	6	6
0111	7	7
1000	8	8
1001	9	9
1010	A	10
1011	B	11
1100	C	12
1101	D	13
1110	E	14
1111	F	15

예제 2-2

다음 8진수와 16진수를 10진수로 변환하라.

(a) $475.26_{(8)}$　　　　　　(b) $A91.CD_{(16)}$

풀이

(a) $475.26_{(8)} = 4\times8^2+7\times8^1+5\times8^0+2\times8^{-1}+6\times8^{-2}$

$= 4\times64+7\times8+5\times1+2\times0.125+6\times0.015625$

$= 256+56+5+0.25+0.09375$

$= 317.34375_{(10)}$

(b) $A91.CD_{(16)} = A\times16^2+9\times16^1+1\times16^0+C\times16^{-1}+D\times16^{-2}$

$= 10\times256+9\times16+1\times1+12\times0.0625+13\times0.00390625$

$= 2560+144+1+0.75+0.05078125$

$= 2705.80078125_{(10)}$

예제 2-3

다음 중 수의 크기가 다른 것을 골라라.

(a) $3400_{(10)}$

(b) $D48_{(16)}$

(c) $6510_{(8)}$

(d) $110101001010_{(2)}$

풀이

2진수, 8진수, 16진수를 10진수로 변환해 보면 (d)번의 2진수 110101001010이 다르다는 것을 알 수 있다.

(a) $3400_{(10)}$

(b) $D48_{(16)} = D\times16^2+4\times16^1+8\times16^0 = 13\times256+4\times16+8\times1 = 3400_{(10)}$

(c) $6510_{(8)} = 6\times8^3+5\times8^2+1\times8^1+0\times8^0 = 6\times512+5\times64+1\times8+0\times1 = 3400_{(10)}$

(d) $110101001010_{(2)} = 1\times2^{11}+1\times2^{10}+1\times2^8+1\times2^6+1\times2^3+1\times2^1$

$= 2048+1024+256+64+8+2 = 3402_{(10)}$

2.2 진법 변환

컴퓨터에서 다루는 2진수는 크게 2가지 형태가 있으며, **고정소수점수**fixed point number, 정수와 **부동소수점수**floating point number, 실수로 구분한다. 고정소수점수는 소수점이 맨 마지막 자리 뒤에 고정되어 있는 수, 즉 소수점을 표현하지 않는 수로 양의 정수, 0, 음의 정수를 모두 표현한다. 부동소수점수는 소수점이 떠다니면서 움직인다는 의미로 점의 위치가 수의 크기에 따라 이동한다.

여기서는 각 진법 간의 변환에 대해 알아본다. 10진법을 다른 진법으로 바꿀 때는 바꾸려는 진법의 기수radix로 나누거나 기수를 곱해서 계산한다. 정수 부분은 바꾸려는 진법의 기수로 나누어 그 나머지를 적고, 소수 부분은 기수를 곱하여 정수가 되는 부분을 적는다.

1 10진수 – 2진수 변환

10진법을 2진법으로 변환하는 과정은 크게 두 부분으로 나뉜다. 하나는 소수점 왼쪽의 정수 부분이고, 다른 하나는 소수점 오른쪽의 소수 부분이다.

소수점 왼쪽 부분인 10진수 정수 부분을 2진수로 변환할 때는 2로 나누어 그 나머지를 나열하면 2진수가 된다. 소수점 오른쪽 부분인 소수 부분을 변환할 때는 2를 곱하여 정수가 되는 수를 순서대로 나열하면 된다. 예를 들어, 10진수 75.6875를 2진수로 바꿀 때는 정수(75)와 소수(.6875) 두 부분으로 나누어서 계산한다.

먼저 정수 부분부터 살펴보자. 다음 쪽의 예와 같이 정수 부분인 75를 2로 나누고 몫과 나머지를 계산한다. 나머지를 순서대로 적어두고 몫을 다시 2로 나눈다. 최종적으로 몫이 0이 될 때까지 반복한다. 정수 부분은 2로 나눈 나머지를 오른쪽에서 왼쪽 방향으로 하나씩 적어나간다. 10진수 75는 2진수 $1001011_{(2)}$이다. 그리고 소수 부분 0.6875에 2를 곱하면 1.375가 된다. 곱셈 결과에서 정수가 되는 1을 2진수 소수점의 오른쪽에 적는다. 다시 정수 부분을 뺀 0.375에 2를 곱하면 0.75가 되며 정수 0을 앞서 적은 수의 오른쪽에 적는다. 이 과정을 반복하여 소수 부분이 0이 되면 끝낸다. 이렇게 나온 정수 부분 1001011과 소수 부분 0.1011을 더하면 $1001011.1011_{(2)}$이 된다. 즉 $75.6875_{(10)} = 1001011.1011_{(2)}$이다.

	피제수	나머지	→ 2진수
2	75		
2	37	⋯ 1	1
2	18	⋯ 1	11
2	9	⋯ 0	011
2	4	⋯ 1	1011
2	2	⋯ 0	01011
2	1	⋯ 0	001011
	0 (몫)	⋯ 1	1001011

2진수 ←	정수	소수	비고
	0.	6875	
	×	2	
0.1	1.	3750	곱셈 결과 정수를 적는다.
	×	2	
0.10	0.	7500	
	×	2	
0.101	1.	5000	
	×	2	
0.1011	1.	0	소수 부분이 0이 될 때까지 계산한다.

다른 예로 75.6을 보자. 정수 부분은 75이므로 위에서 계산한 결과를 그대로 사용하고 다른 부분인 소수 0.6만 계산해보자. 계산 결과는 $75.6_{(10)} = 1001011.100110011001100\cdots_{(2)}$로, 소수 부분에 1001이 무한히 반복된다. 이와 같이 대부분의 10진 소수는 2진수로 정확하게 표현할 수 없다. 무한히 반복되는 2진수를 컴퓨터에서 모두 표현할 수 없을 뿐만 아니라 소수 부분에 표현할 자릿수가 많아지면 2진수로 바꾸는 데 시간이 많이 소요된다. 소수 자릿수를 많이 나타낼수록 원래의 10진수에 가까워져 컴퓨터에서 2진 실수를 나타낼 때 소수 부분의 자릿수에 따라 정밀도가 달라진다.

2진수 ←	정수	소수	비고
	0.	6	
	×	2	
0.1	1.	2	곱셈 결과 정수를 적는다.
	×	2	
0.10	0.	4	
	×	2	
0.100	0.	8	
	×	2	
0.1001	1.	6	
	×	2	
0.10011	1.	2	소수 부분이 반복되어 0이 되지 않는다.

2 10진수 – 8진수 변환

진법 변환 방법은 모든 진법에서 동일한 원리를 적용한다. 2진법에서 사용한 10진수 75.6875를 8진수로 바꿔보자. 정수 75는 8로 나누어 8진수로 바꾸고, 소수 0.6875는 8을 곱하여 8진수로 바꾼다.

	피제수	나머지	→ 8진수
8	75		
8	9	⋯ 3	3
8	1	⋯ 1	13
	0 (몫)	⋯ 1	113

8진수 ←	정수	소수	비고
	0.	6875	
	×	8	
0.5	5.	5000	곱셈 결과 정수를 적는다.
	×	8	
0.54	4.	0	소수 부분이 0이 될 때까지 계산한다.

따라서 10진수 75.6875를 8진수로 바꾸면 $113.54_{(8)}$가 된다. 또 다른 예로 75.6을 8진수로 바꿔보자. 75는 $113_{(8)}$이므로 0.6에 대해서만 8진수로 바꿔보자. $75.6_{(10)} = 113.46314631\cdots_{(8)}$이 된다. 여기서도 4631이 무한히 반복된다.

8진수		정수	소수	
		0.	6	
		×	8	
0.4	←······	4.	8	곱셈 결과 정수를 적는다.
		×	8	
0.46	←······	6.	4	
		×	8	
0.463	←······	3.	2	
		×	8	
0.4631	←······	1.	6	소수 부분이 반복되어 0이 되지 않는다.

3 10진수 – 16진수 변환

10진수를 16진수로 바꿀 때도 같은 방법을 사용한다. 앞의 예에서 사용한 10진수 75.6875를 16진수로 바꿔 보자. 16으로 나눈 결과 또는 16을 곱한 결과에서 10부터 15에 해당하는 16진 기호는 A(a)부터 F(f)까지 사용한다.

		나머지		16진수
16	75			
16	4	··· 11	······→	B
	0	··· 4	······→	4B
	몫			

16진수		정수	소수	
		0.	6875	
		×	16	곱셈 결과 정수를 적는다.
0.B	←······	11.	0000	소수 부분이 0이 될 때까지 계산한다.

10진 정수 75는 16으로 나누어 나머지를 적으면 16진수 $4B_{(16)}$가 되고, 소수 0.6875에 16을 곱하여 16진수로 바꾸면 $0.B_{(16)}$이다. 그러므로 10진수 75.6875를 16진수로 바꾸면 $4B.B_{(16)}$가 된다. 다른 예로 75.6을 16진수로 바꿔보자. 75는 $4B_{(16)}$이므로 0.6에 대해서만 16진수로 바꿔보자. $75.6_{(10)} = 4B.999\cdots_{(16)}$가 된다. 여기서도 소수 부분에 9가 무한히 반복되는 것을 볼 수 있다.

16진수		정수	소수	
		0.	6	
		×	16	
0.9	←······	9.	6	곱셈 결과 정수를 적는다.
		×	16	
0.99	←······	9.	6	소수 부분이 반복되어 0이 되지 않는다.

지금까지 10진법을 2, 8, 16진법으로 바꾸는 방법을 살펴보았는데, 모두 같은 원리를 사용한 것을 알 수 있다. 2, 8, 16진법은 컴퓨터에서 많이 사용하기 때문에 조금 자세히 살펴보았다.

다른 진법의 변환도 같은 방법을 이용해 계산할 수 있다. 예를 들어, 5진법으로 바꾸는 방법 하나만 살펴보자.

10진 정수 75.6875를 5진수로 바꾸어 보자. 75는 5로 나누어 나머지를 적으면 5진수 $300_{(5)}$이고, 소수 부분 0.6875에 5를 곱하여 5진수로 바꾸면 $0.32043204\cdots_{(5)}$이다. 그러므로 10진수 75.6875를 5진수로 바꾸면 $300.32043204\cdots_{(5)}$가 되어 소수 부분 3204가 반복되는 것을 볼 수 있다. 진법에 따라 소수 부분이 반복될 수도 있고 정확하게 계산될 수도 있다. 이것은 10진법과 다른 진법이 정확하게 맞지 않기 때문이다. 다른 진법에 대해서도 적용해보기 바란다.

4 2진수 – 8진수 – 16진수 – 10진수 상호 변환

앞에서도 언급했지만 2진수를 8진수 또는 16진수로 또는 그 반대로 상호 변환하는 것은 쉽게 계산할 수 있다. 2진수 3자리는 8진수 1자리가 되고, 2진수 4자리는 16진수 1자리가 된다. [그림 2-2]는 각 진법 간의 변환 개념도다.

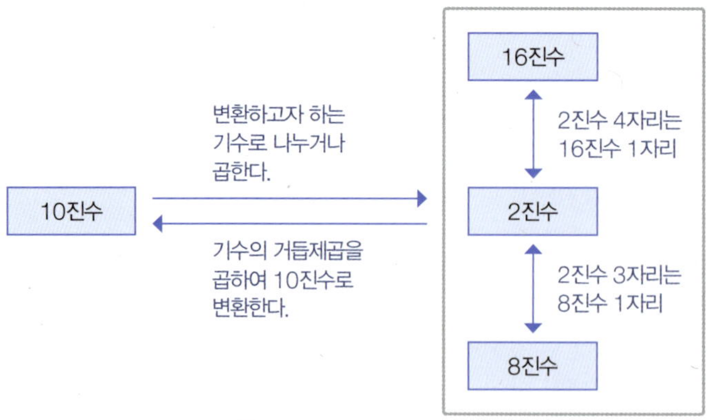

그림 2-2 10, 2, 8, 16진법 변환 개념도

앞의 예에서 10진수 75.6875는 2진수 $1001011.1011_{(2)}$이었다. 이렇게 변환한 2진수를 8진수나 16진수로 바로 변환할 수 있다. 소수점을 기준으로 좌우로 3개씩 나누어 [표 2-1]에 해당하는 8진수로 바꾸면 된다. 모자라는 빈칸은 0으로 채워서 변환한다.

$$\begin{aligned}75.6875_{(10)} &= 1001011.1011_{(2)}\\ &= 001\ 001\ 011.101\ 100_{(2)}\\ &= \ \ 1\quad 1\quad 3.\ 5\quad 4_{(8)}\end{aligned}$$

75.6은 다음과 같다.

$$\begin{aligned}75.6_{(10)} &= 1001011.1001100110011001\ldots_{(2)}\\ &= 001\ 001\ 011.100\ 110\ 011\ 001\ 100\ 110\ 011\ldots_{(2)}\\ &= \ \ 1\quad 1\quad 3.\ 4\quad 6\quad 3\quad 1\quad 4\quad 6\quad 3\ldots_{(8)}\end{aligned}$$

10진수-8진수 변환에서의 결과와 일치하는 것을 볼 수 있다. 각 진법 간의 변환표는 [표 2-2]와 같다.

16진수는 소수점을 기준으로 좌우로 4자리씩 끊어서 변환한다.

$$\begin{aligned}75.6875_{(10)} &= 1001011.1011_{(2)}\\ &= 0100\ 1011.1011_{(2)}\\ &= \quad 4\quad B.\quad B_{(16)}\end{aligned}$$

$$\begin{aligned}75.6_{(10)} &= 1001011.1001100110011001\ldots_{(2)}\\ &= 0100\ 1011.1001\ 1001\ 1001\ 1001\ldots_{(2)}\\ &= \quad 4\quad B.\quad 9\quad 9\quad 9\quad 9\ldots_{(16)}\end{aligned}$$

표 2-2 10진수에 대한 2, 8, 16진수 표현

10진수	2진수	8진수	16진수	10진수	2진수	8진수	16진수
0	0000	00	0	8	1000	10	8
1	0001	01	1	9	1001	11	9
2	0010	02	2	10	1010	12	A
3	0011	03	3	11	1011	13	B
4	0100	04	4	12	1100	14	C
5	0101	05	5	13	1101	15	D
6	0110	06	6	14	1110	16	E
7	0111	07	7	15	1111	17	F

10진수–16진수에서 변환한 결과와 일치하는 것을 볼 수 있다. 8진수와 16진수는 2진수와 쉽게 상호 변환이 가능하고 2진수보다 짧게 나타낼 수 있기 때문에 보기도 좋고 간결하다. 실제로 컴퓨터에서는 2진법과 더불어 8진법, 16진법을 많이 사용하며, 특히 16진법을 더 많이 사용한다.

반대로 8진수와 16진수를 2진수로 바꿀 때도 [표 2–2]를 참조하면 쉽게 변환할 수 있다.

$$367.75_{(8)} = 011\ 110\ 111.\ 111\ 101_{(2)}$$
$$9A3.50F3_{(16)} = 1001\ 1010\ 0011.\ 0101\ 0000\ 1111\ 0011_{(2)}$$

2진수, 8진수, 16진수를 10진수로 변환할 수도 있어야 한다. 2진수를 10진수로 변환할 때는 각 자릿수의 2진수 값에 자릿수에 해당하는 2의 거듭제곱을 곱하여 계산한다.

$$\begin{aligned}101101.101_{(2)} &= 1\times2^5+0\times2^4+1\times2^3+1\times2^2+0\times2^1+1\times2^0+1\times2^{-1}\\&\quad+0\times2^{-2}+1\times2^{-3}\\&=32+0+8+4+0+1+0.5+0+0.125=45.625_{(10)}\end{aligned}$$

8진수, 16진수도 마찬가지로 8의 거듭제곱과 16의 거듭제곱을 곱하여 계산한다.

$$\begin{aligned}364.35_{(8)} &= 3\times8^2+6\times8^1+4\times8^0+3\times8^{-1}+5\times8^{-2}\\&=3\times64+6\times8+4\times1+3\times0.125+5\times0.015625\\&=192+48+4+0.375+0.078125\\&=244.453125_{(10)}\end{aligned}$$

$$\begin{aligned}A3.D2_{(16)} &= 10\times16^1+3\times16^0+13\times16^{-1}+2\times16^{-2}\\&=10\times16+3\times1+13\times0.0625+2\times0.00390625\\&=160+3+0.8125+0.0078125\\&=163.8203125_{(10)}\end{aligned}$$

8진수, 16진수는 2진수로 변환한 후 10진수로 변환해도 된다. 위의 계산 과정을 2진수로 변환한 후 다시 계산해도 결과는 동일하다.

$$\begin{aligned}364.35_{(8)} &= 011\ 110\ 100.\ 011\ 101_{(2)}\\&=0\times2^8+1\times2^7+1\times2^6+1\times2^5+1\times2^4+0\times2^3+1\times2^2+0\times2^1\\&\quad+0\times2^0+0\times2^{-1}+1\times2^{-2}+1\times2^{-3}+1\times2^{-4}+0\times2^{-5}+1\times2^{-6}\\&=0+128+64+32+16+0+4+0+0\\&\quad+0+0.25+0.125+0.0625+0+0.015625\\&=244.453125_{(10)}\end{aligned}$$

$$
\begin{aligned}
&A3.D2_{(16)}\\
&= 1010\ 0011.\ 1101\ 0010_{(2)}\\
&= 1\times2^{7}+0\times2^{6}+1\times2^{5}+0\times2^{4}+0\times2^{3}+0\times2^{2}+1\times2^{1}+1\times2^{0}+1\times2^{-1}+\\
&\quad 1\times2^{-2}+0\times2^{-3}+1\times2^{-4}+0\times2^{-5}+0\times2^{-6}+1\times2^{-7}+0\times2^{-8}\\
&= 128+0+32+0+0+0+2+1+0.5+0.25+0+0.0625+0+0+0.0078125+0\\
&= 163.8203125_{(10)}
\end{aligned}
$$

예제 2-4

10진수 48.8125를 2진수, 8진수, 16진수로 변환하라.

풀이

먼저 10진수 48.8125를 2진수로 변환하기 위해 정수 부분과 소수 부분으로 나누어 변환하면 $110000.1101_{(2)}$이 된다.

		나머지	→ 2진수
2	48		
2	24	… 0	→ 0
2	12	… 0	→ 00
2	6	… 0	→ 000
2	3	… 0	→ 0000
2	1	… 1	→ 10000
	0	… 1	→ 110000
	몫		

2진수 ←	정수	소수
	0.	8125
	×	2
0.1 ←	1.	6250
	×	2
0.11 ←	1.	2500
	×	2
0.110 ←	0.	5000
	×	2
0.1101 ←	1.	0

2진수 $110000.1101_{(2)}$을 8진수로 변환해보자. 소수점을 기준으로 좌우로 3개씩 나누어 변환하면 $60.64_{(8)}$가 된다. 그 다음으로 2진수 $110000.1101_{(2)}$을 16진수로 변환하면 소수점을 기준으로 좌우로 4개씩 나누어 변환하면 $30.D_{(16)}$가 된다.

$$110000.1101_{(2)} = 110\ 000.\ 110\ 100_{(2)} = 60.64_{(8)}$$
$$110000.1101_{(2)} = 0011\ 0000.1101_{(2)} = 30.D_{(16)}$$

예제 2-5

4진수 $23.103_{(4)}$을 2진수로 변환하라.

풀이

4진수 1자리는 2진수 2자리가 되므로 $0_{(4)}=00_{(2)}$, $1_{(4)}=01_{(2)}$, $2_{(4)}=10_{(2)}$, $3_{(4)}=11_{(2)}$가 된다. 따라서 4진수 23.103을 2진수로 변환하면 1011.010011이 된다.

$$
\begin{aligned}
&\ \ 2\ 3\ .\ 1\ 0\ 3_{(4)}\\
&= 1011.010011_{(2)}
\end{aligned}
$$

2.3 2진수 정수 연산과 보수

컴퓨터에서 사용하는 기본적인 연산에 대해 살펴보자. 컴퓨터의 연산을 이해하기 전에 2진수를 표현하는 3가지 방법과 10진수 연산을 간단히 살펴보고, 2의 보수를 이용한 계산 방법을 알아본다. 문자, 숫자, 기호 등 컴퓨터에서 사용하는 모든 데이터는 2진수로 저장되고 계산된다. 2진 정수를 컴퓨터에서는 **고정소수점수**fixed-point number라고 한다.

1 2진수 양의 정수 덧셈

10진수에서는 해당하는 자리의 두 수를 더하여 결과가 10 이상이 되면 윗자리로 자리올림(현재 자리에서 바로 윗자리로의 올림수)하여 더한다. 2진수도 마찬가지로 해당하는 두 수를 더하여 2 이상이 되는 결과가 발생하면 윗자리에 더한다.

기본적인 한 자리 2진수 2개를 더해보자.

$$\begin{array}{r} 0 \\ +\ 0 \\ \hline 0\ 0 \end{array} \qquad \begin{array}{r} 0 \\ +\ 1 \\ \hline 0\ 1 \end{array} \qquad \begin{array}{r} 1 \\ +\ 0 \\ \hline 0\ 1 \end{array} \qquad \begin{array}{r} 1 \\ +\ 1 \\ \hline 1\ 0 \end{array}$$

위의 결과에서 $1_{(2)} + 1_{(2)} = 10_{(2)}$이 된다. 즉 **캐리**carry가 발생한다. 현재는 한 비트 연산이기 때문에 그 결과를 그대로 수용하면 된다. 그러나 여러 비트 연산일 경우에는 캐리까지 같이 연산해 주어야 한다. 다음 예를 보자.

	10진수		2진수		8진수		16진수
carry →	11		0110000		10		0
	49	=	00110001	=	61	=	31
	+ 58	=	+ 00111010	=	+ 72	=	+ 3A
	107	=	01101011	=	153	=	6B

어떤 진법이든 계산 원리는 동일하다. 2진수는 0과 1로만 나타내므로 덧셈을 쉽게 계산할 수 있다. 단지 길이가 길어질 뿐이다.

2 2진수 음의 정수 표현과 보수

디지털 컴퓨터는 모든 데이터를 기호 0과 1로 표현하므로 +, − 부호도 0 또는 1로 나타낸다. 컴퓨터에서는 부호 비트sign bit를 이용해 양수(+)를 0으로, 음수(−)를 1로 표시한다. 모든 경우에 부호 비트는 가장 왼쪽 비트인 최상위 비트MSB : Most Significant Bit에 나타낸다.

2진수로 데이터를 표시할 때는 항상 자릿수(비트 크기)를 동일하게 표시해야 한다는 점에 유의해야 한다. 즉 부호는 항상 동일한 위치에 있어야 한다. 부호 비트의 위치가 달라지면 어느 비트가 부호 비트인지 알 수 없기 때문이다. 보통 2진수 데이터를 나타낼 때는 8, 16, 32, 64비트 길이 중 하나의 크기로 고정하여 나타낸다. 비트 크기가 늘어날 때는 부호 확장sign extension 방법을 사용해 비트 크기를 조절한다. 비트 크기가 줄어들 때 작은 값은 제대로 표현될 수 있지만 큰 값은 제대로 표현할 수 없는 경우가 발생한다. 따라서 비트의 크기를 줄이는 경우는 거의 없다.

2진 음수를 표시하는 방법에는 3가지가 있는데, 부호와 절댓값sign−magnitude, 1의 보수1's complement, 2의 보수2's complement이다. ANSI 표준은 32, 64 또는 128비트 2의 보수다. 이 표준에 따라 모든 컴퓨터에서는 2의 보수 표현 방법을 사용한다.

부호와 절댓값

부호와 절댓값 표현은 부호만 음(−), 양(+)으로 나타내고 뒷자리는 절댓값 크기를 사용한다. 즉 10진수를 2진수로 바꾼 그대로다. 예를 들어, [표 2−3]에서 +3과 −3의 부호만 다르고 뒷자리 7개는 모두 같다. 표현 방법은 쉽지만 컴퓨터 연산에 사용하기에는 적합하지 않다.

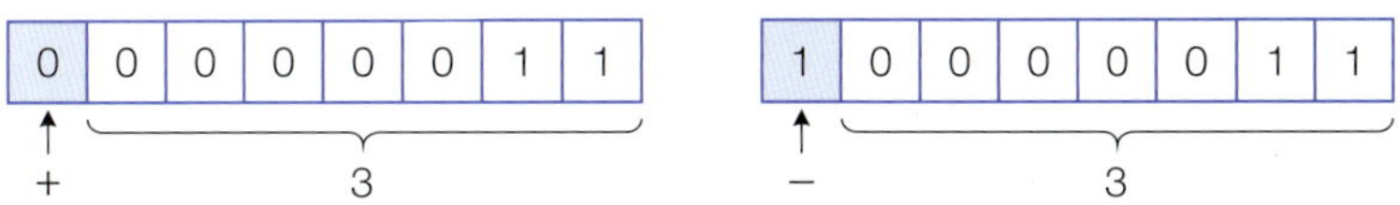

1의 보수

1의 보수는 각 자릿수의 값을 0을 1로, 1을 0으로 바꾸면 된다. 예를 들어, +3을 −3으로 나타내면 00000011이 11111100으로 변환된다. 즉 해당 비트의 2진수를 반대의 상태(2진수에는 0과 1밖에 없으므로)로 바꾼 것이다. 1의 보수도 연산하는 데 조금은 불편하다.

```
0 0 0 0 0 0 1 1
↓ ↓ ↓ ↓ ↓ ↓ ↓ ↓
1 1 1 1 1 1 0 0  ← 1의 보수
```

2의 보수

2의 보수는 1의 보수에 1을 더하면 된다. 예를 들어, 8비트로 +3인 00000011의 1의 보수 11111100에 1을 더한 11111101이 2의 보수다. 반대로 11111101의 2의 보수는 00000010 + 1인 00000011이다.

```
  0 0 0 0 0 0 1 1              1 1 1 1 1 1 0 1
  ↓ ↓ ↓ ↓ ↓ ↓ ↓ ↓              ↓ ↓ ↓ ↓ ↓ ↓ ↓ ↓
  1 1 1 1 1 1 0 0 ← 1의 보수   0 0 0 0 0 0 1 0 ← 1의 보수
+               1            +               1
-----------------            -----------------
  1 1 1 1 1 1 0 1 ← 2의 보수   0 0 0 0 0 0 1 1 ← 2의 보수
```

[표 2-3]은 2진 데이터를 표현 방식에 따라 어떻게 해석할 수 있는지를 8비트 기준으로 나타낸 표다. 부호와 절댓값, 1의 보수, 2의 보수 방식 모두에서 최상위 비트가 0이면 양수, 1이면 음수임을 알 수 있다.

표 2-3 부호와 절댓값, 1의 보수, 2의 보수의 8비트 표현 범위

2진수	8비트 크기이며, MSB가 부호 비트임		
	부호와 절댓값	1의 보수	2의 보수
00000000	+0	+0	+0
00000001	+1	+1	+1
00000010	+2	+2	+2
00000011	+3	+3	+3
…	…	…	…
01111101	+125	+125	+125
01111110	+126	+126	+126
01111111	+127	+127	+127
10000000	−0	−127	−128
10000001	−1	−126	−127
10000010	−2	−125	−126
10000011	−3	−124	−125
…	…	…	…
11111100	−124	−3	−4
11111101	−125	−2	−3
11111110	−126	−1	−2
11111111	−127	−0	−1

모든 진법에는 2가지의 보수가 있으며, r 진법이라면 r의 보수와 $r-1$의 보수가 있다. 예를 들어, 10진법에는 10의 보수와 9의 보수가 있고, 8진법에는 8의 보수와 7의 보수가 있으며, 2

진법에는 2의 보수와 1의 보수가 있다. 어떤 수 x를 n자리 r진법으로 표시했을 때 보수를 나타내는 방법은 다음과 같다.

- r진법 n 자릿수 x의 r의 보수 : $r^n - x$
- r진법 n 자릿수 x의 $r-1$의 보수 : $r^n - 1 - x$

예를 들어, 3자리 10진수 567의 9의 보수는 $10^3 - 1 - 567 = 999 - 567 = 432$다. 또 10의 보수는 $10^3 - 567 = 1000 - 567 = 433$이다. 쉽게 말해 567의 각 자리를 9로 만드는 수를 구하면 된다. 5에는 4를, 6에는 3을, 7에는 2를 더하면 9가 되므로 567의 9의 보수는 432다. 10의 보수는 9의 보수에 +1을 한 결과다. 2진법도 마찬가지다. 위의 예에서 2(r)진수 8(n)비트 00000011(x)의 1의 보수는 다음과 같다.

$$r^n - 1 - x = 2^8 - 1 - 0000\ 0011 = 1111\ 1111 - 0000\ 0011 = 1111\ 1100$$

2의 보수는 다음과 같다. 이는 1의 보수에 1을 더한 결과와 같다.

$$r^n - x = 2^8 - 0000\ 0011 = 1\ 0000\ 0000 - 0000\ 0011 = 1111\ 1101$$

즉 모든 진법에서 r의 보수는 $r-1$의 보수를 구한 다음 1을 더하면 된다. 10진수의 9의 보수와 마찬가지로 2진수의 1의 보수란 '각 자릿수를 1로 만드는 수'이다. 즉 0에 1을 더하면 1이 되고, 1에 0을 더하면 1이 되기 때문에 0과 1을 바꾼 상태와 같아진다.

예제 2-6

8비트로 표현된 어떤 수 A를 2의 보수로 변환했다. 이때 변환한 결과를 B라고 할 때 A와 B의 합을 구하라.

풀이

2진수 8비트 A의 2의 보수는 $B = 2^8 - A$이므로 $A + B$는 256이다.

$$A + B = A + (2^8 - A) = 2^8 = 256$$

모든 컴퓨터에서는 2의 보수를 사용한다. 보수를 사용하는 이유는 음수를 표현하기 위해서다. 음수를 달리 표현할 방법이 없기 때문이기도 하고 연산을 쉽게 하기 위해서 보수를 사용하는 것이다. 컴퓨터 하드웨어에는 뺄셈 회로가 없고 보수 회로만 있다. 보수를 취하여 더하면 뺄셈이 되기 때문에 굳이 뺄셈 연산을 하는 하드웨어를 따로 두지 않아도 된다.

10진수 83을 8비트 2진수로 나타내고 2의 보수를 만들어보자. 83을 8비트 2진수로 바꾸면 $01010011_{(2)}$이며, 1의 보수는 $10101100_{(2)}$이다. 여기에 1을 더하면 2의 보수

$10101100_{(2)} + 1_{(2)} = 10101101_{(2)}$이 된다. 즉 2진수 $10101101_{(2)}$은 −83이다. 반대로 $-83 = 10101101_{(2)}$을 2의 보수로 바꾸면 $01010010_{(2)} + 1_{(2)} = 01010011_{(2)} = 83$이 된다. 즉 양수를 2의 보수로 변환하면 음수가 되고, 음수를 2의 보수로 변환하면 양수가 된다. 주의할 점은 보수를 취할 때 정해진 크기의 비트 수로 맞춰야 한다는 것이다. 보통 8, 16, 32, 64 비트로 맞춘다. 자릿수를 맞추는 이유는 최상위 비트(가장 왼쪽 비트)가 부호 비트이며, 2의 보수로 나타냈을 때 같은 종류의 데이터는 항상 같은 위치에 부호를 위치시키기 위함이다. 따라서 컴퓨터 내부에 저장되는 동일한 종류의 데이터의 비트 수는 항상 같다.

10진수 보수 연산의 예로, 7928−879를 계산해보자.

$$\begin{aligned} 7928 - 879 &= 7928 + (-879) = 7928 + (-0879) \\ &\Rightarrow 7928 + (10^4 - 0879) = 7928 + 9121 = 17049 \\ &\Rightarrow 17049 - 10^4 = 7049 \end{aligned}$$

실제로 복잡한 것 같지만 원리는 간단하다. 뺄셈이 있으면 그 값의 보수를 취해서 더하면 된다. 즉 −879의 4자리에 대한 10의 보수는 9121이다. 이 값을 7928과 더하면 17049가 되는데, 여기서 자릿수를 벗어나는 맨 앞의 1을 버리면 7049가 된다. 1을 버리는 이유는 보수를 계산하는 과정 $(10^4 - 0879)$에서 10^4을 더했기 때문에 4자리를 벗어나는 앞자리를 제거해야 하기 때문이다. 이 계산 과정에서 뺄셈을 하지 않고 10의 보수를 취해서 더함으로써 뺄셈을 덧셈으로 바꿔 계산하였다. 이 예에서는 큰 수에서 작은 수를 빼는 것을 살펴보았다. 그러나 작은 수에서 큰 수를 빼는 것은 10진수에서는 표현하기 힘들다. 그 이유는 계산 결과에 부호를 표현할 수 있는 방법이 적당하지 않기 때문이다.

2진수 연산도 이와 같은 보수의 원리를 사용한다. 2진수를 표시하는 방법이 3가지(부호와 절댓값, 1의 보수, 2의 보수)가 있지만, 컴퓨터 시스템에서는 2의 보수를 사용한다. [표 2−4]는 n비트를 사용해 2의 보수를 나타낼 때 표현 가능한 10진수의 표현 범위다.

> **TIP**
>
> **부호와 절댓값**
> $-(2^{n-1} - 1) \sim +(2^{n-1} - 1)$
>
> **1의 보수**
> $-(2^{n-1} - 1) \sim +(2^{n-1} - 1)$

표 2−4 n비트 2의 보수에 대한 10진수의 표현 범위

비트 수	2의 보수를 사용한 2진 정수의 표현 범위
n비트	$-2^{n-1} \sim +2^{n-1} - 1$
4비트	$-2^{4-1}(-8) \sim +2^{4-1} - 1(+7)$
8비트	$-2^{8-1}(-128) \sim +2^{8-1} - 1(+127)$
16비트	$-2^{16-1}(-32,768) \sim +2^{16-1} - 1(+32,767)$
32비트	$-2^{32-1}(-2,147,483,648) \sim +2^{32-1} - 1(+2,147,483,647)$
64비트	$-2^{64-1}(-9,223,372,036,854,775,808) \sim +2^{64-1} - 1(+9,223,372,036,854,775,807)$

TIP

1의 보수로 바꾸지 않고 2의 보수로 직접 변경하는 방법

최하위 비트(LSB)에서부터 최초의 1을 만날 때까지 그냥 쓰고, 나머지는 반대(0→1, 1→0)로 바꾼다. $00110000_{(2)}$(=48)의 2의 보수를 만들어 보자. 여기서는 오른쪽 비트에서부터 최초의 1이 있는 5번째 비트($10000_{(2)}$)까지는 그대로 쓰고, 나머지는 반대(0→1, 1→0)로, 즉 상위의 $001_{(2)}$을 $110_{(2)}$으로 바꾸면 $11010000_{(2)}$(=−48)이 된다. $11001101_{(2)}$(=−51)의 2의 보수는 맨 오른쪽 비트가 $1_{(2)}$이므로 이 비트만 그대로 두고 나머지는 반대로 해준다. 즉 $00110011_{(2)}$(=51)이다.

```
001 |10000        1100110 |1
↓↓↓ |             ↓↓↓↓↓↓↓ |
110 |10000        0011001 |1
```

3 부호 확장

부호 확장은 늘어난 부호를 비트 수만큼 늘려주는 방법이다. 부호와 절댓값 표현 방식에서는 부호를 그대로 MSB 자리로 옮기고 나머지는 0으로 채워 부호를 확장한다. 그러나 1의 보수와 2의 보수는 부호 비트와 같은 수를 늘어난 길이만큼 채우고 이렇게 부호를 확장해도 값은는 변화가 없다. [표 2-5]의 예에서 8비트 2의 보수로 표현한 음수 $10010111_{(2)}$과 16비트 2의 보수로 표현한 음수 $1111111110010111_{(2)}$을 비교해보자. 두 음수의 2의 보수는 양수 $01101001_{(2)}$과 $0000000001101001_{(2)}$로 같아 부호를 확장해도 값은 변하지 않는다.

표 2-5 2진수 표현 방법에 따른 부호 확장

2진수 표현 방식	부호 확장 방법	구분	8비트	16비트 확장
부호와 절댓값	부호만 MSB에 복사하고, 나머지는 0으로 채움	양수	00101010	00000000 00101010
		음수	10010111	10000000 00010111
1의 보수	늘어난 길이만큼 부호와 같은 값으로 모두 채움	양수	00101010	00000000 00101010
		음수	10010111	11111111 10010111
2의 보수	늘어난 길이만큼 부호와 같은 값으로 모두 채움	양수	00101010	00000000 00101010
		음수	10010111	11111111 10010111

4 2의 보수로 표현된 음수를 10진수로 변환

2의 보수로 표현된 음수를 10진수로 바꾸는 방법을 살펴보자. 2의 보수로 표현한 음수인 $10101100_{(2)}$이 10진수로 얼마인지 계산해보자.

1번째 방법

MSB가 1이므로 음수다. 이 위치의 크기는 128(=2^7)이며 부호가 1(음수)이므로 실제 값은 −128이다. 여기에 나머지 수를 더한다. 즉 뒷부분 $0101100_{(2)}$은 양수로 계산하여 더한다.

$$10101100_{(2)} = -1\times2^7+0\times2^6+1\times2^5+0\times2^4+1\times2^3+1\times2^2+0\times2^1+0\times2^0$$
$$= -128+0+32+0+8+4+0+0 = -84_{(10)}$$

2번째 방법

음수를 양수로 바꾸기 위하여 2의 보수를 취한 다음 10진수로 바꾸어 −부호를 붙인다.

$$10101100_{(2)} \Rightarrow 2\text{의 보수} = 01010100_{(2)}$$
$$= 0\times2^7+1\times2^6+0\times2^5+1\times2^4+0\times2^3+1\times2^2+0\times2^1+0\times2^0$$
$$= 0+64+0+16+0+4+0+0 = 84 \Rightarrow -\text{ 부호를 붙이면 } -84$$

예제 2-7

8비트 메모리 워드에서 비트 패턴 $11101101_{(2)}$은 "(a) 부호와 절댓값, (b) 부호와 1의 보수, (c) 부호와 2의 보수"로 해석될 수 있다. 각각에 대응되는 10진수를 구하라.

풀이

11101101은 최상위 비트가 1이므로 음수임을 알 수 있다.

(a) 부호와 절댓값인 경우 부호 비트를 제외한 나머지 1101101을 10진수로 변환하면 109가 되므로 −109가 된다.

$$1101101_{(2)} = 2^6+2^5+2^3+2^2+2^0 = 64+32+8+4+1 = 109$$

(b) 부호와 1의 보수인 경우 음수를 양수로 바꾸기 위해 1의 보수를 취한 다음 10진수로 바꾸어 −부호를 붙인다. 11101101의 1의 보수는 00010010이므로 10진수로 변환하면 18이 되어 −18이다.

$$00010010_{(2)} = 2^4+2^1 = 16+2 = 18$$

(c) 부호와 2의 보수인 경우 음수를 양수로 바꾸기 위해 2의 보수를 취한 다음 10진수로 바꾸어 −부호를 붙인다. 11101101의 2의 보수는 00010011이므로 10진수로 변환하면 19가 되어 −19다.

$$00010011_{(2)} = 2^4+2^1+2^0 = 16+2+1 = 19$$

5 2의 보수 연산

2의 보수는 표현 범위 내에서 자유롭게 계산할 수 있다. 다음 페이지와 같이 여러 가지 가능한 8비트 2진수 정수의 연산을 살펴보자. 뺄셈인 경우에는 2진수를 2의 보수를 취하여 부호를 숫자 속으로 넣은 다음 덧셈을 한다.

계산 과정 중에 굵게 표시한 2진수는 음수를 의미하며, − 기호가 2진수 속으로 들어갔다. 즉 MSB가 1이므로 음수다. 계산 결과를 보면 ❶~❹는 정상적으로 계산되었고, ❺~❻은 계산 결과가 잘못되었음을 보여준다. 계산 결과가 잘못되었다는 것은 데이터의 표현 범위를 벗어났다는 의미다(오버플로). 8비트 2진 정수는 −128 ~ +127 범위 내에서만 표현된다. 그러므로 98 + 74 = 172, −98 − 74 = −172이므로 172나 −172는 8비트 2의 보수로 표현할 수 없다.

정수 연산의 결과에 오버플로overflow가 발생했는지 여부는 쉽게 판단할 수 있다. 위 계산에서 보는 바와 같이 마지막 캐리 2개(밑줄 친 부분)가 같은 값(00 또는 11)이면 정상적으로 계산된 것이고, 다른 값(01 또는 10)이면 오버플로가 발생한 것이다. ❺는 마지막 2개의 캐리가 01이고, ❻은 마지막 2개의 캐리가 10으로 다르기 때문에 오버플로다.

❶

	10진수		2진수
		carry	0 0110000
양수	49	=	00110001
+ 양수	+58	=	+ 00111010
양수	107	=	01101011

❷

	10진수		2진수
		carry	1 1111110
큰 수	58	=	00111010
− 작은 수	−49	=	− 00110001
			00111010
			+ **11001111**
양수	9	=	00001001

❸

	10진수		2진수
		carry	0 0000000
작은 수	49	=	00110001
− 큰 수	−58	=	− 00111010
			00110001
			+ **11000110**
음수	−9	=	11110111

❹

	10진수		2진수
		carry	1 1001110
음수	−49	=	− 00110001
+ 음수	−58	=	− 00111010
			11001111
			+ **11000110**
음수	−107	=	10010101

❺

	10진수		2진수
		carry	0 1000010
큰 양수	98	=	01100010
+ 큰 양수	+74	=	+ 01001010
음수	−84	=	10101100

❻

	10진수		2진수
		carry	1 0111110
큰 음수	−98	=	− 01100010
+ 큰 음수	−74	=	− 01001010
			10011110
			+ **10110110**
양수	+84	=	01010100

이런 현상은 컴퓨터 프로그래밍에서 연산하다 보면 종종 접하는데, 다음 그림을 보면 이해할 수 있을 것이다. [그림 2-3(a)]는 4비트 2진수에 대한 개념도다. 예를 들어, 5 + 5를 연산하면 5에서 +방향으로 5칸을 이동하면 −6이 된다. 4비트 연산 5 + 5 = $0101_{(2)}$ + $0101_{(2)}$ = $1010_{(2)}$이 되는데 MSB가 1이기 때문에 음수다. $1010_{(2)}$의 값은 2의 보수로 바꾸어 보면 $0110_{(2)}$이 된다. 즉 부호는 −이며 값은 6이므로 결과는 −6이다. 다른 비트 크기의 계산도 범위만 달라질 뿐 방법은 같다. [그림 2-3(b)]는 8비트 수의 경우에 대한 예이다. 98+74는 98(01100010)에서 +방향으로 74($01001010_{(2)}$)칸을 이동하면 −84(10101100)가 된다. 2진 정수는 극과 극이 연결되어 있다고 생각하면 쉽게 이해할 수 있다.

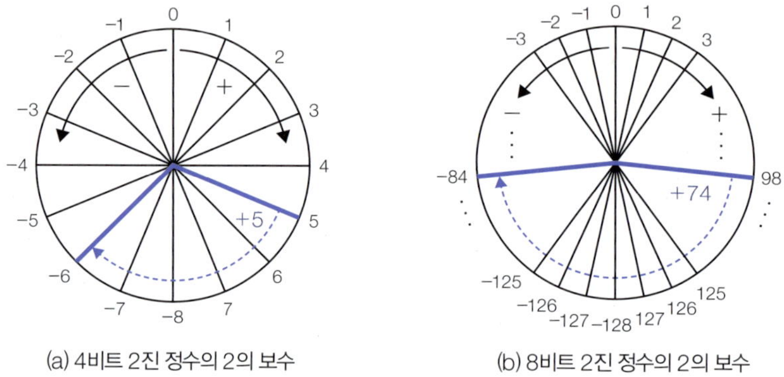

그림 2-3 2진 정수의 2의 보수 개념도

예제 2-8

8비트 연산 98 + 74의 경우, 오버플로가 발생하여 잘못 계산된 결과인 −84($10101100_{(2)}$)를 얻었다. 부호 확장을 통해서 올바른 결과를 얻을 수 있음을 설명하라.

풀이

16비트로 부호를 확장하여 연산하는 과정은 다음과 같다.

	carry	0	00000000	1000010
98	=		00000000	01100010
+74	=	+	00000000	01001010
172	=		00000000	10101100

마지막 캐리 2개(밑줄친 부분)가 같으므로 정상적으로 계산되었음을 알 수 있다. 그 결과는 MSB가 0(양수)인 00000000 $10101100_{(2)}$이 되며, 10진수로 바꿔 나타내면 다음과 같다.

$$00000000\ 10101100_{(2)} = 128 + 32 + 8 + 4 = 172_{(10)}$$

2.4 2진 부동소수점수의 표현

컴퓨터에서는 **2진 부동소수점수**floating point number, 실수를 표현할 때 과학적인 표기 방식을 사용하며, 매우 작은 값이나 큰 값을 나타낼 수 있다. 10진수 123.456은 과학적인 표기 방식으로 1.23456×10^2으로 표현하며, 마찬가지로 16진수인 123.ABC도 $1.23ABC \times 16^2$으로 표현한다. 컴퓨터에서는 부동소수점수를 **IEEE 754 표준** 표기 방식으로 나타낸다. 부동소수점수는 **부호**sign와 **지수**exponent 및 **가수**mantissa 세 영역으로 나뉜다. 부호는 전체 수가 양수인지 음수인지 표시하고, 지수는 2의 지수, 가수는 소수 이하 부분을 표시한다. 부동소수점수는 표현 범위에 따라서 **단정도**single precision, 32bit **부동소수점수**와 **배정도**double precision, 64bit **부동소수점수** 등의 표현 방법이 있다. [그림 2-4]는 2가지 표현 방법에 대해 부호, 지수, 가수에 할당된 비트 수를 나타낸다.(cf. **4배 정밀도** : quadruple precision, 128bit)

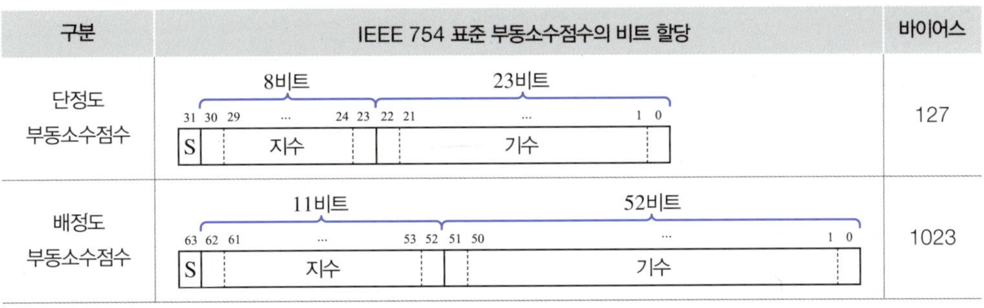

그림 2-4 단정도 및 배정도 부동소수점수에 할당된 비트 수

부호(S)가 0일 때는 양수, 1일 때는 음수를 나타낸다. 지수도 양수와 음수를 구별하여 나타낼 수 있어야 한다. 양의 지수와 음의 지수를 표현하기 위해 **바이어스**bias를 사용한다. [그림 2-4]에 나타낸 것처럼 단정도일 때 바이어스는 127이며, 배정도일 때 바이어스는 1023이다. 계산된 지수값에 바이어스를 더해 실제 컴퓨터 내부에 저장한다. 예를 들어, 2^{10}이면 지수 $10(1010_{(2)})$에 바이어스 $127(01111111_{(2)})$을 더한 $137(10001001_{(2)})$을 지수에 저장하고, 2^{-10}이면 바이어스 127에 지수 $-10(-1010_{(2)})$을 더한 $117(1110101_{(2)})$을 지수에 저장한다. 마찬가지로 배정도 부동소수점수일 때는 1023을 더한다. 바이어스가 단정도일 경우 128, 배정도일 경우 1024도 가능하지만 IEEE 표준에서는 바이어스 127과 1023을 사용한다.

가수 부분은 단정도일 경우에는 23비트, 배정도일 경우에는 52비트로 나타낸다. 가수에 저장될 데이터는 2진수를 **정규화**normalization하여 나타낸다. 다음은 10진수 5를 여러 가지 형태로 나타낸 것이다.

$$5.0 \times 10^0 = 0.05 \times 10^2 = 5000 \times 10^{-3}$$

10진수 5의 정규화된 표현 방법은 5.0×10^0이다. 2진수도 이와 같이 정규화된 표현 방식으로 나타낸다. $75.6875_{(10)} = 1001011.1011_{(2)}$을 정규화된 2진 부동소수점수로 나타내보자.

$$75.6875_{(10)} = 1001011.1011_{(2)} = 1.0010111011_{(2)} \times 2^6 = 1.0010111011_{(2)} \times 2^{110_{(2)}}$$

여기에서 1.0010111011이 가수에 해당된다. 0.0을 제외한 모든 2진수를 정규화하면 가수는 항상 $1.\times\times\times_{(2)}$로 표현된다. 그러므로 '1.'을 컴퓨터에 저장할 필요가 없으며, 실제로도 저장하지 않는다hidden bit. 이로 인해 컴퓨터 내부에는 23비트 가수가 저장되지만, 생략되는 한 비트를 포함하여 실제로는 24비트를 표현하는 것이다. 즉 컴퓨터에 저장되는 부동소수점수의 가수 앞에는 '1.'이 항상 생략되어 표현된다. 한 비트라도 더 표현함으로써 오차를 좀 더 줄일 수 있다. 그러므로 컴퓨터 내부에는 단정도 부동소수점수 $1.0010111011_{(2)} \times 2^{110_{(2)}}$가 다음과 같이 저장된다.

부호	지수(바이어스 127)	가수($1.\times\times\times_{(2)}$)
양수	01111111(127) + 110(6)	1.을 생략한 가수
0	10000101	00101110110000000000000

10진수 −0.2를 단정도 부동소수점수로 나타내보자. 먼저 2진수로 바꾸고 정규화한다. 음수이므로 부호는 1, 지수는 $01111111_{(2)} - 11_{(2)} = 01111100_{(2)}(127 - 3 = 124)$이고, 가수는 '1.'을 생략한 23비트인 $10011001100110011001100_{(2)}$이다.

$$\begin{aligned} -0.2_{(10)} = -0.001100110011\ldots_{(2)} &= -1.100110011\ldots_{(2)} \times 2^{-3} \\ &= -1.100110011\ldots_{(2)} \times 2^{-11_{(2)}} \end{aligned}$$

부호	지수(바이어스 127)	가수($1.\times\times\times_{(2)}$)
음수	01111111(127) − 11(3)	1.을 생략한 가수
1	01111100	10011001100110011001100

단정도와 배정도 부동소수점수의 표현 범위는 [표 2-6]과 같다.

표 2-6 단정도 및 배정도 부동소수점수의 표현 범위

구분	단정도 부동소수점수	배정도 부동소수점수
비정규화된 2진수	$\sim\pm2^{-149}$ to $\pm(1-2^{-23})\times2^{126}$	$\sim\pm2^{-1074}$ to $\pm(1-2^{-52})\times2^{1022}$
정규화된 2진수	$\sim\pm2^{-126}$ to $\pm(2-2^{-23})\times2^{127}$	$\sim\pm2^{-1022}$ to $\pm(2-2^{-52})\times2^{1023}$
10진수	$\sim\pm1.40\times10^{-45}$ to $\sim\pm3.40\times10^{38}$	$\sim\pm4.94\times10^{-324}$ to $\sim\pm1.798\times10^{308}$

예제 2-9

$\frac{1}{256}$을 단정도 부동소수점수 표현 방식으로 나타내라.

풀이

$\frac{1}{256}$을 정규화된 방법으로 표현하면 $\frac{1}{256}=\frac{1}{2^8}=1.0\times2^{-8}=1.0\times2^{-1000_{(2)}}$이므로 단정도 부동소수점수로 나타내면 다음과 같이 된다.

부호	지수(바이어스 127)	가수($1.\times\times\times_{(2)}$)
양수	01111111(127) − 1000(8)	1.을 생략한 가수
0	01110111	00000000000000000000000

[그림 2-5]는 2진 부동소수점수의 표현 범위를 그림으로 나타낸 것이다.

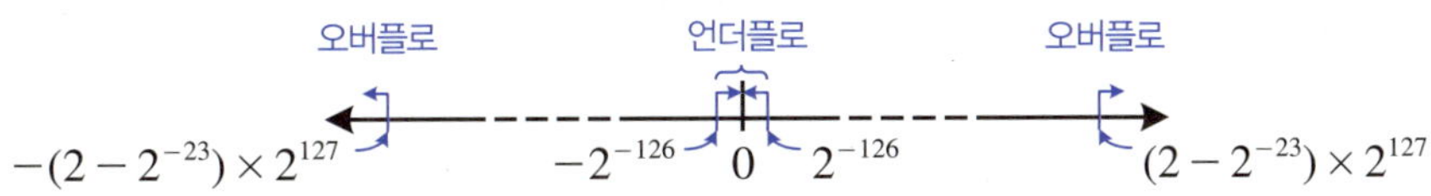

그림 2-5 단정도 부동소수점수의 표현 범위(정규화된 2진수)

0에 아주 가까이 접근할 때underflow는 0으로 표현한다. 실제로 이 표준 형식으로는 0을 직접 표현할 수 없다. 특별히 0은 지수와 가수를 모두 0으로 표시하며, + 0과 − 0으로 구별되지만 실제 비교 연산에서는 같은 것으로 한다. 또 ±∞overflow는 지수 비트가 모두 1이고, 가수 비트가 모두 0인 경우이며, 부호 비트로 이들을 구분한다. 따라서 +∞와 −∞로 구별한다. NaNNot a Number은 실제로 표현하지 못하는 수로 지수 비트들이 모두 1이며, 가수 비트들이 모두 0이 아닌 경우를 의미한다.

연습문제

01 다음 물음에 답하라.

① 컴퓨터 내부에서 10진수를 사용하지 않는 이유는 무엇인가?

② 컴퓨터의 디지털 회로는 단지 2진수로만 동작하는데, 8진수와 16진수가 필요한 이유는 무엇인가?

02 다음 10진수를 2진수, 8진수, 16진수로 바꿔라.

① 892 ② 783.8125 ③ 48.3515625

④ 0.0078125 ⑤ 52.7578125 ⑥ 47.9

03 다음 10진수를 괄호 안의 진수로 바꿔라.

① 398.3(3진수) ② 89.328125(4진수) ③ 32.2416(5진수)

④ 98.22(9진수) ⑤ 12.33(12진수) ⑥ 74.234(15진수)

04 다음 8진수는 16진수와 2진수로, 16진수는 8진수와 2진수로 바꿔라.

① $2136_{(8)}$ ② $6743_{(8)}$ ③ $5436.15_{(8)}$

④ $0.02136_{(8)}$ ⑤ $1023_{(16)}$ ⑥ $6BCF_{(16)}$

⑦ $F420_{(16)}$ ⑧ $330F.FC_{(16)}$ ⑨ $0.0E34_{(16)}$

05 다음 표의 빈 칸을 채워라.

10진수	2진수	8진수	16진수
225.225			
	11010111.11		
		623.77	
			2AC5.D

06 다음 등식이 성립하도록 기수 r을 구하라.

① $B1_{(r)} = 144_{(10)}$ ② $211_{(r)} = 152_{(8)}$

③ $436_{(r)} = 357_{(10)}$ ④ $4B7_{(r)} = 2CB_{(16)}$

07 다음 각 연산이 성립하도록 기수를 결정하라.

① 14/2 = 5 ② 54/4 = 13 ③ 24 + 17 = 40

08 2차 방정식 $x^2 - 11x + 22 = 0$의 해가 $x = 3$과 $x = 6$이다. 이때 기수가 얼마인지 계산하라.

09 다음 8진수를 계산하라.

① 1372 + 4631 ② 47135 + 5125

③ 175214 + 152405 ④ 110321 + 56573

10 12비트의 신호를 동등한 값의 아날로그 신호로 변환할 수 있는 기능을 가지고 있는 시스템이 있다.

① 이 시스템에서 사용될 수 있는 최솟값과 최댓값을 16진수로 나타내라.

② 이 시스템이 나타낼 수 있는 서로 다른 아날로그 신호의 값은 몇 개인가?

11 다음 8비트 2진수에 대한 2의 보수를 구하라.

① 00101011 ② 11010101 ③ 00011110

④ 11011110 ⑤ 10000001 ⑥ 00101010

12 어떤 컴퓨터에서 정수로 15비트 2의 보수를 사용한다면 정수의 표현 범위를 계산하라.

13 다음 10진수를 8비트 1의 보수와 2의 보수로 나타내라.

① +18 ② +115 ③ +79

④ −49 ⑤ −3 ⑥ −100

14 다음 10진수의 9의 보수와 10의 보수를 구하라.

① 25,478,036 ② 63,325,600

③ 25,000,000 ④ 00,000,000

15 다음 연산을 10의 보수를 이용해 계산하라.

① 5255 − 2363 ② 1756 − 5632 ③ 200 − 600

④ 1300 − 260 ⑤ 632 − 563 ⑥ 856 − 965

16 음수를 표현할 때, 2의 보수가 부호와 절댓값 또는 1의 보수보다 선호되는 이유를 설명하라.

17 각 진수로 표현된 수를 10진수로 바꿔라. 단, 2진 정수는 8비트 2의 보수다.

① $10101010_{(2)}$ ② $11110001_{(2)}$ ③ $01010101_{(2)}$
④ $00101011_{(2)}$ ⑤ $0.10101_{(2)}$ ⑥ $3526_{(8)}$
⑦ $7736_{(8)}$ ⑧ $34.531_{(8)}$ ⑨ $3203_{(4)}$
⑩ $6432_{(7)}$ ⑪ $A289B_{(12)}$ ⑫ $A501_{(16)}$
⑬ $839C_{(16)}$ ⑭ $ABCD_{(16)}$

18 10진수를 2진수로 바꾼 후 8비트 2의 보수 방법으로 계산하라. 계산이 정상적으로 되었는지도 검사하라.

① 78−34 ② 98−100 ③ −56−34
④ 59−11 ⑤ 98+59 ⑥ −88−105

19 다음 물음에 답하라.

① 16진수 C3DF의 16의 보수를 구하라.
② C3DF를 2진수로 변환하라.
③ ②의 결과를 2의 보수로 바꿔라.
④ ③의 결과를 16진수로 바꾸고 ①의 결과와 비교하라.

20 10진수는 2진수 IEEE 754 부동소수점수로, IEEE 754 부동소수점수는 10진수로 변환하라. 단, 단정도 부동소수점수 표현을 가정한다.

① 236.6 ② 0.035
③ −0.05 ④ −10245.0
⑤ 0 10011010 01001000000000000000000
⑥ 1 01111001 11010000000000000000000
⑦ 0 00011111 10001111100000101100000
⑧ 1 01111011 10101000000000000000000
⑨ 1 00000000 00000000000000000000000
⑩ $\frac{1}{32}$ ⑪ $-\frac{1}{128}$
⑫ $\frac{45}{256}$ ⑬ $-\frac{189}{1024}$

01 10진법으로 한 자릿수를 나타내려면 2진법으로 최소한 몇 개의 비트가 필요하겠는가?

① 2비트 ② 4비트
③ 8비트 ④ 10비트

02 10진수 $38_{(10)}$을 2진수로 변환한 것은?

① $100100_{(2)}$ ② $100101_{(2)}$
③ $100110_{(2)}$ ④ $100111_{(2)}$

03 10진수 $0.4375_{(10)}$를 2진수로 변환한 것은?

① $0.1110_{(2)}$ ② $0.1101_{(2)}$
③ $0.1011_{(2)}$ ④ $0.0111_{(2)}$

04 10진수 $14.25_{(10)}$를 2진수로 변환한 것은?

① $1110.01_{(2)}$ ② $1111.01_{(2)}$
③ $1101.10_{(2)}$ ④ $1010.01_{(2)}$

05 2진수 $101101_{(2)}$을 10진수로 올바르게 표시한 것은?

① $40_{(10)}$ ② $45_{(10)}$ ③ $50_{(10)}$ ④ $55_{(10)}$

06 2진수 $0.101_{(2)}$을 10진수로 변환한 것은?

① $0.2_{(10)}$ ② $0.35_{(10)}$ ③ $0.5_{(10)}$ ④ $0.625_{(10)}$

07 2진수 $1110.110_{(2)}$을 10진수로 변환한 것은?

① $14.05_{(10)}$ ② $14.25_{(10)}$ ③ $14.55_{(10)}$ ④ $14.75_{(10)}$

08 2진수 $1100101_{(2)}$을 8진수로 변환한 것은?

① $102_{(8)}$ ② $107_{(8)}$ ③ $141_{(8))}$ ④ $145_{(8)}$

09 2진수 $10101101.0101_{(2)}$을 8진수로 변환한 것은?

① $255.22_{(8)}$ ② $255.23_{(8)}$
③ $255.24_{(8)}$ ④ $3E.A1_{(8)}$

10 8진수 $224_{(8)}$를 2진수로 변환한 것은?

① $010010100_{(2)}$ ② $010010101_{(2)}$
③ $010010110_{(2)}$ ④ $010010111_{(2)}$

11 10진수 $0.1875_{(10)}$를 8진수로 변환한 것은?

① $0.10_{(8)}$ ② $0.14_{(8)}$
③ $0.18_{(8)}$ ④ $0.21_{(8)}$

12 8진수 $326_{(8)}$을 10진수로 변환한 것은?

① $124_{(10)}$ ② $148_{(10)}$
③ $168_{(10)}$ ④ $214_{(10)}$

13 8진수 $375.24_{(8)}$를 10진수 표현으로 옳은 것은?

① $254.3126_{(10)}$ ② $253.3125_{(10)}$
③ $252.3124_{(10)}$ ④ $251.3123_{(10)}$

14 2진수 $110010101001_{(2)}$을 16진수로 표시하면?

① $CA9_{(16)}$ ② $BA9_{(16)}$
③ $DA9_{(16)}$ ④ $EA9_{(16)}$

15 16진수 $3CB8_{(16)}$을 2진수로 변환한 것은?

① $0101\ 1100\ 1011\ 0011_{(2)}$
② $1001\ 1110\ 1100\ 1100_{(2)}$
③ $0011\ 1100\ 1011\ 1000_{(2)}$
④ $0010\ 1101\ 1101\ 1001_{(2)}$

16 8진수 $735.56_{(8)}$을 16진수로 변환한 것은?

① $1DD.B8_{(16)}$ ② $1DD.B1_{(16)}$
③ $EE1.B1_{(16)}$ ④ $EE1.B8_{(16)}$

17 16진수 $AF63_{(16)}$을 8진수로 변환한 것은?

① $135713_{(8)}$ ② $152734_{(8)}$
③ $147325_{(8)}$ ④ $127543_{(8)}$

18 16진수 $A6.F_{(16)}$를 8진수로 변환한 것은?

① $514.74_{(8)}$ ② $246.74_{(8)}$
③ $246.17_{(8)}$ ④ $514.17_{(8)}$

19 10진수 $141_{(10)}$을 16진수로 변환한 것은?

① $6C_{(16)}$ ② $7C_{(16)}$
③ $8D_{(16)}$ ④ $9E_{(16)}$

20 16진수 $FF_{(16)}$를 10진수로 변환한 것은?

① $254_{(10)}$ ② $255_{(10)}$
③ $244_{(10)}$ ④ $245_{(10)}$

21 16진수 $73C.4E_{(16)}$를 10진수로 변환하면 다음 중 어느 값이 근사치인가?

① $185.23_{(10)}$ ② $1852.305_{(10)}$
③ $18523.05_{(10)}$ ④ $123.25_{(10)}$

22 16진수 BEAD에서 숫자 E자리의 가중치는 얼마인가?

① 10 ② 16
③ 32 ④ 256

23 다음 중 가장 큰 수는?

① 10진수 245 ② 8진수 455
③ 16진수 FC ④ 2진수 11101011

24 진수 표현 중에 제일 작은 수에 해당하는 것은?

① $FF_{(16)}$ ② $11111111_{(2)}$
③ $254_{(10)}$ ④ $377_{(8)}$

25 10진수 $20_{(10)}$을 2진수, 8진수 및 16진수로 각각 옳게 표현한 것은?

① $01000_{(2)}$, $24_{(8)}$, $A4_{(16)}$
② $01000_{(2)}$, $20_{(8)}$, $20_{(16)}$
③ $010100_{(2)}$, $24_{(8)}$, $20_{(16)}$
④ $010100_{(2)}$, $24_{(8)}$, $14_{(16)}$

26 10진수 $13_{(10)}$과 같지 않은 것은?

① 2진수 1101　② 5진수 23
③ 8진수 15　④ 16진수 C

27 다른 3가지와 그 값이 같지 않은 것은?

① 2진수 101111　② 8진수 57
③ 10진수 48　④ 16진수 2F

28 4진수 $231.3_{(4)}$을 7진수로 변환하면?

① $45.5151_{(7)}$　② $45.5252_{(7)}$
③ $63.5151_{(7)}$　④ $63.5252_{(7)}$

29 수식 $011100_{(2)} + 100011_{(2)}$을 계산한 후, 8진수로 올바르게 변환한 것은?

① $77_{(8)}$　② $66_{(8)}$
③ $14_{(8)}$　④ $49_{(8)}$

30 16진수인 다음 식의 연산 값은?

$$3D21_{(16)} - B44_{(16)} = (\quad)_{(16)}$$

① 31DD　② 3B12
③ 21DD　④ 2D13

31 사용자 프로그램에 할당된 영역이 $EC00_{(16)}$~$FFFF_{(16)}$일 경우 사용 가능한 크기는 모두 몇 KByte인가?

① 3KByte　② 4KByte
③ 5KByte　④ 6KByte

32 다음 연산을 수행한 결과와 일치하는 것은?

$$1011_{(2)} + 34_{(8)}$$

① $37_{(10)}$　② $38_{(10)}$
③ $27_{(16)}$　④ $28_{(16)}$

33 수식 $6375_{(8)} + BAF_{(16)} = X_{(2)}$에서 X는?

① 1100110100110　② 1100010101100
③ 1010010101100　④ 1010110101100

34 10진수 $543_{(10)}$은 다음의 어느 수와 같은가?

① $1000011101_{(2)}$　② $20132_{(4)}$
③ $1027_{(8)}$　④ $21F_{(16)}$

35 $01001101_{(2)}$의 1의 보수는?

① $10110010_{(2)}$　② $01001110_{(2)}$
③ $11001101_{(2)}$　④ $10110011_{(2)}$

36 8비트로 1의 보수 표현 방법에 의하여 +10과 −10을 올바르게 표현한 것은?

① $+10 : 00001010_{(2)}$, $-10 : 11110101_{(2)}$
② $+10 : 00001010_{(2)}$, $-10 : 11111010_{(2)}$
③ $+10 : 10001010_{(2)}$, $-10 : 11110101_{(2)}$
④ $+10 : 10001010_{(2)}$, $-10 : 11111010_{(2)}$

37 3의 1의 보수 표현과 값이 같은 것은?

① 1의 2의 보수　② 2의 2의 보수
③ 4의 2의 보수　④ 8의 2의 보수

38 2진수 $00010010_{(2)}$의 2의 보수는?

① 11101100　② 11101101
③ 11101110　④ 11101111

39 10비트로 표현된 어떤 수 A를 2의 보수로 변환하였다. 이때 변환한 결과를 B라고 할 때 A와 B의 합은?

① 0　② 512
③ 1024　④ 2048

40 10진수 −11을 부호와 1의 보수 표현에 대한 16진 표현으로 옳은 것은? 단, 8비트 데이터 형식이다.

① $F4_{(16)}$　② $B4_{(16)}$
③ $8F_{(16)}$　④ $C4_{(16)}$

41 $11110001_{(2)}$을 2의 보수로 나타내고 이것을 10진수로 표시하면?

① $00001111_{(2)}$ 및 +15
② $00001111_{(2)}$ 및 −15
③ $00001110_{(2)}$ 및 −13
④ $00001110_{(2)}$ 및 +13

42 2의 보수 체계에서 다음 수들을 작은 수부터 큰 순으로 차례로 나열한 것은? 단, 워드 크기는 4비트다.

㉮ 0111, ㉯ 1000, ㉰ 1111, ㉱ 1100

① ㉮ < ㉯ < ㉰ < ㉱　② ㉰ < ㉱ < ㉯ < ㉮
③ ㉱ < ㉯ < ㉰ < ㉮　④ ㉯ < ㉱ < ㉰ < ㉮

43 부호가 붙어 있는 10진수 −1의 2의 보수 표현은?

① $00000001_{(2)}$　② $10000001_{(2)}$
③ $10000010_{(2)}$　④ $11111111_{(2)}$

44 $19_{(10)}$를 8비트의 2의 보수로 나타내면?

① $11101100_{(2)}$ ② $11101101_{(2)}$
③ $00010011_{(2)}$ ④ $10010011_{(2)}$

45 $-14_{(10)}$의 부호화된 2의 보수 표현은?(단, 8비트로 표현)

① $10001110_{(2)}$ ② $11100011_{(2)}$
③ $11110010_{(2)}$ ④ $11111001_{(2)}$

46 2의 보수 표현 방법에 의해 10진수 36과 −72를 8비트로 올바르게 표현한 것은?

① $00100100_{(2)}$, $00111000_{(2)}$
② $00100100_{(2)}$, $10111000_{(2)}$
③ $00100100_{(2)}$, $10110111_{(2)}$
④ $10100100_{(2)}$, $01000111_{(2)}$

47 2진수 $11001_{(2)}-10001_{(2)}$을 2의 보수를 이용해 연산할 경우 (가)와 (나)의 표현으로 옳은 것은?

```
   1 1 0 0 1
+    (가)
-----------
     (나)
```

① 01110, 00111 ② 01111, 01000
③ 01110, 01000 ④ 10000, 01001

48 $0101000_{(2)}$ − $1101101_{(2)}$의 2진수 뺄셈 연산을 2의 보수를 이용해 계산하면 10진수로 얼마인가?

① −49 ② −59
③ −69 ④ −79

49 2의 보수로 나타낸 수에서 (−17)+(−4)의 계산 결과는?

① $10010101_{(2)}$ ② $11101011_{(2)}$
③ $11101010_{(2)}$ ④ $10011011_{(2)}$

50 2의 보수로 표현된 값들이 A, B 레지스터에 저장되어 있다. 산술적 비교를 하였을 경우 옳은 것은?(단, 16진수)

A 레지스터	B 레지스터
FFFFFFA3	000000A3

① A가 크다. ② B가 크다.
③ A와 B가 같다. ④ 비교 불능

51 10진수 → 2진수 → 1의 보수 → 2의 보수 관계를 나타낸 것 중 옳은 것은?

① 8 → 1000 → 1001 → 0110
② 7 → 0111 → 1000 → 0111
③ 9 → 1001 → 0110 → 0111
④ 8 → 1000 → 0111 → 1110

52 2진수 11110을 1의 보수 및 2의 보수를 취하면?

① 1의 보수 = 00001, 2의 보수 = 00010
② 1의 보수 = 01101, 2의 보수 = 00010
③ 1의 보수 = 11001, 2의 보수 = 00110
④ 1의 보수 = 00010, 2의 보수 = 00001

53 10진수 298의 9의 보수는?

① 701 ② 801
③ 901 ④ 902

54 8진수 $563_{(8)}$의 7의 보수를 구하면?

① $214_{(8)}$ ② $215_{(8)}$
③ $324_{(8)}$ ④ $325_{(8)}$

55 16진수 $FF0_{(16)}$의 16의 보수는?

① FFF ② 00F
③ 010 ④ 000

56 2의 보수 표현 방식으로 8비트의 기억 공간에 정수를 표현할 때 표현 가능한 범위는?

① $-2^7 \sim +2^7$ ② $-2^8 \sim +2^8$
③ $-2^7 \sim +(2^7-1)$ ④ $-2^8 \sim +(2^8-1)$

57 16비트로 2의 보수법을 사용해 표현할 때 최대로 표현할 수 있는 정수(N)의 범위는?

① $-2^{16} \le N \le 2^{16}-1$ ② $-2^{15} \le N \le 2^{15}-1$
③ $0 \le N \le 2^{32}$ ④ $0 \le N \le 2^{32}-1$

58 32비트로 2의 보수법을 사용해 표현할 때 최대로 표현할 수 있는 양의 정수는 얼마인가?

① 2^{32} ② $2^{32}-1$
③ 2^{31} ④ $2^{31}-1$

59 n개의 비트로 정수를 표시할 때 2의 보수 표현법에 의한 범위를 적절히 나타낸 것은?

① $-2^n \sim 2^{n-1}$
② $-2^{n-1} \sim 2^{n-1}$
③ $-2^{n-1} \sim (2^{n-1}-1)$
④ $-(2^{n-1}-1) \sim (2^{n-1}-1)$

60 부호와 절댓값를 이용한 표현법으로 +26과 −26을 8비트로 올바르게 표현한 것은?

① 00011001, 10011001
② 00011010, 10011010
③ 00100110, 10100110
④ 00011011, 10011011

61 컴퓨터에서 음수를 표현하는 방법으로 옳지 않은 것은?
① 부호와 절댓값 표시
② 부호화된 1의 보수 표시
③ 부호화된 2의 보수 표시
④ 부호화된 16의 보수 표시

62 10진수 −9의 고정소수점 형식 표현 중 틀린 것은?
① 10001001 ② 11110110
③ 11100110 ④ 11110111

63 고정소수점 2진수 표현 중 0의 표현이 유일한 것은?
① signed − magnitude 방식
② signed − 1's complement 방식
③ signed − 2's complement 방식
④ 모두 유일하지 않다.

64 2의 보수 표현이 1의 보수 표현보다 더 널리 사용되고 있는 주요 이유는?
① 음수 표현이 가능하다.
② 10진수 변환이 더 용이하다.
③ 보수 변환이 더 편리하다.
④ 표현할 수 있는 수의 개수가 하나 더 많다.

65 오버플로가 생기는 경우는? (단, 최상위 비트는 부호)

```
   010010          010010
① + ) 000111    ② + ) 001111

   010010          010010
③ + ) 111001    ④ + ) 001011
```

66 오버플로가 발생되지 않는 것은? 단, 음수는 2의 보수로 표현된 것이다.
① 0100 0000 + 1100 0000
② 1000 0000 + 1100 0000
③ 0100 0000 + 0100 0000
④ 1000 0000 + 1100 0001

67 2진수 덧셈 연산에서 오버플로가 되는 조건은?
① 두 수에서 부호 자리의 값이 서로 같을 때다.
② 두 수에서 부호 자리의 값이 서로 다를 때다.
③ 부호 자리에서 캐리(carry)가 있고, 부호 다음 자리(MSB)가 캐리(carry)가 있을 때다.
④ 부호 자리에서 캐리(carry)가 있고, 부호 다음 자리(MSB)가 캐리(carry)가 없을 때다.

68 8비트에 저장된 값 10010111을 16비트로 확장한 것은?(단, 가장 왼쪽의 비트는 2의 보수를 사용하는 부호)
① 00000000 10010111
② 10000000 10010111
③ 10010111 00000000
④ 11111111 10010111

69 부호를 포함하여 6비트로 수를 표현할 때 오버플로가 발생하는 경우는?
① 14+18 ② 30 − 14
③ −20 − 4 ④ 24 + 6

70 가산 기능과 보수 기능만 있는 산술 논리 연산 장치(ALU)를 이용해 $A-B$를 하고자 할 때 옳은 방법은?
① $F=A-B$ ② $F=A-B+1$
③ $F=A+\bar{B}+1$ ④ $F=\bar{A}+B+1$

71 2의 보수를 이용해 2진수 $A_1A_2A_3A_4-B_1B_2B_3B_4$를 계산하고자 할 때 틀린 것은?
① 피감수 $A_1A_2A_3A_4$는 그대로 둔다.
② 감수 $B_1B_2B_3B_4$의 2의 보수를 피감수와 더한다.
③ 피감수와 감수를 더한 결과 캐리가 발생하면 버린다.
④ 피감수와 감수를 더한 결과 캐리가 발생하면 LSB에 더한다.

72 컴퓨터에서 보수를 사용하는 이유는?
① 제산에서의 불필요한 과정을 제거시키기 위해
② 가산의 결과를 체크하기 위해
③ 감산에서 보수를 가산법으로 처리하기 위해
④ 승산에서 연산 과정을 간단히 하기 위해

73 정수 표현에서 음수를 나타내는데 부호화된 2의 보수법이 1의 보수법에 비해 장점은?
① 산술연산 속도가 빠른 점과 양수 표현이 좋다.
② 2의 보수에서는 캐리가 발생하면 무시한다.
③ 양수 표현이 유리하다.
④ 보수를 취하기가 쉽다.

74 1의 보수로 음수를 표현하는 방식에 비하여 2의 보수로 음수를 표현하는 방식의 특징으로 옳은 것은?
① 디지털 장치에서 음수화 구현이 쉽지 않다.
② 연산 과정이 간단하다.
③ 0이 2개다.
④ 4비트로 수를 표현하면 −7~+7 범위의 수를 표현할 수 있다.

75 고정소수점 방식에 관한 설명 중 옳은 것은?

① 2의 보수 표현 방식이 1의 보수 표현 방식보다 하드웨어로 구현하기 쉽다.

② 크게 지수 부분과 가수 부분으로 나눈다.

③ 부호는 양수(+)일 때 0으로, 음수(−)일 때는 1로 부호 비트를 표현한다.

④ 2의 보수 표현 방법에서 0은 +0, −0 2가지가 있다.

76 부동소수점 표현에 대한 가장 적절한 설명은?

① 부동소수점 표현 방법에는 부호부, 가수부로 구분할 수 있다.

② 정밀도가 요구되는 과학 및 공학 또는 수학적인 응용에 주로 사용된다.

③ 수를 표현하는 자릿수는 고정소수점에 비하여 적게 든다.

④ 수 표현 방법이 고정소수점에 비하여 간단하다.

77 수치 자료에서 부동소수점 표현의 특징이 아닌 것은?

① 고정소수점 표현보다 표현의 정밀도를 높일 수 있다.

② 아주 작은 수와 아주 큰 수의 표현에는 부적합하다.

③ 수 표현에 필요한 자릿수에 있어서 효율적이다.

④ 과학이나 공학 또는 수학적인 응용에 주로 사용되는 수 표현이다.

78 부동소수점 데이터의 정규화란?

① 지수(exponent)의 가장 오른쪽 숫자(digit)가 0이 아니도록 하는 과정

② 지수(exponent)를 최대한 크게 하는 과정

③ 지수를 최대한 작게 하는 과정

④ 가수(mantissa)의 가장 왼쪽 숫자(digit)가 0이 아닌 숫자가 오도록 하는 과정

79 부동소수점 연산에서 정규화시키는 이유는?

① 숫자 표시를 간결하게 하기 위하여

② 연산 속도를 증가시키기 위하여

③ 유효 숫자를 늘리기 위하여

④ 수치 계산을 편리하게 하기 위하여

80 부동소수점수가 기억 장치 내에 있을 때 비트를 필요로 하지 않는 것은?

① 부호(sign)

② 지수(exponent)

③ 가수(mantissa)

④ 소수점(point)

81 부동소수점수의 표현 구조로 적합한 것은?

① 부호 + 지수 + 소수점

② 부호 + 가수 + 소수점

③ 부호 + 지수 + 가수

④ 부호 + 지수 + 소수점 + 가수

82 10진수 +14925의 단정도 부동소수점 표현으로 올바른 것은? (단, IEEE 754 표준을 따르며, 바이어스는 127)

① 지수부 = 16진수 8D, 가수부 = D268(부호 0)

② 지수부 = 16진수 8C, 가수부 = D268(부호 0)

③ 지수부 = 16진수 8D, 가수부 = E934(부호 0)

④ 지수부 = 16진수 8C, 가수부 = E934(부호 0)

83 실수 $0.01101_{(2)}$을 32비트 부동소수점으로 표현할 때 지수부에 들어갈 알맞은 표현은? 단, 바이어스된 지수는 $01111111_{(2)}$로 나타내며 IEEE 754 표준을 따른다.

① $01111100_{(2)}$

② $01111101_{(2)}$

③ $01111110_{(2)}$

④ $10000000_{(2)}$

84 10진수 −13.625를 IEEE 754 형태로 옳게 나타낸 것은? 단, 부호 : 1비트, 지수 : 8비트, 가수 : 23비트다.

① 0 0000 1101 1011 0100 0000 0000 0000 000

② 0 1000 0100 1011 0100 0000 0000 0000 000

③ 1 0000 1101 1011 0100 0000 0000 0000 000

④ 1 1000 0010 1011 0100 0000 0000 0000 000

85 어떤 수를 32비트 단정도 부동소수점 표현 방법으로 표현할 때 지수 부분에서 언더플로가 발생되는 것은? 단, 지수 부분의 바이어스는 64다.

① 2^{-65} ② 2^{-64}

③ 2^{64} ④ 2^{65}

86 부동소수점수에서 음수를 나타내는 방법을 가장 잘 설명한 것은?

① 가수의 부호가 (+)이면 1, (−)이면 0으로 나타낸다.

② 지수는 부호에 관계없이 bias 값에 더한다.

③ 지수는 부호가 (−)이면 2의 보수로 나타낸다.

④ 지수는 부호가 (−)이면 1의 보수로 나타낸다.

87 부동소수점수의 국제표준으로 제정된 표준안은?

① IEEE 754 ② IEEE 755

③ IEEE 756 ④ IEEE 757

88 IEEE 754에서 정의한 단일 정밀도를 잘못 설명한 것은?

① 지수를 나타내는 필드 수는 8비트다.

② 바이어스 값은 127이다.

③ 표현 영역의 범위는 $10^{-308} \sim 10^{308}$이다.

④ 가수를 나타내는 필드 수는 23비트다.

89 IEEE 754에 대한 설명으로 옳은 것은?

① 고정소수점 표현에 대한 국제표준이다.

② 가수는 부호 비트와 함께 부호화-크기로 표현된다.

③ $0.M \times 2^E$의 형태를 취한다(단, M : 가수, E : 지수).

④ 64비트 복수-정밀도 형식의 경우 지수는 10비트다.

90 실수 13.625를 2진수 형태의 IEEE 754 표준 부동소수점 형식으로 표현했을 때 가수(mantissa)의 처음 다섯 비트는? 단, 소수점 바로 다음이 가수의 1번째 비트다.

① 10110　　② 01100

③ 00110　　④ 01011

1 ②	2 ③	3 ④	4 ①	5 ②	6 ④	7 ④	8 ④	9 ③	10 ①	11 ②	12 ④
13 ②	14 ①	15 ③	16 ①	17 ④	18 ②	19 ③	20 ②	21 ②	22 ④	23 ②	24 ③
25 ④	26 ④	27 ③	28 ③	29 ①	30 ①	31 ③	32 ③	33 ②	34 ④	35 ①	36 ①
37 ③	38 ③	39 ③	40 ①	41 ①	42 ④	43 ④	44 ③	45 ③	46 ②	47 ②	48 ③
49 ②	50 ②	51 ③	52 ①	53 ①	54 ①	55 ③	56 ③	57 ②	58 ④	59 ③	60 ②
61 ④	62 ③	63 ③	64 ④	65 ②	66 ①	67 ④	68 ④	69 ①	70 ③	71 ④	72 ③
73 ②	74 ②	75 ③	76 ②	77 ②	78 ④	79 ③	80 ④	81 ③	82 ②	83 ②	84 ④
85 ①	86 ②	87 ①	88 ③	89 ②	90 ①						

Chapter 03

디지털 코드

학습목표

- 다양한 디지털 코드를 구분하여 이해할 수 있다.
- 문자와 숫자를 나타내는 코드를 이해할 수 있다.
- 가중치 코드와 비가중치 코드를 이해하고 이를 활용할 수 있다.
- 에러 검출 코드를 이해하고 이를 활용할 수 있다.

3.1 숫자 코드

1 BCD 코드와 3초과 코드

BCD 코드Binary Coded Decimal code : 2진화 10진 코드, 8421 코드는 10진수 0부터 9까지를 2진화한 코드로 실제 표기는 2진수지만 10진수처럼 사용한다. 즉 1010부터 1111까지 6개는 사용하지 않는다. [표 3-1]은 10진수 각 자리에 해당하는 10진수를 그대로 2진화한 값이다.

표 3-1 BCD(8421) 코드

10진수	BCD 코드	10진수	BCD 코드	10진수	BCD 코드
0	0000	10	0001 0000	20	0010 0000
1	0001	11	0001 0001	31	0011 0001
2	0010	12	0001 0010	42	0100 0010
3	0011	13	0001 0011	53	0101 0011
4	0100	14	0001 0100	64	0110 0100
5	0101	15	0001 0101	75	0111 0101
6	0110	16	0001 0110	86	1000 0110
7	0111	17	0001 0111	97	1001 0111
8	1000	18	0001 1000	196	0001 1001 0110
9	1001	19	0001 1001	237	0010 0011 0111

BCD 코드의 연산은 10진수 연산처럼 수행한다.

10진 덧셈	BCD 덧셈	10진 덧셈	BCD 덧셈
6	$0110_{(BCD)}$	42	0100 $0010_{(BCD)}$
+3	$0011_{(BCD)}$	+37	0011 $0111_{(BCD)}$
9	$1001_{(BCD)}$	79	0111 $1001_{(BCD)}$

그러나 계산 결과가 BCD 코드를 벗어날 때, 즉 9를 초과하는 경우에는 계산 결과에 6($0110_{(BCD)}$)을 더해준다.

10진 덧셈		BCD 덧셈
8		1000
+7		+ 0111
		1111
	+6	+ 0110
15		0001 0101

예제 3-1

96+57을 BCD로 바꾸어 연산한 결과는?

풀이

96과 57을 BCD로 바꾸어 계산하면 1110 1101이 되어 10의 자리와 1의 자리 모두가 9를 초과하므로 계산 결과에 0110 0110(=$66_{(BCD)}$)을 더해주면 올바른 결과를 얻는다.

```
10진 덧셈                BCD 덧셈
     96                 1001  0110
    +57             +   0101  0111
   -----           ----------------
                        1110  1101
            +66     +   0110  0110
                   ----------------
    153           0001  0101  0011
```

3초과 코드 excess-3 code는 BCD 코드(8421 코드)에 3(=$0011_{(2)}$)을 더하여 나타낸 코드다. 즉 3초과 코드는 10개의 코드만 있는 10진 코드이며, 0000, 0001, 0010, 1101, 1110, 1111은 3초과 코드에 없는 코드다. 3초과 코드는 **자기 보수**의 성질을 가지며 현재값에서 1의 보수를 취하면 10진수에서 9의 보수에 해당하는 값이 된다. 10진수 6에 대한 9의 보수는 3이다. [표 3-2]에서 보면 6의 3초과 코드는 1001이고, 6의 9의 보수인 3의 3초과 코드는 0110이다. 그러므로 3초과 코드는 2진 비트 위치에 따라서 보면 자기 보수의 관계에 있다는 것을 알 수 있다.

표 3-2 3초과 코드

10진수	BCD 코드	3초과 코드
0	0000	0011
1	0001	0100
2	0010	0101
3	0011	0110
4	0100	0111
5	0101	1000
6	0110	1001
7	0111	1010
8	1000	1011
9	1001	1100

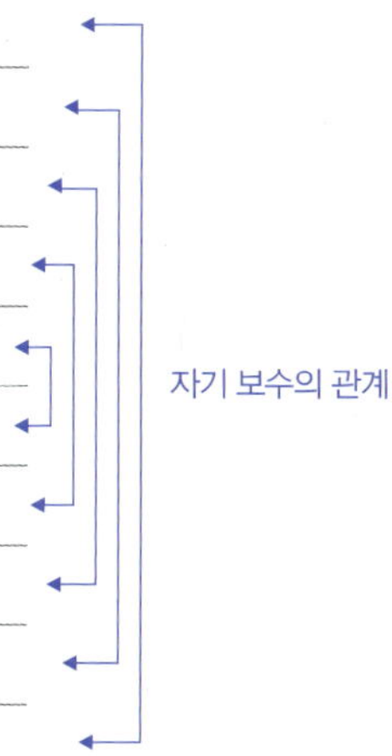

예제 3-2

10진수 38을 3초과 코드로 변환하라.

풀이

$38_{(10)}$에서 10의 자리 $0011_{(2)}$과 1의 자리 $1000_{(2)}$ 각각을 3초과 코드로 변환하면 0110 1011이 된다.

2 다양한 2진 코드들

그 외에도 여러 가지 코드가 있으며, 이들은 크게 2가지로 나눌 수 있다. 하나는 가중치 코드weighted code이고 다른 하나는 비가중치 코드non-weighted code다.

가중치 코드

가중치 코드는 각 비트 위치에 따라서 값이 정해진 코드다. [표 3-3]은 이들 중 몇 가지를 뽑아 놓은 것이다. 이 외에도 여러 가지 코드(7421, 753-6, 6421, 6311, 5211, 4211 코드 등)가 있으며, 필요에 따라 원하는 코드를 만들어 쓸 수도 있다.

표 3-3 가중치 코드

10진 수	8421코드 (BCD)	2421 코드	5421 코드	84-2-1 ($84\bar{2}\bar{1}$) 코드	51111 코드	바이퀴너리 코드 (biquinary code) 5043210	링 카운터 코드 (ring counter code) 9876543210
0	0000	0000	0000	0000	00000	0100001	0000000001
1	0001	0001	0001	0111	00001	0100010	0000000010
2	0010	0010	0010	0110	00011	0100100	0000000100
3	0011	0011	0011	0101	00111	0101000	0000001000
4	0100	0100	0100	0100	01111	0110000	0000010000
5	0101	1011	1000	1011	10000	1000001	0000100000
6	0110	1100	1001	1010	11000	1000010	0001000000
7	0111	1101	1010	1001	11100	1000100	0010000000
8	1000	1110	1011	1000	11110	1001000	0100000000
9	1001	1111	1100	1111	11111	1010000	1000000000

비가중치 코드

비가중치 코드는 각 위치에 해당하는 값이 없는 코드를 말하며, [표 3-4]와 같은 종류들이 있다. 이러한 코드들은 데이터 변환과 같은 특수한 용도로 사용한다. 3초과 코드는 앞에서 설명했던 것처럼 BCD 코드에 3을 더해서 만들어진 코드로, 10진수에 대한 9의 보수의 성질을 가진다.

5중 2코드2-out-of-5는 5비트 중에서 2비트만 1이 되도록 만들어진 코드로, 에러가 발생했을 때 쉽게 알아볼 수 있게 만들어진 것이다. 미국의 우편 바코드U.S. Post Office POSTNET barcode에서 5중 2코드를 실제로 사용하고 있으나 [표 3-4]에 보여준 코드 배열과는 조금 다르다. 다만 5비트 중 2비트만 1이 있으며, 5중 2코드는 여러 가지 모양으로 만들 수 있다. 시프트 카운터 코드는 LSB에서부터 1이 하나씩 MSB쪽으로 이동하며 1이 5개 모두 채워지면 하나씩 제거하여 만들어진 코드다. 그레이 코드의 용도는 다음 절에서 자세히 설명한다. 이외에도 다양한 코드들이 있을 수 있지만 실제로 사용되는 코드는 많지 않다.

표 3-4 비가중치 코드

10진수	3초과 코드 (excess-3)	5중 2코드 (2-out-of-5)	시프트 카운터 (shift counter)	그레이 코드 (gray code)
0	0011	11000	00000	0000
1	0100	00011	00001	0001
2	0101	00101	00011	0011
3	0110	00110	00111	0010
4	0111	01001	01111	0110
5	1000	01010	11111	0111
6	1001	01100	11110	0101
7	1010	10001	11100	0100
8	1011	10010	11000	1100
9	1100	10100	10000	1101

예제 3-3

10진수 3468을 2421코드로 변환하라.

풀이

각 자리별로 변환하면 다음과 같다. 여기서 3, 4, 6은 각각 2가지 경우가 존재한다.

3	4	6	8
0011 or 1001	0100 or 1010	1100 or 0110	1110

예제 3-4

74−2−1코드로 표현한 아래의 수를 10진수로 나타내라.

(a) 0110 (b) 1100 (c) 1001 (d) 1011

풀이

(a) $0110 = 7\times0+4\times1+(-2)\times1+(-1)\times0 = 4-2 = 2$

(b) $1100 = 7\times1+4\times1+(-2)\times0+(-1)\times0 = 7+4 = 11$

(c) $1001 = 7\times1+4\times0+(-2)\times0+(-1)\times1 = 7-1 = 6$

(d) $1011 = 7\times1+4\times0+(-2)\times1+(-1)\times1 = 7-2-1 = 4$

3 그레이 코드

그레이 코드gray code는 가중치가 없기 때문에 연산에는 부적합하다. 대신 아날로그-디지털 변환기나 입출력 장치 코드로 주로 쓰인다. 그레이 코드는 연속되는 코드들 간에 한 비트만 변하여 새로운 코드가 되며, 입력 코드로 사용하면 오차가 작아지는 특징이 있다.

[표 3-5]는 4비트 2진 코드를 그레이 코드로 나타낸 것이다. 그레이 코드 0111을 기준으로 변화를 살펴보면 직전 코드 0110과는 최하위 비트LSB : Least Significant Bit 한 비트만 다르고, 바로 다음 코드 0101과는 뒤에서 2번째 비트만 다른 것을 알 수 있다.

표 3-5 4비트 그레이 코드

10진 코드	2진 코드	그레이 코드	10진 코드	2진 코드	그레이 코드
0	0000	0000	8	1000	1100
1	0001	0001	9	1001	1101
2	0010	0011	10	1010	1111
3	0011	0010	11	1011	1110
4	0100	0110	12	1100	1010
5	0101	0111	13	1101	1011
6	0110	0101	14	1110	1001
7	0111	0100	15	1111	1000

2진 코드를 그레이 코드로 바꾸는 방법을 살펴보자. [그림 3-1]처럼 최상위 비트(MSB)는 그대로 내려쓰고, 그 다음 그레이 비트부터는 앞의 2진 비트와 그 다음 2진 비트를 비교하여 같으면 0, 다르면 1을 내려쓴다. 여기서 ⊕는 XOR를 나타내며, 2개의 2진 비트를 비교하여 같으면 0, 다르면 1을 나타내는 논리 연산자다. XOR에 대해서는 4장에서 상세히 알아본다.

이번에는 그레이 코드를 2진 코드로 바꾸는 방법을 알아보자. [그림 3-2]처럼 그레이 코드의 MSB는 마찬가지로 그대로 내려쓴다. 그 다음부터는 생성된 2진 비트와 그레이 코드의 다음 비트를 비교하여 같으면 0, 다르면 1을 내려쓴다.

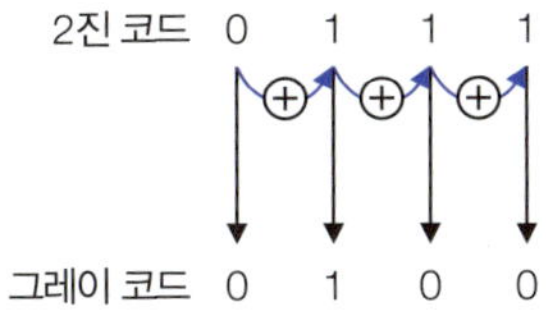

그림 3-1 2진 코드를 그레이 코드로 변환하는 방법

> **TIP**
>
> XOR(⊕)의 진리표
>
> | A | B | F |
> |---|---|---|
> | 0 | 0 | 0 |
> | 0 | 1 | 1 |
> | 1 | 0 | 1 |
> | 1 | 1 | 0 |

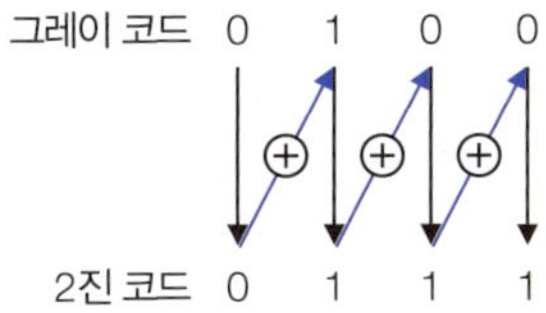

그림 3-2 그레이 코드를 2진 코드로 변환하는 방법

이 절의 도입부에서 언급했듯이 그레이 코드를 입력 장치에 사용하면 오차를 줄일 수 있다. [그림 3-3]을 참고하여 살펴보자.

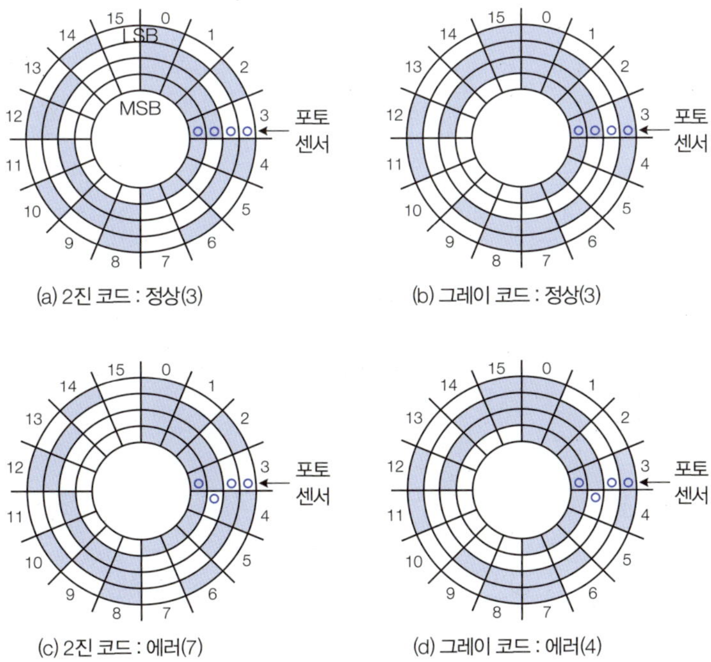

(a) 2진 코드 : 정상(3)

(b) 그레이 코드 : 정상(3)

(c) 2진 코드 : 에러(7)

(d) 그레이 코드 : 에러(4)

그림 3-3 그레이 코드 입력 장치 적용 예 (흰색 : 1, 파란색 : 0)

[그림 3-3(a), (b)]처럼 센서가 정상적으로 배치되어 있을 경우에는 별 문제가 없다. 그러나 [그림 3-3(c), (d)]와 같이 약간의 오차가 발생한 경우에는 2진 코드의 경우 0011(=3)로 인식되어야 하는데, 0111(=7)로 인식되어 4만큼 차이가 나면서 심각한 오차가 발생한다. 그러나 그레이 코드의 경우 0010(=3)이 0110(= 4)으로 인식되어 오직 1만큼 오차가 발생한다. 즉 그레이 코드표에 나타난 바와 같이 바로 다음 숫자로 인식된다. 이렇게 연속적인 코드에서 한 비트만 달라지므로 오차의 비율을 줄일 수 있고, 2진 코드와 그레이 코드 간의 변환도 비교적 간단하게 처리할 수 있으므로 좋은 입력 시스템이 될 수 있다.

예제 3-5

다음 2진 코드는 그레이 코드로, 그레이 코드는 2진 코드로 변환하라.

(a) $1001010_{(2)}$ (b) $1100011_{(2)}$ (c) $1001010_{(G)}$ (d) $1011101_{(G)}$

풀이

(a) $1001010_{(2)}$

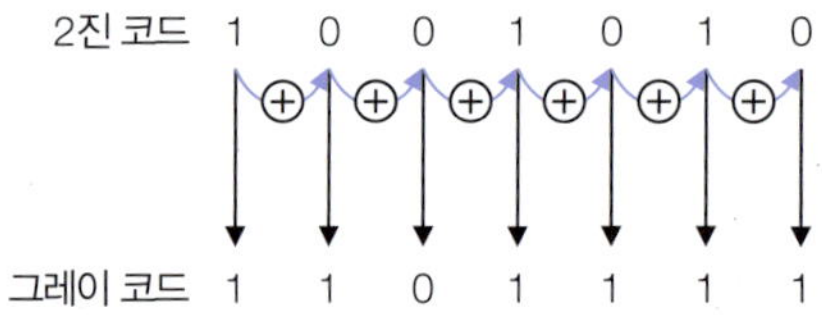

(b) $1100011_{(2)}$

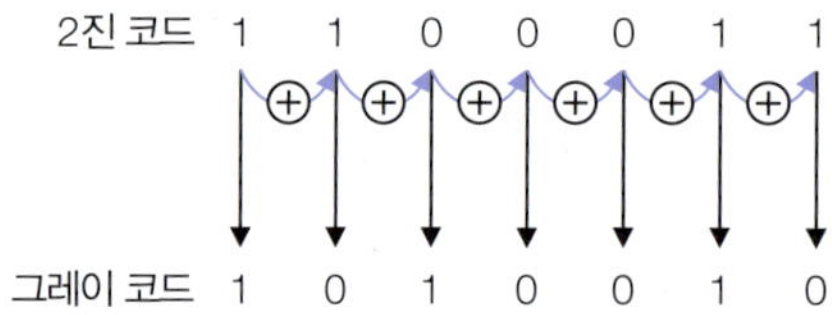

(c) $1001010_{(G)}$

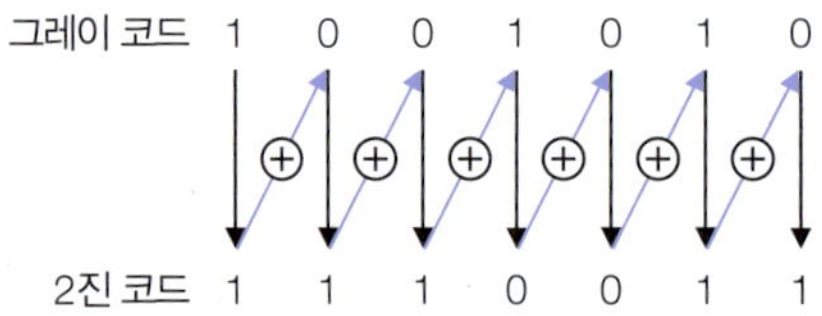

(d) $1011101_{(G)}$

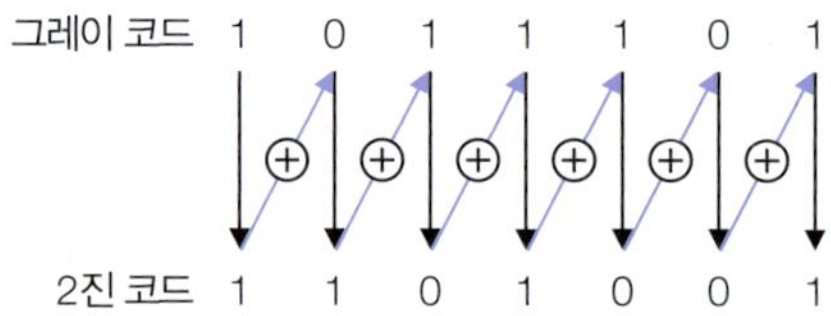

3.2 에러 검출 코드

1 패리티 비트

에러 검출 코드로 가장 간단하게 사용되는 것이 **패리티 비트**parity bit를 사용한 코드다. 주로 컴퓨터 내부의 주기억 장치에서 사용한다. 서버급 컴퓨터의 주기억 장치 중에서 패리티를 사용하는 메모리 모듈ECC : Error Check Correction, 메모리의 에러 체크 기능을 볼 수 있으며, 메모리에 저장하거나 전달할 데이터에 패리티를 붙여서 전송한다.

패리티에는 데이터에서 1의 개수를 짝수로 맞추어 주는 **짝수 패리티**even parity와 홀수로 맞추어 주는 **홀수 패리티**odd parity가 있다. [표 3-6]에서 파랗게 표시한 부분이 패리티다. 짝수 패리티는 1의 개수가 짝수 개, 홀수 패리티는 1의 개수가 홀수 개로 맞춰져 있다. 그러므로 짝수 패리티의 경우 데이터가 전달된 후 1의 개수가 짝수 개이면 정확하게 전달된 것이고, 홀수 개이면 전송 과정에서 에러가 발생한 것이다. 홀수 패리티는 그 반대다.

표 3-6 7비트 ASCII 코드에 패리티 비트를 추가한 코드

데이터	짝수 패리티	홀수 패리티
⋮	⋮	⋮
A	**0** 1000001	**1** 1000001
B	**0** 1000010	**1** 1000010
C	**1** 1000011	**0** 1000011
D	**0** 1000100	**1** 1000100
⋮	⋮	⋮

이와 같이 패리티 비트는 데이터 전송 과정에 에러가 있는지 검사하기 위해 추가한 비트다. 그러나 패리티는 단지 에러가 있는지 검출할 뿐이며, 여러 비트에 에러가 발생하면 검출이 안 되는 경우도 있다. 실제로 데이터 전송 과정에서 에러가 발생할 확률은 백만분의 1 이하이기 때문에 큰 문제는 되지 않는다. 그러나 인터넷과 같은 네트워크를 통해 컴퓨터 외부로 전송할 경우에는 에러가 발생할 확률이 높아진다. 만약 전송 시 에러가 발생했다면 데이터를 다시 전송해야 한다.

예제 3-6

홀수 패리티 시스템에서 코드 그룹 10110, 11010, 110011, 10101110100, 1100010101011을 수신했다. 에러가 발생한 그룹을 찾아라.

풀이

홀수 패리티가 필요하므로 1이 짝수 개인 그룹에서 에러가 발생했다.
따라서 110011, 10101110100에 비트 에러가 발생했음을 알 수 있다.

[그림 3-4]에는 7비트 데이터를 전송할 때 패리티 비트를 사용해 에러를 검출하는 시스템을 나타냈다. 에러를 검출하기 위해 송신 측에 패리티 발생기를 구성하고 수신 측에는 패리티 검출기를 구성하여 그 출력을 보고 에러 발생 여부를 판단한다.

예를 들어, 송신 측에 7비트 입력의 짝수 패리티 발생기를 달아서 8비트 부호를 만들어 전송하고, 수신 측에 이 8비트 부호에 대한 짝수 패리티 검출기를 달았을 때 검출기의 출력이 $Y = 0$이면 에러가 발생하지 않았다고 판단하고 $Y = 1$이면 에러가 발생했다고 판단한다. 마찬가지로 홀수 패리티 발생기와 검출기를 사용하는 경우에는 $Y = 1$이면 에러가 발생하지 않았다고 판단하고 $Y = 0$이면 에러가 발생했다고 판단한다.

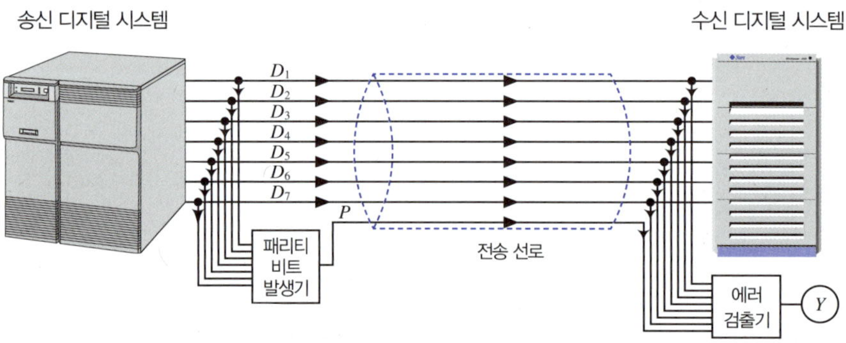

그림 3-4 데이터 전송 시스템에서 패리티 비트를 사용한 에러 검출

2 병렬 패리티

패리티 비트를 하나만 사용하면 에러를 검출할 수만 있고, 정정할 수는 없다. 이 문제를 해결하기 위해 패리티를 블록 데이터에 적용시키는 방법을 사용한다. 가로와 세로 데이터들에 패리티를 적용하면 에러를 검출하여 그 위치를 찾아 정정할 수 있다. 이를 **병렬 패리티**parallel parity라 한다.

병렬 패리티는 [그림 3-5]와 같이 가로 1바이트에 대해서 패리티를 만들고 세로 1바이트에 대해서 패리티를 만들어서 블록 단위로 전송하면 가로와 세로에 대해서 패리티를 검사하여 에러를 찾아내고 정정할 수 있다. 만약 한 비트 에러가 발생하면 가로와 세로 패리티의 특정 부분에 패리티가 맞지 않는다. [그림 3-6]과 같이 두 부분이 마주치는 곳에서 에러가 발생한 것이므로 이 부분을 정정하면 된다.

									패리티 비트
	1	0	1	0	1	1	1	1	0
	1	0	0	0	0	0	1	1	1
	0	1	0	0	0	0	0	0	1
	1	1	1	1	0	0	0	0	0
	1	0	1	1	1	0	0	1	1
	0	0	0	0	0	1	1	1	1
	1	1	1	1	1	1	1	1	0
	0	1	1	1	1	0	0	0	0
패리티 워드	1	0	1	0	0	1	0	1	0

그림 3-5 병렬 패리티에서 원본 데이터 블록

									패리티 비트
	1	0	1	0	1	1	1	1	0
	1	0	0	0	0	0	1	1	1
	0	1	0	0	0	0	0	0	1
	1	1	1	1	0	0	0	0	0
	1	0	1	1	**0**	0	0	1	1
	0	0	0	0	0	1	1	1	1
	1	1	1	1	1	1	1	1	0
	0	1	1	1	1	0	0	0	0
패리티 워드	1	0	1	0	0	1	0	1	0

그림 3-6 병렬 패리티에서 에러가 발생한 블록

예제 3-7

5개의 ASCII 문자를 병렬 패리티(수평, 수직 패리티) 문자로 검사할 때 코드의 효율을 구하라.

풀이

ASCII 문자 5개와 패리티 비트를 포함하여 전송하는 총 비트 수는 $48(=(7+1)\times(5+1))$이다. 또한 패리티 비트를 제외하고 전송되는 순수 데이터 비트 수는 $35(=7\times5)$개다. 따라서 전송 효율은 순수한 데이터 비트 수와 전송되는 총 비트 수와의 비율이므로 다음과 같다.

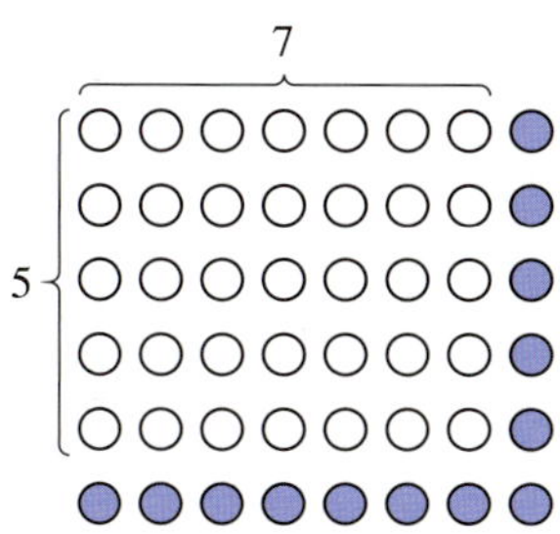

TIP

단순한 직렬 패리티 전송인 경우 효율은 87.5%이다.

$$\frac{7\times5}{8\times5}\times100=\frac{35}{40}\times100=87.5\%$$

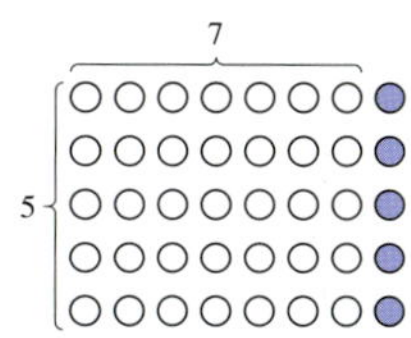

$$효율=\frac{전송\ 비트\ 수}{총\ 비트\ 수}=\frac{7\times5}{(7+1)\times(5+1)}\times100=\frac{35}{48}\times100=72.92\%$$

3 해밍 코드

해밍 코드Hamming code는 패리티 코드를 응용하여 한 비트에 에러가 발생했을 때 그 위치를 찾아 정정할 수 있도록 벨Bell 연구소의 R. 해밍R. Hamming이 개발한 것이다. 해밍 코드는 원본 데이터 외에 추가적으로 많은 비트가 필요하므로 많은 양의 데이터 전달이 필요하다. 그러나 2개 이상의 비트에 에러가 발생하면 정정이 불가능하다.

패리티 비트 수를 p, 데이터 비트 수를 d라 할 때 $2^{p-1}-p+1 \le d \le 2^p-p-1$이다(또는 $2^p \ge p+d+1$). 예를 들어, $p=4$이면 $2^{4-1}-4+1 \le d \le 2^4-4-1$이므로 $5 \le d \le 11$이다. 즉 데이터 비트 수가 5개 이상 11개 이하일 때 패리티는 4비트다. 여기서 $p \ge 2$다. 패리티 비트의 위치는 [표 3-7]과 같이 앞에서부터 1, 2, 4, 8, 16, 32, …의 위치에 들어가며, 기호 P_1, P_2, P_4, P_8 …과 같이 나타낸다.

표 3-7 해밍 코드에서 패리티 비트의 위치와 패리티 생성 영역

비트 위치	1	2	3	4	5	6	7	8	9	10	11	12
기호	P_1	P_2	D_3	P_4	D_5	D_6	D_7	P_8	D_9	D_{10}	D_{11}	D_{12}
P_1 영역	✓		✓		✓		✓		✓		✓	
P_2 영역		✓	✓			✓	✓			✓	✓	
P_4 영역				✓	✓	✓	✓					✓
P_8 영역								✓	✓	✓	✓	✓

데이터는 나머지 위치에 순서대로 들어가며, D_3, D_5, D_6 … 로 나타낸다. 전체적인 순서는 P_1, P_2, D_3, P_4, D_5, D_6, D_7, P_8, D_9, D_{10} … 이다. 해밍 코드는 짝수 패리티를 사용한다.

P_1은 P_1을 포함하여 하나 건너 하나씩 데이터를 취하여 짝수 패리티를 만든다. P_2는 P_2를 포함하여 2개의 데이터를 취하고 2개 건너 2개씩 취한다. P_4는 P_4를 포함하여 4개의 데이터를 취하고 4개 건너 4개씩 데이터를 취한다. P_8은 P_8을 포함하여 8개의 데이터를 취하고 8개 건너 8개씩 데이터를 취한다. 더 이상의 데이터가 없으면 있는 데까지만 취한다. 더 많은 데이터가 있더라도 이와 같은 방법으로 계속해서 정해진 위치에 패리티와 데이터를 추가할 수 있다. 데이터를 취하여 짝수 패리티가 되도록 기호 P_1, P_2, P_4, P_8을 만든다. 여기서 $\oplus$는 XOR를 나타내며, 1의 개수가 홀수 개일 때 1을 생성하여 1의 개수를 짝수 개로 만들어준다.

$$P_1 = D_3 \oplus D_5 \oplus D_7 \oplus D_9 \oplus D_{11}$$
$$P_2 = D_3 \oplus D_6 \oplus D_7 \oplus D_{10} \oplus D_{11}$$
$$P_4 = D_5 \oplus D_6 \oplus D_7 \oplus D_{12}$$
$$P_8 = D_9 \oplus D_{10} \oplus D_{11} \oplus D_{12}$$

[표 3-8]은 원본 데이터가 00101110일 때 해밍 코드를 생성하는 과정을 보여준다. 앞에서 설명한 방법대로 계산하면 다음과 같은 결과를 얻을 수 있다.

$$P_1 = D_3 \oplus D_5 \oplus D_7 \oplus D_9 \oplus D_{11} = 0 \oplus 0 \oplus 0 \oplus 1 \oplus 1 = 0$$
$$P_2 = D_3 \oplus D_6 \oplus D_7 \oplus D_{10} \oplus D_{11} = 0 \oplus 1 \oplus 0 \oplus 1 \oplus 1 = 1$$
$$P_4 = D_5 \oplus D_6 \oplus D_7 \oplus D_{12} = 0 \oplus 1 \oplus 0 \oplus 0 = 1$$
$$P_8 = D_9 \oplus D_{10} \oplus D_{11} \oplus D_{12} = 1 \oplus 1 \oplus 1 \oplus 0 = 1$$

생성된 패리티를 정해진 위치에 넣으면 해밍 코드 010101011110이 만들어진다.

표 3-8 원본 데이터가 00101110일 경우 해밍 코드 생성 예

비트 위치	1	2	3	4	5	6	7	8	9	10	11	12
기호	P_1	P_2	D_3	P_4	D_5	D_6	D_7	P_8	D_9	D_{10}	D_{11}	D_{12}
원본 데이터			0		0	1	0		1	1	1	0
생성된 코드	0	1	0	1	0	1	0	1	1	1	1	0

[표 3-9]는 앞에서 생성한 해밍 코드가 송신 과정에서 에러가 발생했을 때 에러를 검출하여 정정하는 과정을 보여준다. 에러를 정정하는 과정은 해밍 코드를 생성할 때와 같은 방법으로 한다. 단, 생성 시에는 기호 P_1, P_2, P_4, P_8을 만들어내는 과정이지만, 이번에는 이 패리티 비트들을 포함하여 짝수 패리티 검사를 한다.

$$P_1 = P_1 \oplus D_3 \oplus D_5 \oplus D_7 \oplus D_9 \oplus D_{11} = 0 \oplus 0 \oplus 1 \oplus 0 \oplus 1 \oplus 1 = 1$$
$$P_2 = P_2 \oplus D_3 \oplus D_6 \oplus D_7 \oplus D_{10} \oplus D_{11} = 1 \oplus 0 \oplus 1 \oplus 0 \oplus 1 \oplus 1 = 0$$
$$P_4 = P_4 \oplus D_5 \oplus D_6 \oplus D_7 \oplus D_{12} = 1 \oplus 1 \oplus 1 \oplus 0 \oplus 0 = 1$$
$$P_8 = P_8 \oplus D_9 \oplus D_{10} \oplus D_{11} \oplus D_{12} = 1 \oplus 1 \oplus 1 \oplus 1 \oplus 0 = 0$$

검사한 패리티를 $P_8P_4P_2P_1$ 순서로 정렬한다. 모든 패리티가 0이면 에러가 없는 것이고, 그렇지 않으면 에러가 발생한 것이다. 위의 결과가 $P_8P_4P_2P_1$ = 0101이므로 에러가 있으며, 이를 10진수로 바꾸면 5다. 즉 수신된 데이터 010111011110에서 왼쪽에서부터 5번째 비트 1이 에러가 발생한 것이므로 0으로 바꿔주면 에러가 정정된다. 해밍 코드는 데이터 비트뿐만 아니라 패리티 비트에 에러가 발생해도 찾아낼 수 있으며, 정정할 수도 있다.

표 3-9 해밍 코드에서 에러가 발생한 경우 정정

비트 위치	1	2	3	4	5	6	7	8	9	10	11	12
기호	P_1	P_2	D_3	P_4	D_5	D_6	D_7	P_8	D_9	D_{10}	D_{11}	D_{12}
해밍 코드	0	1	0	1	1	1	0	1	1	1	1	0
패리티 검사	1	0		1				0				
$P_8P_4P_2P_1$	= 0101 = 5 : 5번 비트에 에러가 발생. 1 → 0으로 교정											
해밍 코드 수정	0	1	0	1	0	1	0	1	1	1	1	0

예제 3-8

다음 해밍 코드 1 1 1 1 0 1 0 0 1 0 1 0에서 에러가 있는지 검사하라.

풀이

비트 위치		1	2	3	4	5	6	7	8	9	10	11	12
기호		P_1	P_2	D_3	P_4	D_5	D_6	D_7	P_8	D_9	D_{10}	D_{11}	D_{12}
해밍 코드		1	1	1	1	0	1	0	0	1	0	1	0
P_1 계산	0	1		1		0		0		1		1	
P_2 계산	0		1	1			1	0			0	1	
P_4 계산	0				1	0	1	0					0
P_8 계산	0								0	1	0	1	0

따라서 $P_8P_4P_2P_1 = 0000$이므로 에러가 없다.

3.3 문자 코드

앞에서 설명한 코드들은 연산용 숫자 코드들이다. 이 절에서는 그 밖의 각종 제어코드, 문자, 숫자, 특수문자를 표시하기 위한 코드들을 살펴볼 것이다.

1 ASCII 코드

ASCII American Standard Code for Information Interchange 코드는 미국 국립 표준 연구소 ANSI : American National Standard Institute 가 제정한 정보 교환용 미국 표준 코드다. 3비트 존 zone 과 4비트 디지트 digit 에 1비트의 패리티 비트를 추가하여 만든 8비트 코드이며, 0~127까지 128가지 문자를 표현한다. ASCII 코드의 구성은 영대문자와 영소문자, 숫자, 특수문자, 입출력 장치에 사용하는 제어문자 및 각종 통신용 제어문자들로 구성되어 있다.

ASCII 텍스트 형식의 특징은 전문을 대상으로 한 비통제 탐색이 가능하고, ASCII 코드를 사용하는 모든 시스템 및 응용 프로그램 간의 호환이 가능하다는 것이다. 그러나 대부분의 문헌이 순수한 텍스트로만 구성되지 않기 때문에 다양한 비텍스트적 요소를 표현할 수 없고 미국과 일부 유럽의 문자만을 지원한다는 단점이 있다.

확장 ASCII 코드는 패리티를 사용하지 않고 128~255까지 추가 128가지 문자를 사용하는 코드로, PC와 같은 컴퓨터에서 여러 가지 특수문자, 선 문자, 영어 외의 외국 문자를 추가하여 나타낸 것이다. 그러나 우리나라와 같이 영어를 사용하지 않는 곳에서는 문자 코드를 16비트나 그 이상으로 확장하여 나타내므로 확장 ASCII 코드를 사용하는 데 불편함이 있으며, 한글코드의 확장 부분에 추가로 이러한 코드(여러 가지 특수문자, 선 문자, 영어 외의 외국 문자)를 나타낸다. 또 운영체제나 사용 환경에 따라 조금씩 다를 수 있다.

표 3-10 ASCII 코드

(a) 코드의 구성

패리티	존 비트			디지트 비트			
7	6	5	4	3	2	1	0
C	1	0	0	영문자 A~O(0001~1111)			
	1	0	1	영문자 P~Z(0000~1010)			
	0	1	1	숫자 0~9(0000~1001)			

(b) 표준 ASCII 코드표

*	0	1	2	3	4	5	6	7	8	9	A	B	C	D	E	F
0	NUL	SOH	STX	ETX	EOT	ENQ	ACK	BEL	BS	TAB	LF	VT	FF	CR	SO	SI
1	DLE	DC1	DC2	DC3	DC4	NAK	SYN	ETB	CAN	EM	SUB	ESC	FS	GS	RS	US
2		!	"	#	$	%	&	'	(	)	*	+	,	−	.	/
3	0	1	2	3	4	5	6	7	8	9	:	;	〈	=	〉	?
4	@	A	B	C	D	E	F	G	H	I	J	K	L	M	N	O
5	P	Q	R	S	T	U	V	W	X	Y	Z	[	₩	]	^	_
6	`	a	b	c	d	e	f	g	h	i	j	k	l	m	n	o
7	p	q	r	s	t	u	v	w	x	y	z	{	|	}	~	DEL

(c) 확장 ASCII 코드표

*	0	1	2	3	4	5	6	7	8	9	A	B	C	D	E	F
8	Ç	ü	é	â	ä	à	å	ç	ê	ë	è	ï	î	ì	Ä	Å
9	É	æ	Æ	ô	ö	ò	û	ù	ÿ	Ö	Ü	¢	£	¥	Pt	f
A	á	í	ó	ú	ñ	Ñ	ª	º	¿	⌐	¬	½	¼	¡	«	»
B	░	▒	▓	│	┤	╡	╢	╖	╕	╣	║	╗	╝	╜	╛	┐
C	└	┴	┬	├	─	┼	╞	╟	╚	╔	╩	╦	╠	═	╬	╧
D	╨	╤	╥	╙	╘	╒	╓	╫	╪	┘	┌	█	▄	▌	▐	▀
E	α	β	Γ	π	Σ	σ	µ	τ	Φ	Θ	Ω	δ	∞	∅	ε	∩
F	≡	±	≥	≤	⌠	⌡	÷	≈	°	•	·	√	^{n}	^{2}	■	

예제 3-9

"Digital Logic!"의 문자 데이터를 전송하기 위한 1바이트 ASCII 코드를 구하라. 단, MSB는 홀수 패리티 비트다.

풀이

[표 3-10]의 ASCII 코드표를 참조하여 각 문자에 대한 ASCII 코드를 구하고, MSB에 홀수 패리티 비트를 부여하면 다음과 같다. 예를 들어, D의 ASCII 코드는 $44_{(16)}$(=100 $0100_{(2)}$)이므로 MSB에 홀수 패리티를 고려하면 1100 0100이다.

D	i	g	i	t	a	l
11000100	11101001	01100111	11101001	11110100	01100001	11101100
(빈칸)	L	o	g	i	c	!
00100000	01001100	11101111	01100111	11101001	11100011	10100001

2 표준 BCD 코드

표준 BCD Natural Binary Coded Decimal 코드는 6비트로 한 문자를 표현한다. 상위 2비트는 존 비트zone bit로, 하위 4비트는 디지트 비트digit bit로 사용한다. 또 에러를 검사하기 위해 왼쪽에 검사 비트check bit 1개를 추가한다. 표준 BCD 코드는 최대 64문자까지 표현할 수 있다.

표 3-11 표준 BCD 코드

(a) 코드의 구성

패리티	존 비트		디지트 비트			
6	5	4	3	2	1	0
C	1	1	영문자 A~I(0001~1001)			
	1	0	영문자 J~R(0001~1001)			
	0	1	영문자 S~Z(0010~1001)			
	0	0	숫자 0~9(0001~1010)			
	혼용		특수문자 및 기타 문자			

(b) 코드표

문자	C ZZ8421	문자	C ZZ8421	문자	C ZZ8421	문자	C ZZ8421	문자	C ZZ8421
A	0 110001	J	1 100001	S	1 010010	1	0 000001	=	0 001011
B	0 110010	K	1 100010	T	0 010011	2	0 000010	〉	1 001100
C	1 110011	L	0 100011	U	1 010100	3	1 000011	+	0 010000
D	0 110100	M	1 100100	V	0 010101	4	0 000100	.	1 011011
E	1 110101	N	0 100101	W	0 010110	5	1 000101	)	0 011100
F	1 110110	O	0 100110	X	1 010111	6	1 000110	%	1 011101
G	0 110111	P	1 100111	Y	1 011000	7	0 000111	?	0 011111
H	0 111000	Q	1 101000	Z	0 011001	8	0 001000	−	1 100001
I	1 111001	R	0 101001			9	1 001001	@	1 111010
						0	1 001010	$	1 111111

3 EBCDIC 코드

EBCDICExtended Binary Coded Decimal Interchange Code 코드는 IBM의 System/360에 처음으로 사용했으며(1964년 4월 7일), 표준 BCD 코드를 확장하여 만들어졌다.

표 3-12 EBCDIC 코드

(a) 코드의 구성

b_9	$b_8\ b_7\ b_6\ b_5$	$b_4\ b_3\ b_2\ b_1$
패리티	존 비트	디지트 비트
1	4	4

$b_8\ b_7$		$b_6\ b_5$	
0 0	통신제어문자		
0 1	특수문자		
1 0	소문자	0 0	a~i
		0 1	j~r
		1 0	s~z
		1 1	
1 1	대문자/숫자	0 0	A~I
		0 1	J~R
		1 0	S~Z
		1 1	0~9

(b) 코드표

16진		0	1	2	3	4	5	6	7	8	9	A	B	C	D	E	F
	2진	0000	0001	0010	0011	0100	0101	0110	0111	1000	1001	1010	1011	1100	1101	1110	1111
0	0000	NUL	SOH	STX	ETX	SEL	HT	RNL	DEL	GE	SPS	RPT	VT	FF	CR	SO	SI
1	0001	DLE	DC1	DC2	DC3	RES	NL	BS	POC	CAN	EM	UBS	CU1	IFS	IGS	IRS	IUS
2	0010	DS	SOS	FS	WUS	BYP	LF	ETB	ESC	SA	SFE	SM	CSP	MFA	ENQ	ACK	BEL
3	0011			SYN	IR	PP	TRN	NBS	EOT	SBS	IT	RFF	CU3	DC4	NAK		SUB
4	0100	space	RSP										.	〈	(	+	|
5	0101	&										!	$	*	)	;	¬
6	0110	–	/									|	,	%	_	〉	?
7	0111										`	:	#	@	'	=	"
8	1000		a	b	c	d	e	f	g	h	i						±
9	1001		j	k	l	m	n	o	p	q	r						
A	1010		~	s	t	u	v	w	x	y	z						
B	1011	^										[	]				
C	1100	{	A	B	C	D	E	F	G	H	I	SHY					
D	1101	}	J	K	L	M	N	O	P	Q	R						
E	1110	\		S	T	U	V	W	X	Y	Z						
F	1111	0	1	2	3	4	5	6	7	8	9						EO

EBCDIC 코드는 주로 대형 컴퓨터와 IBM 계열 컴퓨터에서 많이 사용하는 8비트 코드로 존 비트 4개와 디지트 비트 4개로 구성되어 있다. 여기에 패리티 체크용 1비트를 추가해서 총 9 비트로 구성된다. 256가지 문자 코드를 표현할 수 있는 영숫자 코드다.

4 유니코드

유니코드unicode는 플랫폼, 프로그램, 언어에 상관없이 모든 문자에 대해 고유 번호를 제공한다. 기존의 ASCII 코드의 한계성을 극복하기 위해 개발된 인터넷 시대의 표준 코드로, 유니코드 컨소시엄은 32bit(UTF-32), 16bit(UTF-16), 8bit(UTF-8)의 3가지 기본 코드를 제안하였고, 1991년 10월에 버전 1.0.0이 발표된 이후 수정을 거듭해 나가고 있다.

유니코드는 XML, Java, ECMAScript(JavaScript), LDAP, CORBA 3.0, WML 등과 같이 현재 널리 사용되는 표준에 필요하며, ISO/IEC 10646을 구현하는 공식적인 방법이다. 다양한 운영체제와 최신의 모든 웹 브라우저 및 기타 많은 제품에서 유니코드를 지원한다. 유니코드 표준의 출현과 이를 지원하는 도구가 사용 가능하게 됨에 따라 유니코드는 컴퓨터 산업 분야에서 중요한 부분을 차지하고 있다.

유니코드의 목적은 현존하는 모든 문자의 인코딩을 유니코드로 대체하려는 것이다. 유니코드는 다양한 많은 문자들을 통합함으로써 국제화와 지역화에 기여하고 있다. 2023년 9월에 버전 15.1을 발표하였으며, 현재 버전까지 여러 번의 수정을 거쳐 한글 11,172자, 한중일 통합 한자 98,190자 등 전체 167개의 문자 그룹에 149,813 글자를 수용하고 있다.

5 한글코드

한글은 ASCII 코드를 기반으로 16비트를 사용해 하나의 문자를 표현하며, 조합형과 완성형으로 나뉜다. 일반적으로 컴퓨터에서는 완성형을 사용하지만, 한글의 특성을 완전히 살리지 못한다는 한계를 보완하기 위해서 워드프로세서에서는 조합형을 사용하기도 한다.

조합형

한글의 초성과 중성, 종성을 각각 5비트로 나타내고 MSB를 1로 하여 한글임을 표시하는 방식이다. 그러나 조합형으로 표현된 한글은 경우에 따라 다른 응용프로그램에서는 사용할 수 없는 문자들이 많다. 조합형은 자음과 모음으로 조합 가능한 모든 한글(11,172 글자)을 사용할 수 있으며, 우리나라 고어古語까지 취급할 수 있다는 장점이 있지만 출력할 때 다시 모아 써야 하는 단점이 있다. 많은 논란 끝에 완성형 한글과 함께 한국 표준으로 제정되었다.

표 3-13 조합형 한글의 구조

상위 바이트								하위 바이트							
1															
	초성					중성					종성				

한글임을 나타냄

완성형

완성형 한글코드는 1987년 정부가 한국 표준으로 정한 것으로, 가장 많이 사용하는 한글 음절을 2바이트의 2진수와 일대일로 대응하여 표현하는 방법이다. 즉 '가'라는 글자는 10110000 10100001, '각'이라는 글자는 10110000 10100010과 같은 식으로 미리 코드를 글자별로 정해놓았다. 이 코드에서는 한글을 초성, 중성, 종성으로 나누지 않고 글자 단위로 처리하기 때문에 사용 불가능한 글자도 있으며, 현재 한글 2,350자, 한자 4,888자, 각종 학술기호, 외국문자 등을 영역별로 나누어 사용한다. 이 코드는 한글을 나타내는 코드의 1번째와 2번째 바이트의 MSB가 모두 1이다. ASCII 코드의 영문자는 7비트 코드이기 때문에 MSB를 0으로 만들면, 한글과 영문 ASCII 코드가 중복되지 않아 처리하기 편리하다는 장점이 있다.

연습문제

01 다음 10진수를 BCD 코드로 변환하라.

① 104 ② 275 ③ 369 ④ 547 ⑤ 1052 ⑥ 2639

02 다음 BCD 코드를 10진수로 변환하라.

① 10000000 ② 001000110111 ③ 001101000110

④ 011101010100 ⑤ 0001011010000011 ⑥ 0110011001100111

03 각 10진수를 BCD로 변환하여 더하라.

① 4 + 3 ② 6 + 1 ③ 28 + 23

④ 65 + 58 ⑤ 143 + 276 ⑥ 295 + 157

04 자기 보수적인 성질을 가진 코드들을 나열하라.

05 4비트로 10진 코드를 만들 때 가중치가 다음과 같은 경우 10진 코드를 만들어 보고, 이 코드가 자기 보수 코드인지를 판별하라.

① 4 3 1 1 ② 6 3 1 1 ③ 6 4 2 1

06 2진 코드는 그레이 코드로, 그레이 코드는 2진 코드로 변환하라.

① $1011_{(2)}$ ② $0111_{(2)}$

③ $1001_{(2)}$ ④ $1000_{(2)}$

⑤ $10010101010_{(2)}$ ⑥ $00100001010101_{(2)}$

⑦ $1010101010101010_{(2)}$ ⑧ $10110101_{(2)}$

⑨ $00101100_{(2)}$ ⑩ $1011001101011010_{(2)}$

⑪ $0011111000010010_{(2)}$ ⑫ $1110_{(g)}$

⑬ $1101_{(g)}$ ⑭ $1001_{(g)}$

⑮ $0011_{(g)}$ ⑯ $01011101011_{(g)}$

⑰ $11100101011100_{(g)}$ ⑱ $1010101010101010_{(g)}$

07 3초과 코드를 그레이 코드로 변환하라.

08 한 비트를 전송할 때 에러 없이 전송될 확률이 p, 에러가 발생할 확률이 q라고 한다($p \gg q$). 이 시스템에서 n비트의 데이터를 전송할 때 패리티 검출기에서 에러를 검출할 확률을 구하라.

09 병렬 패리티를 이용해 블록 단위로 데이터를 전송하는 시스템에서 그림과 같은 데이터 블록을 수신하였다. 전송된 데이터의 에러 유무를 검사하라.

								패리티 비트
	1	0	1	1	0	0	0	0
	1	1	0	0	1	1	1	0
	0	1	1	0	1	0	0	1
	0	1	0	0	1	0	1	0
	1	0	1	0	1	0	0	0
	0	1	1	1	1	1	0	0
	1	1	1	1	0	0	0	1
패리티 워드 →	1	0	0	1	0	1	1	1

10 다음 해밍 코드 중 에러가 있는지 검사하라.

① 1 0 1 1 0 1 1 1 1 1 1 0 ② 0 1 1 0 1 1 0 0 1 1 1 0

③ 0 1 1 0 0 0 0 0 1 0 1 0 1 1 0 ④ 1 0 1 0 1 1 0 0 1 1 1 0 1 1 0

11 다음 2진 코드를 ASCII 코드로 표현하라.

① 1001010 ② 1101111

③ 1101000 ④ 1101110 0100000

⑤ 1000100 1101111 1100101

12 다음은 ASCII 코드를 16진수로 나타낸 것이다. 무슨 문자인가?

① 47 ② 4E ③ 36 ④ 52

13 10진수 295를 다음에 정해진 코드로 각각 나타내라.

① 2진수 ② BCD 코드 ③ ASCII 코드

14 다음 문자들을 표준 BCD 코드로 표현하라.

① E ② S ③ M ④ 7

15 다음은 EBCDIC 코드를 16진수로 나타낸 것이다. 무슨 문자인가?

① C7 ② E5 ③ D6 ④ F9

16 카드 52장에 규칙을 정하여 2진 코드를 할당하라. 단, 최소 비트 수를 사용한다.

01 BCD 코드란?
① 1byte code ② bit
③ 2진화 5진 code ④ 2진화 10진수

02 숫자 0에서 9까지를 나타내기 위해 BCD 코드는 몇 비트가 필요한가?
① 4비트 ② 3비트 ③ 2비트 ④ 1비트

03 4개의 비트에서 MSB로부터 차례로 8, 4, 2, 1 가중치를 갖는 코드는?
① BCD 코드 ② excess-3 코드
③ ASCII 코드 ④ Hamming 코드

04 BCD 코드의 가중치는?
① 7421 ② 6311 ③ 5421 ④ 8421

05 BCD 코드(8421 code)에서 사용하지 않는 조합은?
① 0000 ② 1001 ③ 1011 ④ 0110

06 4비트로 자료를 표시할 때 2진화 16진수는 2진화 10진수(BCD)에 비해 몇 개를 더 표시할 수 있는가?
① 0개 ② 2개 ③ 4개 ④ 6개

07 10진수 24를 BCD 코드로 나타내면?
① 01010111 ② 00011000
③ 01100100 ④ 00100100

08 10진수 956에 대한 BCD 코드는?
① 1001 0101 0110 ② 1101 0110 0101
③ 1000 0101 0110 ④ 1010 0110 0101

09 BCD 코드 0110 1001 1000을 10진수로 변환하면?
① 698 ② 696 ③ 968 ④ 618

10 2진수 $10101.11_{(2)}$을 BCD 코드로 변환하면?
① 11001.0001001 ② 11001.01110101
③ 100001.0001001 ④ 100001.01110101

11 8진수 $1234_{(8)}$를 10진수로 변환한 후, 다시 8421 코드로 변환하면?
① 0110 0111 1001 ② 0110 0111 1000
③ 0110 0110 0010 ④ 0110 0110 1000

12 7비트 코드로 정보 전송 시에 발생하는 에러의 검색이 용이하도록 한 코드 방식은?
① 8421 코드 ② excess-3 코드
③ BCD 코드 ④ biquinary 코드

13 3초과 코드(excess-3 code)는 어떻게 구성하는가?
① 8421 코드에 6을 더한 코드
② 8421 코드에 3을 더한 코드
③ 착오 검출 코드
④ 착오 교정 해밍 코드

14 3초과 코드의 설명으로 옳지 않은 것은?
① 가중치 코드다.
② BCD 코드에 3을 더한 것과 같다.
③ 10진수를 표현하기 위한 코드다.
④ 코드를 구성하는 어떤 비트 값도 0이 아니다.

15 3초과 코드에 대한 설명으로 옳지 않은 것은?
① 자기 보수형 코드다.
② 언웨이티드 코드의 대표적이기도 하다.
③ 8421 code에 $3_{(10)}$을 더하여 만든 것이다.
④ BCD 코드보다 연산이 어렵다.

16 10진수 9를 excess-3 코드로 변환하면?
① 1001 ② 1110 ③ 1101 ④ 1100

17 10진수 268을 3초과 코드로 변환한 것으로 옳은 것은?
① 0101 1001 1011 ② 0010 0110 1000
③ 0110 1010 1100 ④ 0011 1001 1000

18 3초과 코드에서 사용하지 않는 코드는?
① 1100 ② 0101 ③ 0001 ④ 1011

19 다음 2진수 $0101_{(2)}$의 3초과 코드값은?
① 0111 ② 0110 ③ 1001 ④ 1000

20 3초과 코드 1100 0110을 10진수로 나타내면?
① 306 ② 201 ③ 198 ④ 93

21 (3+4)의 덧셈을 3초과 코드법에 의해 계산한 결과값은?
① 1010 ② 1101 ③ 0111 ④ 1000

22 10진수 42+29를 3초과 코드로 계산한 것은?
① 1010 1010 ② 1010 0100
③ 1101 1110 ④ 0111 1000

23 다음 10진수 중 2421 코드로 표시된 1011과 같은 값은?
① 4 ② 5 ③ 6 ④ 7

24 2-out-of-5 code에 해당되지 않는 것은?
① 10010 ② 11000
③ 10001 ④ 11001

25 shift counter code(Johnson code)는 몇 개의 비트를 사용하는가?

① 4비트 ② 5비트 ③ 6비트 ④ 8비트

26 ring counter code는 몇 개의 비트를 사용하는가?

① 10비트 ② 9비트 ③ 8비트 ④ 4비트

27 4bit code가 아닌 것은?

① BCD code ② 2421 code
③ 3초과 code ④ 2-out-of-5 code

28 현 상태에서 다음 상태로 코드의 그룹이 변화할 때 단지 하나의 비트만이 변화되는 최소 변화 코드의 일종이며, 또한 비트의 위치가 특별한 가중치를 갖지 않는 비가중치 코드로 산술연산에는 부적합하고 입출력 장치와 A/D 변환기와 같은 응용 장치에 많이 사용하는 코드는?

① 3초과 코드 ② 8421코드
③ 그레이 코드 ④ 해밍 코드

29 이웃하는 코드가 한 비트만 다르기 때문에 코드 변환이 용이해서 A/D 변환에 주로 사용되는 코드는?

① gray code ② Hamming code
③ excess-3 code ④ alphanumeric code

30 A/D 변환기나 입출력 장치에 주로 사용하는 코드는?

① BCD 코드 ② 그레이 코드
③ 존슨 코드 ④ 2421 코드

31 hardware error를 최소로 하는 데 적합한 코드는?

① excess-3 코드 ② gray 코드
③ ASCII 코드 ④ 8421 코드

32 그레이 코드에 대한 설명으로 옳지 않은 것은?

① 자기 보수의 특성을 가지고 있다.
② 가중치를 갖지 않는 코드다.
③ 코드 변환을 위해 XOR 게이트를 사용한다.
④ 아날로그-디지털 변환기 제어 코드에 사용된다.

33 그레이 코드를 바르게 설명한 것은?

① 연산하는 데 용이
② 인접 부호와 2비트가 동일
③ 인접 부호와 1비트가 상이
④ 가중치 코드

34 그레이 코드의 특성과 거리가 먼 것은?

① 데이터 전송 ② 입출력 장치
③ 사칙 연산 ④ A/D converter

35 2진수를 그레이 코드로 변환하는 회로에 들어가는 논리 게이트 명칭은?

① NOR 게이트 ② OR 게이트
③ NAND 게이트 ④ XOR 게이트

36 다음 회로는 무엇인가?

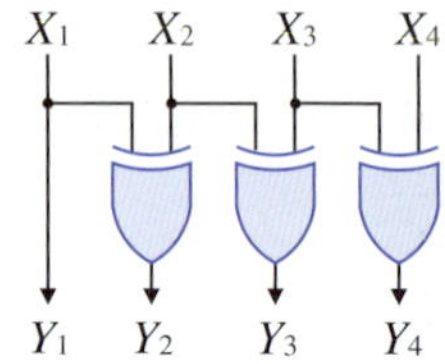

① 2진수를 그레이 코드로 변환하는 회로
② 2진수를 3초과 코드로 변환하는 회로
③ 그레이 코드를 2진수로 변환하는 회로
④ 3초과 코드를 2진수로 변환하는 회로

37 다음 회로의 기능은?

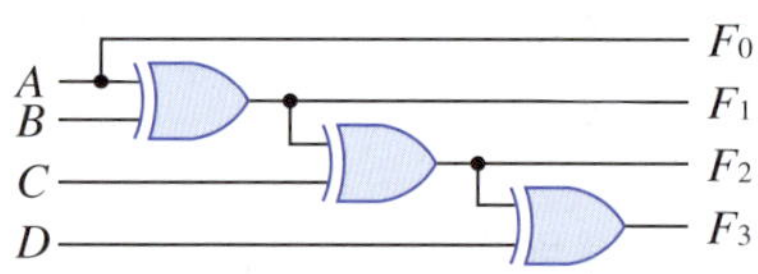

① BCD -그레이 코드 변환기
② 그레이 코드 - BCD 코드 변환기
③ BCD - 2421 변환 회로
④ 2421 - BCD 변환 회로

38 2진수 $1011_{(2)}$을 그레이 코드로 변환하면?

① $1001_{(G)}$ ② $1100_{(G)}$
③ $1111_{(G)}$ ④ $1110_{(G)}$

39 2진수 $11001011_{(2)}$을 그레이 코드로 변환하면?

① $01010001_{(G)}$ ② $11101111_{(G)}$
③ $10101110_{(G)}$ ④ $00010000_{(G)}$

40 10진수 19를 그레이 코드로 변환하면?

① 10010 ② 11000 ③ 11010 ④ 11110

41 그레이 코드 1111을 2진수로 변환한 값은?

① $1010_{(2)}$ ② $1011_{(2)}$ ③ $0111_{(2)}$ ④ $1001_{(2)}$

42 그레이 코드 1100101을 2진수로 변환한 것은?

① $1010111_{(2)}$ ② $1000110_{(2)}$
③ $0111001_{(2)}$ ④ $1110111_{(2)}$

43 10진수 12의 그레이 코드는 어느 것인가?

① 1111 ② 1010
③ 1101 ④ 1000

44 3초과 코드 0111의 10진수 값과 그레이 코드 0111의 10진수 값을 각각 나열한 것은?

① 4, 5 ② 5, 6 ③ 6, 7 ④ 7, 8

45 3초과 코드로 표현된 4비트 수 1000을 그레이 코드로 표현하면?

① 0101 ② 0110 ③ 0111 ④ 1001

46 10진수 6을 4비트 3초과 코드 그레이 코드로 표현하면?

① 0110 ② 1101 ③ 1100 ④ 1001

47 다음 2진 부호는 어떤 종류의 부호인가?

10진수	( )
0	0000
1	0001
2	0011
3	0010
4	0110
5	0111
6	0101
7	0100
8	1100
9	1101

① Hamming code ② gray code
③ BCD code ④ excess−3 code

48 2진수 10111011에 대해 BCD 코드로 변환하고, 이를 3초과 코드와 그레이 코드로 표현한 것으로 옳은 것은?

	BCD 코드	3초과 코드	그레이 코드
①	0001 1000 0111	0100 1011 1010	0001 1010 0100
②	0001 1000 0111	0100 1011 1100	0001 1010 0100
③	0001 1000 0111	0100 1011 1010	0001 1100 0100
④	0001 1000 0111	0100 1011 1100	0001 1100 1001

49 10진수로 변환한 값이 다른 것은?

① 0110(2421 코드)
② 0110(8421 코드)
③ 1001(3초과 코드)
④ 1000100(biquinary 코드)

50 비가중치(non−weighted) 코드인 것은?

① 8421 코드 ② biquinary 코드
③ 2−out−of−5 코드 ④ 2421 코드

51 다음 중 비가중치 코드(non−weighted code)는?

① 51111 코드 ② 2421 코드
③ 8421 코드 ④ 3초과 코드

52 가중치 코드(weighted code)가 아닌 것은?

① 8421 code ② gray code
③ 51111 code ④ biquinary code

53 자기 보수성(self−complement) 특징이 있는 코드는?

① 8421 code ② excess−3 code
③ gray code ④ 5421 code

54 자기 보수 코드의 종류가 아닌 것은?

① 그레이 코드 ② 3초과 코드
③ 2421 코드 ④ $84\bar{2}\bar{1}$ 코드

55 자기 보수성을 갖지 않는 코드는?

① 3초과 코드 ② 51111 코드
③ 2421 코드 ④ 8421(BCD) 코드

56 자기 보수성 코드이면서 가중 코드인 것은?

① BCD 코드 ② excess−3 코드
③ 2421 코드 ④ gray 코드

57 코드의 분류 중 그 연결이 옳은 것은?

① 자기 보수 코드 : 8421 코드
② 자기 보수 코드 : 2421 코드
③ 가중치(weighted) 코드 : 3초과 코드
④ 가중치(weighted) 코드 : 그레이 코드

58 수치 코드에 대한 설명 중 옳지 않은 것은?

① 수치 코드는 자릿값을 가지고 있는 가중 코드와 자릿값이 없는 비가중 코드로 구분할 수 있다.
② 10진 자기 보수화 코드로는 2421 코드, 3초과 코드 등이 대표적이다.
③ 3초과 코드는 8421 코드에 10진수 3을 더한 코드로 코드 내에 하나 이상의 1이 반드시 포함되어 있어 0과 무신호를 구분하기 위한 코드다.
④ 그레이 코드는 대표적인 가중 코드로 인접한 코드의 비트가 1비트만 변하여 산술연산에 적합하다.

59 정보를 나타내는 부호에 여분으로 한 자리를 추가하여 사용하는 검출용 비트는?

① 패리티 비트(parity bit)
② 워드 패리티(word parity)
③ 체크 비트(check bit)
④ 에러 비트(error bit)

60 parity bit의 기능으로 옳은 것은?

① error 검출용 비트다.
② bit 위치에 따라 weight 값을 갖는다.
③ BCD 코드에서만 사용한다.
④ error bit이다.

61 ASCII 코드를 사용해 통신을 할 때 몇 개의 패리티 비트를 추가하여 통신하는가?

① 1비트 ② 2비트 ③ 3비트 ④ 0비트

62 패리티 비트의 오류 검출은 몇 개 비트까지 가능한가?

① 1개 ② 2개 ③ 3개 ④ 검출 불가

63 4비트의 데이터 비트와 1비트의 패리티 비트가 사용되는 경우 몇 개 비트까지 에러를 검출할 수 있는가?

① 1개 ② 2개 ③ 3개 ④ 4개

64 어떤 데이터를 8비트로 표시하고 짝수 패리티 비트를 첨가할 때 옳지 않은 것은?

① 001101100 ② 110100110
③ 110110101 ④ 011111111

65 패리티 비트에 대한 설명으로 옳지 않은 것은?

① 1개의 비트만으로 간단하게 구현할 수 있다.
② 2비트 이상의 오류를 검출할 수 있다.
③ 오류를 교정할 수 없다.
④ 데이터에 패리티 비트를 추가해서 사용한다.

66 패리티 비트에 관한 설명 중 옳지 않은 것은?

① 기수(odd) 체크에 사용될 경우도 있다.
② 우수(even) 체크에 사용될 경우도 있다.
③ 정보 표현의 단위에 여유를 두기 위한 방법이다.
④ 정보가 맞고, 틀림을 판별하기 위해 사용된다.

67 다음 중 패리티 비트 코드의 설명 중 가장 옳지 않은 것은?

① 잡음이 들어가면 에러의 가능성이 있어 이를 검출할 수 있다.
② odd 패리티와 even 패리티가 있다.
③ 두 비트가 동시에 에러가 발생해도 검출 가능하다.
④ 송신측에 패리티 발생기가 있고 수신측에 검사기가 있다.

68 패리티 검사에 대한 설명 중 옳지 않은 것은?

① 수신측에서는 패리티 생성기(parity generator)를 사용한다.
② 홀수(odd) 또는 짝수(even) 검사로 사용된다.
③ 자료의 정확한 송신 여부를 판단하기 위해 사용된다.
④ 홀수 패리티(odd parity)는 exclusive-NOR function을 포함하여 구현한다.

69 다음 그림은 홀수 패리티 비트를 사용한 2진 데이터를 나타낸 것이다. 패리티 착오를 일으킨 부분은?

0111 1001
0000 0111 …… ⓐ
1000 1111
0110 1110 …… ⓑ
0011 1001
0101 1000 …… ⓒ
1111 0001
1111 1000 …… ⓓ
↑
패리티 비트

① ⓐ ② ⓑ ③ ⓒ ④ ⓓ

70 다음 자료는 기수 패리티 비트(odd parity bit)를 포함하고 있다. 오류가 단 1개 발생했을 때 그 행과 열은? 단, 가장 오른쪽 열(column)에 있는 비트가 패리티 비트이고, 가장 밑에 있는 것이 패리티 워드다.

								패리티 비트 ↓
	1	0	1	1	0	1	1	0
	0	1	0	0	1	1	1	1
	1	1	0	1	0	0	1	0
패리티 워드 →	1	0	0	1	0	1	0	0

① 1행 8열의 비트 ② 3행 8열의 비트
③ 3행 2열의 비트 ④ 4행 3열의 비트

71 데이터 통신에서 에러 검출 및 교정까지 가능한 코드는?

① parity code ② excess-3 code
③ BCD code ④ Hamming code

72 에러(error) 검출이 가능하지 못한 코드는?

① gray code ② parity code
③ 2-out-of-5 code ④ Hamming code

73 정보 비트를 해밍 부호화시 요구되는 해밍 비트의 수를 구하는 공식은? (단, p : 데이터 비트를 전송하기 위해 요구되는 중복 비트 수, m : 데이터 비트 수)

① $2^p \ge p+m+1$ ② $2^p \ge p+m-1$
③ $2^p \ge p-m+1$ ④ $2^p \ge p-m-1$

74 해밍 코드를 만들기 위해서는 BCD 코드와 일반적으로 몇 개의 점검 비트(check bit)가 필요한가?

① 1개 ② 2개 ③ 3개 ④ 4개

75 해밍 코드 방식에 의하여 구성된 코드가 16비트인 경우 데이터 비트의 수 및 패리티 비트의 수는 각각 몇 개씩인가?

① 데이터 비트 : 11비트, 패리티 비트 : 5비트
② 데이터 비트 : 10비트, 패리티 비트 : 6비트
③ 데이터 비트 : 12비트, 패리티 비트 : 4비트
④ 데이터 비트 : 15비트, 패리티 비트 : 1비트

76 전체 28비트를 사용하는 해밍 코드에서 패리티 비트를 제외한 데이터 비트의 수는?

① 23비트 ② 24비트 ③ 25비트 ④ 26비트

77 32비트 데이터에서 단일 비트 오류를 정정하려면 해밍 오류 정정 코드 사용 시 검사 비트가 몇 개 필요한가?

① 4비트 ② 5비트 ③ 6비트 ④ 7비트

78 7비트 해밍 코드에서 오류를 수정할 때 패리티 비트의 위치는?

① 1, 2, 3번째 비트에 위치한다.
② 1, 2, 4번째 비트에 위치한다.
③ 1, 3, 7번째 비트에 위치한다.
④ 1, 5, 7번째 비트에 위치한다.

79 짝수 패리티를 이용한 8421 BCD 코드를 해밍 코드로 변환하면 다음 표와 같다. 빈칸에 들어갈 것은?

10진수/비트의 위치	1	2	3	4	5	6	7
	P_1	P_2	D_3	P_4	D_5	D_6	D_7
4			0		1	0	0
5			0		1	0	1

① 4 : 000, 5 : 111 ② 4 : 110, 5 : 001
③ 4 : 101, 5 : 010 ④ 4 : 100, 5 : 101

80 BCD 코드 1001에 대한 해밍 코드를 구하면? 단, 짝수 패리티 체크를 사용한다.

① 0011001 ② 1000011
③ 0100101 ④ 0110010

81 짝수 패리티 비트의 해밍 코드로 0011011을 받았을 때 오류가 수정된 정확한 코드로 옳은 것은?

① 0111011 ② 0001011
③ 0011001 ④ 0010101

82 오류 검출 코드에 대한 설명으로 틀린 것은?

① biquinary 코드는 5비트 중 1이 2개 있다.
② 2-out-of-5 코드는 코드의 각 그룹 중 1의 개수가 2개 있다.
③ 링 카운터 코드는 10개의 비트로 구성되어 있으며, 모든 코드가 하나의 비트에 반드시 1을 가진다.
④ Hamming 코드는 오류 검출 및 교정이 가능하다.

83 컴퓨터 설계 시에 취급할 데이터를 26개의 영문자와 10개의 숫자 및 특수문자 +, −, ×, ÷로 제한한다면 이들 데이터를 처리하기 위한 알파뉴메릭(alphanumeric) 코드의 크기는?

① 5비트 ② 6비트 ③ 26비트 ④ 36비트

84 데이터 통신용으로 널리 사용되고 마이크로 컴퓨터에서 많이 채택되고 있는 코드는?

① ASCII 코드 ② BCD 코드
③ EBCDIC 코드 ④ gray 코드

85 ASCII 코드에서 문자 표시는 몇 비트로 구성되어 있는가? 단, 패리티 비트는 제외한다.

① 5비트 ② 6비트 ③ 7비트 ④ 8비트

86 ASCII 코드에서 존(zone) 비트로 사용되는 비트의 수는?

① 1개 ② 2개 ③ 3개 ④ 4개

87 ASCII 코드의 존 비트와 디지트 비트의 구성으로 옳게 표시한 것은?

① 존 비트 : 4, 디지트 비트 : 3
② 존 비트 : 3, 디지트 비트 : 4
③ 존 비트 : 4, 디지트 비트 : 4
④ 존 비트 : 3, 디지트 비트 : 3

88 데이터 전송용으로 가장 많이 사용되는 ASCII 코드에서 숫자를 나타내는 존 bit의 값은?

① 100 ② 101 ③ 011 ④ 110

89 ASCII 코드에 대한 설명으로 틀린 것은?

① 미국표준협회에서 만든 미국 표준 코드임
② 7비트의 데이터 비트에 패리티 비트 1비트를 추가함
③ 7비트의 데이터 비트 중 앞의 7, 6, 5, 4비트는 존 비트로 사용됨
④ 데이터 통신용 문자 코드로 많이 사용되고 128 문자를 표시함

90 영문자, 숫자 및 특수기호 등을 나타낼 수 있는 코드는?
① ring counter code ② 2-out-of-5 code
③ ASCII code ④ Johnson code

91 ASCII 문자에 해당되지 않는 것은?
① 제어 문자 ② 영문자
③ 로마 숫자 ④ 아라비아 숫자

92 7비트 ASCII 코드로 숫자 31을 나타내면?
① 0110011 0110001 ② 1000011 1000001
③ 1110011 1110001 ④ 0000011 0000001

93 ASCII 문자 "A"와 숫자 "5"의 코드값의 차이는 12다. ASCII 문자 "Z"와 숫자 "6"의 코드값의 차이는?
① 36 ② 35 ③ 26 ④ 25

94 그 특성이 다른 코드는?
① BCD 코드 ② 2421 코드
③ excess-3 코드 ④ ASCII 코드

95 문자의 표시와 관계 없는 코드는?
① 표준 BCD 코드 ② EBCDIC 코드
③ 그레이 코드 ④ ASCII 코드

96 각 문자에 대하여 8개의 비트와 1개의 패리티 비트로 구성되는 코드는?
① EBCDIC 코드 ② 표준 BCD 코드
③ 하모니 코드 ④ excess-3 코드

97 EBCDIC의 비트 구성에서 존(zone) 비트는 몇 비트로 구성되는가?
① 1비트 ② 3비트 ③ 4비트 ④ 6비트

98 EBCDIC 부호에서 숫자를 나타내는 경우 존 비트는?
① 0000 ② 1111 ③ 0101 ④ 1110

99 EBCDIC 코드로 10진 숫자 5를 표현한다면?
① 11101010 ② 11110101
③ 00000101 ④ 00100101

100 컴퓨터에서 세계 각국의 언어를 통일된 방법으로 표현할 수 있게 제안된 국제적인 코드는?
① BCD 코드 ② ASCII 코드
③ UNICODE ④ gray 코드

101 unicode와 ASCII 코드와의 관계를 가장 잘 설명한 것은?
① unicode는 ASCII를 인식할 수 있지만 ASCII에서는 unicode의 특수문자를 인식할 수 없다.
② unicode는 ASCII를 인식할 수 없고, ASCII에서도 unicode의 특수문자를 인식할 수 없다.
③ unicode는 ASCII를 인식하고 ASCII에서도 unicode의 특수문자를 인식할 수 있다.
④ unicode는 ASCII를 인식할 수 없지만 ASCII에서는 unicode의 특수문자를 인식할 수 있다.

102 한글 2바이트 조합형 코드에서 한글과 영문을 구분하기 위한 비트 수는?
① 1비트 ② 2비트 ③ 3비트 ④ 4비트

103 자료의 표현 방식에서 한글/한자의 경우는 몇 비트로 표현되는가?
① 1비트 ② 4비트 ③ 8비트 ④ 16비트

1 ④	2 ①	3 ①	4 ④	5 ③	6 ④	7 ④	8 ①	9 ①	10 ④	11 ④	12 ④
13 ②	14 ①	15 ④	16 ④	17 ①	18 ③	19 ④	20 ④	21 ①	22 ②	23 ②	24 ④
25 ②	26 ①	27 ④	28 ③	29 ①	30 ②	31 ②	32 ①	33 ③	34 ③	35 ④	36 ①
37 ②	38 ④	39 ③	40 ③	41 ①	42 ②	43 ②	44 ①	45 ③	46 ②	47 ②	48 ③
49 ④	50 ③	51 ④	52 ②	53 ②	54 ①	55 ④	56 ③	57 ②	58 ④	59 ①	60 ①
61 ①	62 ①	63 ①	64 ②	65 ②	66 ③	67 ③	68 ①	69 ③	70 ③	71 ④	72 ①
73 ①	74 ③	75 ①	76 ①	77 ③	78 ②	79 ③	80 ①	81 ③	82 ①	83 ②	84 ①
85 ③	86 ③	87 ②	88 ③	89 ③	90 ③	91 ③	92 ①	93 ①	94 ④	95 ③	96 ①
97 ③	98 ②	99 ②	100 ③	101 ①	102 ①	103 ④					

Chapter
04
논리 게이트

학습목표

- 논리 게이트와 논리 레벨의 기본 개념을 이해할 수 있다.
- 논리 게이트의 동작 원리, 진리표, 논리 기호들을 이해하고 이를 활용할 수 있다.
- 게이트들의 전기적인 특성을 이해하고 이를 활용할 수 있다.

4.1 논리 레벨

논리회로는 하드웨어를 구성하는 기본 요소인 **논리 게이트**로 구성된다. 논리 게이트는 1개 이상의 입력 단자와 하나의 출력 단자로 구성되는 전자회로다. 디지털 시스템에 인가되는 전압이나 전류와 같은 전기적인 신호를 2가지의 구분된 값(0, 1)으로 인식한다. 보통은 전압으로 나타내며, 디지털 회로는 논리 0과 논리 1을 구분하기 위해 두 전압 영역에서 동작한다. 실제 디지털 시스템에서 허용하는 전압 영역은 [그림 4-1]과 같다.

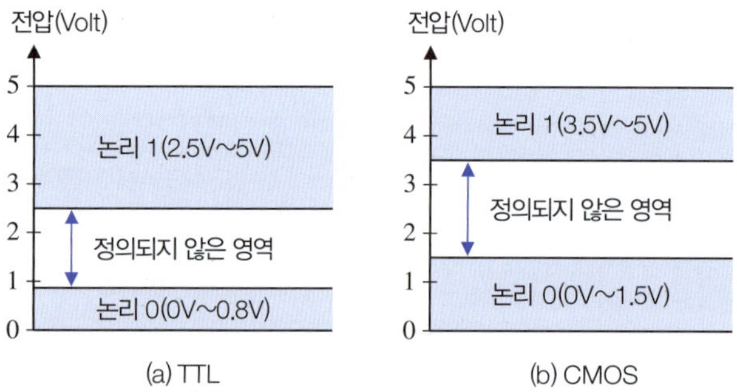

그림 4-1 TTL과 CMOS 논리 레벨 정의 영역

> **TIP**
>
> **TTL**Transistor-Transistor Logic
>
> 바이폴라bipolar 접합형 트랜지스터BJT와 저항으로 구성된 디지털 회로를 의미한다. 실리콘Si, 게르마늄Ge 또는 갈륨-비소GaAs 등으로 만든다.
>
> **CMOS**Complementary Metal-Oxide-Semiconductor
>
> P형과 N형으로 구성된 금속 산화물 반도체다. 한때는 알루미늄이 사용되었으나 현재는 폴리실리콘을 사용한다.

논리 게이트는 2가지(0, 1) 신호를 발생시키는 장치다. 기본적으로 게이트는 [그림 4-2]와 같이 스위치 역할을 하는 트랜지스터transistor로 구성되어 있으며, 트랜지스터는 세 연결점인 컬렉터collector, 베이스base, 에미터emitter로 구성되어 있다. 여기서 입력 전압 V_{in}이 임계값보다 작으면 트랜지스터는 높은 저항 상태가 되고, 입력에 인가된 전압 $+V_{cc}$(+5V)가 출력 V_{out}에 나타난다. 입력 전압 V_{in}이 임계값보다 크면 트랜지스터의 컬렉터와 에미터는 연결 상태가 되고, 출력 V_{out}은 0V(ground)가 된다. 트랜지스터는 논리 부정(NOT 게이트)으로 동작한다.

논리회로에서는 논리 1을 High 전압($+V_{cc}$)으로, 논리 0을 Low 전압(ground)으로 나타내는데, 이를 정논리positive logic라 한다.

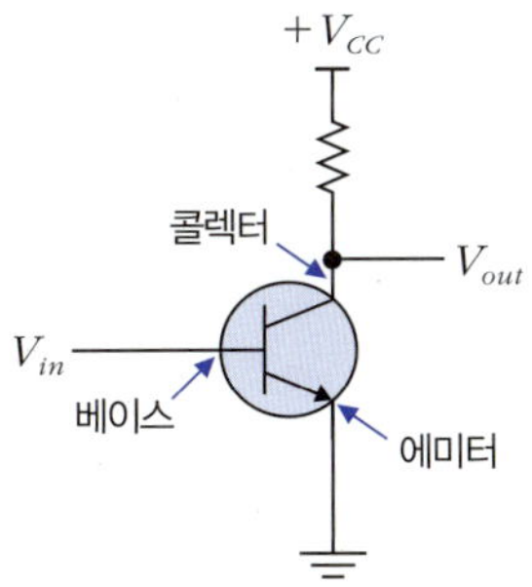

그림 4-2 트랜지스터

> **TIP**
>
> **트랜지스터**transistor
>
> 디지털 회로에서 전자스위치로 사용되는 반도체 소자. 베이스에 적절한 전압을 인가하여 컬렉터-에미터 접합이 개방 또는 단락된 스위치처럼 동작한다.

컴퓨터 시스템을 비롯한 모든 디지털 시스템은 여러 가지 논리 게이트가 모여 조합논리회로와 순서논리회로로 구성된다. 게이트gate란 디지털 전자회로의 기본적 요소로서, 기본 논리 게이트는 하나 또는 그 이상의 입력을 가지며 하나의 출력을 갖는다. 각각의 게이트는 서로 다른 모양으로 표현한다. 기본이 되는 논리 게이트로 AND, OR, NOT 게이트가 있으며, 이들을 조합하여 만든 게이트로 NAND, NOR, XOR, XNOR 게이트 등이 있다.

정논리와 부논리

디지털 시스템에서 두 전압 레벨은 두 2진 숫자binary digit인 0과 1을 나타낸다. 예를 들어, 논리 레벨 전압으로 0V와 +5V가 있다고 가정하자.

두 전압 레벨에서, 0V인 Low 레벨을 0으로 나타내고 +5V인 High 레벨을 1로 나타내는 것을 양논리 또는 정논리positive logic라고 한다. 반대로 Low 레벨인 0V를 1로 나타내고, High 레벨인 +5V를 0으로 나타내는 것을 음논리 또는 부논리negative logic라고 한다.

정논리와 부논리는 모두 디지털 시스템에서 사용되고 있으며, 일반적으로 정논리를 많이 사용한다.

표 4-1 정논리와 부논리

전압 레벨	정논리	부논리
+5V	High=1	High=0
0V	Low=0	Low=1

4.2 NOT 게이트와 버퍼

1 NOT 게이트

NOT 게이트는 입력 1개와 출력 1개가 있는 게이트이며, 논리 부정을 나타낸다. 2진수의 논리 반전을 만들어내므로 입력의 반대로 출력한다. 즉 입력이 0(off)이면 1(on)을 출력하고, 입력이 1(on)이면 0(off)을 출력한다. 따라서 NOT 게이트를 **인버터**inverter라고도 한다.

NOT은 논리식 $\overline{A}$나 A'로 표시한다. [그림 4-3]은 NOT 게이트의 진리표, 동작 파형, 논리 기호, IC 7404 칩을 보여준다. **진리표**truth table란 게이트의 가능한 모든 입력조합 레벨과 그로 인한 출력 결과를 정리한 표다. 동작 파형은 시간에 따라 입력과 출력의 변화를 보여주는 그래프다.

입력	출력
A	F
0	1
1	0

$F=\overline{A}$

(a) 진리표

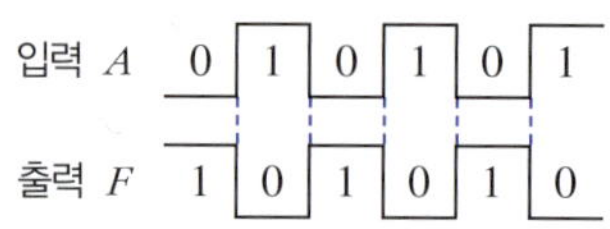

(b) 동작 파형

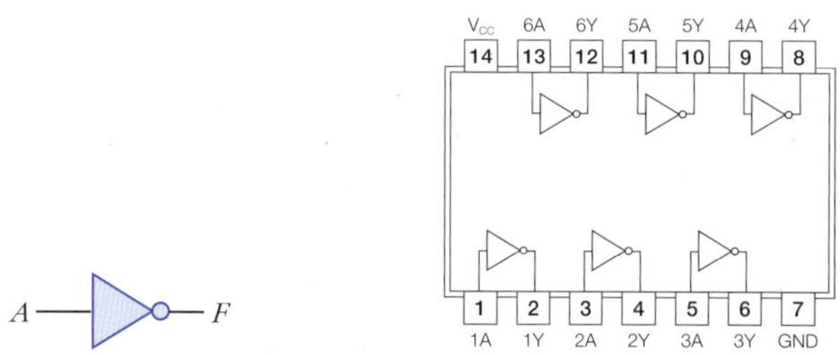

(c) 논리 기호

(d) IC 7404 핀 배치도

그림 4-3 NOT 게이트의 기본 개념

NOT 게이트의 스위칭 회로는 [그림 4-4(a)]와 같이 표현할 수 있다. 이를 트랜지스터 회로로 나타내면 [그림 4-4(b)]와 같으며, IC 칩으로는 7404가 있다.

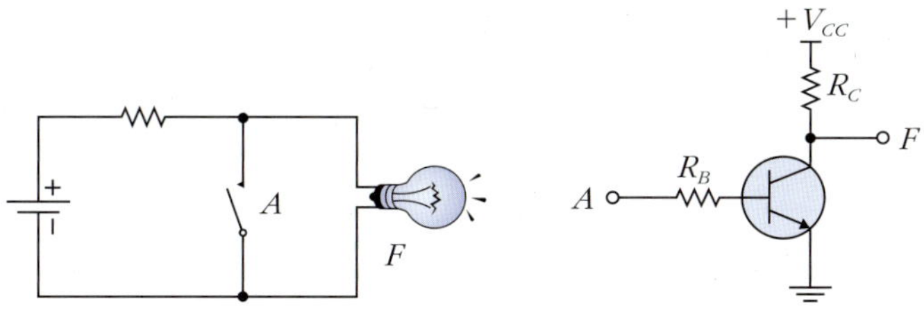

(a) 스위칭 회로 (b) 트랜지스터 회로

그림 4-4 NOT 게이트의 회로 표현

트랜지스터 회로에서 입력 A가 0V이면, 베이스 전류가 흐르지 않으므로 트랜지스터는 차단되고 출력 전압은 $+V_{CC}$인 +5V가 된다. 그러나 입력 A에 +5V를 인가하면 트랜지스터는 도통되므로 출력은 약 0.2V까지 떨어진다.

예제 4-1

NOT 게이트 2개를 직렬로 연결한 회로에서 입력 A에 구형파를 인가하였다. 출력 X와 Y의 파형을 그려라.

풀이

출력 X는 입력 A의 반전된 파형이 나오고, 출력 Y는 X의 반전된 파형이 출력된다. 결과적으로 출력 Y는 입력 A와 동일한 파형이 출력된다.

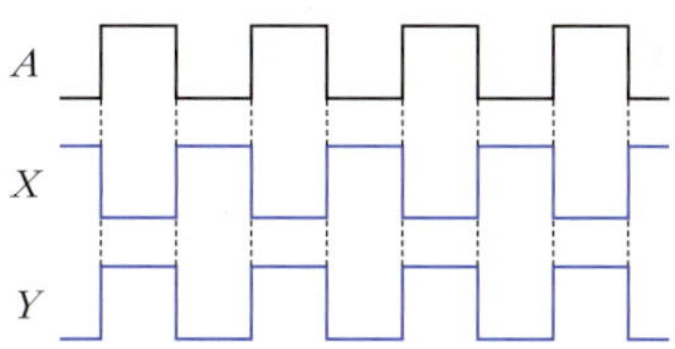

2 버퍼

버퍼buffer는 입력된 신호를 변경하지 않고 입력된 신호 그대로 출력하는 게이트로, [그림 4-5(b)]와 같이 단순한 전송을 의미한다. 즉 입력이 0이면 출력도 0, 입력이 1이면 출력도 1이 된다. 버퍼는 지연 소자의 기능을 한다.

입력	출력
A	F
0	0
1	1

$F = A$

(a) 진리표

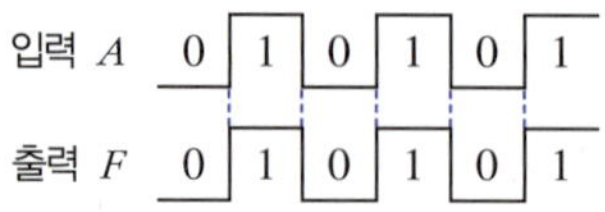

(b) 동작 파형

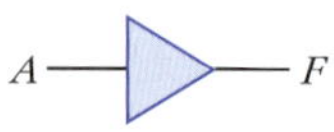

(c) 논리 기호

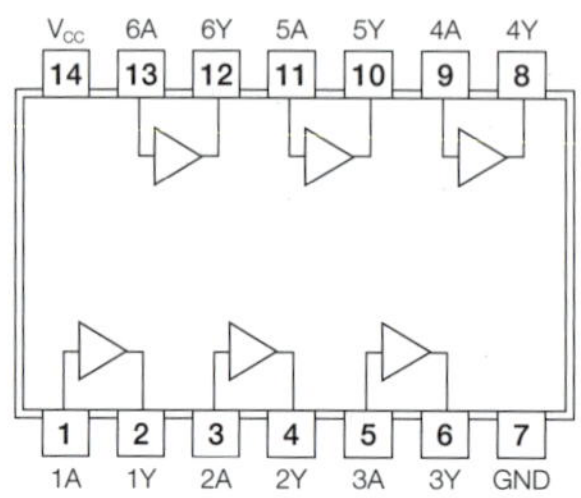

(d) IC 7407 핀 배치도

그림 4-5 버퍼의 기본 개념

3상태^tri-state^ 버퍼는 3개 레벨(Low, High, 하이 임피던스) 중 하나를 출력으로 갖는 논리 소자다. 제어 단자 E(또는 $\overline{E}$)는 입력 단자 A와 출력 단자 F 사이의 회로를 개폐하는 역할을 한다. [그림 4-6]은 3상태 버퍼의 논리 기호와 진리표, IC 74125 칩과 IC 74126 칩을 보여준다.

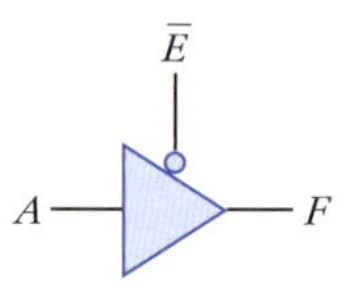

입력		출력
A	$\overline{E}$	F
0	0	0
1	0	1
0	1	하이 임피던스
1	1	하이 임피던스

(a) 제어 단자가 Low일 때 동작

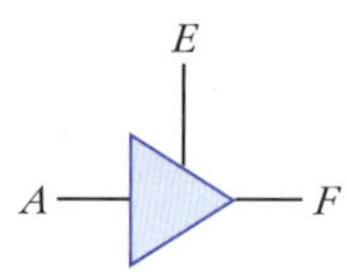

입력		출력
A	E	F
0	0	하이 임피던스
1	0	하이 임피던스
0	1	0
1	1	1

(b) 제어 단자가 High일 때 동작

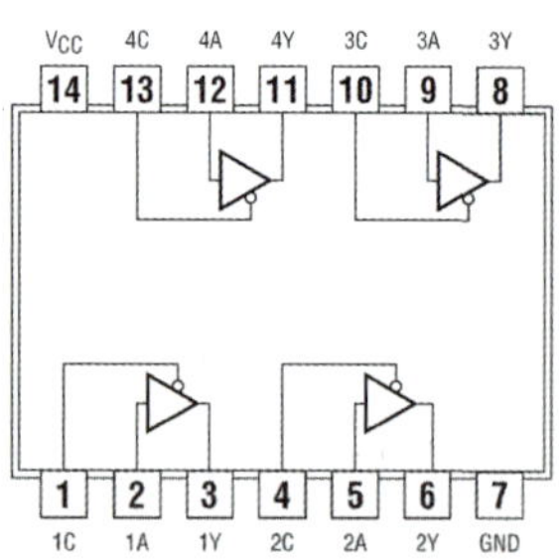

(c) IC 74125 핀 배치도

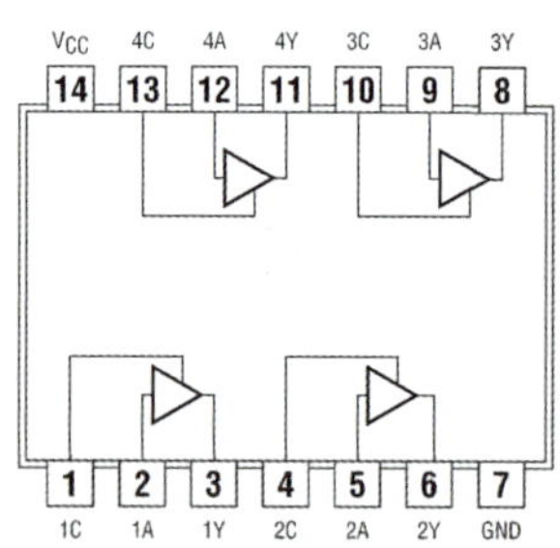

(d) IC 74126 핀 배치도

그림 4-6 3상태 버퍼의 논리 기호, 진리표 및 IC

TIP

하이 임피던스^Hi-impedance^

논리회로의 출력 상태는 High 상태, Low 상태, 하이 임피던스 상태 이렇게 3가지다. 하이 임피던스 상태는 입력과 출력이 연결되어 있지 않았다고 생각하면 된다. Z는 임피던스라는 의미이므로 하이 임피던스는 High-Z 또는 Hi-Z로 표기한다.

[그림 4-6(a)]에서 제어 단자 $\bar{E}$가 Low이면 버퍼(출력=입력)처럼 동작한다. $\bar{E}$가 High이면 출력은 하이 임피던스 상태가 되어 Low도 High도 아니다. 마찬가지로 [그림 4-6(b)]에서는 E가 High이면 버퍼처럼 동작하고, E가 Low이면 출력은 하이 임피던스 상태가 된다.

예제 4-2

[그림 4-6(b)]에서 입력 A와 제어 단자 E에 다음 그림과 같은 파형을 인가하였다. 출력 F의 파형을 그려라.

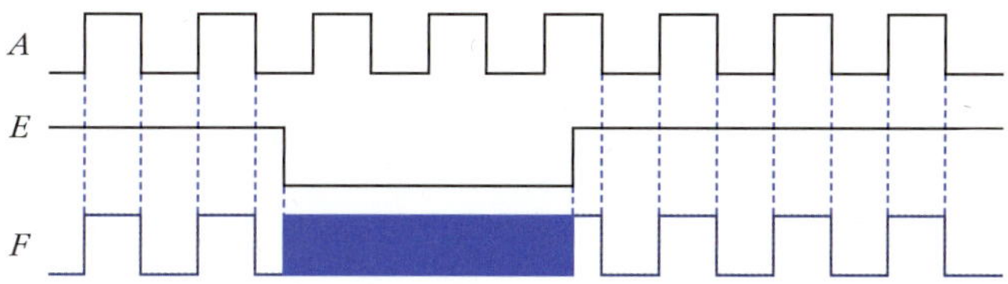

풀이

제어 단자 E가 High인 구간에서는 입력 A의 파형이 출력 F로 그대로 나오고, 제어 단자 E가 Low인 구간에서는 출력 F가 하이 임피던스 상태가 된다.

예제 4-3

다음 3상태 논리 인버터의 진리표를 작성하라.

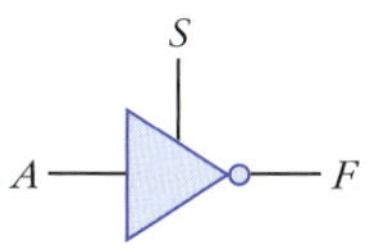

풀이

제어 단자 S가 Low이면 하이 임피던스 상태가 되고, S가 High이면 입력 A의 파형이 반전되어 출력된다.

입력		출력
A	S	F
0	0	하이 임피던스
1	0	하이 임피던스
0	1	1
1	1	0

4.3 AND 게이트

AND 게이트는 2개 이상의 입력에 대해 1개의 출력을 얻는 게이트로, 논리곱logical product이라 한다. 이 게이트의 출력은 입력에 따라 결정되는데, 입력이 모두 1(on)인 경우에만 출력은 1(on)이 되고, 입력 중에 0(off)이 하나라도 있으면 출력은 0(off)이 된다. [그림 4-7]은 2입력 AND 게이트의 진리표, 동작 파형, 논리 기호, IC 7408 칩을 보여준다.

입력		출력
A	B	F
0	0	0
0	1	0
1	0	0
1	1	1

$F = AB$

(a) 진리표

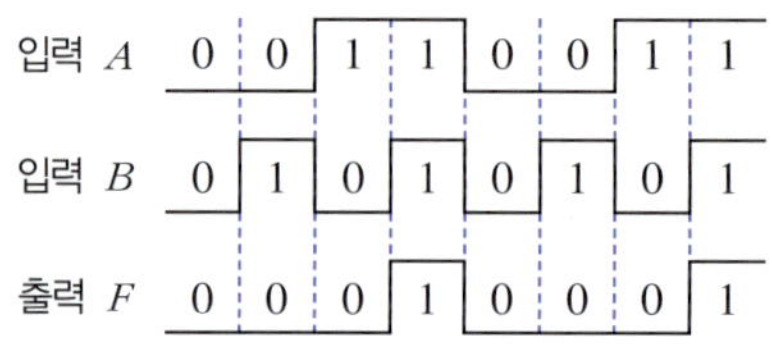

(b) 동작 파형

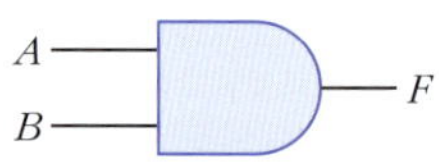

(c) 논리 기호

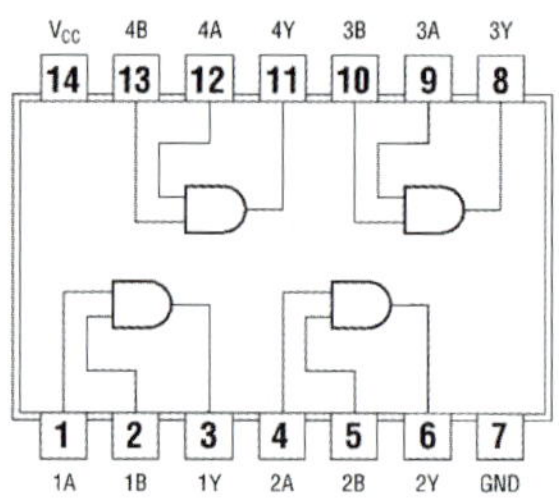

(d) IC 7408 핀 배치도

그림 4-7 2입력 AND 게이트의 기본 개념

AND 게이트의 출력에 대한 논리식은 $F = A \cdot B = AB$로 나타낸다. 스위칭 회로로 표시하면 [그림 4-8(a)]와 같이 나타낼 수 있으며, 스위치 A, B 둘 다 닫혔을 때만 전구에 불이 켜진다. 트랜지스터 회로는 [그림 4-8(b)]와 같이 표현한다. 입력이 모두 +5V이면 트랜지스터는 모두 도통되어 출력은 +5V, 즉 1이 된다. 그러나 입력 중 어느 한 쪽이 0V이면 트랜지스터는 차단되어 출력은 약 0V, 즉 0이 된다. 다이오드 회로는 [그림 4-8(c)]와 같이 표현한다. 입력이 모두 +5V이면 다이오드는 모두 차단되어 출력은 +5V, 즉 1이 된다. 그러나 입력 중 어느 한 쪽이 0V이면 다이오드는 도통되어 출력은 약 0V, 즉 0이 된다.

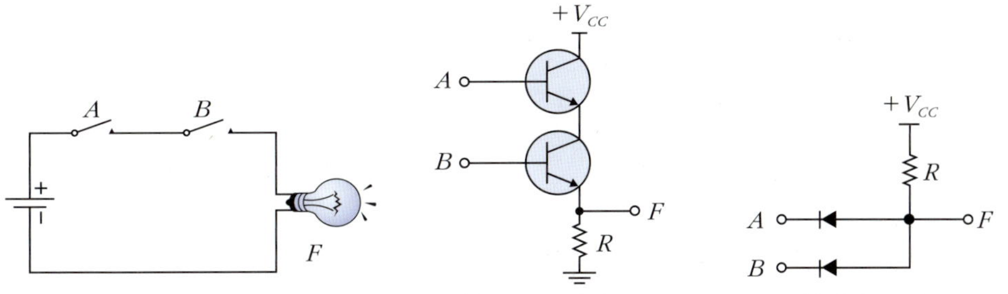

(a) 스위칭 회로　(b) 트랜지스터 회로　(c) 다이오드 회로

그림 4-8 AND 게이트의 회로 표현

기본 AND 게이트는 입력이 2개인 2입력 AND 게이트다. 그러나 입력이 여러 개인 AND 게이트도 원리는 2입력 AND 게이트와 같다. [그림 4-9]는 3입력 AND 게이트의 진리표, 동작 파형, 논리 기호, IC 7411 칩을 보여준다.

입력			출력
A	B	C	F
0	0	0	0
0	0	1	0
0	1	0	0
0	1	1	0
1	0	0	0
1	0	1	0
1	1	0	0
1	1	1	1

$F = ABC$

(a) 진리표

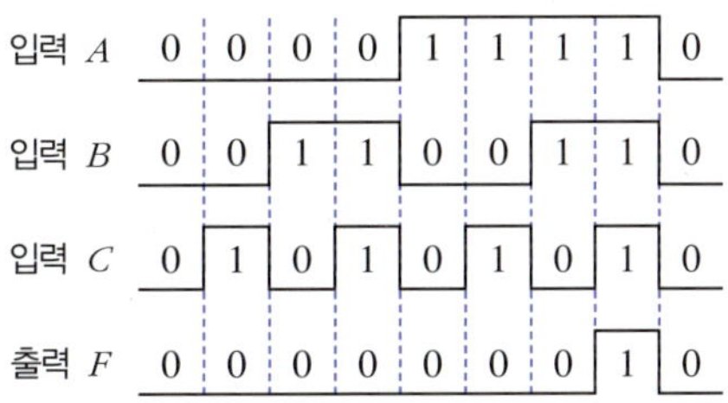

(b) 동작 파형

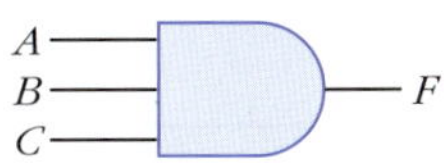

(c) 논리 기호

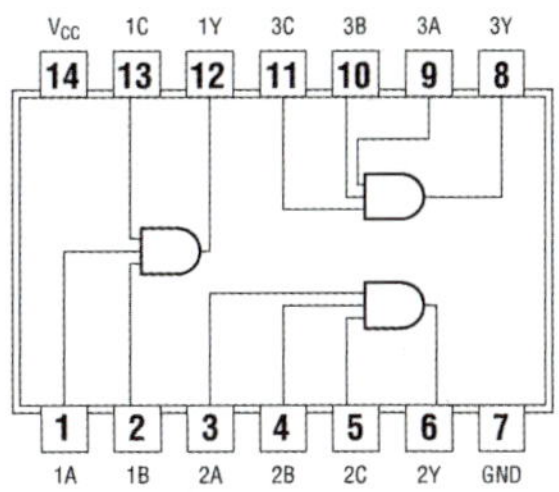

(d) IC 7411 핀 배치도

그림 4-9 3입력 AND 게이트의 기본 개념

예제 4-4

2입력 AND 게이트의 한 입력 A에 구형파를 인가하였다. 다른 입력인 B에 0을 인가한 경우와 1을 인가한 경우 각각의 개략적인 출력 파형을 그려라.

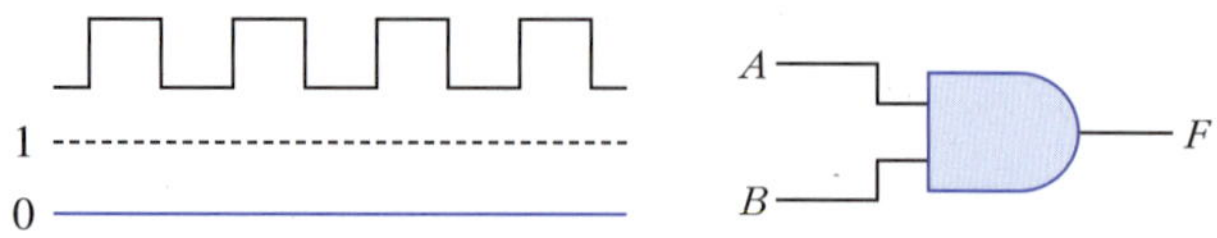

(a) 입력 B에 0을 인가한 경우

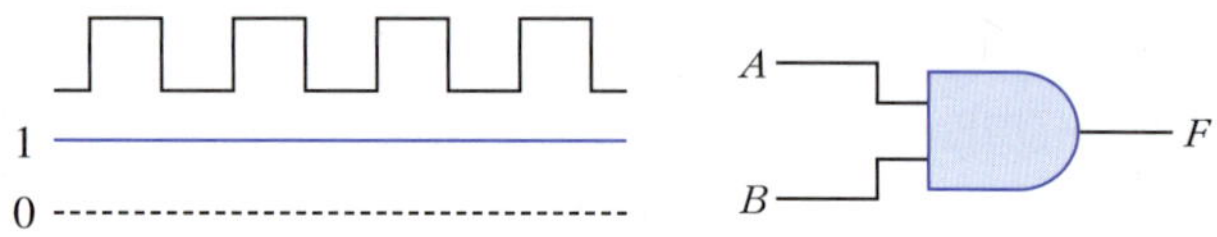

(b) 입력 B에 1을 인가한 경우

풀이

각 시간 구간별로 AND 게이트의 출력을 결정하면 된다.

(a) 입력 B에 0을 인가한 경우 시간 구간 1, 3, 5, 7에서는 $A=1$, $B=0$이므로 출력 $F=0$이다. 시간 구간 2, 4, 6에서는 $A=0$, $B=0$이므로 출력 $F=0$이다. 따라서 출력 F는 항상 0이 출력된다.

(b) 입력 B에 1을 인가한 경우 시간 구간 1, 3, 5, 7에서는 $A=1$, $B=1$이므로 출력 $F=1$이다. 시간 구간 2, 4, 6에서는 $A=0$, $B=1$이므로 출력 $F=0$이다. 따라서 출력 F에는 A와 동일한 파형이 나온다.

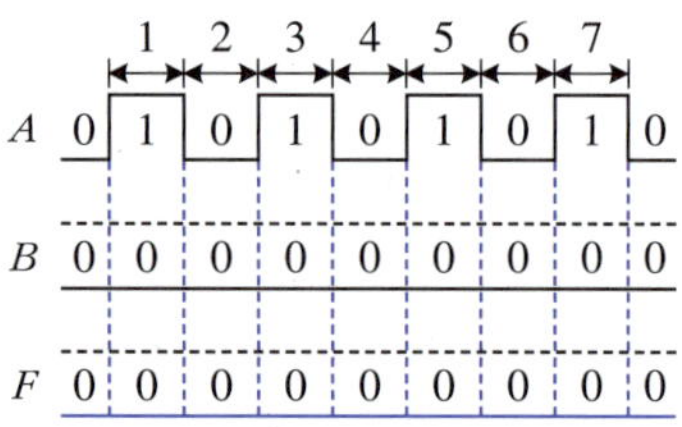

(a) 입력 B에 0을 인가한 경우

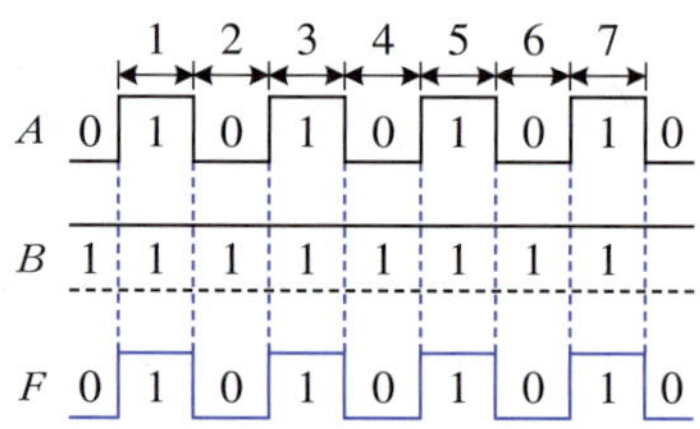

(b) 입력 B에 1을 인가한 경우

[그림 4-10]은 3입력 AND 게이트가 자동차의 좌석 벨트 경보 시스템에 사용된 예를 보인 것으로, AND 게이트는 점화 스위치가 켜지고 좌석 벨트가 풀려있는 상태를 감지한다. 점화 스위치가 켜지면 AND 게이트의 입력 A는 High가 되고, 좌석 벨트가 채워지지 않으면 AND 게이트의 입력 B도 High가 된다. 또한 점화 스위치가 켜지면 타이머가 작동되어 입력 C가 30초 동안 High로 유지된다.

점화 스위치가 켜지고, 좌석 벨트가 풀려 있고, 타이머가 작동하는 3가지 조건하에서 AND 게이트의 출력은 High가 되며, 운전자에게 주의를 환기시키는 경보음이 울리게 된다. 경보음은 30초간 울린 후에 멈추며, 처음부터 좌석 벨트가 채워져 있었다면 경보음은 울리지 않는다.

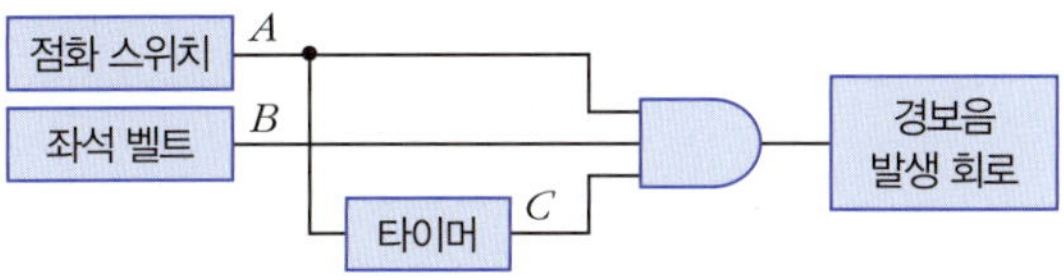

그림 4-10 AND 게이트를 이용한 좌석 벨트 경보 시스템

예제 4-5

다음 AND 게이트의 출력 결과(F)를 구하라.

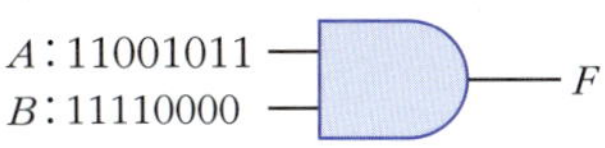

풀이

AND 게이트의 진리표를 이용하면 출력 F는 11000000이 된다. 데이터 B의 하위 4비트 0000에 의해 데이터 A의 하위 4비트 1011은 0000으로 출력됨을 알 수 있다. 이와 같이 특정 비트 또는 특정 문자를 삭제하기 위해 AND 게이트(연산)를 사용하며, 마스크mask 연산이라고 한다.

A	11001011
B	11110000
F	11000000

4.4 OR 게이트

OR 게이트는 입력 2개 이상에 대해 출력 1개를 얻는 게이트로, **논리합**logical sum이라 한다. 이 게이트는 입력이 모두 0인 경우에만 출력이 0이 되고, 입력 중에 1이 하나라도 있으면 출력은 1이 된다. [그림 4-11]은 2입력 OR 게이트의 진리표, 동작 파형, 논리 기호, IC 7432 칩을 보여준다.

입력		출력
A	B	F
0	0	0
0	1	1
1	0	1
1	1	1

$F=A+B$

(a) 진리표

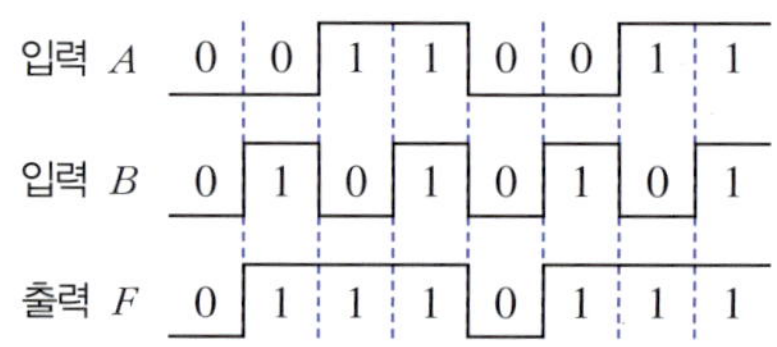

(b) 동작 파형

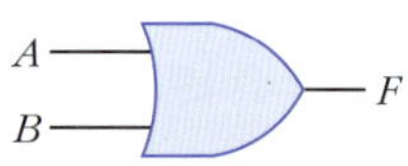

(c) 논리 기호

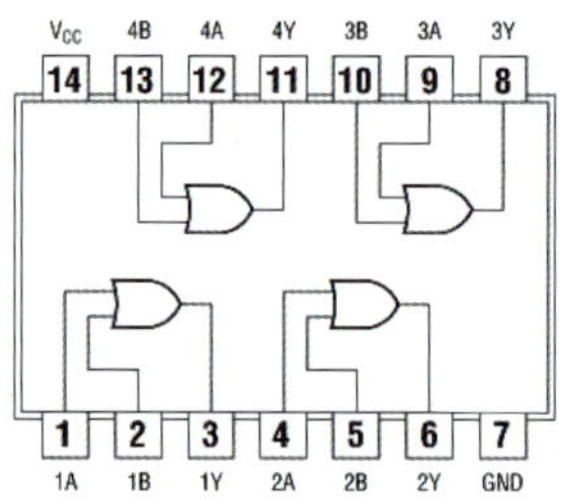

(d) IC 7432 핀 배치도

그림 4-11 2입력 OR 게이트의 기본 개념

OR 게이트의 출력에 대한 논리식은 $F=A+B$로 나타낸다. 스위칭 회로로 표시하면 [그림 4-12(a)]와 같이 나타낼 수 있으며, 스위치 A, B 둘 중에서 적어도 하나가 닫혀있으면 전구에 불이 켜진다.

트랜지스터 회로는 [그림 4-12(b)]와 같이 표현한다. 입력 중에서 적어도 하나가 +5V이면 해당 트랜지스터가 도통되어 출력은 +5V, 즉 1이 된다. 그러나 모든 입력이 0V이면 트랜지스터는 차단되어 출력은 약 0V, 즉 0이 된다. 다이오드 회로는 [그림 4-12(c)]와 같이 표현한다. 입력 중 어느 한 쪽이 +5V이면 다이오드는 도통되어 출력은 약 +5V, 즉 1이 된다. 그러나 입력이 모두 0V이면 다이오드는 차단되어 출력은 0V, 즉 0이 된다.

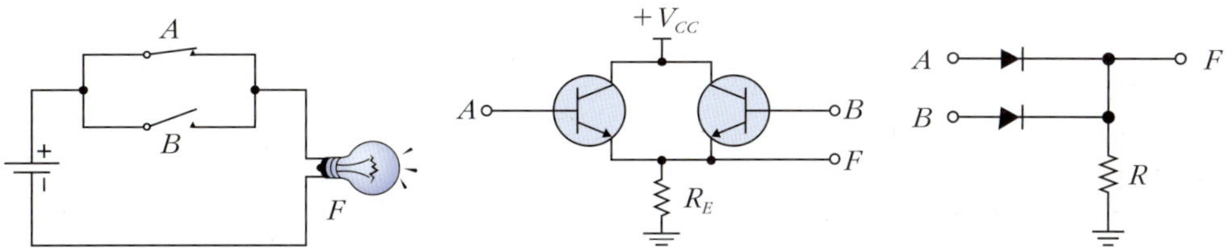

(a) 스위칭 회로 (b) 트랜지스터 회로 (c) 다이오드 회로

그림 4-12 OR 게이트의 회로 표현

기본 OR 게이트는 입력이 2개인 2입력 OR 게이트다. 그러나 입력이 여러 개인 OR 게이트도 원리는 2입력 OR 게이트와 같다. [그림 4-13]은 3입력 OR 게이트에 대한 진리표, 동작 파형, 논리 기호를 나타낸 것이다.

입력			출력
A	*B*	*C*	*F*
0	0	0	0
0	0	1	1
0	1	0	1
0	1	1	1
1	0	0	1
1	0	1	1
1	1	0	1
1	1	1	1

$F = A + B + C$

(a) 진리표

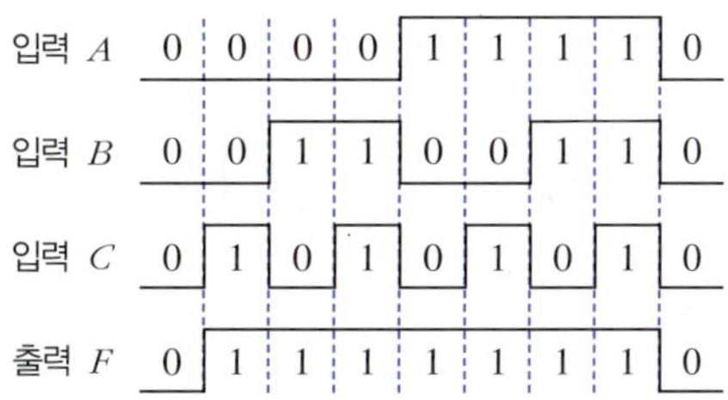

(b) 동작 파형

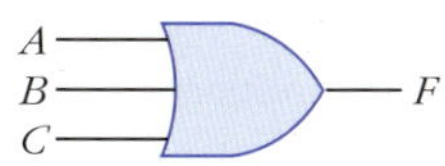

(c) 논리 기호

그림 4-13 3입력 OR 게이트의 기본 개념

예제 4-6

2입력 OR 게이트의 한 입력 *A*에 구형파를 인가하였다. 다른 입력인 *B*에 0을 인가한 경우와 1을 인가한 경우 각각의 개략적인 출력 파형을 그려라.

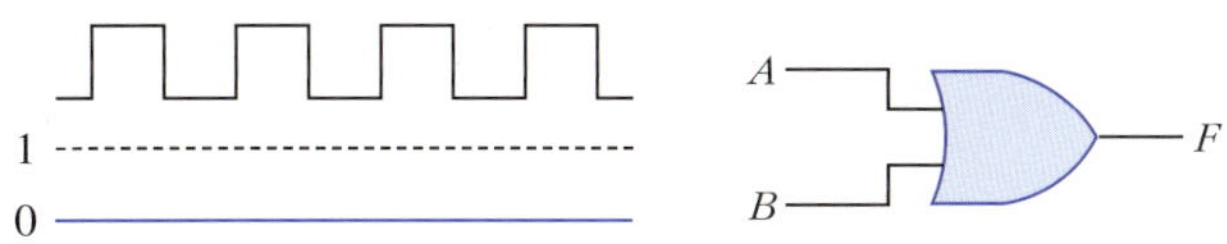

(a) 입력 *B*에 0을 인가한 경우

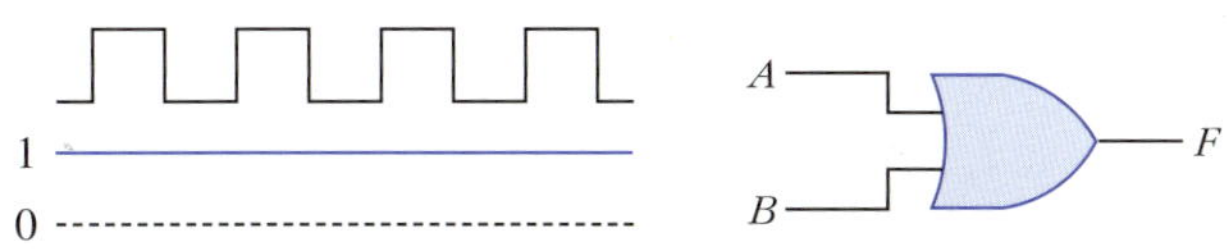

(b) 입력 *B*에 1을 인가한 경우

풀이

각 시간 구간별로 OR 게이트의 출력을 결정하면 된다.

(a) 입력 B에 0을 인가한 경우 시간 구간 1, 3, 5, 7에서는 $A=1$, $B=0$이므로 출력 $F=1$이다. 시간 구간 2, 4, 6에서는 $A=0$, $B=0$이므로 출력 $F=0$이다. 따라서 출력 F에는 A와 동일한 파형이 나온다.

(b) 입력 B에 1을 인가한 경우 시간 구간 1, 3, 5, 7에서는 $A=1$, $B=1$이므로 출력 $F=1$이다. 시간 구간 2, 4, 6에서는 $A=0$, $B=1$이므로 출력 $F=1$이다. 따라서 출력 F는 항상 1이 출력된다.

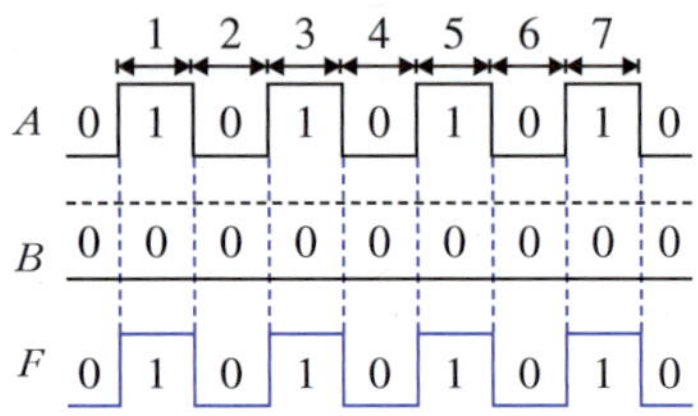

(a) 입력 B에 0을 인가한 경우

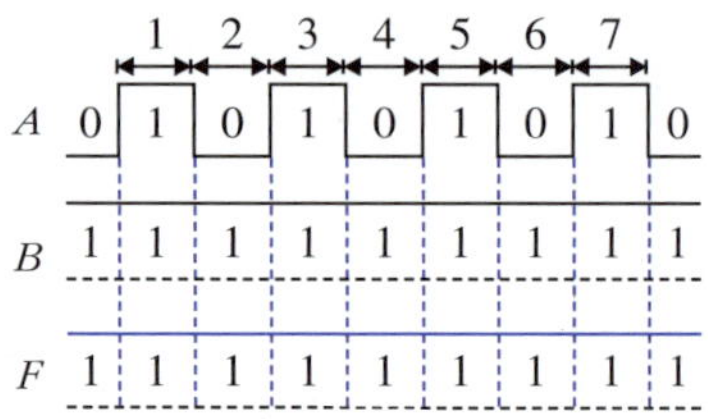

(b) 입력 B에 1을 인가한 경우

[그림 4-14]는 3입력 OR 게이트를 가정집의 침입 탐지 시스템에 사용한 예를 보인 것으로, 출입문 1개와 창문 2개가 있는 방에 적용할 수 있다. 출입문과 창문에 설치된 각 센서는 자기 스위치magnetic switch로서, 문이 열려 있을 때에는 High를 출력하고, 닫혀 있을 때에는 Low를 출력한다. 출입문과 모든 창문이 닫혀 있을 때에는 OR 게이트의 입력은 모두 Low가 되어 OR 게이트의 출력은 Low가 되므로 경보음이 울리지 않는다. 출입문과 창문 중에서 어느 하나라도 열려 있으면 OR 게이트에 High가 입력되므로 3입력 OR 게이트의 출력은 High가 출력되며, 이때 경보 회로가 작동되어 침입을 알리는 경보음이 울리게 된다.

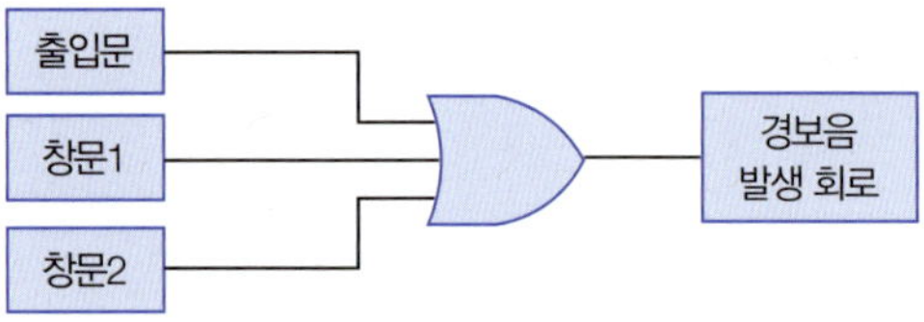

그림 4-14 OR 게이트를 이용한 침입 탐지 시스템

4.5 NAND 게이트

NAND 게이트는 2개 이상의 입력에 대해 출력 1개를 얻는 게이트로, 입력이 모두 1인 경우에만 출력이 0이 되고, 그렇지 않으면 출력은 1이 된다. 이 게이트는 AND 게이트와 반대로 동작하며, NOT-AND의 의미로 NAND 게이트라고 부른다. NAND 게이트는 AND 게이트 바로 뒤에 NOT 게이트가 이어지는 것과 같이 동작한다. [그림 4-15]는 2입력 NAND 게이트의 진리표, 동작 파형, 논리 기호, IC 7400 칩, 트랜지스터 회로를 보여준다.

입력		출력
A	B	F
0	0	1
0	1	1
1	0	1
1	1	0

$F=\overline{AB}$

(a) 진리표

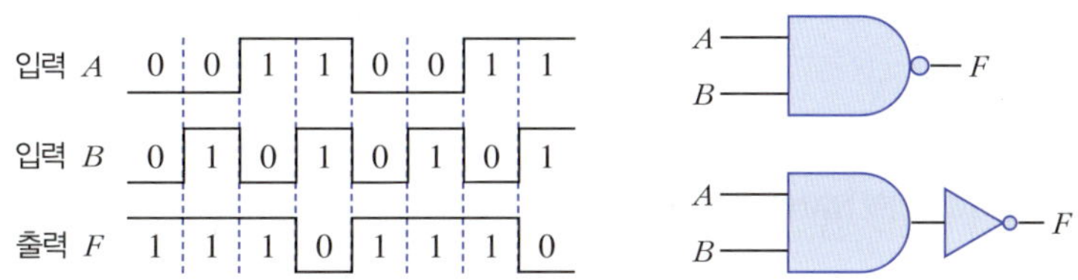

(b) 동작 파형

(c) 논리 기호

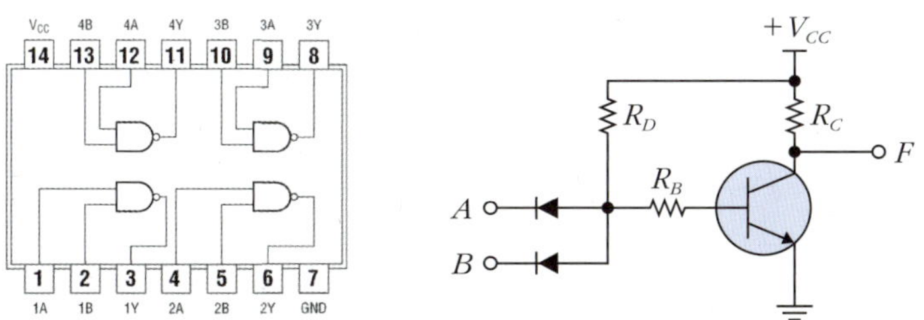

(d) IC 7400 핀 배치도

(e) 트랜지스터 회로

그림 4-15 2입력 NAND 게이트의 기본 개념

NAND 게이트의 불 대수식은 $F=\overline{AB}=(AB)'$이다. [그림 4-16]은 3입력 NAND 게이트의 진리표, 동작 파형, 논리 기호, IC 7410 칩을 보여준다.

입력			출력
A	*B*	*C*	*F*
0	0	0	1
0	0	1	1
0	1	0	1
0	1	1	1
1	0	0	1
1	0	1	1
1	1	0	1
1	1	1	0

$F = \overline{ABC}$

(a) 진리표

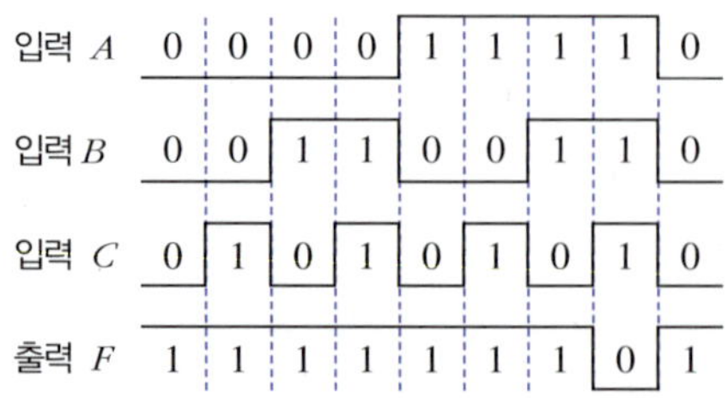

(b) 동작 파형

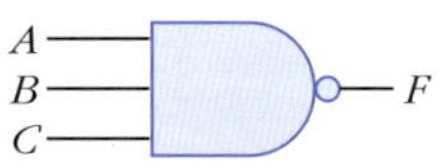

(c) 논리 기호

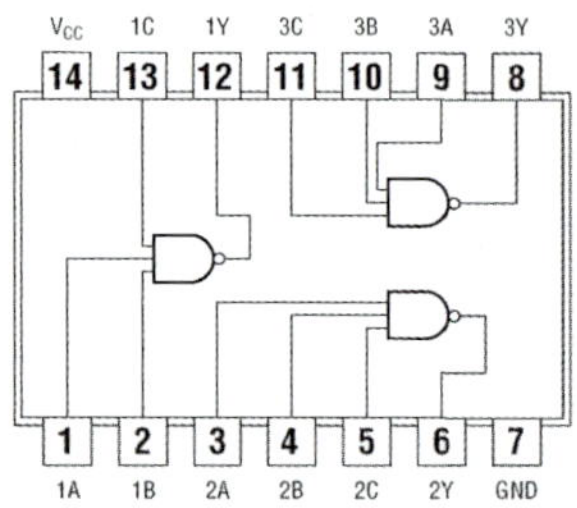

(d) IC 7410 핀 배치도

그림 4-16 3입력 NAND 게이트의 기본 개념

예제 4-7

3입력 NAND 게이트 입력에 그림과 같은 파형이 입력될 때 출력 *F*의 파형을 그려라.

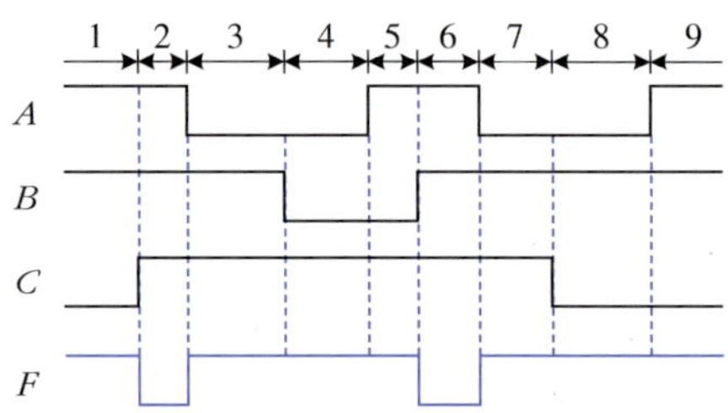

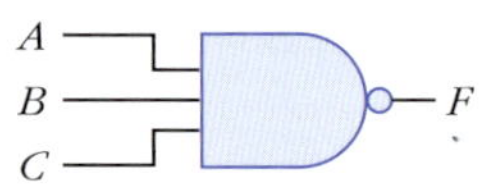

풀이

출력 *F*는 3개의 입력이 모두 1일 때만 0이 되고, 나머지 경우에는 1이 되므로 시간 구간 2, 6에서는 출력이 0이 되고 시간 구간 1, 3, 4, 5, 7, 8, 9에서는 1이 된다.

4.6 NOR 게이트

NOR 게이트는 2개 이상의 입력에 대해 출력 1개를 얻는 게이트로, 입력이 모두 0인 경우에만 출력이 1이 되고, 입력 중에 하나라도 1이 있으면 출력은 0이 된다. 이 게이트는 OR 게이트와 반대로 동작하며, NOT-OR의 의미로 NOR 게이트라고 부른다. NOR 게이트는 OR 게이트 바로 뒤에 NOT 게이트가 이어진 것과 같이 동작한다. [그림 4-17]은 2입력 NOR 게이트의 진리표, 동작 파형, 논리 기호, IC 7402 칩, 트랜지스터 회로를 보여준다.

입력		출력
A	B	F
0	0	1
0	1	0
1	0	0
1	1	0

$F=\overline{A+B}$

(a) 진리표

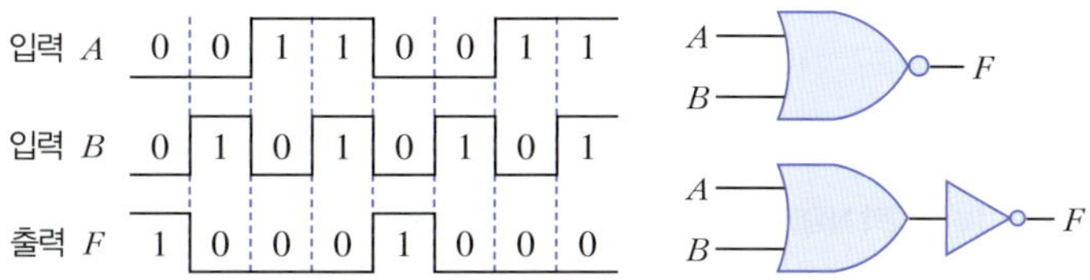

(b) 동작 파형 (c) 논리 기호

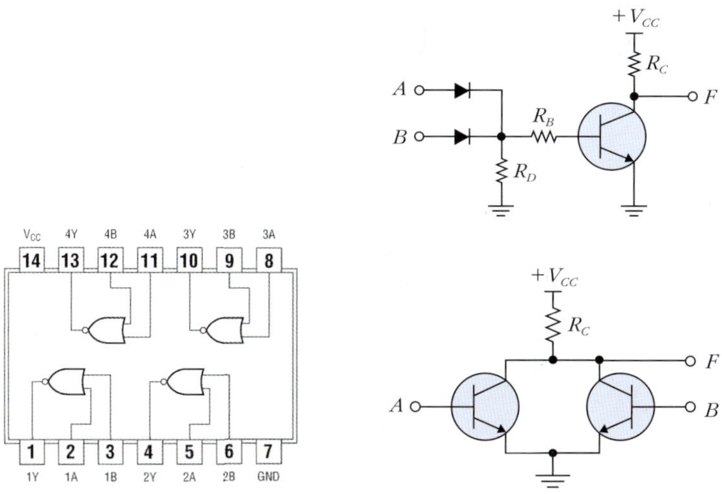

(d) IC 7402 핀 배치도 (e) 트랜지스터 회로

그림 4-17 2입력 NOR 게이트의 기본 개념

NOR 게이트의 출력에 대한 불 대수식은 $F=\overline{A+B}=(A+B)'$이다. [그림 4-18]은 3입력 NOR 게이트의 진리표, 동작 파형, 논리 기호, IC 7427 칩을 보여준다.

입력			출력
A	B	C	F
0	0	0	1
0	0	1	0
0	1	0	0
0	1	1	0
1	0	0	0
1	0	1	0
1	1	0	0
1	1	1	0

$$F = \overline{A+B+C}$$

(a) 진리표

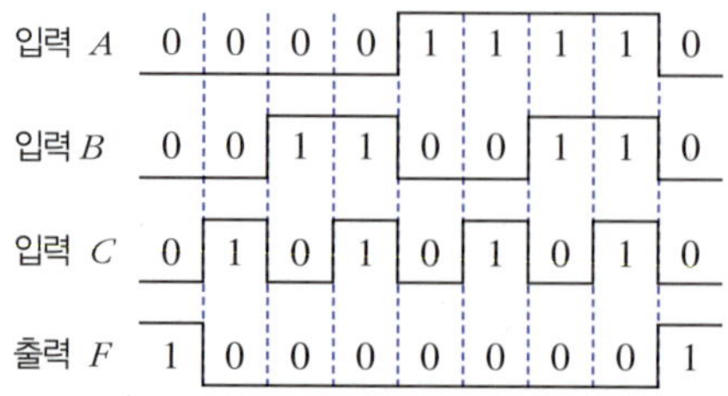

(b) 동작 파형

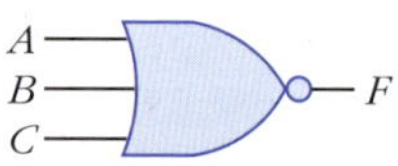

(c) 논리 기호

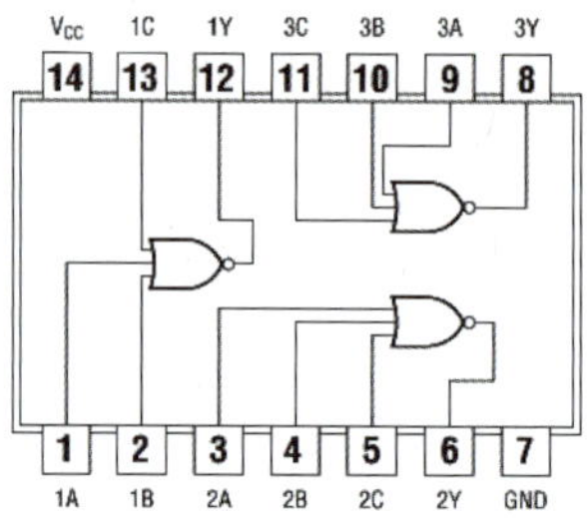

(d) IC 7427 핀 배치도

그림 4-18 3입력 NOR 게이트의 기본 개념

예제 4-8

3입력 NOR 게이트 입력에 그림과 같은 파형이 입력될 때 출력 F의 파형을 그려라.

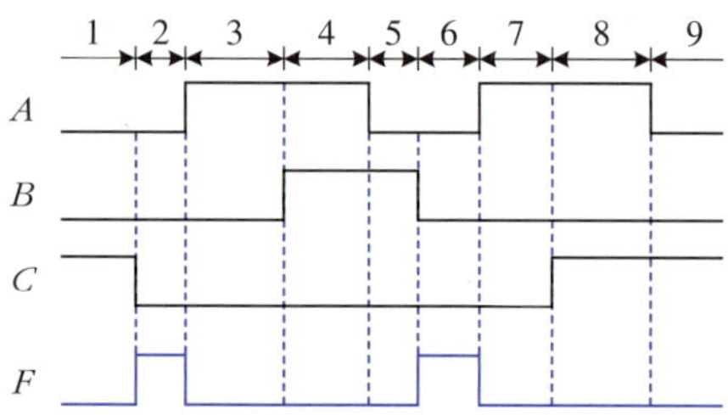

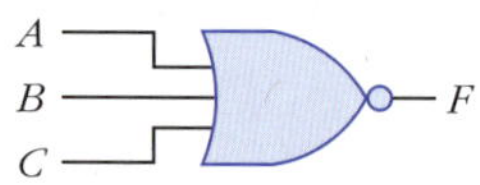

풀이

출력 F는 3개의 입력이 모두 0일 때만 1이 되고, 나머지 경우에는 0이 되므로 시간 구간 2, 6에서는 출력이 1이 되고 시간 구간 1, 3, 4, 5, 7, 8, 9에서는 0이 된다.

4.7 XOR 게이트

[그림 4-19(a)]와 [그림 4-21(a)]의 진리표에서 보는 것처럼 **XOR**eXclusive OR **게이트**는 홀수 개의 1이 입력되면 출력은 1이 되고 그렇지 않으면 출력은 0이 된다. 2입력 XOR 게이트의 경우 두 입력 중 하나가 1이면 출력이 1이 되고, 두 입력이 모두 0이거나 1이면 출력은 0이 된다고 생각하면 이해하기가 쉽다. [그림 4-19]는 2입력 XOR 게이트의 진리표, 동작 파형, 논리 기호, IC 7486 칩을 보여준다.

입력		출력
A	B	F
0	0	0
0	1	1
1	0	1
1	1	0

$F = A \oplus B$

(a) 진리표

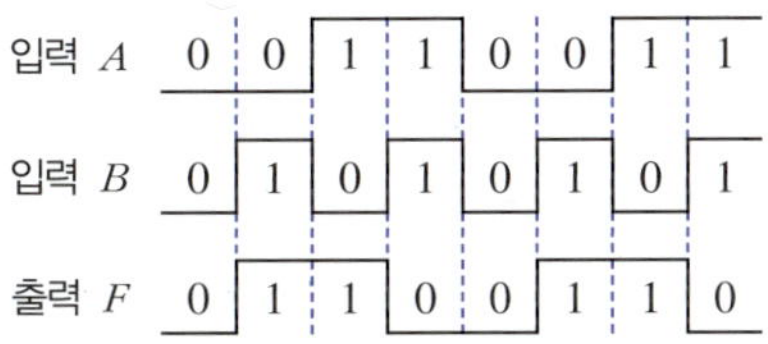

(b) 동작 파형

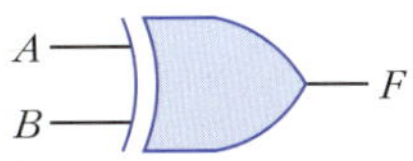

(c) 논리 기호

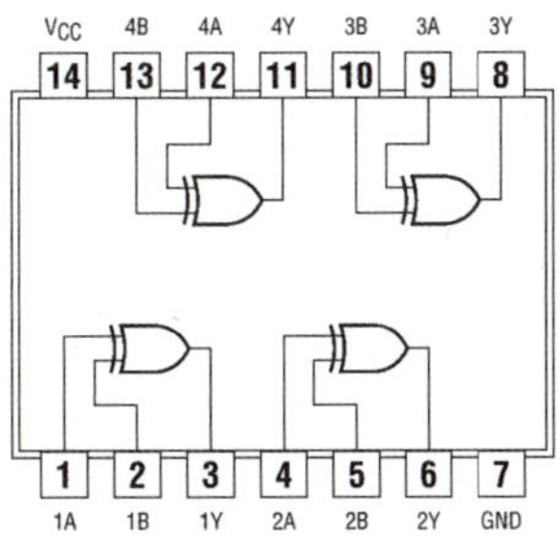

(d) IC 7486 핀 배치도

그림 4-19 2입력 XOR 게이트의 기본 개념

XOR 게이트의 출력에 대한 불 대수식은 다음과 같다.

$$F = A \oplus B = \bar{A}B + A\bar{B} = A'B + AB'$$

XOR 게이트의 불 대수식을 AND, OR, NOT 게이트로 표현하면 [그림 4-20]과 같다. [그림 4-21]은 3입력 XOR 게이트의 진리표, 동작 파형, 논리 기호를 보여준다.

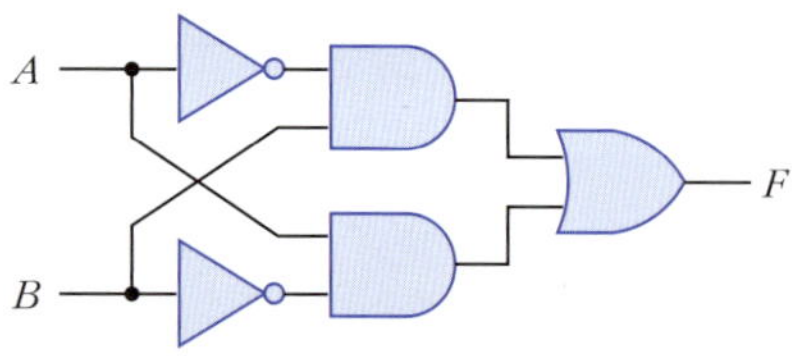

그림 4-20 XOR 게이트의 AND-OR 게이트 표현

입력			출력
A	*B*	*C*	*F*
0	0	0	0
0	0	1	1
0	1	0	1
0	1	1	0
1	0	0	1
1	0	1	0
1	1	0	0
1	1	1	1

$F = A \oplus B \oplus C$

(a) 진리표

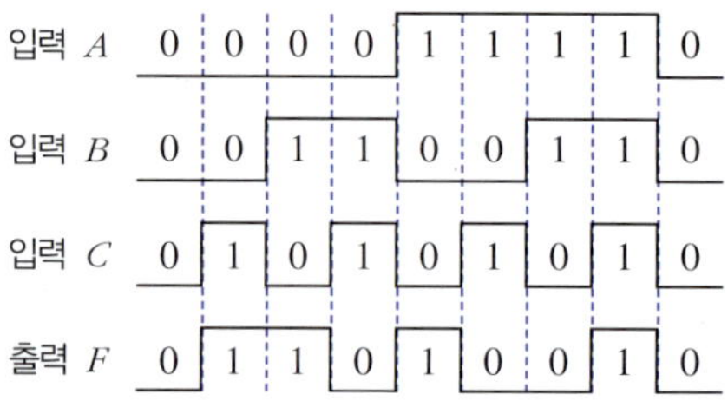

(b) 동작 파형

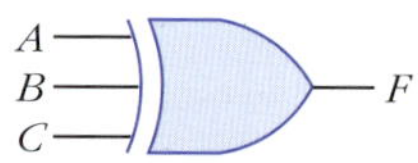

(c) 논리 기호

그림 4-21 3입력 XOR 게이트의 기본 개념

예제 4-9

2입력 XOR 게이트의 한 입력 *A*에 구형파를 인가하였다. 다른 입력인 *B*에 0을 인가한 경우와 1을 인가한 경우 각각의 개략적인 출력 파형을 그려라.

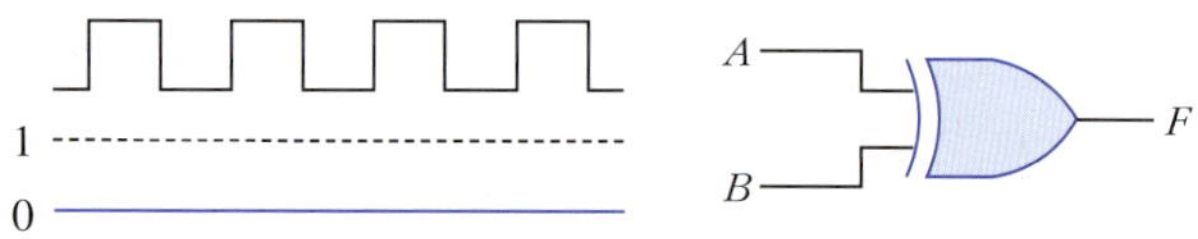

(a) 입력 *B*에 0을 인가한 경우

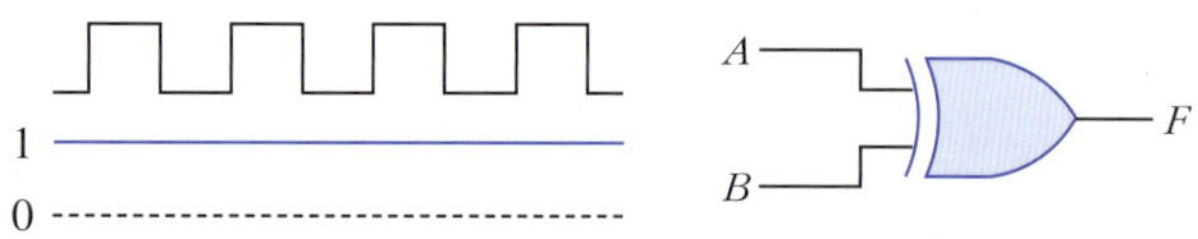

(b) 입력 *B*에 1을 인가한 경우

풀이

(a)와 같이 입력 B에 0을 인가한 경우 $AB = 00$이면 $F = 0$, $AB = 10$이면 $F = 1$이므로 출력 F는 입력 A와 같은 파형이 출력된다. 반면에 (b)와 같이 입력 B에 1을 인가한 경우 $AB = 01$이면 $F = 1$, $AB = 11$이면 $F = 0$이므로 출력 F는 입력 A의 반전된 파형이 출력된다.

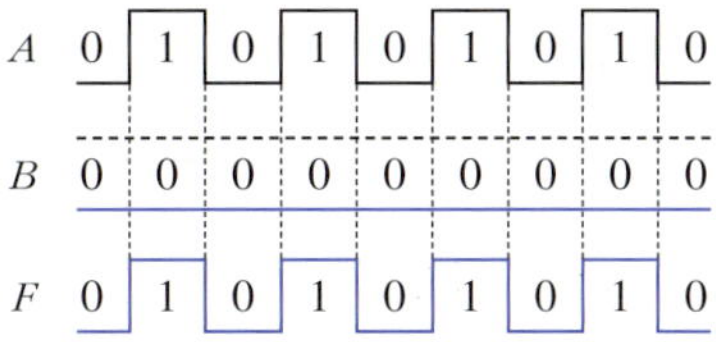

(a) 입력 B에 0을 인가한 경우

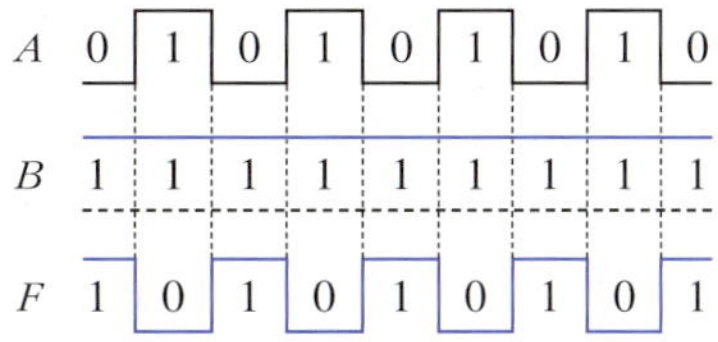

(b) 입력 B에 1을 인가한 경우

예제 4-10

2입력 XOR 게이트 2개를 사용해 3입력 XOR 게이트를 구성하라.

풀이

다음 그림과 같이 2입력 XOR 게이트를 연결하면 3입력 XOR 게이트를 구성할 수 있다. 3입력 XOR 게이트로 동작함을 진리표로 증명한다. 먼저 입력이 A와 B인 게이트 G_1의 출력을 ①의 열에 작성한다. 그 후 게이트 G_2의 입력인 ①과 C에 대해 출력 F를 작성하면 그 결과는 [그림 4-21(a)]와 같다.

입력			출력	
A	B	C	①	F
0	0	0	0	0
0	0	1	0	1
0	1	0	1	1
0	1	1	1	0
1	0	0	1	1
1	0	1	1	0
1	1	0	0	0
1	1	1	0	1

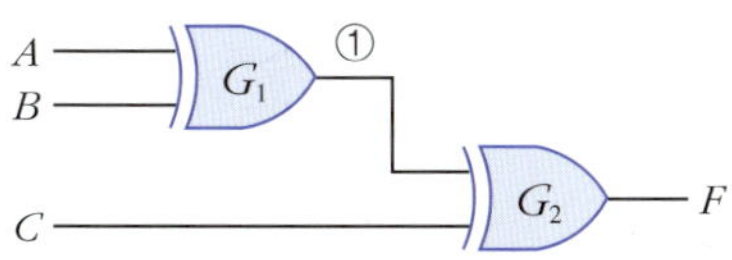

TIP

- 3입력 AND

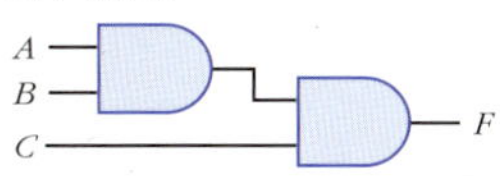

- 3입력 OR

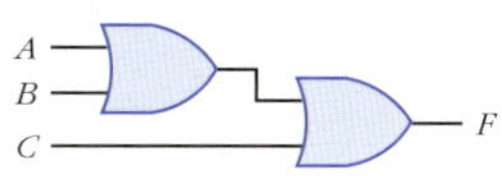

4.8 XNOR 게이트

[그림 4-22(a)]와 [그림 4-24(a)]의 진리표에서 보는 것처럼 **XNOR**eXclusive NOR **게이트**는 짝수 개의 1이 입력되면 출력은 1이 되고, 그렇지 않으면 출력은 0이 된다. XOR 게이트에 NOT 게이트를 연결한 것이므로 출력값은 XOR 게이트와 반대가 된다. 2입력 XNOR 게이트의 경우 2개의 입력이 다르면 출력은 0이 되고, 같으면 출력은 1이 된다고 생각하면 이해하기가 쉽다. [그림 4-22]는 2입력 XNOR 게이트의 진리표, 동작 파형, 논리 기호, IC 74266 칩을 보여준다.

입력		출력
A	B	F
0	0	1
0	1	0
1	0	0
1	1	1

$F=\overline{A \oplus B}$

(a) 진리표

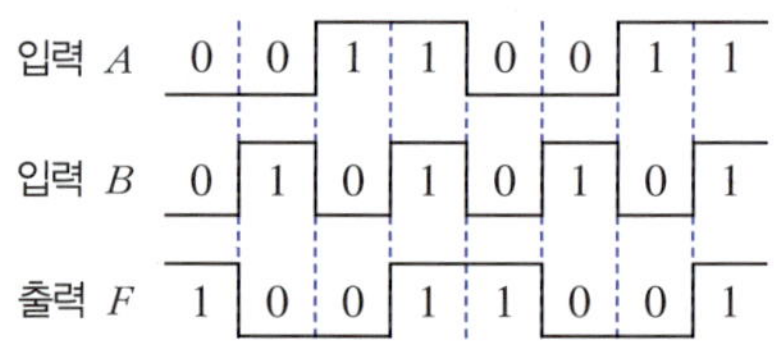

(b) 동작 파형

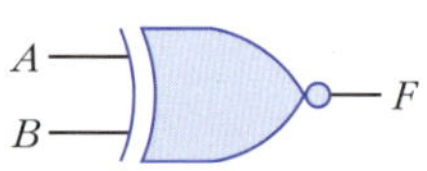

(c) 논리 기호

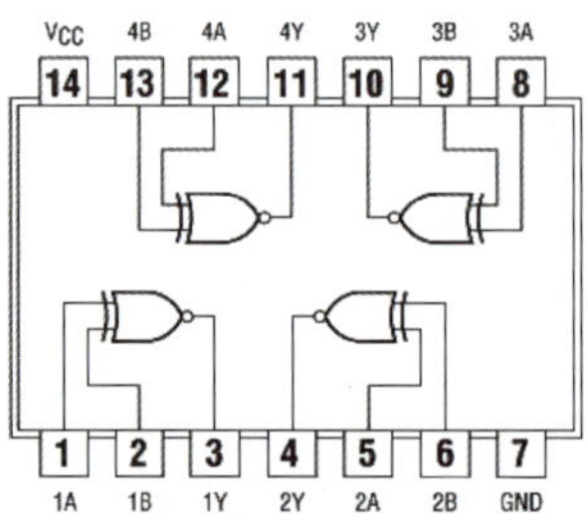

(d) IC 74266 핀 배치도

그림 4-22 2입력 XNOR 게이트의 기본 개념

XNOR 게이트의 출력에 대한 불 대수식은 다음과 같다.

$$F=\overline{A}\,\overline{B}+AB=A'B'+AB=\overline{A \oplus B}=A \odot B$$

XNOR 게이트의 불 대수식을 XOR, NOT 또는 AND, OR, NOT 게이트로 표현하면 [그림 4-23]과 같다.

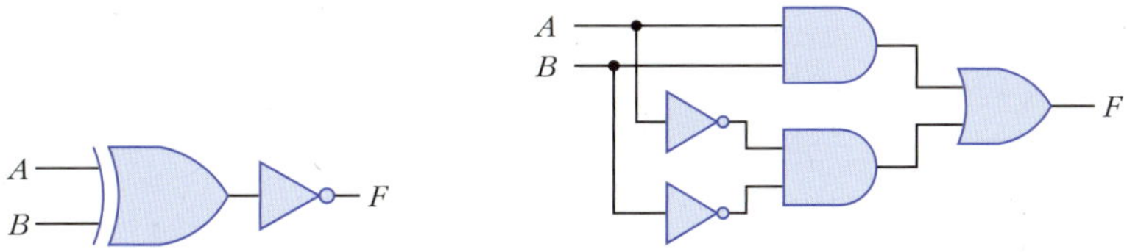

(a) XOR-NOT 표현 (b) AND-OR 표현

그림 4-23 XNOR 게이트의 표현 방법

[그림 4-24]는 3입력 XNOR 게이트의 진리표, 동작 파형, 논리 기호를 보여준다.

입력			출력
A	*B*	*C*	*F*
0	0	0	1
0	0	1	0
0	1	0	0
0	1	1	1
1	0	0	0
1	0	1	1
1	1	0	1
1	1	1	0

$F = \overline{A \oplus B \oplus C}$

(a) 진리표

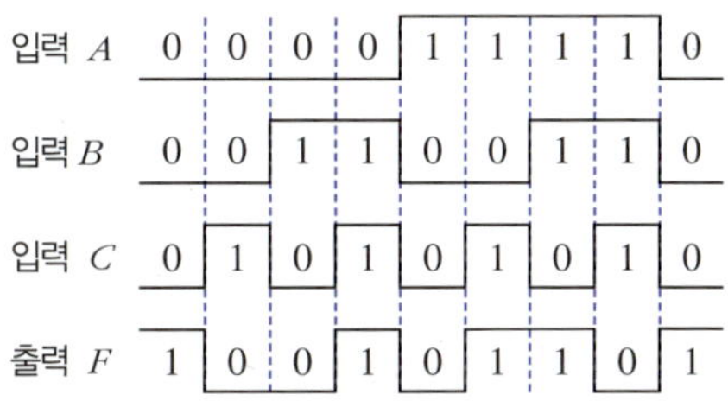

(b) 동작 파형

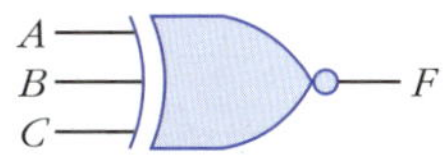

(c) 논리 기호

그림 4-24 3입력 XNOR 게이트의 기본 개념

예제 4-11

2입력 게이트를 사용해 3입력 XNOR 게이트를 구성하라.

풀이

(a)는 3입력 XNOR 게이트로 동작하는 경우이며, (b)는 그렇지 않은 경우다. 이를 진리표로 증명하면 다음과 같다. 먼저 (a)인 경우 입력이 A와 B인 XOR 게이트 G_1의 출력을 ①의 열에 작성한다. 다음에는 XNOR 게이트 G_2의 입력인 ①과 C에 대해 출력 F를 작성하면 그 결과는 3입력 XNOR 게이트로 동작함을 알 수 있다. 반면에 (b)와 같이 구성하여 진리표를 작성하면 XNOR 게이트가 아닌 XOR 게이트로 동작함을 알 수 있다.

2입력 게이트 2개를 사용해 3입력 NAND 게이트를 구성하는 경우나 3입력 NOR 게이트를 구성하는 경우에도 동일한 방법을 적용하면 된다.

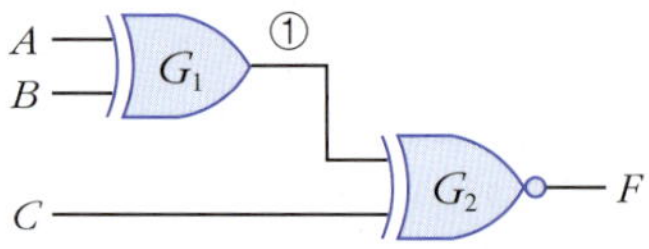

입력			출력	
A	*B*	*C*	①	*F*
0	0	0	0	1
0	0	1	0	0
0	1	0	1	0
0	1	1	1	1
1	0	0	1	0
1	0	1	1	1
1	1	0	0	1
1	1	1	0	0

(a) 3입력 XNOR 게이트로 동작하는 경우

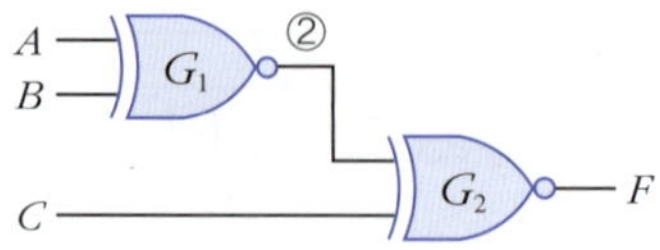

입력			출력	
A	*B*	*C*	②	*F*
0	0	0	1	0
0	0	1	1	1
0	1	0	0	1
0	1	1	0	0
1	0	0	0	1
1	0	1	0	0
1	1	0	1	0
1	1	1	1	1

(b) 3입력 XNOR 게이트로 동작하지 않는 경우

TIP

- 3입력 NAND

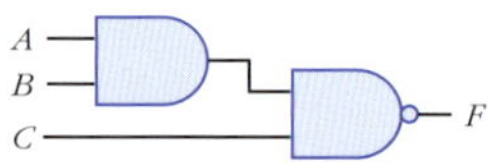

- 3입력 NOR

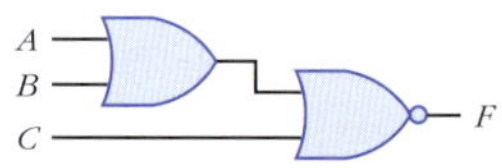

논리 연산(2진 연산)

■ AND 연산

2개의 입력에 대한 논리적 AND로 연산하는 것으로서 [그림 4-25(a)]와 같이 불필요한 비트나 문자를 제거할 때 사용한다. 이때 삭제되는 비트를 **마스크**mask라 한다.

■ OR 연산

2개의 입력에 대한 논리적 OR로 연산하는 것으로서 [그림 4-25(b)]와 같이 필요한 비트나 문자를 삽입할 때 사용한다.

■ XOR 연산

2개의 입력을 비교하는 경우 또는 [그림 4-25(c)]와 같이 특정 비트의 값을 선택적으로 반전시킬 때 사용한다.

```
      1 1 1 0 1 0 1 0
AND | 0 0 0 0 1 1 1 1
      0 0 0 0 1 0 1 0
```

(a) 상위 4비트 삭제

```
      0 0 0 0 1 1 1 0
OR  | 1 0 1 1 0 0 0 0
      1 0 1 1 1 1 1 0
```

(b) 상위 4비트 값 삽입

```
      1 1 1 0 1 0 1 0
XOR | 1 1 1 1 0 0 0 0
      0 0 0 1 1 0 1 0
```

(c) 상위 4비트 반전

그림 4-25 논리 연산

4.9 게이트의 전기적 특성

컴퓨터와 디지털 공학의 기반이 되는 IC Integrated Circuit, 집적회로는 기술적으로 다양하게 발전해왔다. 1947년 트랜지스터transistor: transfer-resistance 개발은 전기·전자 기술에 엄청난 발전을 가져왔다. 트랜지스터의 성공과 고체물리학의 발전은 또 다른 기술인 IC의 기반이 되었다.

1번째 IC는 1959년에 텍사스 인스트루먼트Texas Instruments, 페어차일드 카메라Fairchild Camera, 인스트루먼트 컴퍼니Instrument Company 등에서 만들었으며, 이들 IC는 하나의 칩에 게이트를 10개가량 집적한 SSI Small Scale IC다. 매년 2배 정도의 집적도 향상이 진행되어 1965년에는 게이트를 100개가량 집적한 MSI medium scale IC가, 1971년에 수천 개의 게이트로 구성된 LSI large scale IC가 만들어졌다. 현재는 수십만 혹은 수백만 게이트로 이루어진 VLSI Very Large Scale IC와 ULSI Ultra Large Scale IC 시대다.

IC는 재료에 따라 그 특성이나 기능이 정해진다. 바이폴라bipolar 트랜지스터를 사용한 소자로는 TTL Transistor-Transistor Logic과 ECL Emitter-Coupled Logic이 있으며, 전계 효과 트랜지스터FET : Field Effect Transistors나 유니폴라 트랜지스터인 PMOS P-type Metal Oxide Semiconductor, NMOS N-type Metal Oxide Semiconductor, CMOS Complementary Metal Oxide Semiconductor를 사용한 소자들이 있다. 이들은 특정 용도(전력 소모, 온도 등의 사용 환경)에 따라 그룹으로 묶는다. TTL 계열은 NAND, ECL 계열은 NOR, CMOS는 인버터inverter 게이트들에 사용되며, 4가지 특성에 따라 평가된다.

- **전파 지연 시간** : 신호가 입력되고 출력될 때까지의 시간으로, 게이트의 동작 속도를 나타낸다.
- **전력 소모** : 게이트가 동작할 때 소모되는 전력량을 말한다.
- **잡음 여유도** : 디지털 회로에서 데이터의 값에 변경을 주지 않는 범위 내에서 최대로 허용된 잡음 마진을 나타낸다.
- **팬-아웃** : 한 게이트의 출력으로부터 다른 여러 개의 입력으로 공급되는 전류를 말하며, 정상적인 동작으로 한 출력이 최대 몇 개의 입력으로 연결되는가를 나타낸다.

디지털 회로는 높은 전압에서 논리 1(true, on), 낮은 전압에서 논리 0(false, off)을 표시하는 정논리positive logic와, 그 반대로 낮은 전압에서 논리 1(true), 높은 전압에서 논리 0(false)을 표시하는 부논리negative logic가 있다.

1 전파 지연 시간

논리 게이트는 상태가 변할 때 약간의 시간이 걸리는데, 이를 **전파 지연 시간**gate propagation delay time이라고 한다. 출력이 0에서 1로 변할 때 t_{PLH}Propagation delay time from Low to High이라 하고, 출력이 1에서 0으로 변할 때 t_{PHL}Propagation delay time from High to Low이라 한다. t_{PLH}와 t_{PHL}은 입력이 50%가 될 때부터 출력이 50%가 될 때까지 측정한다. 전파 지연 시간의 개념도는 [그림 4-26]이며, 게이트마다 그리고 IC를 제조하는 방법에 따라 조금씩 차이가 있다.

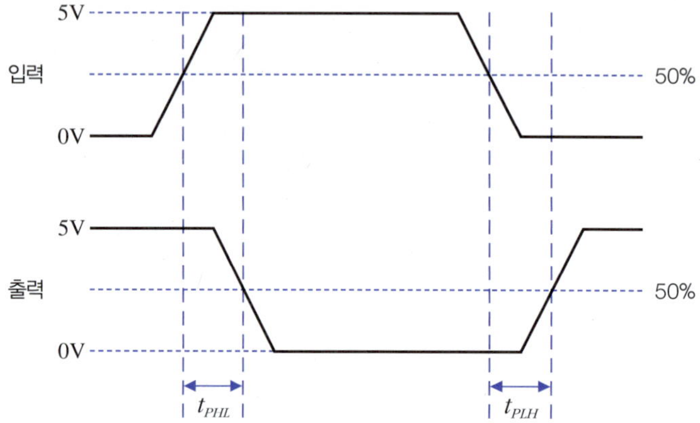

그림 4-26 전파 지연 시간

표 4-2 주요 디지털 IC 계열별 특성표

	t_{PLH} (max) [ns]	t_{PHL} (max) [ns]	V_{OH} (min) [V]	V_{OL} (max) [V]	V_{IH} (min) [V]	V_{IL} (max) [V]	I_{OH} (max) [mA]	I_{OL} (max) [mA]	I_{IH} (max) [μA]	I_{IL} (max) [mA]
7400	22	15	2.4	0.4	2	0.8	−0.4	16	40	−1.6
74S00	4.5	5	2.7	0.5	2	0.8	−1	20	50	−2
74LS00	15	15	2.7	0.4	2	0.8	−0.4	8	20	−0.4
74ALS00	11	8	3	0.4	2	0.8	−0.4	8	20	−0.1
74F00	5	4.3	2.5	0.5	2	0.8	−1	20	20	−0.6
74HC00	23	23	3.84	0.33	3.15	0.9	−4	4		
74AC00	8	6.5	4.4	0.1	3.15	1.35	−75	75		
74ACT00	9	7	4.4	0.1	2	0.8	−75	75		

TIP

t_{PHL} : High에서 Low로 변할 때 전파 지연 시간
t_{PLH} : Low에서 High로 변할 때 전파 지연 시간
V_{OH} : 논리 레벨 High일 때 출력 전압
V_{OL} : 논리 레벨 Low일 때 출력 전압
V_{IH} : 논리 레벨 High일 때 입력 전압
V_{IL} : 논리 레벨 Low일 때 입력 전압
I_{OH}, I_{OL}, I_{IH}, I_{IL}: 위와 같을 때 전류

예제 4-12

게이트 X의 t_{PLH}는 5ns이며, t_{PHL}은 4.5ns이다. 게이트 Y의 t_{PLH}는 8ns이며, t_{PHL}은 7.5ns이다. 각 게이트의 전파 지연 시간을 계산하고, 어느 게이트가 더 높은 주파수에서 동작하는지 설명하라.

풀이

게이트 X와 Y의 전파 지연 시간을 계산하면 다음과 같다.

- 게이트 X의 전파 지연 시간 : 5ns + 4.5ns = 9.5ns
- 게이트 Y의 전파 지연 시간 : 8ns + 7.5ns = 15.5ns

동작 가능한 최대 주파수는 전파 지연 시간의 역수이므로 게이트 X가 더 높은 주파수에서 동작함을 알 수 있다.

- 게이트 X의 최대 동작 주파수 : 1/9.5ns = 105.26MHz
- 게이트 Y의 최대 동작 주파수 : 1/15.5ns = 64.52MHz

2 전력 소모

논리 장치IC Chip의 **전력 소모**power dissipation는 공급 전압(V_{cc})과 공급 전류(I_{cc})의 곱 $P_{cc} = V_{cc} \times I_{cc}$로 나타낸다. 이들 공급 전압과 공급 전류는 각 제조사와 IC의 특성에 따라 다르며, 공급사에서 제공하는 데이터시트datasheet에 표시되어 있다. TTL 계열에서 양 전원은 V_{CC}Collector Voltage, 음 전원ground : GND, 접지은 V_{EE}Emitter voltage로 나타내며, FETField Effect Transistor를 기반으로 하는 MOS IC에서는 V_{DD}Drain voltage와 V_{SS}Source voltage로 나타낸다. 일반적으로 TTL IC에 공급되는 양 전원은 V_{CC}로, 음 전원은 GND로 나타낸다. 이들에 공급되는 전류를 I_{CC}라고 한다.

예제 4-13

어떤 논리 게이트가 +5V DC 전압에서 동작하고 평균 4mA의 전류가 흐른다면 전력 소모는 얼마인가?

풀이

$$P = 5 \times 4 \times 10^{-3}\text{W} = 20 \times 10^{-3}\text{W} = 20\text{mW}$$

3 잡음 여유도

잡음 여유도noise margin란 출력과 입력 사이에 존재하는 식별 전압의 차이값을 말하며, 입력 신호에 어느 정도의 잡음noise이 있을 경우에도 신호를 식별 가능하도록 해준다. 논리회로에서 입력 전압의 잡음을 견뎌낼 수 있는 회로의 능력을 **잡음 면역**immunity이라 하며, 잡음 면역의 정도를 **잡음 여유도**라 한다.

High 레벨의 잡음 여유도는 $V_{NH} = V_{OH}(\text{min}) - V_{IH}(\text{min})$, Low 레벨의 잡음 여유도는 $V_{NL} = V_{IL}(\text{max}) - V_{OL}(\text{max})$이다. [그림 4-27]과 [그림 4-28]은 잡음 여유도의 개념을 설명한다.

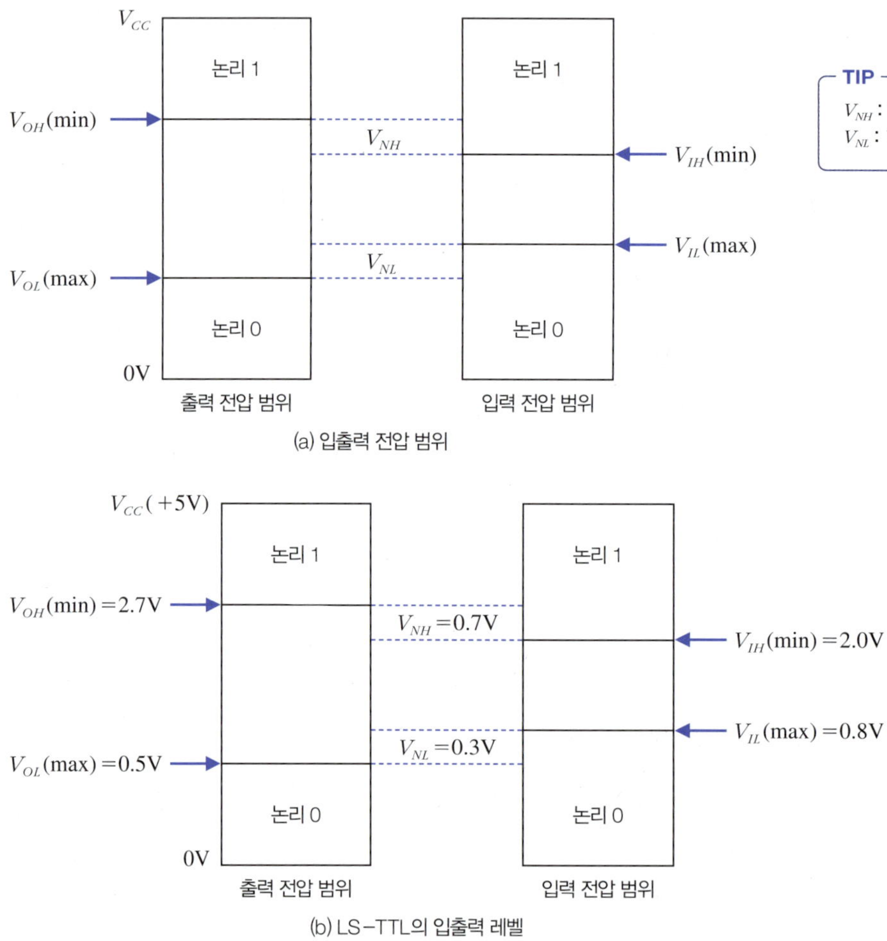

TIP
V_{NH} : $V_{Noise\ High}$
V_{NL} : $V_{Noise\ Low}$

그림 4-27 잡음 여유도

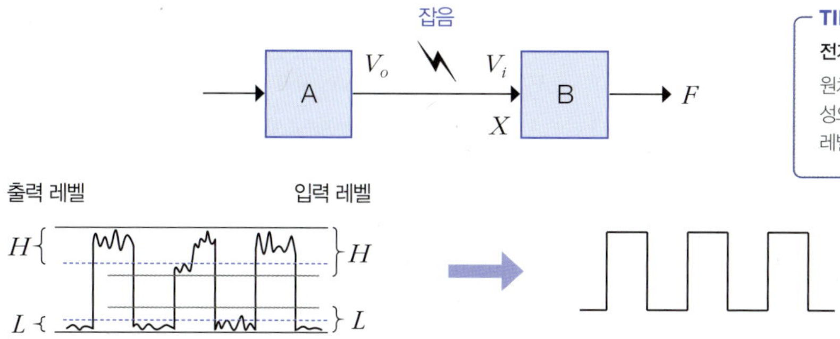

(a) 입력 신호 X(신호 + 잡음)　　　(b) 출력 신호 F

그림 4-28 TTL IC 잡음 특성

> **TIP**
> **전기적인 잡음**
> 원치 않은 전기적 불규칙성으로 인해 디지털 논리 레벨을 변화시키는 것

예제 4-14

주어진 파라미터를 이용해 74HC 계열 IC의 잡음 여유도를 계산하라.

파라미터	값
V_{IH} (min)	3.15V
V_{IL} (max)	0.9V
V_{OH} (min)	3.84V
V_{OL} (max)	0.33V

풀이

- Low 레벨의 잡음 여유도 : $V_{NL} = V_{IL}(\text{max}) - V_{OL}(\text{max}) = 0.9\text{V} - 0.33\text{V} = 0.57\text{V}$
- High 레벨의 잡음 여유도 : $V_{NH} = V_{OH}(\text{min}) - V_{IH}(\text{min}) = 3.84\text{V} - 3.15\text{V} = 0.69\text{V}$

예제 4-15

다음 표에는 세 종류의 게이트에 대한 전압 파라미터가 표시되어 있다. 잡음이 많은 산업 환경에서 사용할 수 있는 최선의 게이트를 선택하라.

게이트 종류	V_{OH} (min)	V_{OL} (max)	V_{IH} (min)	V_{IL} (max)
게이트 A	2.4V	0.4V	2.0V	0.8V
게이트 B	3.5V	0.2V	2.5V	0.6V
게이트 C	4.2V	0.2V	3.2V	0.8V

풀이

게이트 A	• Low 레벨의 잡음 여유도 : $V_{NL} = V_{IL}(\max) - V_{OL}(\max) = 0.8\text{V} - 0.4\text{V} = 0.4\text{V}$ • High 레벨의 잡음 여유도 : $V_{NH} = V_{OH}(\min) - V_{IH}(\min) = 2.4\text{V} - 2.0\text{V} = 0.4\text{V}$
게이트 B	• Low 레벨의 잡음 여유도 : $V_{NL} = V_{IL}(\max) - V_{OL}(\max) = 0.6\text{V} - 0.2\text{V} = 0.4\text{V}$ • High 레벨의 잡음 여유도 : $V_{NH} = V_{OH}(\min) - V_{IH}(\min) = 3.5\text{V} - 2.5\text{V} = 1.0\text{V}$
게이트 C	• Low 레벨의 잡음 여유도 : $V_{NL} = V_{IL}(\max) - V_{OL}(\max) = 0.8\text{V} - 0.2\text{V} = 0.6\text{V}$ • High 레벨의 잡음 여유도 : $V_{NH} = V_{OH}(\min) - V_{IH}(\min) = 4.2\text{V} - 3.2\text{V} = 1.0\text{V}$

게이트 C가 Low 레벨에서 잡음 여유도가 크고, 또한 High 레벨에서도 잡음 여유도가 가장 크므로 잡음이 많은 산업 현장에서는 게이트 C가 가장 적합하다.

4 팬-인과 팬-아웃

팬-인fan-in은 1개의 게이트 입력에 접속할 수 있는 최대 입력단의 수를 말한다. TTL NAND 게이트의 경우에는 입력 개수가 2, 3, 4, 8개인 것들이 있으며, 더 많은 입력을 원할 경우에는 게이트를 여러 개 사용한다.

팬-아웃fan-out은 정상적인 동작에 영향을 주지 않고, 한 게이트에서 다른 게이트로의 입력으로 연결할 수 있는 최대 출력단의 수를 말한다. 예를 들어, LS-TTL 게이트를 접속할 경우 팬-아웃 수는 다음과 같이 계산할 수 있다.

- High 레벨인 경우 : $I_{OH}(\max)/I_{IH}(\max) = 0.4\text{mA}/0.02\text{mA} = 20$개
- Low 레벨인 경우 : $I_{OL}(\max)/I_{IL}(\max) = 8\text{mA}/0.4\text{mA} = 20$개

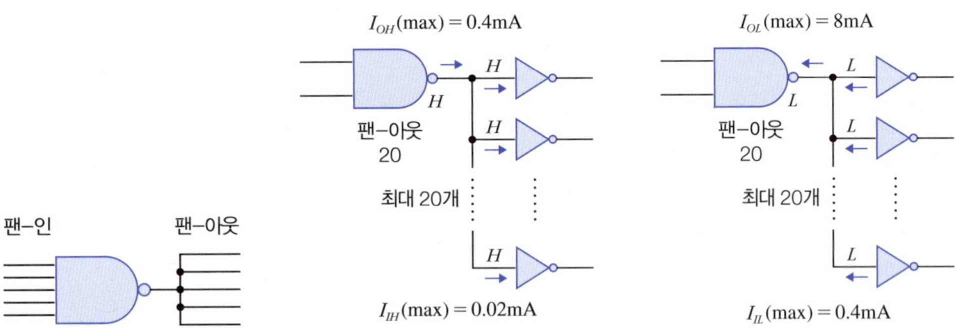

(a) 팬-인과 팬-아웃 (b) 출력이 High 레벨일 때 (c) 출력이 Low 레벨일 때

그림 4-29 LS-TTL의 팬-아웃

예제 4-16

[표 4-2]를 참조하여 74F00의 팬-아웃을 계산하라.

풀이

- High 레벨인 경우 : $\dfrac{I_{OH}(\text{max})}{I_{IH}(\text{max})} = \dfrac{1\text{mA}}{20\mu\text{A}} = \dfrac{1\text{mA}}{0.02\text{mA}} = 50$개
- Low 레벨인 경우 : $\dfrac{I_{OL}(\text{max})}{I_{IL}(\text{max})} = \dfrac{20\text{mA}}{0.6\text{mA}} = 33$개

High 레벨인 경우 50개이고, Low 레벨인 경우 33개다. 팬-아웃은 최악의 경우를 고려하여 33개다.

5 싱크 전류와 소스 전류

칩에는 보통 **싱크 전류**sink current 또는 **소스 전류**source current라는 출력이 있으며, 칩 출력에서의 전류 방향을 나타낸다.

칩이 싱크 전류를 포함하면 출력 쪽으로 전류가 흘러 들어간다는 뜻이다. 칩의 출력과 +전원 사이에 소자를 연결하여 칩의 출력이 Low(0V)일 때 동작한다. 칩이 소스 전류를 포함하면 출력에서 바깥으로 전류가 흐른다는 뜻이다. 칩의 출력과 0V 사이에 소자를 연결하여 출력이 High($+V_{CC}$)일 때 동작한다. [그림 4-30]은 싱크 전류와 소스 전류의 개념을 설명해준다.

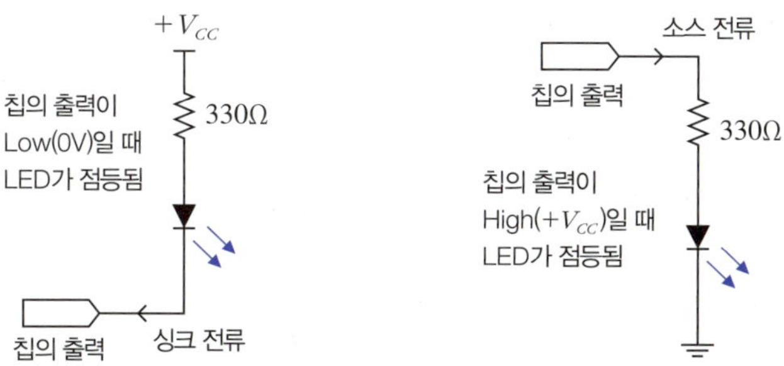

(a) 싱크 전류로 점등 (b) 소스 전류로 점등

그림 4-30 싱크 전류와 소스 전류

> **TIP**
>
> **LED**Light Emitting Diode
>
> 순방향으로 전압을 가했을 때 빛을 발하는 반도체 소자다. 발광 다이오드라고도 불린다.
>
> 

일반적으로 이 2가지 방법을 모두 사용할 수 있다. 단, 74계열 TTL의 경우 대부분의 칩에서 싱크 전류는 16mA까지 사용할 수 있고, 소스 전류는 0.25mA 이하로 사용할 수 있다. LED를 점등하기 위해서는 2V(red, green, yellow) ~ 4V(blue, white)의 전압과 20mA 정도의 전류가 필요하므로 74계열에서 LED를 점등하기 위해서는 싱크 전류를 이용한다. 높은

팬-아웃 IC를 LSI 출력에 접속하기 위해서는 74LS06, 74LS07과 같은 버퍼buffer를 사용한다. 이들은 게이트의 외부에서 공급되는 싱크 전류를 40mA까지 허용하며, 0.25mA의 소스 전류를 공급한다.

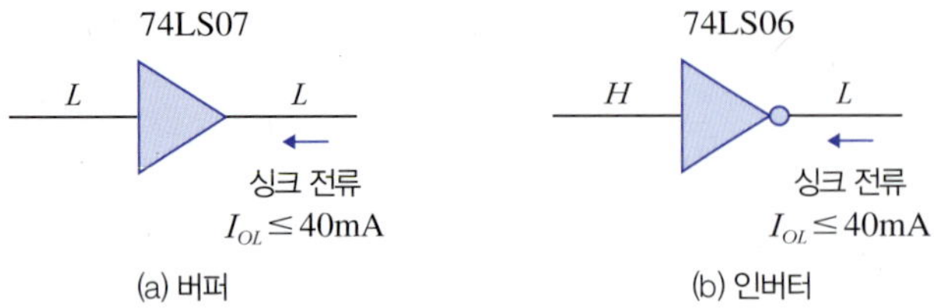

그림 4-31 버퍼와 인버터에서의 싱크 전류

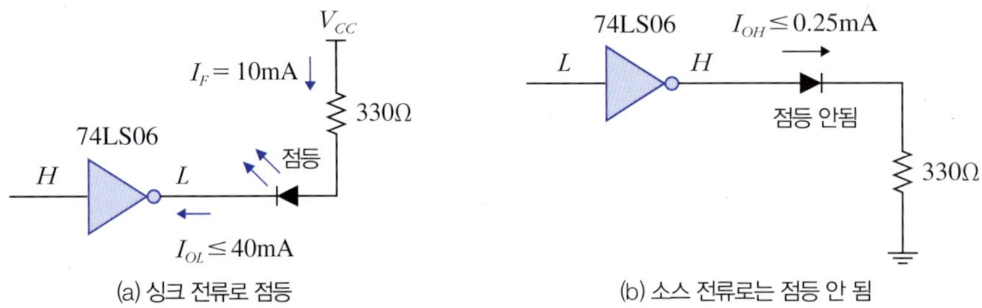

그림 4-32 TTL IC에서 싱크 전류 및 소스 전류 사용

6 풀-업 저항과 풀-다운 저항

풀-업pull-up **저항**과 **풀-다운**pull-down **저항**은 여러 가지 입력으로부터 안전하게 동작할 수 있도록 해준다. 풀-업 저항은 전원 쪽으로 연결할 때 사용하고, 풀-다운 저항은 접지 쪽으로 연결할 때 사용한다.

[그림 4-33(a)]의 경우 스위치가 연결되어 있으면 NOT 게이트에 0이 정상적으로 입력되지만, 스위치가 떨어져 있을 경우에는 게이트의 입력이 연결되지 못해 높은 저항high-impedance이 걸림으로써 실제로 전원과 연결이 끊어진다floating. 스위치가 끊어지거나 연결되지 않은 상태가 되면 대부분의 게이트에서는 입력이 High(논리 1) 상태가 된다. 이는 바람직하지 않은 상태이며, 전자적인 잡음 때문에 입력이 Low(논리 0)가 될 수 있다. 따라서 정상적인 동작이 이루어지지 않을 가능성이 크며, 회로 전체가 불안정한 상태가 된다.

> **TIP**
> **플로팅**floating
> 디지털 회로에서 High도 Low도 아닌 논리 레벨. 이곳에 연결된 것들은 개방 회로처럼 동작한다.

연결되지 못하는 현상floating을 방지하기 위해 [그림 4-33(b)]와 같이 게이트의 입력을 전원(V_{CC})에 직접 연결할 수 있다. 이때 스위치가 끊어지면 게이트가 on 상태가 된다. 그러나 스위치가 on 상태가 되면 전원과 접지가 직접 연결되어 쇼트short되며, 과전류가 흘러 회로가 훼손될 수도 있다. 이는 매우 바람직하지 않은 방법이다.

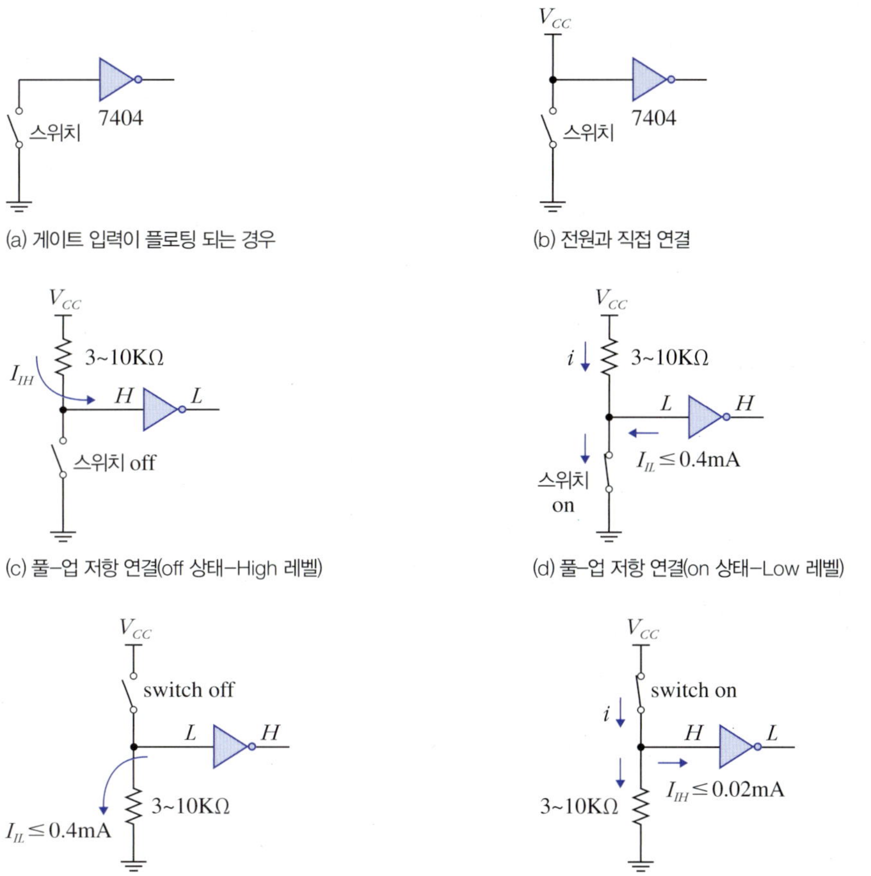

(a) 게이트 입력이 플로팅 되는 경우

(b) 전원과 직접 연결

(c) 풀-업 저항 연결(off 상태-High 레벨)

(d) 풀-업 저항 연결(on 상태-Low 레벨)

(e) 풀-다운 저항 연결(off 상태-Low 레벨)

(f) 풀-다운 저항 연결(on 상태-High 레벨)

그림 4-33 풀-업 저항과 풀-다운 저항

이런 문제를 해결하기 위해 사용하는 방법이 풀-업 저항과 풀-다운 저항이다. 풀-업 저항과 풀-다운 저항은 회로가 정확하게 동작하도록 해주는 동시에 회로를 보호하는 역할을 한다. 풀-업 저항과 풀-다운 저항으로는 3~10KΩ을 사용한다.

7 IC 계열별 특징

디지털 IC는 TTL과 CMOS가 있다. TTL은 BJT[Bipolar Junction Transistor]와 diode[schottky diode]로 구성된 논리회로이고, CMOS는 NMOS와 PMOS FET로 구성된 논리회로다. CMOS는 TTL보다 소비전력이 적고 사용 전압의 범위가 넓다는 장점이 있으나, TTL보다 속도가 떨어진다는 단점이 있다. 그러나 최근에는 고속의 CMOS IC가 개발되어 TTL과 비슷한 보급 성향을 보이고 있다. TTL 중에서는 74계열 외에 군용과 같이 열악한 환경에서도 동작할 수 있게 개발된 54계열이 있다. 74계열은 작동 온도 범위가 0~70℃ 정도인 반면에 54계열은 −55~125℃에서도 동작할 수 있다.

TTL, CMOS에는 각각 여러 가지 종류가 있다. TTL은 LS[Low Power-Schottky]와 F[Fast] 타입을 사용하고, CMOS는 4000B 계열과 HC[High speed CMOS] 타입을 주로 사용한다. 실제로 이들 이외의 제품은 시중에서 구하기 힘들다. [표 4-3]에는 TTL과 CMOS의 대표적인 전기적 특성과 장단점을 요약하여 정리하였다.

표 4-3 TTL과 CMOS 특성 비교

구분	TTL	CMOS
전원 전압	4.75~5.25V	일반형 : 3~8V, 고속형 : 2~6V
논리 레벨 전압(Low)	0~0.8V	0~1/3V_{DD}
논리 레벨 전압(High)	2.4~5.0V	2/3~V_{DD}
팬-아웃	10개	50개
소비 전력	10mW	10μW
최대 동작 주파수	LS형 : 45MHz, ALS형 : 100MHz	일반형 : 2MHz, 고속형 : 45MHz
형태	74LSxx, 74ALSxx, 74Fxx, 74ASxx	40xxx, 14xxx, 74HCxxx
잡음 여유도	2.4V	3V
장단점	• 전파 지연 시간이 짧다. • 소비 전력이 크다. • 잡음 여유도가 작다. • 온도에 따라 문턱 전압이 크게 변한다.	• 소비 전력이 작다. • 낮은 전압에서 동작한다. • 잡음 여유도가 크다. • 구조가 간단하여 집적화가 쉽다. • 전원 전압 범위가 넓다. • 정전 파괴가 쉽다.

* V_{DD}는 CMOS에 인가된 전압

01 다음 3입력 AND 게이트의 파형이 입력될 때 출력 파형 *F*를 구하라.

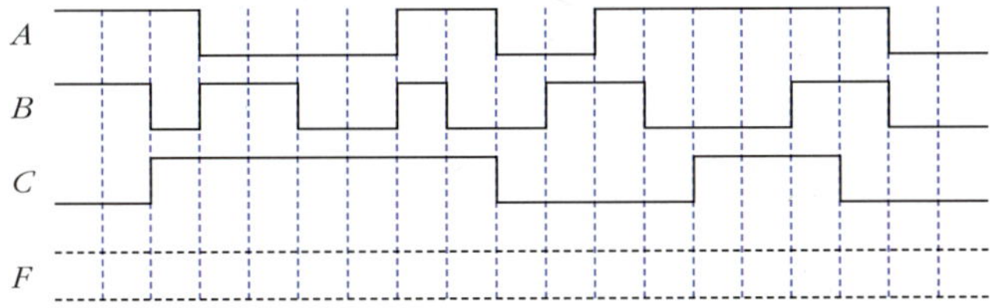

02 그림의 수신 장치receiving device에서 2, 3, 6, 7의 펄스를 얻기 위하여 인에이블 신호enable signal에 가해지는 파형을 그려라.

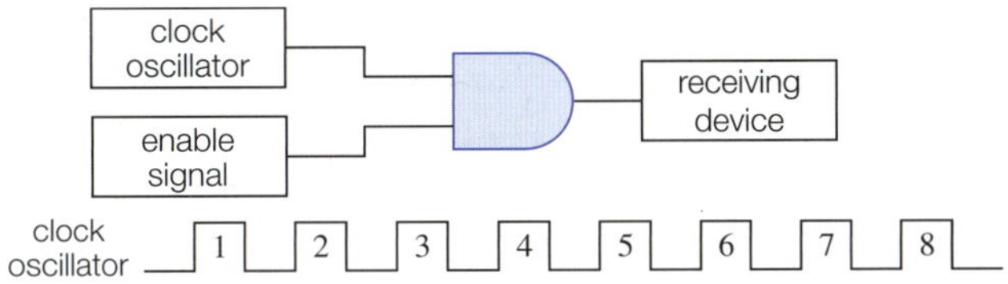

03 운전자가 안전 벨트를 매지 않고 시동을 걸면, 경고등(*W*)이 켜지는 논리회로를 설계하라. 운전자(*D*)가 승차하면 High, 하차하면 Low라고 하자. 안전 벨트(*S*)를 매면 High, 그렇지 않으면 Low라고 하자. 또한 시동(*I*)을 걸면 High, 그렇지 않으면 Low라고 한다.

04 자동차 도난 경보기는 보통 문이 닫혀 있을 때 4개의 각 문에 Low 스위치가 연결되어 있다. 만약 어떤 문이라도 열리게 되면 도난 경보가 울린다. 경보는 active-high 출력을 필요로 한다. 이 논리를 제공하기 위해서는 어떤 형태의 게이트가 필요한지 설명하라.

05 5입력 OR 게이트에서 High를 출력하는 입력의 조합은 몇 가지인가?

06 다음 논리회로의 입력에 파형이 인가될 때 출력 파형 *F*를 구하라.

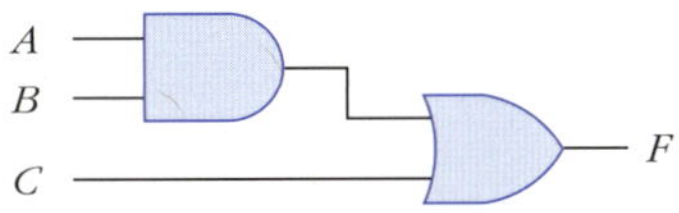

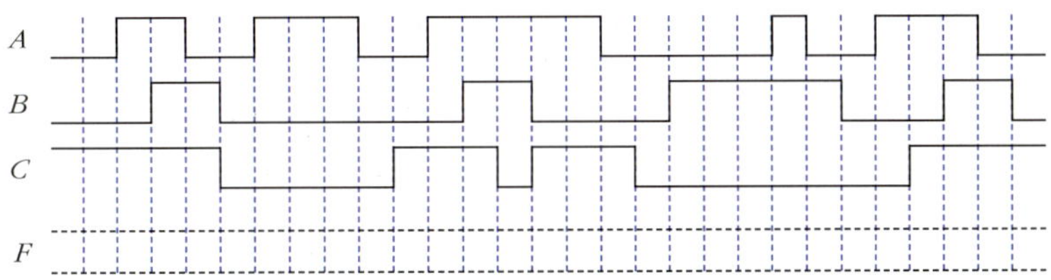

07 그림 ①과 그림 ②에 대하여 각각 진리표를 작성한 다음 논리식을 써보라.

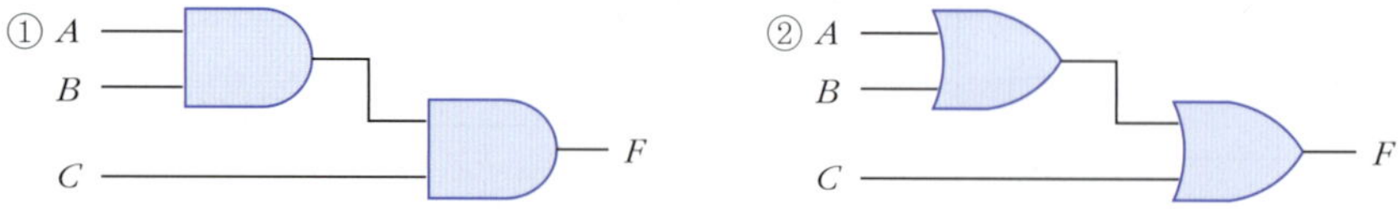

08 OR 게이트인지 AND 게이트인지 모르는 2입력 게이트를 가지고 있다고 가정하자. 게이트의 입력에 어떤 신호의 조합을 인가해 보면 게이트의 유형을 알 수 있겠는가?

09 그림에 2입력 AND 게이트와 2입력 OR 게이트의 입력 파형 A와 출력 파형 F를 나타냈다. 입력 단자 B에 어떤 파형이 인가되어야 하는지 각각 그려라.

10 제조 공정에 필요한 액체 화학물을 2개의 탱크에 저장하는 공장이 있다. 각 탱크에는 저장된 화학물이 25% 이하임을 검출할 수 있는 센서가 부착되어 있다. 이 센서의 출력은 저장된 화학물이 25% 이상이면 High, 25% 이하이면 Low이다. 두 탱크가 모두 25% 이상 채워졌을 때, 표시판의 녹색 LED가 on되어야 한다. 이 논리를 제공하기 위해서는 어떤 형태의 게이트가 필요한지 설명하라. 단, LED는 [그림 4-30(a)]와 같이 싱크 전류로 구동됨을 가정한다.

11 4입력 NAND 게이트 하나를 포함하고 있는 회로를 고장 진단하던 중 NAND 게이트의 출력이 항상 High인 것을 발견하였다고 가정하자. 어떤 문제가 발생할 수 있는지 설명하라.

12 다음 3입력 NOR 게이트의 입력 파형을 보고 출력 파형 F를 구하라.

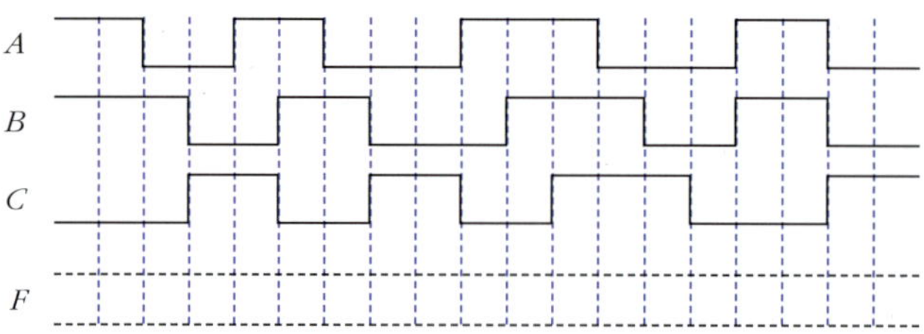

13 다음 각 물음에 답을 2가지씩 제시하라.

① 3입력 AND 게이트를 사용해 2입력 AND 게이트 기능을 갖도록 구현하라.

② 3입력 OR 게이트를 사용해 2입력 OR 게이트 기능을 갖도록 구현하라.

③ 3입력 NAND 게이트를 사용해 2입력 NAND 게이트 기능을 갖도록 구현하라.

④ 3입력 NOR 게이트를 사용해 2입력 NOR 게이트 기능을 갖도록 구현하라.

14 항공기에는 3개의 착륙 기어가 있으며, 각각의 기어에는 센서가 부착되어 있다. 착륙 기어가 펴졌을 때 센서 출력은 Low이고, 그렇지 않으면 High라고 가정한다. 항공기가 착륙 전에 기어를 내리는 스위치를 동작시켰을 때, 3개의 기어가 모두 적절히 펴지면 녹색 LED가 on되어야 한다. 이 논리를 제공하기 위해서는 어떤 형태의 게이트가 필요한지 설명하라. 단, LED는 [그림 4-30(b)]와 같이 소스 전류로 구동됨을 가정한다.

15 이륙 후에 3개의 착륙 기어가 모두 접히지 않았을 경우를 식별하기 위해서는 어떤 형태의 게이트가 필요한지 설명하라. LED는 게이트 출력이 Low일 때 on된다고 가정한다. 단, LED는 [그림 4-30(a)]와 같이 싱크 전류로 구동됨을 가정한다.

16 다음 물음에 답하라.

① 어떤 의사결정 회의에서 두 위원(A, B)이 찬성할 때는 스위치를 누르고, 반대할 때는 누르지 않는다고 하자. 두 위원의 의견이 같은 경우에만 램프가 켜지는 장치를 구성하기 위해서는 어떤 논리 게이트를 사용하면 되는가? 단, 스위치를 누르면 논리 1, 누르지 않으면 논리 0이다. 또한 램프는 논리 1이면 on된다.

② 두 위원의 의견이 같더라도 위원장인 C가 확인 스위치를 눌러야 램프가 켜지도록 장치를 보완한다면 전체 회로를 어떻게 구성해야 되는가? 단, 확인 스위치도 누르면 논리 1, 누르지 않으면 논리 0이다.

17 다음 3입력 XOR 게이트의 입력 파형을 보고 출력 파형 F를 구하라.

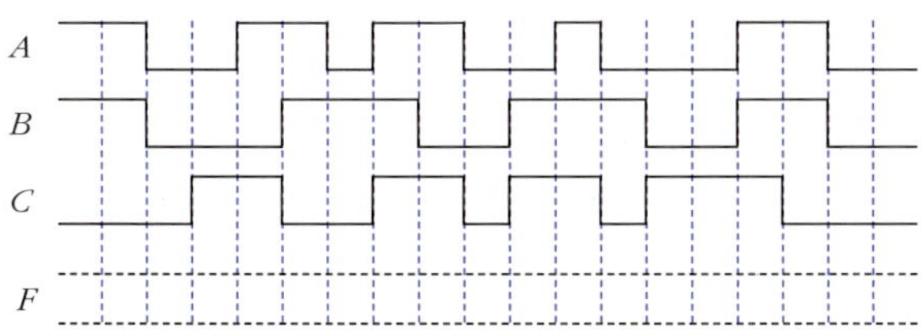

18 2입력 XOR 게이트 2개를 사용해 2입력 XNOR 게이트를 기능을 수행하는 회로를 구현하라.

19 그림의 회로에서 입력 A에 구형파를 인가하였을 경우 개략적인 출력 파형 F를 그려라. 단, NOT 게이트에서의 전파 지연은 펄스 폭에 비해 매우 작다고 가정한다.

① NOT 게이트에서의 전파 지연을 무시한 경우

② NOT 게이트에서의 전파 지연을 고려한 경우

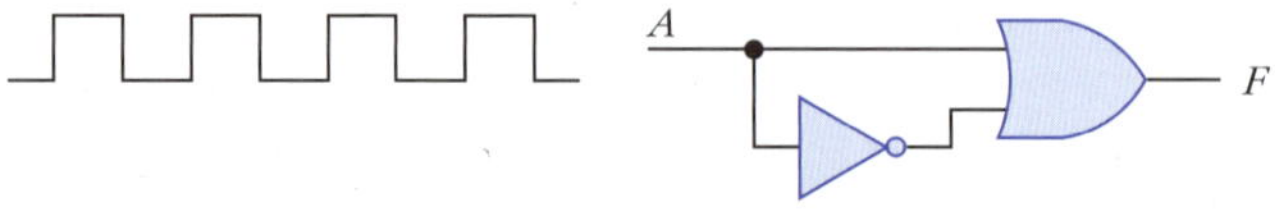

20 그림의 회로에 대해 연습문제 **19**를 반복하라.

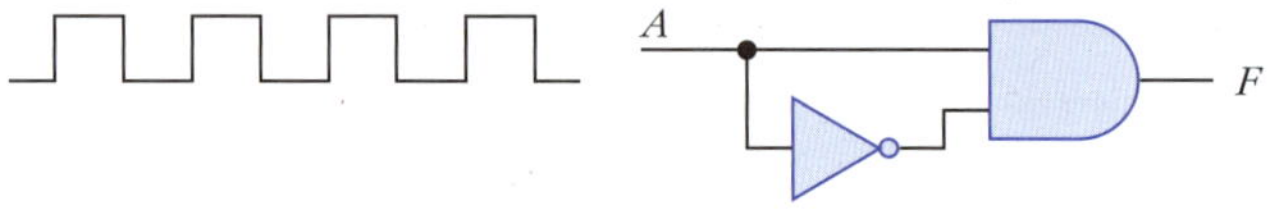

21 다음과 같이 1ns의 지연이 있는 버퍼와 XOR 게이트로 구성된 회로의 입력 CP에 100MHz의 50% 듀티 사이클을 가지는 구형파를 인가하였다. 출력 F에서의 주파수와 듀티 사이클을 구하라.

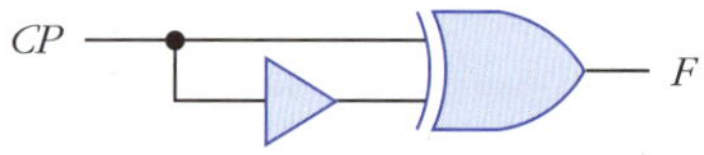

22 어떤 논리 게이트가 +5V의 DC 전원에서 동작하고, 논리 1에서 전류는 1.5mA, 논리 0에서는 12.5mA의 전류가 흐른다면 이 게이트의 평균 전력 소모는 얼마인가?

01 TTL IC에서 논리 0과 1의 전압 범위로 가장 옳은 것은?

① 논리 0 = 0~1.5V, 논리 1 = 3.5~7V
② 논리 0 = 0~1.0V, 논리 1 = 5~10V
③ 논리 0 = 0~0.8V, 논리 1 = 2~5V
④ 논리 0 = 5~10V, 논리 1 = 0~5V

02 NOT 게이트에 대한 설명으로 옳은 것은?

① 입력이 1일 때 출력이 0이다.
② 두 입력이 모두 1일 때 출력이 1이다.
③ 2개의 입력이 서로 같지 않을 때만 출력이 1이다.
④ 두 입력 중 어느 하나의 입력이 1일 때 출력이 0이다.

03 2진수의 1의 보수를 구하기 위해서 사용되는 게이트는?

① AND ② NOT ③ OR ④ XOR

04 14핀 TTL IC에서 2개의 단자는 +전원과 접지로 사용된다. 이 14핀 IC에 넣을 수 있는 인버터의 최대 개수는?

① 3개 ② 4개 ③ 5개 ④ 6개

05 그림과 같이 2개의 인버터를 연결했을 때의 출력은?

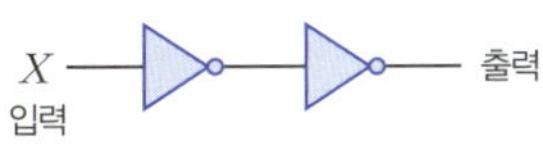

① X ② $\bar{X}$ ③ 0 ④ 1

06 다음 3상태 IC에서 출력 가능한 상태가 아닌 것은?

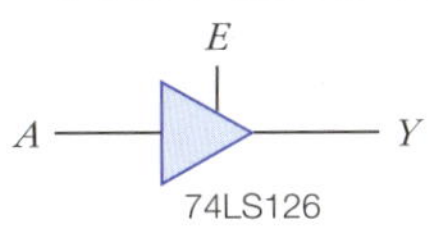

① High ② Low ③ Hi-Z ④ Low-Z

07 3상태 출력 버퍼에서 출력(F)이 1인 경우의 입력은?

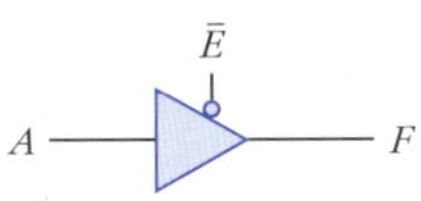

① $A=0,\ \bar{E}=0$ ② $A=0,\ \bar{E}=1$
③ $A=1,\ \bar{E}=0$ ④ $A=1,\ \bar{E}=1$

08 그림과 같은 게이트의 출력 a, b, c, d를 순서대로 나열한 것은? 단, Z는 high impedance 상태를 나타낸다.

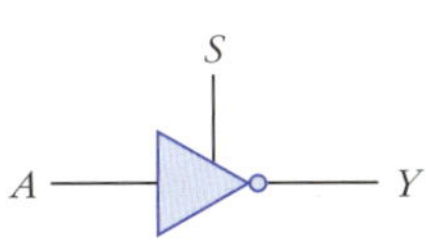

A	S	Y
0	0	a
1	0	b
0	1	c
1	1	d

① 1, 0, 1, 0 ② 1, 0, Z, Z
③ Z, Z, 1, 0 ④ 0, 1, 0, 1

09 다음과 같은 3-state를 갖는 회로에서 출력 논리값은?

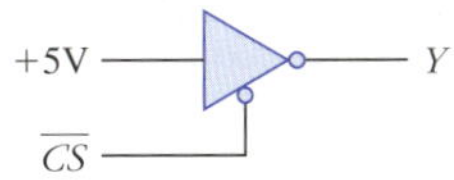

① $\overline{CS}$ 단자가 0일 때 $Y=0$
② $\overline{CS}$ 단자가 0일 때 $Y=1$
③ $\overline{CS}$ 단자가 1일 때 $Y=0$
④ $\overline{CS}$ 단자가 1일 때 $Y=1$

10 입력이 모두 1일 때만 출력이 1이 되는 게이트는?

① XOR 게이트 ② AND 게이트
③ NOR 게이트 ④ NAND 게이트

11 2개의 자료 $11001011_{(2)}$과 $11110000_{(2)}$의 데이터를 ALU에 의해 어떤 연산이 수행되어 $11000000_{(2)}$의 결과가 나왔다. 이때 ALU에서 이루어진 연산은?

① XOR 연산 ② OR 연산
③ NOT 연산 ④ AND 연산

12 $A=01010101$, $B=10101010$일 때 A와 B의 불곱(boolean product)은?

① 00000000 ② 01010101
③ 10101010 ④ 11111111

13 2의 보수를 사용하는 컴퓨터에서 10진수 5와 11을 AND 연산하고 complement 하였다면 결과는? (단, 연산 시 4비트 사용)

① $1_{(10)}$ ② $2_{(10)}$ ③ $-1_{(10)}$ ④ $-2_{(10)}$

14 EBCDIC 코드로 왼쪽 입력 레지스터에 D2E2가 입력되어 있다. 출력 레지스터의 내용이 00E2가 되도록 하려면 오른쪽 입력 레지스터의 내용을 어떻게 하면 되는가?

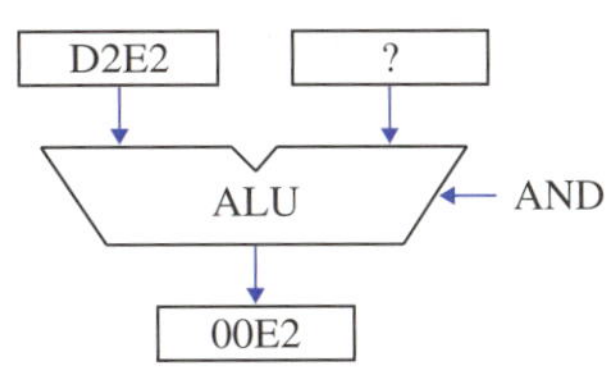

① 00D2 ② 00FF ③ E2E2 ④ E200

15 특정 비트나 특정 문자를 삭제하기 위해 필요한 연산은?

① OR 연산 ② MOVE 연산
③ complement 연산 ④ AND 연산

16 비수치 데이터에서 마스크를 이용해 불필요한 부분을 제거하기 위한 연산으로 가장 적합한 게이트는?

① NOT ② XOR ③ OR ④ AND

17 출력에 High를 얻음으로써 10진수 x를 디코딩할 수 있는 논리회로다. 이때 입력 $ABCD$는?

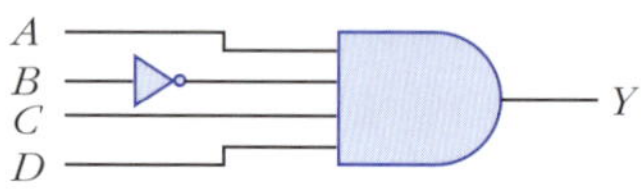

① 0011 ② 0100 ③ 1011 ④ 1101

18 다음 스위칭 회로의 논리식이 옳은 것은?

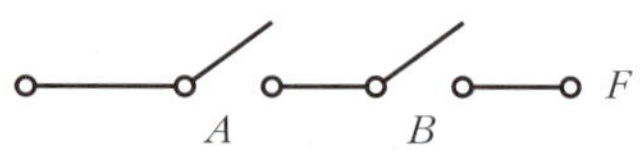

① $F = A + B$ ② $F = A \cdot B$
③ $F = A - B$ ④ $F = A/(B + A)$

19 그림의 게이트는? 단, 정논리인 경우다.

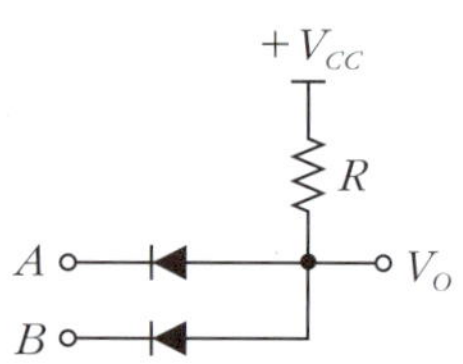

① AND ② NAND ③ OR ④ NOR

20 그림의 회로는 어떤 논리 동작을 하는가?

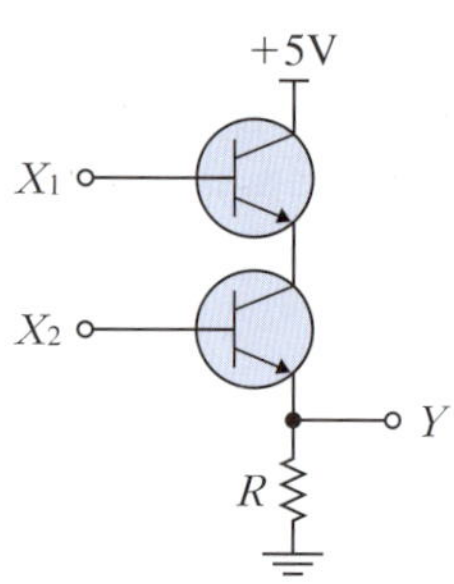

① AND ② OR ③ NOR ④ NAND

21 레지스터에 저장되어 있는 몇 개의 비트를 1로 하기 위해서는 그 장소에 x를 가진 데이터를 y 연산을 하면 된다. 이때 x와 y는?

① $x = 0$, $y \to$AND ② $x = 1$, $y \to$AND
③ $x = 1$, $y \to$OR ④ $x = 0$, $y \to$OR

22 다음 그림과 같이 A, B 2개의 레지스터에 있는 자료에 대해 ALU가 OR 연산을 행하면 그 결과의 출력 레지스터 C의 내용은?

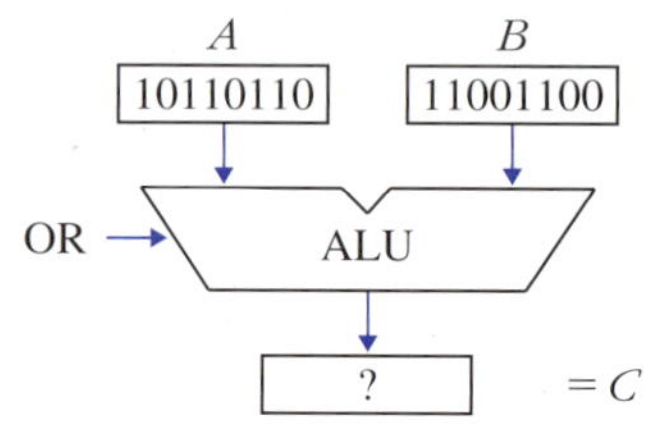

① 11101110 ② 11111110
③ 10000000 ④ 10110110

23 10진수 43과 2진수 10010011의 논리합(OR)을 맞게 변환한 값은?

① 10111011 ② 10111000
③ 10111110 ④ 10111111

24 2개 이상의 자료를 섞을 때(문자 삽입 등)의 사용에 편리한 연산자는?

① MOVE 연산 ② 보수 연산
③ AND 연산 ④ OR 연산

25 8비트 레지스터에 저장되어 있는 비트들을 모두 1로 만들기 위해 해당 레지스터에 데이터 A를 연산 B로 계산할 때 옳은 것은?

① A : FF, B : OR ② A : 00, B : AND
③ A : 00, B : OR ④ A : FF, B : AND

26 16진수 $80_{(16)}$이 들어 있는 8비트 레지스터에서 0, 2, 4번째 비트를 세트(set)하려면 얼마의 값을 OR 연산하여야 하는가?

① $10_{(16)}$ ② $11_{(16)}$ ③ $12_{(16)}$ ④ $15_{(16)}$

27 10진수 4와 10진수 13에 해당하는 그레이 코드를 비트 단위 OR 연산을 하면 결과는?

① 0110 ② 1011 ③ 0010 ④ 1111

28 6개의 입력을 가지는 OR 게이트에서 입력 조합 중 몇 개가 High 출력을 만드는가?

① 31개 ② 32개 ③ 63개 ④ 64개

29 정논리(positive logic)에서 그림과 같은 회로의 출력을 나타내는 논리식은?

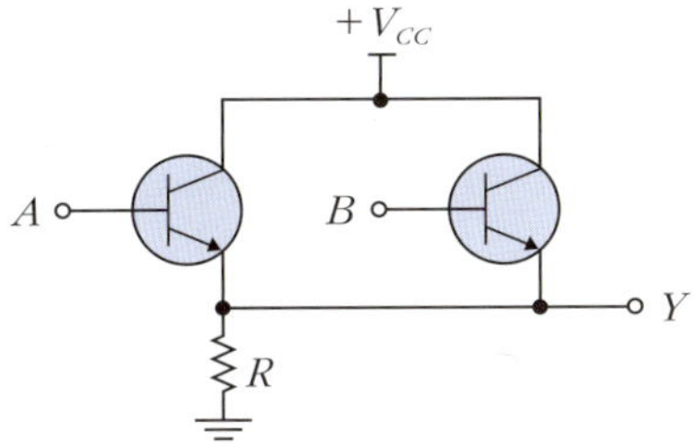

① AB　② $A+B$
③ $\overline{AB}$　④ $\overline{A+B}$

30 그림의 정논리회로에서 A, B, C를 입력, Y를 출력이라고 하면 이는 어떤 논리 게이트인가?

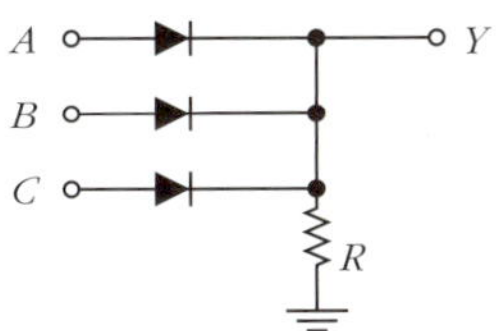

① AND 게이트　② OR 게이트
③ XOR 게이트　④ NAND 게이트

31 다음 진리표는 무슨 게이트인가?

A	B	$C(A, B)$
1	1	0
1	0	1
0	1	1
0	0	1

① NOR
② AND
③ OR
④ NAND

32 X, Y 입력에 대한 동작 파형의 논리 게이트는 무엇인가?

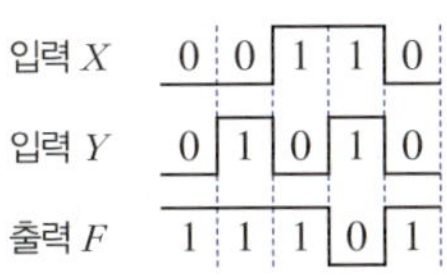

① NAND
② AND
③ OR
④ NOT

33 다음의 진리표에 해당하는 논리회로도는?

A	B	F
0	0	1
0	1	1
1	0	1
1	1	0

① 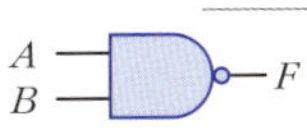

② 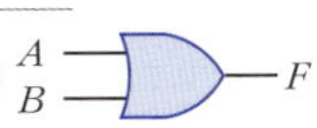

③ 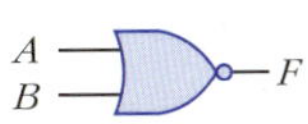

④ 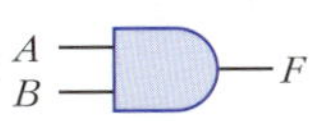

34 3개(A, B, C)의 입력 펄스에 대한 출력(X) 동작은 어느 게이트에 해당하는가?

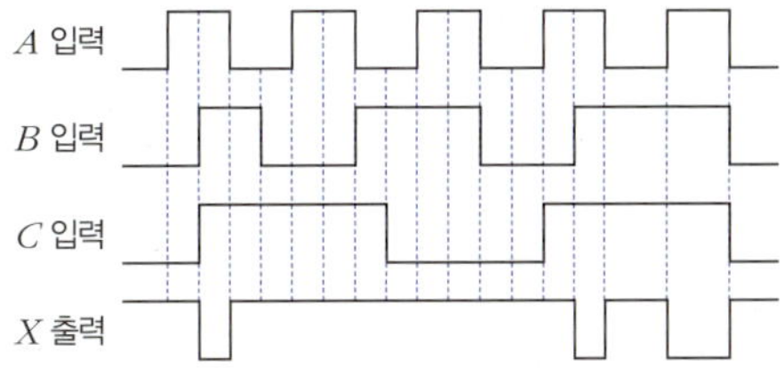

① AND　② NAND　③ OR　④ NOR

35 두 2진수 01101101과 11100110을 연산하여 결과가 10011011이 나왔다. 다음의 어떤 연산을 한 것인가?

① AND 연산　② OR 연산
③ XOR 연산　④ NAND 연산

36 입력이 모두 "1"일 때만 출력이 "0"이고, 그 외에는 "1"인 게이트는? 단, 정논리인 경우다.

① AND　② NAND　③ OR　④ NOR

37 진리표가 다음과 같을 때 해당되는 게이트는?

A	B	F
0	0	1
0	1	0
1	0	0
1	1	0

① AND
② OR
③ NAND
④ NOR

38 그림과 같은 입력 A, B, C의 파형을 가할 때 출력 X의 파형을 얻을 수 있다면, 이 게이트의 명칭은?

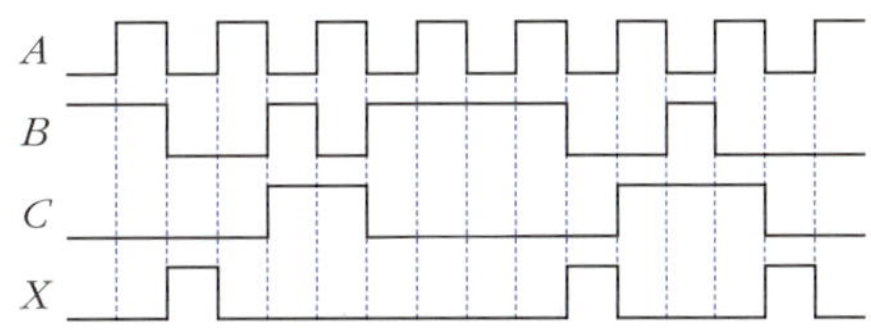

① AND 게이트　② OR 게이트
③ NAND 게이트　④ NOR 게이트

39 입력이 모두 0(Low)일 때만 출력이 1(High)로 나오는 게이트는?

① AND　② NAND
③ OR　④ NOR

40 두 입력이 1과 0일 때 1의 출력이 나오지 않는 게이트는?

① OR　② XOR　③ NAND　④ NOR

41 다음 보기 중 NOR 게이트를 나타내는 논리식은?

① $f(x, y)=x+y$　② $f(x, y)=\overline{x+y}$
③ $f(x, y)=xy$　④ $f(x, y)=\bar{x}y$

42 다음과 같은 회로를 논리 기호로 표시하면?

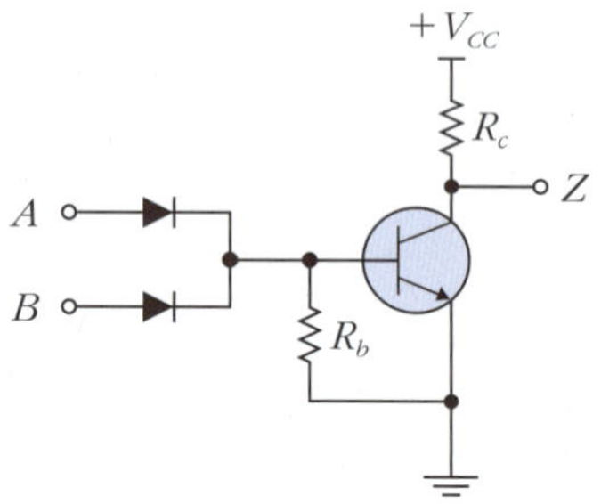

① 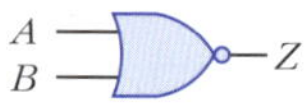
② 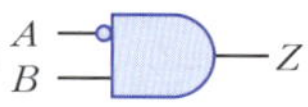
③ 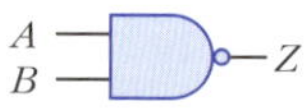
④ 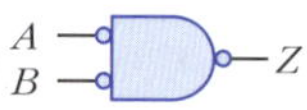

43 다음 회로가 수행할 수 있는 논리 기능은?

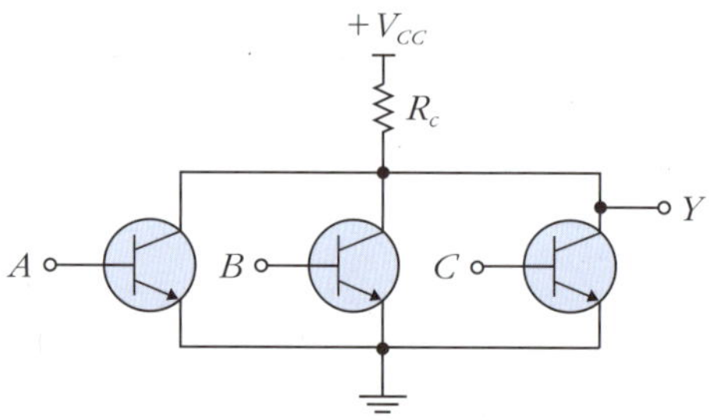

① NOT　② NOR　③ AND　④ OR

44 2입력 XOR에 대한 설명으로 옳은 것은?

① 입력이 같을 때 출력 = 0, 다를 때 출력 = 0이 발생
② 입력이 같을 때 출력 = 0, 다를 때 출력 = 1이 발생
③ 입력이 같을 때 출력 = 1, 다를 때 출력 = 0이 발생
④ 입력이 같을 때 출력 = 1, 다를 때 출력 = 1이 발생

45 다음 진리표와 같은 연산을 하는 게이트는?

입력		출력
A	*B*	*F*
0	0	0
0	1	1
1	0	1
1	1	0

① OR
② AND
③ XOR
④ NAND

46 다음과 같은 게이트의 출력을 나타낸 것은?

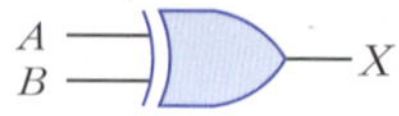

① $A+B$　② $A\bar{B}+\bar{A}B$
③ $\overline{AB}$　④ AB

47 2개의 입력 파형 A, B에 대하여 출력 파형 Y가 그림과 같을 때 어떤 게이트를 통과한 것인가?

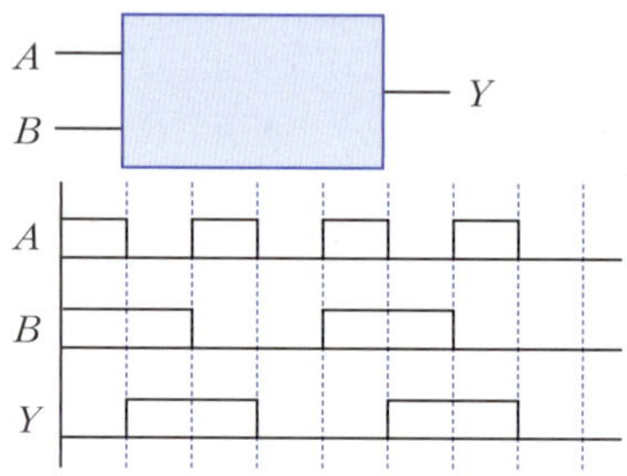

① OR　② NOR　③ NAND　④ XOR

48 다음 진리표에 해당하는 논리식(F)으로 맞는 것은?

입력		출력
A	*B*	*F*
0	0	0
0	1	1
1	0	1
1	1	0

① $F=\bar{A}B+A\bar{B}$
② $F=AB+\bar{A}\bar{B}$
③ $F=A\bar{A}+B\bar{B}$
④ $F=\bar{A}B+AB$

49 다음 회로에서 출력 Y는 어떤 논리식과 같은가?

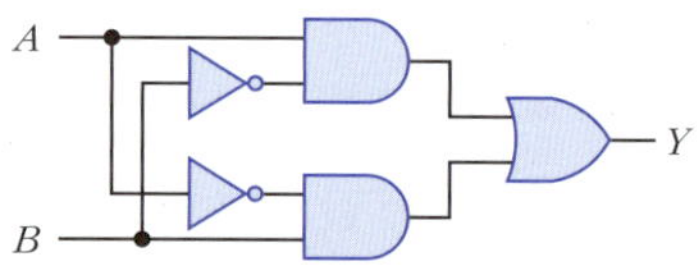

① $Y=AB+\bar{A}\bar{B}$　② $Y=\bar{A}\bar{B}+A\bar{B}$
③ $Y=A\bar{B}+AB$　④ $Y=A\bar{B}+\bar{A}B$

50 다음 그림의 연산 결과는?

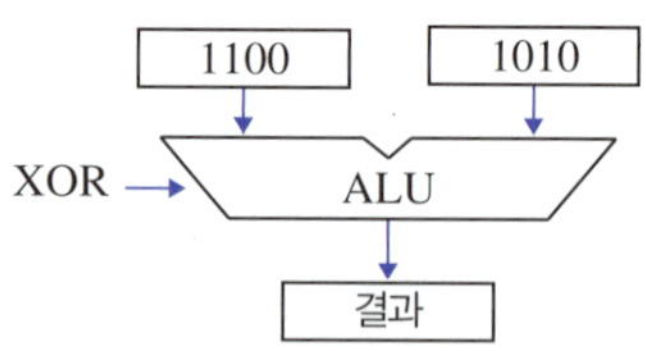

① 0111　② 0110　③ 1001　④ 1010

51 컴퓨터의 연산 장치에서 2개의 자료 11011101와 01101101을 XOR 연산하였을 때의 결과는?

① 01001111 ② 10110000
③ 11111101 ④ 01001101

52 레지스터 A에 11011001이 들어 있다. 레지스터 A의 내용이 01101101로 바뀌었다면 레지스터 B의 내용이 10110100이면 A, B에 수행된 논리 마이크로 동작은?

① $A \leftarrow AB$ ② $A \leftarrow A+B$
③ $A \leftarrow A \oplus B$ ④ $A \leftarrow \overline{A+B}$

53 그림의 XOR 게이트를 이용해 출력값이 $Y=B$인 버퍼로 활용하기 위한 입력의 결선 방법으로 가장 옳은 것은?

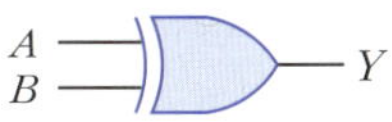

① 입력 A는 open 시킨다.
② 입력 A를 +5V로 고정한다.
③ 입력 A를 0V로 고정한다.
④ 입력 A를 출력 Y와 연결한다.

54 XOR 게이트의 입력 A, B, C에 대한 출력(F) 진리값 중 틀린 것은? 단, $F=A \oplus B \oplus C$이다.

① $0=0 \oplus 0 \oplus 0$ ② $1=0 \oplus 0 \oplus 1$
③ $1=0 \oplus 1 \oplus 1$ ④ $1=1 \oplus 1 \oplus 1$

55 어느 게이트의 진리표 일부가 다음과 같을 때 이 진리표에 부합될 수 있는 게이트는?

X	Y	F
1	0	1
1	1	0

① AND와 OR ② XOR와 NAND
③ XOR와 NOR ④ OR와 NOR

56 다음 중 특정 비트를 반전시킬 때 사용하는 연산은?

① AND ② OR
③ XOR ④ MOVE

57 다음 중 2진수 1011을 0100으로 각 비트의 값을 반전시키거나 보수를 구할 때 사용하는 연산은?

① AND 연산 ② OR 연산
③ NOT 연산 ④ XOR 연산

58 두 입력이 같을 때에만 1을 출력하는 게이트는?

① AND ② OR ③ XOR ④ XNOR

59 두 비트의 값이 같은지를 판단하기 위해 사용할 수 있는 가장 적절한 게이트는?

① AND ② OR ③ NOR ④ XNOR

60 두 입력이 0과 1일 때, 1의 출력이 나오지 않는 것은?

① NAND 게이트 ② OR 게이트
③ XNOR 게이트 ④ XOR 게이트

61 다음 진리표와 같은 연산을 하는 게이트는?

입력		출력
A	B	F
0	0	1
0	1	0
1	0	0
1	1	1

① AND 게이트
② NAND 게이트
③ XOR 게이트
④ XNOR 게이트

62 다음 입력 A, B가 인가될 때 출력 F가 나타나는 게이트는?

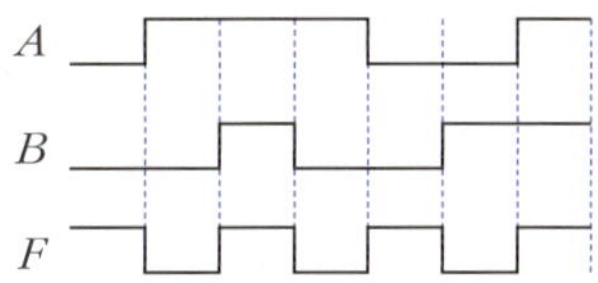

① AND ② XOR ③ XNOR ④ OR

63 다음 회로의 연산 결과는?

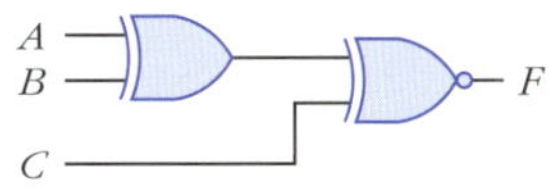

① $(A \oplus B) \oplus C$ ② $A \oplus (\overline{B \oplus C})$
③ $(\overline{A \oplus B}) \oplus C$ ④ $(\overline{A \oplus B \oplus C})$

64 다음과 같은 논리회로에 대한 설명으로 틀린 것은?

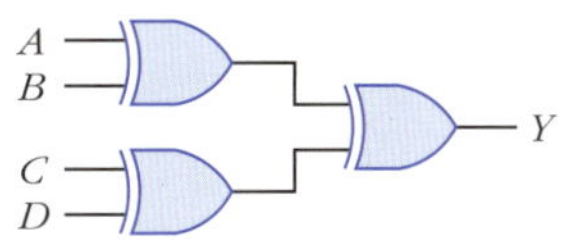

① 입력 A, B, C, D가 모두 0이면, $Y=1$이다.
② 입력 A, B, C, D가 모두 1이면, $Y=0$이다.
③ 입력 A, B, C, D에서 1의 상태의 개수가 홀수이면, $Y=1$이다.
④ 입력 A, B, C, D에서 1의 상태의 개수가 짝수이면, $Y=0$이다.

65 배타적 OR 논리가 $1 \oplus A$인 결과는?

① 0 ② 1 ③ A ④ $\bar{A}$

66 $A=0$, $B=1$, $C=1$, $D=1$일 때 논리값이 1이 되는 것은?

① $\bar{A}BCD$ ② $A\bar{B}CD$
③ $AB\bar{C}D$ ④ $ABC\bar{D}$

67 $A=1$, $B=0$, $C=1$, $D=0$일 때, 논리값이 1이 되는 것은?

① $A\bar{B}+C\bar{D}$ ② $\bar{A}B+\bar{C}D$
③ $\bar{A}\bar{B}+\bar{C}\bar{D}$ ④ $AB+CD$

68 다음 게이트의 출력은? (단, $A=B=S=1$)

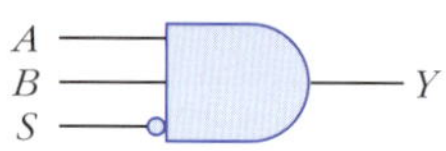

① 0 ② 1 ③ AB ④ S

69 다음 논리회로의 출력 결과는?

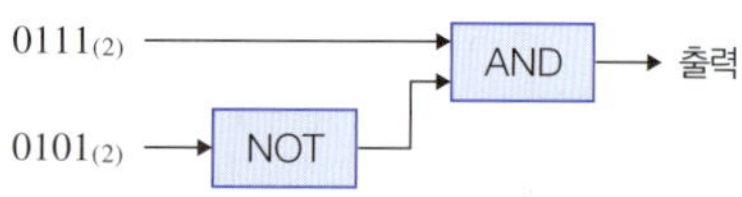

① $0000_{(2)}$ ② $0101_{(2)}$
③ $1111_{(2)}$ ④ $0010_{(2)}$

70 단자 A에 0000, 단자 B에 0101이 입력된다고 할 때, 그 출력 F는?

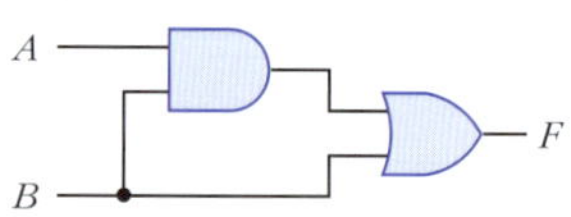

① 1111 ② 0110 ③ 1001 ④ 0101

71 A값이 0011이고, B값이 1000일 때 출력 Y는?

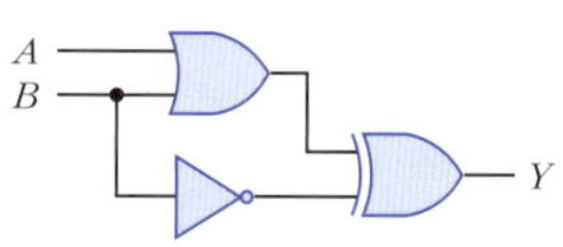

① 1100 ② 0011 ③ 1011 ④ 1101

72 출력 F가 0이 되기 위한 조건은?

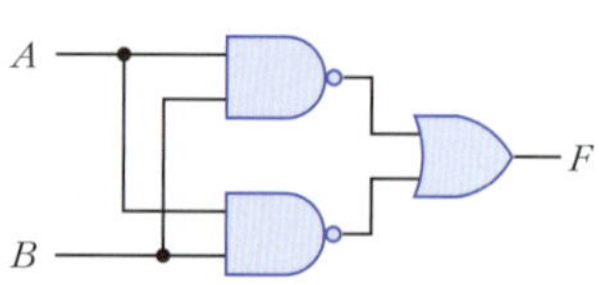

① $A=0$, $B=0$ ② $A=0$, $B=1$
③ $A=1$, $B=0$ ④ $A=1$, $B=1$

73 A의 입력은 1000, B의 입력은 1011일 때의 출력은?

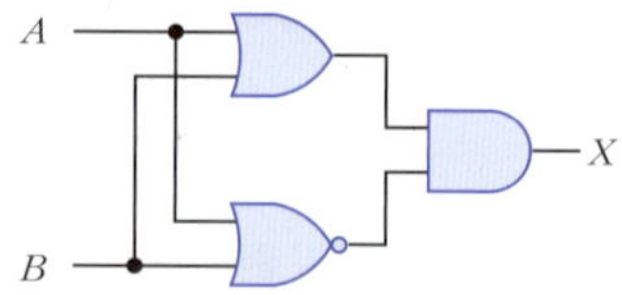

① 0011 ② 1000 ③ 1011 ④ 0000

74 다음 논리회로에 대한 진리값 중 틀린 것은?

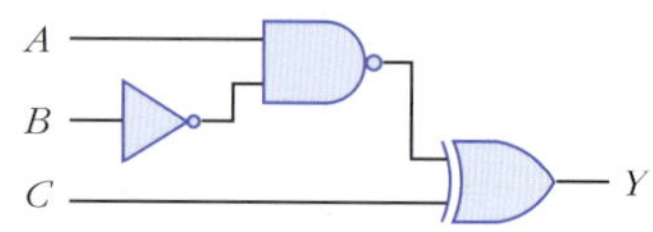

① $B=0$, $C=0$, $Y=\bar{A}$ ② $B=0$, $C=1$, $Y=A$
③ $B=1$, $C=0$, $Y=0$ ④ $B=1$, $C=1$, $Y=0$

75 $A=1010$, $B=1100$이 입력되어 있을 때 출력 Y는?

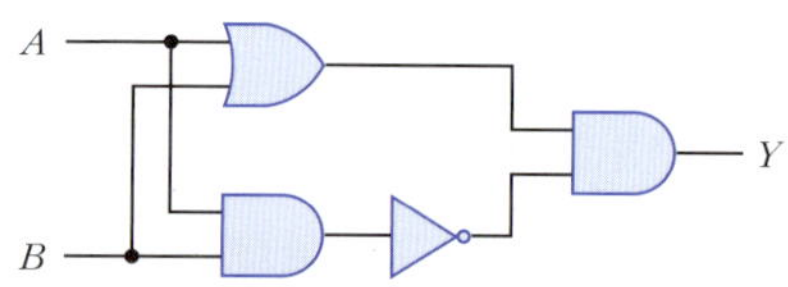

① 1100 ② 0011 ③ 1001 ④ 0110

76 다음과 같은 회로에 A의 값을 0011, B의 값을 1100과 같은 순서로 입력할 때 출력(F)으로 옳은 것은?

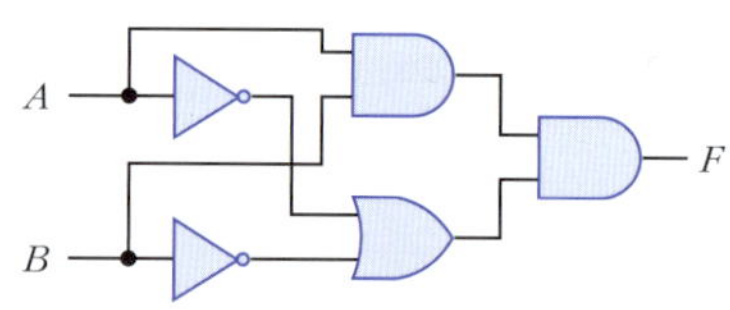

① 1101 ② 1100 ③ 0000 ④ 1001

77 입력 $A=1$, $B=0$일 때 출력 X와 Y의 값은?

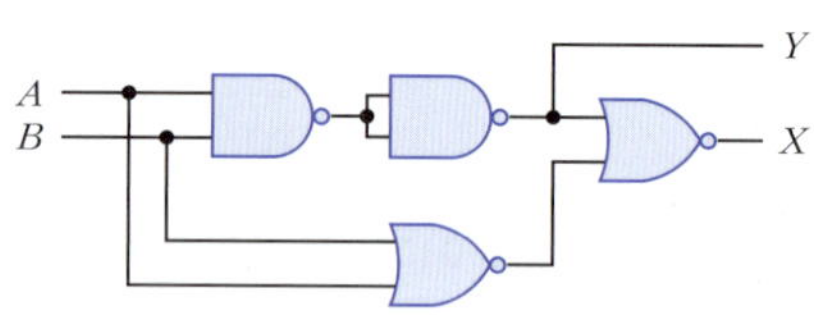

① $X=1$, $Y=1$ ② $X=1$, $Y=0$
③ $X=0$, $Y=0$ ④ $X=0$, $Y=1$

78 다음 회로에서 $A=1$, $B=0$, $C=1$, $D=1$일 때 출력 Y, Z의 논리 상태로 옳은 것은?

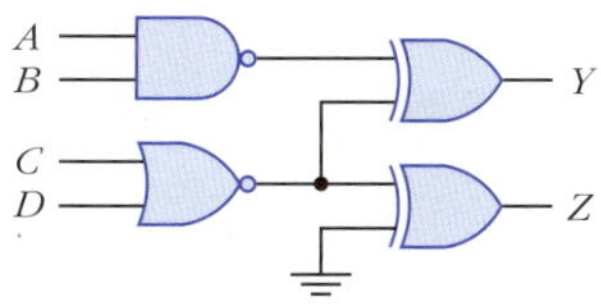

① $Y=0$, $Z=1$　② $Y=1$, $Z=1$
③ $Y=1$, $Z=0$　④ $Y=0$, $Z=0$

79 다음 논리회로에서 A의 데이터는 0101, B의 데이터는 1001이 입력될 때 출력 X값은?

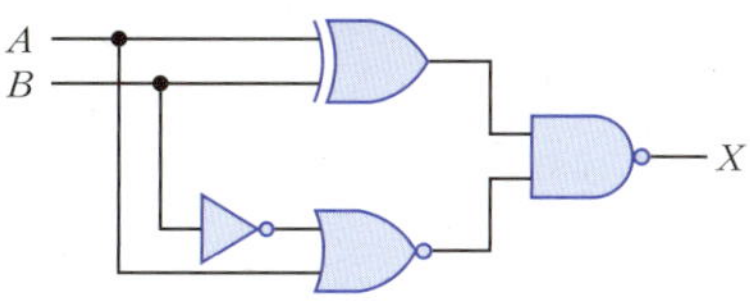

① 0111　② 1110　③ 1100　④ 1001

80 A값은 1010, B값은 0011이 입력될 때 출력 X값은?

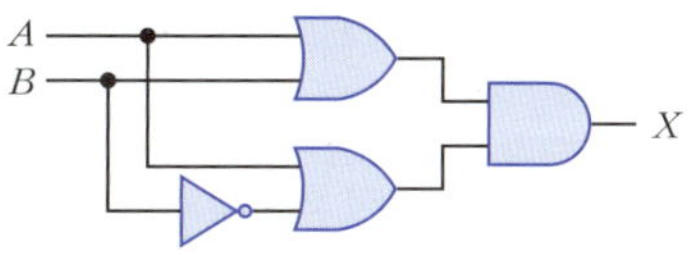

① 1100　② 0011　③ 1010　④ 0101

81 3개의 입력 단자에 각각 1의 입력이 들어오면 출력 A와 B의 값은?

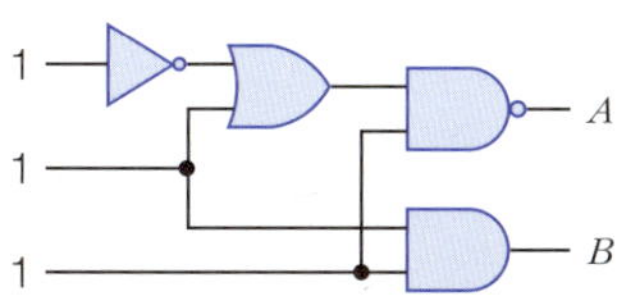

① $A=1$, $B=0$　② $A=1$, $B=1$
③ $A=0$, $B=0$　④ $A=0$, $B=1$

82 $A=1$, $B=0$일 때 출력 X, Y의 값으로 옳은 것은?

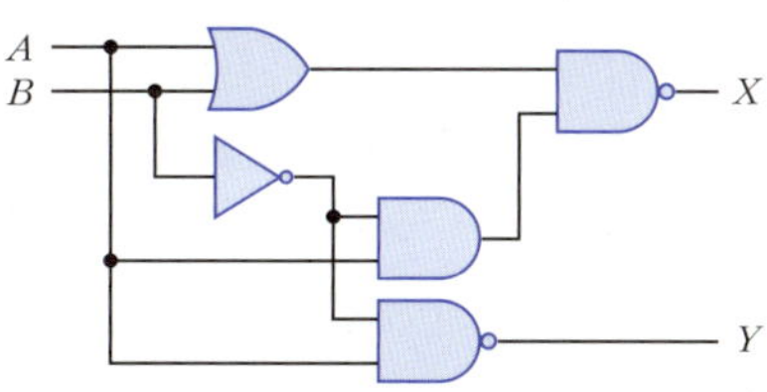

① $X=1$, $Y=1$　② $X=1$, $Y=0$
③ $X=0$, $Y=1$　④ $X=0$, $Y=0$

83 입력이 $A=1$, $B=1$, $C=1$로 될 경우 출력 X와 Y의 값은?

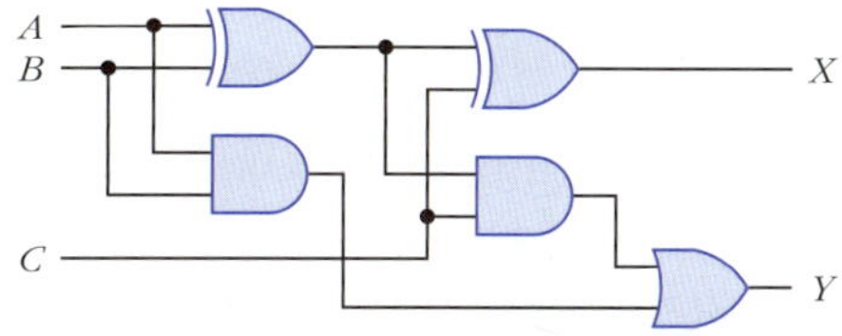

① $X=0$, $Y=0$　② $X=0$, $Y=1$
③ $X=1$, $Y=0$　④ $X=1$, $Y=1$

84 각 입력에 대한 출력(Y_1 Y_2 Y_3 Y_4)은?

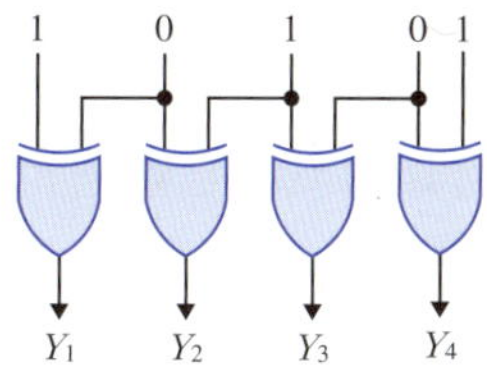

① 1000　② 1111　③ 1100　④ 1101

85 $A=1$, $B=1$, $C=0$, $D=1$일 때 논리 연산 $\overline{((AB\oplus C)+\bar{C}D)}+\overline{(A\oplus CD)}$의 결과값과 $(A\bar{B}C+B\bar{C})\oplus(\bar{A}+\bar{C})(\bar{B}A\bar{D})$의 결과값을 순서대로 옳게 나열한 것은?

① 0, 0　② 0, 1　③ 1, 0　④ 1, 1

86 그림에서 LED가 점등하기 위한 조건으로 옳은 것은?

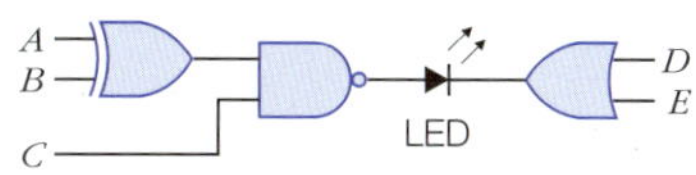

	A	B	C	D	E
①	1	1	1	1	0
②	1	0	1	0	0
③	1	1	1	0	1
④	0	1	0	0	0

87 다음 계수기의 게이트 펄스는 10초 시간 폭을 갖는다고 한다. 만일 클록 펄스가 579Hz의 주파수 신호라면 게이트 펄스가 끝난 후에는 계수기가 얼마를 계수하겠는가?

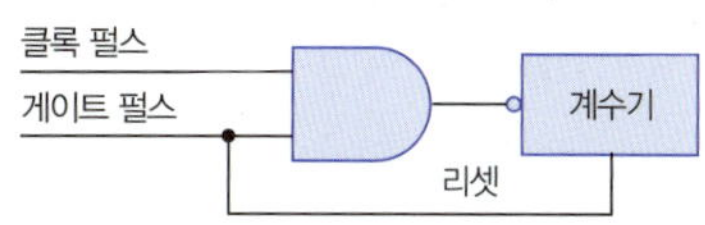

① 57900　② 5790　③ 2895　④ 34750

88 어떤 계수기가 0.2초 동안 게이트되었다. 계수되는 신호 파의 주파수가 250KHz라면 게이트 펄스가 끝나는 시각에서 계수기의 BCD 출력은?

① 50,000 ② 25,000 ③ 10,000 ④ 5,000

89 논리회로 설계 시 최적화를 위한 고려 사항이 아닌 것은?

① 게이트 종류의 다양화
② 전파 지연 시간의 최소화
③ 사용 게이트 수의 최소화
④ 게이트 간의 상호 변수의 최소화

90 논리회로군의 성능을 평가하는 요소가 아닌 것은?

① fan-out ② power-dissipation
③ propagation delay ④ turn-around time

91 디지털 IC의 특성을 나타내는 중요한 비교 평가 요소가 아닌 것은?

① 전파 지연 시간 ② 전력 소모
③ 팬-아웃 ④ 공급 전원 전압

92 하나의 논리 게이트 출력이 정상적인 동작 상태를 유지하면서 구동할 수 있는 표준 부하의 수를 의미하는 것은?

① 팬-아웃 ② 전력 소모
③ 전파 지연 시간 ④ 잡음 여유도

93 디지털 IC 계열에 대한 특성이 다음 표와 같다면, 논리 장치인 chip의 전력 소모를 줄이기 위하여 가장 낮은 전력을 소모하는 것은 어느 것인가?

종류	공급 전압[V]	공급 전류[mA]
7400	2	16
74LS00	2	8
74S00	2	20
74AC00	3.15	75

① 7400 ② 74LS00 ③ 74S00 ④ 74AC00

94 TTL과 비교하여 CMOS 집적회로의 특징이 아닌 것은?

① 소비 전력이 적다.
② 잡음 여유도가 높다.
③ 동작 속도가 빠르다.
④ 폭넓은 전원 전압에서 동작이 가능하다.

95 진리표를 구하는 절차의 순서가 옳은 것은?

> ㉠ 입력 변수들만의 함수인 게이트들의 출력에 대하여 진리표를 구한다.
> ㉡ 선택된 게이트들의 출력에 임의의 기호들을 붙인다.
> ㉢ 게이트들의 출력에 대해서 최종 출력이 결정될 때까지 진리표를 완성한다.
> ㉣ 입력 변수의 개수를 결정한다. n개 입력에 대해 2^n개의 가능한 1과 0들의 입력 조합들을 목록으로 작성한다.

① ㉠→㉢→㉣→㉡ ② ㉡→㉣→㉠→㉢
③ ㉣→㉠→㉢→㉡ ④ ㉣→㉡→㉠→㉢

1 ③	2 ①	3 ②	4 ④	5 ①	6 ④	7 ③	8 ③	9 ①	10 ②	11 ④	12 ①
13 ④	14 ②	15 ④	16 ④	17 ③	18 ②	19 ①	20 ①	21 ③	22 ②	23 ①	24 ④
25 ①	26 ④	27 ④	28 ③	29 ②	30 ②	31 ④	32 ①	33 ①	34 ②	35 ④	36 ②
37 ④	38 ④	39 ④	40 ④	41 ②	42 ①	43 ②	44 ②	45 ③	46 ②	47 ④	48 ①
49 ④	50 ②	51 ②	52 ③	53 ③	54 ③	55 ②	56 ③	57 ④	58 ④	59 ④	60 ③
61 ④	62 ③	63 ④	64 ①	65 ④	66 ①	67 ①	68 ①	69 ④	70 ④	71 ①	72 ④
73 ④	74 ③	75 ④	76 ③	77 ②	78 ③	79 ①	80 ③	81 ④	82 ④	83 ④	84 ②
85 ②	86 ④	87 ②	88 ①	89 ①	90 ④	91 ④	92 ①	93 ②	94 ③	95 ④	

Chapter

05

불 대수

학습목표

- 기본 논리식의 표현 방법을 이해할 수 있다.
- 불 대수의 법칙을 이해하고 복잡한 논리식을 간소화할 수 있다.
- 논리회로를 논리식으로, 논리식을 논리회로로 표현할 수 있다.
- 곱의 합(SOP)과 최소항의 개념을 이해하고 이를 활용할 수 있다.
- 합의 곱(POS)과 최대항의 개념을 이해하고 이를 활용할 수 있다.

5.1 기본 논리식의 표현

불 대수Boolean algebra는 1854년 영국의 수학자 조지 불George Boole이 논리계산을 형식화하여 도입한 대수계로, 논리식을 간소화하기 위한 수학이다. 즉 불 대수를 이용해 논리식을 표현할 수 있다.

기본적으로 불 대수식은 AND, OR, NOT을 이용해 표현한다. 각각의 입력과 출력에 해당하는 기호는 보통 알파벳 대문자 또는 소문자로 나타낸다. AND 식은 곱셈 형식, OR 식은 덧셈 형식으로 표현하며, NOT 식은 $\bar{A}$ 또는 A'로 표현한다. 완전한 논리식은 입력 항목들의 상태에 따른 출력을 결정하는 식이다. 예를 들어, $A=0$, $B=1$일 때 출력을 1로 만드는 논리식은 $F=\bar{A}B$이다. $A=0$ 또는 $B=1$일 때 출력을 1로 만드는 논리식은 $F=\bar{A}+B$이다. $(A=0, B=1)$ 또는 $(A=1, B=0)$일 때 출력을 1로 만드는 논리식은 $F=\bar{A}B+A\bar{B}$이다. 이러한 방법으로 입력을 결정하고 원하는 결과를 얻고자 할 때 논리식을 만들 수 있다. [표 5-1]은 1입력, [표 5-2]는 2입력, [표 5-3]은 3입력에 대한 출력의 논리식을 나타낸 것이다.

표 5-1 1입력 논리식

입력	출력
A	F
0	$\bar{A}$
1	A

표 5-2 2입력 논리식

입력		출력
A	B	F
0	0	$\bar{A}\bar{B}$
0	1	$\bar{A}B$
1	0	$A\bar{B}$
1	1	AB

표 5-3 3입력 논리식

입력			출력
A	B	C	F
0	0	0	$\bar{A}\bar{B}\bar{C}$
0	0	1	$\bar{A}\bar{B}C$
0	1	0	$\bar{A}B\bar{C}$
0	1	1	$\bar{A}BC$
1	0	0	$A\bar{B}\bar{C}$
1	0	1	$A\bar{B}C$
1	1	0	$AB\bar{C}$
1	1	1	ABC

출력 함수를 구성할 때 여러 가지 논리식이 있을 수 있다. 예를 들어, [표 5-4]와 같이 $A=0$ 또는 $B=0$일 때 1을 출력하는 논리식은 $F=\bar{A}+\bar{B}$이다. 이것을 다르게 표현해보면 $A=1$이고 $B=1$일 때를 제외한 나머지 경우에 출력이 1이 된다는 의미이므로, 둘 모두 0($A=0$, $B=0$)이거나 둘 중에 하나가 0($A=0$, $B=1$ 또는 $A=1$, $B=0$)일 때이므로 논리식은 $F=\bar{A}\bar{B}+\bar{A}B+A\bar{B}$이다. 또 다른 표현 방법으로 A, B 모두 1($F=AB$)일 때만 결과가 0이므로 $F=\overline{AB}$를 출력 함수로 사용할 수도 있다.

표 5-4 $F=\bar{A}+\bar{B}$의 진리표

입력		출력
A	B	F
0	0	1
0	1	1
1	0	1
1	1	0

즉 $F=\bar{A}+\bar{B}=\bar{A}\bar{B}+\bar{A}B+A\bar{B}=\overline{AB}$이다. 이와 같이 동일한 결과를 만들어내는 방식을 여러 논리식으로 표현할 수 있다. 다음 절에 나오는 불 대수 법칙을 이용해 이를 증명할 수 있다.

이번에는 논리식 $F=A+\bar{B}C$의 진리표를 만들어보자. 이 식은 $A=1$이거나 $B=0$이고 $C=1$일 때 원하는 출력($F=1$)을 얻는다는 뜻이다. 따라서 [표 5-5]와 같은 진리표를 만들 수 있다.

표 5-5 $F=A+\bar{B}C$의 논리식 유도

입력							출력
A	B	C	A	$\bar{B}$	C	$\bar{B}C$	$A+\bar{B}C$
0	0	0		1			0
0	0	1		1	1	1	1
0	1	0					0
0	1	1			1		0
1	0	0	1	1			1
1	0	1	1	1	1	1	1
1	1	0	1				1
1	1	1	1		1		1

5.2 불 대수 법칙

불 대수의 모든 항은 0 또는 1을 갖는다.

[표 5-6]은 기본 연산 AND와 OR의 불 대수 공리를 나타낸 것이다.

이 기본 공리를 일반 공식으로 나타내는 방법 및 불 대수의 기본 법칙을 [표 5-7]에 정리하였다. 불 대수에서는 이중부정의 법칙, 교환법칙, 결합법칙, 분배법칙이 모두 성립하며, 집합에서처럼 드모르간의 정리De Morgan's theorem도 성립한다.

표 5-6 불 대수 공리

P1	$A=0$ or $A=1$
P2	$0\cdot0=0$
P3	$1\cdot1=1$
P4	$0+0=0$
P5	$1+1=1$
P6	$1\cdot0=0\cdot1=0$
P7	$1+0=0+1=1$

표 5-7 불 대수의 기본 법칙

항등·누승·보간·이중부정 법칙		
❶ $A+0=0+A=A$	❷ $A\cdot1=1\cdot A=A$	❸ $A+1=1+A=1$
❹ $A\cdot0=0\cdot A=0$	❺ $A+A=A$	❻ $A\cdot A=A$
❼ $A+\bar{A}=1$	❽ $A\cdot\bar{A}=0$	❾ $\bar{\bar{A}}=A$
교환 법칙commutative law		
❿ $A+B=B+A$	⓫ $A\cdot B=B\cdot A$	
결합 법칙associate law		
⓬ $(A+B)+C=A+(B+C)$	⓭ $(A\cdot B)\cdot C=A\cdot(B\cdot C)$	
분배 법칙distributive law		
⓮ $A\cdot(B+C)=A\cdot B+A\cdot C$	⓯ $A+B\cdot C=(A+B)\cdot(A+C)$	
드모르간의 정리De Morgan's theorem		
⓰ $\overline{A+B}=\bar{A}\cdot\bar{B}$	⓱ $\overline{A\cdot B}=\bar{A}+\bar{B}$	
흡수 법칙absorptive law		
⓲ $A+A\cdot B=A$	⓳ $A\cdot(A+B)=A$	
합의合意의 정리consensus theorem		
⓴ $AB+BC+\bar{A}C=AB+\bar{A}C$	㉑ $(A+B)(B+C)(\bar{A}+C)=(A+B)(\bar{A}+C)$	

TIP

공리axiom

논리적 체계를 구성하기 위해 가장 기본이 되는 몇 가지 명제들을 증명 없이 받아들이기로 하고 사용하는 것

TIP

쌍대성duality

불 대수 공리나 기본 법칙에서 좌우 한 쌍에서 0과 1을 서로 바꾸고 동시에 '•'과 '+'를 서로 바꾸면 다른 한 쪽이 얻어지는 성질. 한 쪽을 다른 쪽의 쌍대(dual)라고 한다. 예를 들어, 기본 법칙 ❶과 ❷는 쌍대성이 성립하며 ❸과 ❹, ❺와 ❻, ❼과 ❽도 마찬가지이다.

불 대수의 분배법칙 ⓯는 일반 수학식과 혼동하여 잘못된 식처럼 보인다. 이 법칙이 옳다는 사실을 진리표를 이용해 증명해보자. 왼쪽 식 중에서 논리곱 $B \cdot C$를 계산하고 A와 $B \cdot C$의 논리합 $A + B \cdot C$를 계산한다. 오른쪽 식에서 논리합 $A + B$와 $A + C$를 계산한 다음 이들을 논리곱으로 표현하면 [표 5-8]과 같이 왼쪽 식과 오른쪽 식이 일치함을 확인할 수 있다.

표 5-8 진리표를 이용한 분배 법칙 $A+B \cdot C=(A+B) \cdot (A+C)$의 증명

A	B	C	왼쪽 식		오른쪽 식		
			$B \cdot C$	$A+B \cdot C$	$A+B$	$A+C$	$(A+B) \cdot (A+C)$
0	0	0	0	0	0	0	0
0	0	1	0	0	0	1	0
0	1	0	0	0	1	0	0
0	1	1	1	1	1	1	1
1	0	0	0	1	1	1	1
1	0	1	0	1	1	1	1
1	1	0	0	1	1	1	1
1	1	1	1	1	1	1	1

진리표를 이용해 드모르간의 정리도 증명해보자. 드모르간의 정리 ⓰의 경우 왼쪽 식은 $A + B$를 구한 다음 NOT 연산을 하고, 오른쪽 식은 $\bar{A}$와 $\bar{B}$를 구한 다음 논리곱을 하면 [표 5-9]와 같이 왼쪽 식과 오른쪽 식이 일치함을 알 수 있다.

표 5-9 진리표를 이용한 드모르간의 정리 $\overline{A+B}=\bar{A} \cdot \bar{B}$의 증명

A	B	$A+B$	왼쪽 식 $\overline{A+B}$	$\bar{A}$	$\bar{B}$	오른쪽 식 $\bar{A} \cdot \bar{B}$
0	0	0	1	1	1	1
0	1	1	0	1	0	0
1	0	1	0	0	1	0
1	1	1	0	0	0	0

드모르간의 정리는 항의 개수가 많아도 [표 5-10]과 같이 적용할 수 있다.

표 5-10 드모르간 정리의 일반식

3항 드모르간 정리	$\overline{A+B+C}=\overline{A}\cdot\overline{B}\cdot\overline{C}$ $\overline{A\cdot B\cdot C}=\overline{A}+\overline{B}+\overline{C}$
4항 드모르간 정리	$\overline{A+B+C+D}=\overline{A}\cdot\overline{B}\cdot\overline{C}\cdot\overline{D}$ $\overline{A\cdot B\cdot C\cdot D}=\overline{A}+\overline{B}+\overline{C}+\overline{D}$
일반식	$\overline{A_1+A_2+A_3+\ldots+A_n}=\overline{A_1}\cdot\overline{A_2}\cdot\overline{A_3}\cdot\ldots\cdot\overline{A_n}$ $\overline{A_1\cdot A_2\cdot A_3\cdot\ldots\cdot A_n}=\overline{A_1}+\overline{A_2}+\overline{A_3}+\ldots+\overline{A_n}$

드모르간 정리를 이용한 예는 다음과 같다.

$$\overline{\overline{A+B}+C}=\overline{\overline{A+B}}\cdot\overline{C}=(A+B)\overline{C}=A\overline{C}+B\overline{C}$$

$$\overline{\overline{\overline{A}+B}+\overline{C\cdot D}}=\overline{\overline{\overline{A}+B}}\cdot\overline{\overline{C\cdot D}}=(\overline{A}+B)CD=\overline{A}CD+BCD$$

$$\begin{aligned}\overline{(A+B)\cdot\overline{C}\cdot\overline{D}+E+\overline{F}}&=\overline{(A+B)\cdot\overline{C}\cdot\overline{D}}\cdot\overline{E}\cdot\overline{\overline{F}}=(\overline{A+B}+\overline{\overline{C}}+\overline{\overline{D}})\cdot\overline{E}\cdot F\\&=(\overline{A}\cdot\overline{B}+C+D)\cdot\overline{E}\cdot F=\overline{A}\overline{B}\overline{E}F+C\overline{E}F+D\overline{E}F\end{aligned}$$

$$\begin{aligned}\overline{\overline{AB}(CD+\overline{E}F)(\overline{AB}+\overline{CD})}&=\overline{\overline{AB}}+\overline{(CD+\overline{E}F)}+\overline{(\overline{AB}+\overline{CD})}\\&=AB+(\overline{CD}\,\overline{\overline{E}F})+\overline{\overline{AB}}\,\overline{\overline{CD}}\\&=AB+(\overline{C}+\overline{D})(E+\overline{F})+ABCD\\&=AB+\overline{C}E+\overline{C}\,\overline{F}+\overline{D}E+\overline{D}\overline{F}+ABCD\end{aligned}$$

예제 5-1

다음 식이 성립함을 불 대수 법칙을 이용해 확인하라.

(a) $A(\overline{A}+B)=AB$

(b) $A+\overline{A}B=A+B$

(c) $(A+B)(A+\overline{B})=A$

풀이

(a) 수식을 전개하고, 불 대수 법칙 ❽번, ❶번을 적용한다.

$$A(\overline{A}+B)=A\overline{A}+AB=0+AB=AB$$

(b) 불 대수 법칙 ⓯번, ❼번, ❷번을 적용한다.

$$A+\overline{A}B=(A+\overline{A})(A+B)=1(A+B)=A+B$$

(c) 수식을 전개하고, 불 대수 법칙 ❻번, ❽번을 적용한 후, A로 묶어서 ❸번을 적용한다.

$$(A+B)(A+\overline{B})=A+AB+A\overline{B}+B\overline{B}=A(1+B+\overline{B})=A$$

예제 5-2

[표 5-7]의 합의의 정리 ⑳, ㉑을 불 대수의 기본 법칙과 진리표를 이용해 증명하라.

풀이

합의의 정리란 $AB+BC+\bar{A}C=AB+\bar{A}C$에서 가운데 항의 B와 C는 A 및 $\bar{A}$와 연관되어 있으며, B와 C가 A 및 $\bar{A}$와 연관되어 각 항에 나타나 있을 때는 제거할 수 있다. 불 대수의 기본 법칙을 이용해 다음과 같이 합의의 정리를 증명할 수 있으며, 진리표를 이용해 증명할 수도 있다.

- 불 대수의 기본 법칙을 이용한 증명

$$\begin{aligned} AB+BC+\bar{A}C &= AB+(A+\bar{A})BC+\bar{A}C=AB+ABC+\bar{A}BC+\bar{A}C \\ &= AB(1+C)+\bar{A}C(1+B) \\ &= AB+\bar{A}C \end{aligned}$$

$$\begin{aligned} (A+B)(B+C)(\bar{A}+C) &= (A+B)(A\bar{A}+B+C)(\bar{A}+C) \\ &= (A+B+0)(A+B+C)(\bar{A}+B+C)(\bar{A}+0+C) \\ &= (A+B+0\cdot C)(\bar{A}+0\cdot B+C) \\ &= (A+B)(\bar{A}+C) \end{aligned}$$

- 진리표를 이용한 증명

입력			왼쪽 식				오른쪽 식		
A	B	C	AB	BC	$\bar{A}C$	$AB+BC+\bar{A}C$	AB	$\bar{A}C$	$AB+\bar{A}C$
0	0	0	0	0	0	0	0	0	0
0	0	1	0	0	1	1	0	1	1
0	1	0	0	0	0	0	0	0	0
0	1	1	0	1	1	1	0	1	1
1	0	0	0	0	0	0	0	0	0
1	0	1	0	0	0	0	0	0	0
1	1	0	1	0	0	1	1	0	1
1	1	1	1	1	0	1	1	0	1

(a) $AB+BC+\bar{A}C=AB+\bar{A}C$

입력			왼쪽 식				오른쪽 식		
A	B	C	$A+B$	$B+C$	$\overline{A}+C$	$(A+B)(B+C)(\overline{A}+C)$	$A+B$	$\overline{A}+C$	$(A+B)(\overline{A}+C)$
0	0	0	0	0	1	0	0	1	0
0	0	1	0	1	1	0	0	1	0
0	1	0	1	1	1	1	1	1	1
0	1	1	1	1	1	1	1	1	1
1	0	0	1	0	0	0	1	0	0
1	0	1	1	1	1	1	1	1	1
1	1	0	1	1	0	0	1	0	0
1	1	1	1	1	1	1	1	1	1

(b) $(A+B)(B+C)(\overline{A}+C)=(A+B)(\overline{A}+C)$

예제 5-3

다음 함수의 부정($\overline{F}$)을 구하라.

(a) $F=\overline{A}B\overline{C}+\overline{A}\overline{B}C$

(b) $F=A(\overline{B}\overline{C}+BC)$

풀이

(a) $\overline{F}=\overline{\overline{A}B\overline{C}+\overline{A}\overline{B}C}=(\overline{\overline{A}B\overline{C}})(\overline{\overline{A}\overline{B}C})=(\overline{\overline{A}}+\overline{B}+\overline{\overline{C}})(\overline{\overline{A}}+\overline{\overline{B}}+\overline{C})$

$=(A+\overline{B}+C)(A+B+\overline{C})$

(b) $\overline{F}=\overline{A(\overline{B}\overline{C}+BC)}=\overline{A}+(\overline{\overline{B}\overline{C}+BC})=\overline{A}+(\overline{\overline{B}\overline{C}})(\overline{BC})$

$=\overline{A}+(B+C)(\overline{B}+\overline{C})=\overline{A}+B\overline{C}+\overline{B}C$

5.3 논리회로의 논리식 변환

이 절에서는 논리회로를 분석하기 위하여 논리회로를 논리식으로 표현하는 방법을 살펴본다. 다음 회로에서 논리식을 유도해보자. 먼저 입력 변수가 있으면 파악하고, 없으면 정의한다.

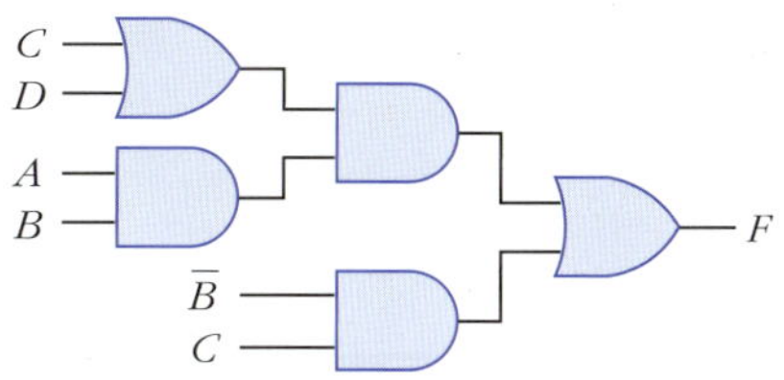

그림 5-1 $(C+D)AB+\bar{B}C$의 논리회로

이 회로에서 입력 변수는 A, B, C, D 4개다. 입력단에 연결된 회로들로부터 하나씩 출력 쪽으로 나아가면서 논리식을 만든다. 먼저 ① C, D가 OR 게이트로 연결되어 있으므로 논리식은 $C+D$이고, ② A, B는 AND 게이트로 연결되어 있으므로 논리식은 AB이며, ③ $\bar{B}$와 C도 AND 게이트로 연결되어 있으므로 논리식은 $\bar{B}C$가 된다. 2번째 단으로는 출력 $C+D$와 출력 AB가 AND 게이트의 입력으로 연결되므로 $(C+D)AB$가 된다. 출력 $\bar{B}C$는 2번째 단을 거치지 않고 $(C+D)AB$의 출력과 마지막 단에서 OR 게이트의 입력이 되므로 최종 논리식은 $(C+D)AB+\bar{B}C$가 됨을 알 수 있다. 즉 [그림 5-2]와 같이 원래 회로에 게이트를 거칠 때마다 게이트의 출력을 적어주면서 한 단계씩 출력 쪽으로 나아가면 된다.

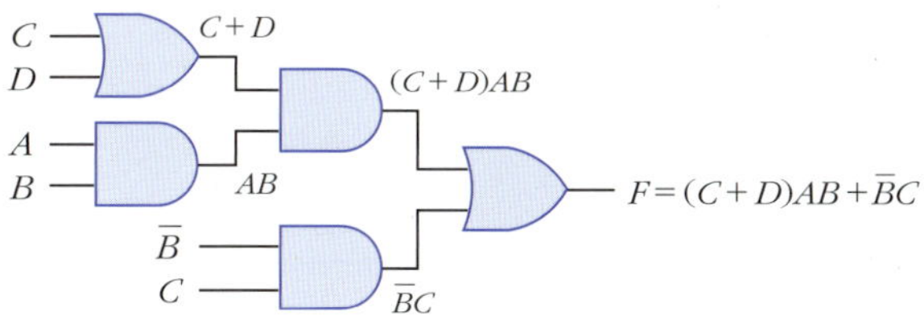

그림 5-2 $(C+D)AB+\bar{B}C$ 논리식의 유도 과정

마찬가지로 다음 회로들로부터 논리식을 유도해보자. 앞의 예와 마찬가지로 입력단에서부터 출력단으로 게이트를 거칠 때마다 논리식을 하나씩 적어 나가면서 최종 단까지 논리회로를 구성할 수 있다.

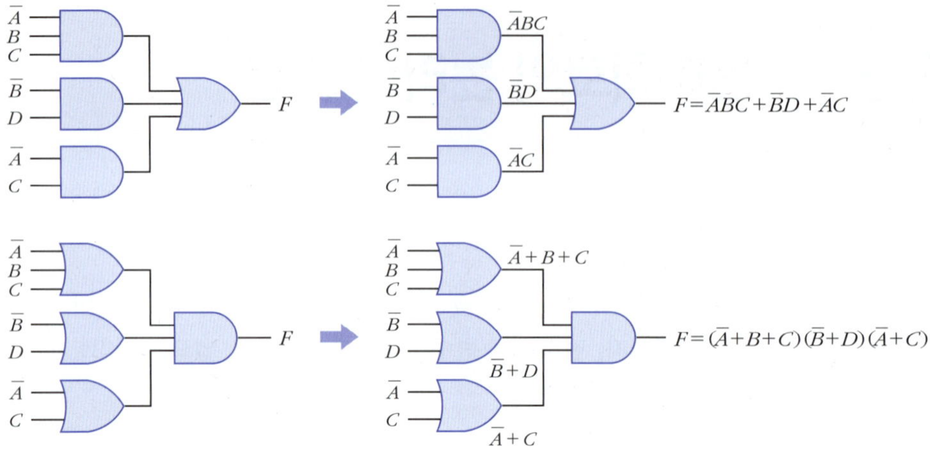

그림 5-3 논리회로로부터 논리식 유도

예제 5-4

다음 논리회로의 논리식을 구하라.

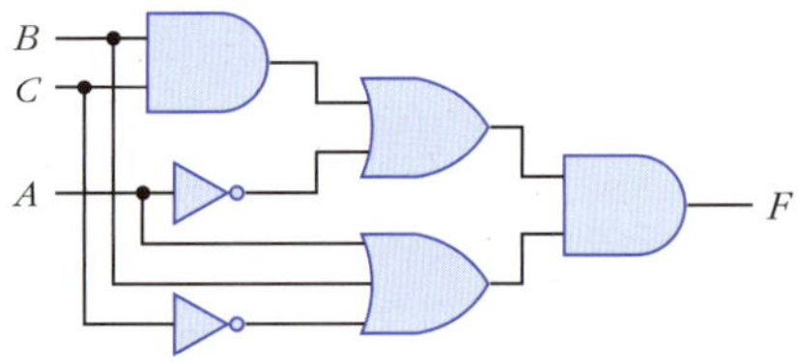

풀이

입력단에서부터 출력단으로 게이트를 거칠 때마다 논리식을 하나씩 적어 나가면 최종 단에서의 논리식은 다음과 같다.

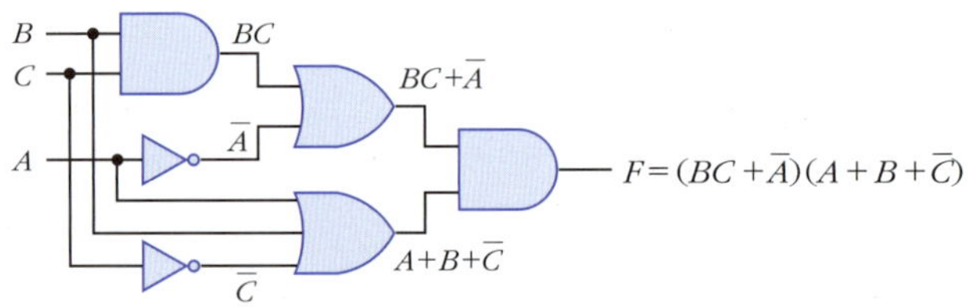

5.4 논리식의 논리회로 구성

기본 게이트인 AND, OR, NOT을 이용해 논리식으로부터 논리회로를 구성하는 방법을 살펴본다. 논리식 $F=\bar{A}B+A\bar{B}+BC$를 논리회로로 구성해보자. 이 논리식은 **AND–OR**로 구성된 회로다. 먼저 각각의 $\bar{A}B$, $A\bar{B}$, BC는 AND이므로 각 입력을 AND 게이트로 나타낸다. 여기서 NOT은 생각하지 않고 그린다. 모든 AND 게이트 회로를 만들고, 이들 세 AND 게이트의 출력을 OR 게이트 입력으로 사용해 회로를 구성하면 [그림 5–4(a)]와 같다. 이 회로는 보수 입력이 가능할 때 또는 회로를 간단히 나타낼 때 사용한다. NOT 게이트를 사용하면 보수 입력을 모두 [그림 5–4(b)]와 같이 나타낼 수 있다.

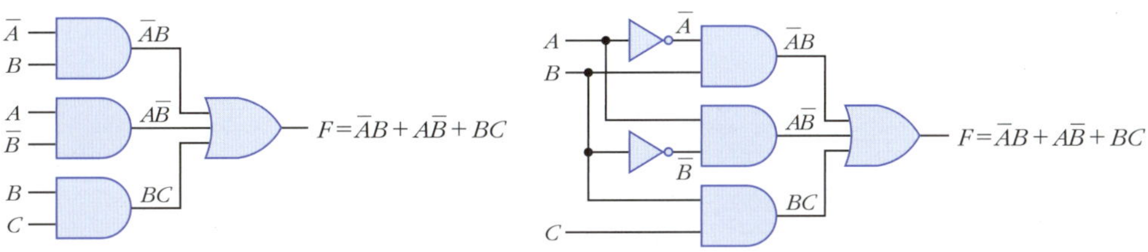

(a) 보수 입력 사용 (b) NOT 게이트 사용

그림 5–4 $\bar{A}B+A\bar{B}+BC$**의 AND–OR 논리회로**

$F(A, B, C)=\bar{A}B\bar{C}+\bar{A}BC+A\bar{B}\bar{C}+A\bar{B}C+ABC$의 경우를 살펴보자. 조금 복잡한 논리식 같지만 회로는 어렵지 않다. [그림 5–5]와 같이 각 항은 AND 게이트를 사용하고, AND 게이트의 출력을 5입력 OR 게이트 입력으로 사용해 회로를 그릴 수 있다.

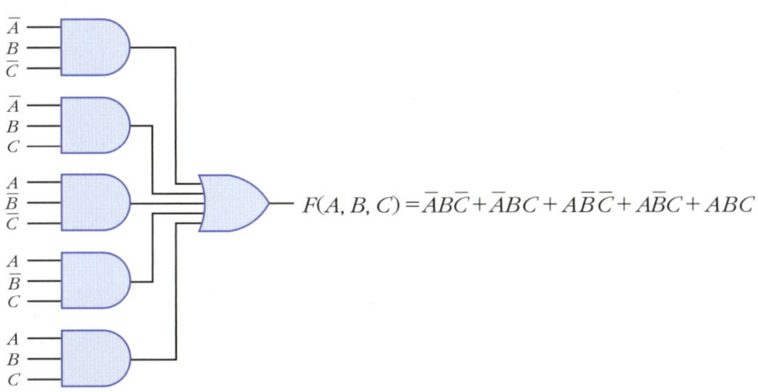

그림 5–5 $F(A, B, C)=\bar{A}B\bar{C}+\bar{A}BC+A\bar{B}\bar{C}+A\bar{B}C+ABC$**의 논리회로**

[그림 5-6]은 **OR-AND** 회로다. 먼저 각각의 OR 항에 대해서 게이트를 그린다. 모든 OR 게이트 출력을 AND 게이트 입력으로 사용해 회로를 구성한다.

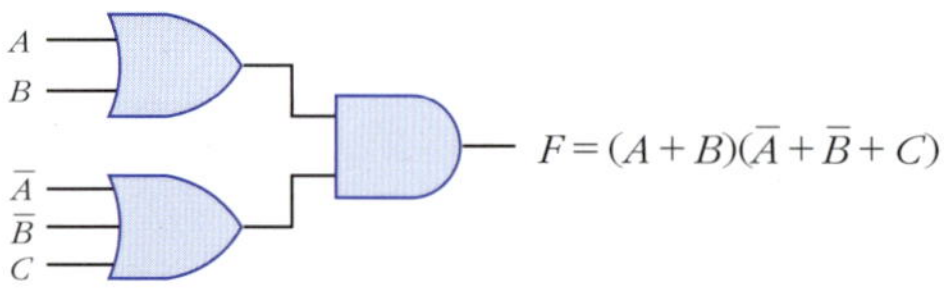

그림 5-6 $F=(A+B)(\bar{A}+\bar{B}+C)$의 OR-AND 논리회로

논리식 $F=\bar{E}+B\bar{C}D+(CE+\bar{B})A$도 입력 순서대로 따라가면서 위와 같은 방법으로 회로를 그리면 된다. 다만, 여기서는 AND-OR 또는 OR-AND 회로의 2단계로 구성되지 않고 복합적으로 구성되어 있다. 먼저 $\bar{E}$, $B\bar{C}D$, CE, $\bar{B}$를 만들고, 2번째로 $CE+\bar{B}$, 3번째로 $(CE+\bar{B})A$, 마지막으로 이들을 $\bar{E}$, $B\bar{C}D$, $(CE+\bar{B})A$의 출력을 OR 게이트 입력으로 연결하면 된다.

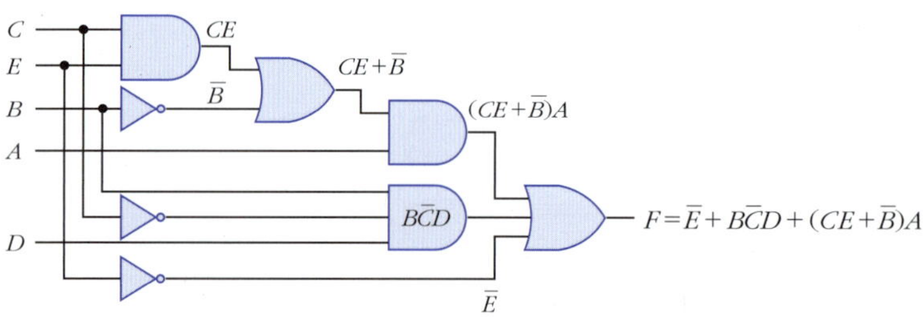

그림 5-7 다단계 논리회로

이와 같이 논리식을 이용해 가장 앞단의 회로부터 최종 출력단이 나올 때까지 순서대로 하나씩 게이트를 그려나가면 원하는 회로를 만들 수 있다.

5.5 불 대수식의 표현 형태

불 대수식을 표현하는 2가지 기본 형태인 곱의 합SOP: Sum Of Product(AND–OR 결합 형태), 합의 곱POS : Product Of Sum(OR–AND 결합 형태)을 살펴보고, 이들을 최소항minterm과 최대항maxterm으로 표현하는 방법을 알아본다.

1 곱의 합과 최소항

곱의 합SOP은 입력 측인 1단계가 AND 항(곱의 항product term)으로 구성되고, 출력 측인 2단계는 OR 항(합의 항sum term)으로 만들어진 논리식이다. 다음 불 대수식은 곱의 항(AND) 4개로 만들어졌으며, 변수는 A, B, C, D 4개를 가지고 있다. 이와 같이 각 항은 AND로 구성되고, 이들을 OR 항으로 모두 결합된 것을 곱의 합이라 한다.

$$A\bar{B}+B\bar{C}D+\bar{A}D+\bar{D}$$

다음은 SOP의 여러 가지 예다.

- $F=\bar{A}BC\bar{D}+A\bar{B}\bar{C}\bar{D}+A\bar{B}CD+ABCD$
- $F=B+\bar{A}C+AB\bar{C}D$
- $F=\bar{A}+B+C$
- $F=A\bar{C}$
- $F=D$

[그림 5–8]은 SOP 형태의 논리식인 $F=\bar{A}BC+\bar{B}D+\bar{A}C$의 회로다. SOP 형태의 논리식은 AND–OR 2레벨 회로로 나타난다. 여기서 레벨level이란 입력단에서 출력단까지 거치는 최대 게이트 수를 뜻한다.

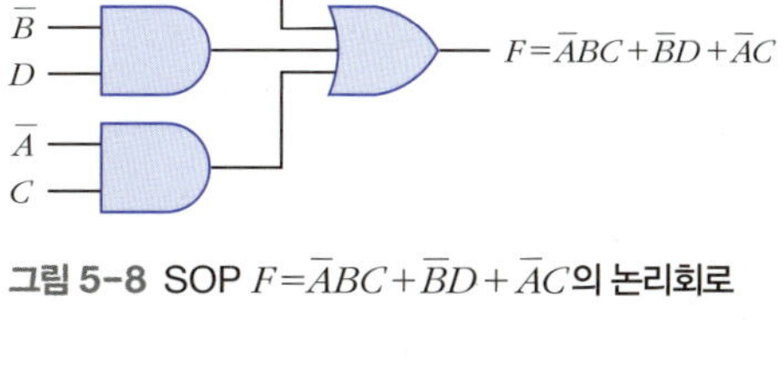

그림 5–8 SOP $F=\bar{A}BC+\bar{B}D+\bar{A}C$의 논리회로

같은 동작을 하는 논리식을 다양한 SOP의 형태로 나타낼 수 있다. 표준 곱의 항들의 합canonical sum, sum of standard product terms은 모든 항이 표준 곱의 항standard product term으로 나타난 것을 말한다. **표준 곱의 항**이란 함수의 모든 변수를 포함하고 있는 항이다.

다음 함수를 보자. 이 함수에는 변수가 4개 있으며, 각 항은 이들 4개의 변수를 모두 포함하고 있다.

$$F = \bar{A}BC\bar{D} + A\bar{B}\bar{C}\bar{D} + A\bar{B}CD + ABCD$$

이렇게 표현한 표준 곱의 항을 **최소항**이라고 한다. 예를 들어, 함수에서 A, B, C, D 네 변수를 사용할 때, $\bar{A}BC\bar{D}$, $ABCD$는 최소항(표준 곱의 항)이지만 $A\bar{B}C$는 3개 변수만 있으므로 최소항이 아니다. 이와 같이 최소항은 SOP이지만 모든 SOP가 최소항은 아니다.

최소 SOPminimum sum of products는 SOP로 나타낸 함수 중에서 최소 곱의 항들로 나타낸 것을 말한다. 예를 들어, 다음 식들은 모두 같은 결과를 만들어내는 논리식이다. 이들 중 ③과 ④는 최소 SOP이다. 이들 논리식을 간소화하는 방법은 다음 절에서 다룬다.

① $\bar{A}B\bar{C} + \bar{A}BC + A\bar{B}\bar{C} + A\bar{B}C + ABC$
② $\bar{A}B + A\bar{B} + ABC$
③ $\bar{A}B + A\bar{B} + AC$
④ $\bar{A}B + A\bar{B} + BC$

이제 진리표로부터 **최소항식**을 표현하는 방법을 살펴보자. 다음 진리표를 이용해 논리식을 구해보자.

표 5-11 $F=\bar{A}B+A\bar{B}+AB$의 진리표

입력		출력
A	B	F
0	0	0
0	1	1
1	0	1
1	1	1

[표 5-11]의 진리표에서는 변수 2개를 사용하므로 입력의 경우의 수는 모두 $4(=2^2)$개이며, 다음과 같은 의미다.

$A=0$ AND $B=1$ OR

$A=1$ AND $B=0$ OR

$A=1$ AND $B=1$일 때 $F=1$이다.

이를 다른 방식으로 표현하면 다음과 같다.

$\bar{A}=1$ AND $B=1$ OR

$A=1$ AND $\bar{B}=1$ OR

$A=1$ AND $B=1$일 때 $F=1$이다.

이를 간단하게 다시 표현하면 다음과 같다.

$\bar{A}B=1$ OR $A\bar{B}=1$ OR $AB=1$일 때 $F=1$이다.

그러므로 최종 논리식은 다음과 같다.

$$F=\bar{A}B+A\bar{B}+AB$$

진리표의 각 행은 곱의 형태로 나타내고, 진리표에서 F가 1인 행의 곱의 항을 OR하여 SOP로 만든다. 처음 진리표로부터 논리식을 만들면 각 항은 모든 변수를 포함하는, 즉 간소화하지 않은 최소항으로 표현된다.

[표 5-12]의 진리표는 2입력 변수의 최소항과 최소항을 기호로 표현한 것이다. 최소항을 나타내는 기호로 소문자 m을 사용하고, 기호 m의 아래 첨자로 표기된 숫자는 각 항을 10진수로 표현한 값이다. 가령 $AB=10_{(2)}=2_{(10)}$이라면 m_2로 나타내며, 10진수 2를 아래 첨자로 사용한다.

그러므로 논리식 $\bar{A}B+A\bar{B}+AB$를 기호를 사용해 최소항식으로 나타내면 다음과 같다. 그리고 최소항들의 합의 형태이므로 수학기호 Σ를 사용해 다음과 같이 나타낸다.

$$F=\bar{A}B+A\bar{B}+AB=m_1+m_2+m_3=\Sigma m(1,\ 2,\ 3)$$

표 5-12 2변수 최소항의 표현 방법

A B	최소항	기호
0 0	$\bar{A}\bar{B}$	m_0
0 1	$\bar{A}B$	m_1
1 0	$A\bar{B}$	m_2
1 1	AB	m_3

입력 변수가 3개일 때도 마찬가지이며, 표현 방법은 [표 5-13]과 같다.

표 5-13 3변수 최소항의 표현 방법

A	B	C	최소항	기호
0	0	0	$\bar{A}\bar{B}\bar{C}$	m_0
0	0	1	$\bar{A}\bar{B}C$	m_1
0	1	0	$\bar{A}B\bar{C}$	m_2
0	1	1	$\bar{A}BC$	m_3
1	0	0	$A\bar{B}\bar{C}$	m_4
1	0	1	$A\bar{B}C$	m_5
1	1	0	$AB\bar{C}$	m_6
1	1	1	ABC	m_7

표 5-14 $F(A, B, C)=\Sigma m(0, 1, 3, 5, 7)$의 진리표

A	B	C	F	최소항	기호
0	0	0	1	$\bar{A}\bar{B}\bar{C}$	m_0
0	0	1	1	$\bar{A}\bar{B}C$	m_1
0	1	0	0	$\bar{A}B\bar{C}$	m_2
0	1	1	1	$\bar{A}BC$	m_3
1	0	0	0	$A\bar{B}\bar{C}$	m_4
1	0	1	1	$A\bar{B}C$	m_5
1	1	0	0	$AB\bar{C}$	m_6
1	1	1	1	ABC	m_7

[표 5-14]는 3입력 A, B, C를 가지는 함수 $F(A, B, C)=\Sigma m(0, 1, 3, 5, 7)$의 진리표다.

이 진리표의 최소항식은 다음과 같다.

$$\begin{aligned} F(A, B, C) &= \Sigma m(0, 1, 3, 5, 7) \\ &= \bar{A}\bar{B}\bar{C}+\bar{A}\bar{B}C+\bar{A}BC+A\bar{B}C+ABC \end{aligned}$$

그리고 $\bar{F}$를 최소항식으로 나타내보자. $\bar{F}$는 F의 부정이므로 결과가 1이 아닌 0을 선택하면 된다. 즉 다음 식과 같다.

$$\begin{aligned} \bar{F}(A, B, C) &= \Sigma m(2, 4, 6) \\ &= \bar{A}B\bar{C}+A\bar{B}\bar{C}+AB\bar{C} \end{aligned}$$

F와 $\bar{F}$의 관계는 다음과 같다.

$$\begin{aligned} F(A, B, C) &= \Sigma m(0, 1, 3, 5, 7) = \bar{A}\bar{B}\bar{C}+\bar{A}\bar{B}C+\bar{A}BC+A\bar{B}C+ABC \\ &= \bar{\bar{F}} = \overline{\Sigma m(2, 4, 6)} = \overline{\bar{A}B\bar{C}+A\bar{B}\bar{C}+AB\bar{C}} \end{aligned}$$

$$\begin{aligned} \bar{F}(A, B, C) &= \Sigma m(2, 4, 6) = \bar{A}B\bar{C}+A\bar{B}\bar{C}+AB\bar{C} \\ &= \overline{\Sigma m(0, 1, 3, 5, 7)} = \overline{\bar{A}\bar{B}\bar{C}+\bar{A}\bar{B}C+\bar{A}BC+A\bar{B}C+ABC} \end{aligned}$$

예제 5-5

다음 진리표를 이용해 F와 $\bar{F}$를 최소항식으로 나타내라.

A	B	C	F	$\bar{F}$
0	0	0	0	1
0	0	1	1	0
0	1	0	1	0
0	1	1	1	0
1	0	0	1	0
1	0	1	1	0
1	1	0	0	1
1	1	1	0	1

풀이

$$F(A, B, C) = \Sigma m(1, 2, 3, 4, 5) = \bar{A}\bar{B}C + \bar{A}B\bar{C} + \bar{A}BC + A\bar{B}\bar{C} + A\bar{B}C$$

$$\bar{F}(A, B, C) = \Sigma m(0, 6, 7) = \bar{A}\bar{B}\bar{C} + AB\bar{C} + ABC$$

[표 5-15]는 4변수에 대한 최소항 표현이다.

표 5-15 4변수 최소항의 표현 방법

A B C D	최소항	기호	A B C D	최소항	기호
0 0 0 0	$\bar{A}\bar{B}\bar{C}\bar{D}$	m_0	1 0 0 0	$A\bar{B}\bar{C}\bar{D}$	m_8
0 0 0 1	$\bar{A}\bar{B}\bar{C}D$	m_1	1 0 0 1	$A\bar{B}\bar{C}D$	m_9
0 0 1 0	$\bar{A}\bar{B}C\bar{D}$	m_2	1 0 1 0	$A\bar{B}C\bar{D}$	m_{10}
0 0 1 1	$\bar{A}\bar{B}CD$	m_3	1 0 1 1	$A\bar{B}CD$	m_{11}
0 1 0 0	$\bar{A}B\bar{C}\bar{D}$	m_4	1 1 0 0	$AB\bar{C}\bar{D}$	m_{12}
0 1 0 1	$\bar{A}B\bar{C}D$	m_5	1 1 0 1	$AB\bar{C}D$	m_{13}
0 1 1 0	$\bar{A}BC\bar{D}$	m_6	1 1 1 0	$ABC\bar{D}$	m_{14}
0 1 1 1	$\bar{A}BCD$	m_7	1 1 1 1	$ABCD$	m_{15}

입력 변수가 4개인 예를 보자.

$$F(A, B, C, D) = \Sigma m(0, 1, 5, 9, 11, 15)$$

이 식은 다음과 같은 최소항식으로 쉽게 표현할 수 있다.

$$F = \bar{A}\bar{B}\bar{C}\bar{D} + \bar{A}\bar{B}\bar{C}D + \bar{A}B\bar{C}D + A\bar{B}\bar{C}D + A\bar{B}CD + ABCD$$

예제 5-6

다음 논리식을 최소항식으로 변환하라.

$F(A, B, C, D) = A\bar{B}C + \bar{A}\bar{B} + AB\bar{C}D$

풀이

1번째 항 $A\bar{B}C$에는 변수 $\bar{D}$ 또는 D가 없으므로 다음과 같이 $\bar{D}+D$를 곱한다.

$$A\bar{B}C = A\bar{B}C(\bar{D}+D) = A\bar{B}C\bar{D} + A\bar{B}CD$$

2번째 항 $\bar{A}\bar{B}$에는 $\bar{C}$, C와 $\bar{D}$, D가 없으므로 다음과 같이 $(\bar{C}+C)(\bar{D}+D)$를 곱한다.

$$\bar{A}\bar{B} = \bar{A}\bar{B}(\bar{C}+C)(\bar{D}+D) = \bar{A}\bar{B}\bar{C}\bar{D} + \bar{A}\bar{B}\bar{C}D + \bar{A}\bar{B}C\bar{D} + \bar{A}\bar{B}CD$$

3번째 항 $AB\bar{C}D$는 이미 최소항이므로 식 F의 최소항식은 다음과 같다.

$$\begin{aligned} F(A, B, C, D) &= A\bar{B}C + \bar{A}\bar{B} + AB\bar{C}D \\ &= A\bar{B}C\bar{D} + A\bar{B}CD + \bar{A}\bar{B}\bar{C}\bar{D} + \bar{A}\bar{B}\bar{C}D + \bar{A}\bar{B}C\bar{D} + \bar{A}\bar{B}CD + AB\bar{C}D \\ &= \Sigma m(0, 1, 2, 3, 10, 11, 13) \end{aligned}$$

2 합의 곱과 최대항

합의 곱POS이란 입력 측인 1단계는 OR 항sum term, 합의 항으로 구성되고, 출력 측인 2단계는 AND 항product term, 곱의 항으로 만들어진 논리식을 말한다. 각 합의 항sum term은 하나 이상의 변수들이 OR 연산자로 만들어진 것이다. **표준 합의 항**, 즉 모든 변수를 포함하는 OR 항을 **최대항**이라 한다. 예를 들면, A, B, C, D 변수를 사용하는 함수에서 $\bar{A}+B+C+\bar{D}$, $A+B+C+D$와 같이 만들어진 합의 항이 표준 합의 항이다.

합의 곱 형태의 논리식은 합의 항(OR 항) 하나 이상을 AND 연산자로 연결한 식이다. 다음 몇 가지 예를 보자.

- $(A+\bar{B}+\bar{C}+\bar{D})(\bar{A}+B+C+\bar{D})$
- $(A+B)(A+C)$
- $A(B+C)$
- $A+B$
- A

표준 합의 항의 곱product of standard sum terms은 최대항들의 곱으로 이루어진 것을 말한다. [표 5-16]은 각각 2, 3, 4변수 최대항을 나타낸 것이다.

표 5-16 최대항 표현 방법

(a) 2변수 최대항 표현

A B	최대항	기호
0 0	$A+B$	M_0
0 1	$A+\bar{B}$	M_1
1 0	$\bar{A}+B$	M_2
1 1	$\bar{A}+\bar{B}$	M_3

(b) 3변수 최대항 표현

A B C	최대항	기호
0 0 0	$A+B+C$	M_0
0 0 1	$A+B+\bar{C}$	M_1
0 1 0	$A+\bar{B}+C$	M_2
0 1 1	$A+\bar{B}+\bar{C}$	M_3
1 0 0	$\bar{A}+B+C$	M_4
1 0 1	$\bar{A}+B+\bar{C}$	M_5
1 1 0	$\bar{A}+\bar{B}+C$	M_6
1 1 1	$\bar{A}+\bar{B}+\bar{C}$	M_7

(c) 4변수 최대항 표현

A B C D	최대항	기호	A B C D	최대항	기호
0 0 0 0	$A+B+C+D$	M_0	1 0 0 0	$\bar{A}+B+C+D$	M_8
0 0 0 1	$A+B+C+\bar{D}$	M_1	1 0 0 1	$\bar{A}+B+C+\bar{D}$	M_9
0 0 1 0	$A+B+\bar{C}+D$	M_2	1 0 1 0	$\bar{A}+B+\bar{C}+D$	M_{10}
0 0 1 1	$A+B+\bar{C}+\bar{D}$	M_3	1 0 1 1	$\bar{A}+B+\bar{C}+\bar{D}$	M_{11}
0 1 0 0	$A+\bar{B}+C+D$	M_4	1 1 0 0	$\bar{A}+\bar{B}+C+D$	M_{12}
0 1 0 1	$A+\bar{B}+C+\bar{D}$	M_5	1 1 0 1	$\bar{A}+\bar{B}+C+\bar{D}$	M_{13}
0 1 1 0	$A+\bar{B}+\bar{C}+D$	M_6	1 1 1 0	$\bar{A}+\bar{B}+\bar{C}+D$	M_{14}
0 1 1 1	$A+\bar{B}+\bar{C}+\bar{D}$	M_7	1 1 1 1	$\bar{A}+\bar{B}+\bar{C}+\bar{D}$	M_{15}

2변수 논리식 $(A+B)(A+\bar{B})(\bar{A}+B)$를 기호를 사용해 **최대항식**으로 나타내면 다음과 같다. 그리고 최대항은 대문자 M으로 표시하고, 각 항은 곱의 형태이므로 수학기호 Π를 사용해 다음과 같이 표시한다.

$$\begin{aligned} F(A,\ B) &= (A+B)(A+\bar{B})(\bar{A}+B) \\ &= M_0 \cdot M_1 \cdot M_2 \\ &= \Pi M(0,\ 1,\ 2) \end{aligned}$$

이 최대항식을 진리표로 나타내면 [표 5-17]과 같다. 최대항은 최소항과 반대로 출력이 0인 부분을 선택하여 최대항으로 하고 이들을 AND로 결합하는 POS 형태가 된다.

표 5-17 $(A+B)(A+\bar{B})(\bar{A}+B)$**의 진리표**

입력		출력
A	B	F
0	0	0
0	1	0
1	0	0
1	1	1

예제 5-7

다음 최대항식을 진리표로 만들어보고, 논리식을 구하라.

$F(A, B, C)=\Pi M(0, 1, 3, 5, 7)$

풀이

진리표는 다음과 같다.

A B C	F	최대항	기호
0 0 0	0	$A+B+C$	M_0
0 0 1	0	$A+B+\bar{C}$	M_1
0 1 0	1	$A+\bar{B}+C$	M_2
0 1 1	0	$A+\bar{B}+\bar{C}$	M_3
1 0 0	1	$\bar{A}+B+C$	M_4
1 0 1	0	$\bar{A}+B+\bar{C}$	M_5
1 1 0	1	$\bar{A}+\bar{B}+C$	M_6
1 1 1	0	$\bar{A}+\bar{B}+\bar{C}$	M_7

F가 0인 항을 모두 찾아서 최대항식으로 나타내면 다음과 같다.

$$F(A, B, C)=\Pi M(0, 1, 3, 5, 7)$$
$$=(A+B+C)(A+B+\bar{C})(A+\bar{B}+\bar{C})(\bar{A}+B+\bar{C})(\bar{A}+\bar{B}+\bar{C})$$

예제 5-8

다음 논리식을 최대항식으로 변환하라.

$F(A, B, C, D)=(A+\bar{B}+C)(\bar{B}+C+\bar{D})(A+\bar{B}+\bar{C}+D)$

풀이

1번째 항 $A+\bar{B}+C$에는 변수 $\bar{D}$ 또는 D가 없으므로 다음과 같이 $\bar{D}D$를 합한 다음 [표 5-7]의 ⑮번 법칙($A+BC=(A+B)(A+C)$)를 적용한다.

$$A+\bar{B}+C=A+\bar{B}+C+\bar{D}D=(A+\bar{B}+C+\bar{D})(A+\bar{B}+C+D)$$

2번째 항 $\bar{B}+C+\bar{D}$에는 $\bar{A}$ 또는 A가 없으므로 다음과 같이 $\bar{A}A$를 합한 다음 [표 5-7]의 ⑮번 법칙을 적용한다.

$$\bar{B}+C+\bar{D}=\bar{A}A+\bar{B}+C+\bar{D}=(\bar{A}+\bar{B}+C+\bar{D})(A+\bar{B}+C+\bar{D})$$

3번째 항 $A+\bar{B}+\bar{C}+D$는 이미 최대항이므로 식 F의 최대항식은 다음과 같다.

$$\begin{aligned} F(A, B, C, D) &= (A+\bar{B}+C)(\bar{B}+C+\bar{D})(A+\bar{B}+\bar{C}+D) \\ &= (A+\bar{B}+C+\bar{D})(A+\bar{B}+C+D)(\bar{A}+\bar{B}+C+\bar{D})(A+\bar{B}+\bar{C}+D) \\ &= \Pi M(4, 5, 6, 13) \end{aligned}$$

3 최소항과 최대항의 관계

[표 5-18]을 참고하여 최소항과 최대항의 관계를 알아보자. 앞에서도 언급했듯이 최소항은 출력이 1인 항을 SOP로 나타낸 것이고, 최대항은 출력이 0인 항을 POS로 나타낸 것이다. 즉 최소항과 최대항은 상호 보수의 성질을 띤다고 말할 수 있다.

표 5-18 최소항과 최대항의 관계

$A\ B\ C$	F	$\bar{F}$	최소항	기호	최대항	기호	관계
0 0 0	0	1	$\bar{A}\bar{B}\bar{C}$	m_0	$A+B+C$	M_0	$M_0=\overline{m_0}$
0 0 1	1	0	$\bar{A}\bar{B}C$	m_1	$A+B+\bar{C}$	M_1	$M_1=\overline{m_1}$
0 1 0	1	0	$\bar{A}B\bar{C}$	m_2	$A+\bar{B}+C$	M_2	$M_2=\overline{m_2}$
0 1 1	1	0	$\bar{A}BC$	m_3	$A+\bar{B}+\bar{C}$	M_3	$M_3=\overline{m_3}$
1 0 0	1	0	$A\bar{B}\bar{C}$	m_4	$\bar{A}+B+C$	M_4	$M_4=\overline{m_4}$
1 0 1	1	0	$A\bar{B}C$	m_5	$\bar{A}+B+\bar{C}$	M_5	$M_5=\overline{m_5}$
1 1 0	0	1	$AB\bar{C}$	m_6	$\bar{A}+\bar{B}+C$	M_6	$M_6=\overline{m_6}$
1 1 1	0	1	ABC	m_7	$\bar{A}+\bar{B}+\bar{C}$	M_7	$M_7=\overline{m_7}$

최소항과 최대항 사이의 관계를 F와 $\bar{F}$의 최소항식과 최대항식을 이용해 살펴보자. 먼저 F를 최소항식으로 나타낸 뒤 이를 이중부정하여 최대항식으로 바꾼다.

$$\begin{aligned} F(A, B, C) &= \Sigma m(1, 2, 3, 4, 5) \\ &= \bar{A}\bar{B}C+\bar{A}B\bar{C}+\bar{A}BC+A\bar{B}\bar{C}+A\bar{B}C \\ &= \overline{\overline{\bar{A}\bar{B}C+\bar{A}B\bar{C}+\bar{A}BC+A\bar{B}\bar{C}+A\bar{B}C}} \\ &= \overline{\overline{\bar{A}\bar{B}C}\cdot\overline{\bar{A}B\bar{C}}\cdot\overline{\bar{A}BC}\cdot\overline{A\bar{B}\bar{C}}\cdot\overline{A\bar{B}C}} \\ &= \overline{(A+B+\bar{C})(A+\bar{B}+C)(A+\bar{B}+\bar{C})(\bar{A}+B+C)(\bar{A}+B+\bar{C})} \\ &= \overline{\Pi M(1, 2, 3, 4, 5)} \end{aligned}$$

이 식에서 알 수 있듯이 F의 최소항식 $\Sigma m(1, 2, 3, 4, 5)$는 $\bar{F}$의 최대항식 $\Pi M(1, 2, 3, 4, 5)$를 부정해 놓은 식인 $\overline{\Pi M(1, 2, 3, 4, 5)}$이다. 실제로는 같은 식이지만 최소항과 최대항은 표기가 부정으로 된다는 것이다. 즉 다음 식처럼 의미를 생각할 수 있다.

$$
\begin{aligned}
F(A, B, C) &= \Sigma m(1, 2, 3, 4, 5) \\
&= \overline{\Pi M(1, 2, 3, 4, 5)} \\
&= \Pi M(0, 6, 7) \\
&= \overline{\Sigma m(0, 6, 7)}
\end{aligned}
$$

$$
\begin{aligned}
\bar{F}(A, B, C) &= \Sigma m(0, 6, 7) \\
&= \bar{A}\bar{B}\bar{C} + AB\bar{C} + ABC \\
&= \overline{\overline{\bar{A}\bar{B}\bar{C} + AB\bar{C} + ABC}} \\
&= \overline{\overline{\bar{A}\bar{B}\bar{C}} \cdot \overline{AB\bar{C}} \cdot \overline{ABC}} \\
&= \overline{(A + B + C)(\bar{A} + \bar{B} + C)(\bar{A} + \bar{B} + \bar{C})} \\
&= \overline{\Pi M(0, 6, 7)}
\end{aligned}
$$

$\bar{F}$도 마찬가지로 해석해 볼 수 있다.

$$\bar{F}(A, B, C) = \Sigma m(0, 6, 7) = \overline{\Pi M(0, 6, 7)} = \Pi M(1, 2, 3, 4, 5) = \overline{\Sigma m(1, 2, 3, 4, 5)}$$

그러므로 최소항과 최대항을 표기할 때 보수가 된다는 의미다. 최소항을 부정하면 최대항 형식이 되고, 최대항을 부정하면 최소항 형식이 된다. 논리회로를 간소화할 수 있는 방향으로 적절하게 최소항과 최대항을 사용하면 된다. 일반적으로 최소항을 선호한다.

예제 5-9

다음 최대항식을 최소항식으로 바꾸고, 부정도 최소항식과 최대항식으로 나타내라.

$F(A, B, C) = \Pi M(0, 2, 3, 7)$

풀이

$$
\begin{aligned}
F(A, B, C) &= \Pi M(0, 2, 3, 7) = (A + B + C)(A + \bar{B} + C)(A + \bar{B} + \bar{C})(\bar{A} + \bar{B} + \bar{C}) \\
&= \overline{\overline{(A + B + C)(A + \bar{B} + C)(A + \bar{B} + \bar{C})(\bar{A} + \bar{B} + \bar{C})}} \\
&= \overline{\bar{A}\bar{B}\bar{C} + \bar{A}B\bar{C} + \bar{A}BC + ABC} = \overline{\Sigma m(0, 2, 3, 7)} \\
&= \overline{\Pi M(1, 4, 5, 6)} = \Sigma m(1, 4, 5, 6) \\
&= \bar{A}\bar{B}C + A\bar{B}\bar{C} + A\bar{B}C + AB\bar{C}
\end{aligned}
$$

$$\bar{F}(A, B, C) = \overline{\Pi M(0, 2, 3, 7)} = \Sigma m(0, 2, 3, 7) = \overline{\Sigma m(1, 4, 5, 6)} = \Pi M(1, 4, 5, 6)$$

5.6 불 대수 법칙을 이용한 논리식의 간소화

불 대수 법칙을 이용해 논리식을 간소화하는 방법을 살펴본다. 다음 식들은 어떤 관계에 있는지 간소화하면서 살펴보자.

① $\bar{A}B\bar{C}+\bar{A}BC+A\bar{B}\bar{C}+A\bar{B}C+ABC$
② $\bar{A}B+A\bar{B}+ABC$
③ $\bar{A}B+A\bar{B}+AC$
④ $\bar{A}B+A\bar{B}+BC$

최소항식인 ①번 식을 불 대수의 법칙을 이용해 간소화해보자. 앞에서도 설명했듯이 최소항은 모든 항을 간소화하지 않고 그대로 표현한 것이다. 즉 간소화할 여지가 남아 있을 수 있다. 1번째 항과 2번째 항을 묶고, 3번째 항과 4번째 항을 묶으면 각각에서 C 변수가 없어진다.

$$\begin{aligned}\bar{A}B\bar{C}+\bar{A}BC+A\bar{B}\bar{C}+A\bar{B}C+ABC &= (\bar{A}B\bar{C}+\bar{A}BC)+(A\bar{B}\bar{C}+A\bar{B}C)+ABC \\ &= \bar{A}B(\bar{C}+C)+A\bar{B}(\bar{C}+C)+ABC \\ &= \bar{A}B\cdot 1+A\bar{B}\cdot 1+ABC \\ &= \bar{A}B+A\bar{B}+ABC\end{aligned}$$

이와 같이 ①번 식을 간소화하면 ②번 식이 된다는 사실을 알았다. 그러나 ②번 식이 최소화된 것 같이 보이지만 실제로 최소화된 것은 아니다. ABC 항에서 하나의 변수가 더 줄어들 수 있다. ABC 항과 하나의 변수만 다른 것을 찾아보면 그 항과 ABC 항이 줄어들 것이다.

앞 절에서 $A+A=A$라는 법칙([표 5-7]의 ❺)을 살펴보았다. 즉 같은 항이 여러 개 있어도 불 대수식의 논리값에는 아무런 변화가 없음을 알 수 있다. 위 식에서 ABC 항과 변수 하나가 다른 $A\bar{B}C$ 항을 하나 더 추가한 다음 계산해보자.

$$\begin{aligned}&\bar{A}B\bar{C}+\bar{A}BC+A\bar{B}\bar{C}+A\bar{B}C+ABC+A\bar{B}C \\ &= (\bar{A}B\bar{C}+\bar{A}BC)+(A\bar{B}\bar{C}+A\bar{B}C)+(ABC+A\bar{B}C) \\ &= \bar{A}B(\bar{C}+C)+A\bar{B}(\bar{C}+C)+AC(B+\bar{B}) \\ &= \bar{A}B\cdot 1+A\bar{B}\cdot 1+AC\cdot 1 \\ &= \bar{A}B+A\bar{B}+AC\end{aligned}$$

③번 식과 같은 결과를 얻을 수 있다. 이제 더 간소화할 수 없다. 그런데 위 계산 과정에서 $A\bar{B}C$를 추가하지 않고, 역시 ABC와 하나의 변수만 다른 $\bar{A}BC$를 추가해서 계산해보자.

$$\begin{aligned}
&\bar{A}B\bar{C}+\bar{A}BC+A\bar{B}\bar{C}+A\bar{B}C+ABC+\bar{A}BC \\
&=(\bar{A}B\bar{C}+\bar{A}BC)+(A\bar{B}\bar{C}+A\bar{B}C)+(ABC+\bar{A}BC) \\
&=\bar{A}B(\bar{C}+C)+A\bar{B}(\bar{C}+C)+BC(A+\bar{A}) \\
&=\bar{A}B\cdot 1+A\bar{B}\cdot 1+BC\cdot 1 \\
&=\bar{A}B+A\bar{B}+BC
\end{aligned}$$

④번 식과 같은 결과를 얻을 수 있다. ③번 식과 ④번 식은 형태는 다르지만, 논리회로의 출력은 같다. 즉 출력은 같지만 다른 형태의 논리식은 여러 개가 될 수 있다. 위와 같이 어떤 식에서 같은 항을 몇 개 추가하더라도 전체 결과에는 영향을 미치지 않으므로 간소화할 수 있는 여지가 있다면 같은 항을 추가하여 간소화할 수 있다.

만약에 식 ①이 주어지지 않고 식 ②가 주어졌을 때 식 ③이나 식 ④로 바로 간소화하는 방법을 살펴보자. 먼저 논리식 $A+\bar{A}B$는 간소화될 수 있을까? 분배법칙([표 5-7]의 ⓮ 또는 ⓯)을 사용해 풀어보면 다음과 같다.

$$\begin{aligned}
&A(\bar{A}+B)=A\bar{A}+AB=0+AB=AB \\
&A+\bar{A}B=(A+\bar{A})(A+B)=1\cdot(A+B)=A+B
\end{aligned}$$

그러므로 식 ②에서 바로 항을 추가하지 않고 다음과 같이 바로 간소화할 수 있다.

$$\begin{aligned}
\bar{A}B+A\bar{B}+ABC &=\bar{A}B+A(\bar{B}+BC)=\bar{A}B+A(\bar{B}+B)(\bar{B}+C) \\
&=\bar{A}B+A\cdot 1\cdot(\bar{B}+C)=\bar{A}B+A\bar{B}+AC
\end{aligned}$$

또는 다음과 같이 간소화할 수도 있다.

$$\begin{aligned}
\bar{A}B+A\bar{B}+ABC &=B(\bar{A}+AC)+A\bar{B}=B(\bar{A}+A)(\bar{A}+C)+A\bar{B} \\
&=B\cdot 1\cdot(\bar{A}+C)+A\bar{B}=\bar{A}B+A\bar{B}+BC
\end{aligned}$$

규칙을 적용할 수 있는 항이 있을 때 어느 항에 적용하느냐에 따라서 식을 간소화한 결과는 달라질 수 있다.

예제 5-10

불 대수 법칙을 이용해 다음 논리식을 간소화하라.

$\bar{A}\bar{B}\bar{C}+\bar{A}B\bar{C}+\bar{A}BC+A\bar{B}\bar{C}$

풀이

주어진 논리식을 간소화하면 다음과 같다.

$$\begin{aligned}\bar{A}\bar{B}\bar{C}+\bar{A}B\bar{C}+\bar{A}BC+A\bar{B}\bar{C} &= \bar{A}\bar{B}\bar{C}+A\bar{B}\bar{C}+\bar{A}B\bar{C}+\bar{A}BC \\ &= \bar{B}\bar{C}(\bar{A}+A)+\bar{A}B(\bar{C}+C) \\ &= \bar{B}\bar{C}+\bar{A}B\end{aligned}$$

이번에는 최소항식 $F(A, B, C)=\Sigma m(0, 1, 3, 5, 7)$을 간소화하는 과정을 살펴보자.

$$\begin{aligned}F(A, B, C) &= \Sigma m(0, 1, 3, 5, 7) \\ &= \bar{A}\bar{B}\bar{C}+\bar{A}\bar{B}C+\bar{A}BC+A\bar{B}C+ABC \\ &= \bar{A}\bar{B}\bar{C}+\bar{A}\bar{B}C+\bar{A}\bar{B}C+\bar{A}BC+A\bar{B}C+ABC \\ &= \bar{A}\bar{B}(\bar{C}+C)+\bar{A}C(\bar{B}+B)+AC(\bar{B}+B) \\ &= \bar{A}\bar{B}+\bar{A}C+AC \\ &= \bar{A}\bar{B}+C(\bar{A}+A) \\ &= \bar{A}\bar{B}+C\end{aligned}$$

또 $\bar{F}$도 구해보면 $\bar{F}$는 F의 부정이므로 결과가 1이 아닌 0을 선택하면 된다. 즉 다음 식과 같다.

$$\begin{aligned}\bar{F}(A, B, C) &= \overline{\Sigma m(0, 1, 3, 5, 7)}=\Sigma m(2, 4, 6) \\ &= \bar{A}B\bar{C}+A\bar{B}\bar{C}+AB\bar{C} \\ &= \bar{A}B\bar{C}+A\bar{B}\bar{C}+AB\bar{C}+AB\bar{C} \\ &= B\bar{C}(\bar{A}+A)+A\bar{C}(\bar{B}+B)=B\bar{C}+A\bar{C}=(A+B)\bar{C}\end{aligned}$$

예제 5-11

다음 진리표에서 논리식을 구하고 불 대수 법칙을 이용해 간소화하라.

A B C	F	$\bar{F}$
0 0 0	0	1
0 0 1	1	0
0 1 0	1	0
0 1 1	1	0
1 0 0	1	0
1 0 1	1	0
1 1 0	0	1
1 1 1	0	1

풀이

논리식 F와 $\bar{F}$를 구하면 다음과 같다.

$$F(A,\ B,\ C)=\Sigma m(1,\ 2,\ 3,\ 4,\ 5)$$
$$=\bar{A}\bar{B}C+\bar{A}B\bar{C}+\bar{A}BC+A\bar{B}\bar{C}+A\bar{B}C$$

$$\bar{F}(A,\ B,\ C)=\Sigma m(0,\ 6,\ 7)=\bar{A}\bar{B}\bar{C}+AB\bar{C}+ABC$$

논리식 F와 $\bar{F}$를 간소화하면 다음과 같다.

$$F(A,\ B,\ C)=\bar{A}\bar{B}C+\bar{A}B\bar{C}+\bar{A}BC+A\bar{B}\bar{C}+A\bar{B}C$$
$$=\bar{A}\bar{B}C+\bar{A}B\bar{C}+\bar{A}BC+A\bar{B}\bar{C}+A\bar{B}C+A\bar{B}C$$
$$=\bar{B}C(\bar{A}+A)+\bar{A}B(\bar{C}+C)+A\bar{B}(\bar{C}+C)$$
$$=\bar{B}C+\bar{A}B+A\bar{B}$$

$$\bar{F}(A,\ B,\ C)=\bar{A}\bar{B}\bar{C}+AB\bar{C}+ABC$$
$$=\bar{A}\bar{B}\bar{C}+AB(\bar{C}+C)$$
$$=\bar{A}\bar{B}\bar{C}+AB$$

예제 5-12

불 대수 법칙을 이용해 간소화된 논리식을 구하라.

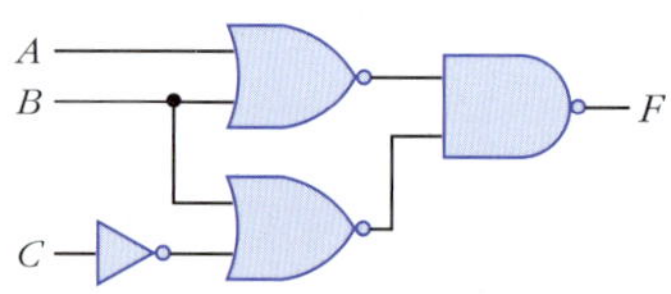

풀이

입력단에 연결된 회로들로부터 하나씩 출력 쪽으로 나아가면서 논리식을 작성하고 정리하면 된다.

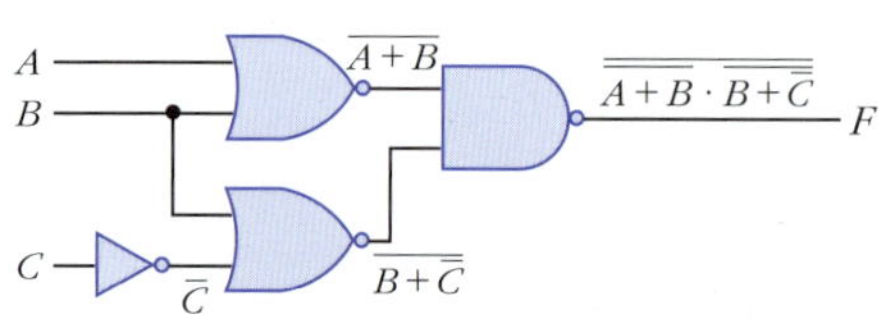

$$F=\overline{\overline{A+B}\cdot\overline{B+\bar{C}}}=\overline{\overline{A+B}}+\overline{\overline{B+\bar{C}}}=A+B+B+\bar{C}=A+B+\bar{C}$$

01 진리표를 이용해 다음 각 함수가 일치하는지 확인하라.

① $F=\overline{ABC}$, $G=\bar{A}+\bar{B}+\bar{C}$

② $F=X\bar{Y}+Y\bar{Z}+\bar{X}Z$, $G=\bar{X}Y+\bar{Y}Z+X\bar{Z}$

③ $F=\bar{A}\bar{C}+\bar{A}C+BC$, $G=(\bar{A}+C)(\bar{A}+B+\bar{C})$

④ $F=\bar{A}\bar{C}+BC+A\bar{B}$, $G=\bar{B}\bar{C}+AC+\bar{A}B$

⑤ $F=AB+AC+\bar{A}BD$, $G=BD+A\bar{B}C+AB\bar{D}$

02 다음 식이 성립함을 불 대수 법칙을 이용해 확인하라.

① $\bar{X}\bar{Y}+XY+\bar{X}Y=\bar{X}+Y$

② $\bar{X}Y+X\bar{Y}+XY+\bar{X}\bar{Y}=1$

③ $\bar{X}+XY+X\bar{Z}+X\bar{Y}\bar{Z}=\bar{X}+Y+\bar{Z}$

④ $X\bar{Y}+\bar{Y}\bar{Z}+\bar{X}\bar{Z}=X\bar{Y}+\bar{X}\bar{Z}$

03 드모르간의 정리를 이용해 다음 식을 지정된 형태로 변환하라.

$$F=XY+\bar{X}\bar{Y}+\bar{Y}Z$$

① AND와 NOT만을 사용해 나타내라.

② OR와 NOT만을 사용해 나타내라.

04 XOR 동작에 대한 아래의 기본 정의를 증명하라.

① $A\oplus 0=A$ ② $A\oplus 1=\bar{A}$

③ $A\oplus A=0$ ④ $A\oplus\bar{A}=1$ ⑤ $A\oplus\bar{B}=\bar{A}\oplus B=\overline{A\oplus B}$

05 XOR에 대한 다음의 분배 법칙이 성립하는지 검토하라.

$$A\oplus BC=(A\oplus B)(A\oplus C)$$

06 다음 논리식의 부정($\bar{F}$)을 구하라.

① $F=WX+YZ$ ② $F=X\bar{Y}+\bar{X}Y$

③ $F=(A\bar{B}+C)\bar{D}+E$ ④ $F=AB(\bar{C}D+C\bar{D})+\bar{A}\bar{B}(\bar{C}+D)(C+\bar{D})$

⑤ $F=(A+\bar{B}+C)(\bar{A}+\bar{C})(A+B)$ ⑥ $F=AB\bar{D}+\bar{B}\bar{C}+\bar{A}CD+\bar{A}B\bar{C}D$

⑦ $F=(A+\bar{B}+C)(\bar{A}+B+C)(A+\bar{B}+\bar{C})$ ⑧ $F=(A+B)(\bar{B}+C)+\bar{D}(\bar{A}B+C)$

07 자동차 경고 버저buzzer의 논리를 설계하려고 한다. 경고 버저는 전조등(H)이 켜지고 운전석 문(D)이 열려 있거나, 또는 시동장치에 키(K)가 꽂혀 있고 운전석 문(D)이 열려 있을 때 동작한다. 자동차 경고 버저의 논리식을 작성하라. 작성한 논리식을 AND 게이트 2개, OR 게이트 1개를 사용해 논리회로를 그려라. 또 AND 게이트 1개, OR 게이트 1개를 사용해 논리회로를 그려라.

08 입력 신호 A, 제어 신호 B, 출력 X와 Y가 다음과 같이 동작하는 논리회로를 설계하라.

- $B=1$이면 출력 X는 입력 A를 따르고, 출력 Y는 0이 된다.
- $B=0$이면 출력 X는 0이 되고, 출력 Y는 입력 A를 따른다.

09 다음 각 회로에 대한 출력식을 구하고 각 출력이 High가 되는 입력의 조건을 구하라.

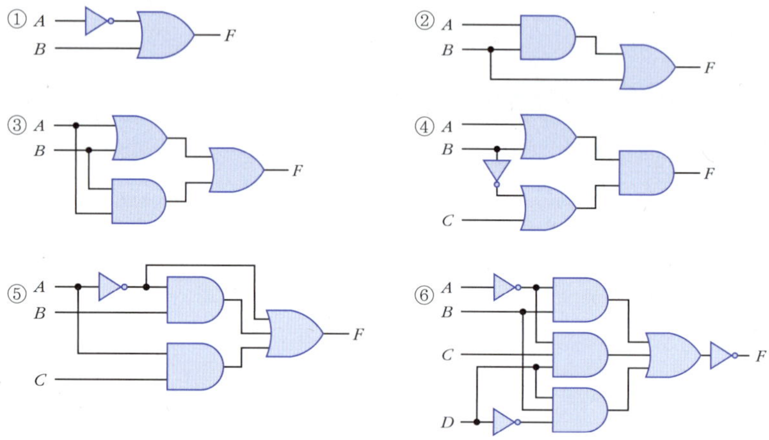

10 다음 불 대수식을 논리회로로 그려라.

① $F=B\bar{C}+AB+ACD$ ② $F=(A+B)(C+D)(\bar{A}+B+D)$

③ $F=(AB+\bar{A}\bar{B})(C\bar{D}+\bar{C}D)$ ④ $F=\bar{A}\bar{B}+AC+\bar{B}C$

⑤ $F=AB+C(A+B)$ ⑥ $F=W\bar{X}(V+\bar{Y}Z)+(\overline{W}Y+\bar{V})\overline{(X+YZ)}$

11 다음 논리회로 (a)에서 입력 A, B는 시간의 경과에 따라 (b)와 같이 입력된다. 출력 F의 타이밍도를 그려라.

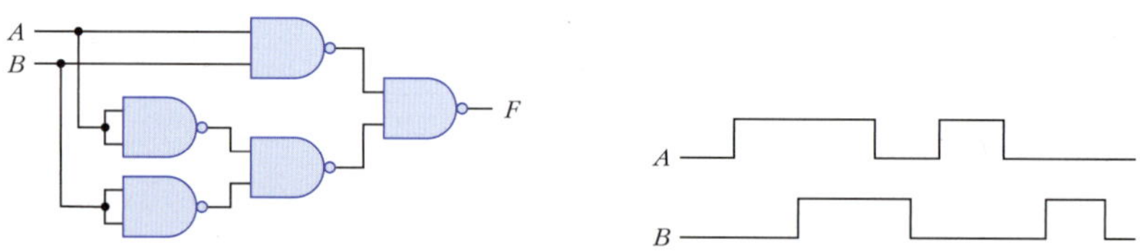

(a) 논리회로 (b) 신호 입력

12 다음과 같은 NOR 회로의 출력 F를 구하라. 그리고 이를 NAND 회로로 변환하라.

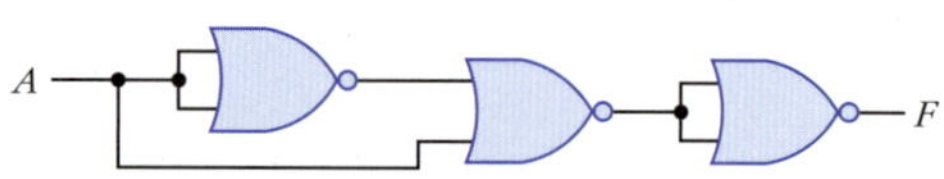

13 다음 논리회로의 출력 F를 구하라.

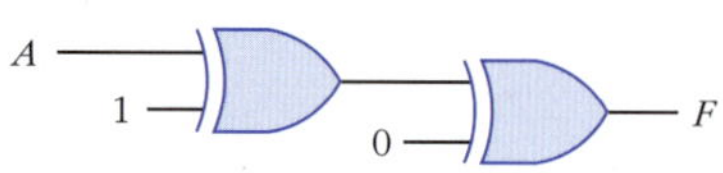

14 다음 논리 함수에 대한 질문에 답하라.

$F(A, B, C) = \Sigma m(0, 1, 3, 5, 7)$

① 진리표를 그려라.
② 최소항의 논리식을 구하라.
③ 간소화 SOP를 구하라.
④ $\overline{F}$를 최소항 기호로 나타내라.

15 다음 식을 최소항식으로 확장하여 표현하라.

① $F(A, B, C) = A\overline{B} + \overline{B}\overline{C}$
② $F(A, B, C) = \overline{A} + BC + \overline{B}\overline{C}$
③ $F(A, B, C, D) = A\overline{B}C + BD + \overline{A}\overline{D}$

16 다음 논리식의 진리표를 구하고 최소항식과 최대항식으로 나타내라.

① $F = (XY + Z)(Y + XZ)$
② $F = (\overline{A} + B)(\overline{B} + C)$
③ $F = \overline{Y}Z + WX\overline{Y} + WX\overline{Z} + \overline{W}\overline{X}Z$
④ $F = A + \overline{B}C$
⑤ $F = \overline{A}\overline{C}\overline{D} + \overline{A}C\overline{D} + BC$
⑥ $F = WX\overline{Y} + X\overline{Y}Z + W\overline{X}\overline{Z}$

17 진리표에 주어진 불 함수 E와 F에 대해서 다음 물음에 답하라.

X Y Z	E	F
0 0 0	1	0
0 0 1	1	0
0 1 0	1	1
0 1 1	0	1
1 0 0	0	0
1 0 1	0	0
1 1 0	0	1
1 1 1	0	1

① 각 함수의 최소항과 최대항을 기호로 나타내라.
② $\overline{E}$와 $\overline{F}$의 최소항을 기호로 나타내라.
③ E와 F를 최소항의 합으로 나타내라.
④ E와 F를 간소화하여 나타내라.

18 다음 진리표를 참고하여 질문에 답하라.

A B C	F
0 0 0	0
0 0 1	1
0 1 0	0
0 1 1	1
1 0 0	1
1 0 1	0
1 1 0	1
1 1 1	1

① F를 숫자 형태의 최소항으로 표현하라.
② F를 최소항의 합으로 나타내라.
③ F를 간소화하여 나타내라.
④ $\overline{F}$를 숫자 형태의 최소항으로 표현하라.

19 동전 3개는 각각 앞면과 뒷면을 가지고 있다. 동전 3개를 A, B, C라고 하고, 앞면에 대한 논리 변수를 1, 뒷면은 0으로 한다. 동전을 던진 후에 동전 중 단지 하나만 앞면일 때 1이 되는 논리 함수 $F(A, B, C)$를 고려한다.

① 진리표를 구하라.

② 출력 F를 최소항 기호로 나타내라.

③ 출력 F를 최대항 기호로 나타내라.

20 다음 논리식을 불 대수 법칙을 이용해 간소화하라.

① $1 \cdot (A+B+C)$

② $A+B+C+1$

③ $ABC+1$

④ $(\bar{A} \cdot 1)+A$

⑤ $(\bar{A}AB+D)(CE\bar{E}+\bar{D})$

⑥ $(A+0)(C+D\bar{D})$

⑦ $(A+\bar{A})B+(C+\bar{C})B$

⑧ $\bar{\bar{A}}\bar{\bar{A}}$

⑨ $AB\bar{A}+(B\bar{B}C+C)+C(D+1)$

⑩ $(A+B)+(\bar{A}+\bar{B})$

21 불 대수 법칙을 이용해 논리식을 간소화하라.

① $(AB+CD)+(A+C)$

② $A(AB+C)$

③ $\bar{A}B+AB+\bar{A}\bar{B}$

④ $A+A\bar{B}+\bar{A}B$

⑤ $AB+A\bar{B}C$

⑥ $A\bar{B}+ABC$

⑦ $A\bar{B}\bar{C}+A\bar{B}C+AB\bar{C}+ABC$

⑧ $AB+A(B+C)+B(B+C)$

⑨ $(A\bar{B}(C+BD)+\bar{A}\bar{B})C$

⑩ $\overline{AB+AC}+\bar{A}\bar{B}C$

22 다음 불 대수식을 간소화하라.

① $F=XYZ+\bar{X}Y+XY\bar{Z}$

② $F=\bar{X}YZ+XZ$

③ $F=(\overline{X+Y})(\bar{X}+\bar{Y})$

④ $F=XY+X(WZ+W\bar{Z})$

⑤ $F=(X+\bar{Y}+X\bar{Y})(XY+\bar{X}Z+YZ)$

⑥ $F=\bar{A}\bar{C}+ABC+A\bar{C}$

⑦ $F=(\overline{\overline{CD}+A})+A+CD+AB$

23 다음 논리식을 간소화하라.

$$F=\bar{A}B \oplus BC \oplus AB \oplus \bar{B}\bar{C}$$

01 논리식 중 성립되지 않는 것은?

① $A \cdot A = A$ ② $A = \bar{\bar{A}}$

③ $A + \bar{A} = A$ ④ $A \cdot \bar{A} = 0$

02 다음 논리식에서 옳지 않은 것은?

① $A + A = A$ ② $A \cdot A = A$

③ $A + \bar{A} = 1$ ④ $A \cdot \bar{A} = 1$

03 다음 논리식 중 옳은 것은?

① $A + \bar{A} = A$ ② $A + \bar{A} = 0$

③ $A + \bar{A} = 1$ ④ $A + \bar{A} = \bar{A}$

04 불 대수식 중 옳지 않은 것은?

① $A \cdot 1 = A$ ② $A + 1 = 1$

③ $A \cdot \bar{A} = 0$ ④ $A + \bar{A} = 0$

05 다음 논리식 중 틀린 것은?

① $A + 0 = A$ ② $A \cdot 0 = 0$

③ $A \cdot 1 = 1$ ④ $A + 1 = 1$

06 불 대수(Boolean algebra)가 옳지 않은 것은?

① $A + \bar{A}B = A$ ② $A \cdot A = A$

③ $A + A\bar{B} = A$ ④ $A(A + B) = A$

07 불 대수에 관한 정리 중 옳지 않은 것은?

① $A + A = A$ ② $A\bar{A} = 0$

③ $A + AB = A$ ④ $A + \overline{AB} = A + B$

08 다음 중 불 대수 정리로 옳지 않은 것은?

① $B + \bar{B} = 1$

② $AB + A\bar{B} = B$

③ $(A + B)(A + \bar{B}) = A$

④ $A(\bar{A} + B) = AB$

09 불 대수의 법칙에 어긋나는 것은?

① $\bar{A}B + A\bar{B} = A + B$

② $A + AB = A$

③ $A + \bar{A}B = A + B$

④ $(A + B) \cdot (A + C) = A + B \cdot C$

10 불 대수의 정리 중 옳지 않은 것은?

① $A + B = B + A$

② $A + B \cdot C = (A + B)(A + C)$

③ $A + \bar{A} = 1$

④ $A \cdot B = \overline{A + B}$

11 다음 중 불 대수가 옳지 않은 것은?

① $A + \bar{A}B = A + B$ ② $A(\bar{A} + B) = AB$

③ $A + AB = A$ ④ $A + A = 1$

12 다음 불 대수의 정리 중 틀린 것은?

① $x(x + y) = y$

② $\overline{x + y} = \bar{x} \cdot \bar{y}$

③ $x + yz = (x + y)(x + z)$

④ $x + xy = x$

13 불 대수의 정리 중에서 옳지 않은 것은?

① $C + C \cdot B = C$

② $A \cdot (A + B) = A$

③ $A + AB + AD = A$

④ $A \cdot (A + AB) = A + B$

14 불 대수의 정리 중 옳지 않은 것은?

① $\overline{A \cdot B} = \bar{A} + \bar{B}$ ② $A \cdot (A + B) = A$

③ $A + \bar{A}B = A + B$ ④ $A(\bar{A} + AB) = A + B$

15 다음 불 함수 중 그 결과값이 항상 1인 것은?

① $x + x$ ② $x \cdot x$

③ $x + 1$ ④ $x \cdot 0$

16 다음 불 대수의 정리는?

$$(A + B)(A + C) = A + BC$$

① 결합 법칙 ② 분배 법칙

③ 교환 법칙 ④ 흡수 법칙

17 논리식 $A + AB = A$의 불 대수 정리는?

① 결합 법칙 ② 교환 법칙

③ 분배 법칙 ④ 흡수 법칙

18 다음 논리회로 법칙 중 서로 잘못 연결된 것은?

① 교환 법칙 : $A + B = B + A$

② 결합 법칙 : $A \cdot (B + C) = A \cdot B + A \cdot C$

③ 분배 법칙 : $A + (B \cdot C) = (A + B) \cdot (A + C)$

④ 드모르간의 법칙 : $\overline{A \cdot B} = \bar{A} + \bar{B}$

19 2개의 변수 A와 B로 표시된 것 중 옳지 않은 것은?

① 논리합의 부정 : $\overline{A + B}$

② 논리곱의 부정 : $\overline{A \cdot B}$

③ 배타적 논리합 : $\bar{A} \cdot \bar{B} + A \cdot B$

④ 논리합 : $A + B$

20 다음 중 논리식 $\bar{A}+\bar{B}$와 등가인 회로는?

① 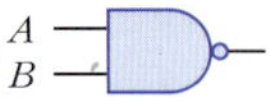
② 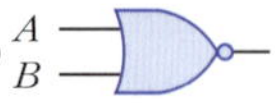
③ 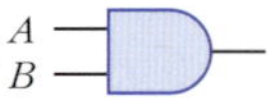
④ 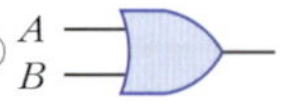

21 드모르간(De Morgan)의 정리를 옳게 나타낸 것은?

① $\overline{A+B}=A+B$　② $\overline{A+B}=A\cdot B$
③ $\overline{A+B}=\bar{A}\cdot\bar{B}$　④ $\overline{A+B}=\bar{A}+\bar{B}$

22 다음의 논리회로도에서 드모르간의 정리를 나타내는 것은 어느 것인가?

① 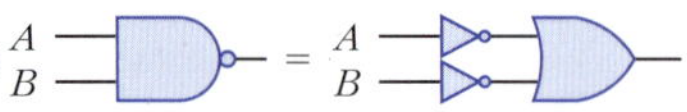
② 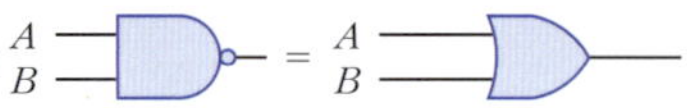
③ 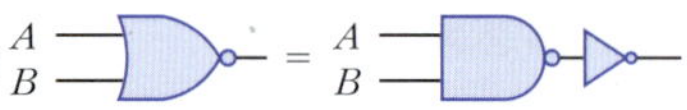
④ 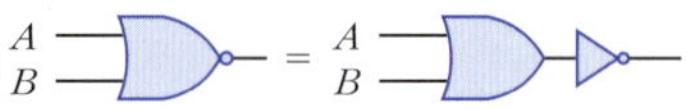

23 다음 논리식은 무슨 법칙을 활용하여 전개한 것인가?

$$F=\bar{C}(\overline{AB})=\bar{C}(\bar{A}+\bar{B})=\overline{C+AB}=\overline{AB+C}$$

① 보수와 병렬의 법칙
② 드모르간(De Morgan)의 법칙
③ 교차와 병렬의 법칙
④ 적(積)과 화(和)의 분배의 법칙

24 다음 식을 쌍대(duality)식으로 표시한 것은?

$$\overline{A+B}=\bar{A}\cdot\bar{B}$$

① $A+B=A\cdot B$
② $A\cdot B=\overline{A+B}$
③ $\bar{A}\cdot\bar{B}=\overline{A+B}$
④ $\overline{A\cdot B}=\bar{A}+\bar{B}$

25 $A+\bar{A}=1$의 쌍대인 것을 표시한 식은?

① $A\cdot\bar{A}=0$　② $A\cdot\bar{A}=1$
③ $A+\bar{A}=A$　④ $A+\bar{A}=0$

26 다음 논리식의 조건이 옳은 것은?

$$A\bar{B}+\bar{C}=1$$

① $A=0,\ B=1,\ C=1$
② $A=1,\ B=1,\ C=1$
③ $A=0,\ B=1,\ C=0$
④ $A=0,\ B=0,\ C=1$

27 논리식 $A+AB$를 간단히 한 결과는?

① $A+B$　② A　③ B　④ 1

28 불 대수식 $A(\bar{A}+B)$를 간단히 하면?

① A　② B　③ AB　④ $A+B$

29 논리식 $\bar{A}+B+\bar{A}+\bar{B}$를 최소화하여 정리하면?

① $\bar{A}$　② $\bar{B}$　③ 1　④ B

30 $X=(A+B)(\overline{A\cdot B})$와 같은 것은?

① $A+\bar{B}$　② $\bar{A}B+A\bar{B}$
③ $A+B$　④ $\bar{A}+B$

31 다음 논리식을 최소화시킬 때 올바른 것은?

$$F=(A+B)(A+\bar{B})$$

① A　② $A+B$
③ $A+\bar{B}$　④ $A\bar{B}$

32 논리식 $Y=\overline{A+A\bar{B}}$를 간략화하면?

① $Y=A\bar{B}$　② $Y=\bar{A}$
③ $Y=1$　④ $Y=AB$

33 다음 논리식 $\overline{AB}+A\bar{B}+AB$를 간단히 표현하면?

① $A+B$　② $\bar{A}+B$
③ $A+\bar{B}$　④ $\bar{A}+\bar{B}$

34 다음 중 결과가 다른 하나는?

① $A(A+B)$　② $A+AB$
③ $1\cdot A$　④ $A+1$

35 논리식 $Y=A+AB+AC$를 간소화하면?

① $Y=A$　② $Y=B$
③ $Y=A+B$　④ $Y=A+C$

36 논리식 $A(A+B+C)$를 간단히 하면 어느 것과 같은가?

① 1　② 0
③ $B+C$　④ A

37 논리식 $\overline{\bar{A}B+A\bar{B}}$와 같은 것은?

① $AB+\bar{A}\bar{B}$　② $\bar{A}B+A\bar{B}$
③ $AB+\overline{AB}$　④ $A\bar{B}+\bar{A}+\bar{B}$

38 다음 논리식을 간단히 하면?

$$\overline{\bar{A}+B}+\overline{\bar{A}+\bar{B}}$$

① $A+B$　② AB
③ A　④ B

39 불 대수식 $\overline{\overline{\bar{A}B}\cdot\overline{A\bar{B}}}$을 간단히 한 결과는?

① $\overline{AB}+AB$　② 1
③ $\bar{A}B+\overline{AB}$　④ $\bar{A}B+A\bar{B}$

40 다음 식을 간소화하면 어떻게 표시되는가?

$$\overline{\overline{(\bar{A}+B)}+\overline{(A+\bar{B})}}+\overline{\overline{(\bar{A}B)}\cdot\overline{(A\bar{B})}}$$

① 1　② 0
③ $A+B$　④ AB

41 다음 논리식을 간소화하면 어떻게 되는가?

$$Y=\bar{A}\bar{B}+A\bar{B}+\bar{A}B+AB$$

① $Y=\bar{A}+\bar{B}$　② $Y=A+\bar{B}$
③ $Y=1$　④ $Y=AB$

42 논리식 중 다른 값을 나타내는 논리식은?

① $XY+X\bar{Y}$　② $(X+Y)(X+\bar{Y})$
③ $X(X+Y)$　④ $X(\bar{X}+Y)$

43 다음 불 대수식과 등가인 것은?

$$A+B\cdot C$$

① $A\cdot B\cdot(A+C)$　② $(A+B)\cdot(A+C)$
③ $(A+B)\cdot A\cdot C$　④ $(A+B)\cdot(\overline{A+C})$

44 다음 논리식과 다른 것은?

$$Z=(\overline{A+\bar{B}\cdot C})$$

① $Z=\bar{A}\cdot B+\overline{A\cdot C}$　② $Z=\bar{A}\cdot(\overline{\bar{B}\cdot C})$
③ $Z=\bar{A}\cdot B+\bar{A}\cdot\bar{C}$　④ $Z=\bar{A}\cdot(B+\bar{C})$

45 불 대수식 $(A+B)(A+C)$와 등가인 것은?

① BC　② ABC
③ $A+B+C$　④ $A+BC$

46 다음 논리식 F를 간소화한 것은?

$$F=\bar{A}(BC+B\bar{C})+A(BC+B\bar{C})$$

① B　② BC
③ AC　④ $A+B\bar{C}$

47 논리식 $\bar{B}(\bar{A}+C)(B+\bar{C})$를 간소화하면?

① ABC　② $\bar{A}\cdot\bar{B}\cdot\bar{C}$
③ $A+B+C$　④ $\bar{A}+\bar{B}+\bar{C}$

48 논리식 $f=xy+wxy$를 간단히 하면?

① xy　② w　③ wxy　④ wx

49 논리식 $A\bar{B}\bar{C}+AB\bar{C}$를 간소화하면?

① $A\bar{C}$　② $\bar{A}C$　③ AC　④ AB

50 다음 불 대수식을 간소화할 때 맞는 것은?

$$RST+RS(\bar{T}+V)$$

① $RS\bar{T}$　② RSV
③ RST　④ RS

51 불 대수식 $A+\bar{B}C+C\bar{D}+\bar{A}$를 간단히 하면?

① 1　② A　③ B　④ C

52 다음 논리 함수식 $A(A+B+C+D)$를 간략화하면?

① 1　② 0　③ A　④ B

53 논리식 $A\bar{B}+A\bar{B}C+A\bar{B}(D+E)$를 간단히 하면?

① $A\bar{B}(D+E)$　② $\bar{A}B(D+E)$
③ $\bar{A}B$　④ $A\bar{B}$

54 다음 논리식을 간단히 하면?

$$Y=\overline{(A+B)\bar{C}\bar{D}+E+\bar{F}}$$

① $Y=(AB+C+D)\overline{EF}$
② $Y=(\bar{A}\bar{B}+C+D)E\bar{F}$
③ $Y=(\bar{A}\bar{B}+C+D)\bar{E}F$
④ $Y=(\bar{A}\bar{B}+\bar{C}+\bar{D})EF$

55 다음과 같이 주어지는 논리식을 불 대수를 적용하여 간소화한 것은?

$$Z=(A+\bar{B}C+D+EF)(A+\bar{B}C+\overline{D+EF})$$

① $Z=D+EF$　② $Z=\bar{B}C+D+EF$
③ $Z=A+\bar{B}C$　④ $Z=A+D$

56 그림과 같은 논리회로의 출력 F를 나타낸 논리식은?

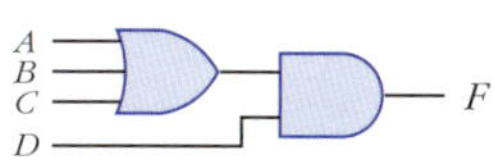

① $(ABC)D$　② $(ABC)+D$
③ $(A+B+C)D$　④ $A+B+C+D$

57 그림과 같은 논리 게이트의 출력은?

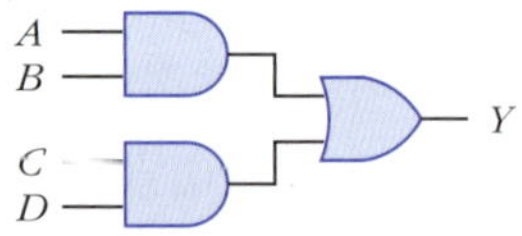

① $A+B+C+D$　　② $(A+B)+CD$
③ $AB+(C+D)$　　④ $AB+CD$

58 그림과 같은 논리회로의 출력 X는?

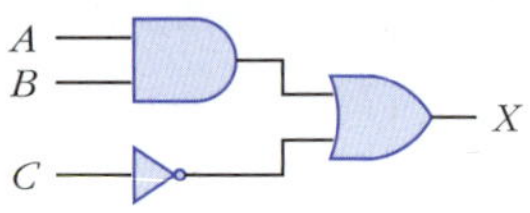

① $(A+B)\bar{C}$　　② ABC
③ $\overline{AB}+C$　　④ $AB+\bar{C}$

59 그림과 같은 논리회로의 출력 X는?

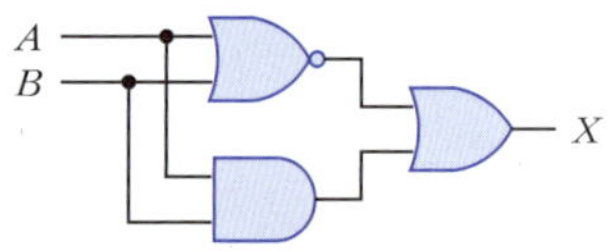

① $X=(\overline{A+B})\cdot(\overline{A\cdot B})$
② $X=(A+B)\cdot(\overline{A\cdot B})$
③ $X=(\overline{A+B})+(A\cdot B)$
④ $X=(A+B)+(A\cdot B)$

60 그림의 회로를 논리식으로 표시한 것 중 옳은 것은?

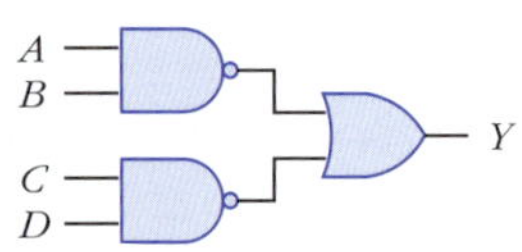

① $Y=\overline{AB}+\overline{CD}$
② $Y=(A+B)(C+D)$
③ $Y=AB+CD$
④ $Y=\overline{A+B}+\overline{C+D}$

61 다음 논리회로의 출력 F는?

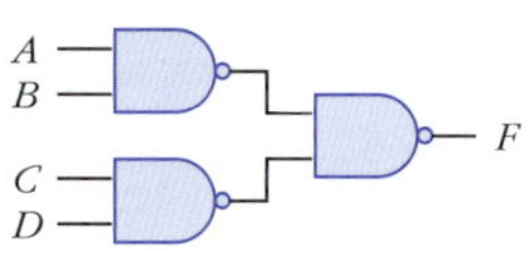

① $\overline{AB+CD}$
② $(\overline{A+B})(C+D)$
③ $(A+B)(C+D)$
④ $AB+CD$

62 그림과 같은 회로에서 출력 Y는?

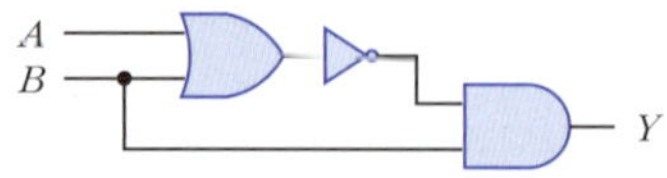

① $Y=A\cdot B+B$　　② $Y=\overline{A\cdot B}+B$
③ $Y=\overline{A+B}+B$　　④ $Y=(\overline{A+B})\cdot B$

63 다음과 같은 논리회로를 논리식으로 표시하면?

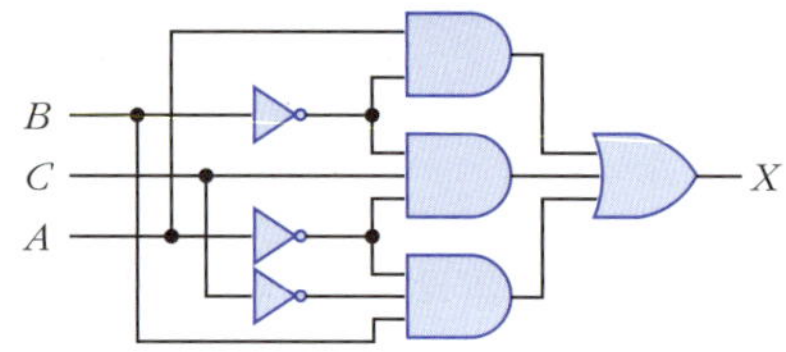

① $X=\bar{A}\bar{B}C+\bar{A}B\bar{C}+A\bar{B}$
② $X=ABC+AB\bar{C}+\bar{A}B$
③ $X=\bar{A}B\bar{C}+\bar{A}\bar{B}\bar{C}+A\bar{B}$
④ $X=\bar{A}\bar{B}C+A\bar{B}C+A\bar{B}$

64 다음 회로의 출력 Y의 논리식은?

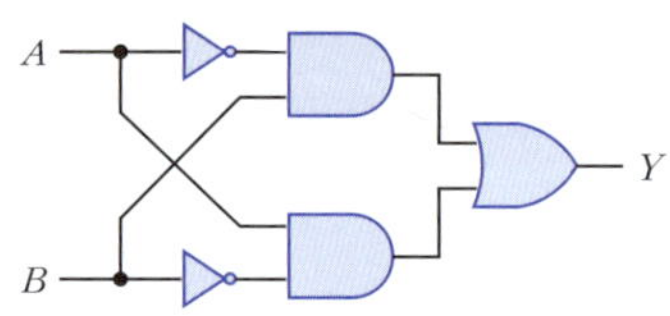

① $Y=AB+\bar{A}\bar{B}$　　② $Y=\bar{A}\bar{B}+A\bar{B}$
③ $Y=A\bar{B}+AB$　　④ $Y=A\bar{B}+\bar{A}B$

65 다음 논리회로의 출력식으로 옳은 것은?

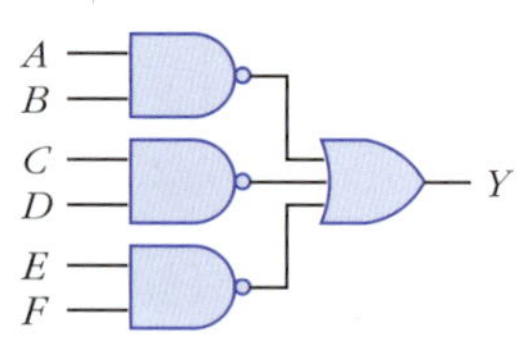

① $Y=\overline{AB}\cdot\overline{CD}\cdot\overline{EF}$
② $Y=\overline{AB+CD+EF}$
③ $Y=AB+CD+EF$
④ $Y=\overline{AB\cdot CD\cdot EF}$

66 그림과 같이 결선된 논리회로의 논리식은?

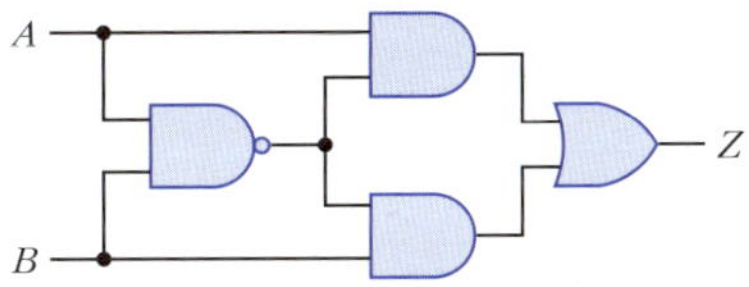

① $Z=(A+B)AB$　　② $Z=(\overline{AB})(A+B)$

③ $Z=(\overline{AB})(\bar{A}+\bar{B})$　　④ $Z=(A+B)(\overline{A+B})$

67 다음과 같은 논리회로의 출력 Y는?

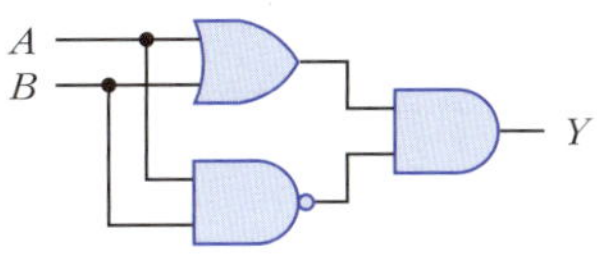

① $AB+\bar{A}B$　　② $(A+\bar{B})\bar{A}\bar{B}$

③ $AB(\bar{A}+\bar{B})$　　④ $(A+B)(\bar{A}+\bar{B})$

68 다음 논리회로를 간단히 하면?

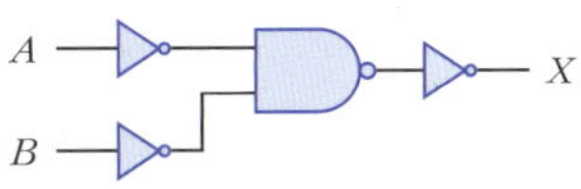

① 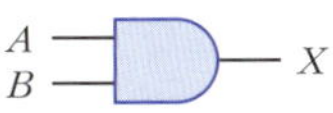

② 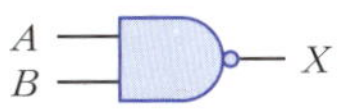

③ 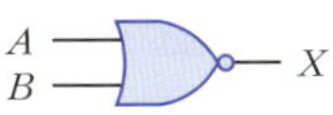

④ 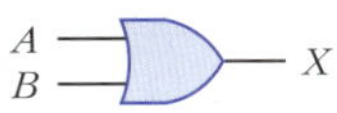

69 다음 논리회로 중 기능이 다른 것은?

① 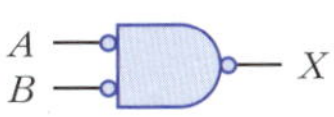

② 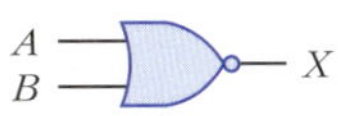

③ 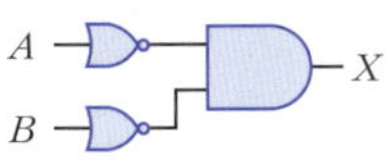

④ 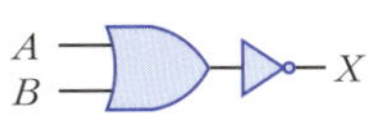

70 다음과 같은 논리회로의 출력은?

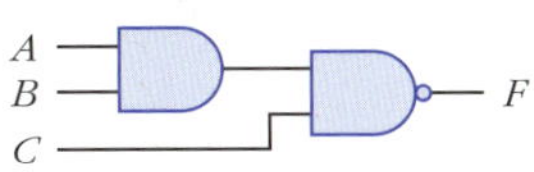

① $A+B\bar{C}$　　② $\overline{AB}+\bar{C}$

③ ABC　　④ $A+B+C$

71 다음 논리회로의 출력식은?

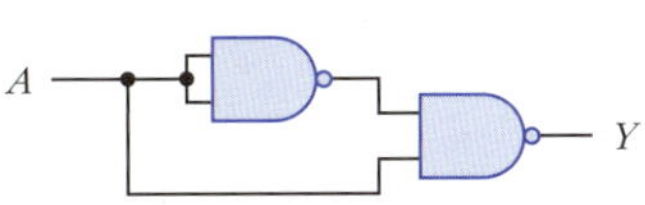

① $Y=A$　　② $Y=\bar{A}$

③ $Y=1$　　④ $Y=0$

72 다음 논리회로의 논리식은?

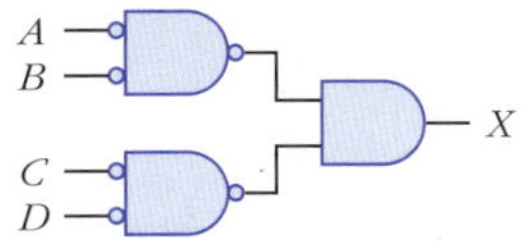

① $A+B+C+D$

② $\overline{AB \cdot CD}$

③ $AB+CD$

④ $(A+B)(C+D)$

73 다음 논리회로의 출력(X)이 옳은 것은?

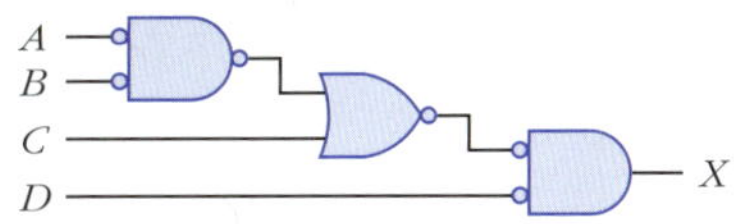

① $(AB+C)\bar{D}$　　② $A+B+C+\bar{D}$

③ $(A+B+C)\bar{D}$　　④ $(AB+CD)$

74 그림은 무슨 게이트를 나타낸 것인가?

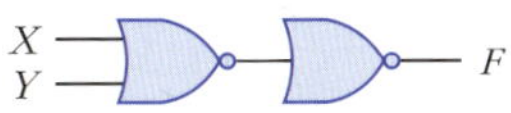

① AND 게이트　　② OR 게이트

③ NOR 게이트　　④ NAND게이트

75 그림과 같이 NAND 게이트가 연결되어 있다. 이 회로와 등가인 게이트는?

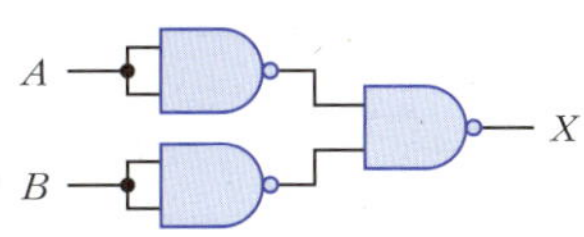

① OR 게이트　　② AND 게이트

③ NOR 게이트　　④ NAND 게이트

76 다음 논리회로의 출력 Y와 같은 게이트는?

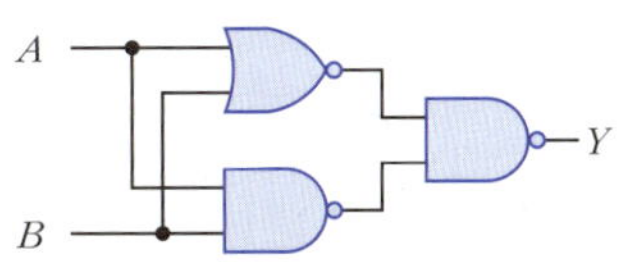

① XNOR 게이트　　② OR 게이트

③ XOR 게이트　　④ NOR 게이트

77 2입력을 갖는 OR 게이트를 NAND 게이트로 구현하려면 최소한 몇 개의 NAND 게이트가 필요한가?

① 1개　② 2개
③ 3개　④ 4개

78 다음 논리회로의 출력 F는?

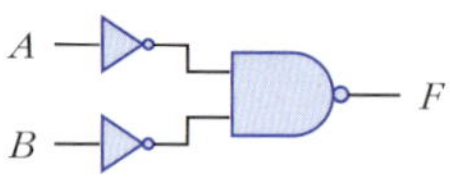

① $A \cdot B$　② $A+B$
③ $\overline{A \cdot B}$　④ $\overline{A+B}$

79 그림은 어떤 논리 연산을 표시하는가?

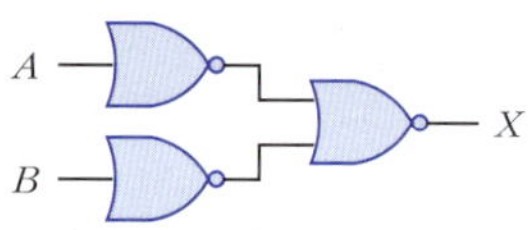

① NOR　② OR
③ NAND　④ AND

80 그림의 논리 다이어그램이 나타내는 논리식은?

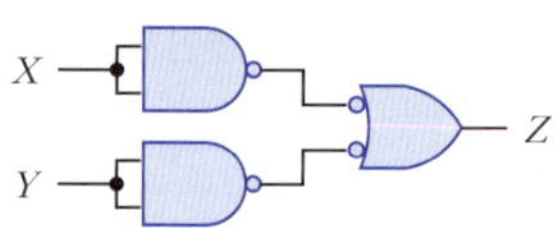

① $Z=X+Y$　② $Z=X \cdot Y$
③ $Z=\bar{X}+\bar{Y}$　④ $Z=\overline{X+Y}$

81 다음 논리회로의 출력 Y가 0이 될 입력의 조합은?

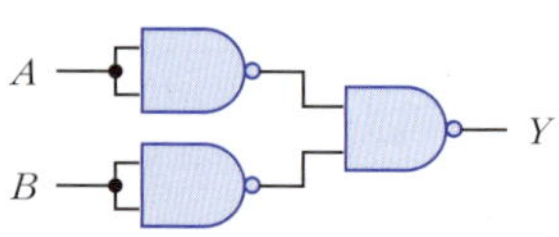

① $A=0,\ B=0$　② $A=0,\ B=1$
③ $A=1,\ B=0$　④ $A=1,\ B=1$

82 그림의 논리회로는 어떤 게이트 함수와 같은가?

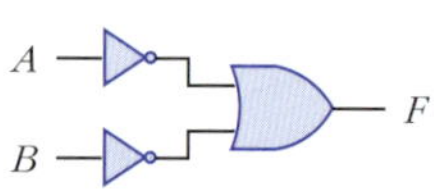

① NOR　② NAND
③ XOR　④ AND

83 다음 논리회로를 간소화하면?

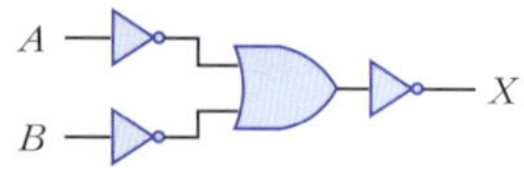

① 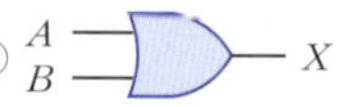　② 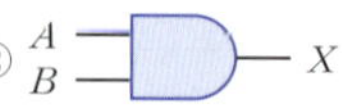
③ 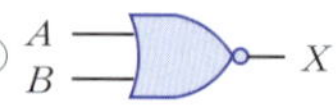　④ 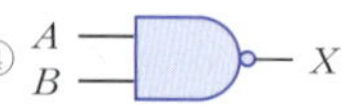

84 그림과 등가인 게이트는?

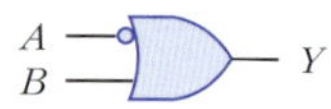

① 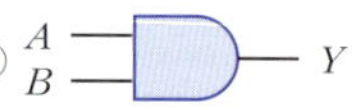　② 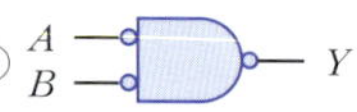
③ 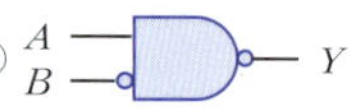　④ 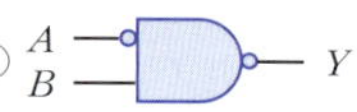

85 그림에서 회로의 등가가 성립되지 않는 것은?

① 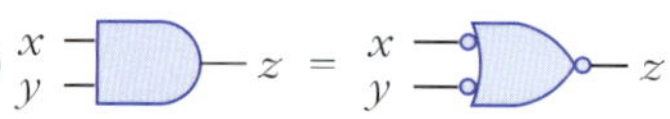

② 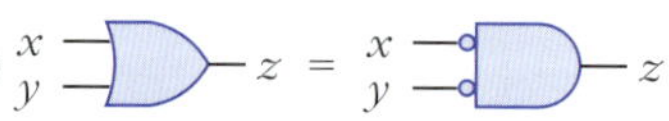

③ 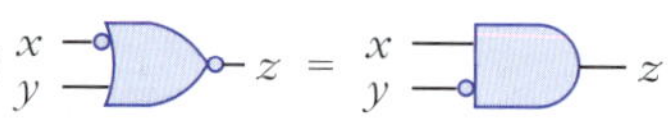

④ 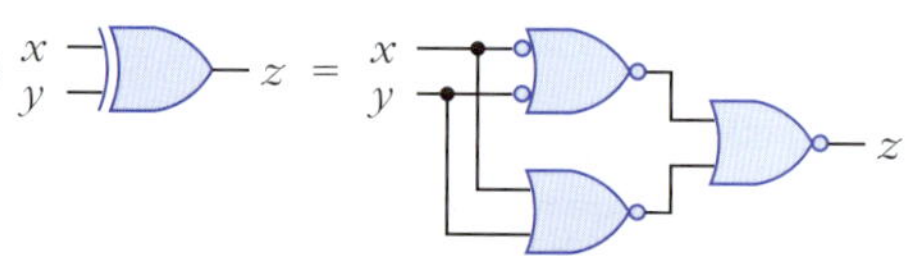

86 다음 논리회로의 출력 F는?

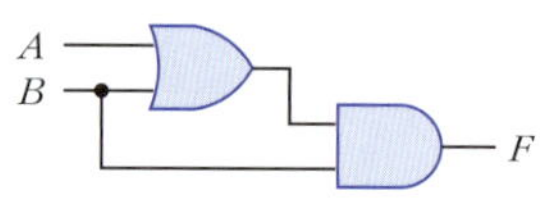

① A　② B
③ $A+B$　④ $A \cdot B$

87 논리회로를 바르게 표시한 논리식은?

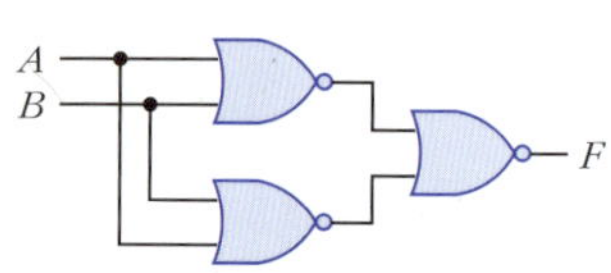

① $F=A \cdot B$　② $F=\bar{A}+\bar{B}$
③ $F=\bar{A} \cdot \bar{B}$　④ $F=A+B$

88 그림과 같은 회로의 논리식은?

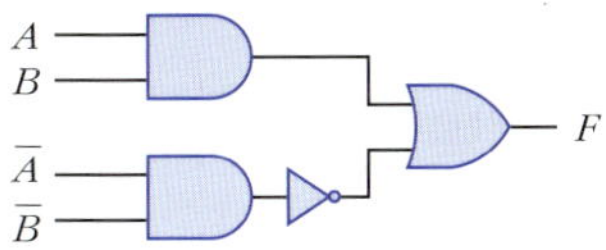

① AB ② $A+B$
③ $\bar{A}+\bar{B}$ ④ $\bar{A}\cdot\bar{B}$

89 다음 회로에서 출력 X에 대한 불 대수식은?

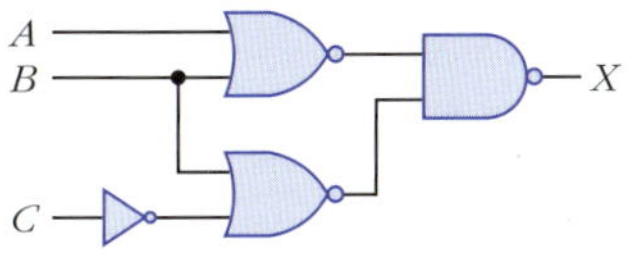

① $X=A+B+C$ ② $X=B+AC$
③ $X=A+BC$ ④ $X=A+B+\bar{C}$

90 다음 논리회로 중 출력 Y가 논리적으로 같지 않은 것은?

①
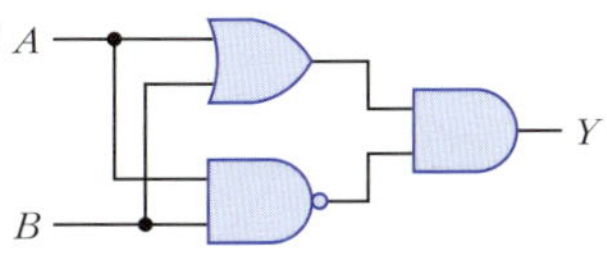

②
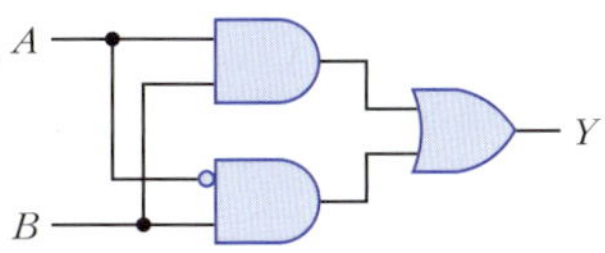

③
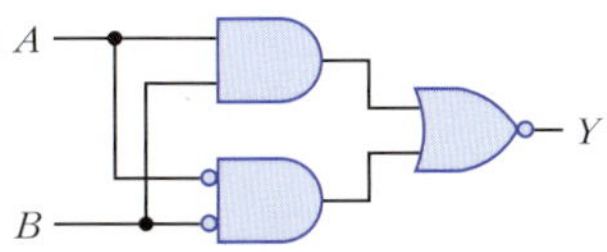

④
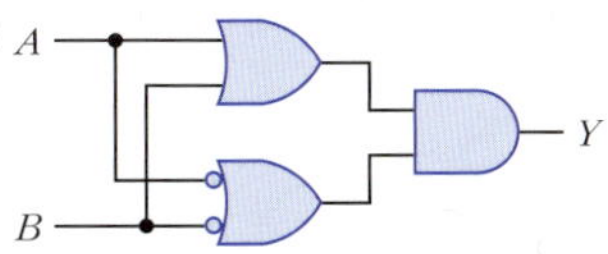

91 그림과 같은 회로의 논리식은 어느 것인가?

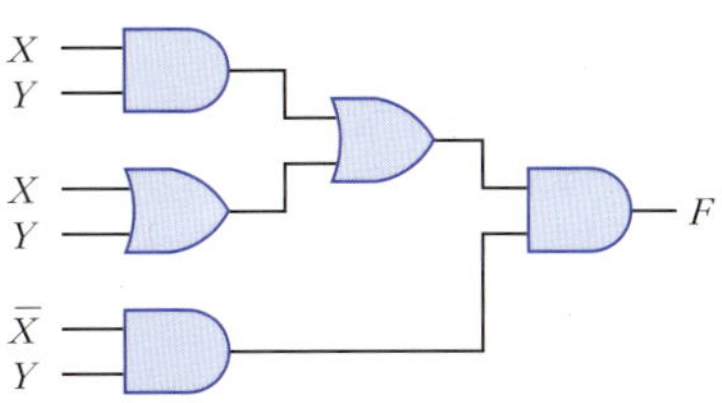

① XY ② $\bar{X}+Y$
③ $\bar{X}Y$ ④ $X+Y$

92 그림과 같은 논리회로의 출력 X는?

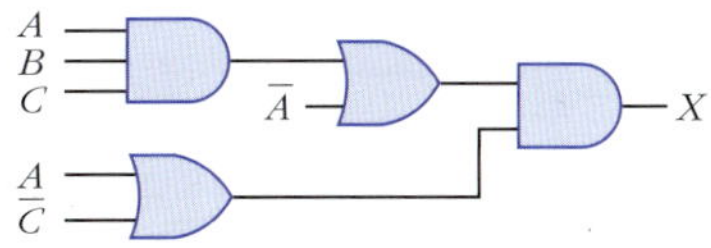

① $B+\bar{C}$ ② ABC
③ $AB+BC$ ④ $ABC+\bar{A}\bar{C}$

93 논리회로의 출력 X는?

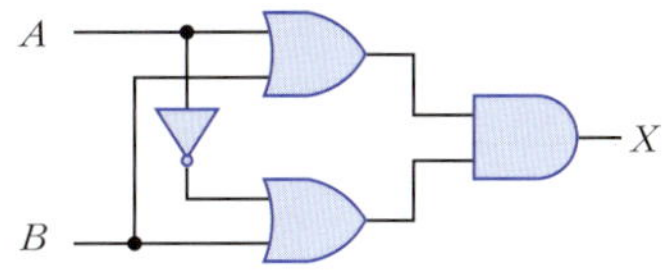

① AB ② A ③ B ④ $\bar{A}B$

94 그림의 연산 결과로 옳은 것은?

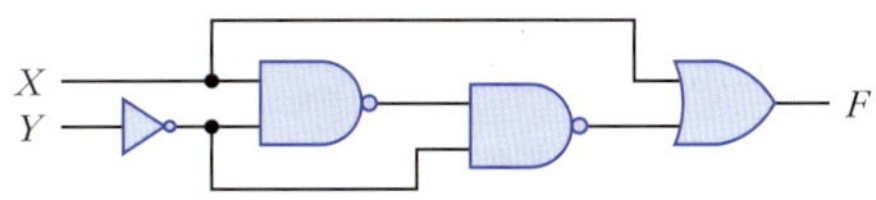

① X ② Y ③ $X+Y$ ④ $X\bar{Y}+X$

95 그림과 같은 논리회로를 간소화한 회로는?

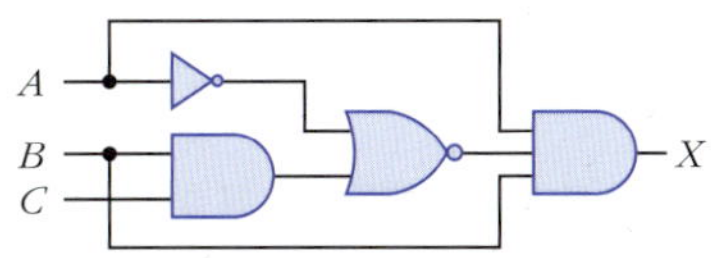

①
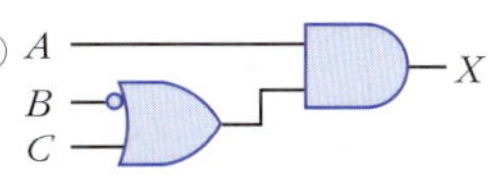

②
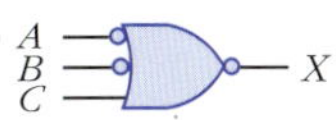

③
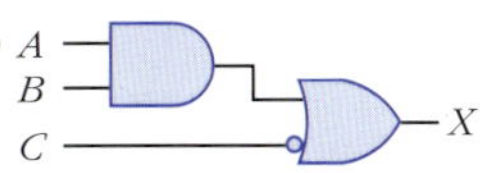

④
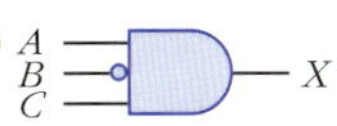

96 다음과 같은 논리회로의 출력(F)은?

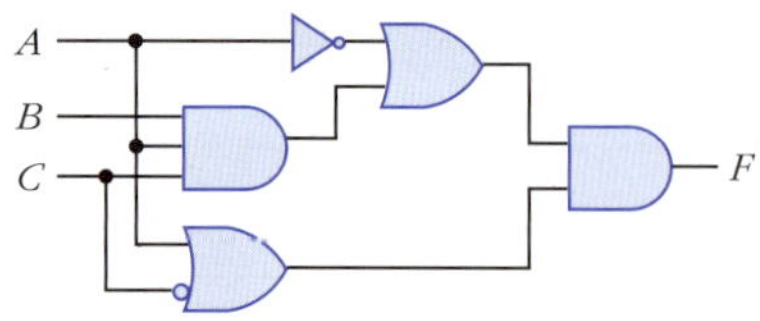

① $ABC+\bar{A}\bar{C}$　　② $AB+\bar{A}\bar{B}\bar{C}$
③ $A+B+C$　　④ ABC

97 그림과 같은 논리회로를 간소화하면?

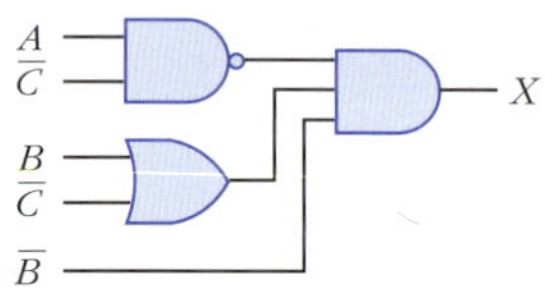

① $X=A+B+C$　　② $X=B+C$
③ $X=\bar{A}\bar{B}\bar{C}$　　④ $X=ABC$

98 다음 논리회로를 간단히 하면?

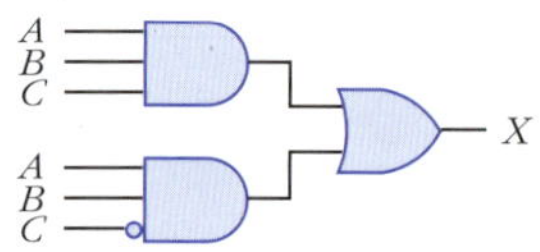

① 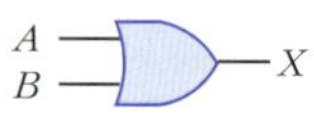

② 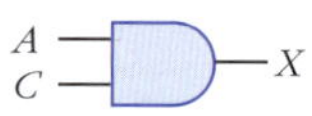

③ 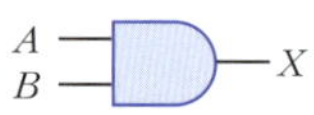

④ 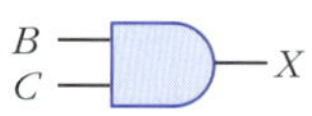

99 그림의 논리회로를 간소화하였을 때 출력 X는?

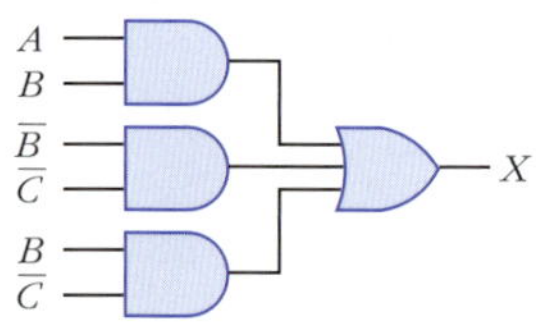

① $X=A\bar{B}+BC$　　② $X=A+B$
③ $X=AB+\bar{C}$　　④ $X=AB$

100 다음 논리회로의 출력은?

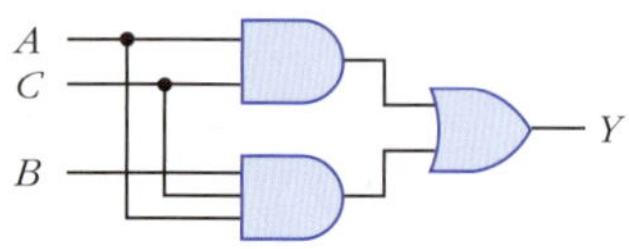

① AB　　② AC
③ ABC　　④ $AB+\bar{A}C$

101 그림의 논리회로에서 출력 X의 논리식은?

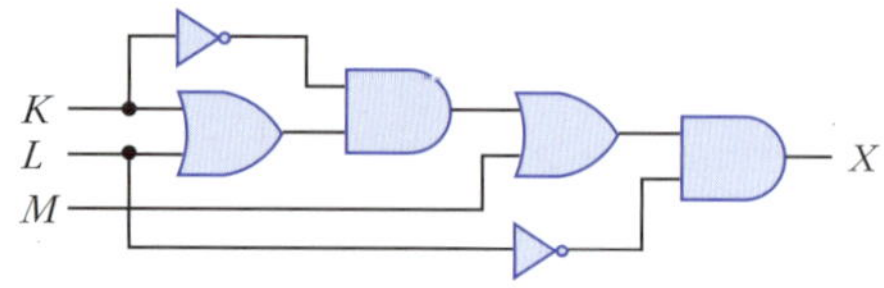

① $X=\bar{L}M$
② $X=LK+\bar{K}M$
③ $X=M+\bar{L}+K$
④ $X=\bar{K}(K+L)+\bar{L}$

102 다음 그림의 논리회로에 대한 논리식은?

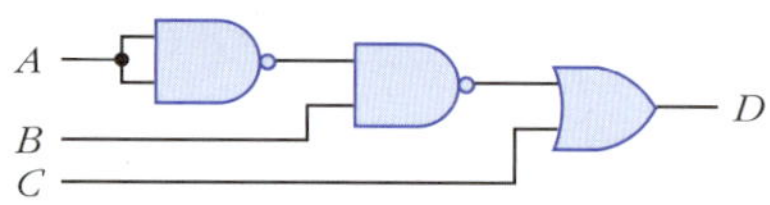

① $D=(\bar{A}+B)C$
② $D=(A+\bar{B})+C$
③ $D=(\bar{A}+\bar{B})+C$
④ $D=(A+B)+\bar{C}$

103 $X=AB+CD$를 논리회로로 표현하면?

① 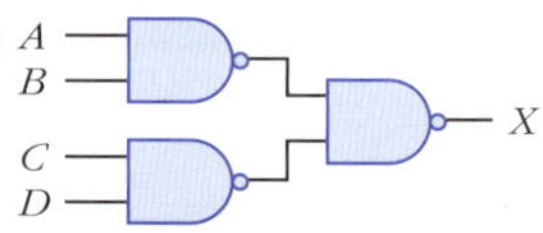

② 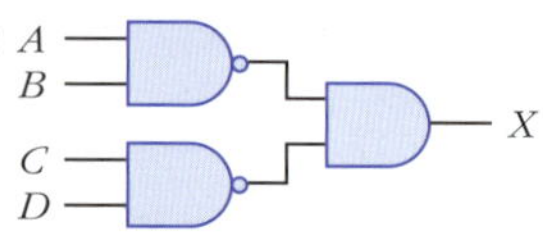

③ 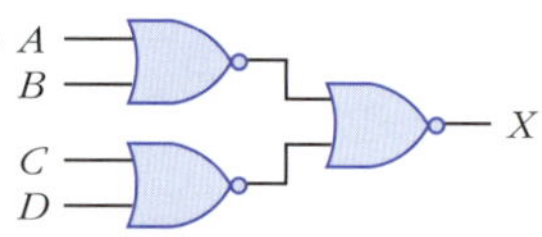

④ 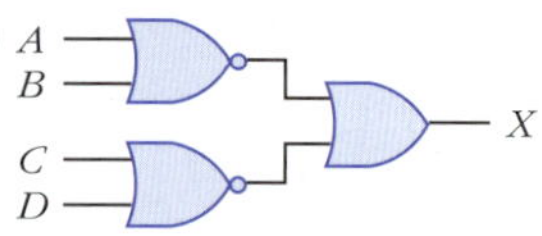

104 $F=\overline{ac}+a\bar{b}$의 회로로 잘못 설계된 것은?

①
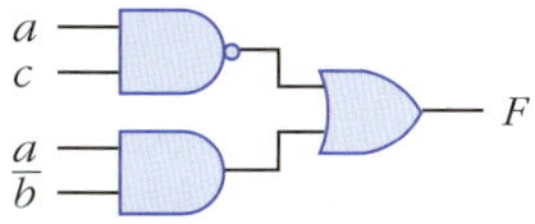

②
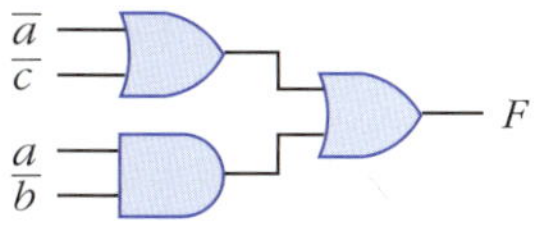

③
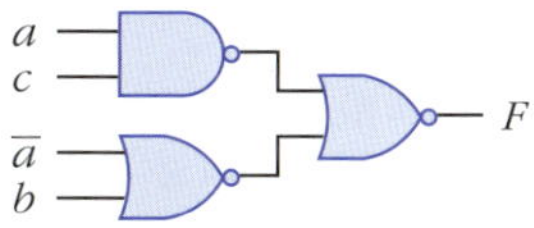

④
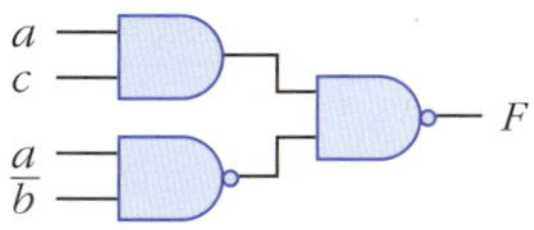

105 다음의 논리식을 회로로 구성하기 위해 필요한 논리 게이트의 종류와 개수를 바르게 나타낸 것은?

$$Y=(\overline{A+B})\cdot(\overline{A\oplus B})+\overline{A\cdot B}$$

① NOR 2개, XOR 1개, AND 2개

② OR 2개, AND 1개, XOR 1개, NAND 1개

③ OR 3개, AND 2개, NOT 2개

④ OR 2개, XOR 1개, NAND 2개

106 다음의 진리표에 해당하는 논리식은?

A	B	C	F
0	0	0	0
0	0	1	0
0	1	0	0
0	1	1	1
1	0	0	0
1	0	1	1
1	1	0	1
1	1	1	1

① $F=ABC+AB\bar{C}+A\bar{B}C+\bar{A}BC$

② $F=ABC+A\bar{B}C+A\bar{B}C+\bar{A}BC$

③ $F=ABC+AB\bar{C}+\bar{A}BC+\bar{A}BC$

④ $F=ABC+AB\bar{C}+A\bar{B}C+A\bar{B}C$

107 다음 진리표를 곱의 합 형식으로 표현한 것은?

A	B	C	F
0	0	0	0
0	0	1	1
0	1	0	0
0	1	1	1
1	0	0	0
1	0	1	1
1	1	0	1
1	1	1	0

① $F(A, B, C)=\Sigma m(1, 2, 5, 6)$

② $F(A, B, C)=\Sigma m(1, 3, 5, 6)$

③ $F(A, B, C)=\Sigma m(1, 4, 5, 6)$

④ $F(A, B, C)=\Sigma m(3, 5, 6, 7)$

108 다음 중 최소항에 대해 바르게 설명한 것은?

① 출력값이 0인 부분

② 출력값이 그 자체인 부분

③ 출력값이 1인 부분

④ 출력값이 OR 형태로 결합된 부분

109 A, B 2개의 변수로 구성된 논리 함수의 최소항에 속하지 않는 것은?

① AB ② $A\bar{B}$

③ $\overline{AB}$ ④ $\bar{A}B$

110 다음 논리회로의 구성은?

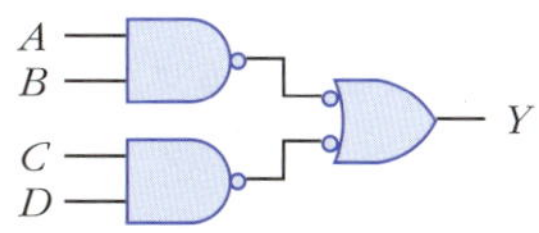

① XOR 회로

② XNOR 회로

③ OR-AND 회로

④ AND-OR 회로

111 다음 논리회로에 대한 진리표는?

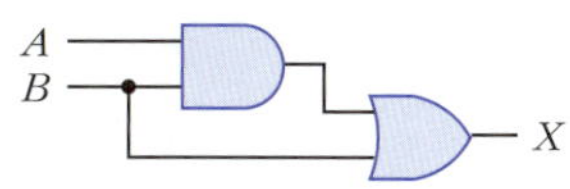

①

A	B	X
0	0	0
0	1	1
1	0	1
1	1	1

②

A	B	X
0	0	0
0	1	1
1	0	0
1	1	1

③

A	B	X
0	0	0
0	1	0
1	0	0
1	1	1

④

A	B	X
0	0	1
0	1	0
1	0	1
1	1	0

112 논리 함수 $f(a, b, c) = a\bar{b} + \bar{a} + b$의 부정을 구한 것은?

① $a\bar{b}$ ② $\bar{a} + b$
③ 0 ④ 1

113 논리 함수 $F = \bar{x}\bar{y}z + \bar{x}y\bar{z}$의 보수는?

① $\bar{F} = x + \bar{y}z + y\bar{z}$
② $\bar{F} = \bar{x}y + x\bar{y} + z$
③ $\bar{F} = xy + \bar{x}\bar{y} + \bar{z}$
④ $\bar{F} = x + yz + \bar{y}\bar{z}$

114 논리식 $Y = \bar{A}B\bar{C} + A\bar{B}C + \bar{A}BC$의 부정식($\bar{Y}$)은?

① $(A + \bar{B} + C)(\bar{A} + B + \bar{C})(A + \bar{B} + \bar{C})$
② $(A + B + C)(\bar{A} + B + C)(A + \bar{B} + \bar{C})$
③ $(A + \bar{B} + C)(\bar{A} + \bar{B} + C)(A + \bar{B} + \bar{C})$
④ $(A + \bar{B} + C)(\bar{A} + \bar{B} + C)(\bar{A} + B + \bar{C})$

115 논리 함수 $F = (\bar{A} + \bar{B} + \bar{C})(\bar{A} + B + \bar{C})$의 보수를 구한 결과식으로 옳은 것은?

① $\bar{F} = AC$ ② $\bar{F} = A + C$
③ $\bar{F} = AB + \bar{B}C$ ④ $\bar{F} = ABC + AB\bar{C}$

116 불 함수 $F = A + \bar{B}C$를 최소항의 합으로 바르게 표시한 것은?

① $F(A, B, C) = \Sigma m(1, 4, 5, 6, 7)$
② $F(A, B, C) = \Sigma m(1, 2, 3, 6, 7)$
③ $F(A, B, C) = \Sigma m(1, 3, 5, 6, 7)$
④ $F(A, B, C) = \Sigma m(1, 2, 4, 6, 7)$

117 다음 논리식을 최대항으로 나타낸 것은?

$$F = A + BC$$

① $F = (A + B + C)(\bar{A} + B + C)(A + B + \bar{C})$
② $F = (A + B + C)(A + \bar{B} + C)(A + B + \bar{C})$
③ $F = (A + B + C)(A + B + \bar{C})(A + \bar{B} + C)$
$(\bar{A} + B + \bar{C})$
④ $F = (A + B + C)(A + B + \bar{C})(A + \bar{B} + \bar{C})$
$(\bar{A} + B + \bar{C})$

118 $F(X, Y, Z) = \Sigma m(0, 2, 3, 4, 7)$인 논리식이 있다. 이것을 $F(X, Y, Z) = \Pi M(\,)$의 형식으로 표현하면?

① $\Pi M(1, 3, 6)$ ② $\Pi M(1, 5, 6)$
③ $\Pi M(1, 6)$ ④ $\Pi M(5, 6)$

119 $F(A, B, C) = \Sigma m(1, 2, 3, 5)$일 때 F를 바르게 나타낸 것은?

ⓐ $\Sigma m(1, 4, 6, 7)$	ⓑ $\Sigma m(1, 2, 3, 5)$
ⓒ $\Pi M(1, 2, 3, 5)$	ⓓ $\Pi M(0, 4, 6, 7)$

① ⓐ, ⓒ ② ⓐ, ⓓ
③ ⓑ, ⓒ ④ ⓑ, ⓓ

120 $F(A, B, C) = \Sigma m(1, 2, 3, 5)$일 때 $\bar{F}$를 바르게 나타낸 것은?

ⓐ $\Sigma m(0, 4, 6, 7)$	ⓑ $\Sigma m(1, 2, 3, 5)$
ⓒ $\Pi M(1, 2, 3, 5)$	ⓓ $\Pi M(0, 4, 6, 7)$

① ⓐ, ⓒ ② ⓐ, ⓓ
③ ⓑ, ⓒ ④ ⓑ, ⓓ

1 ③	2 ④	3 ③	4 ④	5 ③	6 ①	7 ④	8 ②	9 ①	10 ④	11 ④	12 ①
13 ④	14 ④	15 ③	16 ②	17 ④	18 ②	19 ③	20 ①	21 ③	22 ①	23 ②	24 ④
25 ①	26 ③	27 ②	28 ③	29 ③	30 ②	31 ①	32 ②	33 ③	34 ④	35 ①	36 ④
37 ①	38 ③	39 ④	40 ①	41 ③	42 ④	43 ②	44 ①	45 ④	46 ①	47 ②	48 ①
49 ①	50 ④	51 ①	52 ③	53 ④	54 ③	55 ③	56 ③	57 ④	58 ④	59 ③	60 ①
61 ④	62 ④	63 ①	64 ④	65 ④	66 ②	67 ④	68 ③	69 ①	70 ②	71 ③	72 ④
73 ③	74 ②	75 ①	76 ②	77 ③	78 ②	79 ④	80 ①	81 ①	82 ②	83 ②	84 ③
85 ②	86 ②	87 ④	88 ②	89 ④	90 ②	91 ③	92 ④	93 ③	94 ③	95 ②	96 ①
97 ③	98 ③	99 ③	100 ②	101 ①	102 ②	103 ①	104 ③	105 ④	106 ①	107 ②	108 ③
109 ③	110 ④	111 ②	112 ③	113 ④	114 ①	115 ①	116 ①	117 ②	118 ②	119 ④	120 ①

Chapter

06

논리식의 간소화

학습목표

- 카르노 맵을 이용해 논리식을 간소화할 수 있다.
- 모든 게이트들을 NAND와 NOR 게이트로 나타내는 방법을 이해하고 이를 응용할 수 있다.
- XOR 게이트와 XNOR 게이트의 특징을 이해하고 이를 활용할 수 있다.

6.1 2변수 카르노 맵

5장에서는 불 대수의 법칙을 이용해 논리식을 간소화하는 과정을 살펴보았다. 불 대수를 이용해 간소화하는 방법은 복잡하고 실수할 확률도 높으며, 간소화되었는지 검증하기도 어렵다. 그래서 빠른 간소화 방법인 카르노 맵Karnaugh map과 퀸-맥클러스키Quine-McCluskey 방법을 주로 사용한다.

카르노 맵은 1953년 모리스 카르노Maurice Karnaugh가 소개하였다. 카르노 맵은 함수에서 사용할 최소항들을 각 칸 안에 넣어서 표로 만들어 놓은 것이다. 2변수일 때는 4(=2^2)개, 3변수일 때는 8(=2^3)개, 4변수일 때는 16(=2^4)개의 칸이 필요하다. 퀸-맥클러스키 간소화 방법은 퀸Willard Van Orman Quine과 맥클러스키Edward J. McCluskey가 1956년에 개발했으며, 많은 변수에 대해서도 쉽게 간소화할 수 있다. 이 책에서는 카르노 맵에 대해서만 설명한다.

2변수 카르노 맵은 [그림 6-1(a), (b), (c)]와 같이 3가지 형태로 나타낼 수 있으며, 이 중에서 선호하는 방법을 사용하면 된다. [그림 6-1(d)]와 같이 행과 열을 서로 바꾸어도 상관없다.

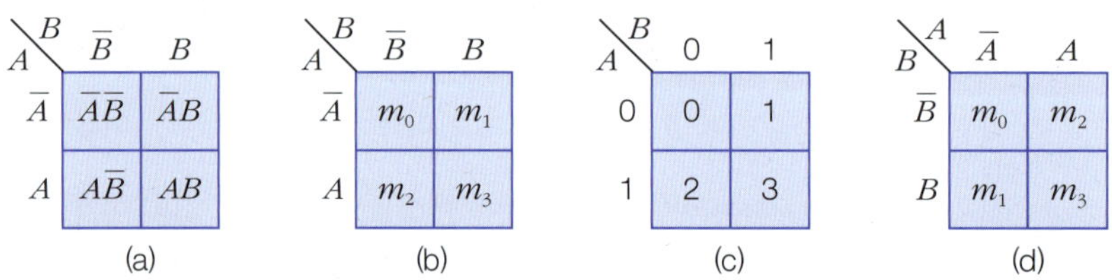

그림 6-1 2변수 카르노 맵 표현 방법

카르노 맵을 사용하는 방법에 대해서 알아보자. 함수의 출력이 1이 되는 최소항의 카르노 맵에 1을 넣는다. 나머지 빈 곳은 0으로 채우거나 비워도 된다. **무관**don't care**항**인 경우에는 ×나 d로 표시한다. 무관항이란 입력값이 0이어도 되고 1이어도 되는, 즉 입력이 출력에 영향을 미치지 않는 최소항을 말한다. 예를 들면, 다음과 같이 최소항식을 카르노 맵으로 그릴 수 있다.

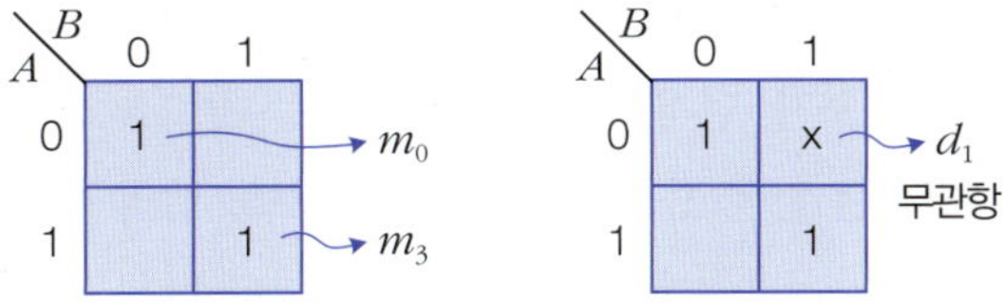

(a) $F(A, B) = \Sigma m(0, 3)$　　(b) $F(A, B) = \Sigma m(0, 3) + \Sigma d(1)$

그림 6-2 카르노 맵에서 일반항과 무관항 표현

카르노 맵을 묶을 때의 규칙은 다음과 같다.

- 출력이 같은 항을 1, 2, 4, 8, 16개로 그룹을 지어 묶는다.
- 바로 이웃한 항들끼리 묶는다.
- 반드시 직사각형이나 정사각형의 형태로 묶어야 한다.
- 최대한 크게 묶는다.
- 중복하여 묶어서 간소화된다면 중복하여 묶는다.
- 무관항의 경우 간소화될 수 있으면 묶어 주고, 그렇지 않으면 묶지 않는다.

논리식 $F = \bar{A}\bar{B} + \bar{A}B$를 카르노 맵을 이용해 간소화해보자. [그림 6-3]과 같이 카르노 맵을 그리고 규칙에 따라 묶는다.

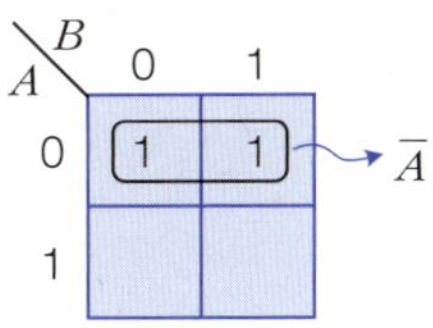

그림 6-3 $F=\bar{A}\bar{B}+\bar{A}B$**의 카르노 맵**

[그림 6-3]처럼 묶었을 때 변수 A, B에 대해서 서로 다른 값을 나타내는 변수는 제거한다. 위의 그림에서 A는 0, B는 0과 1이 묶여 있다. 따라서 A는 남기고 B는 값이 서로 다르므로 제거하면 다음 논리식이 만들어진다.

$$F(A, B) = \bar{A}$$

이 원리는 5장의 불 대수 법칙을 사용하는 것과 같다. 즉 서로 이웃한 항끼리 묶으면 $\bar{A} + A = 1$이 되므로 제거될 수 있기 때문이다. 다음 불 대수 법칙을 이용한 간소화 과정을 보면 이해하기 쉽다.

$$F(A, B) = \bar{A}\bar{B} + \bar{A}B = \bar{A}(\bar{B} + B) = \bar{A} \cdot 1 = \bar{A}$$

2변수일 때는 경우의 수가 많지 않기 때문에 다양한 형태의 카르노 맵이 나타나지 않는다. 진리표를 작성하고 이 진리표로부터 카르노 맵을 작성해보자. 먼저 입력에 대해 원하는 출력을 진리표로 만든다. 카르노 맵을 그려서 출력 1에 해당하는 칸에 '1'을 입력한 다음 카르노 맵의 묶음 규칙에 따라 묶는다. 여러 묶음이 나타날 때 개별적인 묶음은 논리식에서 OR로 나타낸다.

입력		출력
A	*B*	*F*
0	0	1
0	1	1
1	0	1
1	1	0

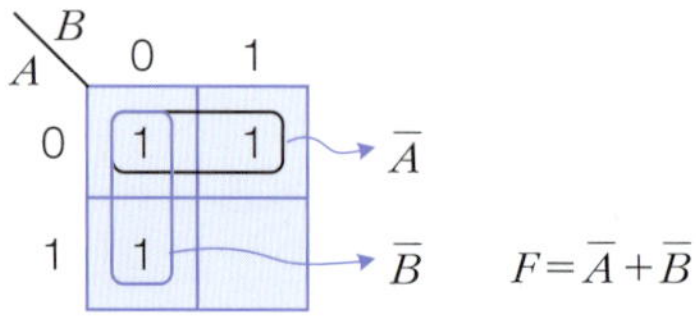

그림 6-4 $F=\bar{A}+\bar{B}$**의 진리표와 카르노 맵**

[그림 6-4]처럼 $\bar{A}\bar{B}$가 중복되어 묶이는 부분이 생긴다. 중복되더라도 논리식만 간단하게 된다면 그렇게 해야 한다. 불 대수식을 이용해 간소화한 식과 동일한지 확인해보자. 이 불 대수식에서도 $\bar{A}\bar{B}$가 중복되어 간소화됨을 알 수 있다.

$$
\begin{aligned}
F &= \Sigma m(0,\ 1,\ 2) = \bar{A}\bar{B} + \bar{A}B + A\bar{B} \\
&= \bar{A}\bar{B} + \bar{A}B + \bar{A}\bar{B} + A\bar{B} \\
&= \bar{A}(\bar{B} + B) + \bar{B}(\bar{A} + A) \\
&= \bar{A} \cdot 1 + \bar{B} \cdot 1 \\
&= \bar{A} + \bar{B}
\end{aligned}
$$

카르노 맵을 이용하면 불 대수의 법칙을 이용해 간소화하는 것보다 더 쉽게 간소화할 수 있을 뿐만 아니라 실수도 줄일 수 있다.

예제 6-1

다음 논리식을 카르노 맵을 이용해 간소화하라. 단, d는 무관항이다.

$$F(A,\ B) = \Sigma m(0,\ 3) + \Sigma d(2)$$

풀이

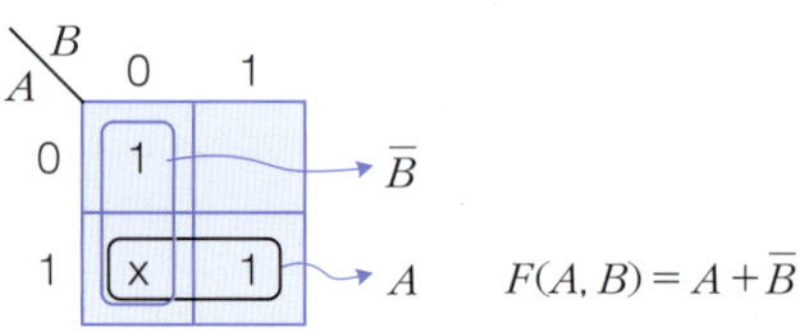

6.2 3변수 카르노 맵

3변수 카르노 맵은 [그림 6-5]와 같이 여러 가지 형태로 나타낼 수 있다. 여기서 순서를 정확히 해야 한다. 한 변에 2개의 변수 A, B를 같이 사용할 때 반드시 00, 01, 11, 10($\bar{A}\bar{B}$, $\bar{A}B$, AB, $A\bar{B}$) 순서로 적어야 한다. 그 이유는 뒤에서 간소화하는 방법을 보면 이해하겠지만 바로 이웃하는 항들의 차이가 한 비트만 되도록 하기 위한 것이다.

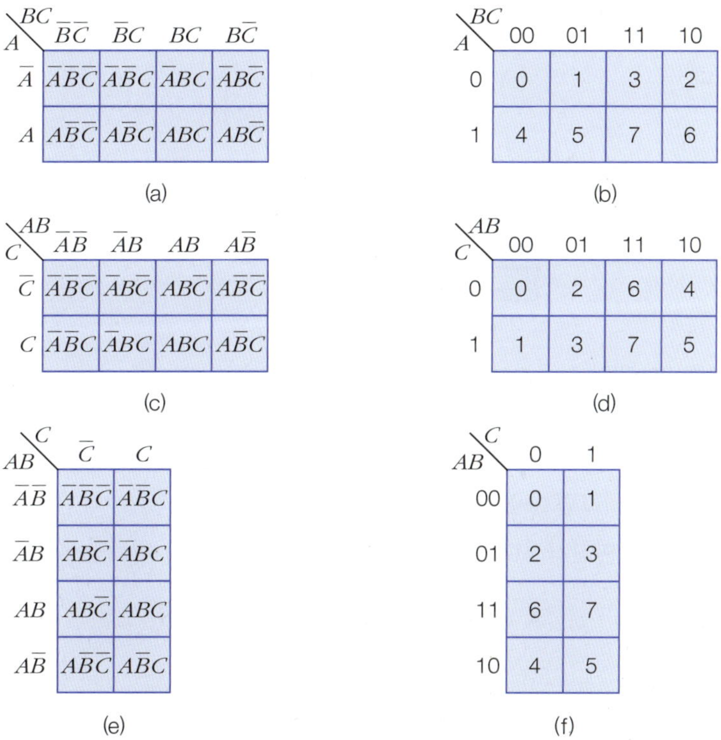

그림 6-5 3변수 카르노 맵 표현 방법

[그림 6-5(e), (f)]와 같이 행과 열을 바꾸어도 상관없다. 설계자가 선호하는 방법을 선택하면 된다. 3변수 카르노 맵을 간소화하는 방법을 살펴보자.

[그림 6-6]의 왼쪽 위의 묶음에서 $A=0$, $B=0$, $C=0$과 $C=1$이므로 A와 B는 남고, C는 제거되어 $\overline{A}\overline{B}$가 된다. 오른쪽 아래 묶음도 $A=1$, $B=1$, $C=1$과 $C=0$이므로 A와 B는 남고, AB가 된다. 그 결과 이들 묶음을 OR로 연결하여 나타내면 $F=\ \overline{A}\overline{B}+AB$가 된다.

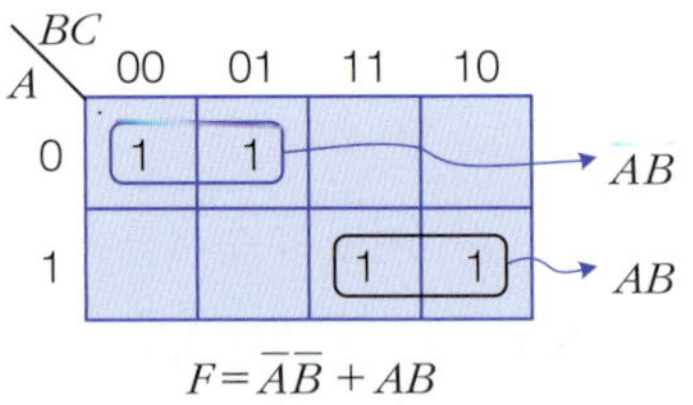

그림 6-6 $F(A, B, C)=\Sigma m(0, 1, 6, 7)$**의 카르노 맵**

[그림 6-7(a)]의 카르노 맵에서는 왼쪽 끝과 오른쪽 끝이 1이다. 이 경우 BC는 00, 10이므로 역시 한 비트만큼 차이가 난다. 즉 [그림 6-7(b)]와 같이 양쪽 끝에 있는 값들은 서로 연결되어 있으므로 묶을 수 있다.

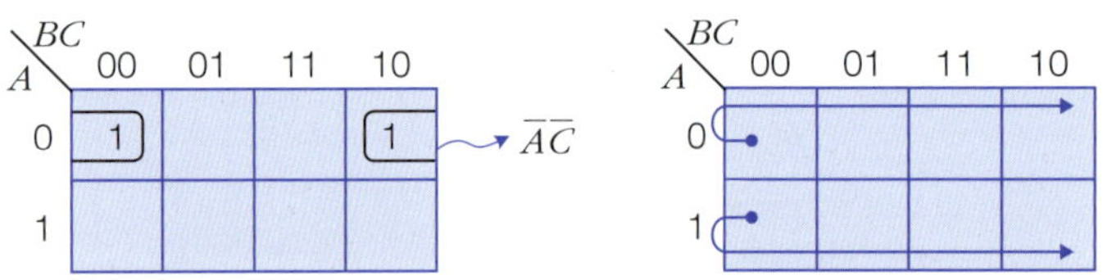

(a) $F=\overline{A}\overline{C}$ (b) 양쪽 끝의 연결

그림 6-7 3변수 카르노 맵에서 양쪽 끝의 묶음

그러므로 $A=0$, $B=0$과 $B=1$, $C=0$이므로 A, C는 남고, B는 제거되어 최종 논리식은 $F=\overline{A}\overline{C}$가 된다. 위의 카르노 맵을 [그림 6-8]과 같이 다시 그릴 수도 있다. 즉 BC의 순서를 01, 11, 10, 00으로 해도 결과는 마찬가지다. 다만 서로 이웃한 항끼리는 한 비트만 차이가 나야 한다.

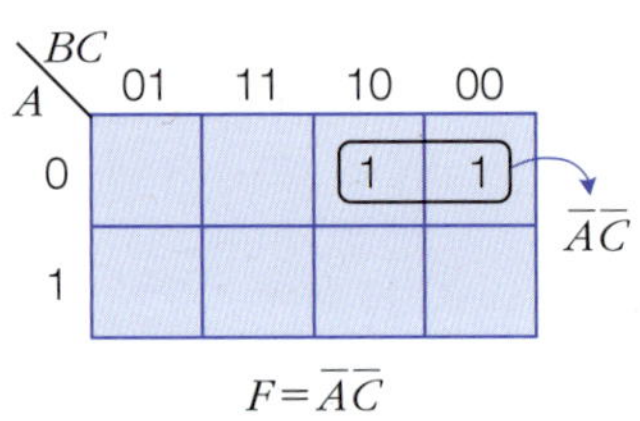

그림 6-8 BC**의 순서를 01, 11, 10, 00으로 바꾸어 놓은 카르노 맵**

[그림 6-9]를 통해 4개를 한 그룹으로 묶는 예를 알아보자. [그림 6-9(a)]의 카르노 맵에서 A는 0과 1, B도 0과 1, $C=1$이므로 A와 B는 제거되고 C만 남게 되어 결과식은 $F=C$이다.

[그림 6-9(b)]의 카르노 맵에서도 B, C가 0과 1, $A=0$이므로 $F=\bar{A}$다. [그림 6-9(c)]의 카르노 맵과 같이 왼쪽 끝에 있는 2개와 오른쪽 끝에 있는 2개를 묶으면 A는 0과 1, B도 0과 1, $C=0$이 되므로 A와 B는 제거되고 C만 남아 $F=\bar{C}$가 된다.

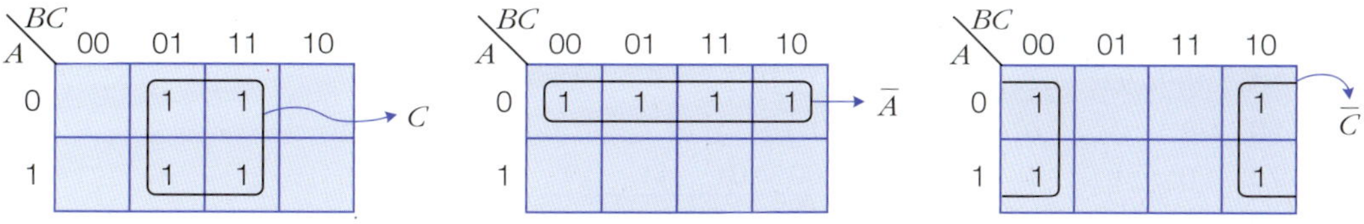

(a) $F=C$ (b) $F=\bar{A}$ (c) $F=\bar{C}$

그림 6-9 4개 항을 묶은 예

[그림 6-10]의 카르노 맵에서 위쪽 실선 묶음은 $A=0$, B는 0과 1, $C=1$이므로 $\bar{A}C$이고 아래쪽 실선 묶음은 $A=1$, $B=1$, C는 1과 0이므로 AB 되어 결과 논리식은 $F=\bar{A}C+AB$가 된다. 이때 세로의 점선 묶음도 가능하지만 실제로 모든 값이 이미 다른 묶음에 포함되어 있기 때문에 더 이상 묶을 필요가 없다.

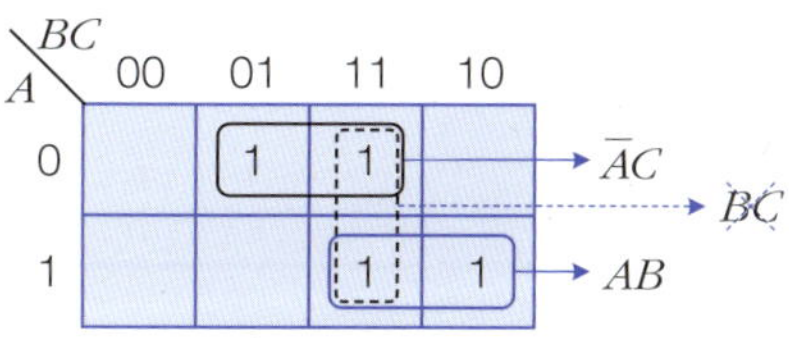

$F=\bar{A}C+AB$

그림 6-10 다른 묶음에 모두 포함되어 중복하여 묶지 않는 경우

[그림 6-11(a)]의 카르노 맵은 4개 묶음이 2개 만들어진다. 가로로 4개의 묶음은 $A=0$이고, B와 C는 0과 1 모두 포함되므로 제거되어 $\bar{A}$가 되며, 왼쪽 끝에 있는 2개와 오른쪽 끝에 있는 2개를 같이 묶어 전체 4개로 묶으면 $\bar{C}$가 된다. 그러므로 최종 논리식은 $F=\bar{A}+\bar{C}$이다. 이 경우에는 중복하는 것이 더 간단하게 표현된다. 가능하면 크게 묶는 것이 간소화할 수 있는 방법이다. 그러나 [그림 6-11(b)]와 같이 묶으면 논리식은 $F=\bar{C}+\bar{A}C$가 되므로 간소화된 논리식이 아니다.

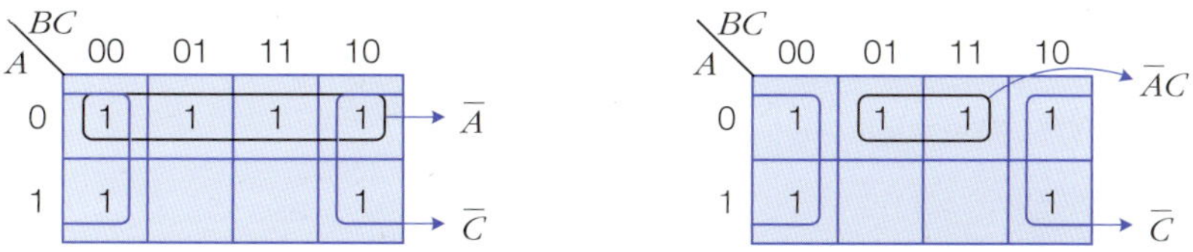

(a) $F=\bar{A}+\bar{C}$ (b) $F=\bar{C}+\bar{A}C$

그림 6-11 가능한 크게 묶었을 경우 더 간단하게 표현되는 예와 그렇지 않은 예

다음 진리표를 카르노 맵을 이용해 간소화해보자. 이 예에서는 $ABC = 111$ 항을 3번 중복하여 묶었음을 알 수 있다.

TIP

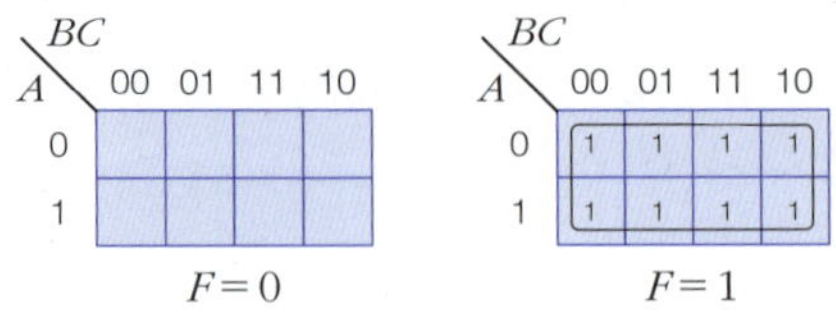

입력			출력
A	B	C	F
0	0	0	0
0	0	1	0
0	1	0	0
0	1	1	1
1	0	0	0
1	0	1	1
1	1	0	1
1	1	1	1

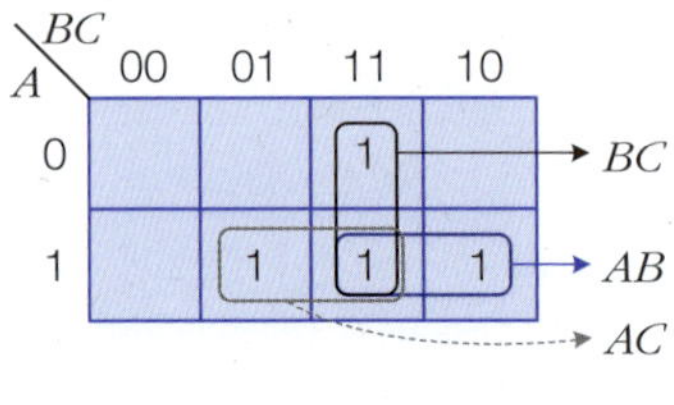

$F = \Sigma m(3, 5, 6, 7) = AB + AC + BC$

그림 6-12 여러 번 중복하여 묶는 경우

3변수 카르노 맵에서 묶을 것이 하나도 없으면(모두 0) 논리식은 $F = 0$이고, 8개 모두를 묶을 수 있으면(모두 1) $F = 1$이다.

예제 6-2

다음 3변수 카르노 맵에서 간소화된 논리식 F를 구하라.

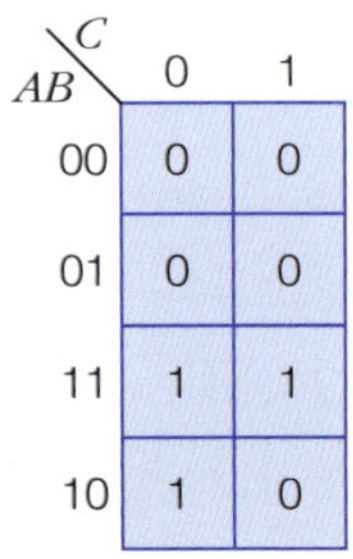

풀이

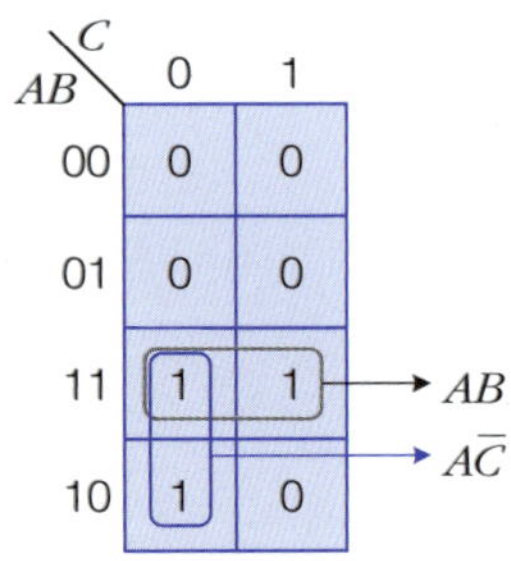

$F = AB + A\overline{C}$

6.3 4변수 카르노 맵

4변수 카르노 맵은 가로와 세로에 각각 2개 변수에 해당하는 값을 [그림 6-13]과 같은 순서로 기입한다. 가로와 세로를 바꾸어 그려도 상관없다.

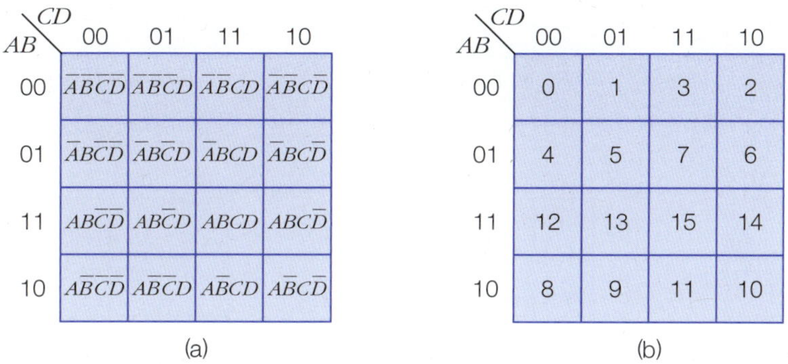

그림 6-13 4변수 카르노 맵의 표현 방법

4변수 카르노 맵도 상하, 좌우 끝이 연결되어 있다. 즉 끝 쪽에 있는 값들도 결국은 한 비트 차이를 보이므로 그룹으로 묶을 수 있다.

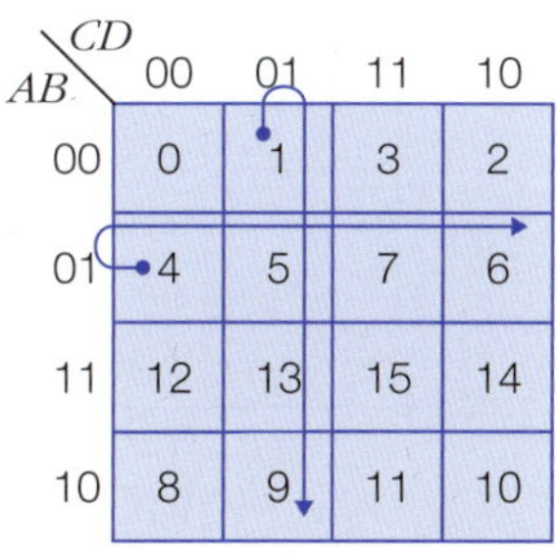

그림 6-14 4변수 카르노 맵의 상하, 좌우 끝 쪽의 연결

4변수 카르노 맵의 간소화 과정은 2, 3변수 카르노 맵을 간소화하는 과정과 동일하다. 8개나 16개도 묶을 수 있으며, 16개를 모두 묶으면 $F=1$이다.

TIP

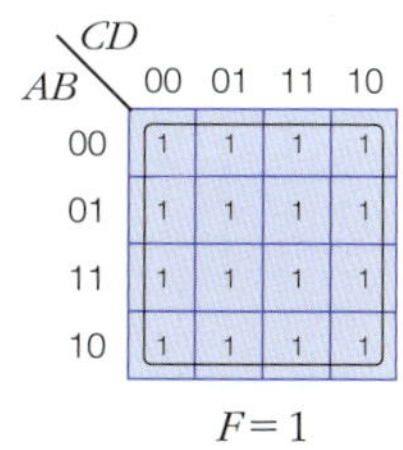

예제 6-3

다음과 같은 다양한 4변수 카르노 맵에서 간소화된 논리식을 구하라.

풀이

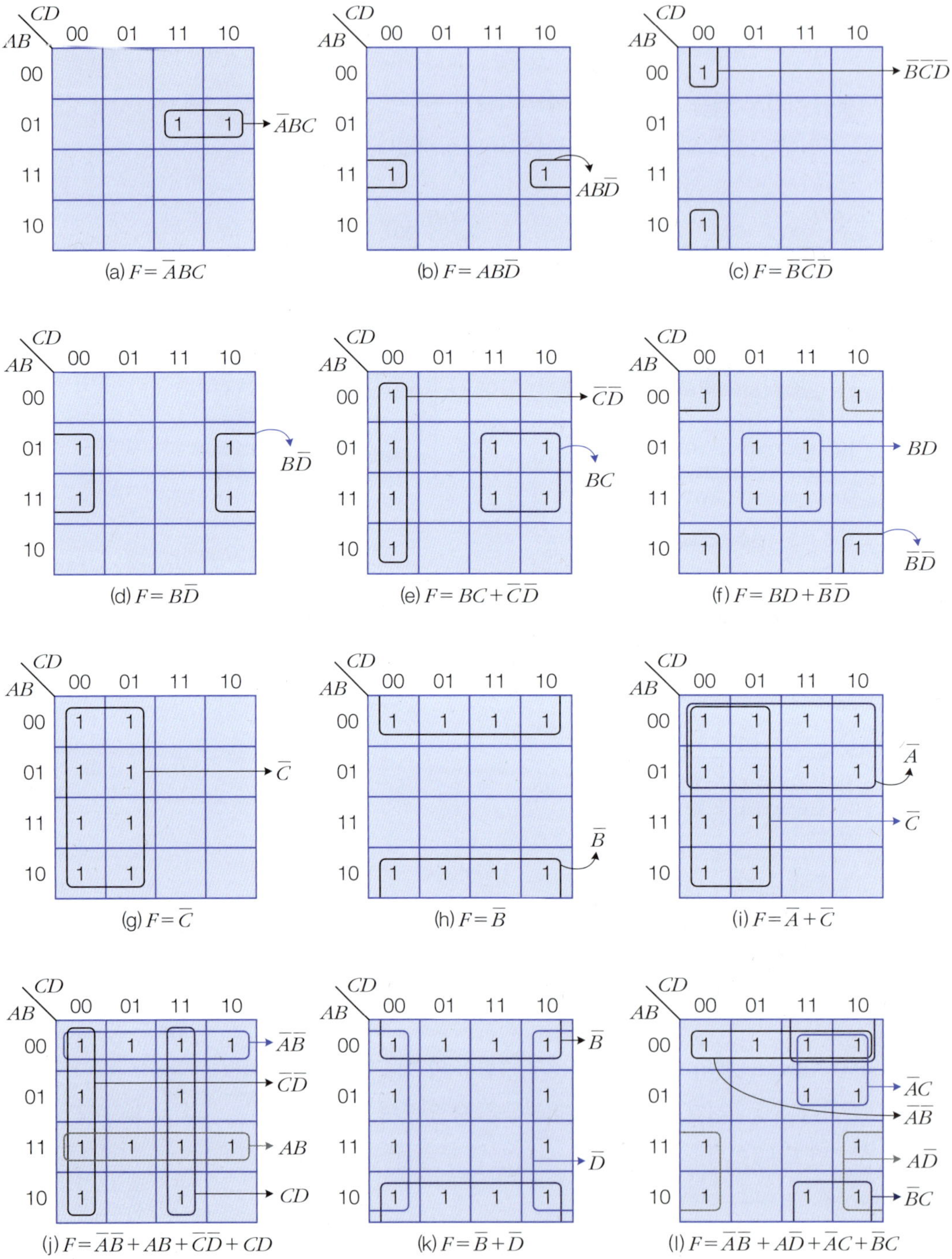

(a) $F=\overline{A}BC$

(b) $F=AB\overline{D}$

(c) $F=\overline{B}\,\overline{C}\,\overline{D}$

(d) $F=B\overline{D}$

(e) $F=BC+\overline{C}\,\overline{D}$

(f) $F=BD+\overline{B}\,\overline{D}$

(g) $F=\overline{C}$

(h) $F=\overline{B}$

(i) $F=\overline{A}+\overline{C}$

(j) $F=\overline{A}\,\overline{B}+AB+\overline{C}\,\overline{D}+CD$

(k) $F=\overline{B}+\overline{D}$

(l) $F=\overline{A}\,\overline{B}+A\overline{D}+\overline{A}C+\overline{B}C$

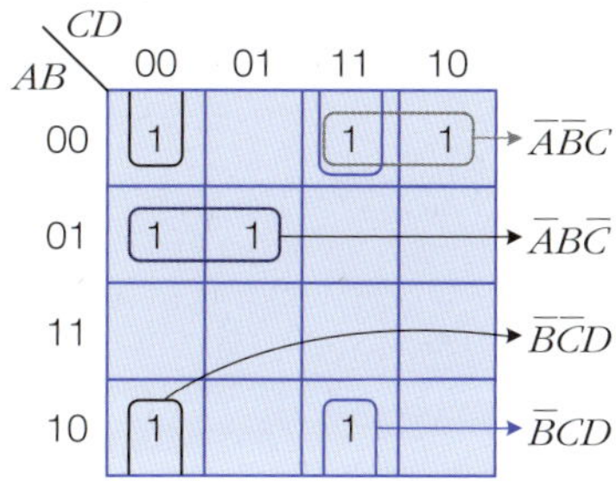

(m) $F=\overline{A}\overline{B}C+\overline{A}B\overline{C}+\overline{B}\overline{C}\overline{D}+\overline{B}CD$

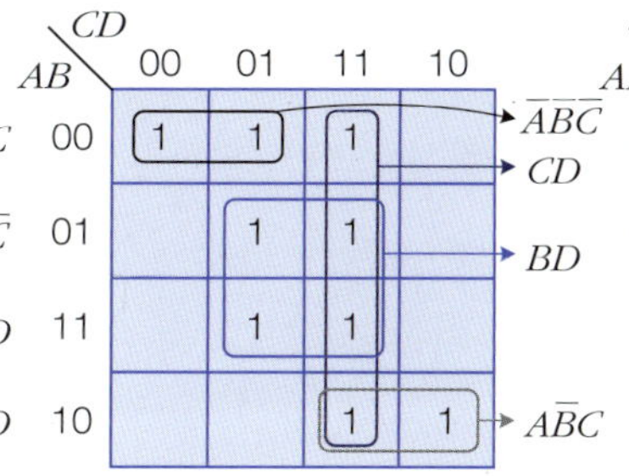

(n) $F=\overline{A}\overline{B}\overline{C}+A\overline{B}C+BD+CD$

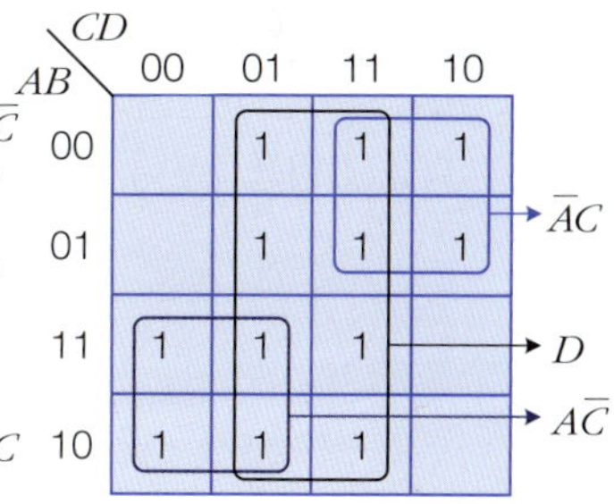

(o) $F=A\overline{C}+\overline{A}C+D$

무관항이 있는 경우 묶어서 간소화된다면 무관항도 같이 묶어준다. 그러나 무관항끼리만 묶을 필요는 없으며, 무관항을 잘 이용하면 회로를 간단하게 나타낼 수 있다. 무관항은 BCD 코드를 다른 형태로 변환할 때 자주 등장한다. 또한 순서논리회로에서 플립플롭(flip-flop : 8장 참고)의 상태가 변할 때도 자주 등장한다.

예제 6-4

다음 식과 같이 무관항이 있을 경우, 카르노 맵을 이용해 간소화하라.

(a) $F(A, B, C, D)=\Sigma m(0, 2, 3, 4, 5, 11)+\Sigma d(1, 7, 9, 15)$

(b) $F(A, B, C, D)=\Sigma m(1, 2, 3, 4, 6, 8, 10)+\Sigma d(0, 12, 14)$

(c) $F(A, B, C, D)=\Sigma m(0, 2, 3, 4, 8, 9, 11)+\Sigma d(1, 5, 6, 7, 10, 12)$

풀이

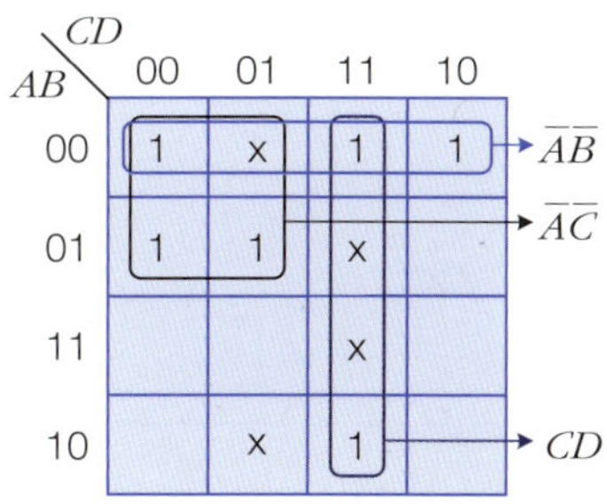

(a) $F=\overline{A}\overline{B}+\overline{A}\overline{C}+CD$

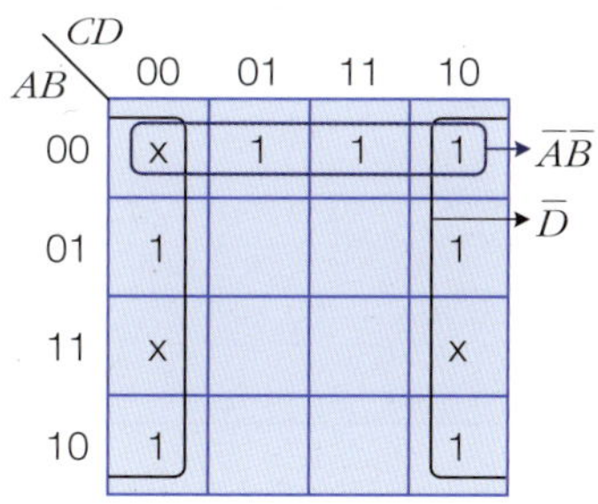

(b) $F=\overline{A}\overline{B}+\overline{D}$

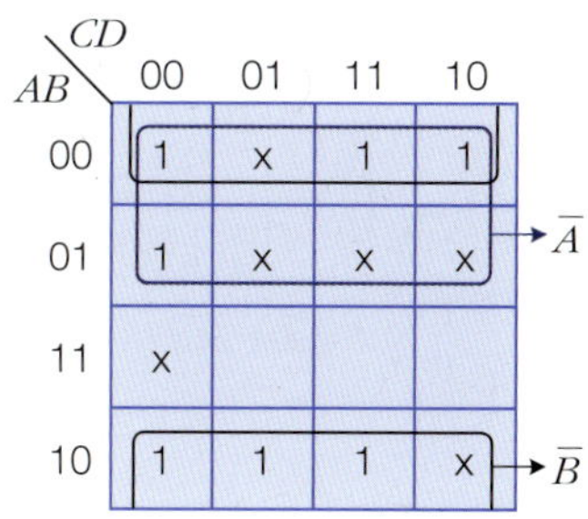

(c) $F=\overline{A}+\overline{B}$

예제 6-5

다음 진리표로부터 카르노 맵을 작성하고 간소화하라.

입력				출력
A	*B*	*C*	*D*	*F*
0	0	0	0	×
0	0	0	1	1
0	0	1	0	×
0	0	1	1	1
0	1	0	0	×
0	1	0	1	1
0	1	1	0	1
0	1	1	1	1
1	0	0	0	0
1	0	0	1	0
1	0	1	0	0
1	0	1	1	0
1	1	0	0	0
1	1	0	1	1
1	1	1	0	1
1	1	1	1	0

풀이

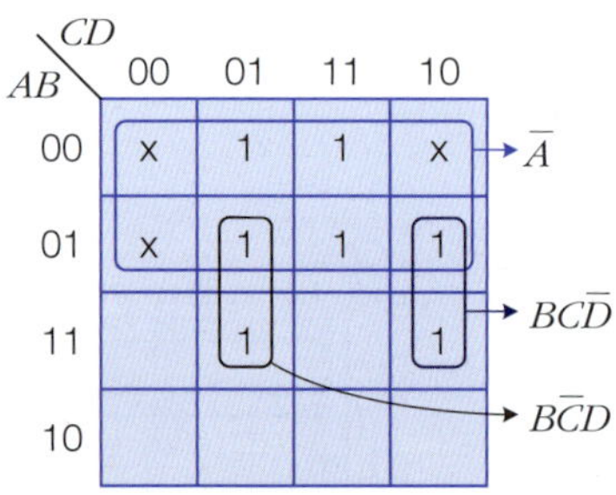

$F=\overline{A}+B\overline{C}D+BC\overline{D}$

6.4 선택적 카르노 맵

이 절에서는 카르노 맵을 선택적으로 묶을 수 있는 경우를 살펴보자. 5.6절에서 살펴본 식 중에서 $\bar{A}B+A\bar{B}+AC$와 $\bar{A}B+A\bar{B}+BC$는 같다는 것을 확인했다. 카르노 맵에서는 어떻게 표시하며 어떤 방법으로 묶을 수 있는지 [그림 6-15]를 통해 살펴보자.

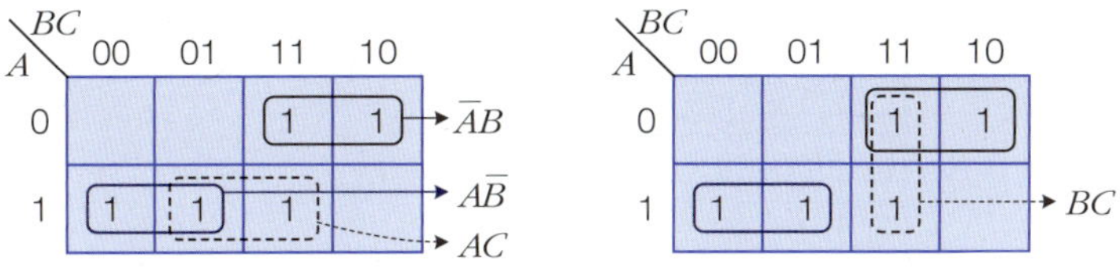

(a) $\bar{A}B+A\bar{B}+AC$ (b) $\bar{A}B+A\bar{B}+BC$

그림 6-15 3변수에서 선택적 카르노 맵의 예

[그림 6-15]와 같이 $ABC=111$은 좌측에 있는 1($ABC=101$) 또는 위쪽에 있는 1($ABC=011$)과 선택적으로 묶을 수 있다. 4변수인 경우 선택적 묶음의 예는 [그림 6-16]과 같다.

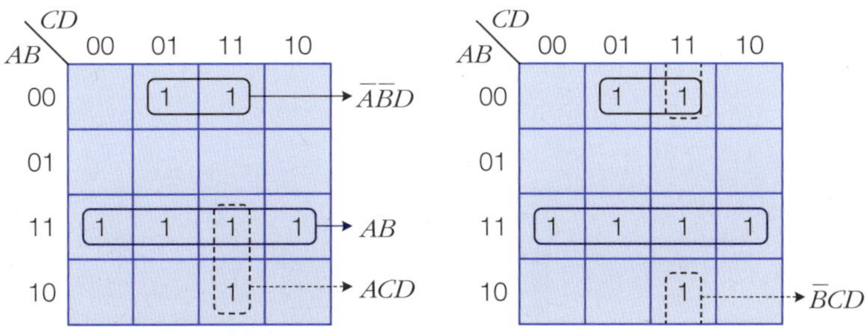

(a) $F=AB+\bar{A}\bar{B}D+ACD$ (b) $F=AB+\bar{A}\bar{B}D+\bar{B}CD$

그림 6-16 4변수에서 선택적 카르노 맵의 예

[그림 6-17]은 무관항이 있을 때 여러 가지 선택적 묶음이 가능한 경우의 예를 보여준다. 이 경우에서는 5가지 선택적 묶음이 가능함을 알 수 있다. 즉 5가지 중 어느 것을 선택해도 답이 된다.

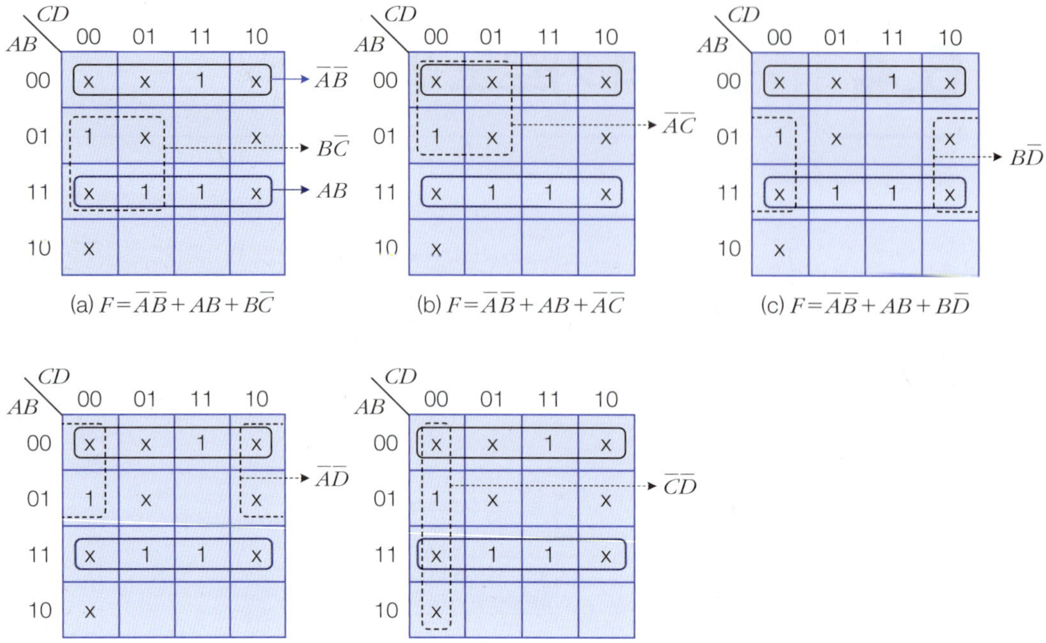

(a) $F=\overline{A}\,\overline{B}+AB+B\overline{C}$ (b) $F=\overline{A}\,\overline{B}+AB+\overline{A}\,\overline{C}$ (c) $F=\overline{A}\,\overline{B}+AB+B\overline{D}$

(d) $F=\overline{A}\,\overline{B}+AB+\overline{A}\,\overline{D}$ (e) $F=\overline{A}\,\overline{B}+AB+\overline{C}\,\overline{D}$

그림 6-17 무관항이 있는 경우 5가지 선택적 카르노 맵

예제 6-6

다음 논리식과 같이 무관항이 있을 경우, 2가지 선택적 카르노 맵으로 간소화하라.

$$F(A, B, C, D)=\Sigma m(0, 2, 3, 4, 5, 11)+\Sigma d(1, 7, 9, 15)$$

풀이

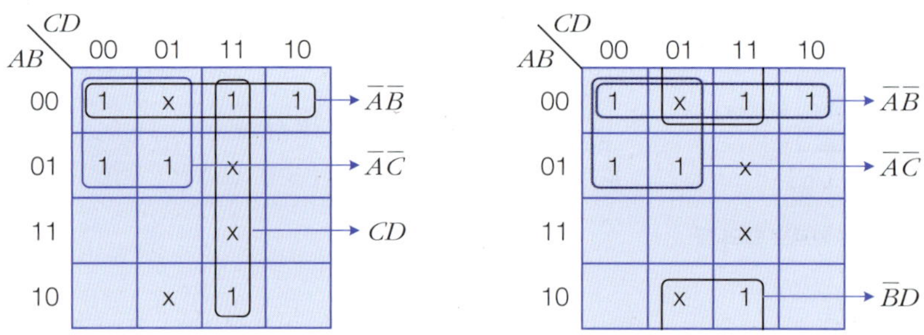

(a) $F=\overline{A}\,\overline{B}+\overline{A}\,\overline{C}+CD$ (b) $F=\overline{A}\,\overline{B}+\overline{A}\,\overline{C}+\overline{B}D$

6.5 논리식의 카르노 맵 작성

이 절에서는 논리식을 카르노 맵으로 작성하여 간소화하는 방법을 다룬다. 논리식을 카르노 맵으로 작성할 때는 최소항으로 바꿔야 한다. 굳이 바꾸지 않아도 되지만 처음에는 익숙하지 않으므로 생략된 항을 모두 찾아서 최소항으로 바꾸는 것이 좋다. 만일 카르노 맵을 이용해 간소화하는 방법을 완전히 숙지하였다면 최소항으로 바꿀 필요는 없다.

다음 논리식을 카르노 맵을 이용해 간소화해보자.

$$F(A, B, C) = ABC + \bar{A}B + \bar{A}\bar{B}$$

이 논리식에서 제거된 변수를 찾아서 최소항으로 바꾼다. 이 논리식은 변수 3개를 사용하므로 3개의 변수가 모두 없는 부분($\bar{A}B$와 $\bar{A}\bar{B}$)을 3개 변수가 모두 나타나도록 바꾼다. 불 대수를 이용한 간소화 과정을 반대로 적용하면 제거된 부분을 찾아낼 수 있다.

$$\begin{aligned} F(A, B, C) &= ABC + \bar{A}B + \bar{A}\bar{B} \\ &= ABC + \bar{A}B(\bar{C} + C) + \bar{A}\bar{B}(\bar{C} + C) \\ &= ABC + \bar{A}B\bar{C} + \bar{A}BC + \bar{A}\bar{B}\bar{C} + \bar{A}\bar{B}C \\ &= \bar{A}\bar{B}\bar{C} + \bar{A}\bar{B}C + \bar{A}B\bar{C} + \bar{A}BC + ABC \\ &= \Sigma m(0, 1, 2, 3, 7) \end{aligned}$$

카르노 맵을 이용해 간소화하면 [그림 6-18]과 같다.

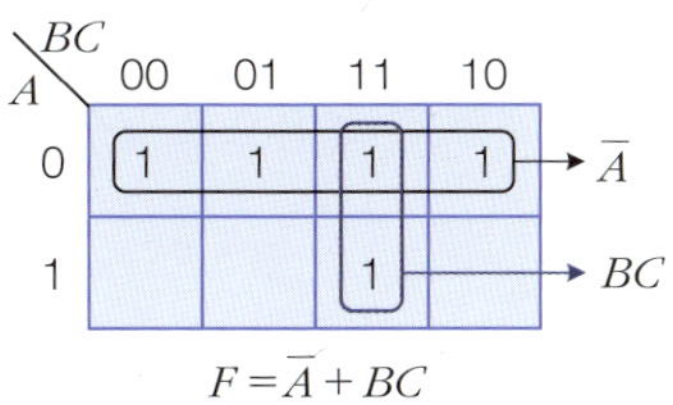

그림 6-18 논리식 $F(A, B, C) = ABC + \bar{A}B + \bar{A}\bar{B}$의 카르노 맵

다음 4변수 논리식을 카르노 맵을 이용해 간소화해보자. 이 논리식에서 제거된 변수를 찾아서 최소항으로 바꾼다.

$$
\begin{aligned}
&F(A, B, C, D)\\
&\quad = AB + ABC + \bar{A}CD + \bar{A}\bar{C}D + \bar{A}BC\bar{D}\\
&\quad = AB(\bar{C}+C)(\bar{D}+D) + ABC(\bar{D}+D) + \bar{A}(\bar{B}+B)CD + \bar{A}(\bar{B}+B)\bar{C}D + \bar{A}BC\bar{D}\\
&\quad = (AB\bar{C}+ABC)(\bar{D}+D) + ABC\bar{D} + ABCD + \bar{A}\bar{B}CD + \bar{A}BCD\\
&\qquad + \bar{A}\bar{B}\bar{C}D + \bar{A}B\bar{C}D + \bar{A}BC\bar{D}\\
&\quad = AB\bar{C}\bar{D} + AB\bar{C}D + ABC\bar{D} + ABCD + ABC\bar{D} + ABCD + \bar{A}\bar{B}CD\\
&\qquad + \bar{A}BCD + \bar{A}\bar{B}\bar{C}D + \bar{A}B\bar{C}D + \bar{A}BC\bar{D}\\
&\quad = \Sigma m(1, 3, 5, 6, 7, 12, 13, 14, 15)
\end{aligned}
$$

카르노 맵을 이용해 간소화하면 [그림 6-19]와 같다.

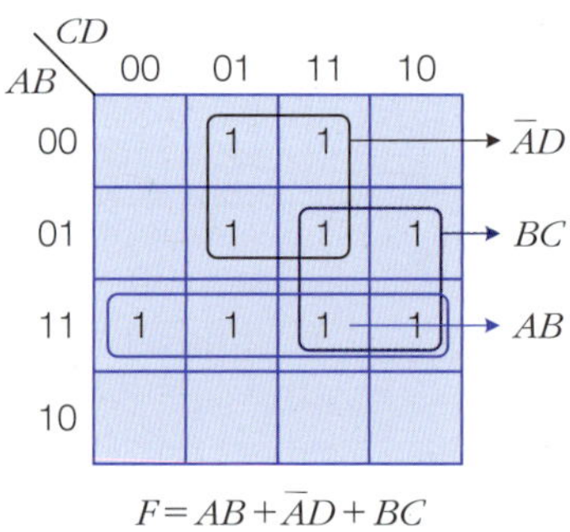

그림 6-19 논리식 $F(A, B, C, D) = AB + ABC + \bar{A}CD + \bar{A}\bar{C}D + \bar{A}BC\bar{D}$의 카르노 맵

다음에는 논리식 $F = \bar{A} + A\bar{B} + AB\bar{C}$를 최소항식으로 전개하지 않고 직접 카르노 맵을 작성한다. 그리고 작성한 카르노 맵을 이용해 간소화된 논리식을 구하는 방법을 살펴본다. 각 곱의 항을 하나씩 카르노 맵에 표시하고, 이들을 모두 결합하면 원하는 카르노 맵을 얻을 수 있다. 먼저 $\bar{A} = \bar{A}(\bar{B}+B)(\bar{C}+C)$이므로 B, C가 모두 제거된 형태이고, 3변수에서 4개를 한 묶음으로 묶었을 때다. 또한 $A\bar{B} = A\bar{B}(\bar{C}+C)$이므로 3변수에서 2개를 한 묶음으로 묶었을 때다.

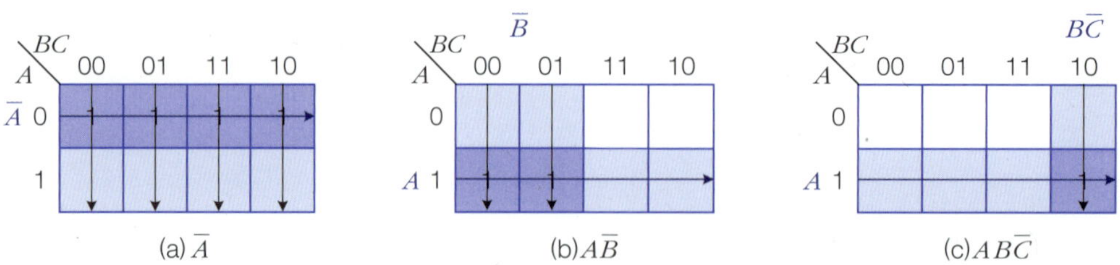

그림 6-20 $F = \bar{A} + A\bar{B} + AB\bar{C}$의 각 항에 해당하는 카르노 맵

$\overline{A}$와 $A\overline{B}$에 해당하는 카르노 맵을 합하고, $AB\overline{C}$를 추가하면 다음과 같다. 이 카르노 맵을 간소화하여 나타내면 다음과 같은 논리식이 된다.

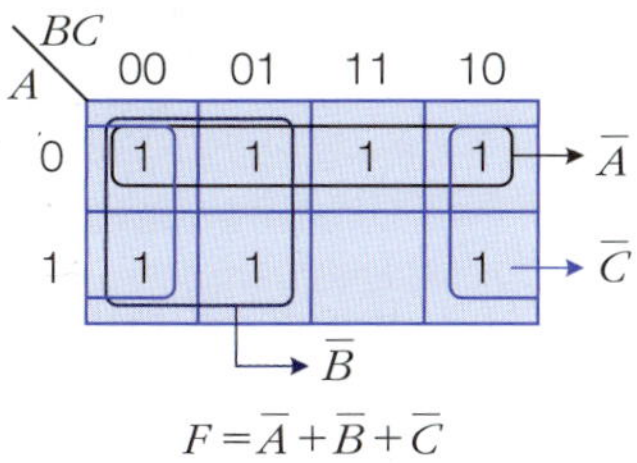

그림 6-21 독립적으로 만들어진 카르노 맵의 병합 후 간소화

예제 6-7

다음 논리식은 변수 4개로 구성되어 있고, 모든 항이 이미 어느 정도 간소화된 상태다. 더 간소화할 수 있는지 카르노 맵을 이용해 확인하라.

$$F = AB + \overline{B}C + ACD + AB\overline{D} + AC\overline{D}$$

풀이

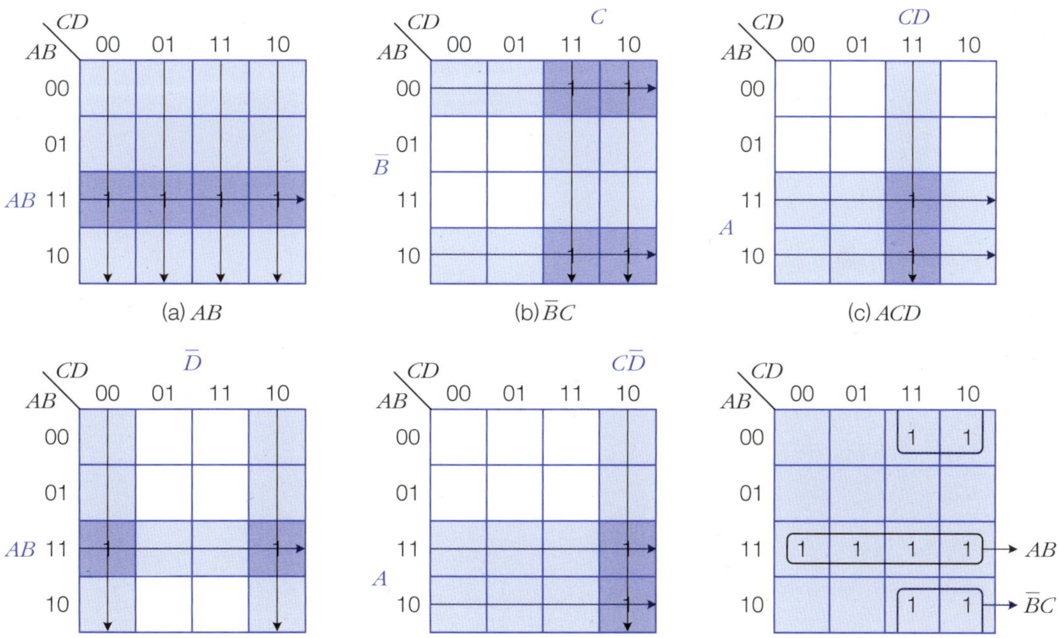

(a) AB (b) $\overline{B}C$ (c) ACD (d) $AB\overline{D}$ (e) $AC\overline{D}$ (f) $F = AB + \overline{B}C$

(a)~(e)를 모두 합하여 (f)와 같이 간소화할 수 있다.

6.6 5변수, 6변수 카르노 맵

카르노 맵을 이용하면 비교적 쉽게 논리식을 간소화할 수 있었다. 그러나 변수가 늘어나면 그렇게 간단하지 않다. 5변수, 6변수 카르노 맵은 [그림 6-22], [그림 6-23]과 같이 먼저 4변수를 기준으로 각각 작성한 후 이들을 그림에 있는 점선과 같이 연결하면 4변수 카르노 맵과 같은 방법으로 간소화할 수 있다. 먼저 5변수 카르노 맵을 작성해보자. $A=0$인 면과 $A=1$인 면을 그룹으로 묶을 수 있다.

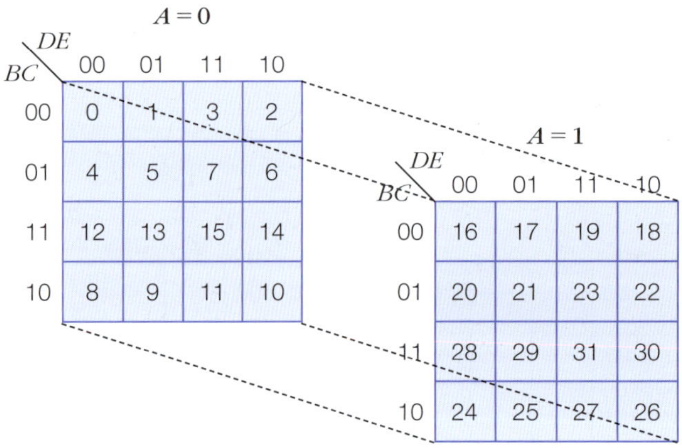

그림 6-22 5변수 카르노 맵

6변수 카르노 맵도 AB = 00인 면과 AB = 10인 면이 이어져 있다고 보고 묶으면 된다.

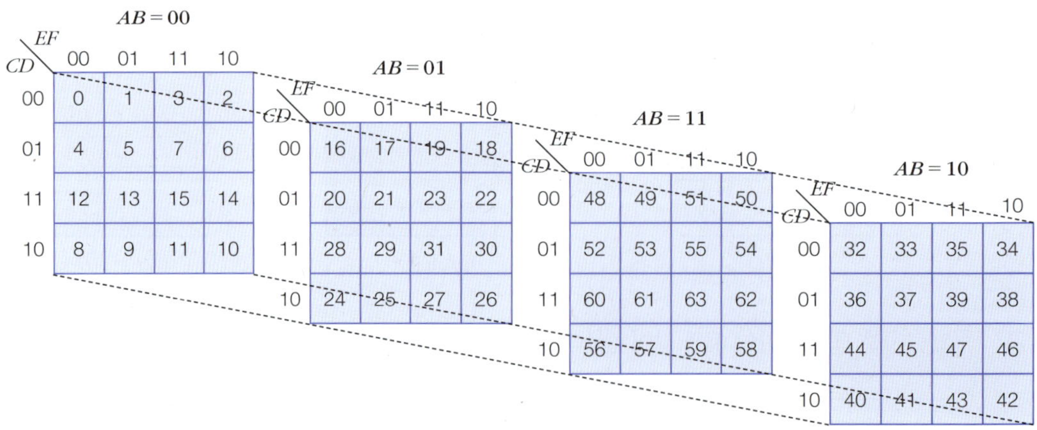

그림 6-23 6변수 카르노 맵

예제 6-8

다음 5변수 논리 함수를 카르노 맵을 이용하여 간소화하라.

$$F(A, B, C, D, E) = \Sigma m(0, 1, 4, 8, 12, 13, 15, 16, 17, 23, 29, 31)$$

풀이

5변수 카르노 맵을 만들고 정해진 자리에 값을 넣는다. 여기서도 $A=0$인 면과 $A=1$인 면이 서로 연결되어 있다고 보고 그룹을 묶으면 다음과 같은 결과를 얻을 수 있다.

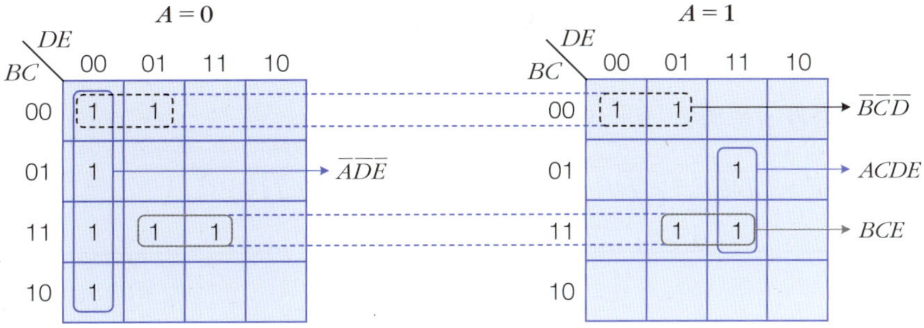

$$F = \overline{A}\overline{D}\overline{E} + \overline{B}\overline{C}\overline{D} + BCE + ACDE$$

예제 6-9

다음 6변수 논리 함수를 카르노 맵을 이용해 간소화하라.

$$F(A, B, C, D, E, F) = \Sigma m(1, 3, 6, 8, 9, 13, 14, 17, 19, 24, 25, 29, 32, 33, 34, 35, 38, 40, 46, 49, 51, 53, 55, 56, 61, 63)$$

풀이

한꺼번에 그룹으로 묶기에는 너무 복잡하므로 나누어서 해보자. 먼저 다음과 같이 묶어서 1번째 논리식을 만든다.

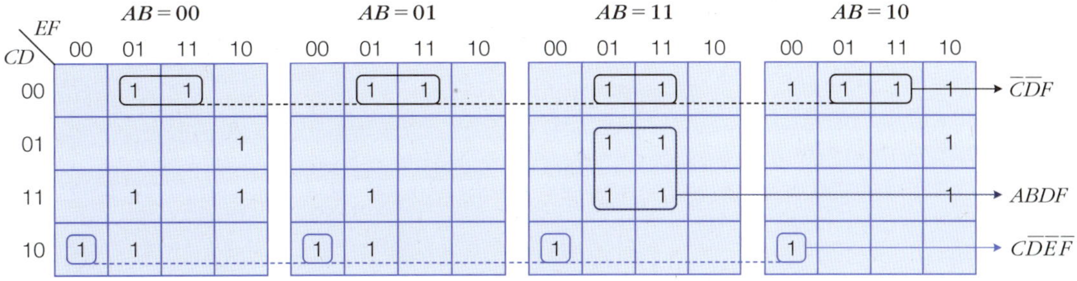

(a) $F_1 = ABDF + C\overline{D}\overline{E}\overline{F} + \overline{C}\overline{D}F$

위에서 묶은 값들을 ×로 표시하고, 남아 있는 값들을 묶으면 다음과 같다.

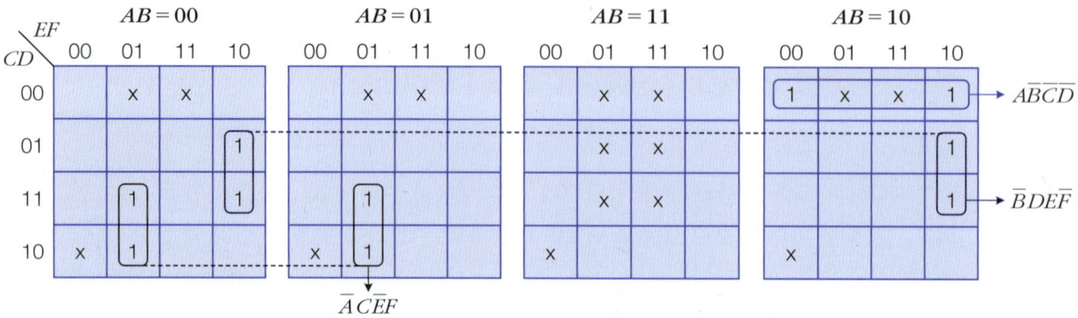

(b) $F_2 = \overline{A}C\overline{E}F + \overline{B}DE\overline{F} + A\overline{B}\overline{C}\overline{D}$

두 식을 합하면 다음과 같은 최종 논리식이 된다.

$$F = ABDF + C\overline{D}\overline{E}\overline{F} + \overline{C}\overline{D}F + \overline{A}C\overline{E}F + \overline{B}DE\overline{F} + A\overline{B}\overline{C}\overline{D}$$

6.7 NAND와 NOR 게이트로의 변환

회로를 설계할 때 NAND와 NOR 게이트(universal gate, 유니버설 게이트)만으로 모든 회로를 만들 수 있다. 먼저 기본 게이트를 NAND 또는 NOR 게이트 하나로만 표시해보자. 드모르간의 정리를 이용하면 모든 게이트를 NAND나 NOR로 표시할 수 있다.

표 6-1 기본 게이트의 NAND, NOR 식

NOT	$\bar{A} = \overline{A+A} = \overline{A \cdot A}$
AND	$AB = \overline{\overline{AB}} = \overline{\bar{A}+\bar{B}}$
OR	$A+B = \overline{\overline{A+B}} = \overline{\bar{A}\bar{B}}$
NAND	$\overline{AB} = \overline{\overline{\overline{AB}}} = \overline{\overline{\bar{A}+\bar{B}}}$
NOR	$\overline{A+B} = \overline{\overline{\overline{A+B}}} = \overline{\overline{\bar{A} \cdot \bar{B}}}$
XOR	$\bar{A}B + A\bar{B} = \overline{\overline{\bar{A}B + A\bar{B}}} = \overline{\overline{\bar{A}B} \cdot \overline{A\bar{B}}}$ $= \overline{(A+\bar{B})(\bar{A}+B)} = \overline{A+\bar{B}} + \overline{\bar{A}+B}$ $= \overline{\overline{\overline{A+\bar{B}} + \overline{\bar{A}+B}}}$

> **TIP**
> **universal gate**
> NAND와 NOR 게이트는 만능 게이트라고도 불린다. 이 두 게이트는 다른 어떤 종류의 게이트라도 구성할 수 있기 때문이다.

[표 6-2]는 기본 게이트들의 논리식을 NAND와 NOR만 이용해 나타낸 것이다.

> **TIP**
> 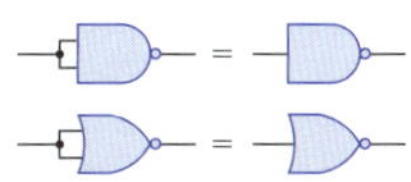
>

표 6-2 기본 게이트의 NAND, NOR 회로

기본 게이트	NAND 게이트 표현	NOR 게이트 표현
NOT	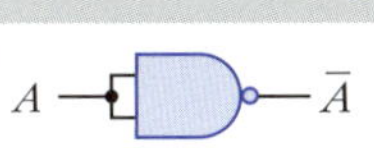	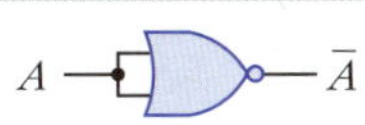
AND	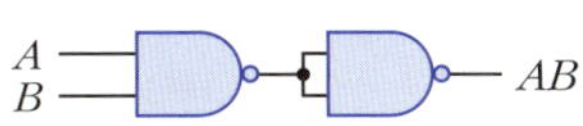	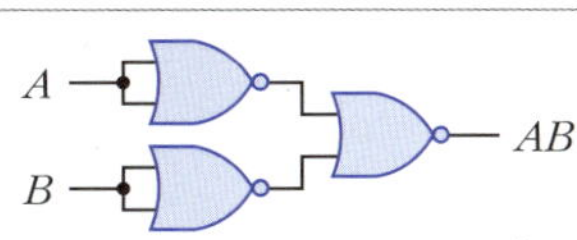
OR	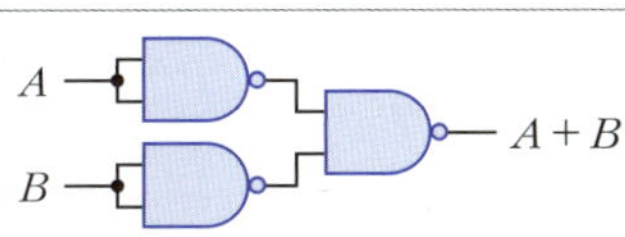	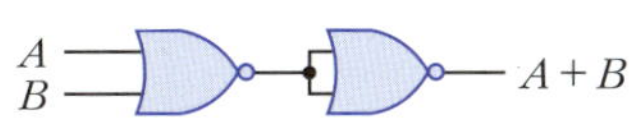

XOR	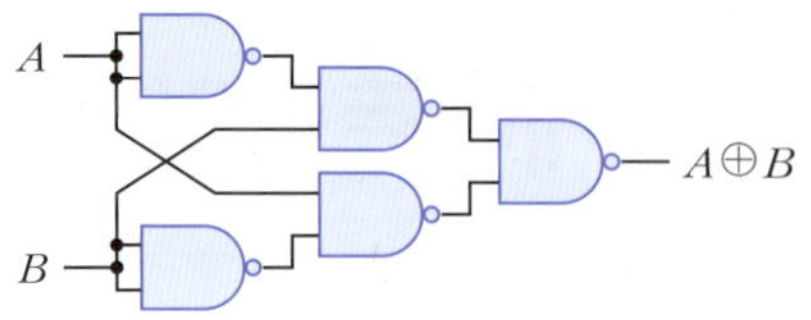	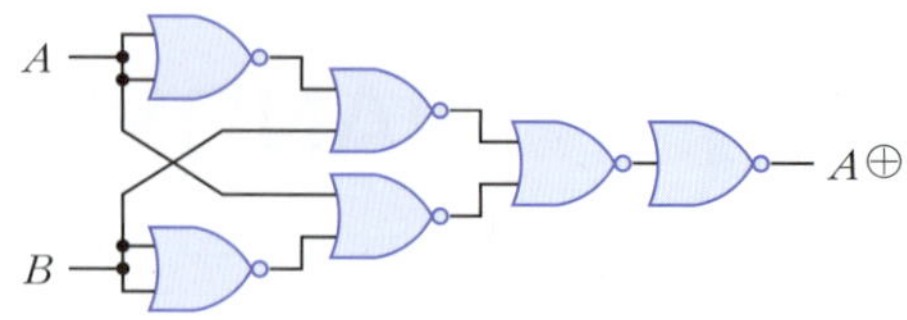
NAND	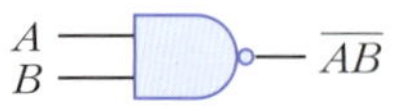	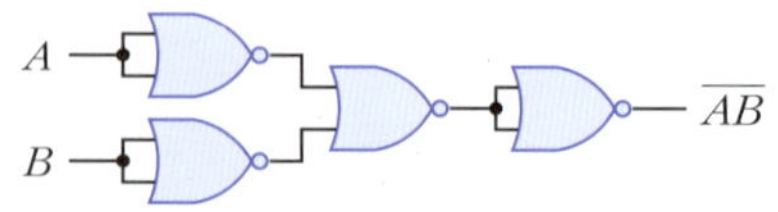
NOR	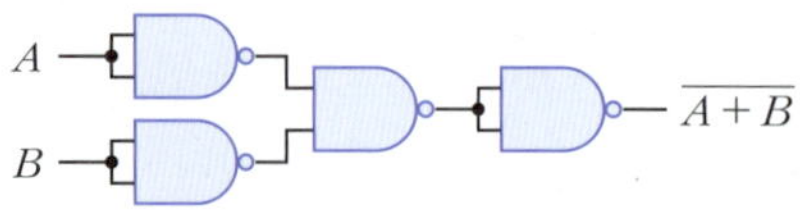	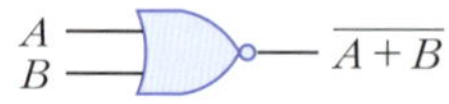

1 NAND 게이트만 이용한 회로

SOP 논리식을 이중부정하고 드모르간의 정리를 적용하여 논리식을 변형하면 NAND 게이트만으로 논리회로를 나타낼 수 있다. 논리식을 카르노 맵으로 간소화한 다음 NAND만으로 나타내는 방법을 살펴보자.

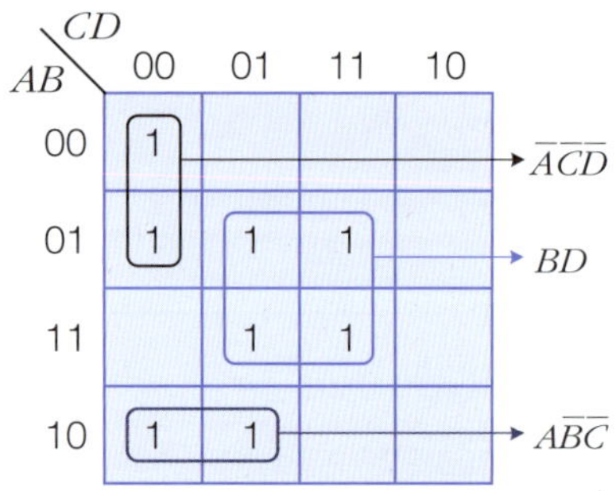

$F = A\bar{B}\bar{C} + \bar{A}\bar{C}\bar{D} + BD$

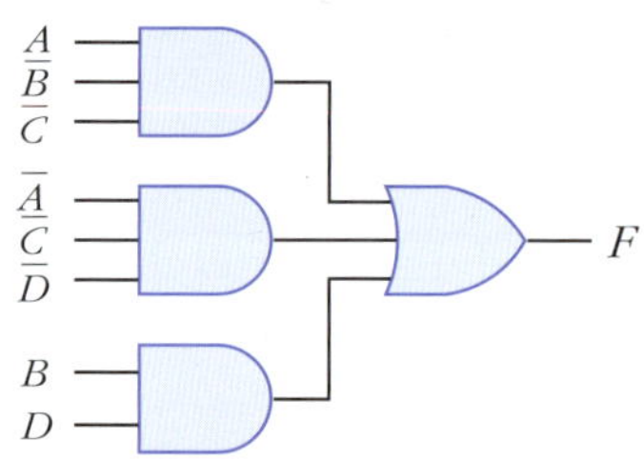

그림 6-24 $F = A\bar{B}\bar{C} + \bar{A}\bar{C}\bar{D} + BD$의 카르노 맵과 논리회로

SOP 논리식 $F = A\bar{B}\bar{C} + \bar{A}\bar{C}\bar{D} + BD$를 이중부정하고 드모르간의 정리를 적용하여 변형하면 NAND 게이트만으로 나타낼 수 있다. 이를 논리회로로 그리면 [그림 6-25]와 같다.

$$
\begin{aligned}
F &= A\bar{B}\bar{C} + \bar{A}\bar{C}\bar{D} + BD \\
&= \overline{\overline{A\bar{B}\bar{C} + \bar{A}\bar{C}\bar{D} + BD}} \\
&= \overline{\overline{A\bar{B}\bar{C}} \cdot \overline{\bar{A}\bar{C}\bar{D}} \cdot \overline{BD}}
\end{aligned}
$$

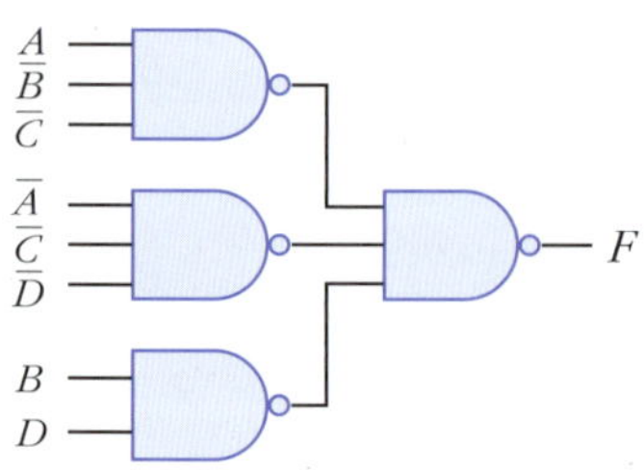

> **TIP**
> **버블**bubble
> NOT 게이트를 간단하게 표현하는 동그라미 모양의 기호를 버블(기포)이라고 한다.

그림 6-25 NAND 게이트만으로 표현

논리식을 NAND 게이트만으로 나타내기 위한 다른 방법으로는 원래의 논리회로를 그린 다음, [그림 6-26]과 같이 AND 게이트 뒤쪽에 NOT(bubble)을 2개 붙여 이중부정하는 방법을 사용할 수도 있다. 이렇게 회로가 바뀌면 부정입력 3개를 갖는 OR 게이트는 드모르간의 정리에 따라 NAND 게이트로 표현할 수 있다.

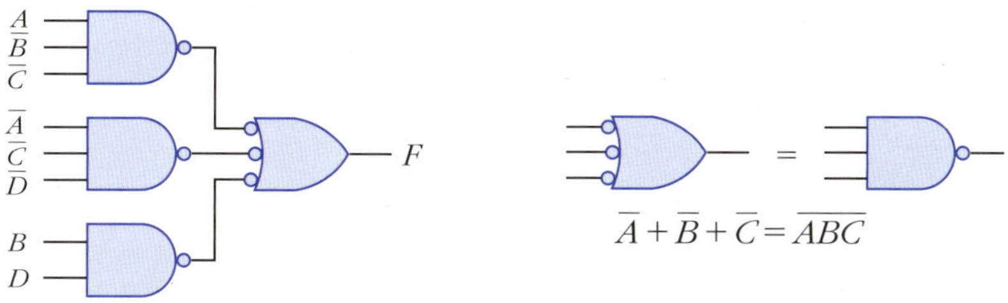

그림 6-26 AND 게이트 출력에 이중부정을 한 회로

예제 6-10

다음 논리식을 NAND 게이트만 사용해 설계하라.

$$F=\overline{C}\,\overline{D}+AB\overline{C}+\overline{A}C+\overline{B}C$$

풀이

주어진 논리식을 이중부정하여 NAND 식으로 바꾸면 다음과 같다.

$$\begin{aligned}F&=\overline{C}\,\overline{D}+AB\overline{C}+\overline{A}C+\overline{B}C\\&=\overline{\overline{\overline{C}\,\overline{D}+AB\overline{C}+\overline{A}C+\overline{B}C}}\\&=\overline{\overline{\overline{C}\,\overline{D}}\cdot\overline{AB\overline{C}}\cdot\overline{\overline{A}C}\cdot\overline{\overline{B}C}}\end{aligned}$$

원래 논리식의 회로는 (a)이고, NAND 게이트만으로 표현한 회로는 (b)와 같다.

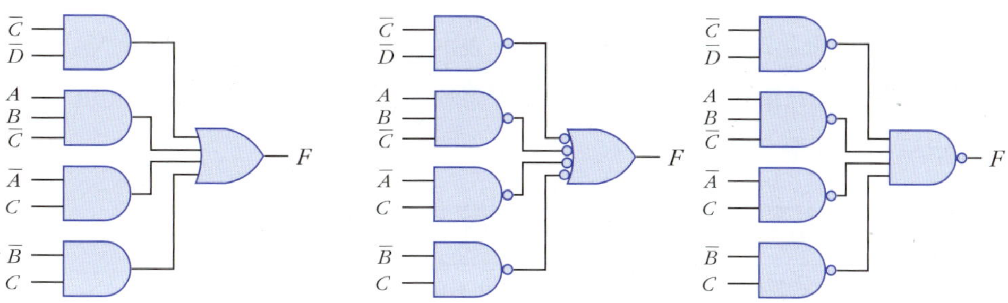

(a) 원래 논리식 표현 (b) NAND 게이트만으로 표현한 회로

2 NOR 게이트만 이용한 회로

논리식을 POS로 나타내고 이중부정을 하면 NOR 게이트만으로 회로를 나타낼 수 있다. 카르노 맵에서 0인 항들을 묶어서 SOP와 반대로 나타낸다. 각 변수를 +로 연결하여 묶고, 0일 때는 NOT을 하지 않고 1일 때 NOT을 한다. 또한 각 묶음은 AND로 연결하면 [그림 6-27]과 같이 된다.

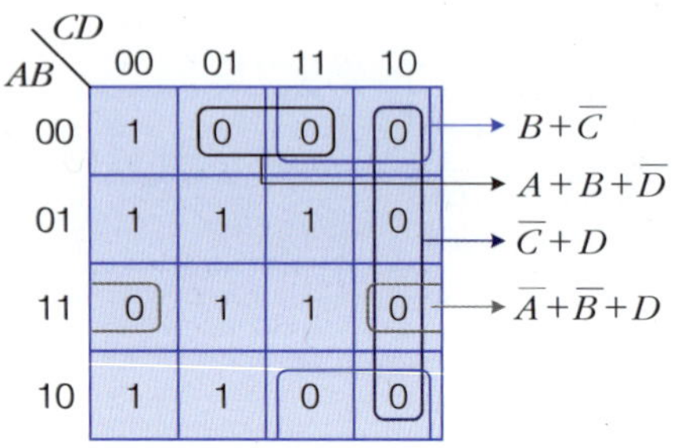

$F=(B+\overline{C})(\overline{C}+D)(A+B+\overline{D})(\overline{A}+\overline{B}+D)$

그림 6-27 카르노 맵에서 최대항 묶음

또는 0을 묶어서 다음과 같이 $\overline{F}$ 식을 SOP 식으로 나타낸 뒤 부정을 하여 F를 만들 수 있다.

$$\overline{F}=\overline{B}C+C\overline{D}+\overline{A}\overline{B}D+AB\overline{D}$$

$\overline{F}$ 논리식을 부정하면 F가 되며, 드모르간의 정리를 적용하면 다음과 같이 동일한 형태의 POS 논리식이 만들어진다.

$$\begin{aligned} F &= \overline{\overline{B}C+C\overline{D}+\overline{A}\overline{B}D+AB\overline{D}} \\ &= \overline{\overline{B}C}\cdot\overline{C\overline{D}}\cdot\overline{\overline{A}\overline{B}D}\cdot\overline{AB\overline{D}} \\ &= (B+\overline{C})(\overline{C}+D)(A+B+\overline{D})(\overline{A}+\overline{B}+D) \end{aligned}$$

이 논리식을 이용해 논리회로를 그리면 [그림 6-28]이 된다. [그림 6-28] 회로를 NAND 회로에서와 같은 방법으로 OR 게이트 뒤에 이중부정을 하면 [그림 6-29]와 같이 NOR 게이트 회로만으로 나타낼 수 있다.

$$\begin{aligned} \overline{\overline{F}} = F &= \overline{\overline{(B+\overline{C})(\overline{C}+D)(A+B+\overline{D})(\overline{A}+\overline{B}+D)}} \\ &= \overline{\overline{(B+\overline{C})}+\overline{(\overline{C}+D)}+\overline{(A+B+\overline{D})}+\overline{(\overline{A}+\overline{B}+D)}} \end{aligned}$$

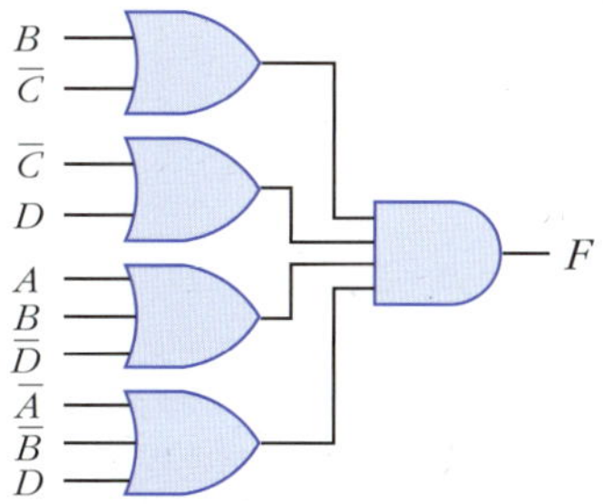

그림 6-28 논리식을 논리회로로 표현

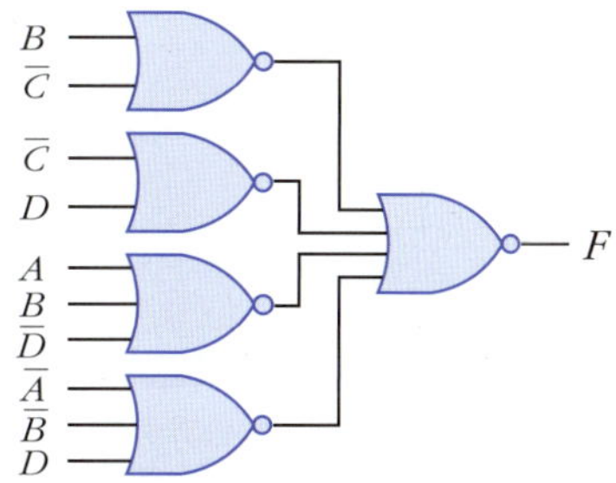

그림 6-29 이중부정하여 NOR 게이트로 표현

NAND에서와 마찬가지로 OR 게이트 뒤에 NOT(bubble)을 2개 붙여서 나타내면 [그림 6-30]과 같다. 여기서 AND 게이트의 앞쪽에 모두 NOT이 붙어있는데, 이는 NOR 게이트와 같으므로 NOR로 바꾼다.

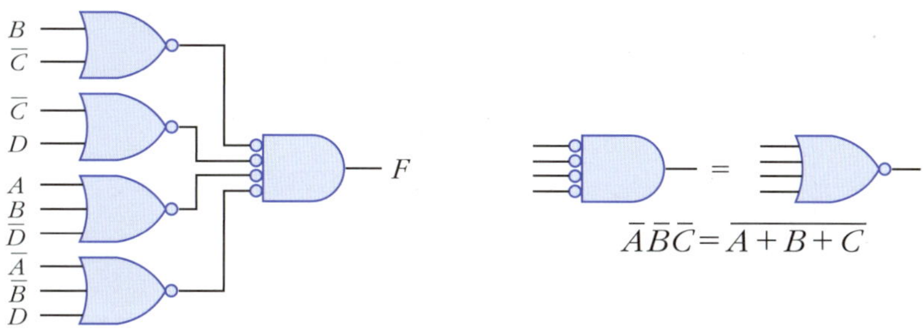

그림 6-30 OR 게이트의 출력에 이중부정한 회로

예제 6-11

다음 진리표를 만족하는 논리회로를 NOR 게이트만으로 설계하라.

ABCD	*F*	*ABCD*	*F*
0 0 0 0	1	1 0 0 0	0
0 0 0 1	1	1 0 0 1	0
0 0 1 0	0	1 0 1 0	1
0 0 1 1	1	1 0 1 1	1
0 1 0 0	0	1 1 0 0	0
0 1 0 1	1	1 1 0 1	1
0 1 1 0	0	1 1 1 0	0
0 1 1 1	1	1 1 1 1	1

풀이

다음과 같이 카르노 맵으로 나타내고 그룹화하면 논리식을 구할 수 있다.

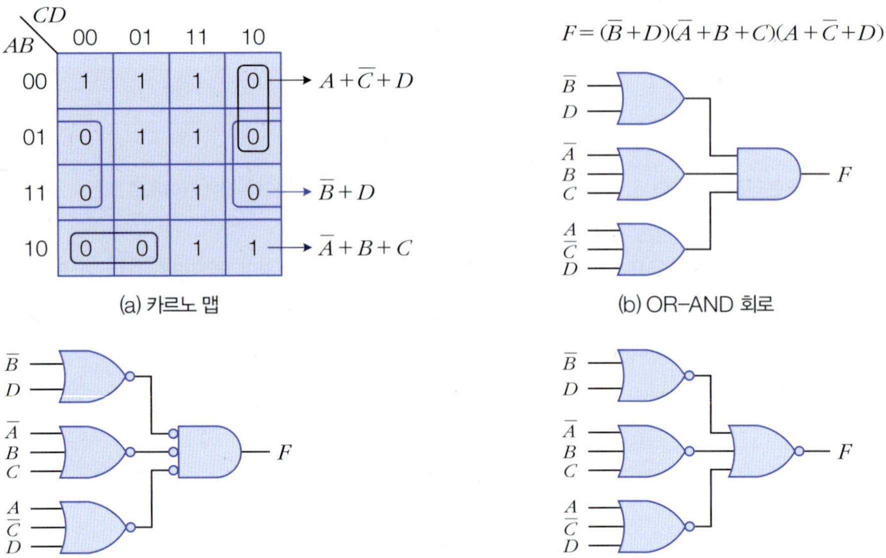

(a) 카르노 맵

(b) OR-AND 회로

(c) OR 출력에 이중 부정

(d) AND 부정 입력을 NOR로 대체

6.8 XOR와 XNOR 게이트

XOR의 특징은 4.7절에서 언급했다시피 여러 입력 중에 1이 홀수 개이면 출력이 1이 되는 게이트다. 3변수와 4변수 XOR 카르노 맵은 [그림 6-31]과 같다. 이 카르노 맵에 나타난 것처럼 그룹으로 묶을 수 있는 것이 없다.

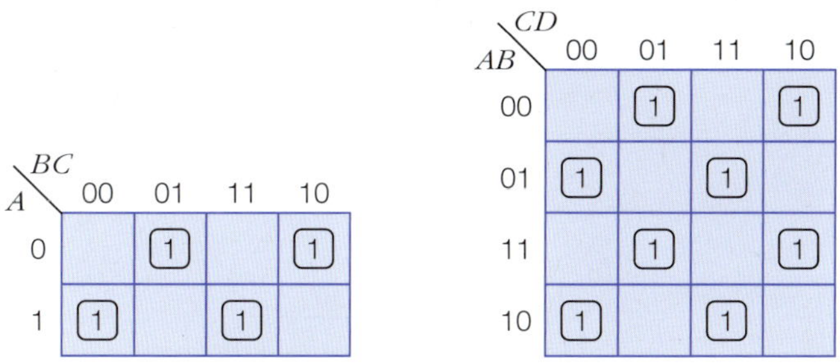

(a) 3변수 XOR (b) 4변수 XOR

그림 6-31 XOR의 카르노 맵 표현

> **TIP**
> **XOR**
> 홀함수(기함수)
>
> **XNOR**
> 짝함수(우함수)

이 카르노 맵의 논리식은 다음과 같으며, 이를 XOR 식으로 변환하는 과정을 살펴보자.

$$
\begin{aligned}
F &= \bar{A}\bar{B}C + \bar{A}B\bar{C} + A\bar{B}\bar{C} + ABC = \bar{A}(\bar{B}C + B\bar{C}) + A(\bar{B}\bar{C} + BC)\\
&= \bar{A}(B \oplus C) + A(\overline{B \oplus C}) = A \oplus (B \oplus C) = A \oplus B \oplus C
\end{aligned}
$$

$$
\begin{aligned}
F &= \bar{A}\bar{B}\bar{C}D + \bar{A}\bar{B}C\bar{D} + \bar{A}B\bar{C}\bar{D} + \bar{A}BCD + A\bar{B}\bar{C}\bar{D} + A\bar{B}CD + AB\bar{C}D + ABC\bar{D}\\
&= \bar{A}\bar{B}(\bar{C}D + C\bar{D}) + \bar{A}B(\bar{C}\bar{D} + CD) + A\bar{B}(\bar{C}\bar{D} + CD) + AB(\bar{C}D + C\bar{D})\\
&= \bar{A}\bar{B}(C \oplus D) + \bar{A}B(\overline{C \oplus D}) + A\bar{B}(\overline{C \oplus D}) + AB(C \oplus D)\\
&= (\bar{A}\bar{B} + AB)(C \oplus D) + (\bar{A}B + A\bar{B})(\overline{C \oplus D})\\
&= (\overline{A \oplus B})(C \oplus D) + (A \oplus B)(\overline{C \oplus D}) = A \oplus B \oplus C \oplus D
\end{aligned}
$$

다음은 XNOR를 살펴보자. [그림 6-32]의 XNOR는 XOR와 반대로 입력 중에 1이 짝수 개일 때 출력이 1이 되는 게이트이므로 카르노 맵에 반대로 배치된다. [그림 6-33]은 2개 변수씩 그룹으로 묶었을 때 XOR나 XNOR가 되는 경우를 보여준다.

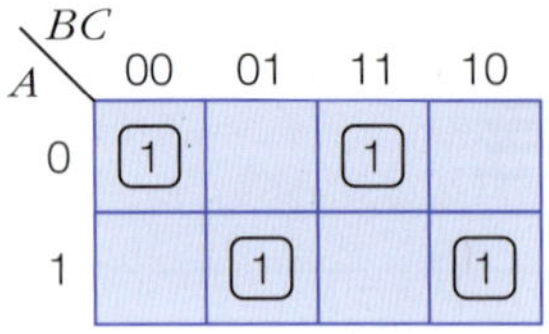

$$F = \overline{A}\,\overline{B}\,\overline{C} + \overline{A}BC + A\overline{B}C + AB\overline{C}$$
$$= \overline{A}(\overline{B}\,\overline{C} + BC) + A(\overline{B}C + B\overline{C})$$
$$= \overline{A}(\overline{B \oplus C}) + A(B \oplus C)$$
$$= \overline{A \oplus B \oplus C} = A \odot B \odot C$$

(a) 3변수 XNOR

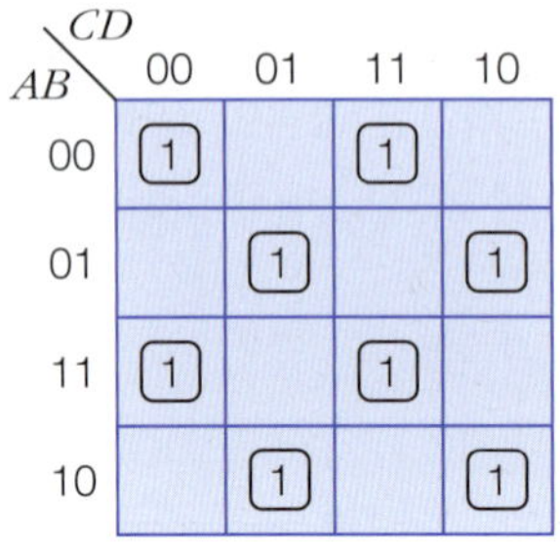

$$F = \overline{A}\,\overline{B}\,\overline{C}\,\overline{D} + \overline{A}\,\overline{B}CD + \overline{A}B\overline{C}D + \overline{A}BC\overline{D}$$
$$+ A\overline{B}\,\overline{C}D + A\overline{B}C\overline{D} + AB\overline{C}\,\overline{D} + ABCD$$
$$= \overline{A}\,\overline{B}(\overline{C}\,\overline{D} + CD) + \overline{A}B(\overline{C}D + C\overline{D})$$
$$+ A\overline{B}(\overline{C}D + C\overline{D}) + AB(\overline{C}\,\overline{D} + CD)$$
$$= \overline{A \oplus B \oplus C \oplus D}$$
$$= A \odot B \odot C \odot D$$

(b) 4변수 XNOR

그림 6-32 XNOR의 카르노 맵 표현

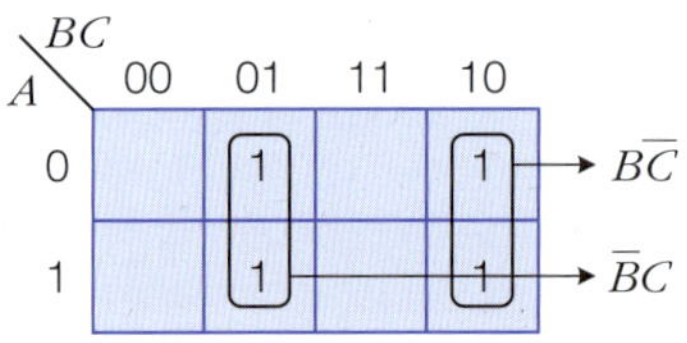

(a) $F = \overline{B}C + B\overline{C} = B \oplus C$

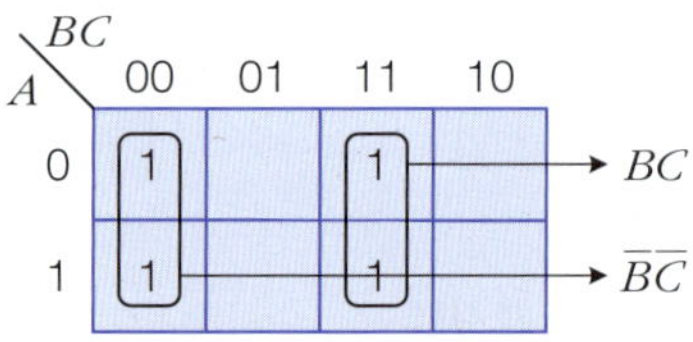

(b) $F = \overline{B}\,\overline{C} + BC = \overline{B \oplus C} = B \odot C$

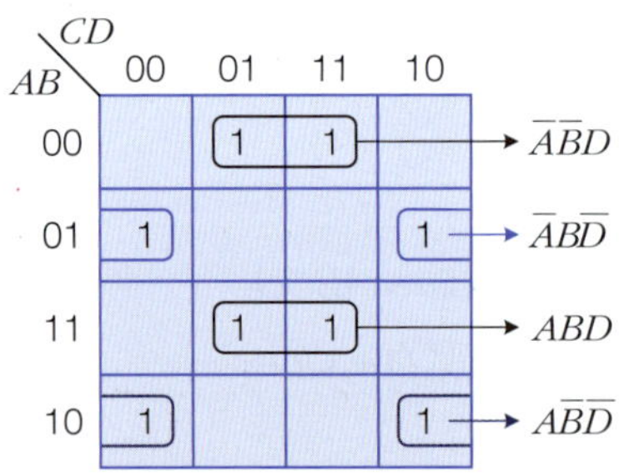

(c) $F = \overline{A}\,\overline{B}D + \overline{A}B\overline{D} + A\overline{B}\,\overline{D} + ABD$

$= \overline{A}(\overline{B}D + B\overline{D}) + A(\overline{B}\,\overline{D} + BD)$

$= \overline{A}(B \oplus D) + A(\overline{B \oplus D})$

$= A \oplus B \oplus D$

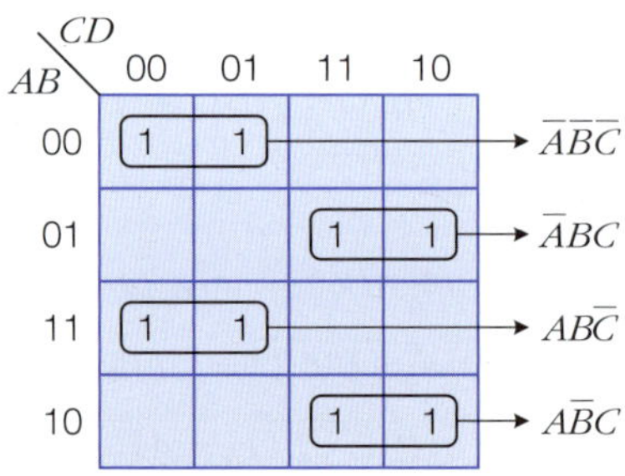

(d) $F = \overline{A}\,\overline{B}\,\overline{C} + \overline{A}BC + A\overline{B}C + AB\overline{C}$

$= \overline{A}(\overline{B}\,\overline{C} + BC) + A(\overline{B}C + B\overline{C})$

$= \overline{A}(\overline{B \oplus C}) + A(B \oplus C)$

$= \overline{A \oplus B \oplus C} = A \odot B \odot C$

그림 6-33 2개 항을 묶었을 경우 XOR 또는 XNOR 게이트의 카르노 맵 표현

TIP

XOR 또는 XNOR 카르노 맵 판별법

논리식을 써서 풀지 않고 카르노 맵만 봐도 XOR인지 XNOR인지 알 수 있다. 카르노 맵에서 그룹으로 묶은 다음 제거되는 변수를 제외한 다른 입력 변수의 1의 개수를 세어 홀수 개이면 XOR, 짝수 개이면 XNOR이다. 예를 들어, [그림 6-33(a)]에서 변수 A가 제거되고 나머지 BC가 '01' 또는 '10'이 되어 입력의 1의 개수가 홀수 개이므로 XOR이다.

예제 6-12

다음 논리 함수 F와 G를 XOR 게이트 또는 XNOR 게이트로 표현할 수 있는지 알아보라.

$$F(A,\ B,\ C,\ D) = \Sigma m(1,\ 3,\ 5,\ 7,\ 8,\ 10,\ 12,\ 14)$$

$$G(A,\ B,\ C,\ D) = \Sigma m(0,\ 2,\ 4,\ 6,\ 9,\ 11,\ 13,\ 15)$$

풀이

카르노 맵을 그려서 4개 항을 묶어서 간소하면 다음과 같다.

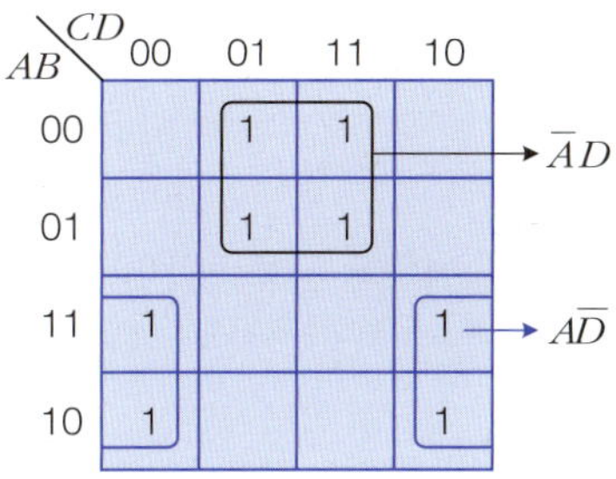

$F = \bar{A}D + A\bar{D} = A \oplus D$

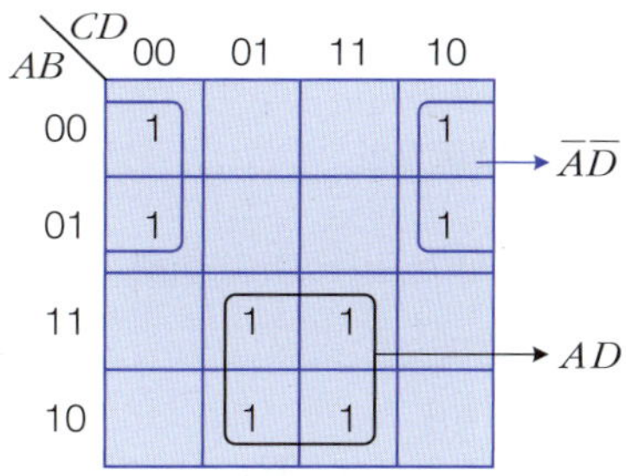

$G = \bar{A}\bar{D} + AD = \overline{A \oplus D} = A \odot D$

2입력 XOR 게이트의 출력은 4장에서 설명한 것처럼 입력된 신호가 서로 다를 때 출력이 1이 되므로 **배타적**이라 한다. 이를 논리식으로 표현하면 $F = \bar{A}B + A\bar{B} = A \oplus B$이다. 이 식을 회로로 나타내면 [그림 6-34]와 같다.

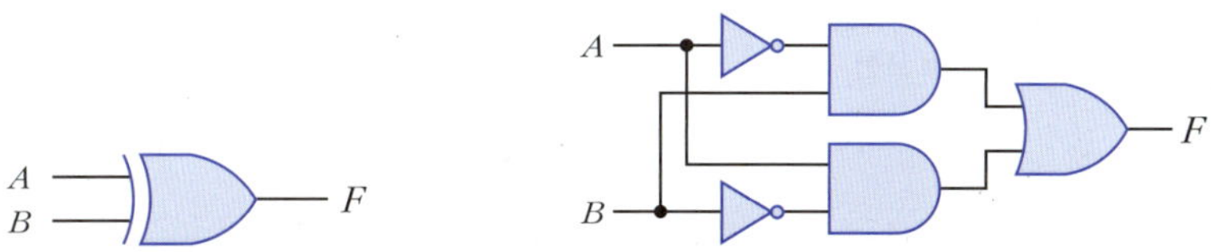

(a) 논리회로 기호 (b) NOT-AND-OR 회로

그림 6-34 XOR 게이트 표현

또한 XOR 게이트는 두 입력이 모두 0이거나 1이면 출력은 0이 된다. 이를 불 대수식으로 쓰면 $F = \overline{AB + \bar{A}\bar{B}} = (\overline{AB})(\overline{\bar{A}\bar{B}}) = (A + B)\overline{AB} = (A + B)(\bar{A} + \bar{B})$이며, 이를 회로로 나타내면 [그림 6-35]와 같다.

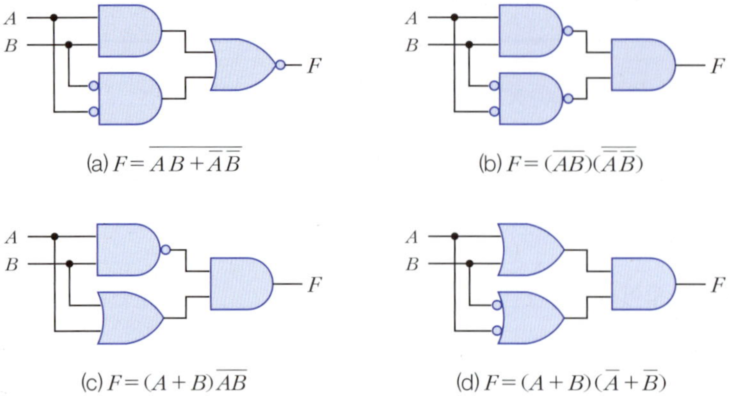

(a) $F=\overline{AB+\bar{A}\bar{B}}$ (b) $F=(\overline{AB})(\overline{\bar{A}\bar{B}})$

(c) $F=(A+B)\overline{AB}$ (d) $F=(A+B)(\bar{A}+\bar{B})$

그림 6-35 XOR 게이트의 다른 회로 표현

XOR 게이트를 NAND 게이트만으로 표현하기 위해 이중부정을 취하고 드모르간의 정리를 적용하면 다음 논리식과 같다.

$$
\begin{aligned}
F &= \overline{AB+\bar{A}\bar{B}} = (A+B)\overline{AB} = A\cdot\overline{AB}+B\cdot\overline{AB} \\
&= \overline{\overline{A\cdot\overline{AB}+B\cdot\overline{AB}}} = \overline{\overline{A\cdot\overline{AB}}\cdot\overline{B\cdot\overline{AB}}}
\end{aligned}
$$

위 식을 논리회로로 표현하면 [그림 6-36]과 같이 NAND 게이트만으로 표현된다.

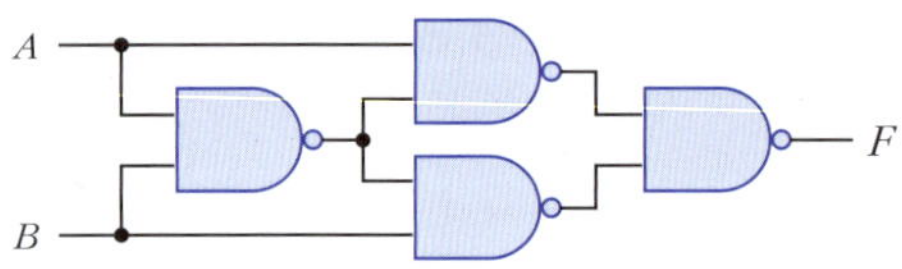

그림 6-36 XOR 게이트를 NAND 게이트만으로 표현

예제 6-13

다음의 NOR 게이트로 이루어진 회로는 어떤 게이트와 같은지 살펴보라.

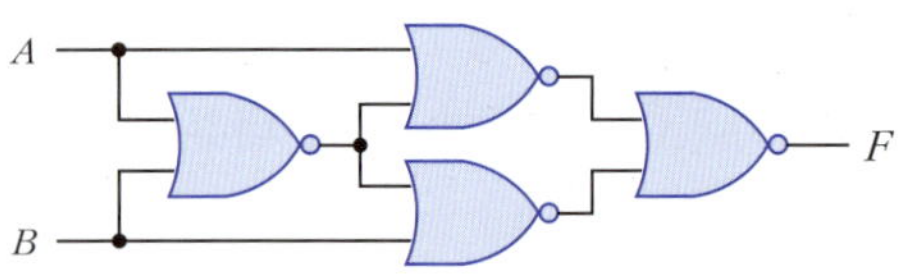

풀이

논리회로로부터 논리식을 작성하고 정리하면 XNOR 게이트가 된다.

$$
\begin{aligned}
F &= \overline{\overline{A+\overline{(A+B)}}+\overline{B+\overline{(A+B)}}} = \overline{\overline{A+\overline{(A+B)}}}\cdot\overline{\overline{B+\overline{(A+B)}}} \\
&= (A+\overline{(A+B)})\cdot(B+\overline{(A+B)}) = (A+\bar{A}\bar{B})\cdot(B+\bar{A}\bar{B}) \\
&= AB+\bar{A}\bar{B} = A\odot B
\end{aligned}
$$

01 다음 불 대수식을 3변수 카르노 맵을 이용해 간소화하라.

① $F(X, Y, Z)=\Sigma m(2, 3, 6, 7)$
② $F(X, Y, Z)=\Sigma m(3, 5, 6, 7)$
③ $F(A, B, C)=\Sigma m(0, 2, 3, 4, 6)$
④ $F(A, B, C)=\Sigma m(1, 3, 5, 7)$
⑤ $F(X, Y, Z)=XY+Y\overline{Z}+\overline{X}\overline{Y}\overline{Z}$
⑥ $F(A, B, C)=\overline{A}\overline{B}+BC+\overline{A}B\overline{C}$
⑦ $F(A, B, C)=\Sigma m(1, 2, 3, 4, 6, 7)$
⑧ $F(A, B, C)=\Sigma m(1, 2, 3, 6, 7)$
⑨ $F(A, B, C)=\Sigma m(0, 1, 5, 6, 7)$ (2가지 답)
⑩ $F(A, B, C)=\Sigma m(0, 1, 2, 5, 6, 7)$ (2가지 답)

02 다음 불 대수식을 4변수 카르노 맵을 이용해 간소화하라.

① $F(A, B, C, D)=\Sigma m(0, 2, 4, 5, 6, 7, 8, 10, 13, 15)$ (2가지 답)
② $F(A, B, C, D)=\Sigma m(1, 2, 3, 5, 6, 7, 8, 11, 13, 15)$
③ $F(A, B, C, D)=\Sigma m(2, 4, 5, 6, 7, 8, 10, 12, 13, 15)$ (2가지 답)
④ $F(A, B, C, D)=\Sigma m(0, 1, 2, 3, 4, 5, 6, 8, 9, 10, 12, 15)$
⑤ $F(A, B, C, D)=\Sigma m(2, 5, 7, 8, 10, 12, 13, 15)$
⑥ $F(A, B, C, D)=\Sigma m(0, 1, 2, 4, 6, 7, 8, 9, 10, 11, 12, 15)$
⑦ $F(A, B, C, D)=\Sigma m(0, 6, 8, 9, 10, 11, 13, 14, 15)$ (2가지 답)
⑧ $F(A, B, C, D)=\Sigma m(0, 4, 5, 6, 7, 8, 9, 10, 11, 13, 14, 15)$ (2가지 답)
⑨ $F(A, B, C, D)=\Sigma m(0, 2, 3, 5, 7, 8, 10, 11, 12, 13, 14, 15)$ (4가지 답)
⑩ $F(A, B, C, D)=\Sigma m(0, 1, 2, 4, 5, 6, 7, 8, 9, 10, 11, 13, 14, 15)$ (6가지 답)

03 어떤 진리표에서 입력 변수 A, B, C, D와 출력 변수 Y의 관계가 다음과 같이 주어졌을 때, 가장 간단한 논리식을 구하라.

- $ABCD=0000\sim0110$: $Y=0$
- $ABCD=0111$: $Y=1$
- $ABCD=1000\sim1001$: $Y=0$
- $ABCD=1010\sim1111$: Y는 무관항

04 다음은 4입력을 갖는 스위칭 회로망이다. A와 B는 2진수 N_1의 1번째와 2번째 비트를 나타내고, C와 D는 2진수 N_2의 1번째와 2번째 비트를 나타낸다. $N_1 \times N_2$가 2보다 크거나 같을 때만 회로망의 출력은 1이 된다.

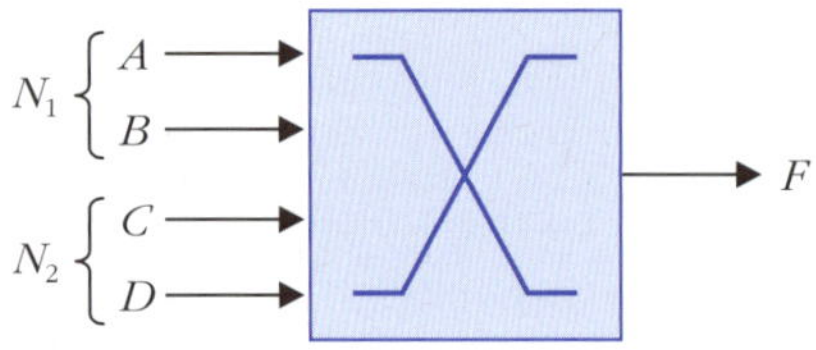

① F에 대한 최소항 전개식을 구하라.

② F에 대한 최대항 전개식을 구하라.

05 다음 그림과 같이 3개(A, B, C)의 8비트 값을 입력하여 어떤 논리 연산을 수행한 결과 출력 F를 얻었다. 이 논리회로의 진리표를 작성하고, 출력 F를 간소화한 형태로 나타내라.

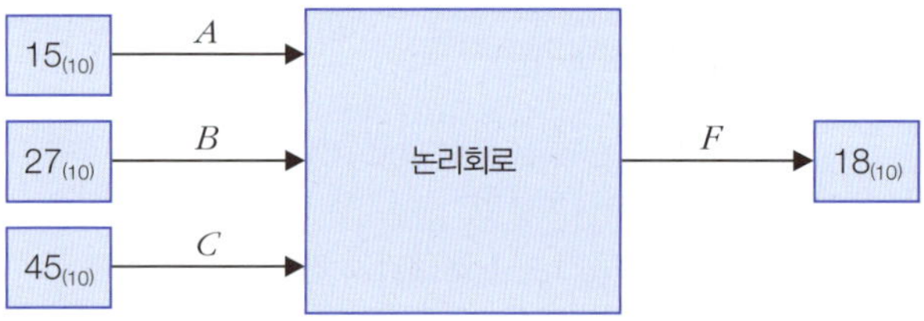

06 논리 연산을 수행하는 어떤 논리회로가 있다. 입력 A, B, C에 그림과 같은 파형이 입력되었을 때 F파형이 출력되었다. 이 논리회로의 진리표를 작성하고, 출력 F를 간소화한 형태로 나타내라. 단, A는 MSB, C는 LSB이다.

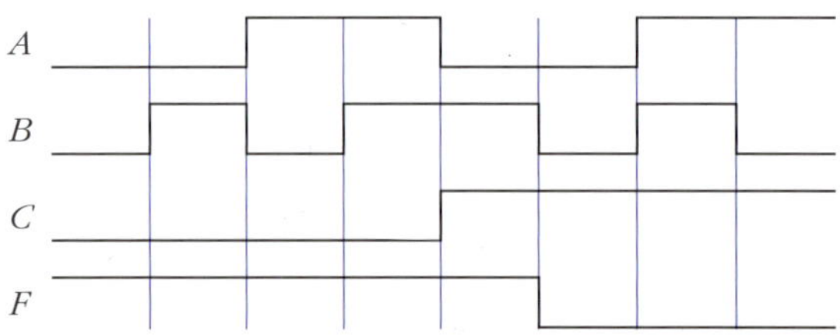

07 다음 논리식을 카르노 맵으로 나타내고 간소화할 수 있으면 간소화하라.

① $F = XY + YZ + X\bar{Y}Z$

② $F = \bar{Y}Z + WX\bar{Y} + WX\bar{Z} + \bar{W}\bar{X}Z$

③ $F = ABC + \bar{B}\bar{D} + \bar{A}BD$

④ $F = \bar{A}D + BD + \bar{B}C + A\bar{B}D$

⑤ $F = \bar{X}Z + \bar{W}X\bar{Y} + W(\bar{X}Y + X\bar{Y})$

⑥ $F = ABC + CD + B\bar{C}D + \bar{B}C$

⑦ $F = A\bar{B}C + \bar{B}\bar{C}\bar{D} + BCD + AC\bar{D} + \bar{A}\bar{B}C + \bar{A}B\bar{C}D$ (2가지 답)

⑧ $F = \bar{W}YZ + X\bar{Y}Z + WY + WX\bar{Y}\bar{Z} + WZ + XY\bar{Z}$

08 다음과 같이 무관 조건이 있을 때 카르노 맵을 이용해 간소화하라.

① $F(A, B, C) = \Sigma m(0, 1, 2, 4, 5) + \Sigma d(3, 6, 7)$

② $F(A, B, C, D) = \Sigma m(0, 6, 8, 13, 14) + \Sigma d(2, 4, 10)$

③ $F(A, B, C, D) = \Sigma m(1, 3, 5, 7, 9, 15) + \Sigma d(4, 6, 12, 13)$

④ $F(A, B, C, D) = \Sigma m(0, 1, 2, 3, 7, 8, 10) + \Sigma d(5, 6, 11, 15)$

⑤ $F(A, B, C, D) = \Sigma m(3, 4, 13, 15) + \Sigma d(1, 2, 5, 6, 8, 10, 12, 14)$

⑥ $F(A, B, C, D) = \Sigma m(1, 3, 5, 6, 7, 13, 14) + \Sigma d(8, 10, 12)$ (2가지 답)

⑦ $F(A, B, C, D) = \Sigma m(3, 8, 10, 13, 15) + \Sigma d(0, 2, 5, 7, 11, 12, 14)$ (8가지 답)

⑧ $F(A, B, C, D) = \Sigma m(4, 6, 9, 10, 11, 12, 13, 14) + \Sigma d(2, 5, 7, 8)$ (3가지 답)

⑨ $F(A, B, C, D) = \Sigma m(1, 3, 6, 8, 11, 14) + \Sigma d(2, 4, 5, 13, 15)$ (3가지 답)

⑩ $F(A, B, C, D) = \Sigma m(0, 2, 3, 5, 7, 8, 9, 10, 11) + \Sigma d(4, 15)$ (3가지 답)

⑪ $F(A, B, C, D) = \Sigma m(0, 2, 4, 5, 10, 12, 15) + \Sigma d(8, 14)$ (2가지 답)

⑫ $F(A, B, C, D) = \Sigma m(5, 7, 9, 11, 13, 14) + \Sigma d(2, 6, 10, 12, 15)$ (4가지 답)

09 다음 불 함수를 POS 형태로 간소화하라.

① $F(X, Y, Z) = \Sigma m(2, 3, 6, 7)$　　② $F(X, Y, Z) = \Sigma m(3, 5, 6, 7)$

③ $F(X, Y, Z) = \Sigma m(0, 2, 3, 4, 6)$　　④ $F(X, Y, Z) = \Sigma m(1, 3, 5, 7)$

⑤ $F(A, B, C, D) = \Pi M(1, 3, 5, 7, 13, 15)$

⑥ $F(W, X, Y, Z) = \Sigma m(0, 2, 5, 6, 7, 8, 10)$

⑦ $F(A, B, C, D) = \Sigma m(0, 2, 4, 5, 6, 7, 8, 10, 13, 15)$

⑧ $F(A, B, C, D) = \Sigma m(0, 2, 3, 5, 7, 8, 10, 11, 14, 15)$

⑨ $F(A, B, C, D) = \Sigma m(1, 3, 5, 10, 11, 12, 13, 14, 15)$

10 다음 불 함수를 SOP와 POS로 나타내라.

① $F = (AB + C)(B + \bar{C}D)$

② $F = \bar{X} + X(X + \bar{Y})(Y + \bar{Z})$

③ $F = A\bar{C} + \bar{B}D + \bar{A}CD + ABCD$

④ $F = (\bar{A} + \bar{B} + \bar{D})(A + \bar{B} + \bar{C})(\bar{A} + B + \bar{D})(B + \bar{C} + \bar{D})$

⑤ $F = (\bar{A} + \bar{B} + D)(\bar{A} + \bar{D})(A + B + \bar{D})(A + \bar{B} + C + D)$

11 다음 식을 SOP로 표현하라.

① $F = (A + B + C + \bar{D})(B + \bar{C} + D)(A + C)$

② $F = (\bar{A} + B + \bar{C})(B + \bar{C} + D)(\bar{B} + \bar{D})$

③ $F = (\bar{A} + B)(C + D)(\bar{A} + C)(B + \bar{C} + D)$

④ $F = (A + B + C)(\bar{B} + C + D)(A + \bar{B} + D)(B + \bar{C} + \bar{D})$

12 다음 SOP를 POS로 변환하라.

① $F = AC + \bar{A}\bar{D}$ ② $F = \bar{A}B\bar{C} + ABC + BD$

③ $F = B\bar{C}D + \bar{A}\bar{B}D + \bar{B}C\bar{D}$

13 다음 논리식에서 SOP 및 POS의 최소항과 최대항을 각각 구하라.

① $F(A, B, C, D) = \Sigma m(2, 3, 5, 7, 10, 13, 14, 15)$ (답 : SOP 1개, POS 1개)

② $F(A, B, C, D) = \Sigma m(3, 4, 9, 13, 14, 15) + \Sigma d(2, 5, 10, 12)$ (답 : SOP 1개, POS 2개)

③ $F(A, B, C, D) = \Sigma m(4, 6, 11, 12, 13) + \Sigma d(3, 5, 7, 9, 10, 15)$ (답 : SOP 2개, POS 8개)

④ $F(A, B, C, D) = \Sigma m(1, 5, 6, 7, 8, 9, 10, 12, 13, 14, 15)$ (답 : SOP 1개, POS 2개)

⑤ $F(A, B, C, D) = \Sigma m(0, 2, 4, 6, 7, 9, 11, 12, 13, 14, 15)$ (답 : SOP 2개, POS 1개)

⑥ $F(A, B, C, D) = \Sigma m(1, 4, 5, 6, 7, 9, 11, 13, 15)$ (답 : SOP 1개, POS 1개)

⑦ $F(A, B, C, D) = \Sigma m(2, 4, 5, 6, 7, 10, 11, 15)$ (답 : SOP 1개, POS 1개)

⑧ $F(A, B, C, D) = \Sigma m(0, 4, 6, 9, 10, 11, 14) + \Sigma d(1, 3, 5, 7)$ (답 : SOP 1개, POS 1개)

⑨ $F(A, B, C, D) = \Sigma m(4, 6, 9, 10, 11, 13) + \Sigma d(2, 12, 15)$ (답 : SOP 2개, POS 2개)

⑩ $F(A, B, C, D) = \Sigma m(0, 1, 2, 5, 7, 9) + \Sigma d(6, 8, 11, 13, 14, 15)$ (답 : SOP 4개, POS 2개)

⑪ $F(A, B, C, D) = \Sigma m(0, 1, 4, 6, 10, 14) + \Sigma d(5, 7, 8, 9, 11, 12, 15)$ (답 : SOP 13개, POS 3개)

⑫ $F(A, B, C, D) = \Sigma m(1, 3, 7, 11, 13, 14) + \Sigma d(0, 2, 5, 8, 10, 12, 15)$ (답 : SOP 6개, POS 1개)

14 다음 회로를 논리식으로 나타내고 간소화하여 다시 그려라.

①

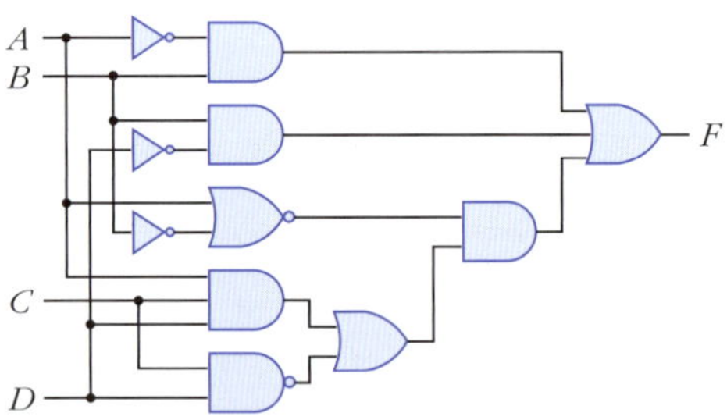

②

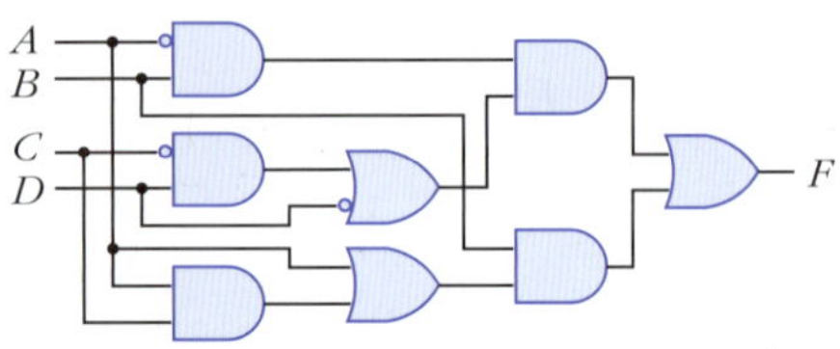

③

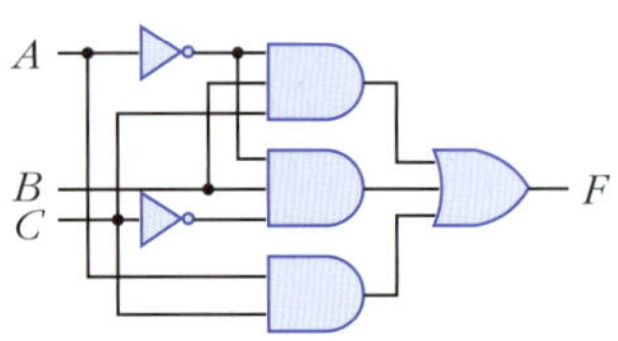

④

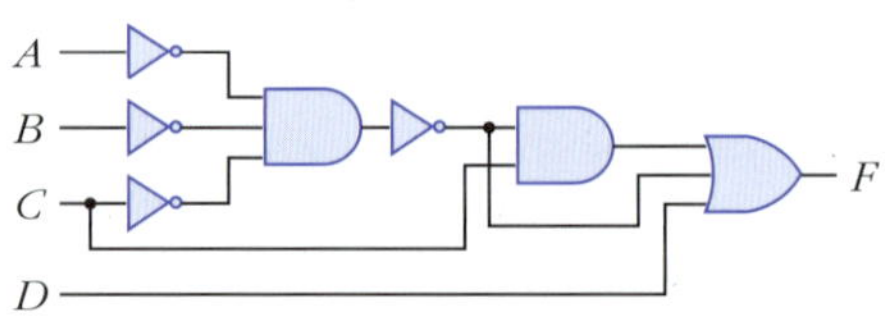

15 다음 논리식을 5변수 카르노 맵으로 간소화하라.

① $F(A, B, C, D, E) = \Sigma m(0, 1, 4, 5, 16, 17, 21, 25, 29)$

② $F(A, B, C, D, E) = \bar{A}\bar{B}C\bar{E} + \bar{A}\bar{B}\bar{C}\bar{D} + \bar{B}\bar{D}\bar{E} + \bar{B}C\bar{D} + CD\bar{E} + BD\bar{E}$

③ $F(A, B, C, D, E) = \Sigma m(0, 5, 7, 9, 11, 13, 15, 18, 19, 22, 23, 25, 27, 28, 29, 31)$

④ $F(A, B, C, D, E) = \Sigma m(0, 2, 4, 7, 8, 10, 15, 17, 20, 21, 23, 25, 26, 27, 29, 31)$

⑤ $F(A, B, C, D, E) = \Sigma m(1, 3, 10, 14, 21, 26, 28, 30) + \Sigma d(5, 12, 17, 29)$

⑥ $F(A, B, C, D, E) = \Sigma m(0, 1, 2, 4, 5, 6, 10, 13, 14, 18, 21, 22, 24, 26, 29, 30)$

16 다음 논리식을 6변수 카르노 맵으로 간소화하라.

① $F(A, B, C, D, E, F) = \Sigma m(0, 4, 6, 8, 9, 11, 12, 13, 15, 16, 20, 22, 24, 25, 27, 28, 29, 31, 32, 34, 36, 38, 40, 41, 42, 43, 45, 47, 48, 49, 54, 56, 57, 59, 61, 63)$

② $F(A, B, C, D, E, F) = \Sigma m(4, 5, 6, 7, 8, 10, 13, 15, 18, 20, 21, 22, 23, 26, 29, 30, 31, 33, 36, 37, 38, 39, 40, 42, 49, 52, 53, 54, 55, 60, 61)$

③ $F(A, B, C, D, E, F) = \Sigma m(2, 3, 6, 7, 8, 12, 14, 17, 19, 21, 23, 25, 27, 28, 29, 30, 32, 33, 34, 35, 40, 44, 46, 49, 51, 53, 55, 57, 59, 61, 62, 63)$

④ $F(A, B, C, D, E, F) = \Sigma m(0, 1, 2, 4, 5, 6, 7, 9, 13, 15, 17, 19, 21, 23, 26, 27, 29, 30, 31, 33, 37, 39, 40, 42, 44, 45, 46, 47, 49, 53, 55, 57, 59, 60, 61, 62, 63)$
(2가지 답)

17 연습문제 **14**번의 결과를 NAND와 NOR 게이트만으로 나타내라.

18 다음 불 대수식을 간소화하고 NAND 게이트만으로 나타내라. 단, 입력으로서 A, B, C, D뿐만 아니라 그 반전도 이용 가능하다고 가정한다.

① $F = A\bar{B} + \bar{C}\bar{D} + \bar{A}C\bar{D}$

② $F = \bar{A}B + A(\bar{B} + CD)$

19 다음 불 대수식을 간소화하고 NOR 게이트만으로 나타내라. 단, 입력으로서 A, B, C, D뿐만 아니라 그 반전도 이용 가능하다고 가정한다.

① $F(A, B, C, D) = A\bar{B} + ABD + AB\bar{D} + \bar{A}\bar{C}\bar{D} + \bar{A}B\bar{C}$

② $F(A, B, C, D) = BD + BC\bar{D} + AB\bar{C}D$

③ $F(A, B, C, D) = \Sigma m(0, 1, 2, 3, 7, 8, 10) + \Sigma d(5, 6, 11,15)$

20 다음 불 대수식을 XOR와 AND 게이트로 나타내라.

$$F = A\bar{B}C\bar{D} + \bar{A}BC\bar{D} + A\bar{B}\bar{C}D + \bar{A}B\bar{C}D$$

01 변수의 수가 3이라면 카르노 맵에서 몇 개의 칸이 요구되는가?

① 2칸　　② 4칸
③ 6칸　　④ 8칸

02 다음 진리표의 카르노 맵을 작성한 것 중 옳은 것은?

입력		출력
A	B	Y
0	0	0
0	1	1
1	0	0
1	1	1

①

$B \backslash A$	0	1
0	1	1
1	0	0

②

$B \backslash A$	0	1
0	0	0
1	1	1

③

$B \backslash A$	0	1
0	0	1
1	1	0

④

$B \backslash A$	0	1
0	1	0
1	1	0

03 다음 카르노 맵에 의한 논리식은?

$B \backslash A$	0	1
0	0	1
1	0	1

① A
② B
③ AB
④ $A+B$

04 다음 카르노 맵을 간소화시킨 결과는?

$X_1 \backslash X_2$	0	1
0	1	1
1	1	0

① $X_1+\overline{X_1}\cdot X_2$
② X_1+X_2
③ $\overline{X_1}+X_1\cdot\overline{X_2}$
④ $\overline{X_1}+\overline{X_2}$

05 다음 진리표를 간소화한 결과 Y는?

A	B	Y
0	0	1
0	1	0
1	0	1
1	1	1

① $Y=A+\bar{B}$
② $Y=\bar{A}+B$
③ $Y=\bar{A}+\bar{B}$
④ $Y=AB$

06 다음의 논리식을 카르노 맵으로 옮긴 것은?

$$Y=\bar{A}BC+A\bar{B}C+ABC+\bar{A}\bar{B}C$$

①

$A \backslash BC$	00	01	11	10
0		1		
1		1	1	1

②

$A \backslash BC$	00	01	11	10
0			1	
1		1	1	1

③

$A \backslash BC$	00	01	11	10
0				1
1		1	1	1

④

$A \backslash BC$	00	01	11	10
0		1	1	
1		1	1	

07 다음 카르노 맵을 간소화하면?

$z \backslash xy$	00	01	11	10
0	0	0	0	0
1	1	1	0	0

① $\bar{x}z$　　② $\bar{x}\bar{z}y$
③ $x+\bar{y}+\bar{z}$　　④ $\bar{x}y+y$

08 다음 카르노 맵을 가장 간단한 논리식으로 나타내면?

$C \backslash AB$	00	01	11	10
0	0	0	0	1
1	1	0	0	1

① $AB+\bar{B}C$　　② $(A+C)\bar{B}$
③ $A\bar{B}+BC$　　④ $(B+C)\bar{A}$

09 다음과 같이 표시된 카르노 맵을 간소화한 식은?

$A \backslash BC$	00	01	11	10
0	0	1	1	0
1	0	1	1	0

① $\bar{B}C$　　② BC　　③ C　　④ $\bar{A}C$

10 다음과 같은 카르노 맵을 가장 간단한 논리식으로 나타내면?

$C \backslash AB$	00	01	11	10
0	1	0	0	1
1	1	0	0	1

① $\bar{A}\bar{B}$ ② $\bar{B}$ ③ $\bar{A}$ ④ $\bar{A}B$

11 다음 카르노 맵에 나타낸 논리 함수를 간단히 하면?

$C \backslash AB$	00	01	11	10
0	0	1	1	0
1	0	1	1	1

① $A+AC$ ② $A+A\bar{B}$
③ $\bar{B}+A\bar{B}$ ④ $B+AC$

12 다음 카르노 맵을 간략화하면?

$A \backslash BC$	00	01	11	10
0	1	1	1	1
1	0	0	1	0

① $\bar{A}$ ② $\bar{A}+BC$
③ $A+\bar{B}C$ ④ ABC

13 카르노 맵이 그림과 같을 경우 간략화한 결과 Y는?

$A \backslash BC$	00	01	11	10
0	1		1	1
1	1			1

① $Y=ABC$ ② $Y=A+B+C$
③ $Y=A+\bar{B}\bar{C}$ ④ $Y=\bar{A}B+\bar{C}$

14 그림과 같은 카르노 맵이 있을 때 간소화하여 얻은 논리식으로 옳은 것은?

$A \backslash BC$	00	01	11	10
0	1	0	0	1
1	1	1	×	1

① $Y=A$ ② $Y=BC+AC$
③ $Y=\bar{C}+A$ ④ $Y=\bar{C}+AB$

15 다음 진리표에서 출력 Y를 간소화하면?

입력			출력
A	B	C	Y
0	0	0	1
0	0	1	0
0	1	0	1
0	1	1	0
1	0	0	1
1	0	1	0
1	1	0	1
1	1	1	0

① $Y-\bar{A}B$
② $Y=AB$
③ $Y=A+\bar{B}$
④ $Y=\bar{C}$

16 다음 진리표의 논리식이 옳은 것은?

A	B	C	X
0	0	0	1
0	0	1	1
0	1	0	1
0	1	1	1
1	0	0	1
1	0	1	1
1	1	0	0
1	1	1	0

① $X=\bar{B}+\bar{C}$
② $X=\bar{A}+\bar{B}$
③ $X=A+B$
④ $X=\bar{B}+C$

17 다음의 진리표를 보고 논리식을 최소화하면?

A	B	C	F
0	0	0	0
0	0	1	0
0	1	0	0
0	1	1	1
1	0	0	0
1	0	1	1
1	1	0	1
1	1	1	1

① $F=AB+BC+AC$
② $F=\bar{A}B+B\bar{C}+A\bar{B}$
③ $F=A+B+C$
④ $F=ABC$

18 다음 카르노 맵의 함수를 간소화하면?

$AB \backslash CD$	$\bar{C}\bar{D}$	$\bar{C}D$	CD	$C\bar{D}$
$\bar{A}\bar{B}$	0	0	0	0
$\bar{A}B$	0	0	0	0
AB	0	0	1	1
$A\bar{B}$	0	0	1	1

① AB ② AC ③ AD ④ $\bar{A}\bar{B}$

19 다음 카르노 맵으로 표시된 함수를 간소화하면?

$AB \backslash CD$	$\bar{C}\bar{D}$	$\bar{C}D$	CD	$C\bar{D}$
$\bar{A}\bar{B}$	0	0	0	0
$\bar{A}B$	0	0	0	0
AB	1	1	1	1
$A\bar{B}$	0	0	0	0

① AB ② BC ③ $\bar{A}D$ ④ $A\bar{C}$

20 그림과 같은 카르노 맵에서 얻어지는 불 대수식은?

$AB \backslash CD$	$\bar{C}\bar{D}$	$\bar{C}D$	CD	$C\bar{D}$
$\bar{A}\bar{B}$	0	0	0	0
$\bar{A}B$	1	0	0	1
AB	1	0	0	1
$A\bar{B}$	0	0	0	0

① $Y=B\bar{D}$ ② $Y=\bar{B}D$
③ $Y=AB$ ④ $Y=\bar{A}\bar{B}$

21 다음 그림과 같이 표시된 카르노 맵을 간소화한 함수 F는?

$AB \backslash CD$	00	01	11	10
00	1			1
01				
11				
10	1			1

① $F=\bar{B}\cdot\bar{D}$ ② $F=\bar{B}+\bar{D}$
③ $F=B+\bar{D}$ ④ $F=\bar{B}+D$

22 다음 카르노 맵을 간소화하였을 때 얻어지는 논리식은?

$CD \backslash AB$	00	01	11	10
00	0	0	0	0
01	1	1	0	1
11	1	1	0	1
10	0	0	0	0

① $(\bar{A}+\bar{B})D$ ② $\bar{A}\bar{B}D+\bar{A}BD+A\bar{B}D$
③ $\bar{A}D+A\bar{B}D$ ④ $\bar{A}+D$

23 다음 카르노 맵을 간략화하였을 때 얻어지는 논리식은?

$AB \backslash CD$	00	01	11	10
00	0	1	1	0
01	0	1	1	0
11	0	0	0	0
10	0	1	1	0

① $\bar{A}+D$ ② $\bar{A}D+\bar{B}D$
③ $\bar{A}D+A\bar{B}$ ④ $\bar{A}\bar{B}D+\bar{A}BD+A\bar{B}D$

24 그림과 같은 4변수 카르노 맵을 간단히 했을 때 논리식은?

$CD \backslash AB$	00	01	11	10
00	1			1
01		1	1	
11		1	1	
10	1			1

① $A\bar{C}+\bar{A}C$ ② $A\bar{D}+\bar{B}C$
③ $A\bar{B}+AC$ ④ $BD+\bar{B}\bar{D}$

25 다음 카르노 맵을 간소화한 결과는?

$AB \backslash CD$	00	01	11	10
00	0	1	1	1
01	0	0	0	1
11	1	1	0	1
10	1	1	0	1

① $\bar{A}\bar{B}D+AC+C\bar{D}$ ② $\bar{A}\bar{B}D+A\bar{C}+CD$
③ $\bar{A}\bar{B}D+A\bar{C}+C\bar{D}$ ④ $\bar{A}\bar{B}D+AC+CD$

26 다음 카르노 맵을 논리식으로 간소화한 결과식은?

$CD \backslash AB$	00	01	11	10
00	1	1		1
01		1	1	
11		1	1	
10	1	1		1

① $\bar{A}B+BC+\bar{B}\bar{D}$ ② $\bar{A}B+BD+\bar{B}\bar{D}$
③ $\bar{A}B+AC+\bar{B}\bar{D}$ ④ $A\bar{B}+\bar{B}\bar{D}+\bar{A}\bar{C}$

27 다음 카르노 맵을 최소화할 경우 맞는 것은?

AB \ CD	00	01	11	10
00	1	0	0	1
01	1	1	1	1
11	0	0	1	0
10	1	0	0	1

① $A\bar{B}+\bar{B}\bar{D}+\bar{B}CD$　② $\bar{A}B+\bar{D}+BCD$
③ $\bar{A}B+\bar{B}\bar{D}+BCD$　④ $A\bar{B}+D+\bar{B}CD$

28 다음 카르노 맵에 대한 간소화된 논리 함수는?

AB \ CD	00	01	11	10
00	0	0	1	0
01	1	1	1	0
11	0	1	1	1
10	0	1	0	0

① $\bar{A}B\bar{C}+A\bar{C}D+ABC+\bar{A}CD$
② $BD+\bar{C}\bar{D}+C\bar{D}+A\bar{B}$
③ $BD+\bar{A}B+\bar{C}D+C\bar{D}$
④ $\bar{A}B\bar{C}+ACD+AB\bar{C}+A\bar{C}D$

29 다음 카르노 맵을 간소화한 논리식은?

AB \ CD	$\bar{C}\bar{D}$	$\bar{C}D$	CD	$C\bar{D}$
$\bar{A}\bar{B}$	0	0	0	0
$\bar{A}B$	0	0	0	0
AB	1	1	1	1
$A\bar{B}$	1	1	1	1

① $Y=A$　② $Y=B$
③ $Y=AB+\overline{CD}$　④ $Y=A\bar{B}+\bar{C}D$

30 다음과 같은 카르노 맵을 간소화한 것은?

AB \ CD	00	01	11	10
00	1	1	0	0
01	1	1	0	1
11	1	1	0	1
10	1	1	0	0

① $A+BC$　② $\bar{B}+AC$
③ $\bar{B}+C\bar{D}$　④ $\bar{C}+B\bar{D}$

31 다음의 카르노 맵을 간략화한 논리식으로 옳은 것은?

CD \ AB	00	01	11	10
00	1	1	1	1
01			1	
11	1		1	1
10	1	1	1	1

① $AB+B\bar{C}+\bar{A}\bar{D}$　② $AB+\bar{B}C+\bar{A}\bar{D}$
③ $AB+\bar{B}C+\bar{A}$　④ $AB+\bar{B}C+\bar{D}$

32 다음 카르노 맵을 간략화하면?

AB \ CD	00	01	11	10
00	x	0	1	x
01	1	0	1	1
11	0	x	x	0
10	1	x	0	1

① $\bar{A}\bar{D}+\bar{A}C+\bar{B}\bar{D}$　② $\bar{B}\bar{D}+A\bar{C}+AD$
③ $B\bar{D}+A\bar{C}+\bar{C}\bar{D}$　④ $\bar{A}\bar{D}+B\bar{D}+ABD$

33 4변수들에 대한 카르노 맵이 그림과 같이 주어졌을 경우 이를 불 대수식으로 표현하면?

AB \ CD	00	01	11	10
00		1		1
01	1		1	
11		1		1
10	1		1	

① $A\oplus B\oplus C\oplus D$　② $(A+B)\oplus(C+D)$
③ $(A\oplus B)+(C\oplus D)$　④ $AB\oplus CD$

34 다음 카르노 맵을 간단히 한 논리식 F와 같은 게이트는?

AB \ CD	00	01	11	10
00				
01	1	1	1	1
11				
10	1	1	1	1

① 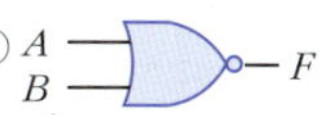

② 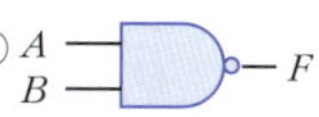

③ 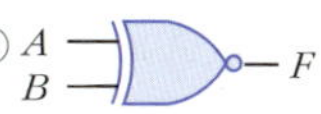

④ 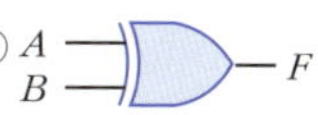

35 논리식 $A+\bar{A}B$를 간단히 하면?

① $A+B$　② $\bar{A}+B$
③ $\bar{A}+\bar{B}$　④ A

36 논리식 $B(A+B)$를 간단히 한 것은?

① A　② B　③ 1　④ AB

37 논리식 $\bar{A}B+AB+\bar{A}\bar{B}$를 간소화한 식은?

① $A+B$　② $\bar{A}+B$
③ $A+\bar{B}$　④ $\bar{A}+\bar{B}$

38 논리식 $Y=AB+A\bar{B}+\bar{A}B$를 간소화하면?

① $A+B$　② AB
③ $A+\bar{B}$　④ $A\cdot\bar{B}$

39 다음 논리식을 간소화하면 어떻게 되는가?

$$Y=\bar{A}+\bar{B}+AB$$

① $Y=\bar{A}$　② $Y=1$
③ $Y=\bar{B}$　④ $Y=\bar{A}+\bar{B}$

40 논리식 $A\cdot\bar{B}+B+A\cdot C$를 간단히 하면?

① $A+B$　② $\bar{A}+B$
③ $A+\bar{B}$　④ $\bar{A}+\bar{B}$

41 다음 논리식을 간단히 하면?

$$AB+AC+B\bar{C}$$

① $AC+B\bar{C}$　② $AB+\bar{B}C$
③ $AC+B$　④ $AB+C$

42 $Y=AB+AC+A\bar{B}\bar{C}$를 간단히 하면?

① A　② $\bar{A}$　③ B　④ $\bar{B}$

43 논리식 $\bar{x}\bar{y}z+\bar{x}yz+x\bar{y}$를 간소화하면?

① $\bar{x}z+x\bar{y}$　② $x\bar{z}+x\bar{y}$
③ $\bar{x}\bar{z}+x\bar{y}$　④ $\bar{x}z+xy$

44 불 대수식 $Y=ABC+A\bar{B}C+AB\bar{C}$를 간단히 하면?

① AB　② AC
③ ABC　④ $A(B+C)$

45 다음과 같은 논리 함수를 카르노 맵을 이용해 간소화한 식은?

$$f=\bar{x}\bar{y}\bar{z}+x\bar{y}\bar{z}+\bar{x}y\bar{z}+x\bar{y}z+xy\bar{z}$$

① $f=x\bar{y}+\bar{z}y$　② $f=xy+\bar{x}\bar{z}$
③ $f=\bar{z}+x\bar{y}$　④ $f=xy+\bar{x}\bar{y}$

46 논리식 $Y=ABC+\bar{A}BC+A\bar{B}C+B\bar{C}$를 간단히 하면?

① $AB+C$　② $AC+B$
③ ABC　④ $A+BC$

47 다음 $\bar{A}C+\bar{A}B+A\bar{B}C+BC$의 식을 간소화한 것은?

① $A\bar{B}+\bar{A}C$　② $C+\bar{A}B$
③ $\bar{A}+\bar{B}C$　④ $B+\bar{A}C$

48 다음 중 논리식 $(A+B)(\bar{A}+C)$를 간단히 하면?

① $\bar{A}B+AC$　② $\bar{A}B+BC$
③ $AC+BC$　④ $\bar{A}+ABC$

49 다음 논리식을 간단히 하면?

$$(A+B)(C+A)+ABC$$

① BC　② 1
③ $A+BC$　④ $A+B+C$

50 다음 불 함수를 간소화한 것은?

$$F=\bar{A}\bar{B}\bar{C}+\bar{B}C\bar{D}+\bar{A}BC\bar{D}+A\bar{B}\bar{C}$$

① $F=\bar{B}D+\bar{B}C+AC\bar{D}$
② $F=BD+\bar{B}\bar{C}+\bar{A}\bar{C}D$
③ $F=\bar{B}\bar{D}+\bar{B}\bar{C}+\bar{A}C\bar{D}$
④ $F=B\bar{D}+BC+\bar{A}CD$

51 다음 논리 함수를 간소화하면?

$$F(A,B,C,D)=A\bar{B}C+\bar{A}BD+A\bar{C}(B\bar{C}+\bar{C}\bar{D})+A\bar{B}D$$

① $F(A,B,C,D)=A\bar{C}+A\bar{B}+\bar{A}BD$
② $F(A,B,C,D)=A\bar{C}+A\bar{B}+\bar{A}BD+\bar{A}BC$
③ $F(A,B,C,D)=A\bar{C}+A\bar{B}+\bar{A}BD+B\bar{C}D$
④ $F(A,B,C,D)=A\bar{C}+A\bar{B}+\bar{A}BD+BD$

52 다음 불 대수식을 간단히 하면?

$$AB\bar{C}\oplus\bar{B}C\oplus(\bar{A}C+B\bar{C})\oplus A\bar{B}$$

① $AB+\bar{A}C+A\bar{B}C$　② $AB+BC+A\bar{B}C$
③ $\bar{A}B+A\bar{B}\bar{C}$　④ $\bar{A}B+B\bar{C}+A\bar{C}$

53 다음 불 함수를 간소화하였을 때 결과식으로 옳은 것은?

$$f(x,y,z)=\Sigma m(1,3,4,6)$$

① $f(x,y,z)=\bar{x}y$　② $f(x,y,z)=\bar{y}\bar{z}$
③ $f(x,y,z)=x$　④ $f(x,y,z)=\bar{x}z+x\bar{z}$

54 $F(A, B, C) = \Sigma m(0, 2, 4, 6)$의 최소항으로 표시된 논리식을 간소화하면?

① $\bar{A}$　② A　③ $\bar{C}$　④ C

55 $f(x, y, z) = \Sigma m(1, 3, 4, 5, 7)$을 간단히 나타내면?

① $f = \bar{x}y + z$　② $f = x\bar{y} + z$

③ $f = xyz$　④ $f = x + yz$

56 $F(A, B, C) = \Sigma m(0, 1, 4, 5, 7)$로 주어질 때, 간소화하여 논리회로를 구성하면?

①
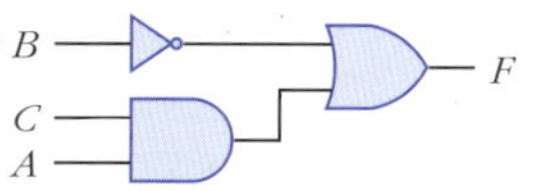

②
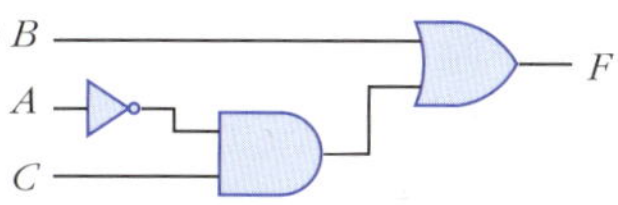

③
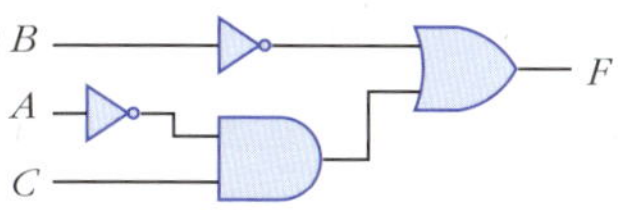

④
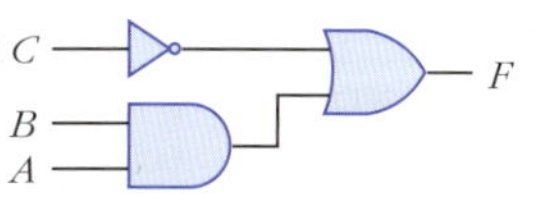

57 다음 표준형 불 함수(sum of minterms)를 카르노 맵을 이용해 간소화한 것 중 옳은 것은?

$$Y(A, B, C, D) = \Sigma m(0, 2, 4, 6, 8, 10)$$

① $\bar{A}\bar{D} + AC$　② $\bar{B}\bar{C} + CD$

③ ABC　④ $\bar{A}\bar{D} + \bar{B}\bar{D}$

58 다음 불 함수를 간단히 하면?

$$F(A, B, C) = \Sigma m(0, 2, 4, 5, 6)$$

① $A\bar{B} + BC + \bar{B}\bar{C}$　② $A + B + \bar{C}$

③ $\bar{A}B + B\bar{C}$　④ $\bar{C} + A\bar{B}$

59 $F(A, B, C, D) = \Sigma m(0, 1, 2, 5, 8, 9, 10)$을 max-term(product of sums)으로 간소화한 것은?

① $F = \bar{B}\bar{D} + \bar{B}\bar{C} + \bar{A}\bar{C}D$

② $F = AB + CD + B\bar{D}$

③ $F = (\bar{A} + \bar{B})(\bar{C} + \bar{D})(\bar{B} + D)$

④ $F = (B + D)(B + C)(A + C + \bar{D})$

60 다음 논리식 중 등식이 성립되지 않는 것은?

① $A + \bar{A}BC = A + BC$

② $AB + A\bar{B} = A$

③ $AB + \bar{A}C + BC = AB + \bar{A}C$

④ $A\bar{B} + \bar{A}B = (A + B)(\bar{A} \cdot \bar{B})$

61 다음 논리식 중 틀린 것은?

① $(A + C)(\bar{A} + B) = AB + \bar{A}C$

② $A + \bar{A}B = A + B$

③ $(A + B)(A + C) = A + BC$

④ $A(A + B) = A + B$

62 논리 함수식 $F(A, B, C, D) = \Sigma m(0, 2, 4, 5, 8, 11, 14, 15)$를 간소화하였을 때 옳은 것은?

① $F = \bar{A}\bar{B}\bar{D} + \bar{A}\bar{C}\bar{D} + \bar{A}B\bar{C} + \bar{B}\bar{C}\bar{D}$
$+ ABC + ACD$

② $F = \bar{A}\bar{B}\bar{D} + \bar{A}\bar{C}\bar{D} + \bar{A}\bar{B}\bar{C} + ABC + ACD$

③ $F = \bar{A}\bar{B}\bar{D} + \bar{A}B\bar{C} + \bar{B}\bar{C}\bar{D} + ABC + ACD$

④ $F = \bar{A}\bar{C}\bar{D} + \bar{A}B\bar{C} + \bar{B}\bar{C}\bar{D} + ABC + ACD$

63 다음의 민텀의 합형으로 표현된 불 함수를 카르노 맵을 이용해 간소화한 것 중 가장 간단한 논리식은?

$$Y(A, B, C, D) = \Sigma m(0, 1, 2, 3, 4, 6, 9, 11, 13, 15)$$

① $ABC + BCD$　② $BC + ABD + ABC$

③ $\bar{A}\bar{B} + \bar{A}\bar{D} + AD$　④ $A + BCD$

64 다음 불 함수를 간소화한 결과는?

$$f(w, x, y, z) = \Sigma m(0, 1, 2, 4, 5, 6, 8, 9, 12, 13, 14)$$

① $f = x + y + wz$　② $f = \bar{y} + \bar{z} + xy$

③ $f = \bar{y} + \bar{w}\bar{z} + x\bar{z}$　④ $f = x + z$

65 $f(w, x, y, z) = \Sigma m(1, 3, 7, 11, 15)$이며, 무관(don't care) 조건이 $d(w, x, y, z) = \Sigma m(0, 2, 5)$인 불 함수를 간소화한 결과는?

① $f = x + y + z$　② $f = wx + y$

③ $f = \bar{w}z + yz$　④ $f = z(w + y)$

66 다음 논리식을 가장 간단히 나타낸 것은? 단, d는 무정의 조건(don't care)이다.

$$F(A, B, C, D) = \Sigma m(7, 8, 12, 13, 14) + \Sigma d(2, 6, 10, 11, 15)$$

① $AB + BC$　② $AB + BC + ACD$

③ $AB + BC + A\bar{D}$　④ $AB + BC + BD$

67 논리 함수 $F(A, B, C, D) = \Sigma m(0, 1, 2, 4, 5, 9, 13) + \Sigma d(8, 10, 12, 14)$를 간소화하면? 단, Σd는 무관항을 가리킨다.

① $\bar{A}C + \bar{C}D + \bar{A}\bar{B}\bar{D}$ ② $A + \bar{C}$
③ $\bar{A}\bar{C} + \bar{B}\bar{C} + \bar{A}\bar{B}\bar{D}$ ④ $\bar{C} + \bar{B}\bar{D}$

68 다음 제시된 조건에 따라 간략화한 F의 값은?

$$F(A, B, C, D) = \Sigma m(0, 1, 2, 5, 8, 9, 10) + \Sigma d(3, 11, 13, 15)$$

① $F = \bar{B} + \bar{C}D$
② $F = \bar{B} + D$
③ $F = \bar{A}\bar{B} + AD + \bar{C}D + AB$
④ $F = \bar{B}\bar{D} + \bar{B}\bar{C} + \bar{A}\bar{C}D$

69 그림에서 출력 X를 입력 A, B의 함수로 바르게 표시한 것은?

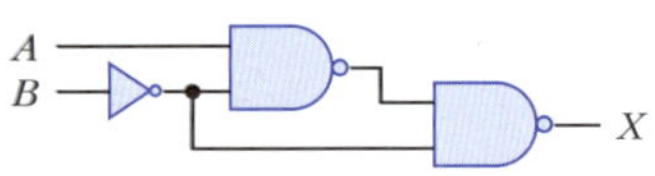

① $X = AB$
② $X = A + B$
③ $X = \bar{A}B + A\bar{B}$
④ $X = AB + A\bar{B}$

70 그림과 같은 논리회로를 간단히 하면?

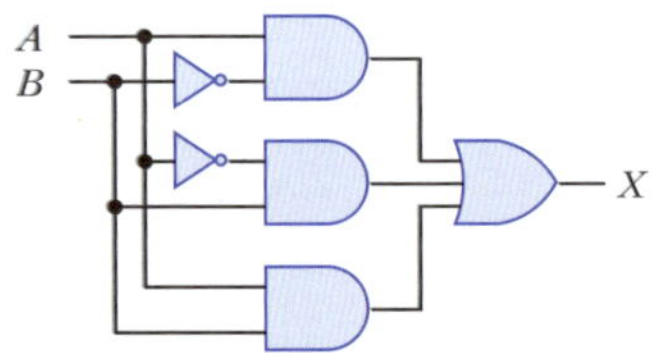

① 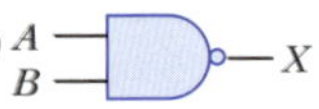

② 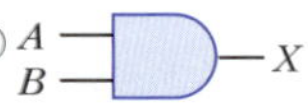

③ 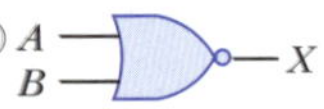

④ 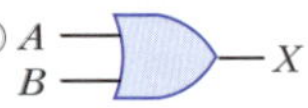

71 다음 중 그림과 같은 회로의 논리식은?

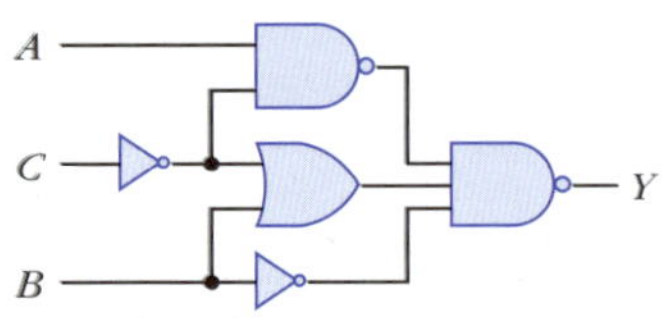

① ABC ② $AB + C$
③ $A + B + C$ ④ $\bar{A}\bar{B}\bar{C}$

72 어떤 논리회로에서 입력은 A, B, C이며 출력은 입력 중에서 둘 이상이 1일 때 출력 Y가 1이 된다면 이 논리회로의 논리식은?

① $Y = A\bar{B} + B\bar{C} + \bar{C}A$
② $Y = AB + \bar{B}C + \bar{C}A$
③ $Y = \bar{A}B + \bar{B}C + \bar{C}A$
④ $Y = AB + BC + CA$

73 다음 불 대수식 Y의 보수를 취하여 간단히 한 것은?

$$Y = \overline{X_1 X_2} X_3 + X_1 (X_2 + \bar{X}_3)$$

① $\bar{Y} = \bar{X}_1 \bar{X}_3$ ② $\bar{Y} = X_1 \bar{X}_2$
③ $\bar{Y} = X_1 \bar{X}_3$ ④ $\bar{Y} = \bar{X}_1 \bar{X}_2$

74 다음 중 모든 디지털 시스템을 설계할 수 있는 범용 게이트(universal gate)는?

① AND 게이트 ② OR 게이트
③ NOR 게이트 ④ XOR 게이트

75 다음 중 논리 게이트의 설명으로 틀린 것은?

① 불 대수식은 AND, OR, NOT의 연산자로 이루어진다.
② 기본 논리회로는 AND, OR, NOT 게이트로 나타낼 수 있다.
③ 모든 불 대수식을 NAND 게이트로 나타낼 수 있다.
④ 모든 불 대수식을 XOR 게이트로 나타낼 수 있다.

76 다음 논리회로의 구성에 대한 설명으로 옳은 것은?

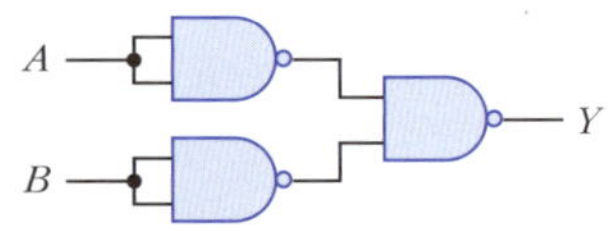

① NAND 게이트를 연결하여 NOR 게이트를 구성하였다.
② NAND 게이트를 연결하여 XOR 게이트를 구성하였다.
③ NAND 게이트를 연결하여 OR 게이트를 구성하였다.
④ NAND 게이트를 연결하여 AND 게이트를 구성하였다.

77 다음 회로를 NAND 게이트만을 사용해 구성하면?

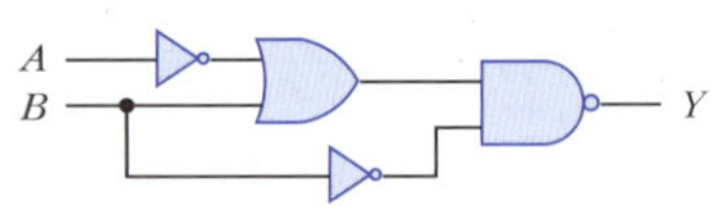

① 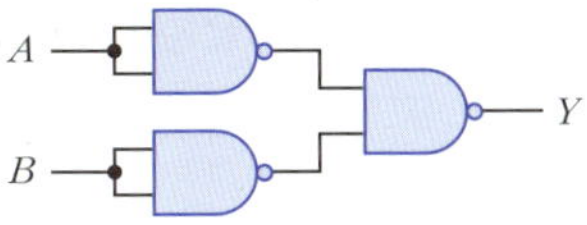

② 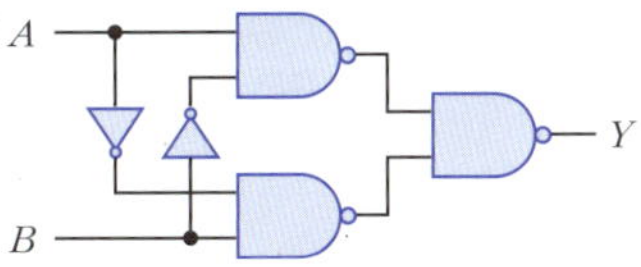

③ 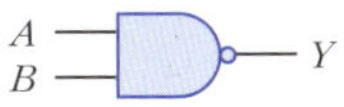

④ 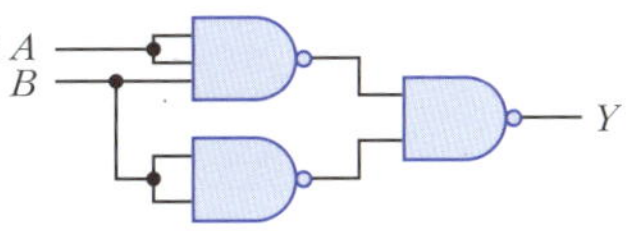

78 논리식 $Y=(A+B)(C+D)$를 NOR 게이트만을 사용해 표시할 때 몇 개의 NOR 게이트가 필요한가?

① 2개 ② 3개 ③ 4개 ④ 5개

79 입력이 A, B, C인 다음 논리식을 입력이 2개인 NAND 게이트만으로 구성할 경우 최소 몇 개의 NAND 게이트가 필요한가?

$$F=\bar{A}\bar{B}C+A\bar{B}C+ABC$$

① 6개 ② 5개 ③ 4개 ④ 3개

80 불 함수가 $F=A(B+CD)+\overline{BC}$일 때, NAND 게이트만을 사용해 조합논리회로를 구성한다면 필요한 게이트의 수는? 단, 모든 NAND 게이트는 2입력 NAND 게이트다.

① 6개 ② 7개 ③ 8개 ④ 9개

81 다음에 주어진 논리식 F_1, F_2, F_3을 2입력 NAND 게이트로 구현할 경우, 모두 몇 개의 게이트가 필요한가?

$$F_1=AB+CD \quad F_2=AB \quad F_3=ABC$$

① 4개 ② 5개 ③ 6개 ④ 7개

82 다음의 논리식을 최소의 NAND 게이트만으로 구성하기 위해 필요로 하는 NAND 게이트의 종류와 개수가 옳은 것은? 단, 인버터는 2입력 NAND 게이트를 사용한다.

$$Y=ABC+A\bar{B}C+\bar{A}\bar{B}$$

① 2입력 NAND 3개, 3입력 NAND 4개
② 2입력 NAND 3개, 3입력 NAND 3개
③ 2입력 NAND 4개, 3입력 NAND 3개
④ 2입력 NAND 2개, 3입력 NAND 4개

83 불 함수 $f=wx+\bar{x}y+z$를 NAND 게이트로 구성하기 위한 식은?

① $f=\overline{\overline{wx}\cdot\overline{\bar{x}y}\cdot\bar{z}}$
② $f=\overline{wx}\cdot(\bar{x}\cdot\bar{y})\cdot\bar{z}$
③ $f=\overline{\overline{wx}+(\bar{x}\cdot\bar{y})+\bar{z}}$
④ $f=\overline{wx}+(\bar{x}\cdot\bar{y})+\bar{z}$

84 다음과 같은 논리회로가 주어졌을 때 출력 F의 값으로 가장 옳은 것은?

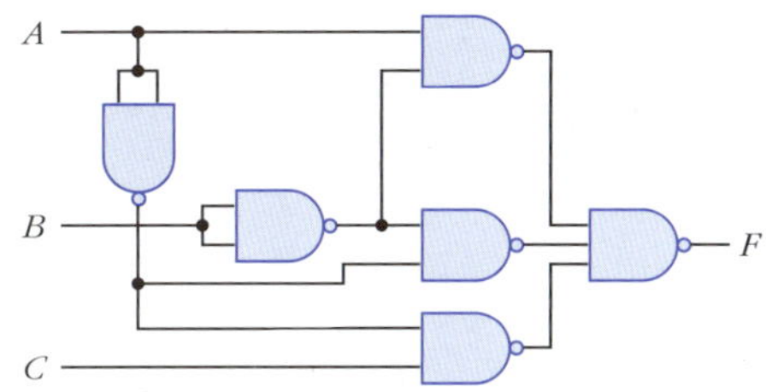

① $F=\bar{A}B+A\bar{B}+\overline{AB}$ ② $F=A\bar{B}+\bar{A}\bar{B}+\bar{A}C$
③ $F=AB+\bar{B}C+A\bar{C}$ ④ $F=\overline{AB}+B\bar{C}+\bar{A}C$

85 다음 회로를 NOR 회로로 변경한 것으로 옳은 것은?

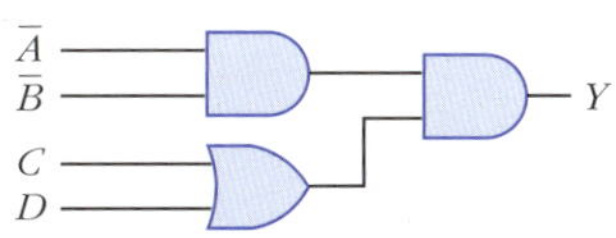

① 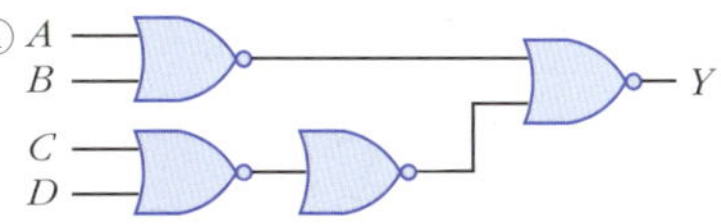

② 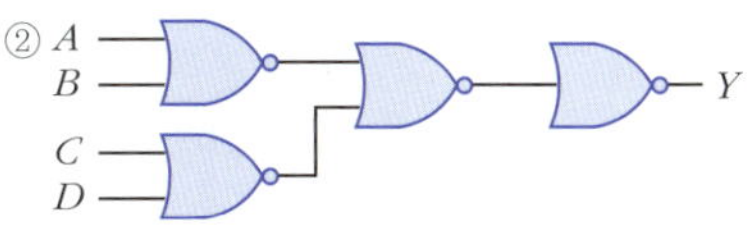

③ 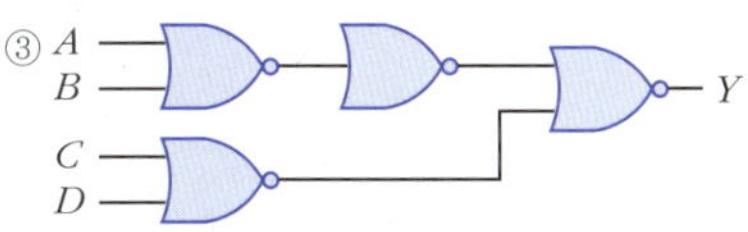

④ 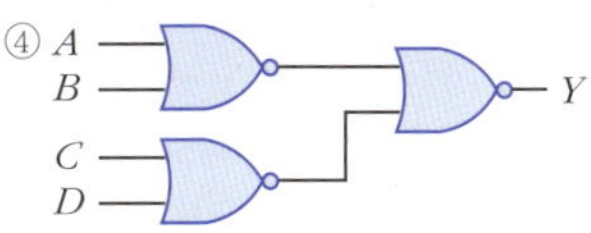

86 다음 중 나머지 셋과 다른 논리값을 갖는 것은?

① $(A+B)(\bar{A}+\bar{B})$ ② $(A+B)(\overline{AB})$
③ $\bar{A}B+A\bar{B}$ ④ $\overline{(A+\bar{B})(A+B)}$

87 그림과 같은 논리회로의 출력 논리식이 아닌 것은?

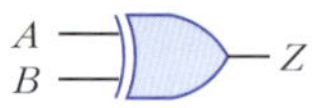

① $Z=(\overline{A\cdot B+(\overline{A+B})})$
② $Z=A\cdot\bar{B}+\bar{A}\cdot B$
③ $Z=(A+B)\overline{A\cdot B}$
④ $Z=(\overline{A+B})(A\cdot B)$

88 XOR와 XNOR에 해당하는 논리식을 상호 변환한 아래의 식 중에서 틀린 것은?

① $(\bar{A}+B)(A+\bar{B})=\overline{A\oplus B}$
② $(\bar{A}\cdot B)+(A\cdot\bar{B})=A\oplus B$
③ $(\bar{A}+\bar{B})(A+B)=A\oplus B$
④ $(\bar{A}\cdot\bar{B})(A+B)=\overline{A\oplus B}$

89 그림과 같은 논리회로의 출력은?

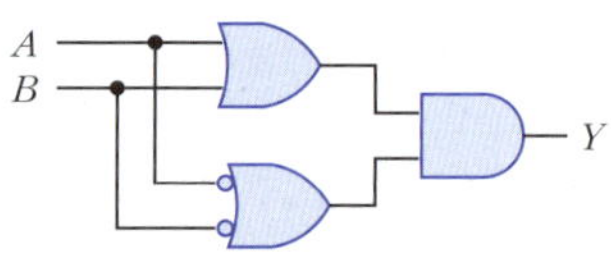

① $Y=AB$　② $Y=\bar{A}B+AB$
③ $Y=AB+A\bar{B}$　④ $Y=\bar{A}B+A\bar{B}$

90 그림과 같은 논리회로에서 Y는 어떻게 표시되는가?

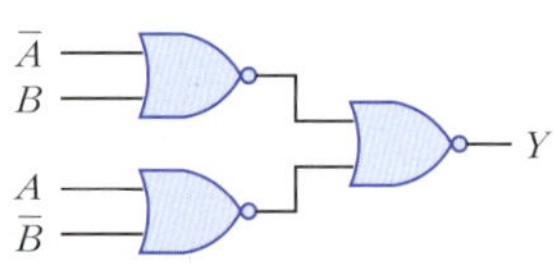

① $Y=\bar{A}\bar{B}$　② $Y=\bar{A}B+AB$
③ $Y=A\bar{B}+\bar{A}B$　④ $Y=AB+\bar{A}\bar{B}$

91 XOR 기능을 수행하기 위해 필요한 NAND 게이트의 수는?

① 2개　② 3개　③ 4개　④ 5개

92 그림에서 NAND 게이트로 구성된 논리회로의 기능은 어느 게이트와 같은가? 단, A, B는 입력 단자, Y는 출력 단자다.

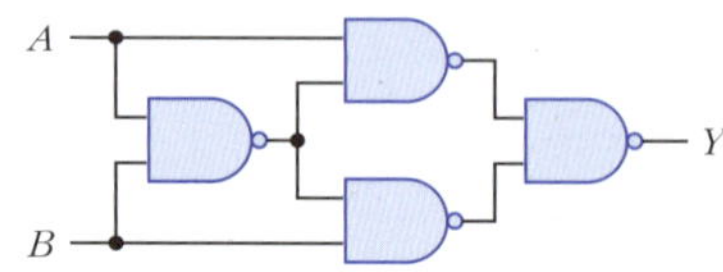

① AND 게이트　② NOR 게이트
③ XOR 게이트　④ XNOR 게이트

93 다음 논리회로의 출력은?

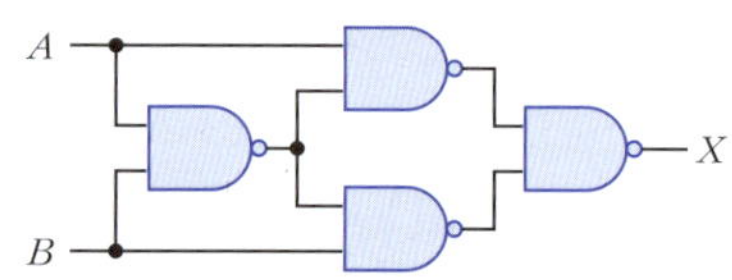

① $(A+B)(\bar{A}+\bar{B})$　② $AB\cdot\overline{AB}$
③ $\bar{A}\bar{B}(A+B)$　④ AB

94 그림과 같은 논리회로의 출력 X는?

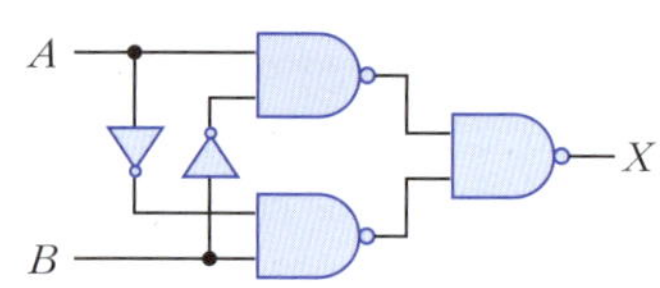

① $A\oplus B$　② $AB+\bar{A}\bar{B}$
③ $A\bar{B}$　④ $\overline{A+\bar{B}}$

1 ④	2 ②	3 ①	4 ④	5 ①	6 ④	7 ①	8 ②	9 ③	10 ②	11 ④	12 ②
13 ④	14 ③	15 ④	16 ②	17 ①	18 ②	19 ①	20 ①	21 ①	22 ①	23 ②	24 ④
25 ③	26 ②	27 ③	28 ①	29 ①	30 ④	31 ④	32 ①	33 ①	34 ④	35 ①	36 ②
37 ②	38 ①	39 ②	40 ①	41 ①	42 ①	43 ①	44 ④	45 ③	46 ②	47 ②	48 ①
49 ③	50 ③	51 ①	52 ③	53 ④	54 ③	55 ②	56 ①	57 ④	58 ④	59 ③	60 ④
61 ④	62 ③	63 ③	64 ③	65 ③	66 ③	67 ④	68 ①	69 ②	70 ④	71 ③	72 ④
73 ①	74 ③	75 ④	76 ③	77 ①	78 ②	79 ③	80 ②	81 ③	82 ②	83 ①	84 ②
85 ③	86 ④	87 ④	88 ④	89 ④	90 ④	91 ③	92 ③	93 ①	94 ①		

Chapter

07

조합논리회로

학습목표

- 반가산기, 전가산기, 병렬 가산기 및 비교기 회로를 설계할 수 있다.
- 디코더와 인코더 동작 원리를 이해하고 응용 회로를 설계할 수 있다.
- 멀티플렉서와 디멀티플렉서의 동작 원리를 이해하고 응용 회로를 설계할 수 있다.
- 각종 코드를 변환하는 회로를 설계할 수 있다.
- 패리티 발생기와 검출기의 동작 원리를 이해하고 응용 회로를 설계할 수 있다.

7.1 가산기

조합논리회로는 논리곱(AND), 논리합(OR), 논리부정(NOT)의 3가지 기본 논리회로의 조합으로 만들어지며, 입력 신호, 논리 게이트 및 출력 신호로 구성된다. 논리 게이트는 입력 신호를 받아서 출력 신호를 생성하며, 이 과정에서 2진 입력 데이터를 조합하여 원하는 2진 출력 데이터를 생성한다.

[그림 7-1]은 입력 n개를 받아 출력 m개를 생성하는 조합논리회로의 블록도다. n개의 입력 신호는 2^n의 입력 조합이 가능하며, 이들 입력 조합에 따라 각 출력 신호가 결정된다. 입력 신호 n개의 조합을 진리표로 나타내고, 이를 이용해 출력 함수를 만든다. 서로 다른 m개의 출력을 생성하기 위해서는 m개의 논리 함수가 필요하다.

그림 7-1 조합논리회로 블록도

TIP

블록도

회로나 시스템을 상자 형태로 그린 간단화된 기능적 표현

7장에서는 조합논리회로의 기본이 되는 가산기adder, 비교기comparator, 디코더decoder, 인코더encoder, 멀티플렉서multiplexer, 디멀티플렉서demultiplexer, 코드 변환기code converter 등의 회로를 설계하는 방법과 이들 회로를 이용하는 방법에 대해서 알아본다.

우선 기본이 되는 가산기부터 살펴보자. 기본 가산기에는 반가산기HA : Half-Adder와 전가산기FA : Full-Adder가 있으며, 이들을 이용한 병렬 가산기, BCD 가산기 등이 있다.

1 반가산기

반가산기는 한 자리 2진수 2개를 입력하여 **합**S : Sum과 **캐리**C : Carry, 자리올림를 계산하는 덧셈 회로다. 다음과 같이 캐리 C는 입력 A와 B가 모두 1인 경우에만 1이 되고, 합 S는 입력 A와 B 둘 중 하나만 1일 때 1이 된다.

$$\begin{array}{r} A \\ +\ B \\ \hline CS \end{array} \quad \begin{array}{r} 0 \\ +\ 0 \\ \hline 00 \end{array} \quad \begin{array}{r} 0 \\ +\ 1 \\ \hline 01 \end{array} \quad \begin{array}{r} 1 \\ +\ 0 \\ \hline 01 \end{array} \quad \begin{array}{r} 1 \\ +\ 1 \\ \hline 10 \end{array}$$

[그림 7-2]는 반가산기의 진리표, 논리식, 논리회로 및 논리 기호를 보여준다.

입력		출력	
A	*B*	*S*	*C*
0	0	0	0
0	1	1	0
1	0	1	0
1	1	0	1

$S=\overline{A}B+A\overline{B}=A\oplus B$

$C=AB$

(a) 진리표와 논리식

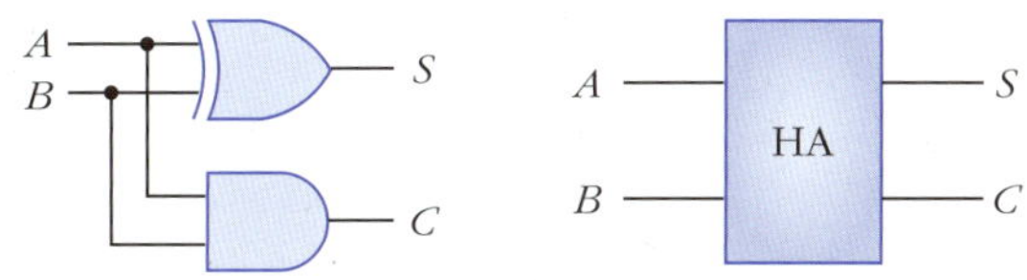

(b) 논리회로

(c) 논리 기호

그림 7-2 반가산기

2 전가산기

반가산기는 2진수 한 자리 덧셈을 하므로 아랫자리에서 발생한 캐리를 고려하지 않기 때문에 2비트 이상의 2진수 덧셈은 할 수 없다. 이 캐리를 고려하여 만든 덧셈 회로가 전가산기다. 전가산기는 2개의 2진수 입력 A, B와 아랫자리로부터 올라온 캐리 C_i를 포함하여 한 자리 2진수 3개를 더하는 조합논리회로다. 캐리 C_i를 고려하여 2진수 3개를 더하는 모든 경우는 다음과 같다.

$$\begin{array}{r} C_i \\ A \\ +\ B \\ \hline C_o\ S \end{array} \quad \begin{array}{r} 0 \\ 0 \\ +\ 0 \\ \hline 00 \end{array} \quad \begin{array}{r} 1 \\ 0 \\ +\ 0 \\ \hline 01 \end{array} \quad \begin{array}{r} 0 \\ 1 \\ +\ 0 \\ \hline 01 \end{array} \quad \begin{array}{r} 1 \\ 1 \\ +\ 0 \\ \hline 10 \end{array} \quad \begin{array}{r} 0 \\ 0 \\ +\ 1 \\ \hline 01 \end{array} \quad \begin{array}{r} 1 \\ 0 \\ +\ 1 \\ \hline 10 \end{array} \quad \begin{array}{r} 0 \\ 1 \\ +\ 1 \\ \hline 10 \end{array} \quad \begin{array}{r} 1 \\ 1 \\ +\ 1 \\ \hline 11 \end{array}$$

[그림 7-3(a)]의 전가산기 진리표를 이용해 논리식을 정리하면 다음과 같다. 회로를 간단하게 만들기 위해 S 및 C_o의 논리식은 $A \oplus B$를 공통으로 이용할 수 있도록 바꾼다.

$$\begin{aligned} S &= \overline{A}\overline{B}C_i + \overline{A}B\overline{C_i} + A\overline{B}\overline{C_i} + ABC_i \\ &= \overline{A}(\overline{B}C_i + B\overline{C_i}) + A(\overline{B}\overline{C_i} + BC_i) \\ &= \overline{A}(B \oplus C_i) + A(\overline{B \oplus C_i}) \\ &= A \oplus (B \oplus C_i) = (A \oplus B) \oplus C_i \end{aligned}$$

$$\begin{aligned} C_o &= \overline{A}BC_i + A\overline{B}C_i + AB\overline{C_i} + ABC_i \\ &= C_i(\overline{A}B + A\overline{B}) + AB(\overline{C_i} + C_i) \\ &= C_i(A \oplus B) + AB \end{aligned}$$

입력			출력	
A	B	C_i	S	C_o
0	0	0	0	0
0	0	1	1	0
0	1	0	1	0
0	1	1	0	1
1	0	0	1	0
1	0	1	0	1
1	1	0	0	1
1	1	1	1	1

$S=(A \oplus B) \oplus C_i$

$C_o = C_i(A \oplus B) + AB$

(a) 진리표와 논리식

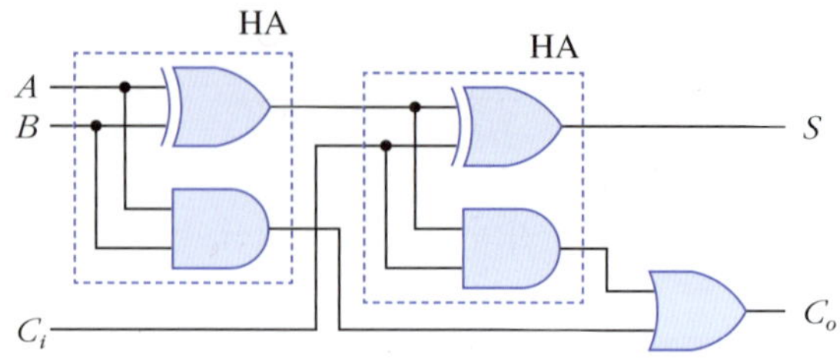

(b) 논리회로

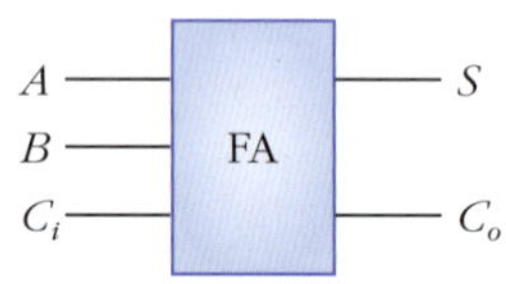

(c) 논리 기호

그림 7-3 전가산기

[그림 7-3(b)]에서 보는 바와 같이 전가산기 회로는 반가산기 2개와 OR 게이트 1개를 이용해 나타낼 수 있다.

3 병렬 가감산기

전가산기 여러 개를 병렬로 연결하여 2비트 이상인 가산기를 만들 수 있으며, 이를 **병렬 가산기**parallel-adder라고 한다. [그림 7-4]는 4비트 병렬 가산기로 입력 A, B가 각각 4비트이며, 전가산기의 최하위 비트의 캐리는 0을 입력한다. 계산 결과 합은 $S_3S_2S_1S_0$이며, 마지막 캐리는 C_4이다.

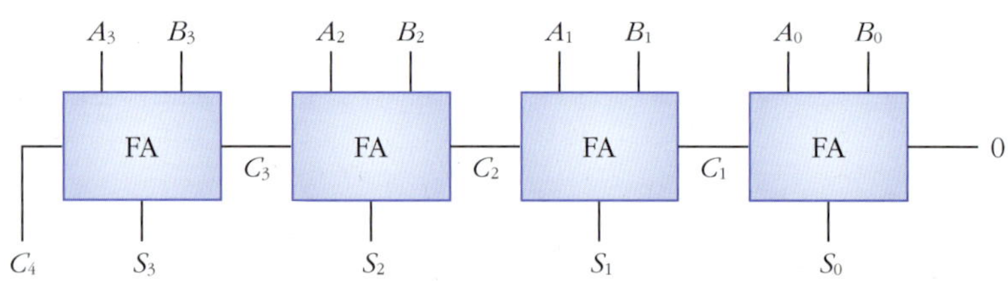

그림 7-4 전가산기를 이용한 병렬 가산기

이 병렬 가산기의 B입력을 [그림 7-5]에서처럼 부호 S^{Sign}와 XOR하여 전가산기의 입력으로 사용하면 덧셈과 뺄셈이 모두 가능하다. 즉 $S=0$이면 B의 값이 그대로 전가산기로 입력되어 덧셈이 되고, $S=1$이면 B의 값이 반전, 즉 1의 보수가 되어 입력된다. 또한 뺄셈의 경우($S=1$) 맨 오른쪽 전가산기의 캐리 입력 $C_0=1$이 되어 결과적으로 B의 1의 보수에 1이 더해져서 2의 보수가 만들어진다. 그러므로 [그림 7-5]를 **병렬 가감산기**parallel-adder/subtractor 회로라고 한다.

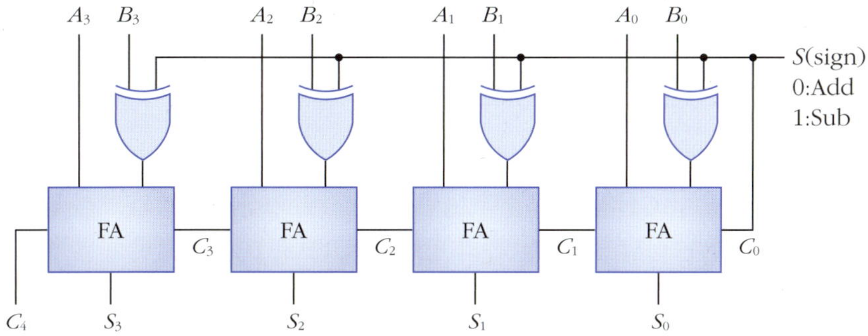

그림 7-5 병렬 가감산기

디지털 시스템에서 속도는 매우 중요한 요소다. 대표적으로 가산기를 들 수 있다. [그림 7-5]의 병렬 가산기는 속도가 매우 느리다. 그 원인은 아랫단에서 윗단으로 전달되는 캐리 때문이다. 이를 **리플-캐리**ripple carry라고 한다. 아랫단 가산기의 결과가 나와야만 바로 윗단을 계산할 수 있기 때문이다. 즉 하나의 전가산기에서 캐리가 나오기까지 게이트 4개(XOR 2개, AND, OR)를 거치며, 3단계에 걸쳐 최종 출력이 나오게 된다. 전가산기 1개를 지날 때마다 지연이 점차 심해지는 것을 알 수 있다. 비트가 늘어날수록 병렬 가산기는 지연이 더욱 심해질 것이다. 특히 컴퓨터의 CPU와 같이 빠른 계산을 요구하는 시스템에서는 심각한 문제다.

리플-캐리의 문제를 해결한 것이 캐리 예측 가산기CLA : Carry-Lookahead-Adder이며, 자세한 내용은 생략한다. 캐리 예측 발생기 IC는 74182가 있으며, 캐리 예측 가산기 IC는 7483과 74283이 있다.

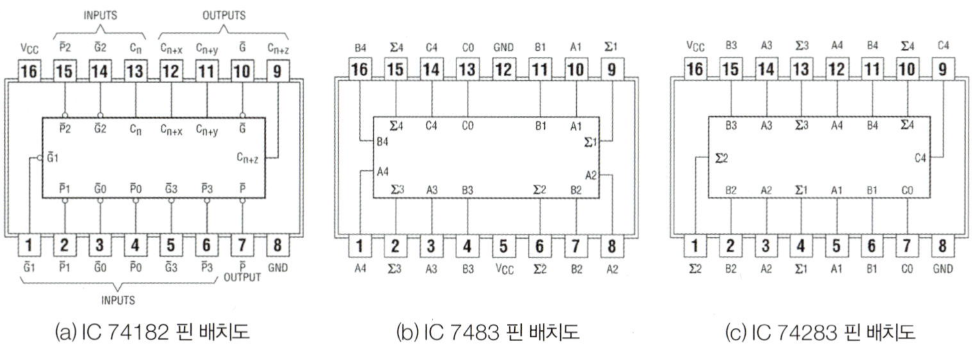

(a) IC 74182 핀 배치도 (b) IC 7483 핀 배치도 (c) IC 74283 핀 배치도

그림 7-6 IC 74182, IC 7483, IC 74283 **핀 배치도**

예제 7-1

4비트 병렬 가산기인 IC 7483 2개를 사용해 8비트 병렬 가산기를 구성하라.

풀이

다음 그림과 같이 하위 가산기(IC1)의 캐리 출력(14번 핀)을 상위 가산기(IC2)의 캐리 입력(13번 핀)으로 연결하면 된다. 하위 가산기는 캐리 입력이 없으므로 IC1의 13번 핀은 접지한다.

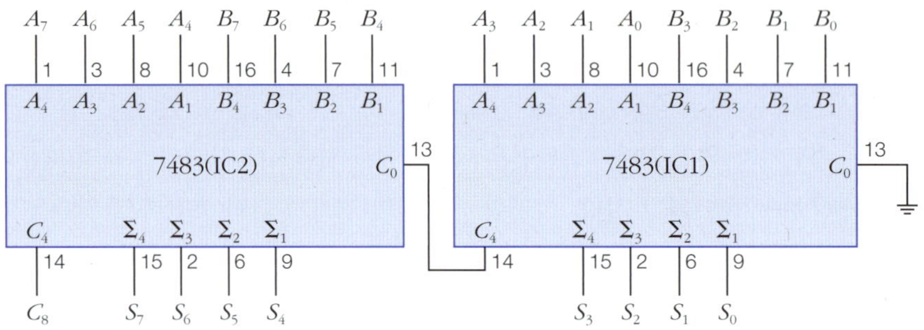

4 BCD 가산기

BCD 코드는 2진수와 달리 표현 범위가 0에서 9까지다. 그러므로 BCD 계산을 하려면 결과를 보정해야 한다. [표 7-1]은 2진수 덧셈과 BCD 덧셈의 진리표다. 결과가 2진수 합으로 나오게 될 때 BCD 합으로 바꾸는 방법을 살펴보자.

BCD는 0~9(0000~1001)까지만 결과가 나와야 하므로, 2진수 합의 결과가 $01010_{(2)}$ ~$10011_{(2)}$(10~19)의 범위일 때 보정해주어야 한다. 결과가 BCD의 범위를 벗어날 때 BCD 가산기는 캐리를 발생시켜야 하고, 하위 4비트의 값을 수정해야 한다.

BCD 합에서 캐리가 발생하는 경우를 논리식으로 나타내면 [표 7-1]에서 K가 1일 때 항상 C가 1이 되며, $F(Z_8, Z_4, Z_2, Z_1) = \Sigma m(10, 11, 12, 13, 14, 15) = Z_8Z_4 + Z_8Z_2$일 때 C가 1이므로 다음과 같은 식이 만들어진다. 여기서 Z_i는 [표 7-1]에서 보는 것처럼 2진수로 합을 계산했을 때의 결과 비트들이다.

$$C = K + Z_8Z_4 + Z_8Z_2$$

TIP

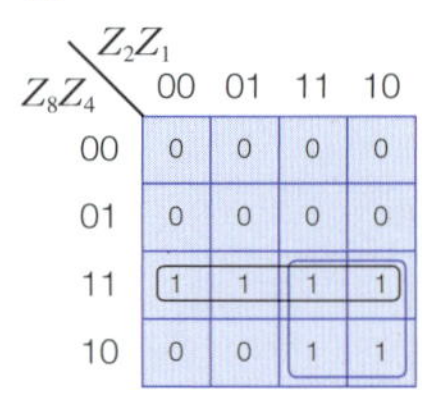

표 7-1 BCD 덧셈표

2진 합					BCD 합					10진값
K	Z_8	Z_4	Z_2	Z_1	C	S_8	S_4	S_2	S_1	
0	0	0	0	0	0	0	0	0	0	0
0	0	0	0	1	0	0	0	0	1	1
0	0	0	1	0	0	0	0	1	0	2
0	0	0	1	1	0	0	0	1	1	3
0	0	1	0	0	0	0	1	0	0	4
0	0	1	0	1	0	0	1	0	1	5
0	0	1	1	0	0	0	1	1	0	6
0	0	1	1	1	0	0	1	1	1	7
0	1	0	0	0	0	1	0	0	0	8
0	1	0	0	1	0	1	0	0	1	9
0	1	0	1	0	1	0	0	0	0	10
0	1	0	1	1	1	0	0	0	1	11
0	1	1	0	0	1	0	0	1	0	12
0	1	1	0	1	1	0	0	1	1	13
0	1	1	1	0	1	0	1	0	0	14
0	1	1	1	1	1	0	1	0	1	15
1	0	0	0	0	1	0	1	1	0	16
1	0	0	0	1	1	0	1	1	1	17
1	0	0	1	0	1	1	0	0	0	18
1	0	0	1	1	1	1	0	0	1	19

예를 들어, BCD 연산 $6 + 7 = 0110 + 0111 = 0\ 1101_{(2)}$이 되며, 이 결과는 BCD가 아니므로 BCD로 만들어야 한다. BCD 값 2개를 더했을 때 결과값의 하위 4비트가 BCD 표현 범위 내에 있지 않으면 0110(= 6)을 더해준다. 즉 $0\ 1101 + 0110 = 1\ 0011$이 된다. 이때 BCD의 상위 자리로 캐리($1_{(BCD)}$)가 올라가며 합은 $0011_{(BCD)}$이 된다. [그림 7-7]은 BCD 가산기의 블록도다.

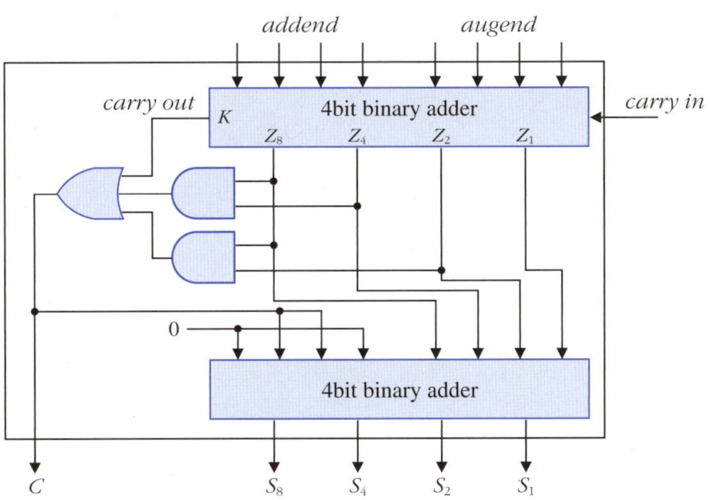

그림 7-7 BCD 가산기

7.2 비교기

2진 비교기comparator는 두 2진수 값의 크기를 비교하는 회로다. 먼저 1비트 비교기를 살펴보자.

표 7-2 1비트 비교기 진리표

입력		출력			
A	B	$A=B$ F_1	$A\neq B$ F_2	$A>B$ F_3	$A<B$ F_4
0	0	1	0	0	0
0	1	0	1	0	1
1	0	0	1	1	0
1	1	1	0	0	0

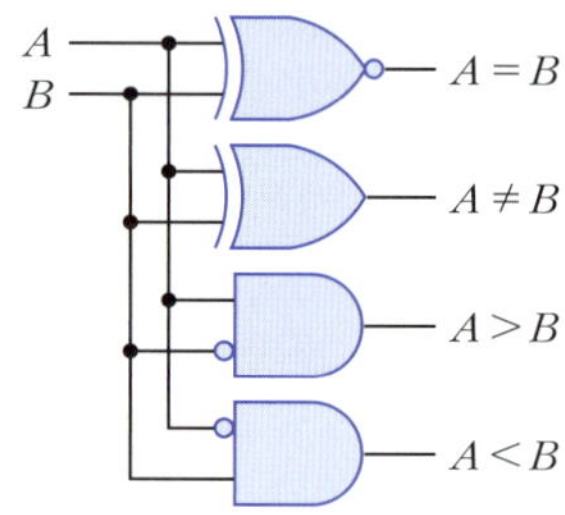

그림 7-8 1비트 비교기 회로

1비트 비교기의 각 출력 논리식은 다음과 같고 논리회로는 [그림 7-8]과 같다.

$$F_1=\overline{A\oplus B},\quad F_2=A\oplus B,\quad F_3=A\bar{B},\quad F_4=\bar{A}B$$

다음은 2비트 비교기 회로를 설계해보자.

표 7-3 2비트 비교기 진리표

입력		출력			
A A_2A_1	B B_2B_1	$A=B$ F_1	$A\neq B$ F_2	$A>B$ F_3	$A<B$ F_4
0 0	0 0	1	0	0	0
	0 1	0	1	0	1
	1 0	0	1	0	1
	1 1	0	1	0	1
0 1	0 0	0	1	1	0
	0 1	1	0	0	0
	1 0	0	1	0	1
	1 1	0	1	0	1
1 0	0 0	0	1	1	0
	0 1	0	1	1	0
	1 0	1	0	0	0
	1 1	0	1	0	1
1 1	0 0	0	1	1	0
	0 1	0	1	1	0
	1 0	0	1	1	0
	1 1	1	0	0	0

[표 7-3]의 진리표로부터 4변수 카르노 맵을 그려 논리식을 구하는 과정은 [그림 7-9]에 나타냈다.

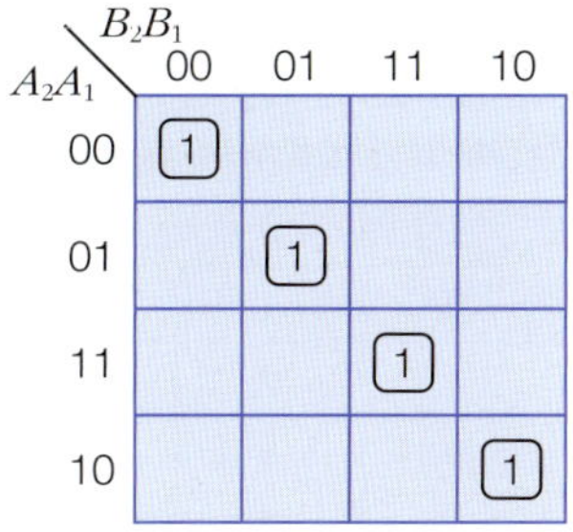

(a) $F_1 = \overline{A}_2\overline{A}_1\overline{B}_2\overline{B}_1 + \overline{A}_2A_1\overline{B}_2B_1 + A_2A_1B_2B_1 + A_2\overline{A}_1B_2\overline{B}_1$

$= \overline{A}_2\overline{B}_2(\overline{A}_1\overline{B}_1 + A_1B_1) + A_2B_2(A_1B_1 + \overline{A}_1\overline{B}_1)$

$= \overline{A}_2\overline{B}_2(\overline{A_1 \oplus B_1}) + A_2B_2(\overline{A_1 \oplus B_1})$

$= (\overline{A_2 \oplus B_2})(\overline{A_1 \oplus B_1})$

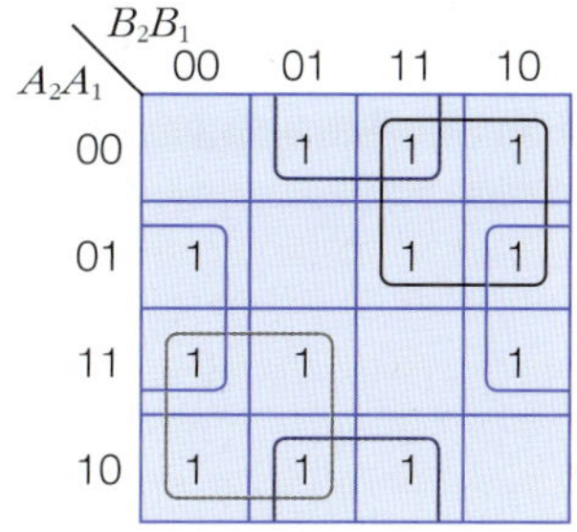

(b) $F_2 = A_2\overline{B}_2 + \overline{A}_2B_2 + A_1\overline{B}_1 + \overline{A}_1B_1$

$= (A_2 \oplus B_2) + (A_1 \oplus B_1)$

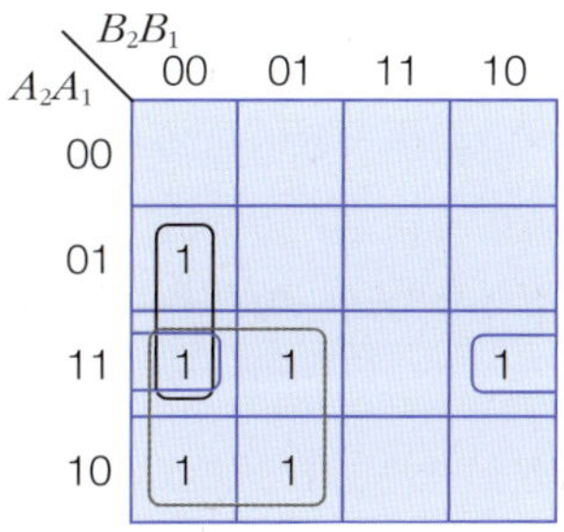

(c) $F_3 = A_2\overline{B}_2 + A_1\overline{B}_2\overline{B}_1 + A_2A_1\overline{B}_1$

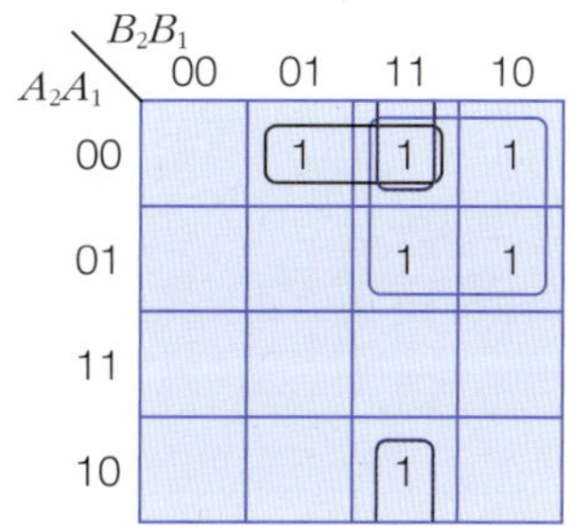

(d) $F_4 = \overline{A}_2B_2 + \overline{A}_2\overline{A}_1B_1 + \overline{A}_1B_2B_1$

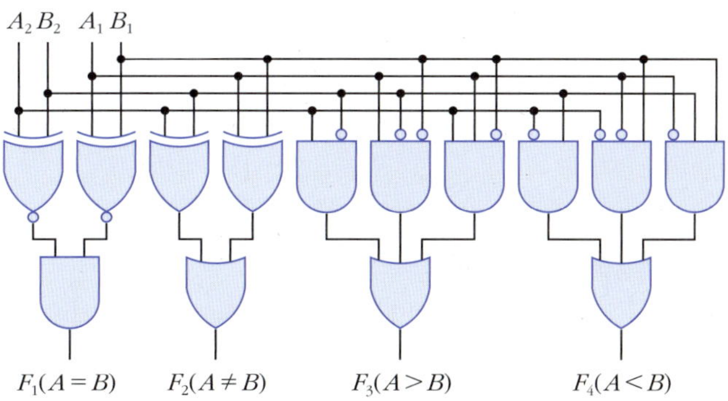

(e) 2비트 비교기 회로도

그림 7-9 2비트 비교기 회로 설계 과정과 회로도

[표 7-4]는 4비트 2진 비교기인 IC 7485의 진리표다.

표 7-4 4비트 비교기 IC 7485 진리표

입력							출력		
A_3, B_3	A_2, B_2	A_1, B_1	A_0, B_0	*AGBI* $A>B$	*ALBI* $A<B$	*AEBI* $A=B$	*AGBO* $A>B$	*ALBO* $A<B$	*AEBO* $A=B$
$A_3>B_3$	×	×	×	×	×	×	1	0	0
$A_3<B_3$	×	×	×	×	×	×	0	1	0
$A_3=B_3$	$A_2>B_2$	×	×	×	×	×	1	0	0
$A_3=B_3$	$A_2<B_2$	×	×	×	×	×	0	1	0
$A_3=B_3$	$A_2=B_2$	$A_1>B_1$	×	×	×	×	1	0	0
$A_3=B_3$	$A_2=B_2$	$A_1<B_1$	×	×	×	×	0	1	0
$A_3=B_3$	$A_2=B_2$	$A_1=B_1$	$A_0>B_0$	×	×	×	1	0	0
$A_3=B_3$	$A_2=B_2$	$A_1=B_1$	$A_0<B_0$	×	×	×	0	1	0
$A_3=B_3$	$A_2=B_2$	$A_1=B_1$	$A_0=B_0$	1	0	0	1	0	0
$A_3=B_3$	$A_2=B_2$	$A_1=B_1$	$A_0=B_0$	0	1	0	0	1	0
$A_3=B_3$	$A_2=B_2$	$A_1=B_1$	$A_0=B_0$	0	0	1	0	0	1
$A_3=B_3$	$A_2=B_2$	$A_1=B_1$	$A_0=B_0$	0	1	1	0	0	1
$A_3=B_3$	$A_2=B_2$	$A_1=B_1$	$A_0=B_0$	1	0	1	0	0	1
$A_3=B_3$	$A_2=B_2$	$A_1=B_1$	$A_0=B_0$	1	1	1	0	0	1
$A_3=B_3$	$A_2=B_2$	$A_1=B_1$	$A_0=B_0$	1	1	0	0	0	0
$A_3=B_3$	$A_2=B_2$	$A_1=B_1$	$A_0=B_0$	0	0	0	1	1	0

제조사에서 정의한 비정상적인 입력이 들어온 경우다.
*AGBI*나 *ALBI*보다는 *AEBI*에 우선순위를 두고 정의한 것으로 보인다.

[그림 7-10]은 IC 7485 블록도와 핀 배치도를 나타낸 것이다. 다단계 입력(*AGBI*, *ALBI*, *AEBI*)은 4비트가 넘는 2진수를 비교할 때 사용하기 위한 것이다.

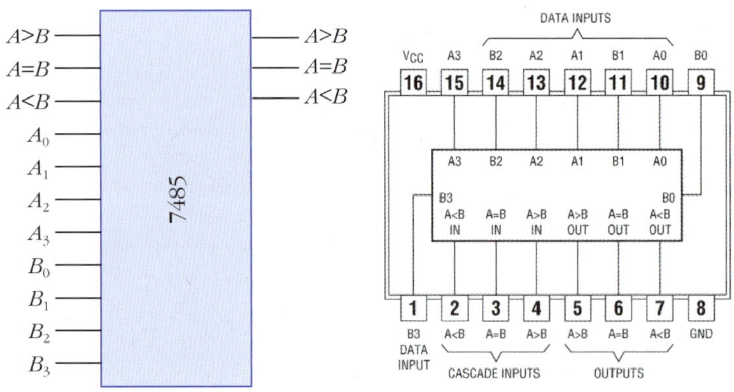

(a) 블록도 (b) 핀 배치도

그림 7-10 IC 7485 크기 비교기

[그림 7-11]은 다단계 입력을 이용해 16비트를 비교할 수 있게 연결한 회로다. 7485는 A_3~A_0과 B_3~B_0의 크기를 비교하는 회로이며, A_3과 B_3이 MSB이다. $A>B$일 때 *AGBO*의 출력이 1, $A<B$일 때 *ALBO*의 출력이 1, $A=B$일 때 *AEBO*의 출력이 1이 된다. 확장 입력 *AGBI*, *ALBI*, *AEBI*는 LSB로 입력되며, 즉 아랫단의 *AGBO*, *ALBO*, *AEBO*의 출력이 윗단의 *AGBI*, *ALBI*, *AEBI*의 입력이 된다. 맨 아랫단의 *AGBI*, *ALBI*는 0을 *AEBI*는 1을 입력한다.

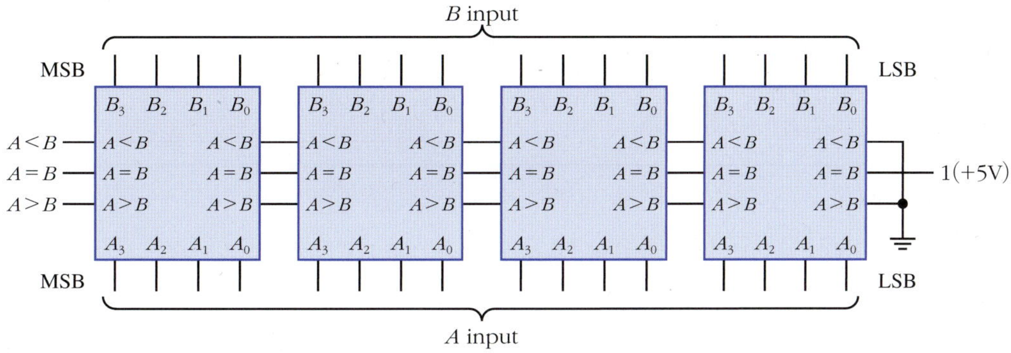

그림 7-11 IC 7485를 이용한 16비트 비교 회로

TIP

- *AGBI* : A Greater than B Input
- *ALBI* : A Less than B Input
- *AEBI* : A Equal B Input
- *AGBO* : A Greater than B Output
- *ALBO* : A Less than B Output
- *AEBO* : A Equal B Output

예제 7-2

4비트 비교기인 IC 7485를 사용해 각 입력 파형에 대한 출력 파형을 그려라.

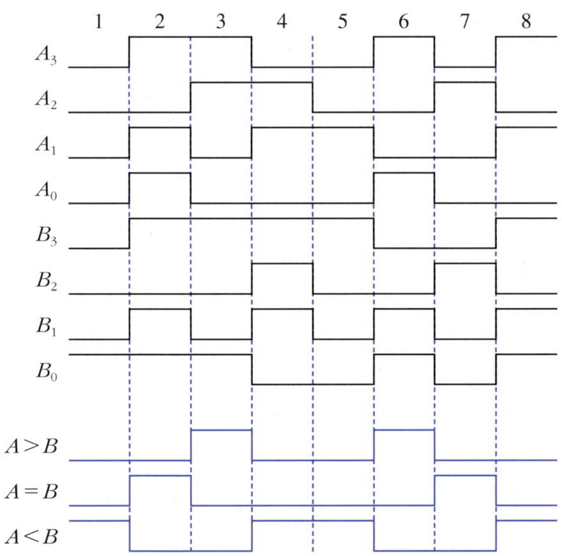

풀이

- 시간 구간 1에서 $A_3A_2A_1A_0 = 0000$, $B_3B_2B_1B_0 = 0001$이므로 $A < B$
- 시간 구간 2에서 $A_3A_2A_1A_0 = 1011$, $B_3B_2B_1B_0 = 1011$이므로 $A = B$
- 시간 구간 3에서 $A_3A_2A_1A_0 = 1100$, $B_3B_2B_1B_0 = 1001$이므로 $A > B$
- 시간 구간 4에서 $A_3A_2A_1A_0 = 0110$, $B_3B_2B_1B_0 = 1110$이므로 $A < B$
- 시간 구간 5에서 $A_3A_2A_1A_0 = 0010$, $B_3B_2B_1B_0 = 1000$이므로 $A < B$
- 시간 구간 6에서 $A_3A_2A_1A_0 = 1001$, $B_3B_2B_1B_0 = 0011$이므로 $A > B$
- 시간 구간 7에서 $A_3A_2A_1A_0 = 0100$, $B_3B_2B_1B_0 = 0100$이므로 $A = B$
- 시간 구간 8에서 $A_3A_2A_1A_0 = 1010$, $B_3B_2B_1B_0 = 1011$이므로 $A < B$

7.3 디코더

n비트로 된 2진 코드는 서로 다른 2^n개의 정보를 표현할 수 있다. **디코더**decoder는 입력선에 나타나는 n비트 2진 코드를 최대 2^n가지 정보로 바꿔주는 조합논리회로다. 인에이블enable 단자를 가지고 있는 디코더와 각종 코드를 상호 변환하는 디코더도 있다.

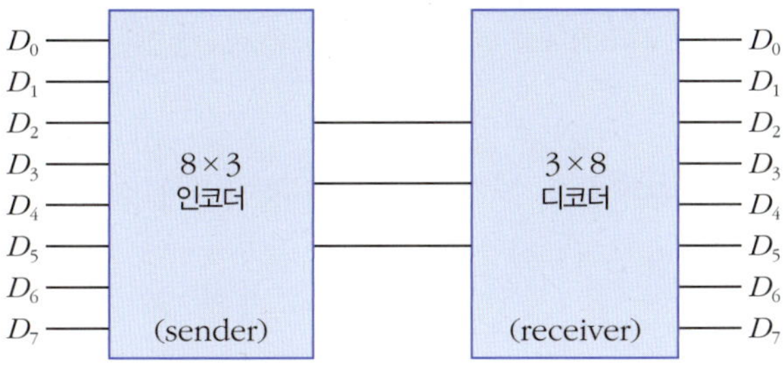

그림 7-12 디코더와 인코더의 기능

> **TIP**
>
> **인에이블**enable
> 함수 또는 회로를 허락하거나 또는 동작하게 한다.
>
> **디스에이블**disable
> 함수 또는 회로를 허락하지 않거나 또는 동작하지 못하게 한다.

1 1×2 디코더

1×2 디코더는 입력 1개와 출력 $2(=2^1)$개로 구성된다. 입력 1개에 따라 출력 2개 중 하나가 선택된다. 1×2 디코더의 진리표와 회로는 [그림 7-13]과 같다.

입력	출력	
A	Y_1	Y_0
0	0	1
1	1	0

$Y_0 = \overline{A},\ \ Y_1 = A$

(a) 진리표와 논리식

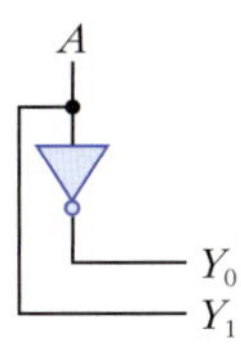

(b) 회로도

그림 7-13 1×2 디코더

인에이블(E)이 있는 1×2 디코더는 [그림 7-14]와 같다. 인에이블이 1일 때 회로가 동작한다.

입력		출력	
E	A	Y_1	Y_0
0	0	0	0
0	1	0	0
1	0	0	1
1	1	1	0

$Y_0 = E\overline{A}$, $Y_1 = EA$

(a) 진리표와 논리식

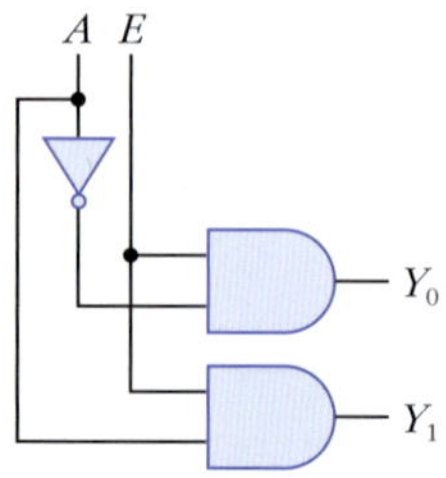

(b) 회로도

그림 7-14 인에이블이 있는 1×2 디코더

2 2×4 디코더

2×4 디코더는 입력 2개와 출력 4(=2^2)개로 구성된다. 두 입력에 따라 출력 4개 중 하나가 선택된다. 2×4 디코더의 진리표와 회로는 [그림 7-15]와 같다.

입력		출력			
B	A	Y_3	Y_2	Y_1	Y_0
0	0	0	0	0	1
0	1	0	0	1	0
1	0	0	1	0	0
1	1	1	0	0	0

$Y_0 = \overline{B}\,\overline{A}$, $Y_1 = \overline{B}A$, $Y_2 = B\overline{A}$, $Y_3 = BA$

(a) 진리표와 논리식

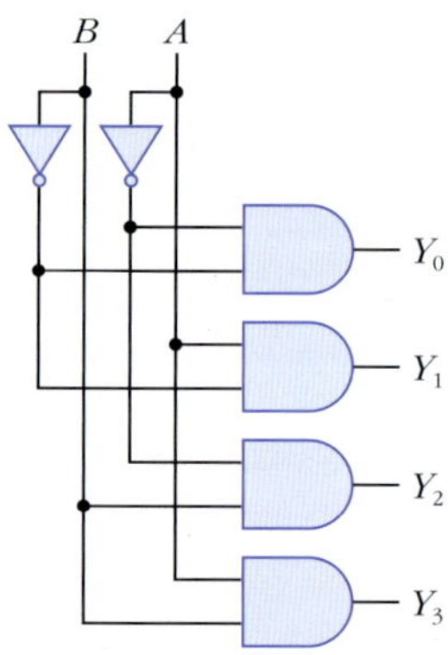

(b) 회로도

그림 7-15 2×4 디코더

실제 IC들은 AND 게이트가 아닌 NAND 게이트로 구성되어 있으며, 출력은 [그림 7-16]과 같이 반대로 된다.

입력		출력			
B	A	Y_3	Y_2	Y_1	Y_0
0	0	1	1	1	0
0	1	1	1	0	1
1	0	1	0	1	1
1	1	0	1	1	1

$Y_0 = \overline{\overline{B}\,\overline{A}},\ \ Y_1 = \overline{\overline{B}A},\ \ Y_2 = \overline{B\overline{A}},\ \ Y_3 = \overline{BA}$

(a) 진리표와 논리식

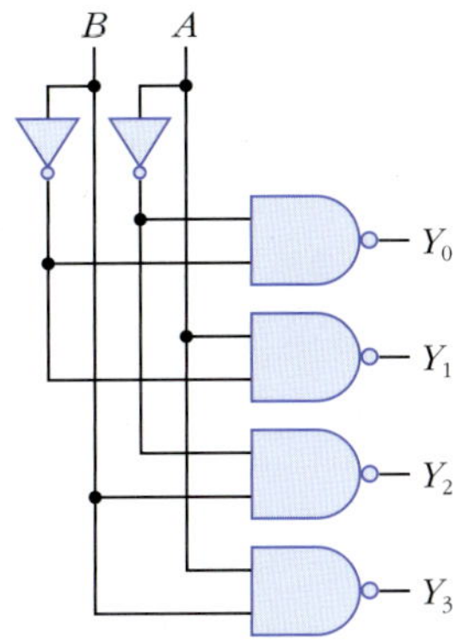

(b) 회로도

그림 7-16 2×4 NAND 디코더

대부분의 디코더 IC는 인에이블 입력이 있어서 회로를 제어한다. [그림 7-17]에서는 인에이블(E)이 0이면 회로가 동작하지 않고, 인에이블이 1일 때만 동작한다.

입력			출력			
E	B	A	Y_3	Y_2	Y_1	Y_0
0	x	x	0	0	0	0
1	0	0	0	0	0	1
1	0	1	0	0	1	0
1	1	0	0	1	0	0
1	1	1	1	0	0	0

$Y_0 = E\overline{B}\,\overline{A},\ \ Y_1 = E\overline{B}A,\ \ Y_2 = EB\overline{A},\ \ Y_3 = EBA$

(a) 진리표와 논리식

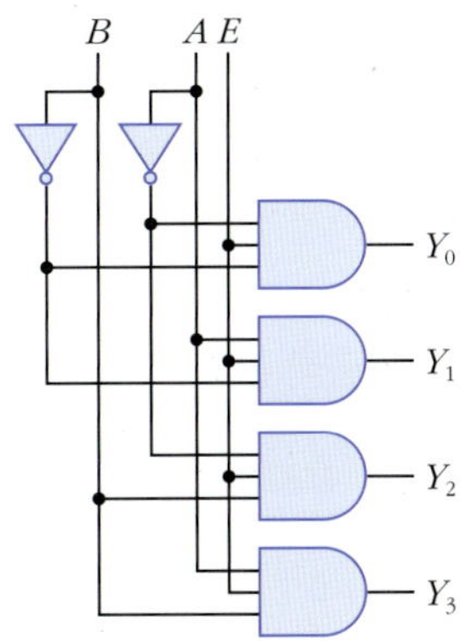

(b) 회로도

그림 7-17 인에이블이 있는 2×4 디코더

[그림 7-18]은 인에이블 입력이 있는 NAND 2×4 디코더이며, 인에이블이 1이면 동작하지 않고, 인에이블이 0일 때만 동작한다. 74139는 인에이블이 있는 2×4 디코더 2개가 포함되어 있는 IC다.

입력			출력			
E	B	A	Y_3	Y_2	Y_1	Y_0
1	x	x	1	1	1	1
0	0	0	1	1	1	0
0	0	1	1	1	0	1
0	1	0	1	0	1	1
0	1	1	0	1	1	1

$Y_0=\overline{\overline{E}\,\overline{B}\,\overline{A}},\ \ Y_1=\overline{\overline{E}\,\overline{B}A},\ \ Y_2=\overline{\overline{E}B\overline{A}},\ \ Y_3=\overline{\overline{E}BA}$

(a) 진리표와 논리식

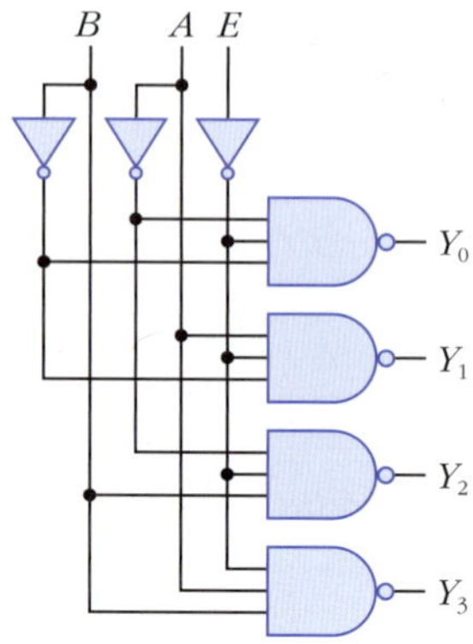

(b) 회로도

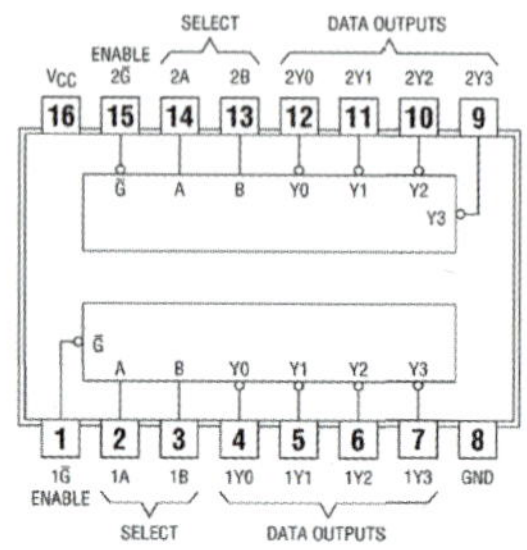

(c) IC 74139 핀 배치도

그림 7-18 인에이블이 있는 2×4 NAND 디코더

3 3×8 디코더

3×8 디코더는 입력 3개와 출력 $8(=2^3)$개로 구성되어 있다. 세 입력에 따라서 출력 8개 중 하나가 선택된다. [표 7-5]는 3×8 디코더의 진리표이며, [그림 7-19]는 회로도다.

표 7-5 3×8 디코더 진리표

입력			출력							
C	B	A	Y_7	Y_6	Y_5	Y_4	Y_3	Y_2	Y_1	Y_0
0	0	0	0	0	0	0	0	0	0	1
0	0	1	0	0	0	0	0	0	1	0
0	1	0	0	0	0	0	0	1	0	0
0	1	1	0	0	0	0	1	0	0	0
1	0	0	0	0	0	1	0	0	0	0
1	0	1	0	0	1	0	0	0	0	0
1	1	0	0	1	0	0	0	0	0	0
1	1	1	1	0	0	0	0	0	0	0

$Y_0=\overline{C}\,\overline{B}\,\overline{A},\ \ Y_1=\overline{C}\,\overline{B}A,\ \ Y_2=\overline{C}B\overline{A},\ \ Y_3=\overline{C}BA$
$Y_4=C\overline{B}\,\overline{A},\ \ Y_5=C\overline{B}A,\ \ Y_6=CB\overline{A},\ \ Y_7=CBA$

세 입력에 따라 최대 8개의 출력을 얻을 수 있다. 각 출력은 3입력 변수의 최소항 중 하나를 나타낸다.

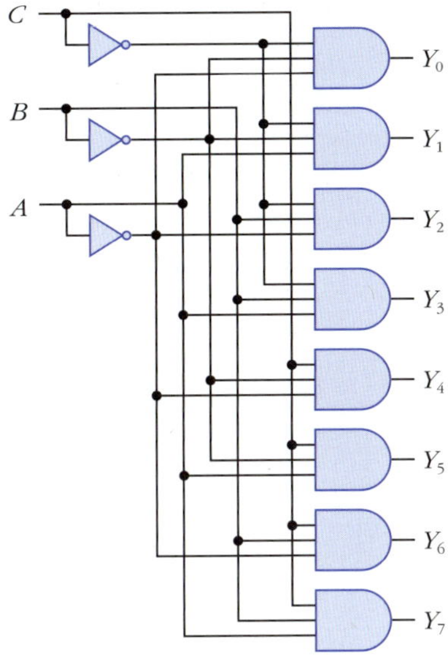

그림 7-19 3×8 디코더 회로

74138은 3개의 인에이블을 가지고 있으며, 하나($G1$)는 1일 때 동작하고, 2개($G2A$, $G2B$)는 0일 때 동작한다. 8개의 출력($Y_7 \sim Y_0$)은 0일 때 활성화active-low되는 확장 가능한 디코더이다. $G1=1$, $G2A=0$, $G2B=0$이면 3비트 2진 입력 C, B, A에 의해 8개 출력 중 하나가 선택(0)된다. 나머지 선택되지 않은 출력은 1이 된다. $G1=0$이거나 $G2A=1$ 또는 $G2B=1$이면 출력은 모두 1이 된다.

TIP

active-low

논리회로의 출력이 활성화되었을 때 Low이거나 활성화되기 위해 필요한 입력이 Low인 것을 말한다.

active-high

논리회로의 출력이 활성화되었을 때 High이거나 활성화되기 위해 필요한 입력이 High인 것을 말한다.

표 7-6 인에이블이 있는 3×8 디코더 IC 74138의 진리표

입력						출력							
C	B	A	$G1$	$G2A$	$G2B$	Y_7	Y_6	Y_5	Y_4	Y_3	Y_2	Y_1	Y_0
0	0	0	1	0	0	1	1	1	1	1	1	1	0
0	0	1	1	0	0	1	1	1	1	1	1	0	1
0	1	0	1	0	0	1	1	1	1	1	0	1	1
0	1	1	1	0	0	1	1	1	1	0	1	1	1
1	0	0	1	0	0	1	1	1	0	1	1	1	1
1	0	1	1	0	0	1	1	0	1	1	1	1	1
1	1	0	1	0	0	1	0	1	1	1	1	1	1
1	1	1	1	0	0	0	1	1	1	1	1	1	1
×	×	×	0	×	×	1	1	1	1	1	1	1	1
×	×	×	×	1	×	1	1	1	1	1	1	1	1
×	×	×	×	×	1	1	1	1	1	1	1	1	1

[그림 7-20]은 IC 74138의 내부 회로도와 핀 배치도를 보여준다.

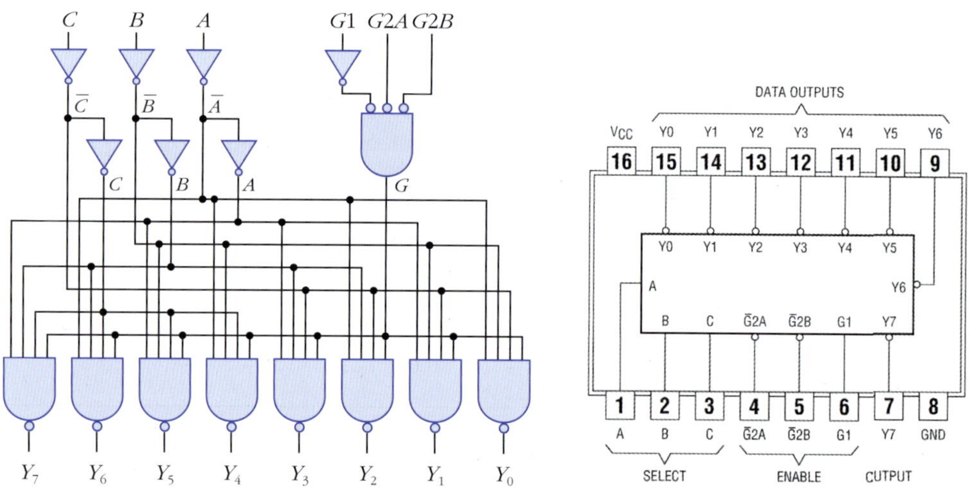

(a) 내부 회로도

(b) 핀 배치도

그림 7-20 3×8 디코더 IC 74138 내부 회로도 및 핀 배치도

예제 7-3

지하 1층, 지상 7층으로 이루어진 8층 건물에 설치된 엘리베이터에 현재 층을 알 수 있게 램프lamp를 켜주는 회로를 구성하려고 한다. 엘리베이터가 위치한 층을 표시하는 디스플레이는 B, 1, 2, 3, 4, 5, 6, 7로 배열된 글자판이 있으며, 각 글자 뒤에 있는 램프가 켜지면 해당 글자판이 밝게 비추어져 층을 표시한다고 가정한다. 또한 회로의 입력으로는 각 층의 센서로부터 해당 층을 나타내는 3비트 2진수(000 : 지하층, 001 : 1층, 010 : 2층, 011 : 3층, 100 : 4층, 101 : 5층, 110 : 6층, 111 : 7층)가 입력된다고 가정한다.

풀이

먼저 회로를 구성해보자. 다음 그림과 같이 현재의 엘리베이터 위치를 나타내는 2진수를 3×8 디코더로 입력시킨다. 그리고 디코더의 Y_0 출력을 디스플레이의 글자 B 뒤에 위치한 램프에 연결한다. 마찬가지로 Y_1은 1, Y_2는 2, Y_3은 3, Y_4는 4, Y_5는 5, Y_6은 6, Y_7은 7로 연결하면 된다. 예를 들어, 엘리베이터가 5층에 있으면 3×8 디코더의 입력으로 101이 들어오고, 디코더의 출력 Y_5만이 인에이블되어 5층이 표시된다.

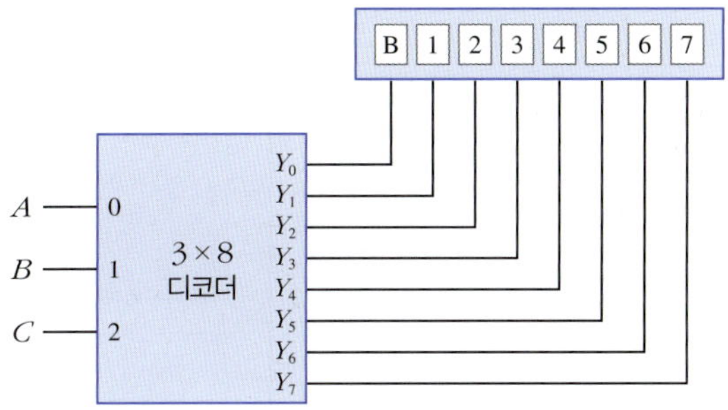

4 4×16 디코더

3×8 디코더 2개를 이용해 [그림 7-21]과 같이 4×16 디코더를 구성할 수 있다. 인에이블 입력을 통해 연결된 2개의 3×8 디코더는 4×16 디코더를 구성한다. $D=0$이면 위쪽의 디코더가 인에이블되어 출력은 Y_0~Y_7 중 하나가 1이 되고, 아래쪽의 디코더 출력은 모두 0이 된다. $D=1$이면 위쪽 디코더의 출력이 모두 0인 반면, 아래쪽 디코더의 출력 Y_8~Y_{15} 중 하나는 1이 된다.

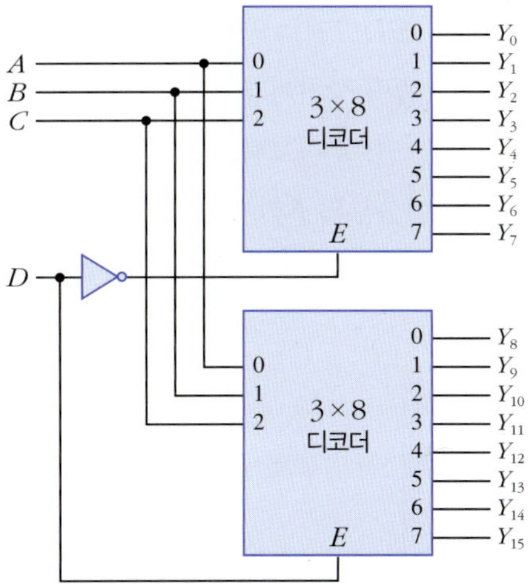

그림 7-21 3×8 디코더 2개를 이용한 4×16 디코더

[그림 7-22]의 74154는 4×16 디코더로, *G*1과 *G*2가 모두 0일 때 *D*, *C*, *B*, *A*에 입력된 신호(주소)에 따라서 Y_0~Y_{15} 중 하나가 논리 반전되어 출력된다. [그림 7-23]은 2×4 디코더 5개를 이용해 4×16 디코더를 구성한 것이다.

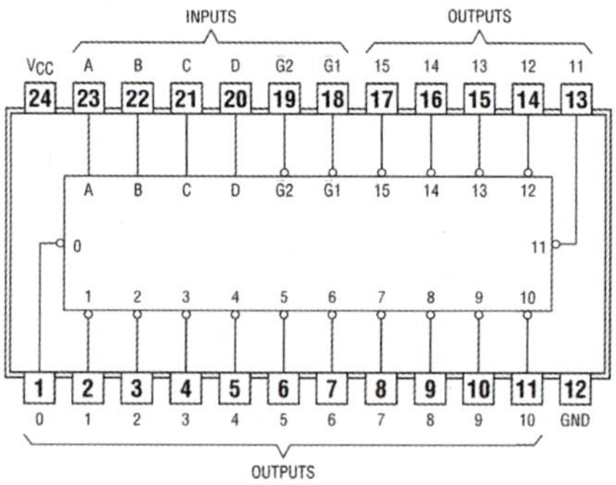

그림 7-22 IC 74154 핀 배치도

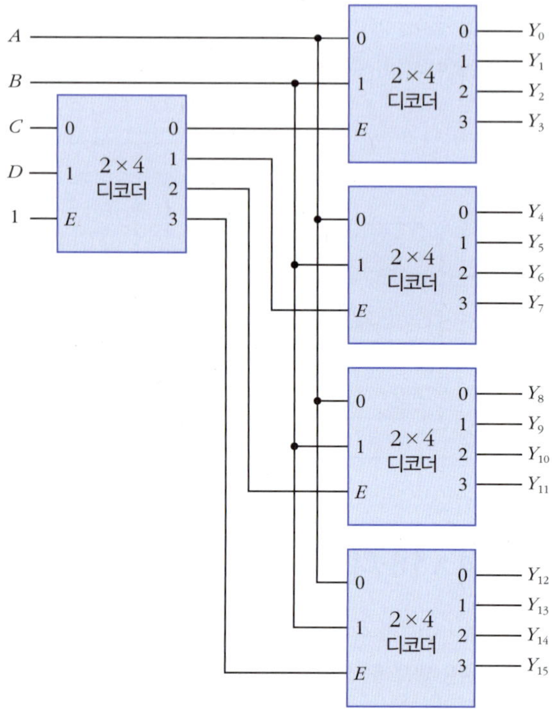

그림 7-23 2×4 디코더 5개를 이용한 4×16 디코더

5 BCD-7-세그먼트 디코더

7-세그먼트7-segment는 숫자를 표시하기 위하여 막대 모양의 LED 7개로 구성되어 있다. 탁상용 전자계산기나 디지털 시계 등 간단한 정보를 확인하기 위한 출력 장치이다. LED 7개를 숫자 모양으로 배열하여 하나의 소자로 만들어 놓은 것이다. 7-세그먼트는 [그림 7-24]와 같이 구성되어 있으며, 각 LED를 맨 위에서부터 시계 방향으로 알파벳 *a*부터 *f*까지 순서대로 이름을 붙여 놓았고, 안쪽의 LED는 맨 마지막인 *g*이다. 추가로 소수점을 표시하는 부분도 있다.

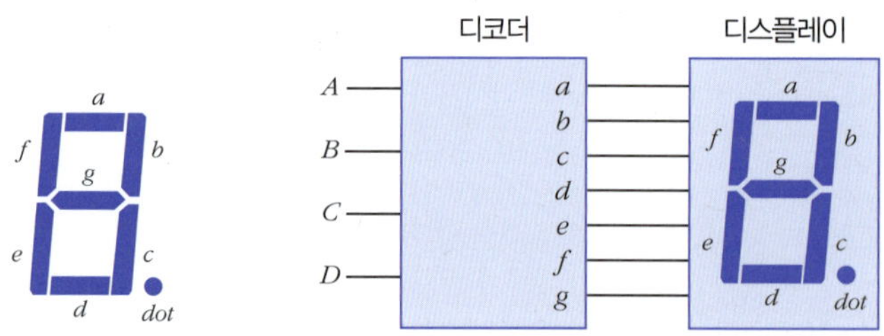

(a) 7-세그먼트 구성 (b) 7-세그먼트와 디코더의 연결

그림 7-24 7-세그먼트의 구성 및 디코더와의 연결

각 숫자는 [그림 7-25]와 같이 표현된다. 예를 들어, '0'을 나타내려면 *a*, *b*, *c*, *d*, *e*, *f*에, '1'을 나타내려면 *b*, *c*에, 2를 나타내려면 *a*, *b*, *d*, *e*, *g*의 LED에 불이 켜지게 해야 한다.

그림 7-25 7-세그먼트의 숫자 표시

[표 7-7]은 해당하는 숫자를 표현하기 위한 BCD-7-세그먼트 디코더의 진리표다. 여기서 설계한 디코더는 0일 때 동작하는 active-low이다.

표 7-7 7-세그먼트 디코더 진리표

입력				출력						
D	C	B	A	$\bar{a}$	$\bar{b}$	$\bar{c}$	$\bar{d}$	$\bar{e}$	$\bar{f}$	$\bar{g}$
0	0	0	0	0	0	0	0	0	0	1
0	0	0	1	1	0	0	1	1	1	1
0	0	1	0	0	0	1	0	0	1	0
0	0	1	1	0	0	0	0	1	1	0
0	1	0	0	1	0	0	1	1	0	0
0	1	0	1	0	1	0	0	1	0	0
0	1	1	0	1	1	0	0	0	0	0
0	1	1	1	0	0	0	1	1	1	1
1	0	0	0	0	0	0	0	0	0	0
1	0	0	1	0	0	0	1	1	0	0
1	0	1	0	×	×	×	×	×	×	×
1	0	1	1	×	×	×	×	×	×	×
1	1	0	0	×	×	×	×	×	×	×
1	1	0	1	×	×	×	×	×	×	×
1	1	1	0	×	×	×	×	×	×	×
1	1	1	1	×	×	×	×	×	×	×

7-세그먼트 디코더의 회로도를 그리려면 먼저 각 출력의 $\bar{a}$, $\bar{b}$, $\bar{c}$, $\bar{d}$, $\bar{e}$, $\bar{f}$, $\bar{g}$에 대해서 카르노 맵을 그리고 간소화하여 논리식을 구해야 한다. [그림 7-26]은 카르노 맵을 이용해 논리식을 유도하는 과정을 보여준다.

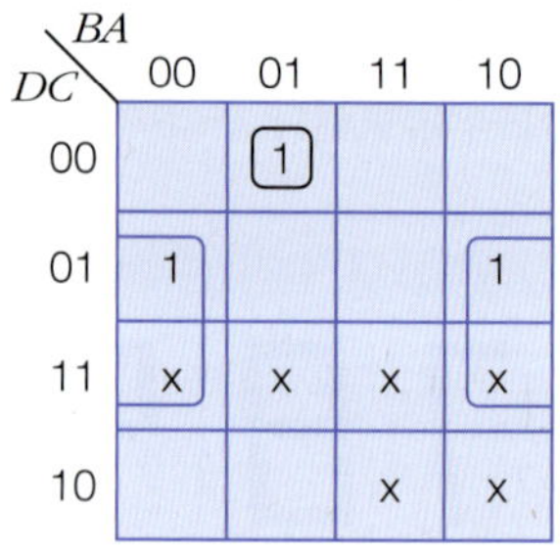

(a) $\overline{a} = \overline{D}\,\overline{C}\,\overline{B}A + C\overline{A}$

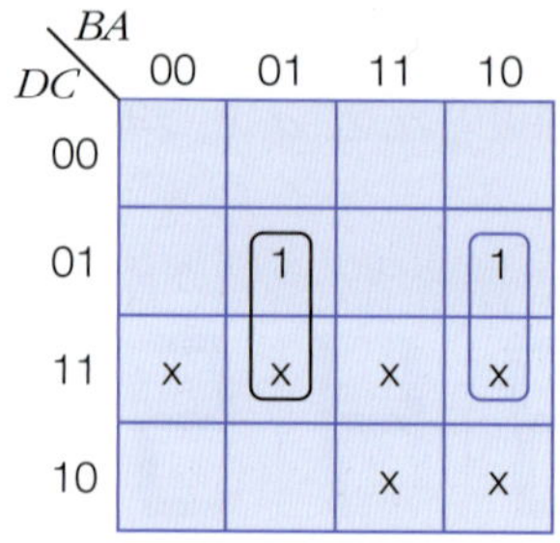

(b) $\overline{b} = C\overline{B}A + CB\overline{A} = C(B \oplus A)$

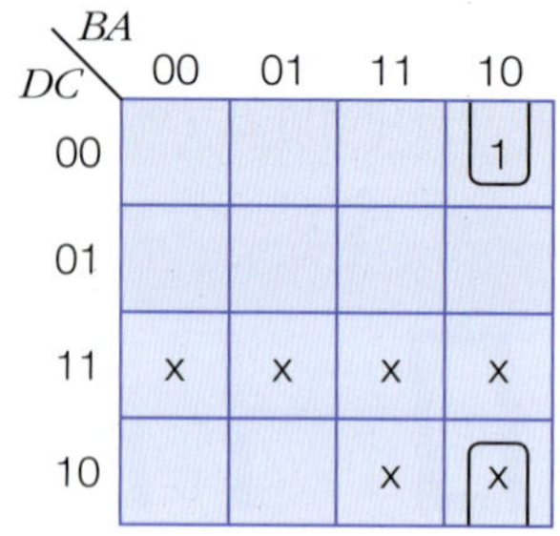

(c) $\overline{c} = \overline{C}B\overline{A}$

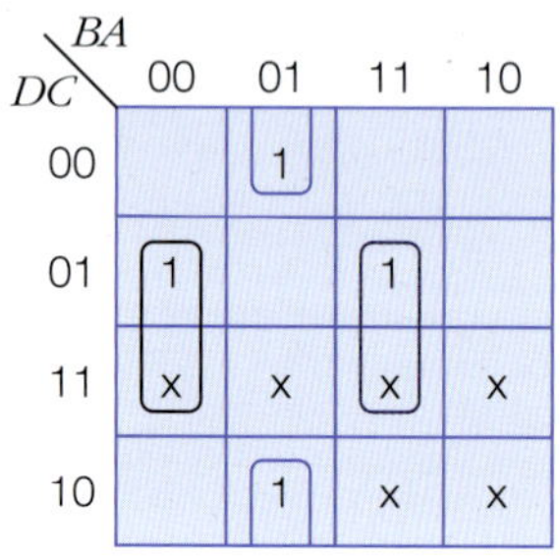

(d) $\overline{d} = \overline{C}\,\overline{B}A + C\overline{B}\,\overline{A} + CBA$

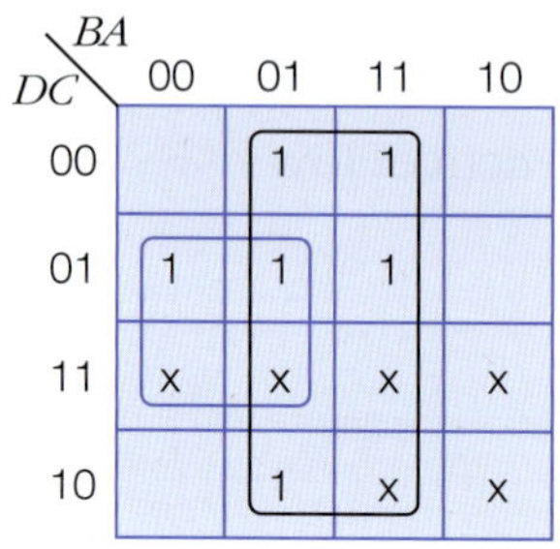

(e) $\overline{e} = A + C\overline{B}$

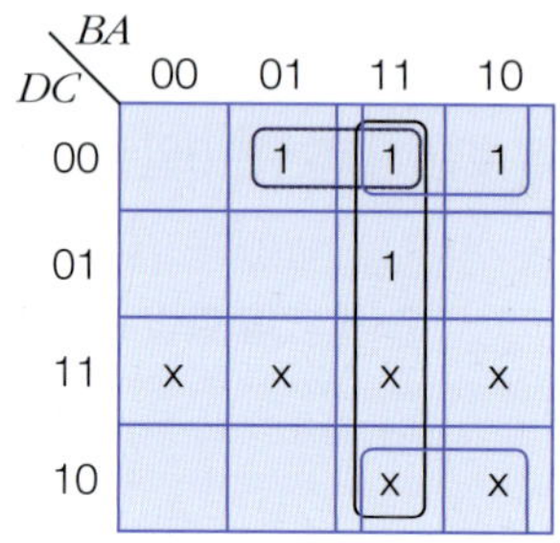

(f) $\overline{f} = BA + \overline{C}B + \overline{D}\,\overline{C}A$

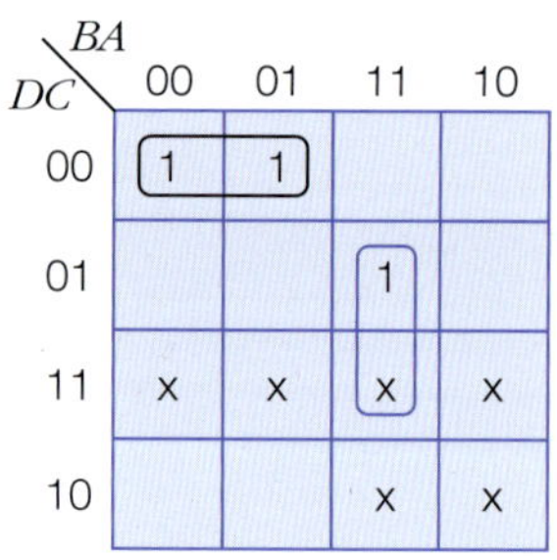

(g) $\overline{g} = \overline{D}\,\overline{C}\,\overline{B} + CBA$

그림 7-26 7-세그먼트 디코더 논리식 유도 과정

[그림 7-26]에서 얻은 논리식을 이용해 7-세그먼트 디코더의 논리회로를 그리면 [그림 7-27]과 같다. 여기서 $\overline{d} = \overline{C}\,\overline{B}A + C\overline{B}\,\overline{A} + CBA = \overline{C}\,\overline{B}A + C(\overline{B \oplus A})$와 같이 XNOR를 써도 되지만 게이트 레벨이 하나 늘어나므로 사용하지 않았다.

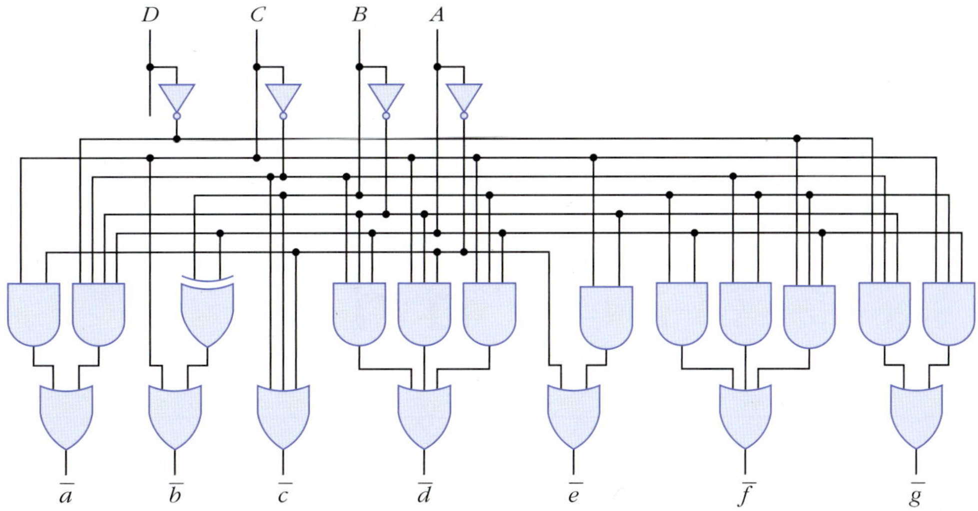

그림 7-27 7-세그먼트 디코더 회로

일반적으로 IC 7447이 7-세그먼트 디코더로 주로 쓰이는데, 이 디코더는 출력이 0일 때 활성화active-low된다. [표 7-8]은 IC 7447의 진리표다.

표 7-8 7-세그먼트 디코더 7447 진리표

10진값 또는 기능	입력						출력								
	$\overline{LT}$	$\overline{RBI}$	D	C	B	A	$\overline{BI}/\overline{RBO}$	$\overline{a}$	$\overline{b}$	$\overline{c}$	$\overline{d}$	$\overline{e}$	$\overline{f}$	$\overline{g}$
0	1	1	0	0	0	0	1	0	0	0	0	0	0	1
1	1	×	0	0	0	1	1	1	0	0	1	1	1	1
2	1	×	0	0	1	0	1	0	0	1	0	0	1	0
3	1	×	0	0	1	1	1	0	0	0	0	1	1	0
4	1	×	0	1	0	0	1	1	0	0	1	1	0	0
5	1	×	0	1	0	1	1	0	1	0	0	1	0	0
6	1	×	0	1	1	0	1	1	1	0	0	0	0	0
7	1	×	0	1	1	1	1	0	0	0	1	1	1	1
8	1	×	1	0	0	0	1	0	0	0	0	0	0	0
9	1	×	1	0	0	1	1	0	0	0	1	1	0	0
10	1	×	1	0	1	0	1	1	1	1	0	0	1	0
11	1	×	1	0	1	1	1	1	1	0	0	1	1	0
12	1	×	1	1	0	0	1	1	0	1	1	1	0	0
13	1	×	1	1	0	1	1	0	1	1	0	1	0	0
14	1	×	1	1	1	0	1	1	1	1	0	0	0	0
15	1	×	1	1	1	1	1	1	1	1	1	1	1	1
$\overline{BI}$	×	×	×	×	×	×	0	1	1	1	1	1	1	1
$\overline{RBI}$	1	0	0	0	0	0	0	1	1	1	1	1	1	1
$\overline{LT}$	0	×	×	×	×	×	1	0	0	0	0	0	0	0

TIP

IC 7447 핀 배치도

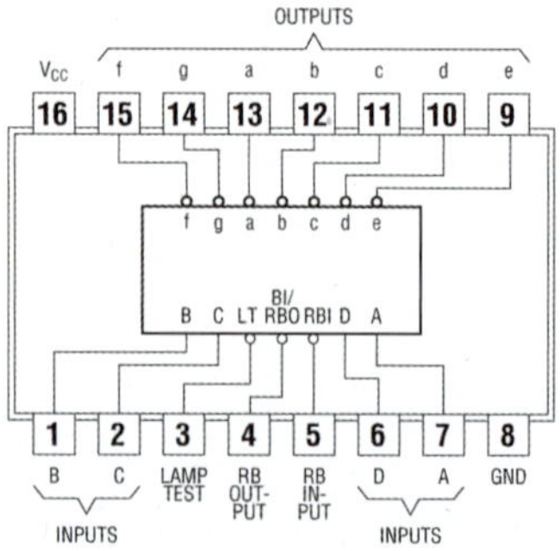

7446의 6과 9 표시

7447의 6과 9 표시

7446과 7447은 6과 9의 글자 모양만 다르다. 여기서 램프 테스트*LT*: lamp test를 Low로 하면 모든 세그먼트에 불이 켜진다. *RBI*ripple blanking inputs입력은 1(High)로 하거나 오픈 상태로 두면 강제적으로 0이 입력되는 것처럼 되어 LED에 0이 표시된다. 소형 전자계산기처럼 0일 때 LED를 강제 소등leading zero suppress하고자 할 때 *RBI*에 윗단의 *BI*/*RBO*를 접속한다. 다시 가장 윗단의 *RBI*는 GND로 한다. 소수점 이하의 경우는 반대로 *RBI*에 아랫단의 *BI*/*RBO*를 접속하고 가장 아랫단은 GND로 한다.

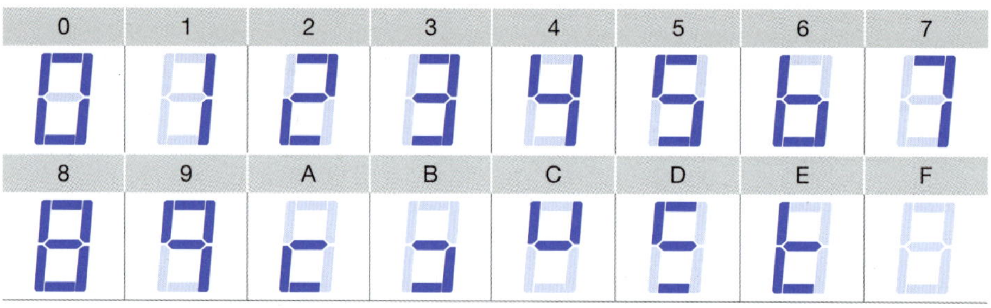

그림 7-28 7447의 LED 점등 패턴도

7-세그먼트 LED는 애노드 공통(+쪽)이거나 캐소드 공통(−쪽)이며, 전류를 제어하는 저항이 필요하다.

캐소드 공통

캐소드 공통common cathode은 LED의 모든 캐소드가 공통으로 묶여 있다. 캐소드는 0V나 접지(GND)에 연결된다. 불을 켜려는 LED 세그먼트에 +5V 전압을 가하면 된다. 캐소드 공통 LED 표시기는 입력 전압이 1(High)일 때 동작하는 active-high이다. 7448과 7449는 캐소드 공통 LED 표시기를 작동하도록 설계된 IC이다.

애노드 공통

애노드 공통common anode은 LED의 모든 애노드는 일반적으로 +5V에 연결된다. 불을 켜려는 LED 세그먼트에 0V 전압을 가하면 된다. 이 LED 표시기를 active-low라고 한다. 7446과 7447이 애노드 공통 LED 표시기를 구동하도록 설계된 것이다.

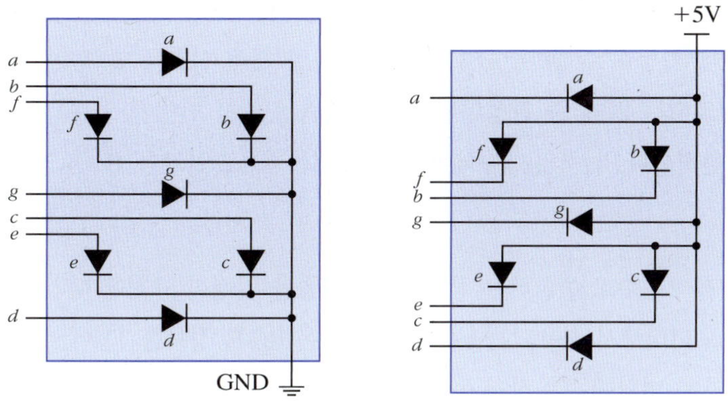

(a) 캐소드 공통 (b) 애노드 공통

그림 7-29 7-세그먼트 공통 회로

> **TIP**
> **LED 회로 기호**
> 애노드 A ─▶├─ K 캐소드

LED를 구동하기 위한 기본 전류값은 10mA이며, 이 전류값을 보장하기 위해 저항이 필요하다. [그림 7-30]에는 전류 제한 저항을 사용한 7-세그먼트 회로의 예다.

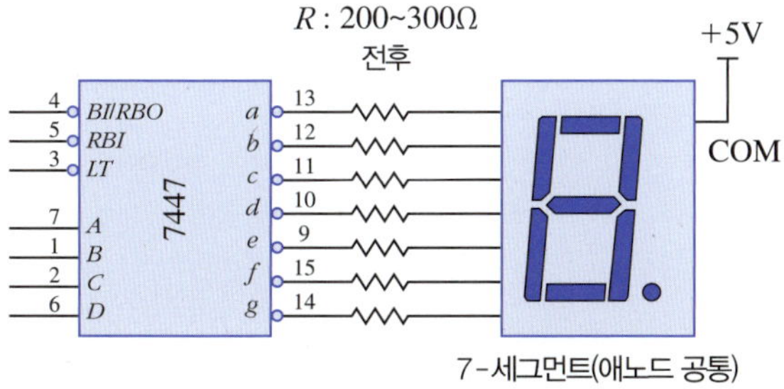

그림 7-30 전류 제한 저항을 사용한 7-세그먼트 회로의 예

7.4 인코더

인코더encoder는 디코더의 반대 기능을 수행하는 조합논리회로로, 2^n개의 신호를 입력받아 n개의 출력 신호를 만든다. 인코더는 2^n개 중 활성화된 1비트 입력 신호를 받아서 그 숫자에 해당하는 n비트 2진 정보를 출력한다. 입력의 개수에 따라 인코더는 4×2 인코더, 8×3 인코더와 같이 나타낸다.

인코더의 응용으로는 10진수를 2진수로 변환하는 장치, 정보 전송을 일정한 규칙에 따라 암호로 변환하는 장치, 컴퓨터 모니터에서 사용되는 VGA 등과 같은 RGB 정보를 TV에서 수신할 수 있는 ntsc 방식의 신호로 변환해주는 장치 등이 있다.

1 2×1 인코더

2×1 인코더는 입력 $2(=2^1)$개와 출력 1개를 가지며, 입력 신호에 따라 0 또는 1이 출력된다.

입력		출력
D_1	D_0	B_0
0	1	0
1	0	1

$B_0 = D_1$

(a) 진리표와 논리식

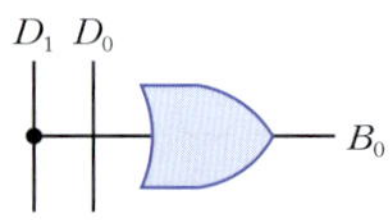

(b) 회로도

그림 7-31 2×1 인코더

2 4×2 인코더

4×2 인코더는 입력 $4(=2^2)$개와 출력 2개를 가지며, 입력 신호에 따라 2개의 2진 조합으로 출력된다.

입력				출력	
D_3	D_2	D_1	D_0	B_1	B_0
0	0	0	1	0	0
0	0	1	0	0	1
0	1	0	0	1	0
1	0	0	0	1	1

$B_1 = D_2 + D_3,\ B_0 = D_1 + D_3$

(a) 진리표와 논리식

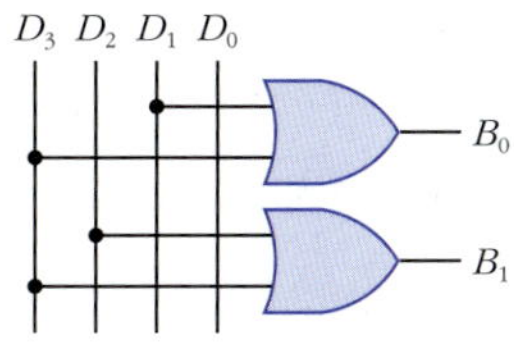

(b) 회로도

그림 7-32 4×2 인코더

3 8×3 인코더

8×3 인코더는 입력 $8(=2^3)$개와 출력 3개를 가지며, 입력의 신호에 따라 3개의 2진 조합으로 출력된다.

입력								출력		
D_7	D_6	D_5	D_4	D_3	D_2	D_1	D_0	B_2	B_1	B_0
0	0	0	0	0	0	0	1	0	0	0
0	0	0	0	0	0	1	0	0	0	1
0	0	0	0	0	1	0	0	0	1	0
0	0	0	0	1	0	0	0	0	1	1
0	0	0	1	0	0	0	0	1	0	0
0	0	1	0	0	0	0	0	1	0	1
0	1	0	0	0	0	0	0	1	1	0
1	0	0	0	0	0	0	0	1	1	1

$B_2 = D_4 + D_5 + D_6 + D_7,\ B_1 = D_2 + D_3 + D_6 + D_7,\ B_0 = D_1 + D_3 + D_5 + D_7$

(a) 진리표와 논리식

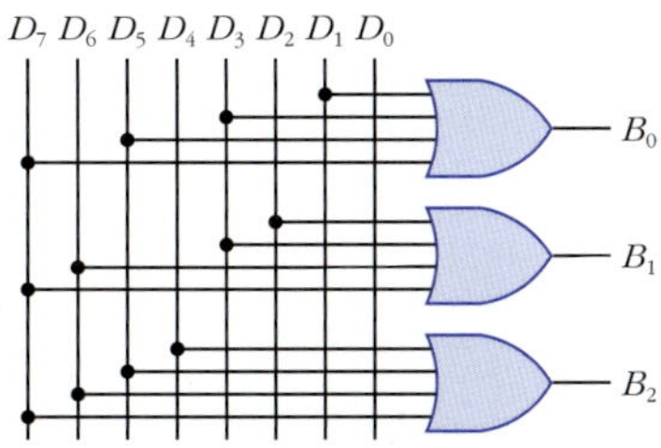

(b) 회로도

그림 7-33 8×3 인코더

4 8×3 우선순위 인코더

우선순위 인코더priority encoder는 입력에 우선순위를 정해 입력이 여러 개 있을 때 우선순위가 높은 입력값에 해당하는 출력 신호를 만들어내는 회로다. 회로 설계 시 우선순위를 결정하여 원하는 결과를 만들며, 보통은 입력값이 높은 쪽을 우선순위가 높은 것으로 한다. [그림 7-34]는 우선순위 인코더의 진리표와 회로를 보여준다. 진리표로부터 논리식을 유도하면 다음과 같다.

$$B_2 = D_7 + \bar{D}_7 D_6 + \bar{D}_7\bar{D}_6 D_5 + \bar{D}_7\bar{D}_6\bar{D}_5 D_4$$
$$B_1 = D_7 + \bar{D}_7 D_6 + \bar{D}_7\bar{D}_6\bar{D}_5\bar{D}_4 D_3 + \bar{D}_7\bar{D}_6\bar{D}_5\bar{D}_4\bar{D}_3 D_2$$
$$B_0 = D_7 + \bar{D}_7\bar{D}_6 D_5 + \bar{D}_7\bar{D}_6\bar{D}_5\bar{D}_4 D_3 + \bar{D}_7\bar{D}_6\bar{D}_5\bar{D}_4\bar{D}_3\bar{D}_2 D_1$$

여기서 $D_7 + \bar{D}_7 D_6 = (D_7 + \bar{D}_7)(D_7 + D_6) = D_7 + D_6$이므로 $B_2 = D_7 + D_6 + D_5 + D_4$이다. 같은 방법으로 B_1과 B_0도 간소화하면 다음과 같다.

$$B_2 = D_7 + D_6 + D_5 + D_4$$
$$B_1 = D_7 + D_6 + \bar{D}_5\bar{D}_4 D_3 + \bar{D}_5\bar{D}_4 D_2$$
$$B_0 = D_7 + \bar{D}_6 D_5 + \bar{D}_6\bar{D}_4 D_3 + \bar{D}_6\bar{D}_4\bar{D}_2 D_1$$

입력								출력		
D_7	D_6	D_5	D_4	D_3	D_2	D_1	D_0	B_2	B_1	B_0
0	0	0	0	0	0	0	1	0	0	0
0	0	0	0	0	0	1	×	0	0	1
0	0	0	0	0	1	×	×	0	1	0
0	0	0	0	1	×	×	×	0	1	1
0	0	0	1	×	×	×	×	1	0	0
0	0	1	×	×	×	×	×	1	0	1
0	1	×	×	×	×	×	×	1	1	0
1	×	×	×	×	×	×	×	1	1	1

(a) 진리표

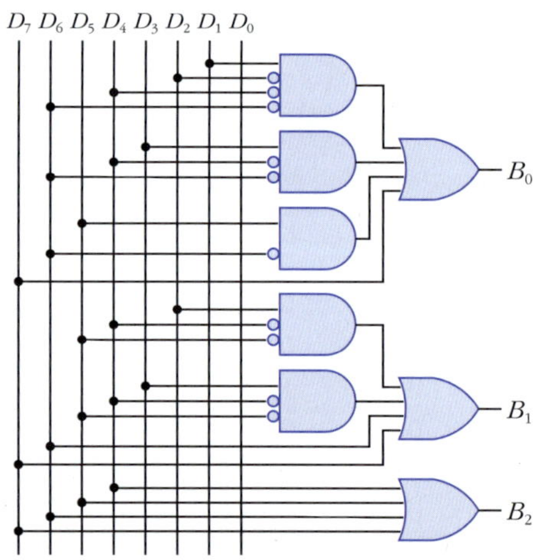

(b) 회로도

그림 7-34 8×3 우선순위 인코더

5 인코더 IC

IC 74158

74158은 4개의 2×1 인코더 논리반전 출력이며, 인에이블(또는 스트로브)이 1일 때 출력은 모두 1이 된다. 인에이블이 0일 때 선택선S : Select 입력이 0이면 입력 A의 반전된 출력이 발생하며, 인에이블이 1일 때 입력 B의 반전된 출력이 발생한다.

입력		출력
S	E	Y
×	1	1
0	0	$\overline{A}$
1	0	$\overline{B}$

(a) 진리표

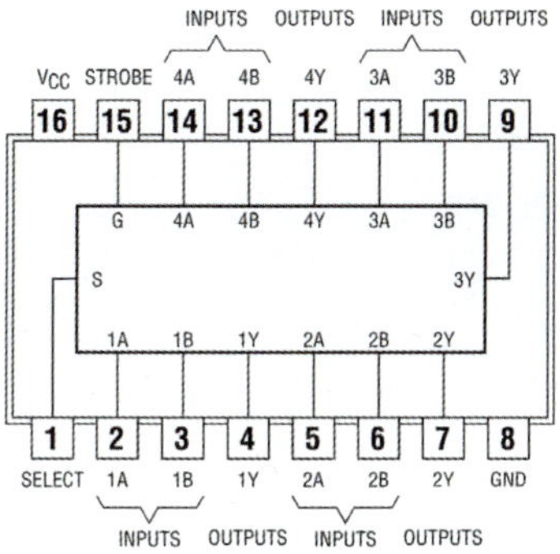

(b) 핀 배치도

그림 7-35 IC 74158 인코더

IC 74148

74148은 8×3 우선순위 인코더다. GS는 데이터 입력 중 하나가 0이고 인에이블 입력 $EI=0$일 때만 0이 된다. EI와 EO는 74148을 여러 개 연결할 때 사용한다. 가장 우선순위가 높은 단계의 EO는 다음 단계의 가장 우선순위가 높은 EI에 연결한다. $EI=0$이면 인코더의 출력은 가장 우선순위가 높은 데이터가 입력되었다는 것이며, $EO=1$이 된다. $EI=0$이고, 모든 데이터 입력이 1이면 EO 출력은 0이 되어 다음 단계의 낮은 우선순위를 인에이블할 수 있다. 가장 우선순위가 높은 것은 7번이다.

입력									출력				
EI	7	6	5	4	3	2	1	0	$A2$	$A1$	$A0$	GS	EO
1	×	×	×	×	×	×	×	×	1	1	1	1	1
0	1	1	1	1	1	1	1	1	1	1	1	1	0
0	0	×	×	×	×	×	×	×	0	0	0	0	1
0	1	0	×	×	×	×	×	×	0	0	1	0	1
0	1	1	0	×	×	×	×	×	0	1	0	0	1
0	1	1	1	0	×	×	×	×	0	1	1	0	1
0	1	1	1	1	0	×	×	×	1	0	0	0	1
0	1	1	1	1	1	0	×	×	1	0	1	0	1
0	1	1	1	1	1	1	0	×	1	1	0	0	1
0	1	1	1	1	1	1	1	0	1	1	1	0	1

(a) 진리표

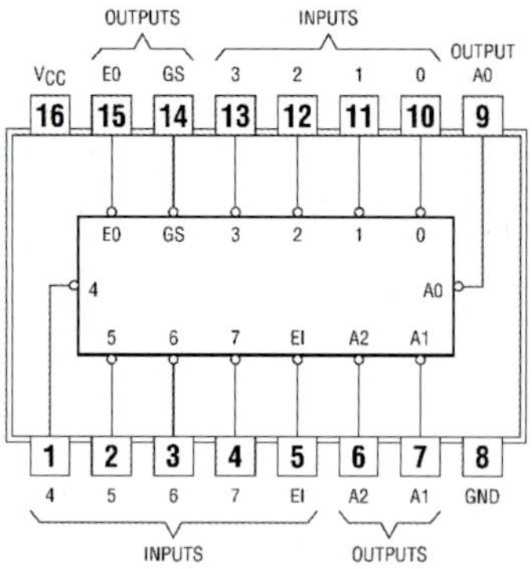

(b) 핀 배치도

그림 7-36 IC 74148의 진리표 및 핀 배치도

74147

74147 IC는 10진-BCD 우선순위 인코더이며, 입력과 출력이 모두 active-low로 동작한다. [그림 7-37]은 74147 IC의 진리표 및 핀 배치도다. 우선순위 기능은 인코더에 여러 개의 입력이 동시에 들어올 경우 가장 큰 10진수에 대응하는 BCD 값만 출력되고 다른 모든 입력은 무시된다. 예를 들어, 10진수 7과 3의 입력이 모두 선택(논리 0)되었다면 BCD 출력에는 7에 해당하는 1000이 출력되고 이를 반전시키면 0111(=$7_{(10)}$)이 된다. 3에 대응하는 1100은 무시된다.

입력									출력			
I9	*I8*	*I7*	*I6*	*I5*	*I4*	*I3*	*I2*	*I1*	$\overline{Y_3}$	$\overline{Y_2}$	$\overline{Y_1}$	$\overline{Y_0}$
1	1	1	1	1	1	1	1	1	1	1	1	1
1	1	1	1	1	1	1	1	0	1	1	1	0
1	1	1	1	1	1	1	0	×	1	1	0	1
1	1	1	1	1	1	0	×	×	1	1	0	0
1	1	1	1	1	0	×	×	×	1	0	1	1
1	1	1	1	0	×	×	×	×	1	0	1	0
1	1	1	0	×	×	×	×	×	1	0	0	1
1	1	0	×	×	×	×	×	×	1	0	0	0
1	0	×	×	×	×	×	×	×	0	1	1	1
0	×	×	×	×	×	×	×	×	0	1	1	0

(a) 진리표

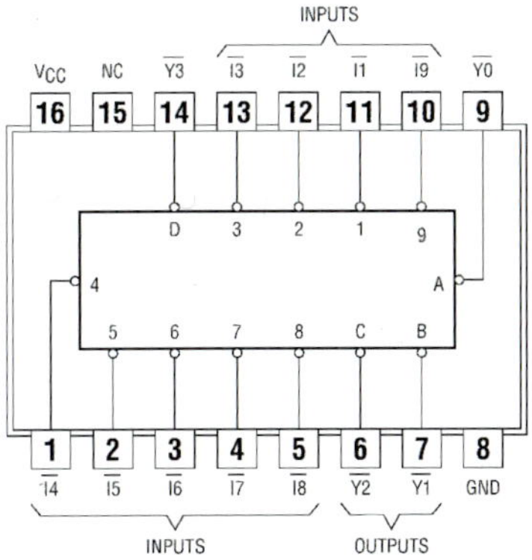

(b) 핀 배치도

그림 7-37 IC 74147의 진리표 및 핀 배치도

예제 7-4

74147 IC를 이용해 키보드에 있는 10개의 10진 숫자들을 BCD로 변환하는 회로를 구성하라.

풀이

다음 그림은 74147 IC를 이용해 구성한 간단한 키보드 인코더다. 그림에서 풀-업 저항(R)을 통해 $+V_{CC}$에 연결된 10개의 스위치들은 각 키를 나타낸다. 풀-업 저항은 키가 눌려지지 않았을 때 High가 입력되도록 한다. 키가 눌려지면 입력이 접지되어 대응되는 인코더 입력단에 Low가 공급된다. 0 이외의 키들 중 아무 것도 누르지 않았을 때에는 BCD 코드 0이 출력되므로 0키는 별도로 연결하지 않아도 된다.

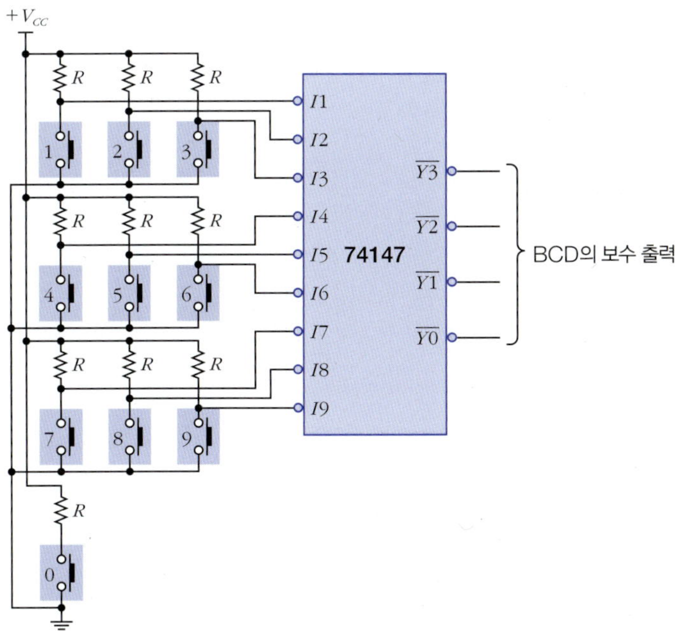

7.5 멀티플렉서

멀티플렉싱multiplexing이란 다수의 정보 장치의 데이터를 소수의 채널channel이나 선을 통해 선택적으로 전송하는 것을 의미한다. **멀티플렉서**multiplexer는 여러 개의 입력선 중에서 하나를 선택하여 출력선에 연결하는 조합논리회로이며, 선택선의 값에 따라 하나의 입력선을 선택한다. 일반적으로 2^n개의 입력선과 n개의 선택선selection line으로 구성되어 있다. 이때 n개 선택선의 비트 조합에 따라 입력 중 하나를 선택한다. 멀티플렉서는 많은 입력 중 하나를 선택하여 선택된 입력선의 2진 정보를 출력선에 넘겨주기 때문에 **데이터 선택기**data selector라고도 한다. 멀티플렉서의 크기는 입력선과 선택선의 개수에 따라 결정된다.

디멀티플렉서demultiplexer는 멀티플렉서와 반대로 정보를 한 선으로 받아서 2^n개의 가능한 출력선들 중 하나를 선택하여 받은 정보를 전송하는 회로다. **데이터 분배기**data distribution라고도 한다. 디멀티플렉서는 n개의 선택선의 값에 따라 출력선 1개를 선택한다.

멀티플렉서는 줄여서 MUX먹스, 디멀티플렉서는 DEMUX디먹스라고 표현한다.

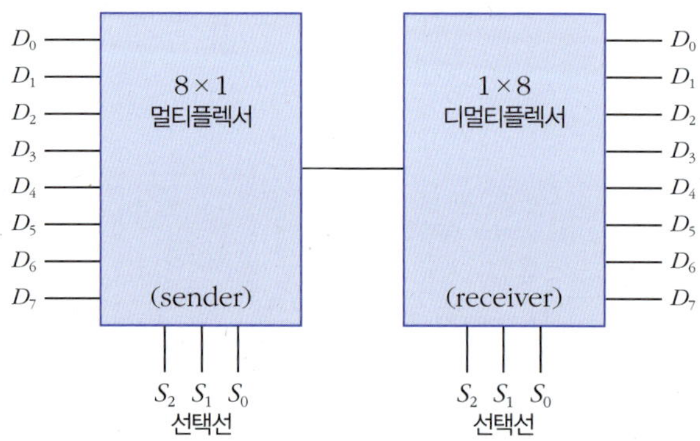

그림 7-38 멀티플렉서와 디멀티플렉서의 기능

1 2×1 멀티플렉서

2×1 멀티플렉서는 입력 2개 중 하나를 선택선 S에 입력된 값에 따라 출력으로 보내주는 조합논리회로다.

선택선	출력
S	F
0	D_0
1	D_1

(a) 진리표

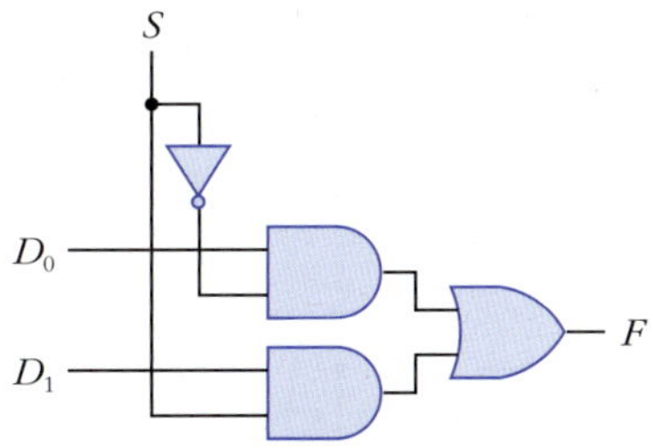

(b) 회로도

그림 7-39 2×1 멀티플렉서

진리표를 이용해 2×1 멀티플렉서의 논리식을 구하면 $F = \overline{S}D_0 + SD_1$이 된다.

2 4×1 멀티플렉서

4×1 멀티플렉서는 입력 4개 중 하나를 선택선 S_1과 S_0에 입력된 값에 따라 출력으로 보내주는 조합논리회로다. 4×1 멀티플렉서의 논리식은 $F = \overline{S}_1\overline{S}_0D_0 + \overline{S}_1S_0D_1 + S_1\overline{S}_0D_2 + S_1S_0D_3$이다.

선택선		출력
S_1	S_0	F
0	0	D_0
0	1	D_1
1	0	D_2
1	1	D_3

(a) 진리표

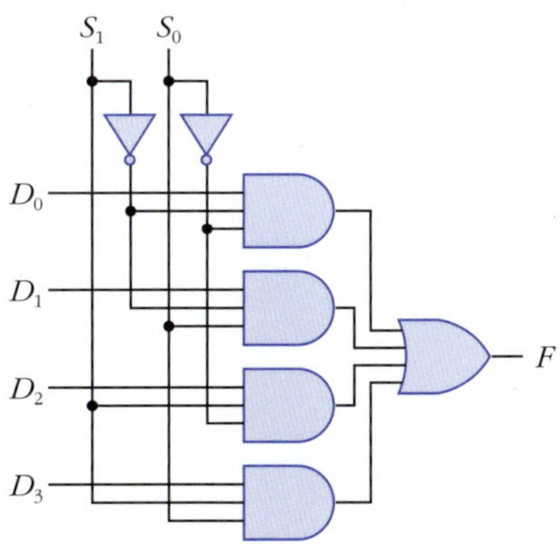

(b) 회로도

그림 7-40 4×1 멀티플렉서

❸ 8×1 멀티플렉서

8×1 멀티플렉서는 3개의 선택선(S_2, S_1, S_0)을 통해 입력 8개 중 하나를 선택하여 출력하는 조합논리회로다. 8×1 멀티플렉서의 논리식은 다음과 같다.

$$F = \overline{S}_2\overline{S}_1\overline{S}_0D_0 + \overline{S}_2\overline{S}_1S_0D_1 + \overline{S}_2S_1\overline{S}_0D_2 + \overline{S}_2S_1S_0D_3 + S_2\overline{S}_1\overline{S}_0D_4 + S_2\overline{S}_1S_0D_5 + S_2S_1\overline{S}_0D_6 + S_2S_1S_0D_7$$

선택선			출력
S_2	S_1	S_0	F
0	0	0	D_0
0	0	1	D_1
0	1	0	D_2
0	1	1	D_3
1	0	0	D_4
1	0	1	D_5
1	1	0	D_6
1	1	1	D_7

(a) 진리표

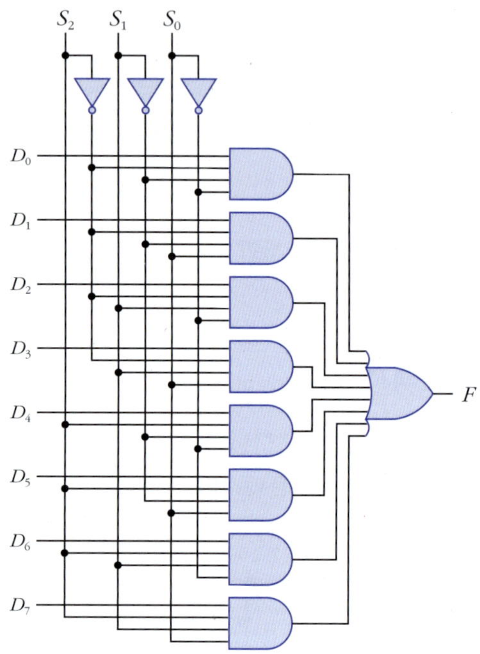

(b) 회로도

그림 7-41 8×1 멀티플렉서

[그림 7-42]는 4×1 멀티플렉서 5개를 이용해 16×1 멀티플렉서를 구현한 것이다. 데이터 선택에 따라 인에이블되는 MUX는 다음과 같다.

- $S_3S_2S_1S_0 = 0000 \sim 0011$이면 MUX #1이 인에이블
- $S_3S_2S_1S_0 = 0100 \sim 0111$이면 MUX #2가 인에이블
- $S_3S_2S_1S_0 = 1000 \sim 1011$이면 MUX #3이 인에이블
- $S_3S_2S_1S_0 = 1100 \sim 1111$이면 MUX #4가 인에이블

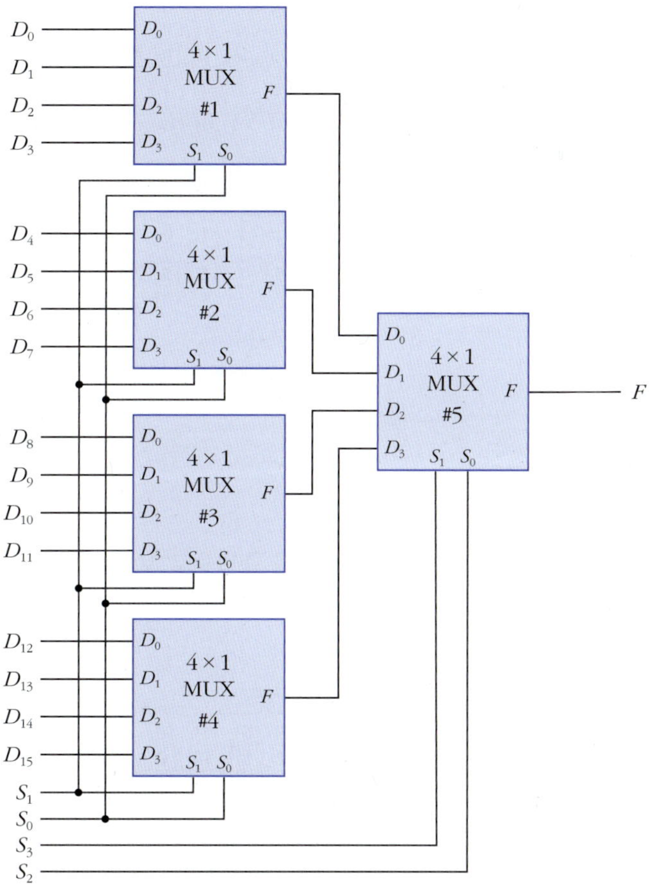

그림 7-42 16×1 멀티플렉서(4×1 멀티플렉서 5개 이용)

4 멀티플렉서 IC

IC 74150

74150은 입력 $\overline{E0} \sim \overline{E15}$ 중 1개를 선택선 입력 D, C, B, A에 따라 출력으로 보내주는 16×1 멀티플렉서 IC다.

입력					출력
Select				Strobe	W
D	C	B	A	S	
×	×	×	×	1	1
0	0	0	0	0	$\overline{E0}$
0	0	0	1	0	$\overline{E1}$
0	0	1	0	0	$\overline{E2}$
0	0	1	1	0	$\overline{E3}$
0	1	0	0	0	$\overline{E4}$
0	1	0	1	0	$\overline{E5}$
0	1	1	0	0	$\overline{E6}$
0	1	1	1	0	$\overline{E7}$
1	0	0	0	0	$\overline{E8}$
1	0	0	1	0	$\overline{E9}$
1	0	1	0	0	$\overline{E10}$
1	0	1	1	0	$\overline{E11}$
1	1	0	0	0	$\overline{E12}$
1	1	0	1	0	$\overline{E13}$
1	1	1	0	0	$\overline{E14}$
1	1	1	1	0	$\overline{E15}$

(a) 진리표

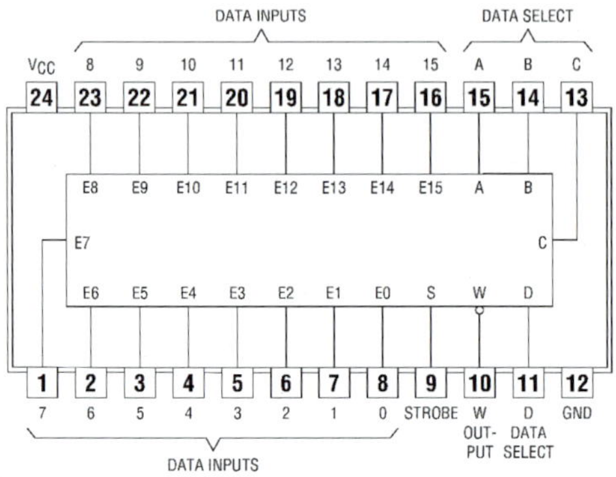

(b) 핀 배치도

그림 7-43 IC 74150의 진리표 및 핀 배치도

IC 74153

74153은 입력 C_0, C_1, C_2, C_3 중 1개를 선택선 입력 B, A에 따라 출력으로 보내주는 4×1 멀티플렉서 2개가 내장된 IC이다.

입력			출력
Select		Strobe	Y
B	A	G	
×	×	1	0
0	0	0	C_0
0	1	0	C_1
1	0	0	C_2
1	1	0	C_3

(a) 진리표

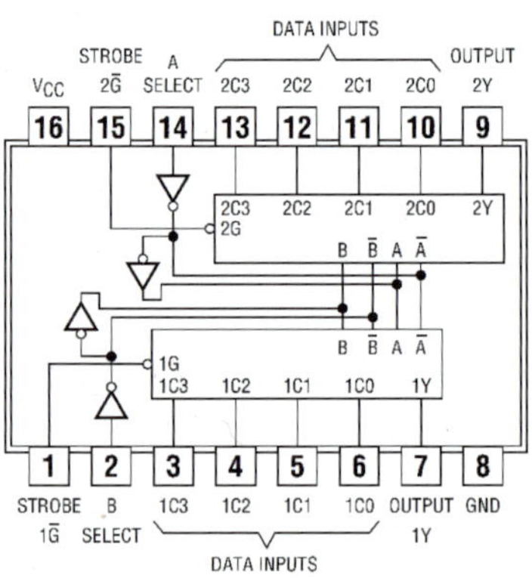

(b) 핀 배치도

그림 7-44 IC 74153의 진리표 및 핀 배치도

예제 7-5

[그림 7-40(b)]의 멀티플렉서에 다음 그림과 같은 데이터 입력(D_3, D_2, D_1, D_0)과 데이터 선택(S_1, S_0) 파형을 입력하였다. 출력 F의 파형을 그려라.

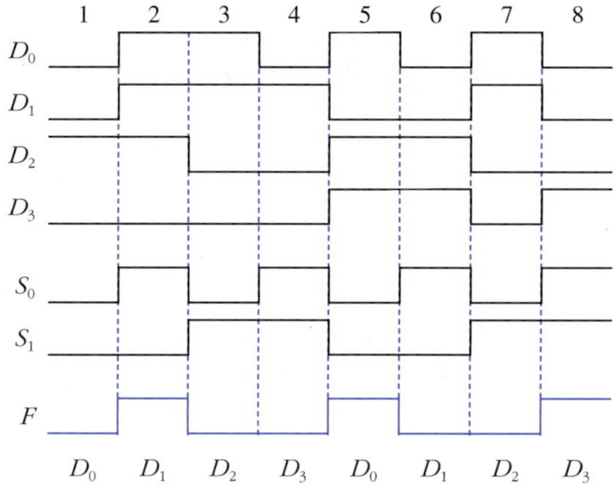

풀이

데이터 선택 신호 S_1과 S_0에 의해서 데이터 입력 D_3, D_2, D_1, D_0 중 하나가 선택된다.

- 시간 구간 1에서 $S_1 = 0$, $S_0 = 0$이므로 D_0이 선택되어 $F = 0$이다.
- 시간 구간 2에서 $S_1 = 0$, $S_0 = 1$이므로 D_1이 선택되어 $F = 1$이다.
- 시간 구간 3에서 $S_1 = 1$, $S_0 = 0$이므로 D_2가 선택되어 $F = 0$이다.
- 시간 구간 4에서 $S_1 = 1$, $S_0 = 1$이므로 D_3이 선택되어 $F = 0$이다.
- 시간 구간 5에서 $S_1 = 0$, $S_0 = 0$이므로 D_0이 선택되어 $F = 1$이다.
- 시간 구간 6에서 $S_1 = 0$, $S_0 = 1$이므로 D_1이 선택되어 $F = 0$이다.
- 시간 구간 7에서 $S_1 = 1$, $S_0 = 0$이므로 D_2가 선택되어 $F = 0$이다.
- 시간 구간 8에서 $S_1 = 1$, $S_0 = 1$이므로 D_3이 선택되어 $F = 1$이다.

5 멀티플렉서를 이용한 조합회로 구현

멀티플렉서를 이용해 조합회로를 구현할 수 있다. 예를 들어, $F(A, B, C) = \Sigma m(0, 1, 5, 7)$을 8×1 멀티플렉서 및 4×1 멀티플렉서를 이용해 설계해보자. 8×1 멀티플렉서를 사용할 때는 선택선이 3개이므로 선택선 3개를 입력 A, B, C로 사용하고 데이터 D_0부터 D_7까지 입력에 해당하는 값, 즉 D_0, D_1, D_5, D_7은 1(+5V)로 나머지 입력은 0V(접지)로 설정하면 된다.

입력	출력
A B C	*F*
0 0 0	1 (D_0)
0 0 1	1 (D_1)
0 1 0	0 (D_2)
0 1 1	0 (D_3)
1 0 0	0 (D_4)
1 0 1	1 (D_5)
1 1 0	0 (D_6)
1 1 1	1 (D_7)

(a) 진리표

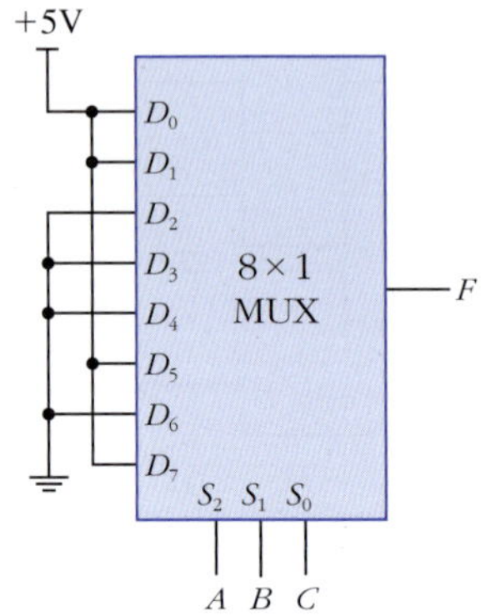

(b) 회로도

그림 7-45 8×1 멀티플렉서를 이용한 $F(A, B, C)=\Sigma m(0, 1, 5, 7)$ **회로**

4×1 멀티플렉서로 동일한 회로를 설계해보자. 4×1 멀티플렉서는 선택선이 2개이므로 A, B는 선택선으로 C는 $D_0 \sim D_3$까지를 조합하여 사용한다. [그림 7-46(a)]의 진리표에서 출력은 A, B가 00일 때는 C에 관계없이 항상 1이고 A, B가 01일 때는 C에 관계없이 출력은 항상 0이다. 그리고 A, B가 10과 11일 때는 C의 값이 그대로 출력된다. 그러므로 D_0는 +5V, D_1은 0V(접지), D_2와 D_3은 입력을 그대로 출력하므로 C를 입력으로 한다.

입력		출력	
A B	*C*	*F*	
0 0	0	$D_0 = 1$	1
	1		1
0 1	0	$D_1 = 0$	0
	1		0
1 0	0	$D_2 = C$	0
	1		1
1 1	0	$D_3 = C$	0
	1		1

(a) 진리표

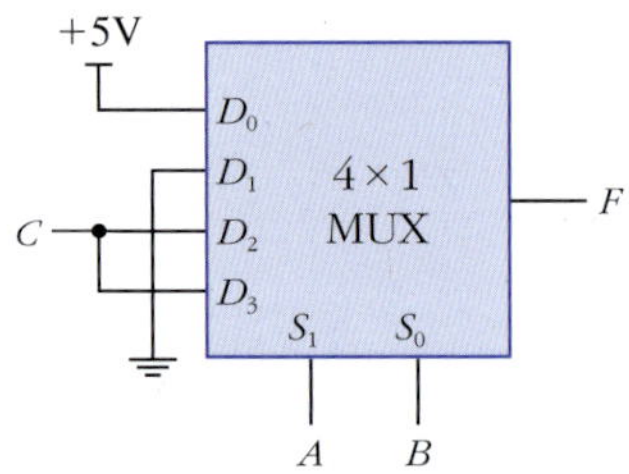

(b) 회로도

그림 7-46 4×1 멀티플렉서를 이용한 $F(A, B, C)=\Sigma m(0, 1, 5, 7)$ **회로**

예제 7-6

논리식 $F(A, B, C) = A + B\bar{C}$를 8×1 및 4×1 멀티플렉서로 설계하라.

풀이

$F(A, B, C) = A + B\bar{C}$를 8×1 및 4×1 멀티플렉서로 설계하려면 다음 식과 같이 제거된 항을 복구한 후 설계한다.

$$
\begin{aligned}
F(A, B, C) &= A(\bar{B} + B)(\bar{C} + C) + (\bar{A} + A)B\bar{C} \\
&= A\bar{B}\bar{C} + A\bar{B}C + AB\bar{C} + ABC + \bar{A}B\bar{C} + AB\bar{C} \\
&= \bar{A}B\bar{C} + A\bar{B}\bar{C} + A\bar{B}C + AB\bar{C} + ABC \\
&= m_2 + m_4 + m_5 + m_6 + m_7 = \Sigma m(2, 4, 5, 6, 7)
\end{aligned}
$$

8×1 멀티플렉서를 사용할 경우, (a)의 진리표에서 D_2, D_4, D_5, D_6, D_7은 +5V로, 나머지 입력은 0V(접지)로 연결한다. 4×1 멀티플렉서로 설계하면 (c)의 진리표에서 A, B가 00일 때는 C에 관계없이 출력은 항상 0이고, A, B가 10과 11일 때는 C에 관계없이 출력은 항상 1이다. 그리고 A, B가 01일 때는 C의 값이 반전되어 출력된다. 그러므로 D_0에는 0V, D_2와 D_3에는 +5V, D_1에는 C를 반전하여 입력한다.

입력	출력
A B C	*F*
0 0 0	0 (D_0)
0 0 1	0 (D_1)
0 1 0	1 (D_2)
0 1 1	0 (D_3)
1 0 0	1 (D_4)
1 0 1	1 (D_5)
1 1 0	1 (D_6)
1 1 1	1 (D_7)

(a) 진리표(8x1 멀티플렉서 이용)

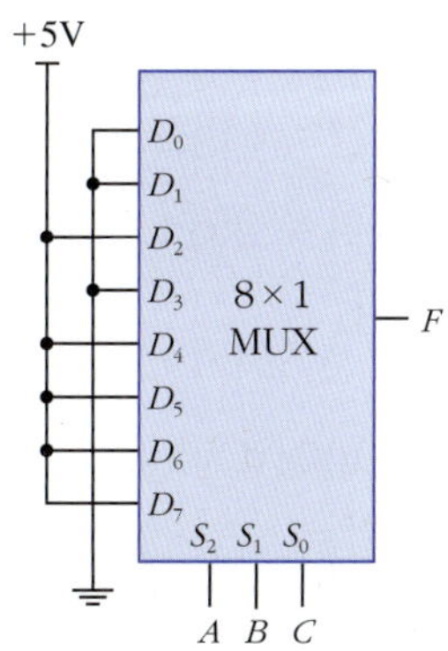

(b) 8×1 멀티플렉서를 이용한 회로도

입력		출력	
A B	*C*	*F*	
0 0	0	$D_0 = 0$	0
	1		0
0 1	0	$D_1 = \bar{C}$	1
	1		0
1 0	0	$D_2 = 1$	1
	1		1
1 1	0	$D_3 = 1$	1
	1		1

(c) 진리표(4x1 멀티플렉서 이용)

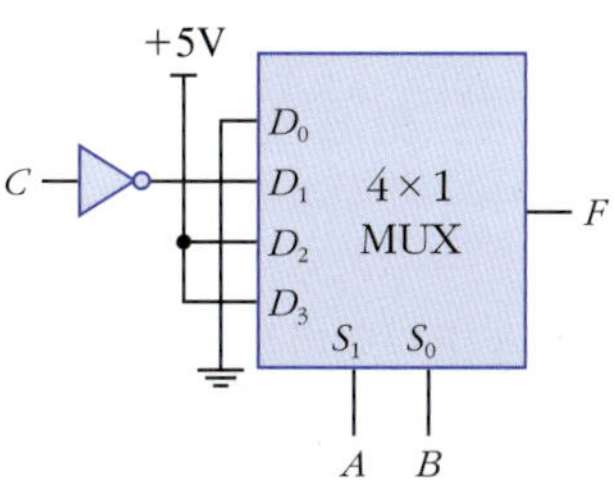

(d) 4×1 멀티플렉서를 이용한 회로도

7.6 디멀티플렉서

7.3절에서 언급한 인에이블 입력 1개를 가지고 있는 디코더는 디멀티플렉서 기능을 수행할 수 있다. [그림 7-47]과 같이 디코더와 디멀티플렉서는 사실상 같은 기능을 한다고 볼 수 있다. 다만 A, B, E 선에 입력되는 데이터에 따라 디코더로 동작할 수도 있고, 디멀티플렉서로 동작할 수도 있다.

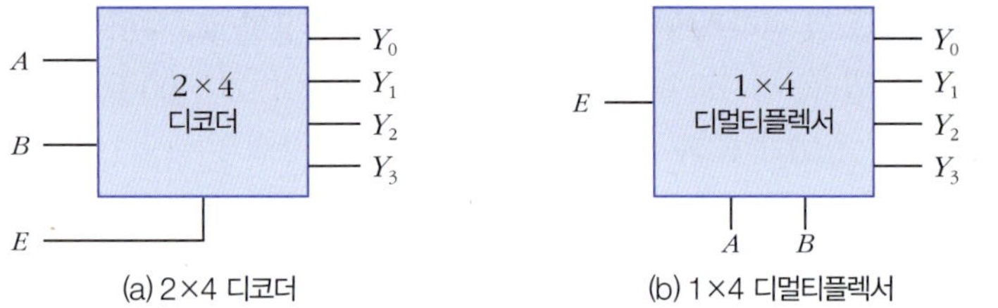

그림 7-47 디코더와 디멀티플렉서 비교

[그림 7-20]의 3×8 디코더 IC 74138의 인에이블($G1$)을 데이터 입력으로 사용하고 A, B, C를 선택선으로 사용하면 $G1$의 부정($\overline{G1}$)이 출력된다. [표 7-9]는 진리표를 보여준다. 이때 $G2A$, $G2B$ 입력은 0으로 한다.

표 7-9 IC 74138을 디멀티플렉서로 사용할 때 진리표

입력			출력							
C	B	A	Y_7	Y_6	Y_5	Y_4	Y_3	Y_2	Y_1	Y_0
0	0	0	1	1	1	1	1	1	1	$\overline{G1}$
0	0	1	1	1	1	1	1	1	$\overline{G1}$	1
0	1	0	1	1	1	1	1	$\overline{G1}$	1	1
0	1	1	1	1	1	1	$\overline{G1}$	1	1	1
1	0	0	1	1	1	$\overline{G1}$	1	1	1	1
1	0	1	1	1	$\overline{G1}$	1	1	1	1	1
1	1	0	1	$\overline{G1}$	1	1	1	1	1	1
1	1	1	$\overline{G1}$	1	1	1	1	1	1	1

[그림 7-22]의 IC 74154가 디멀티플렉서로 동작할 때는 IC 74138과 마찬가지로 G_1과 G_2가 데이터선이 되고 A, B, C, D가 선택선이 된다.

예제 7-7

[그림 7-47(b)]의 1×4 디멀티플렉서에 다음 그림과 같은 데이터 입력 파형(E)과 데이터 선택 (S_1, S_0) 파형을 입력하였다. 출력 Y_3, Y_2, Y_1, Y_0의 파형을 그려라.

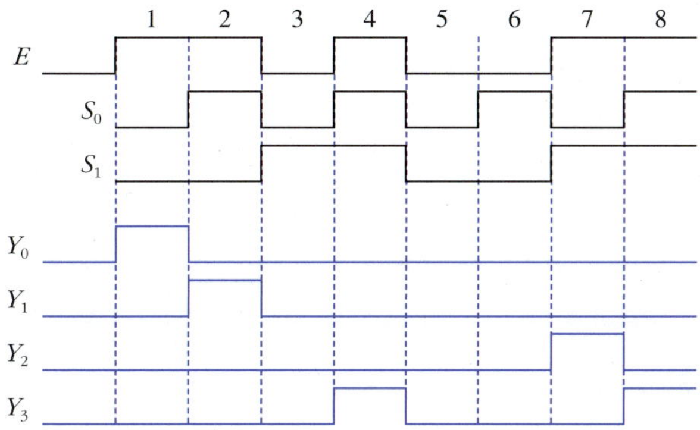

풀이

데이터 선택 신호 S_1과 S_0에 의해서 출력 Y_3, Y_2, Y_1, Y_0 중 하나가 선택된다.

- 시간 구간 1에서 $S_1=0$, $S_0=0$이므로 Y_0이 선택되어 $E=1$이 Y_0으로 출력된다.
- 시간 구간 2에서 $S_1=0$, $S_0=1$이므로 Y_1이 선택되어 $E=1$이 Y_1로 출력된다.
- 시간 구간 3에서 $S_1=1$, $S_0=0$이므로 Y_2가 선택되어 $E=0$이 Y_2로 출력된다.
- 시간 구간 4에서 $S_1=1$, $S_0=1$이므로 Y_3이 선택되어 $E=1$이 Y_3으로 출력된다.
- 시간 구간 5에서 $S_1=0$, $S_0=0$이므로 Y_0이 선택되어 $E=0$이 Y_0으로 출력된다.
- 시간 구간 6에서 $S_1=0$, $S_0=1$이므로 Y_1이 선택되어 $E=0$이 Y_1로 출력된다.
- 시간 구간 7에서 $S_1=1$, $S_0=0$이므로 Y_2가 선택되어 $E=1$이 Y_2로 출력된다.
- 시간 구간 8에서 $S_1=1$, $S_0=1$이므로 Y_3이 선택되어 $E=1$이 Y_3으로 출력된다.

7.7 코드 변환기

디지털 시스템들은 동일한 정보에 대해 다양한 코드를 사용하고 있으므로 시스템 간의 상호 호환성을 유지하기 위해 코드를 변환하는 기능이 필요하다. 하나의 2진 코드에서 다른 2진 코드로 변환하는 조합논리회로를 살펴보자.

1 2진 코드 – 그레이 코드 변환

[표 7–10]은 2진 코드를 그레이 코드로 변환하는 진리표다. 이 진리표를 카르노 맵을 이용해 간소화하면 [그림 7–48]과 같다.

표 7–10 2진 코드–그레이 코드 변환 진리표

2진 코드(입력)				그레이 코드(출력)				2진 코드(입력)				그레이 코드(출력)			
B_3	B_2	B_1	B_0	G_3	G_2	G_1	G_0	B_3	B_2	B_1	B_0	G_3	G_2	G_1	G_0
0	0	0	0	0	0	0	0	1	0	0	0	1	1	0	0
0	0	0	1	0	0	0	1	1	0	0	1	1	1	0	1
0	0	1	0	0	0	1	1	1	0	1	0	1	1	1	1
0	0	1	1	0	0	1	0	1	0	1	1	1	1	1	0
0	1	0	0	0	1	1	0	1	1	0	0	1	0	1	0
0	1	0	1	0	1	1	1	1	1	0	1	1	0	1	1
0	1	1	0	0	1	0	1	1	1	1	0	1	0	0	1
0	1	1	1	0	1	0	0	1	1	1	1	1	0	0	0

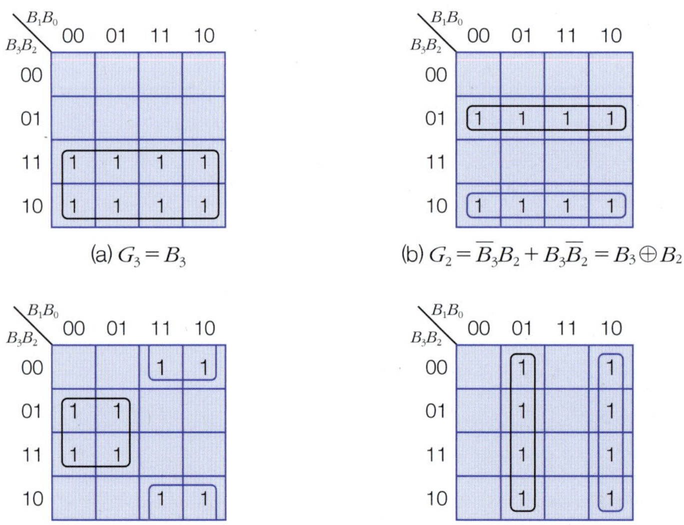

(a) $G_3 = B_3$

(b) $G_2 = \overline{B}_3B_2 + B_3\overline{B}_2 = B_3 \oplus B_2$

(c) $G_1 = \overline{B}_2B_1 + B_2\overline{B}_1 = B_2 \oplus B_1$

(d) $G_0 = \overline{B}_1B_0 + B_1\overline{B}_0 = B_1 \oplus B_0$

그림 7–48 2진 코드를 그레이 코드로 변환하는 카르노 맵

따라서 이를 이용해 논리회로를 구성하면 [그림 7-49]와 같다.

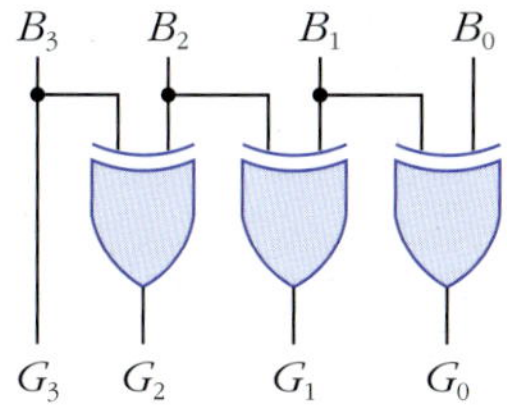

그림 7-49 2진 코드를 그레이 코드로 변환하는 회로

2 그레이 코드 – 2진 코드 변환

[표 7-11]은 그레이 코드를 2진 코드로 변환하는 진리표다. 이 진리표를 카르노 맵을 이용해 간소화하면 [그림 7-50]과 같다.

표 7-11 그레이 코드-2진 코드 변환 진리표

그레이 코드(입력)				2진 코드(출력)				그레이 코드(입력)				2진 코드(출력)			
G_3	G_2	G_1	G_0	B_3	B_2	B_1	B_0	G_3	G_2	G_1	G_0	B_3	B_2	B_1	B_0
0	0	0	0	0	0	0	0	1	0	0	0	1	1	1	1
0	0	0	1	0	0	0	1	1	0	0	1	1	1	1	0
0	0	1	0	0	0	1	1	1	0	1	0	1	1	0	0
0	0	1	1	0	0	1	0	1	0	1	1	1	1	0	1
0	1	0	0	0	1	1	1	1	1	0	0	1	0	0	0
0	1	0	1	0	1	1	0	1	1	0	1	1	0	0	1
0	1	1	0	0	1	0	0	1	1	1	0	1	0	1	1
0	1	1	1	0	1	0	1	1	1	1	1	1	0	1	0

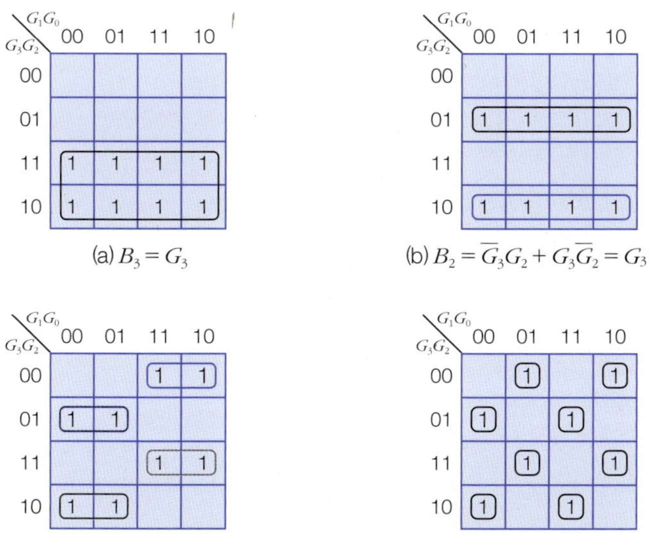

(a) $B_3 = G_3$

(b) $B_2 = \overline{G_3}G_2 + G_3\overline{G_2} = G_3 \oplus G_2$

(c) $B_1 = G_3 \oplus G_2 \oplus G_1 = B_2 \oplus G_1$

(d) $B_0 = G_3 \oplus G_2 \oplus G_1 \oplus G_0 = B_1 \oplus G_0$

그림 7-50 그레이 코드를 2진 코드로 변환하는 카르노 맵

따라서 이를 이용해 논리회로를 구성하면 [그림 7-51]과 같다.

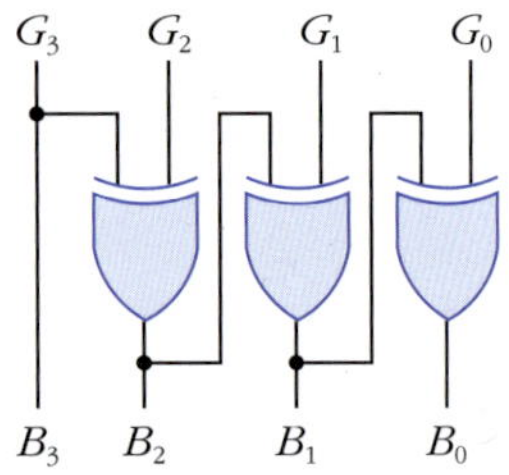

그림 7-51 그레이 코드를 2진 코드로 변환하는 회로

3 BCD 코드 - 3초과 코드 변환

[표 7-12]는 BCD 코드를 3초과 코드로 변환하는 진리표다. BCD는 10개의 숫자만 사용하므로 1010에서 1111까지 6개는 BCD에 존재하지 않는 코드이며, 입력으로 사용될 수 없기 때문에 무관항으로 처리한다. 무관항이 있으므로 회로를 설계하는 데 유용하게 사용할 수 있다.

표 7-12 BCD 코드-3초과 코드 변환 진리표

BCD 코드(입력)				3초과 코드(출력)			
B_3	B_2	B_1	B_0	E_3	E_2	E_1	E_0
0	0	0	0	0	0	1	1
0	0	0	1	0	1	0	0
0	0	1	0	0	1	0	1
0	0	1	1	0	1	1	0
0	1	0	0	0	1	1	1
0	1	0	1	1	0	0	0
0	1	1	0	1	0	0	1
0	1	1	1	1	0	1	0
1	0	0	0	1	0	1	1
1	0	0	1	1	1	0	0
1	0	1	0	×	×	×	×
1	0	1	1	×	×	×	×
1	1	0	0	×	×	×	×
1	1	0	1	×	×	×	×
1	1	1	0	×	×	×	×
1	1	1	1	×	×	×	×

[표 7-12]의 진리표를 카르노 맵을 이용해 간소화하면 [그림 7-52]와 같다.

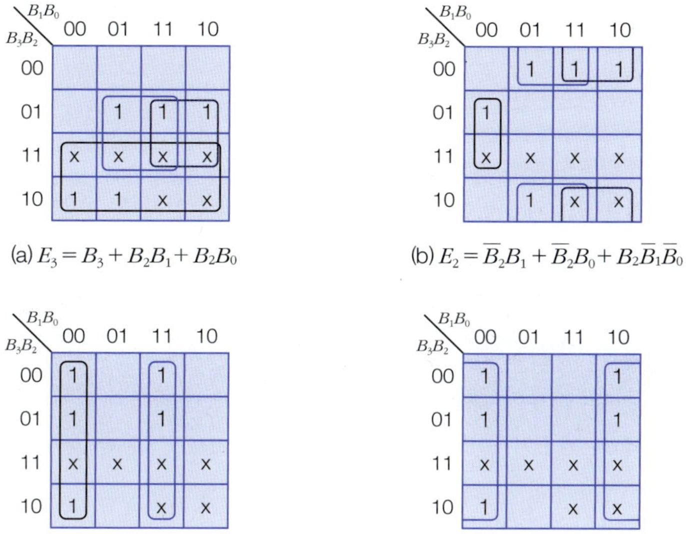

(a) $E_3 = B_3 + B_2B_1 + B_2B_0$

(b) $E_2 = \overline{B_2}B_1 + \overline{B_2}B_0 + B_2\overline{B_1}\,\overline{B_0}$

(c) $E_1 = \overline{B_1}\,\overline{B_0} + B_1B_0 = \overline{B_1 \oplus B_0}$

(d) $E_0 = \overline{B_0}$

그림 7-52 BCD 코드를 3초과 코드로 변환하기 위한 카르노 맵

이를 이용해 논리회로를 구성하면 [그림 7-53]과 같다.

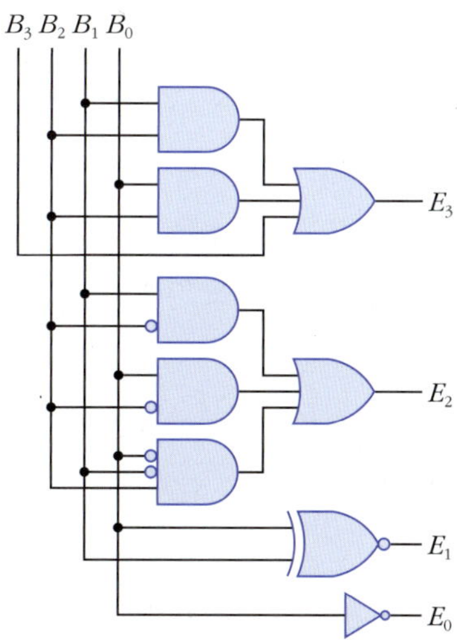

그림 7-53 BCD 코드를 3초과 코드로 변환하는 회로

7.8 패리티 발생기/검출기

패리티 발생기는 원래의 데이터에 1비트 패리티를 추가해 1의 개수가 짝수인지 홀수인지 맞추는 회로다. 1의 개수가 짝수면 짝수 패리티 발생기, 홀수면 홀수 패리티 발생기가 된다. **패리티 검출기**는 패리티가 추가된 데이터에서 1의 개수가 짝수인지 홀수인지를 검사하는 것이다. 6.8절에서 언급한 것처럼 XOR를 이용해 짝수 패리티를, XNOR를 이용해 홀수 패리티를 발생할 수 있다. XOR는 입력에서 1의 개수가 홀수odd일 때 출력이 1이므로 원래의 데이터에 XOR의 출력을 추가하면 1의 개수가 짝수가 된다. 반대로 XNOR는 1의 개수가 짝수even일 때 1이 발생하므로 데이터에 XNOR의 출력 비트를 추가하면 1의 개수가 홀수가 된다.

[그림 7-54]는 데이터가 8비트일 때 짝수 패리티와 홀수 패리티 발생회로다. 짝수 패리티 발생회로의 논리식은 $P=A_0\oplus A_1\oplus A_2\oplus A_3\oplus A_4\oplus A_5\oplus A_6\oplus A_7$이며, $A_0\sim A_7$ 중에서 1의 개수가 홀수일 때 $P=1$이므로 전체 1의 개수는 짝수가 된다. 홀수 패리티 발생회로의 논리식은 $P=\overline{A_0\oplus A_1\oplus A_2\oplus A_3\oplus A_4\oplus A_5\oplus A_6\oplus A_7}$이며, $A_0\sim A_7$ 중에서 1의 개수가 짝수일 때 $P=1$이므로 전체 1의 개수는 홀수가 된다.

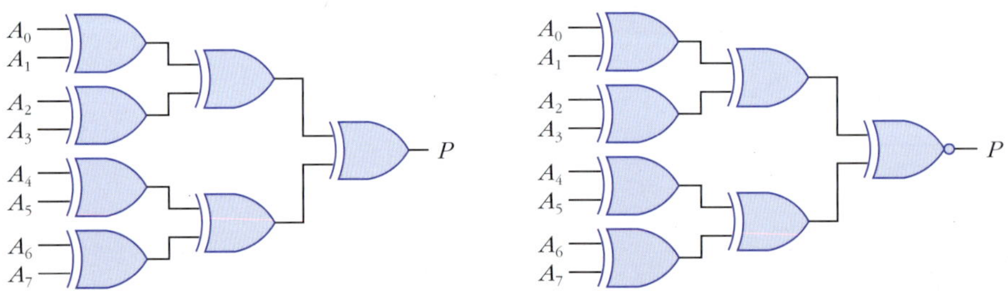

(a) 짝수 패리티 발생 회로　　(b) 홀수 패리티 발생 회로

그림 7-54 8비트 홀수/짝수 패리티 발생 회로

IC 74280은 9비트(8개의 데이터 비트와 1개의 패리티 비트)에 대해서 짝수와 홀수 패리티 모두를 검사할 수 있으며, 또한 9비트($A\sim I$)까지의 2진 데이터에 대해 패리티 발생기로도 사용할 수 있다. [그림 7-55]는 IC 74280의 블록도, 동작표, 핀 배치도다. 입력 데이터 $A\sim I$ 중에서 1의 개수가 짝수이면 $\Sigma EVEN$ 출력은 High가 되고, ΣODD 출력은 Low가 된다. 또한 입력 데이터 $A\sim I$ 중에서 1의 개수가 홀수면 $\Sigma EVEN$ 출력은 Low가 되고, ΣODD 출력은 High가 된다.

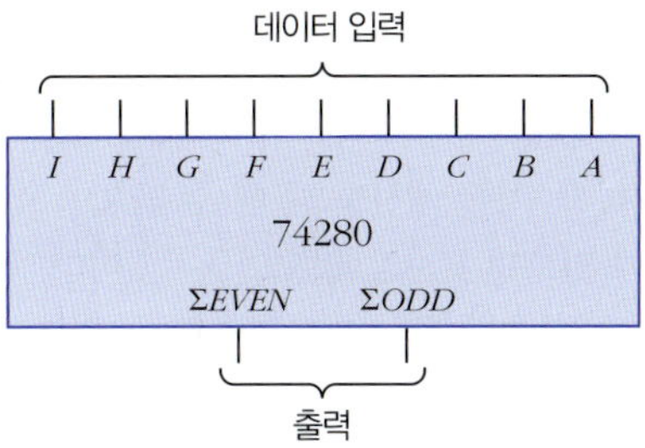

(a) 블록도

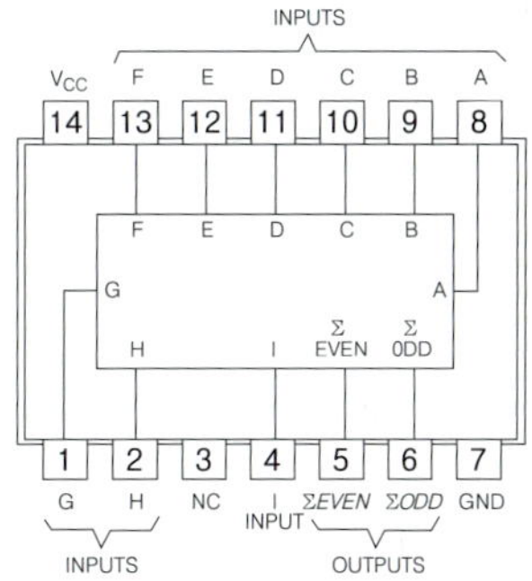

(c) 핀 배치도

High인 입력(A~I)의 개수	출력	
	$\Sigma EVEN$	ΣODD
짝수 개(0, 2, 4, 6, 8)	H	L
홀수 개(1, 3, 5, 7, 9)	L	H

(b) 동작표

그림 7-55 9비트 패리티 발생기/검출기(IC 74280)

- **패리티 발생기** : ΣODD 출력은 입력 비트 중 1의 개수가 짝수이면 0, 1의 개수가 홀수이면 1이므로 74280을 짝수 패리티 발생기로 동작시키려면 ΣODD 출력을 패리티 비트로 사용하면 된다. $\Sigma EVEN$ 출력은 입력 비트 중 1의 개수가 홀수이면 0, 1의 개수가 짝수이면 1이므로 74280을 홀수 패리티 발생기로 동작시키려면 $\Sigma EVEN$ 출력을 패리티 비트로 사용하면 된다.
- **패리티 검출기** : 74280을 패리티 검출기로 사용하려면 A~I까지 9개 비트를 입력한 뒤 출력($\Sigma EVEN$, ΣODD)을 검사하여 입력 중에서 1의 개수가 짝수($\Sigma EVEN$)인지, 홀수(ΣODD)인지 검사할 수 있다. 입력 중 1의 개수가 짝수이면 $\Sigma EVEN$ 출력이 High, 홀수이면 ΣODD 출력은 High가 된다.

예제 7-8

74280을 8비트 홀수 패리티 발생기(7개의 데이터 비트와 1개의 패리티 비트)로 사용하려고 한다. 7비트 입력 데이터 1010110에 대하여 패리티 비트를 생성하는 구성도를 그려라.

풀이

입력 A~G에 데이터 1010110을 연결하고 입력 H와 I는 출력에 영향을 미치지 않도록 접지(GND)에 연결한다. 출력 $\Sigma EVEN$이 홀수 패리티 비트가 된다. 입력 중에서 1의 개수가 4개이므로 출력 $\Sigma EVEN$은 1이 되어 최종적으로는 11010110이 된다.

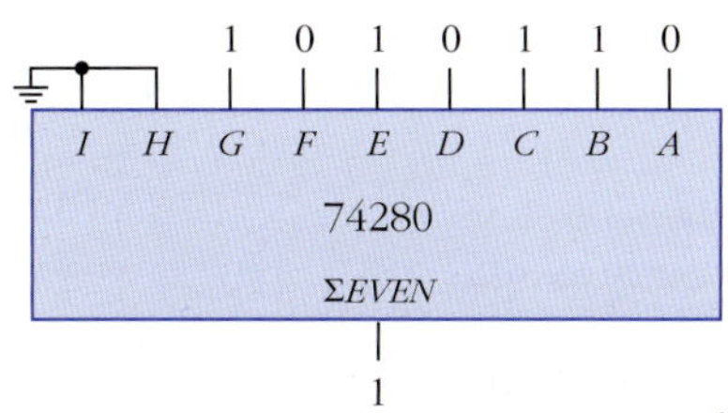

01 반감산기를 설계하고 전감산기는 반감산기를 이용해 설계하라. 차를 계산할 때 뺄 수 없으면 윗자리(= 2)에서 빌려서 뺀다(D : 차, K : 빌림 수). 빌림수가 있으면 $K = 1$, 없으면 $K = 0$이다.

반감산기 : $D = A - B$			
입력		출력	
A	B	D	K
0	0		
0	1		
1	0		
1	1		

전감산기 : $D = A - B - K_i$				
입력			출력	
A	B	K_i	D	K_0
0	0	0		
0	0	1		
0	1	0		
0	1	1		
1	0	0		
1	0	1		
1	1	0		
1	1	1		

02 IC 7483(또는 74283)을 이용해 다음의 회로를 설계하라.

① BCD 코드를 3초과 코드로 변환하는 회로

② 3초과 코드를 BCD 코드로 변환하는 회로(힌트 : 2의 보수 이용)

03 인에이블을 가진 1×2 디코더 1개와 2×4 디코더 2개를 사용해 3×8 디코더를 블록도로 설계하라. 디코더는 active-high로 동작한다고 가정한다.

04 인에이블을 가진 2×4 디코더 11개를 사용해 5×32 디코더를 설계하라.

05 NOR 게이트만을 이용해 2×4 디코더를 설계하라.

06 5×32 디코더를 인에이블이 있는 3×8 디코더 4개와 1개의 2×4 디코더를 이용해 [그림 7-23]과 같은 블록도로 설계하라.

07 그림과 같은 7-세그먼트에 BCD 입력 A, B, C를 입력하여 해당하는 LED가 켜질 수 있는 조합논리회로를 설계하고자 한다. 즉 10진수 0에서 7까지 표시되도록 a, b, c, d, e, f, g를 A, B, C에 대한 간소화된 논리식으로 나타내라. 단, LED가 on이면 1, off이면 0임을 가정한다.

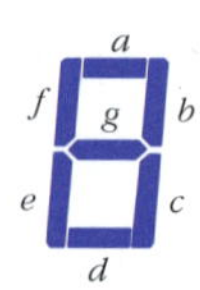

08 다음과 같은 특수한 5-세그먼트가 있다. 이 세그먼트를 이용해 3비트 2진수 입력을 10진수로 변환했을 때의 값이 짝수인지 홀수인지를 표시하려고 한다. 입력값이 짝수이면 "E"를 표시하고 홀수이면 "O"을 표시하는 회로를 설계하라.

09 다음과 같은 특수한 8-세그먼트 LED가 있다. 이 세그먼트를 이용해 시계의 1시부터 12시까지를 나타내고자 한다. 0, 13, 14, 15는 입력되지 않는 것으로 하고 이 8-세그먼트를 구동하는 디코더를 설계하라.

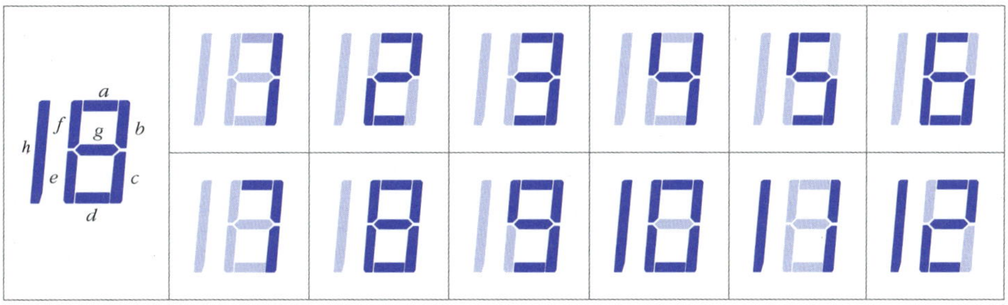

10 다음과 같은 특수한 8-세그먼트 LED가 있다. 이 세그먼트를 이용해 4비트 2진수 2의 보수를 10진수로 표시하고자 한다. 다음 표와 같이 출력되도록 회로를 설계하라.

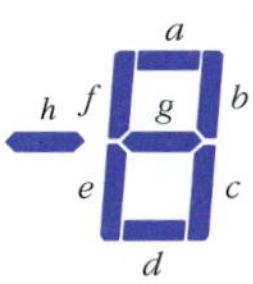

2진수	LED 표시 10진수	2진수	LED 표시 10진수
0 0 0 0	0	1 0 0 0	-8
0 0 0 1	1	1 0 0 1	-7
0 0 1 0	2	1 0 1 0	-6
0 0 1 1	3	1 0 1 1	-5
0 1 0 0	4	1 1 0 0	-4
0 1 0 1	5	1 1 0 1	-3
0 1 1 0	6	1 1 1 0	-2
0 1 1 1	7	1 1 1 1	-1

11 다음과 같은 8-세그먼트가 있다. 화살촉은 하나의 세그먼트이고 화살대는 2개의 세그먼트로 구성되어 있다. 이 세그먼트를 아래에 있는 6가지와 모든 세그먼트가 표시되는 것과 모든 세그먼트가 표시되지 않는 것까지 포함하여 8가지를 구동할 수 있는 회로를 설계하라.

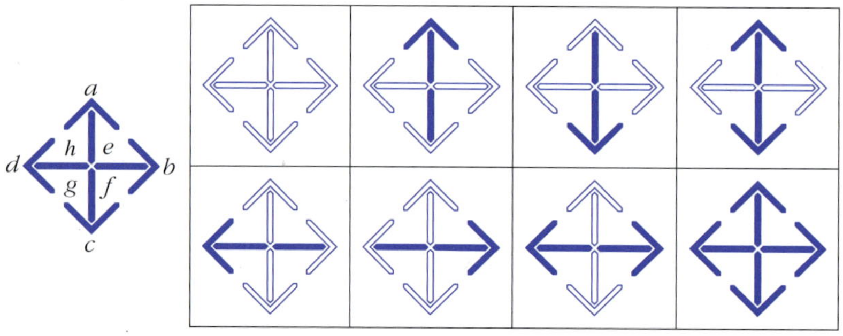

12 BCD-to-10 디코더를 설계하라.

13 BCD 코드를 7-세그먼트 코드로 설계하라. 단, NAND 게이트 21개만 사용하고 보수 입력이 가능하다고 가정한다.

14 [그림 7-32]는 4×2 인코더의 입력 D_3, D_2, D_1, D_0과 출력 B_1, B_0에 대한 진리표를 나타낸 것이다. 카르노 맵을 이용해 B_1, B_0에 대한 간소화된 논리식을 구하라.

15 8×3 우선순위 인코더 IC 74148을 이용해 16×4 인코더를 설계하라.

16 2×1 멀티플렉서와 NOT 게이트를 사용해 2입력 XOR 게이트와 3입력 XOR 게이트를 각각 구성하라.

17 2개의 2×1 멀티플렉서로 다른 게이트 추가 없이 3×1 멀티플렉서를 구성할 수 있음을 보여라. 입력 선택은 다음의 규칙을 따른다고 가정한다.

- $AB = 00$이면 I_0을 선택한다.
- $AB = 01$이면 I_1을 선택한다.
- $AB = 1\times$이면 I_2를 선택한다.

18 2×1 멀티플렉서 7개를 이용해 8×1 멀티플렉서를 설계하라.

19 8×1 멀티플렉서 2개와 2×1 멀티플렉서 1개를 이용해 16×1 멀티플렉서를 설계하라.

20 논리 함수 $F(A, B, C) = AB\bar{C} + \bar{A}B\bar{C} + \bar{A}BC + A\bar{B}C$를 8×1 멀티플렉서, 4×1 멀티플렉서를 이용해 각각 설계하라.

21 논리 함수 $f(a, b, c, d) = \Sigma m(0, 1, 5, 6, 7, 9, 10, 15)$를 다음에 제시한 방법을 이용해 설계하라.

① 8×1 멀티플렉서 이용하고 a, b, c를 선택선으로 사용

② 4×1 멀티플렉서 이용하고 a, b를 선택선으로 사용

22 4×1 멀티플렉서를 이용해 전가산기를 설계하라.

23 다음의 코드 변환 회로를 설계하라.

① 3초과 코드를 BCD 코드로 변환하는 회로

② $84\bar{2}\bar{1}$ 코드를 BCD 코드로 변환하는 회로

③ 2421 코드로 된 10진수를 $84\bar{2}\bar{1}$ 코드로 변환하는 회로

24 3비트 2진수를 입력하여 입력된 수의 제곱을 출력하는 조합논리회로를 설계하라.

25 2비트로 이루어진 숫자 ab와 cd를 곱하여 4비트로 구성된 결과 $wxyz$를 구하는 조합논리회로를 설계하라.

26 4비트 2진수를 입력하여 이 수의 2의 보수를 출력하는 조합논리회로를 설계하라.

27 3비트 2진수 중 10진수로 짝수인 것은 그대로 출력으로 통과시키고 홀수인 것은 통과시키지 않는 조합논리회로를 설계하라.

28 4입력 x_1, x_0, y_1, y_0가 $x_1 = y_1$ & $x_0 = y_0$일 때만 출력 F가 1이 되는 조합논리회로를 설계하라.

29 BCD로 표현된 4비트를 입력으로 받아 BCD 9의 보수를 생성하는 조합논리회로를 설계하라.

30 BCD 코드 4자리를 입력으로 받아 입력된 BCD에 에러가 있는지 검사하는 조합논리회로를 설계하라. 즉 BCD 코드에 사용하지 않는 코드 1010~1111 중 하나가 입력되면 1을, 그렇지 않고 정상적으로 입력되면 0을 출력한다.

31 4비트 홀수 패리티 발생기와 짝수 패리티 발생기를 설계하라. 진리표, 카르노 맵, 회로도를 제시하라.

32 키보드에서 문자 A를 누르면 ASCII 코드 1000001이 생성되며, 패리티 비트가 추가되어 컴퓨터 본체로 전송된다.

① 키보드의 데이터 송신부에 설치되는 홀수 패리티 발생기를 설계하라.

② ①에서 설계된 회로에서 문자 A에 대한 패리티 비트가 발생되는 과정을 비트 값들로 표시하라.

③ 컴퓨터 본체의 데이터 수신부에 설치되는 홀수 패리티 검사기를 설계하라.

④ ③에서 설계된 회로에서 패리티 비트가 검사되는 과정을 비트 값들로 표시하라.

33 74280 9비트 패리티 발생기/검출기의 입력 파형이 다음 그림과 같을 때, 출력 $\Sigma EVEN$과 ΣODD를 구하라.

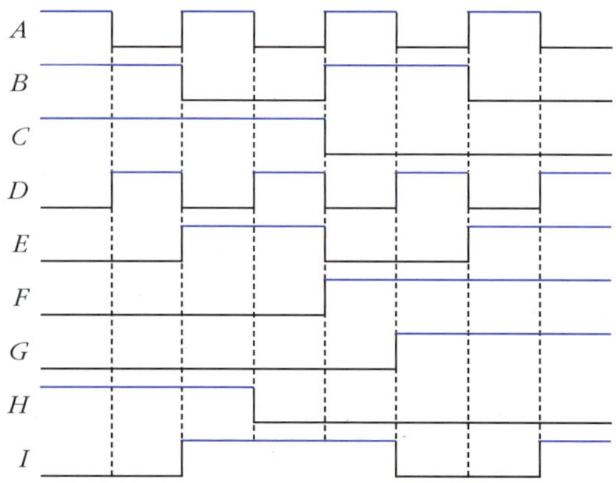

34 IC 74280 2개를 사용해 17비트 홀수 패리티 검출기를 구성하라. 패리티 에러의 유무를 확인하기 위해 330Ω 저항과 LED를 사용하라. 패리티 에러가 있으면 LED가 on되도록 설계한다.

01 조합(combinational) 논리회로에 대해 설명한 것은?

① 출력 신호가 입력 신호에 의해서만 결정되는 논리회로다.

② 플립플롭과 같은 기억 소자를 갖고 있는 논리회로다.

③ 출력 신호가 입력 신호와 현재 논리회로의 상태에 의해 결정되는 논리회로다.

④ 기억 능력을 가진 논리회로다.

02 조합논리회로 설계의 절차상 순서로 맞는 것은?

ⓐ 문제 설정 ⓑ 입력과 출력 변수 정의 ⓒ 불 함수 간소화 ⓓ 진리표 작성 ⓔ 논리회로 구현

① ⓐ → ⓑ → ⓒ → ⓓ → ⓔ

② ⓐ → ⓒ → ⓑ → ⓓ → ⓔ

③ ⓐ → ⓓ → ⓒ → ⓑ → ⓔ

④ ⓐ → ⓑ → ⓓ → ⓒ → ⓔ

03 출력되는 불 함수의 값이 입력값에 의해서만 정해지고 내부에 기억 능력이 없는 논리회로는?

① 조합논리회로 ② 순서논리회로

③ 집적논리회로 ④ 혼합논리회로

04 조합논리회로가 아닌 것은?

① 디코더 ② 인코더

③ 멀티플렉서 ④ 계수 회로

05 다음 중 조합논리회로로만 나열한 것은?

① adder, flip-flop

② multiplexer, encoder

③ decoder, counter

④ ring counter, subtractor

06 마이크로프로세서에서 산술연산의 기본 연산은?

① 덧셈 ② 뺄셈

③ 곱셈 ④ 나눗셈

07 일반적으로 연산논리회로(ALU)에 포함되지 않는 것은?

① 비교기 ② 가산기

③ 논리연산기 ④ 감산기

08 다음 논리회로의 이름은?

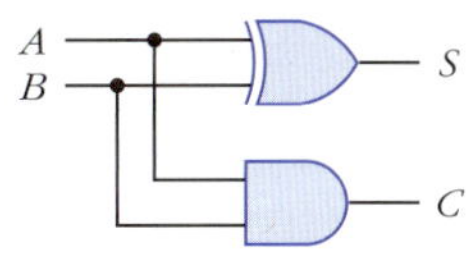

① 반가산기 ② 전가산기

③ 반감산기 ④ 전감산기

09 다음 논리회로의 이름은?

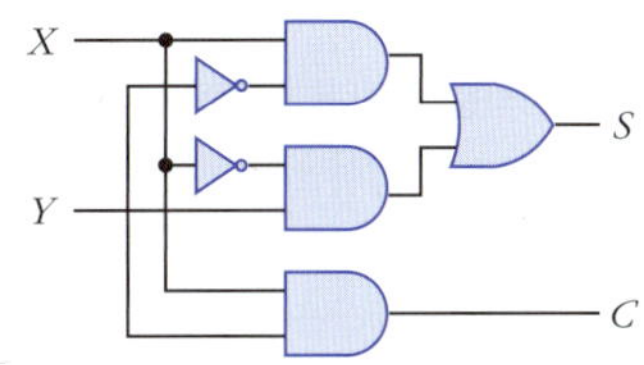

① full-adder ② half-adder

③ full-subtractor ④ half-subtractor

10 다음 회로도에 해당되는 것은?

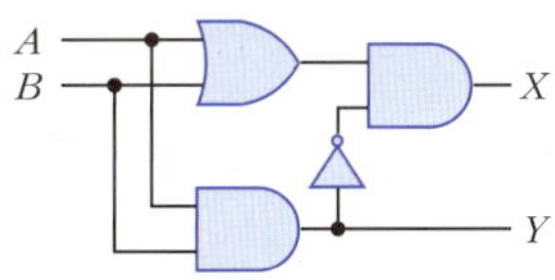

① 반가산기 ② 전가산기

③ 반감산기 ④ 전감산기

11 다음은 반가산기의 블록도다. 출력 단자 S(sum) 및 C(carry)에 나타나는 논리식은?

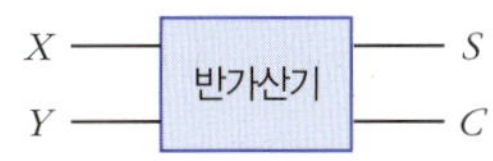

① $S=XY+\bar{X}Y,\ C=XY$

② $S=XY+\bar{X}Y,\ C=\bar{X}Y$

③ $S=\bar{X}Y+X\bar{Y},\ C=XY$

④ $S=XY+X\bar{Y},\ C=X\bar{Y}$

12 그림은 반가산기의 기호다. 입력 $A=1$, $B=1$인 경우 출력 S, C 값은?

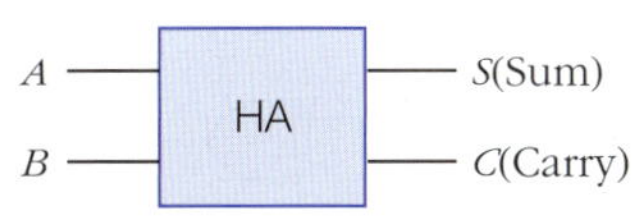

① $S=0,\ C=0$ ② $S=0,\ C=1$

③ $S=1,\ C=0$ ④ $S=1,\ C=1$

13 반가산기 합이나 반감산기 차를 얻기 위해 필요한 게이트는?

① XOR 게이트　　② XNOR 게이트
③ OR 게이트　　④ AND 게이트

14 그림과 같은 회로는?

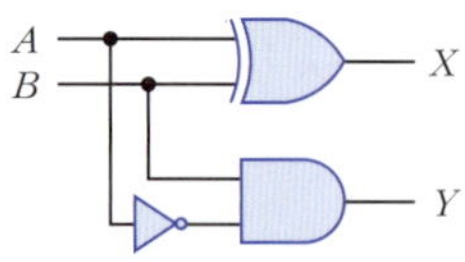

① 반감산기
② 전감산기
③ 반가산기
④ 전가산기

15 반감산기의 동작을 옳게 나타낸 것은?

① 1자리의 2진수의 감산을 하는 동작을 한다.
② 2자리의 2진수의 감산을 하는 동작을 한다.
③ 3자리의 2진수의 감산을 하는 동작을 한다.
④ 1자리의 carry를 덧셈과 같이 감산하는 동작을 한다.

16 다음 진리표를 만족하는 회로는?

입력		출력	
A	B	K	D
0	0	0	0
0	1	1	1
1	0	0	1
1	1	0	0

① AND 게이트
② XOR 게이트
③ 반감산기
④ 전감산기

17 반감산기에서 차(difference)를 올바르게 나타낸 것은?

① $\bar{A}B+A\bar{B}$　　② $A+B$
③ $\bar{A}B$　　④ AB

18 반감산기($A-B$)에서 자리내림수를 얻기 위한 기능은?

① $\bar{A}\bar{B}$　② AB　③ $\bar{A}B$　④ $A\bar{B}$

19 전가산기에 대한 설명 중 옳지 않은 것은?

① 입력이 가수, 피가수, 자리올림수 등 3개가 된다.
② 합은 공식으로 $(A+B)C+AB$로 나타난다.
③ 반가산기 2개로 전가산기를 만들 수 있다.
④ 합의 공식은 $(A\oplus B)\oplus C$이다. 이때 가수 A, 피가수 B, 자리올림수 C이다.

20 다음 논리회로의 기능을 나타낸 이름 중 옳은 것은?

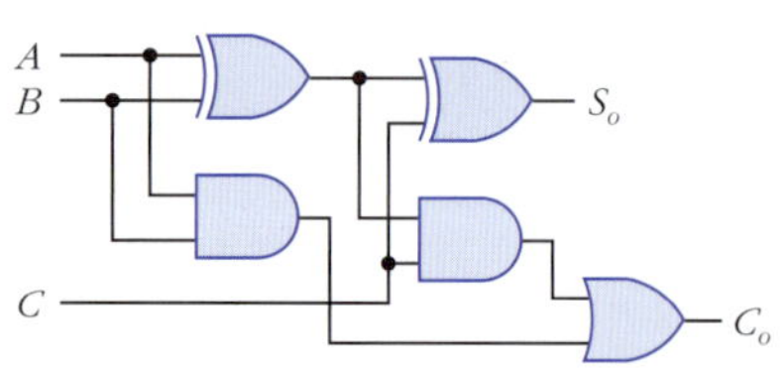

① 인코더　　② 디코더
③ 반가산기　　④ 전가산기

21 전가산기 회로의 구성으로 옳은 것은?

① 입력 2개, 출력 4개로 구성
② 입력 2개, 출력 3개로 구성
③ 입력 3개, 출력 2개로 구성
④ 입력 3개, 출력 3개로 구성

22 전가산기의 회로 구성은?

① 2개의 반가산기와 1개의 OR 게이트로 구성
② 2개의 반가산기와 1개의 NOR 게이트로 구성
③ 2개의 반가산기와 1개의 AND 게이트로 구성
④ 2개의 반가산기와 1개의 NAND 게이트로 구성

23 다음 중 자리올림이 있는 덧셈에 사용하기 위한 전가산기의 회로 구성은?

① 2개의 XOR, 3개의 AND
② 2개의 XOR, 2개의 AND, 1개의 OR
③ 2개의 XOR, 2개의 OR, 1개의 AND
④ 1개의 XOR, 2개의 AND, 2개의 OR

24 A, B가 각각 합하는 수의 비트이고 C_o가 낮은 자리에서의 올림수 비트일 때 전가산기의 합(S)에 대한 불 함수로 옳지 않은 것은?

① $S=(\bar{A}B+A\bar{B})\bar{C}_o+(\bar{A}\bar{B}+AB)C_o$
② $S=(A\oplus B)\bar{C}_o+(\overline{A\oplus B})C_o$
③ $S=(A\oplus B)\oplus C_o$
④ $S=(A\oplus C_o)+(\bar{A}\oplus C_o)+(B\oplus C_o)+(\bar{B}\oplus C_o)$

25 그림은 전가산기다. 출력 S와 C_o의 논리식은?

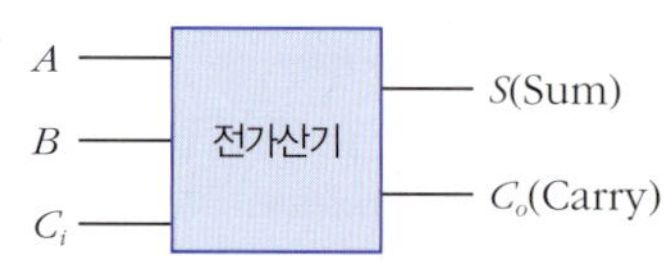

① $S=\overline{A\oplus B\oplus C_i}$, $C_o=AB+BC_i+AC_i$
② $S=A+B+C_i$, $C_o=\overline{AB+BC_i+AC_i}$
③ $S=A\oplus B\oplus C_i$, $C_o=AB+BC_i+AC_i$
④ $S=\overline{A+B+C_i}$, $C_o=\overline{AB+BC_i+AC_i}$

26 회로의 논리 함수가 다수결 함수(majority function)를 포함하고 있는 것은?

① 전가산기　　② 전감산기
③ 3-to-8 디코더　　④ 우수 패리티 발생기

27 전가산기의 C(carry) 비트를 논리식으로 나타낸 것은? 단, x, y, z는 입력, C는 출력이다.

① $C=x\oplus y\oplus z$　　② $C=\bar{x}y+\bar{x}z+yz$

③ $C=xy+(x\oplus y)z$　　④ $C=xyz$

28 다음은 전가산기의 진리표 일부다. A, B, C, D의 값은? 단, Z는 아래 자리에서 올라오는 캐리(carry)이며, 출력 중 C는 다음 자리로 올라가는 캐리다.

입력			출력	
X	Y	Z	C	S
0	1	0	0	A
0	1	1	B	0
1	1	0	1	C
1	1	1	1	D

① $A=0, B=1, C=0, D=1$

② $A=1, B=1, C=1, D=0$

③ $A=1, B=1, C=0, D=1$

④ $A=1, B=0, C=1, D=1$

29 그림과 같은 회로의 명칭은?

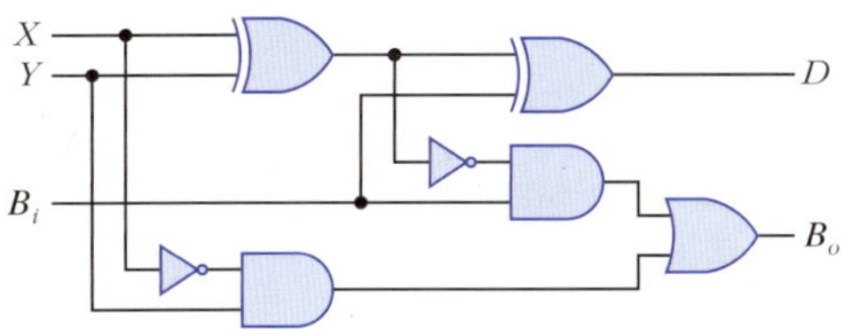

① 반가산기　　② 전가산기

③ 반감산기　　④ 전감산기

30 다음은 전감산기의 진리표다. 이 진리표를 이용해 2개의 차 D의 불 함수에 대한 표현으로 옳은 것은?

입력			출력	
X	Y	B_0	D	B_1
0	0	0	0	0
0	0	1	1	1
0	1	0	1	1
0	1	1	0	1
1	0	0	1	0
1	0	1	0	0
1	1	0	0	0
1	1	1	1	1

① $D=X+Y\oplus B_0$　　② $D=X\oplus Y+B_0$

③ $D=X\oplus Y\oplus B_0$　　④ $D=\bar{X}\oplus Y\otimes B_0$

31 전감산기의 결과는 차를 나타내는 D와 상위 자리에서 빌려 오는 것을 나타내는 B가 있다. D를 최소항의 합으로 올바르게 표현한 것은?

① $D(x, y, z)=\Sigma m(0, 2, 4, 6)$

② $D(x, y, z)=\Sigma m(0, 2, 4, 7)$

③ $D(x, y, z)=\Sigma m(1, 2, 4, 6)$

④ $D(x, y, z)=\Sigma m(1, 2, 4, 7)$

32 병렬 가산기의 동작을 올바르게 표현한 것은?

① 2진수 각 자리의 덧셈을 2자리씩 끊어서 행하는 동작을 한다.

② 2진수 각 자리의 덧셈을 4자리씩 끊어서 행하는 동작을 한다.

③ 2진수 각 자리의 덧셈을 동시에 행하여 그 답을 내는 동작을 한다.

④ 반가산기를 병렬로 접속하여 구성한 것으로 동작은 2자리씩 끊어서 행한다.

33 병렬 2진 가산기에 2개의 입력 A, B 및 올림수 C_i을 그림과 같이 인가한다면 수행되는 출력 F의 기능은?

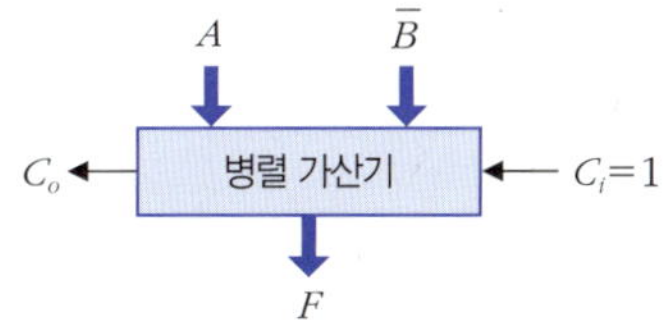

① 올림수를 포함한 덧셈　　② 뺄셈(subtraction)

③ 증가(increment)　　④ 감소(decrement)

34 그림에 해당하는 마이크로 오퍼레이션 동작은 어떤 기능을 수행하는가?

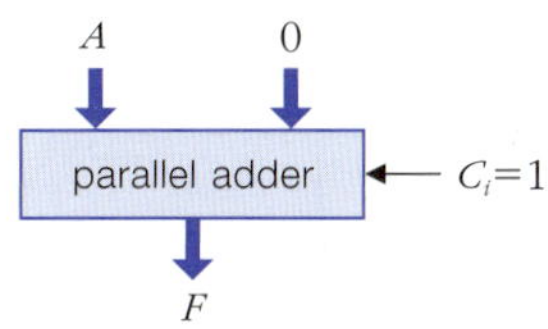

① $F=A-1$　　② $F=A+1$

③ $F=A$　　④ $F=\bar{A}$

35 다음과 같이 병렬 가산기를 이용하는 산술연산에서 F에 출력되는 값은?

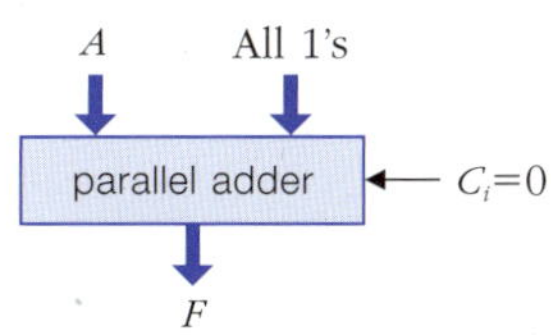

① $F=A$　　② $F=A+1$

③ $F=A-1$　　④ $F=0$

36 35bit의 두 2진수를 병렬 가산하기 위해서는 최소한 몇 개의 반가산기와 전가산기가 필요한가?

① 반가산기 : 1개, 전가산기 : 34개
② 반가산기 : 2개, 전가산기 : 33개
③ 전가산기 : 1개, 반가산기 : 34개
④ 전가산기 : 2개, 반가산기 : 33개

37 일반적으로 n비트의 2진 병렬 가산기는 어떻게 구성되는가?

① 2^n개의 반가산기로 구성
② 2^n개의 전가산기로 구성
③ n개의 반가산기로 구성
④ n개의 전가산기로 구성

38 그림의 회로 명칭으로 옳은 것은?

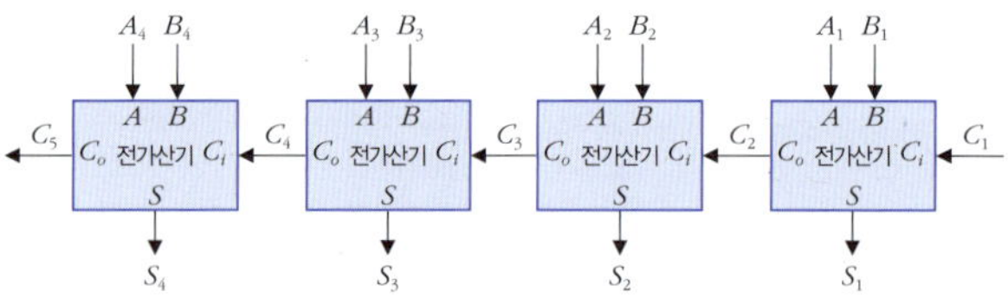

① 2비트 직렬 가산기
② 2비트 병렬 가산기
③ 4비트 직렬 가산기
④ 4비트 병렬 가산기

39 다음 논리회로의 동작에 관한 설명으로 가장 옳은 것은?

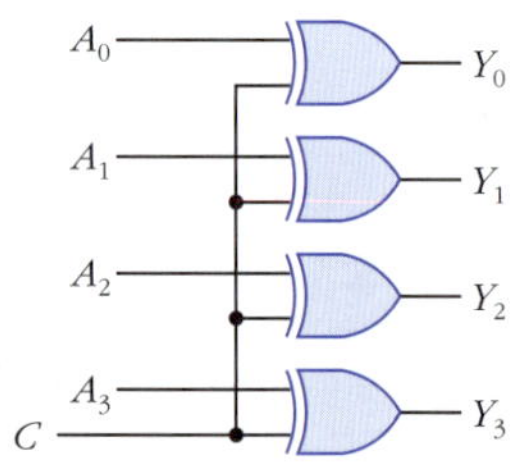

① $C = 1$이면 입력 비트의 1의 보수가 출력된다.
② $C = 1$이면 입력 비트가 그대로 출력된다.
③ $C = 0$이면 입력 비트의 2의 보수가 출력된다.
④ $C = 0$이면 입력 비트가 반전되어 출력된다.

40 다음 조합논리회로의 명칭은?

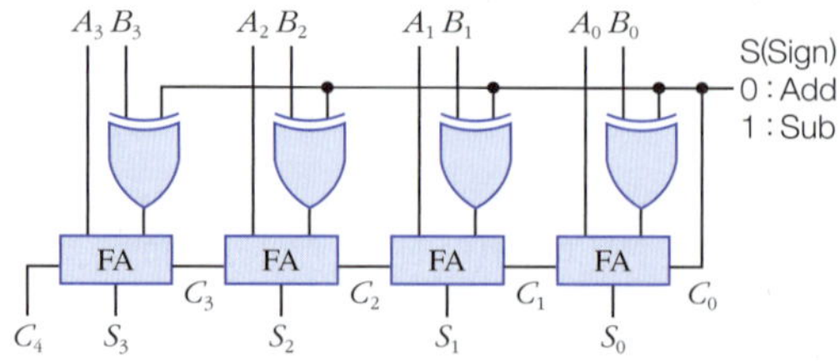

① 플립플롭 ② 4비트 비교기
③ 4×4 디코더 ④ 4비트 병렬 가감산기

41 다음 그림의 4비트 가산기가 하는 것은?

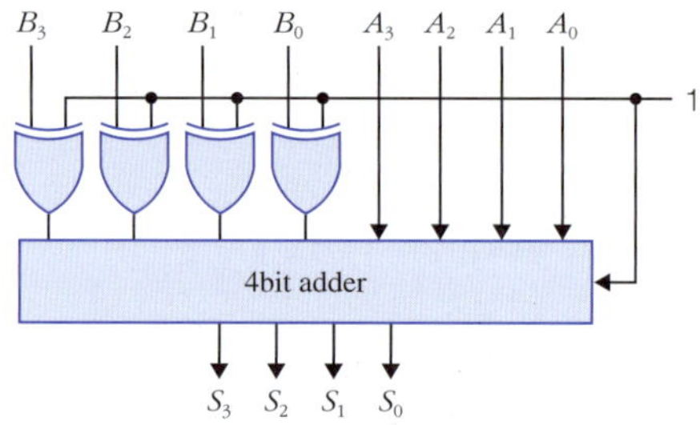

① 뺄셈 ② 덧셈 ③ 디코딩 ④ 대소 비교

42 BCD 가산기 회로에서 $A_3\ A_2\ A_1\ A_0$에 0111, $B_3\ B_2\ B_1\ B_0$에 1001이 들어왔을 때 C_0와 $Z_3\ Z_2\ Z_1\ Z_0$ 출력으로 옳은 것은?

① 1, 1011 ② 1, 0111 ③ 1, 0110 ④ 0, 0111

43 BCD 가산기의 덧셈 과정 설명으로 옳지 않은 것은?

① 2진수의 덧셈 규칙에 따라 두 수를 더한다.
② 연산 결과 4bit의 집합의 값이 9이거나 9보다 작으면 틀린 값이다.
③ 연산 결과 4bit의 집합의 값이 9보다 크거나 자리올림수가 발생하면 틀린 값이다.
④ 틀린 값에 6(0110)을 더한다.

44 2개의 데이터를 비교하는 데 적합한 논리 연산은?

① AND ② OR ③ NOR ④ XOR

45 다음 논리회로는 무엇인가?

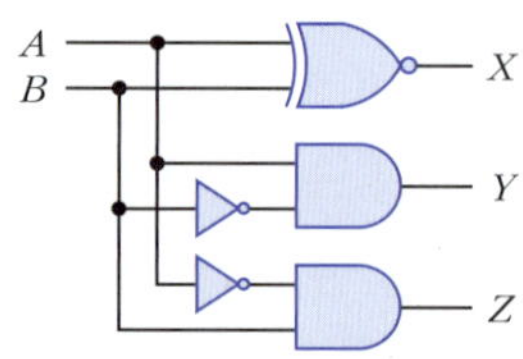

① 가산기 ② 디코더 ③ 비교기 ④ 인코더

46 다음 중 X, Y 두 입력을 갖는 2진 비교기에 대한 내용으로 틀린 것은?

① $X=Y$일 때, $\overline{X \oplus Y}$ ② $X \neq Y$일 때, $X \oplus Y$

③ $X>Y$일 때, $X\bar{Y}$ ④ $X<Y$일 때, $\bar{X}\bar{Y}$

47 다음 비교 회로에서 논리 F_1의 기능은?

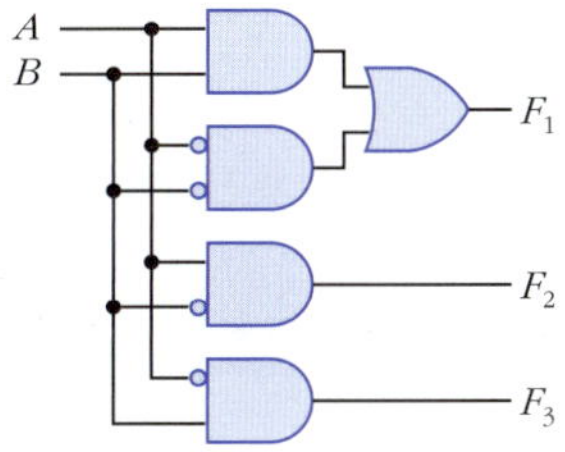

① $A=B$ ② $A>B$ ③ $A<B$ ④ $A \geq B$

48 2진 비교기의 구성요소를 맞게 설명한 것은?

A	B	A=B	A>B	A<B
0	0	1	0	0
0	1	0	0	1
1	0	0	1	0
1	1	1	0	0

① 인버터 2개, NOR 게이트 2개, NAND 게이트 1개

② 인버터 2개, AND 게이트 1개, NOR 게이트 2개

③ 인버터 2개, AND 게이트 2개, XNOR 게이트 1개

④ 인버터 2개, NAND 게이트 2개, XOR 게이트 1개

49 다음 1비트를 비교하는 진리표에서 a, b, c에 알맞은 값은?

A	B	A>B	A=B	A<B
0	0	0	1	0
0	1	0	0	(a)
1	0	1	(b)	0
1	1	(c)	1	0

① $a=0$, $b=0$, $c=0$ ② $a=1$, $b=0$, $c=0$

③ $a=1$, $b=0$, $c=1$ ④ $a=0$, $b=0$, $c=1$

50 $A>B$ 일 때 $Y=1$인 회로는?

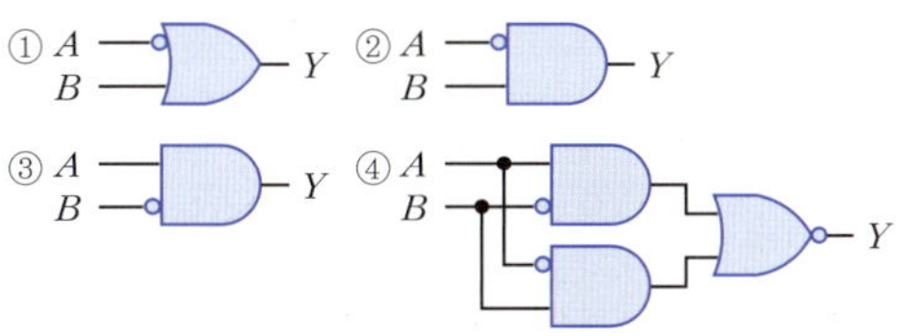

51 두 입력 A, B를 비교하여 출력(Y)을 발생하는 회로의 논리식으로 옳지 않은 것은?

① $Y(A>B)=A\bar{B}$ ② $Y(A<B)=\bar{A}B$

③ $Y(A=B)=\overline{A \oplus B}$ ④ $Y(A>B)=A \oplus B$

52 두 입력을 비교해 $A>B$이면 출력이 1, $A \leq B$이면 출력이 0이 되는 조건을 만족하는 논리식은?

① $A\bar{B}$ ② AB

③ $A+B$ ④ $A+\bar{B}$

53 다음 중 두 입력 A와 B를 비교하여 $B>A$ 및 $A=B$이면 출력(Y)이 1, 그리고 $A>B$이면 출력(Y)이 0이 되는 논리회로를 설계할 때, 조건을 만족하는 논리회로는?

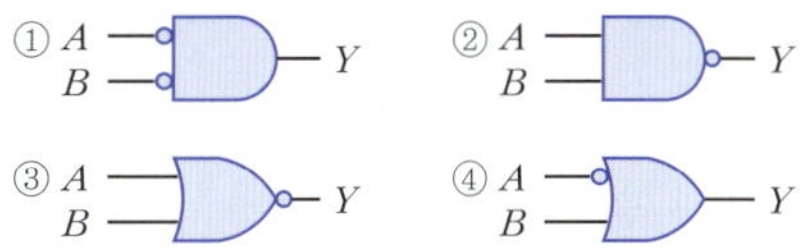

54 2개의 6비트 데이터를 위한 비교기를 만들려면 몇 개의 XNOR 게이트가 필요한가?

① 2개 ② 3개 ③ 6개 ④ 12개

55 XOR 논리회로가 응용되고 있는 것이 아닌 것은?

① 가산기 ② 감산기

③ 비교기 ④ 기억 장치

56 부호화된 데이터를 해독하여 정보를 찾아내는 조합논리회로는?

① 인코더 ② 디코더

③ 디멀티플렉서 ④ 멀티플렉서

57 해독기라고 하며, n비트로 부호화된 2진 정보를 최대 2^n개의 출력으로 변환하는 조합논리회로는?

① 인코더 ② 디코더

③ 멀티플렉서 ④ 디멀티플렉서

58 다음 디코더의 설명 중 옳은 것은?

① 2진수로 표시된 입력 조합에 따라 출력이 하나만 동작하도록 하는 회로

② 특정한 입력을 몇 개의 코드화된 신호의 조합으로 바꾸는 장치

③ 연산회로의 일종으로 보수 합산을 행한다.

④ N개의 입력 데이터에서 1개의 입력씩만 선택하여 송신하는 회로

59 디코더는 주로 어떤 게이트의 집합으로 구성되는가?

① NOT ② XOR ③ OR ④ AND

60 3×8 디코더를 설계할 때 몇 개의 AND 게이트가 필요한가?

① 2개 ② 4개 ③ 8개 ④ 16개

61 10진 BCD 계수가 출력으로 그림과 같이 표시되려면 어떤 디코더 드라이버가 필요한가?

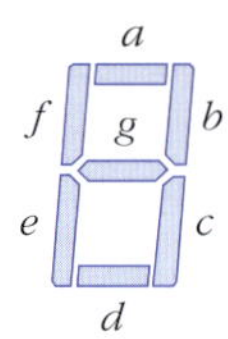

① BCD−10 segment
② Octal−10 segment
③ BCD−7 segment
④ Octal−7 segment

62 그림과 같은 common cathode 타입의 7− segment에 숫자 2를 출력하기 위한 신호로 맞는 것은?

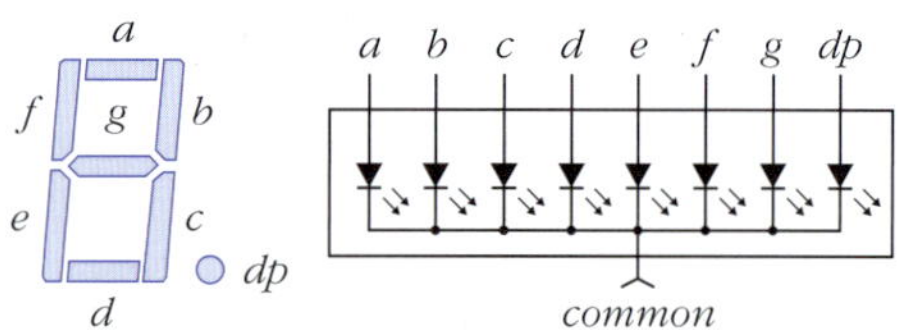

① a, b, d, e, g는 "0", c, f, dp는 "1"을 출력하고 common 단자에 "1"을 출력
② a, b, d, e, g는 "0", c, f, dp는 "1"을 출력하고 common 단자에 "0"을 출력
③ a, b, d, e, g는 "1", c, f, dp는 "0"을 출력하고 common 단자에 "1"을 출력
④ a, b, d, e, g는 "1", c, f, dp는 "0"을 출력하고 common 단자에 "0"을 출력

63 4입력 변수의 디코더는 몇 개의 출력을 하는가?

① (2×4)개 ② (4^2-1)개
③ 4개 ④ 2^4개

64 디코더의 출력선이 8개라면 입력선은 몇 개인가?

① 4개 ② 3개 ③ 2개 ④ 1개

65 64개의 다른 입력 조합을 받아들이기 위한 디코더의 입출력 개수는 각각 몇 개씩인가?

① 입력 : 6개, 출력 : 64개
② 입력 : 6개, 출력 : 32개
③ 입력 : 5개, 출력 : 64개
④ 입력 : 5개, 출력 : 32개

66 다음과 같은 진리표를 갖는 회로는?

x	y	D_0	D_1	D_2	D_3
0	0	1	0	0	0
0	1	0	1	0	0
1	0	0	0	1	0
1	1	0	0	0	1

① 비교기 ② 멀티플렉서
③ 디코더 ④ 인코더

67 다음은 어떤 조합논리회로의 진리표인가?

입력			출력							
x	y	z	D_0	D_1	D_2	D_3	D_4	D_5	D_6	D_7
0	0	0	1	0	0	0	0	0	0	0
0	0	1	0	1	0	0	0	0	0	0
0	1	0	0	0	1	0	0	0	0	0
0	1	1	0	0	0	1	0	0	0	0
1	0	0	0	0	0	0	1	0	0	0
1	0	1	0	0	0	0	0	1	0	0
1	1	0	0	0	0	0	0	0	1	0
1	1	1	0	0	0	0	0	0	0	1

① 3−to−8 인코더 ② 3−to−8 디코더
③ 3−to−8 멀티플렉서 ④ 3−to−8 디멀티플렉서

68 다음 논리회로는 무엇인가?

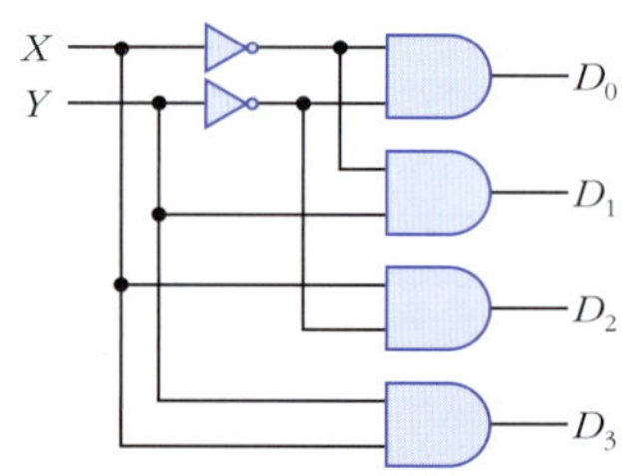

① decoder ② multiplexer
③ encoder ④ shifter

69 그림의 decoder에 있어서 Y_0, Y_1에 각각 0, 1이 입력되었을 때 1을 출력하는 것은 다음 중 어느 쪽 단자인가?

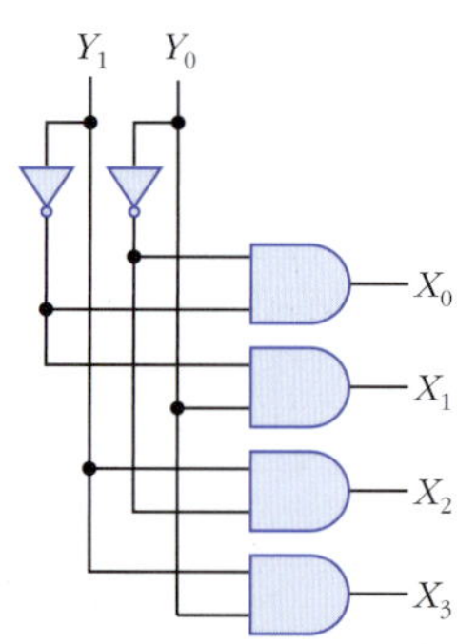

① X_0
② X_1
③ X_2
④ X_3

70 다음 논리회로가 나타내는 것은?

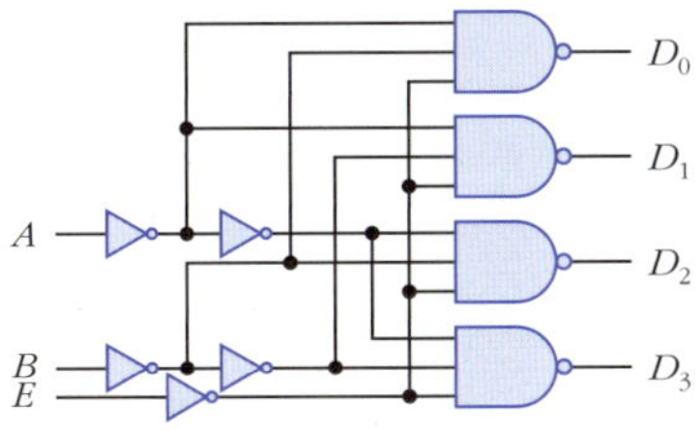

① BCD-to-decimal decoder

② 3×8 decoder

③ 3×4 decoder

④ 2×4 decoder

71 다음 논리회로의 기능은?

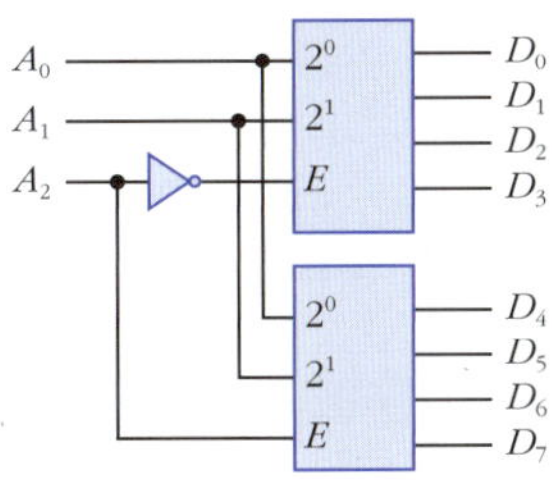

① 3×8 디코더

② 2×4 디코더

③ 2×8 디코더

④ 2×8 멀티플렉서

72 다음 논리회로의 기능은?

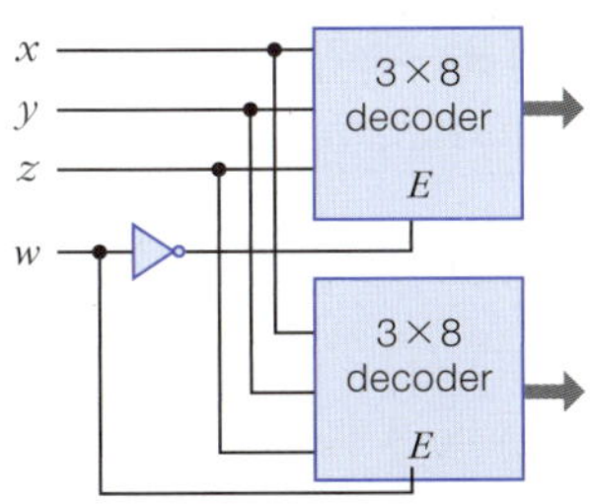

① 4×8 디코더 ② 4×16 디코더

③ 3×8 디코더 ④ 3×16 디코더

73 ROM의 블록선도다. 입력 X_2, X_1, X_0가 101일 때, 데이터 D_3, D_2, D_1, D_0 출력으로 맞는 것은?

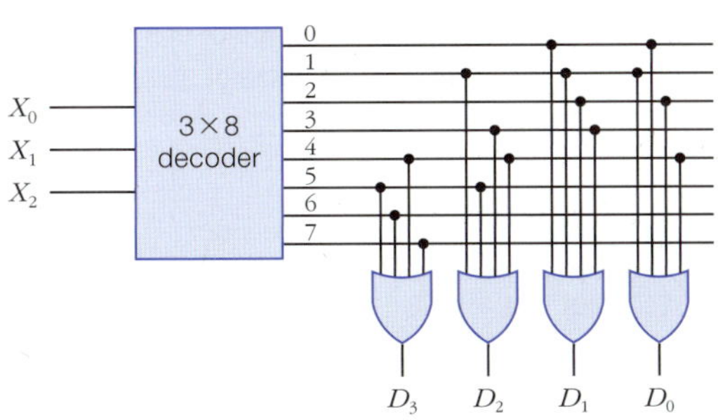

① 0101 ② 0011 ③ 1100 ④ 1010

74 다음 그림에서 F를 A, B의 불 대수식으로 나타내면? 단, 그림에서 ×는 선의 절단을 표시한다.

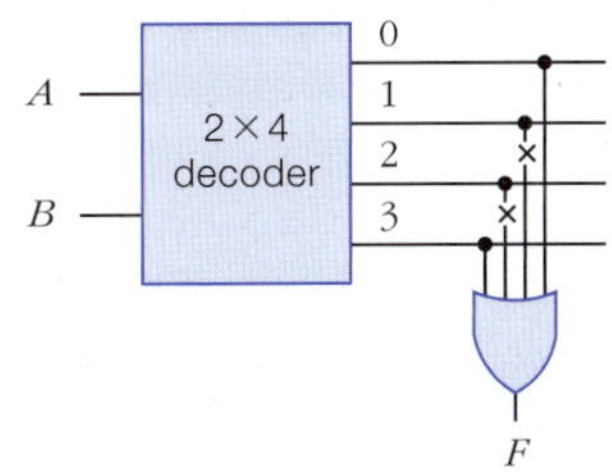

① $F = A + B$ ② $F = A\bar{B} + \bar{A}B$

③ $F = AB$ ④ $F = AB + \bar{A}\bar{B}$

75 그림과 같이 해독기에 BCD 입력이 가해지고 있다. 해독기는 BCD 입력이 1001인 때만 출력이 1을 나타낸다고 할 경우 출력 Y를 불 대수식으로 표현하면?

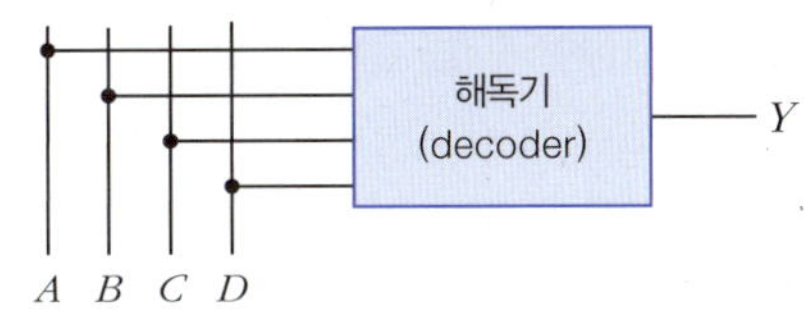

BCD 디지트

① AD ② AB ③ AC ④ BCD

76 4개의 3×8 디코더(enable 입력 가정)와 1개의 2×4 디코더를 이용해 5×32 디코더를 설계하고자 할 때, 필요한 입력의 개수와 enable의 수는?

① 2개, 5개 ② 5개, 4개

③ 2개, 4개 ④ 5개, 2개

77 디코더(decoder)에 대한 설명으로 옳지 않은 것은?

① 출력 중 단지 1개만이 논리적으로 1이 되고 나머지 출력은 모두 0이 되는 회로다.

② 입력 변수가 n개 있을 때 최대 2^n개의 출력을 가진다.

③ $n \times m$ 디코더란 입력이 n개이고 출력이 m개임을 의미한다.

④ 인코더가 항상 같이 사용된다.

78 다음 중 디코더에 대한 설명으로 올바른 것은?

① n비트의 2진 코드를 최대 n개의 서로 다른 정보로 교환하는 조합논리회로다.

② 디코더에 enable 단자를 가지고 있을 때 디멀티플렉서로 사용한다.

③ IC 7485는 디코더로서 기능을 사용할 수 있다.

④ 상용 IC 74138은 디코더와 멀티플렉서의 기능을 모두 사용할 수 없다.

79 인코더(encoder)의 설명 중 옳지 않은 것은?

① 조합논리회로의 일종이다.
② BCD 코드를 생성하기도 한다.
③ 키보드와 같은 입력 장치에서 사용한다.
④ n개의 입력선과 2^n개의 출력선이 있다.

80 인코더의 회로 구성 시 사용되는 게이트의 집합은?

① NOT gate ② OR gate
③ AND gate ④ NAND gate

81 조합논리회로 중 0과 1의 조합으로 부호화를 행하는 회로로 2^n개의 입력선과 n개의 출력선으로 구성된 것은?

① 디코더(decoder) ② DEMUX
③ MUX ④ 인코더(encoder)

82 0~9까지의 10진수를 BCD 부호 또는 2진수로 변환하고자 할 때 사용할 수 있는 회로는 다음 중 어느 것인가?

① 디코더 ② 인코더
③ 멀티플렉서 ④ 디멀티플렉서

83 숫자나 문자 등의 키보드 입력을 2진 코드로 부호화하는 데 사용될 수 있는 소자는?

① 인코더 ② 디코더
③ 디멀티플렉서 ④ 멀티플렉서

84 인코더의 입력선이 16개일 때 출력선의 개수는?

① 2개 ② 4개 ③ 8개 ④ 16개

85 2진수의 8비트 입력을 3비트 출력 코드로 변환하는 소자는?

① decoder ② multiplexer
③ encoder ④ counter

86 그림과 같이 2^3개(0~7)의 10진수 입력을 넣었을 때 출력이 2진수(000~111)로 나오는 회로의 명칭은?

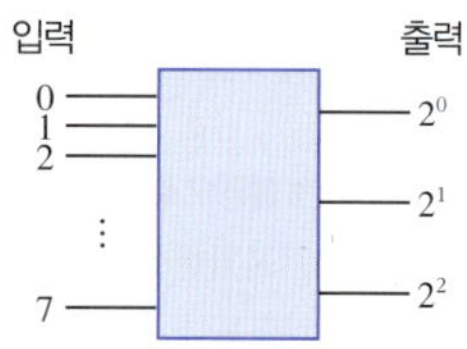

① 디코더 회로 ② A/D 변환 회로
③ D/A 변환 회로 ④ 인코더 회로

87 다음과 같이 동작하는 소자는?

입력				출력	
D_0	D_1	D_2	D_3	X	Y
1	0	0	0	0	0
0	1	0	0	0	1
0	0	1	0	1	0
0	0	0	1	1	1

① 인코더 ② 디코더
③ MUX ④ DEMUX

88 다음 진리표는 어떤 논리회로를 나타낸 것인가?

입력								출력		
D_0	D_1	D_2	D_3	D_4	D_5	D_6	D_7	X	Y	Z
1	0	0	0	0	0	0	0	0	0	0
×	1	0	0	0	0	0	0	0	0	1
×	×	1	0	0	0	0	0	0	1	0
×	×	×	1	0	0	0	0	0	1	1
×	×	×	×	1	0	0	0	1	0	0
×	×	×	×	×	1	0	0	1	0	1
×	×	×	×	×	×	1	0	1	1	0
×	×	×	×	×	×	×	1	1	1	1

① 금지 회로 ② 비교 회로
③ 다수결 회로 ④ 우선순위 인코더

89 그림의 10진-BCD 인코더에서 입력 변수에 대한 출력 변수 값으로 옳은 것은?

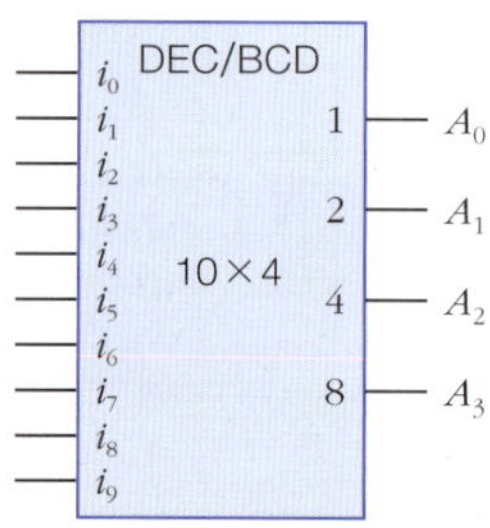

① $A_0 = i_2 + i_4 + i_6 + i_8$ ② $A_1 = i_2 + i_3 + i_4 + i_5$
③ $A_2 = i_4 + i_5 + i_6 + i_7$ ④ $A_3 = i_7 + i_8$

90 다음 중 데이터 선택 회로라고도 불리며 여러 개의 입력 신호선(채널) 중에서 하나를 선택하여 출력선(1개)과 연결하여 주는 조합논리회로는 어느 것인가?

① multiplexer ② demultiplexer
③ encoder ④ decoder

91 2^n개의 입력 신호 중 1개를 선택하여 출력하는 기능을 가진 회로는?

① 인코더 ② 디코더
③ 멀티플렉서 ④ 디멀티플렉서

92 여러 개의 회로가 단일 회선을 공동으로 이용해 신호를 전송하는 데 필요한 장치는?

① 멀티플렉서 ② 디멀티플렉서
③ 인코더 ④ 디코더

93 다음 중 멀티플렉서 표시 기호로 옳은 것은?

①
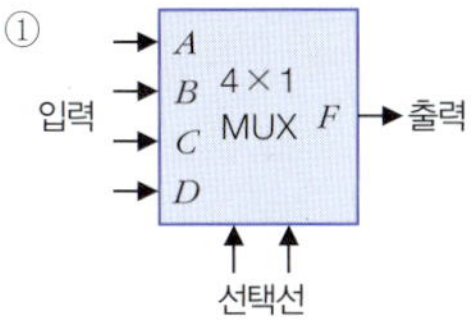

②
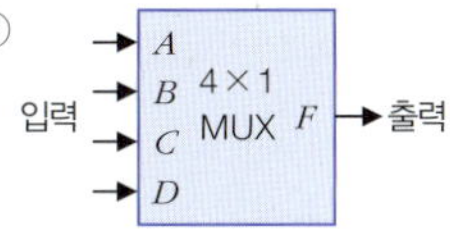

③
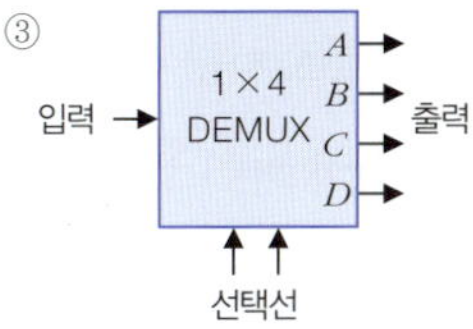

④
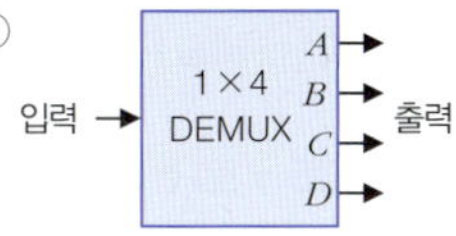

94 다음 중 멀티플렉서의 실현에 대한 내용으로 틀린 것은?

① 여러 개의 데이터 입력을 적은 수의 채널로 전송한다.
② n개의 입력선과 2^n개의 선택선으로 구성한다.
③ 선택선은 비트 조합에 의해 입력 중 하나가 선택된다.
④ data selector라고도 할 수 있다.

95 MUX의 입력이 진리표처럼 주어질 때 기대되는 출력값 Y는?

I_1	I_0	S_0	Y
1	0	1	a
1	0	0	b

① $a:1$, $b:0$
② $a:1$, $b:1$
③ $a:0$, $b:0$
④ $a:0$, $b:1$

96 다음과 같은 멀티플렉서 회로에서 제어 입력 A와 B가 각각 1일 때 출력 Y의 값은?

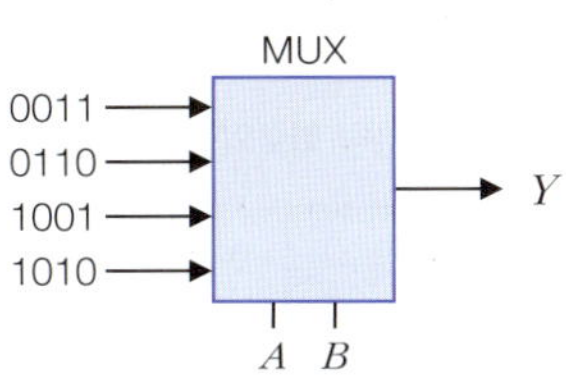

① 0011 ② 0110
③ 1001 ④ 1010

97 다음 논리회로의 이름은?

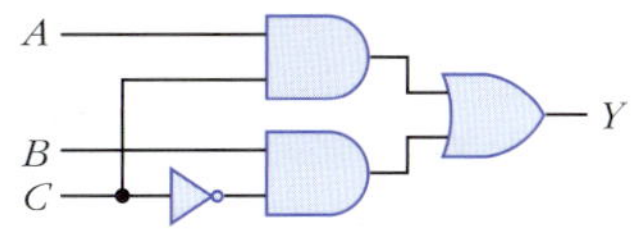

① 디코더 ② 인코더
③ 디멀티플렉서 ④ 멀티플렉서

98 다음 논리회로의 기능은?

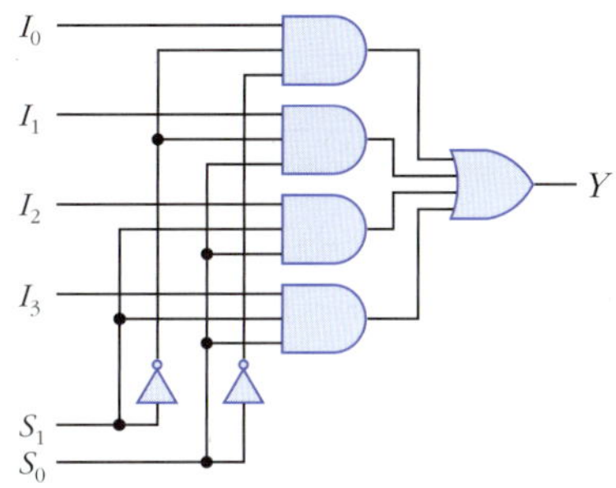

① 4×1 multiplexer
② 6×1 multiplexer
③ 4×1 decoder
④ 6×1 encoder

99 다음 중 4×1 멀티플렉서를 구성하기 위하여 필요한 최소 gate 수로서 옳은 것은?

① inverter 1개 + AND gate 4개 + OR gate 1개
② inverter 2개 + AND gate 3개 + OR gate 2개
③ inverter 1개 + AND gate 3개 + OR gate 2개
④ inverter 2개 + AND gate 4개 + OR gate 1개

100 그림과 같은 논리회로에서 S_1과 S_0가 각각 0, 1의 값을 가질 때, Y는 어떤 값이 되는가?

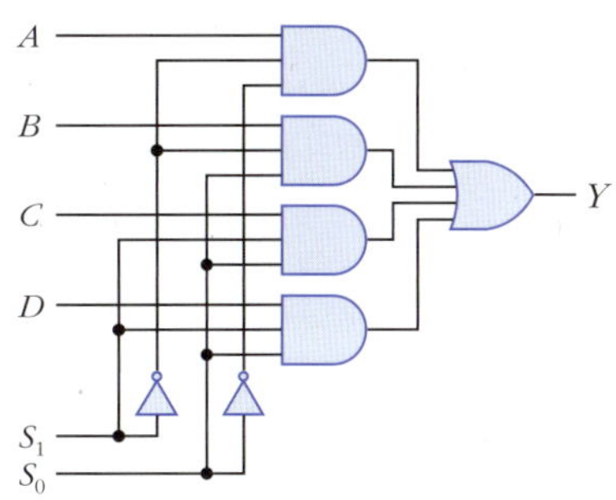

① A ② B
③ C ④ D

101 다음 그림은 멀티플렉서를 이용한 논리회로다. 이 회로에 대한 논리 함수는?

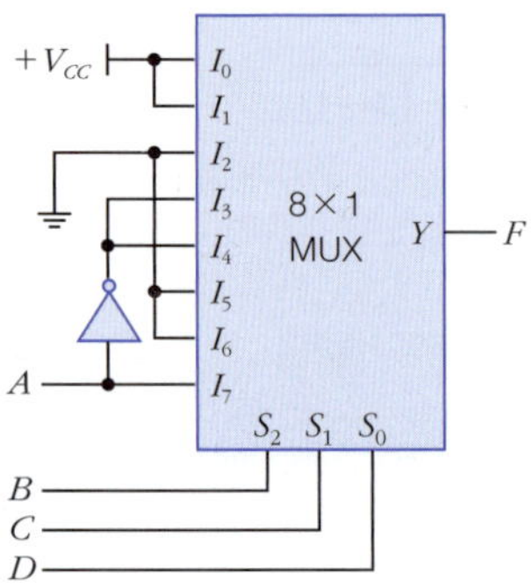

① $F(A, B, C, D) = \Sigma m(0, 1, 3, 4, 8, 9, 15)$
② $F(A, B, C, D) = \Sigma m(0, 2, 5, 6, 10, 11, 14)$
③ $F(A, B, C, D) = \Sigma m(1, 3, 8, 11, 14, 15)$
④ $F(A, B, C, D) = \Sigma m(1, 2, 6, 8, 9, 14)$

102 다음 회로의 출력 F에 대한 회로식으로 틀린 것은? 단, x는 MSB, z는 LSB이다.

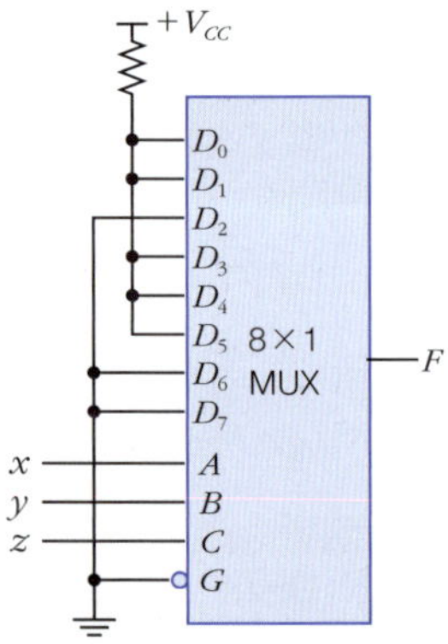

① $\bar{y}+\bar{x}z$
② $x\bar{y}+\bar{y}\bar{z}+\bar{x}z$
③ $\bar{x}y+\bar{y}\bar{z}+x\bar{y}$
④ $\bar{y}\bar{z}+\bar{x}z+\bar{y}z$

103 다음 멀티플렉서를 이용해 구성한 조합논리회로가 나타내는 출력 F를 민텀의 합형으로 표현하면?

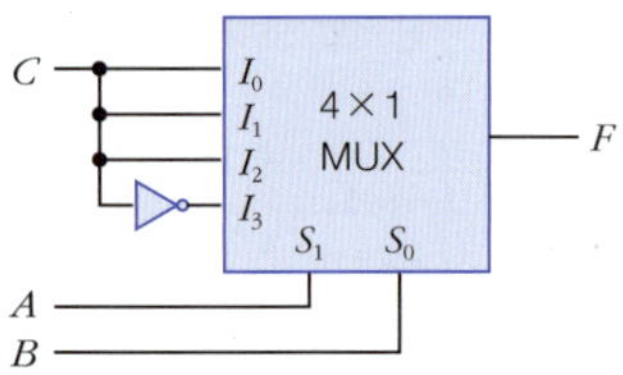

① $F(A, B, C) = \Sigma m(1, 3, 5, 6)$
② $F(A, B, C) = \Sigma m(0, 1, 5, 8)$
③ $F(A, B, C) = \Sigma m(2, 5, 7, 8)$
④ $F(A, B, C) = \Sigma m(0, 2, 4, 6)$

104 4 × 1 멀티플렉서를 이용해 논리회로를 구현한 것으로 옳은 것은?

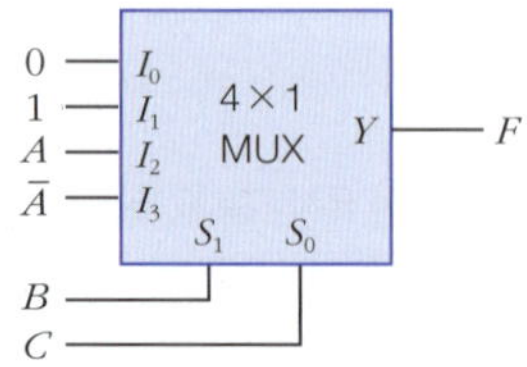

① $F(A, B, C) = \Sigma m(1, 3, 4, 6)$
② $F(A, B, C) = \Sigma m(1, 3, 5, 7)$
③ $F(A, B, C) = \Sigma m(1, 2, 4, 7)$
④ $F(A, B, C) = \Sigma m(1, 3, 5, 6)$

105 다음 논리회로에서 $F = AB$가 되는 S_1S_0의 상태는?

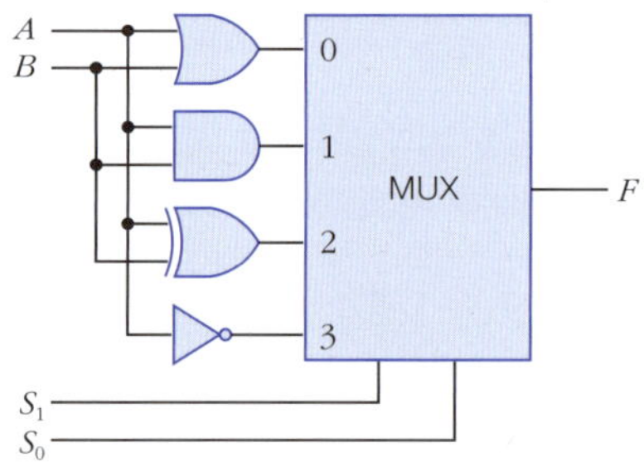

① 0, 0 ② 0, 1 ③ 1, 0 ④ 1, 1

106 다음 논리회로에서 출력 F로 나올 수 없는 것은?

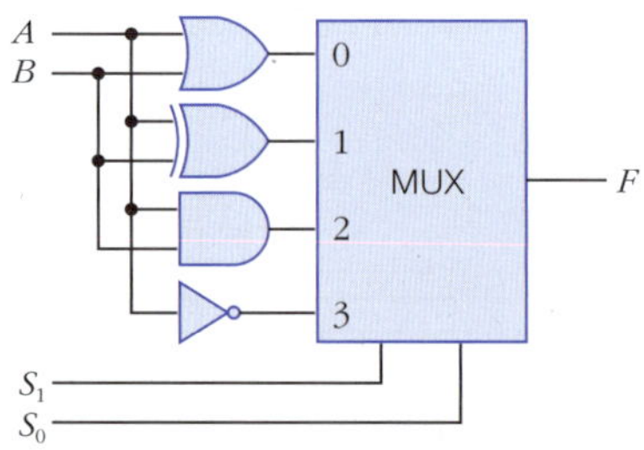

① $\bar{B}$ ② $\bar{A}B+A\bar{B}$
③ AB ④ $A+B$

107 멀티플렉서를 이용한 회로의 논리 함수로 옳은 것은?

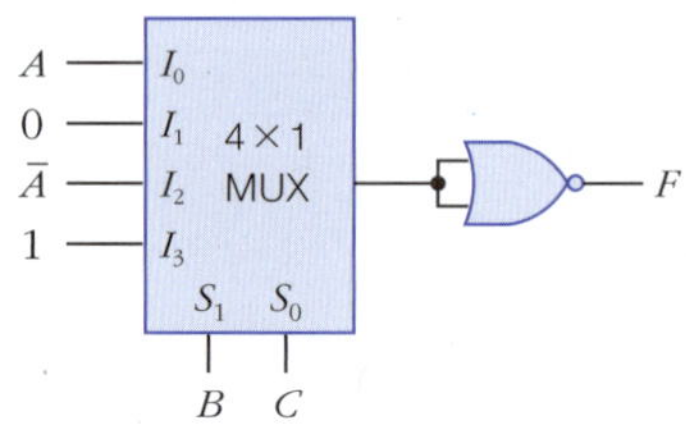

① $F(A, B, C) = \Sigma m(1, 4, 5, 7)$
② $F(A, B, C) = \Sigma m(2, 3, 4, 7)$
③ $F(A, B, C) = \Sigma m(1, 2, 3, 6)$
④ $F(A, B, C) = \Sigma m(0, 1, 5, 6)$

108 멀티플렉서 64개의 입력을 제어하기 위해서는 몇 개의 선택선이 필요한가?

① 4개 ② 6개 ③ 16개 ④ 32개

109 32 × 1 멀티플렉서에서 필요한 제어선의 수는?

① 2개 ② 5개 ③ 8개 ④ 16개

110 8 × 1 멀티플렉서를 만들려면 몇 개의 2 × 1 멀티플렉서가 필요한가?

① 8개 ② 7개 ③ 5개 ④ 4개

111 1개의 입력과 최대 2^n개의 출력 및 n개의 선택선으로 구성된 조합논리회로를 무엇이라 하는가?

① 인코더 ② 3상태 버퍼
③ 멀티플렉서 ④ 디멀티플렉서

112 다음 중 데이터 분배 회로로 사용되는 것은?

① 인코더 ② 시프트 레지스터
③ 멀티플렉서 ④ 디멀티플렉서

113 디멀티플렉서의 설명 중 옳은 것은?

① 정보를 여러 개의 선으로 받아서 1개의 선으로 전송하는 회로다.
② 정보를 한 선으로 받아서 여러 개의 선들 중 1개를 선택하여 정보를 전송하는 회로다.
③ 디코더와 한 쌍으로 동작한다.
④ 많은 수의 정보 장치를 적은 수의 채널을 통해 전송하는 회로다.

114 디멀티플렉서에 대한 설명 중 옳은 것은?

① data selector라고도 불린다.
② 2^n개의 입력선과 n개의 출력선을 갖는다.
③ n개의 입력선과 2^n개의 출력선을 갖는다.
④ 1개의 입력선과 n개의 선택선에 의해 2^n개의 출력선 중 하나를 선택한다.

115 16개의 입력선을 가진 multiplexer의 출력에 32개의 출력선을 가진 demultiplexer를 연결했을 경우에 multiplexer와 demultiplexer의 선택선은 각각 몇 개를 가져야 하는가?

① 멀티플렉서 : 4개, 디멀티플렉서 : 5개
② 멀티플렉서 : 4개, 디멀티플렉서 : 3개
③ 멀티플렉서 : 8개, 디멀티플렉서 : 4개
④ 멀티플렉서 : 4개, 디멀티플렉서 : 8개

116 인에이블 입력을 가지고 있는 디코더는 다음의 예 중 어느 것으로 사용될 수 있는가? 단, 그림에서 입력과 E(enable)를 바꾸어서 사용한다.

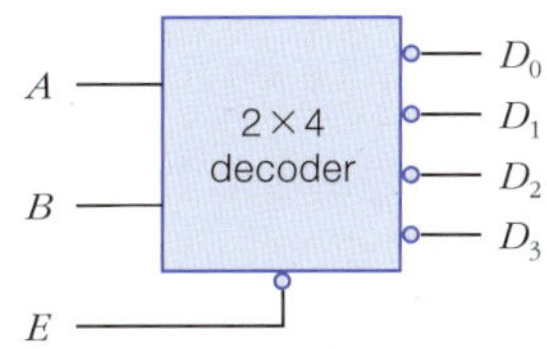

① encoder ② multiplexer
③ demultiplexer ④ ROM

117 다음 회로의 명칭은?

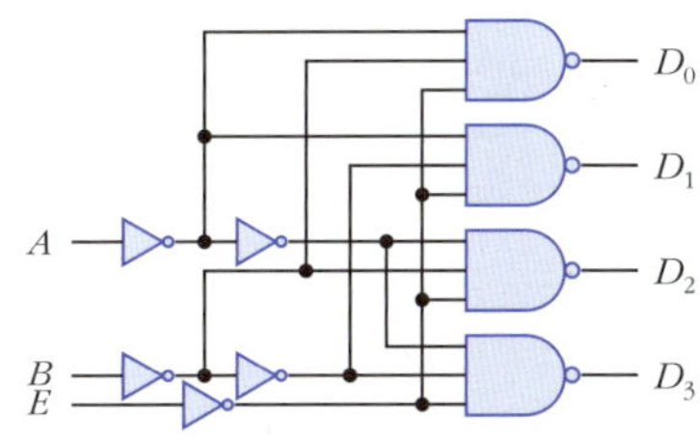

① 인코더 ② 멀티플렉서
③ 디멀티플렉서 ④ 패리티 체크 회로

118 다음 그림과 같은 논리회로 출력의 값과 그 기능은?

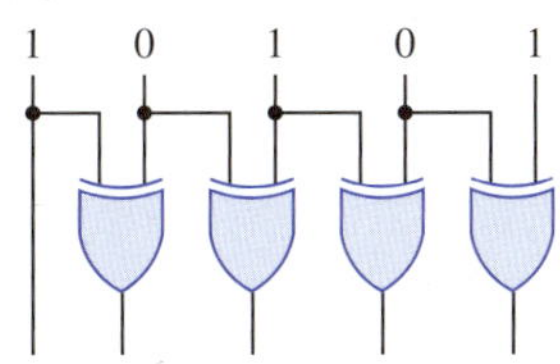

① 11011, 패리티 점검
② 11000, 양수, 음수 점검
③ 11111, 코드 변환
④ 10000, 패리티 변환

119 송신기가 ASCII 코드 1100101을 홀수 패리티를 사용해 전송한다면 11001011을 보내게 된다. 이때 수신측에서의 검사 방식에 주로 사용되는 논리회로는?

① AND ② NOT ③ OR ④ XOR

120 다음 회로의 명칭으로 옳은 것은?

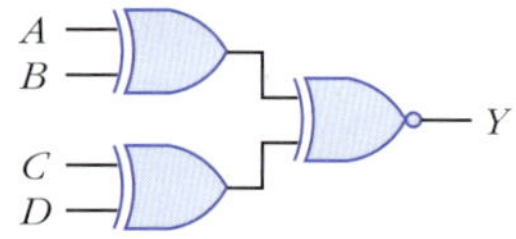

① 4비트 홀수 패리티 발생기
② 4비트 짝수 패리티 발생기
③ 4비트 비교기
④ 4비트 우선순위 인코더

121 논리식 $F = ((A \oplus B) \oplus (C \oplus D))$로 나타낼 수 있는 회로는?

① 전가산기 회로
② 4비트 병렬 가산기 회로
③ 짝수 패리티 발생기 회로
④ 홀수 패리티 발생기 회로

122 다음 회로의 기능은?

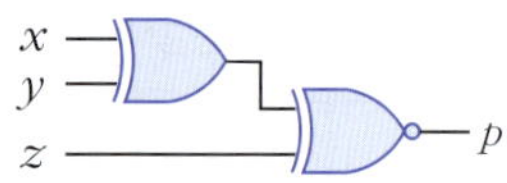

① 3비트 홀수 패리티 발생기
② 3비트 비교기
③ 3비트 짝수 패리티 발생기
④ 3비트 감산기

123 다음 중 홀수 패리티 발생기에 대한 식으로 옳은 것은? 단, 입력은 x, y, z이다.

① $(x \odot y) \odot z$　　② $(x \oplus y) \oplus z$
③ $(x \oplus y) \odot z$　　④ $(x + y) \cdot z$

124 다음 논리회로의 기능은?

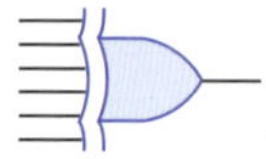

① 6개(비트)의 입력을 모두 더하는 기능을 갖는다.
② 6개(비트)의 입력을 모두 보수화한다.
③ 6개(비트)의 입력이 짝수 개의 1을 가질 때 출력이 1이 된다.
④ 6개(비트)의 입력이 홀수 개의 1을 가질 때 출력이 1이 된다.

125 2입력 1출력인 XOR 게이트를 사용해 8비트 패리티 검사를 할 때 최소로 필요한 XOR 게이트의 수는?

① 9개　　② 8개
③ 7개　　④ 6개

1 ①	2 ④	3 ①	4 ④	5 ②	6 ①	7 ④	8 ①	9 ②	10 ①	11 ③	12 ②
13 ①	14 ①	15 ①	16 ③	17 ①	18 ③	19 ②	20 ④	21 ③	22 ①	23 ②	24 ④
25 ③	26 ①	27 ③	28 ③	29 ④	30 ③	31 ④	32 ③	33 ②	34 ②	35 ③	36 ①
37 ④	38 ④	39 ①	40 ④	41 ①	42 ③	43 ②	44 ④	45 ③	46 ④	47 ①	48 ③
49 ②	50 ③	51 ④	52 ①	53 ④	54 ③	55 ④	56 ②	57 ②	58 ①	59 ④	60 ③
61 ③	62 ④	63 ④	64 ②	65 ①	66 ③	67 ②	68 ①	69 ③	70 ④	71 ①	72 ②
73 ③	74 ④	75 ①	76 ②	77 ④	78 ②	79 ④	80 ②	81 ④	82 ②	83 ①	84 ②
85 ③	86 ④	87 ①	88 ④	89 ③	90 ①	91 ③	92 ①	93 ①	94 ②	95 ①	96 ④
97 ④	98 ①	99 ④	100 ②	101 ①	102 ③	103 ①	104 ④	105 ②	106 ①	107 ④	108 ②
109 ②	110 ②	111 ④	112 ④	113 ②	114 ④	115 ①	116 ③	117 ③	118 ③	119 ④	120 ①
121 ③	122 ①	123 ③	124 ④	125 ③							

Chapter

08

플립플롭

학습목표

- NOR 래치 회로와 NAND 래치 회로의 동작을 이해하고 설명할 수 있다.
- *SR* 플립플롭, *D* 플립플롭, *JK* 플립플롭, *T* 플립플롭의 동작을 구분하여 이해할 수 있다.
- 게이티드 플립플롭, 에지 트리거 플립플롭의 차이점을 설명할 수 있다.
- 비동기 입력의 동작을 이해하고 응용할 수 있다.

8.1 기본적인 플립플롭

조합논리회로에서 출력은 현재 입력의 조합에 의해서만 결정된다. 하지만 순서논리회로에서는 현재 입력의 조합과 입력이 인가되는 시점의 회로 상태(Low/High)에도 영향을 받아 출력이 결정된다. 따라서 순서논리회로에서는 회로의 상태를 기억하는 기억 소자가 필요하다. 앞으로 설명할 각종 플립플롭flip-flop과 래치latch는 쌍안정bi-stable 상태 중 하나를 가지는 1비트 기억 소자다.

플립플롭은 클록 신호에 따라 정해진 시점에서의 입력을 샘플sample하여 출력에 저장하는 동기식 순서 논리소자이고, 래치는 클록 신호에 관계없이 모든 입력을 계속 감시하다가 언제든지 출력을 변화시키는 비동기식 순서논리회로다. 플립플롭과 래치도 게이트로 구성되지만 조합논리회로와 달리 궤환feedback이 있다.

플립플롭에는 *SR* 플립플롭, *D* 플립플롭, *JK* 플립플롭, *T* 플립플롭이 있지만, *JK* 플립플롭이 가장 많이 쓰인다. *SR* 플립플롭의 결점을 개선한 것이 *JK* 플립플롭이고, *D* 플립플롭 및 *T* 플립플롭의 동작은 *SR*과 *JK* 플립플롭으로부터 쉽게 얻을 수 있다. 기본적인 플립플롭부터 차례대로 살펴보자.

기본적인 플립플롭 회로는 NOR 게이트 2개 또는 NAND 게이트 2개로 구성할 수 있으며, 이를 **NOR 게이트 래치** 또는 **NAND 게이트 래치**라고 한다.

NOR 게이트 또는 NAND 게이트의 연결은 한 게이트의 출력이 다른 게이트의 입력이 되는 서로 교차 결합cross-coupled 형태의 쌍안정 회로이며, 서로 선이 교차되어 궤환을 구성하고 있다. *SR* 래치 회로에는 *S*(set)와 *R*(reset)로 표시된 2개의 입력과 Q와 $\overline{Q}$로 표시된 2개의 출력이 있으며, Q와 $\overline{Q}$의 상태는 서로 보수 상태가 되어야 정상 상태가 된다.

1 NOR 게이트로 구성된 *SR* 래치

[그림 8-1(a)]는 NOR 게이트를 사용한 *SR* 래치 회로로, NOR 게이트 G_1의 출력은 NOR 게이트 G_2의 입력에 연결되고, NOR 게이트 G_2의 출력은 NOR 게이트 G_1의 입력에 연결되는 형태로 구성된다. NOR 게이트를 사용한 *SR* 래치의 진리표는 [그림 8-1(b)]와 같다. 여기

서 $Q(t)$는 입력이 인가되기 이전 상태를 의미하고, $Q(t+1)$은 입력이 인가된 이후의 상태를 의미한다.

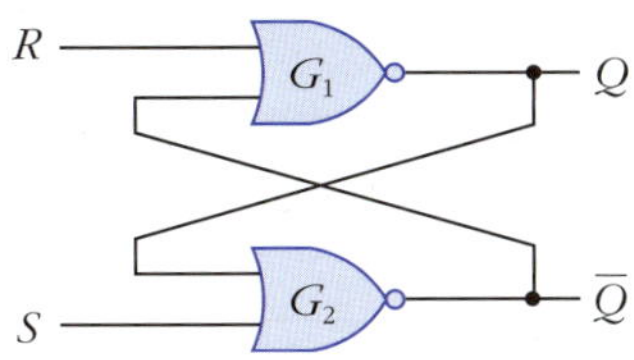

(a) 논리회로

S	R	Q(t+1)
0	0	Q(t)(불변)
0	1	0
1	0	1
1	1	부정

(b) 진리표

그림 8-1 NOR 게이트 *SR* 래치 회로

TIP
$Q(t)$, $Q(t+1)$
다른 책에서는 Q_n, Q_{n+1}이라고 표기하는 경우도 있다.

2입력 NOR 게이트는 두 입력 모두 논리 0이 입력될 때만 출력이 1이고, 그 외에는 모두 0이다. 따라서 2입력 NOR 게이트는 입력 상태 00, 01, 10, 11 4가지가 입력될 수 있으므로 다음과 같이 설명할 수 있다.

입력 $S=0$, $R=0$일 때

❶ 현재의 출력 상태가 $Q=0$, $\overline{Q}=1$인 경우([그림 8-2(a)])

- $Q=0$과 $S=0$이 G_2에 입력되면, 출력은 $\overline{Q}=1$이다.
- $\overline{Q}=1$과 $R=0$이 G_1에 입력되면, 출력은 $Q=0$이다.

결과적으로 $Q=0$, $\overline{Q}=1$인 상태에서 $S=0$과 $R=0$이 입력되면 출력은 $Q=0$, $\overline{Q}=1$로 현재 상태를 유지한다.

❷ 현재의 출력 상태가 $Q=1$, $\overline{Q}=0$인 경우([그림 8-2(b)])

- $Q=1$과 $S=0$이 G_2에 입력되면, 출력은 $\overline{Q}=0$이다.
- $\overline{Q}=0$과 $R=0$이 G_1에 입력되면, 출력은 $Q=1$이다.

결과적으로 $Q=1$, $\overline{Q}=0$인 상태에서 $S=0$과 $R=0$이 입력되면 출력은 $Q=1$, $\overline{Q}=0$으로 현재 상태를 유지한다.

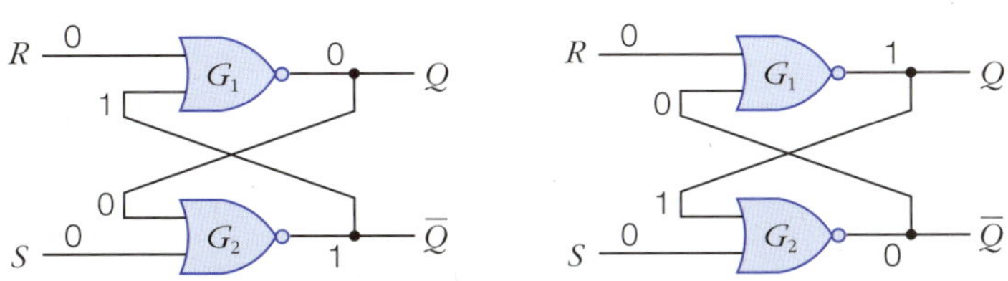

(a) $Q=0, \overline{Q}=1$인 경우　(b) $Q=1, \overline{Q}=0$인 경우

그림 8-2 NOR형 *SR* 래치 회로의 동작($S=0$, $R=0$)

TIP
NOR 게이트 진리표

A	B	F
0	0	1
0	1	0
1	0	0
1	1	0

입력 $S=0$, $R=1$일 때

입력이 $S=0$이고 $R=1$이면, G_1의 출력은 또 다른 입력인 $\bar{Q}$ 상태에 관계없이 0이 되어 $Q=0$이 된다. 따라서 G_2의 입력은 모두 0이므로 G_2의 출력은 $\bar{Q}=1$이다. 결과적으로 $S=0$, $R=1$이 입력되면 Q의 이전 상태에 관계없이 출력은 반드시 $Q=0$, $\bar{Q}=1$이다.

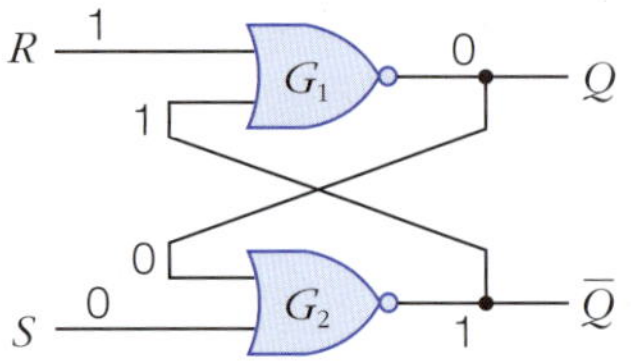

그림 8-3 NOR형 SR 래치 회로의 동작($S=0$, $R=1$)

입력 $S=1$, $R=0$일 때

입력이 $S=1$이고 $R=0$이면, G_2의 출력은 또 다른 입력인 Q 상태에 관계없이 0이 되어 $\bar{Q}=0$이 된다. 따라서 G_1의 입력은 모두 0이므로 G_1의 출력은 $Q=1$이다. 결과적으로 $S=1$, $R=0$이 입력되면 Q의 이전 상태에 관계없이 출력은 반드시 $Q=1$, $\bar{Q}=0$이다.

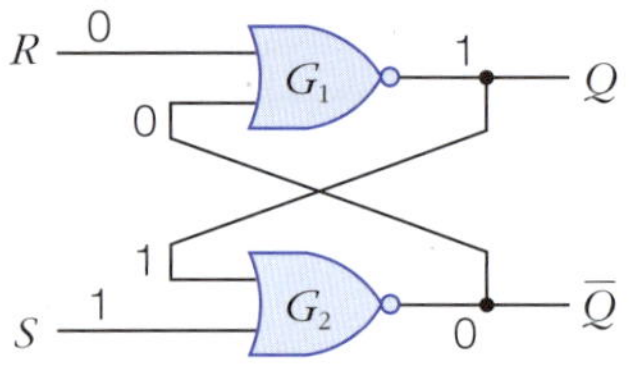

그림 8-4 NOR형 SR 래치 회로의 동작($S=1$, $R=0$)

입력 $S=1$, $R=1$일 때

입력이 $S=1$이고 $R=1$이면, G_1과 G_2의 출력은 또 다른 입력에 관계없이 모두 0이 되어 $Q=0$, $\bar{Q}=0$인 상태가 된다. 결과적으로 G_1과 G_2의 출력 $Q=0$과 $\bar{Q}=0$이 되어 서로 보수의 상태가 아닌 부정 상태가 되어 정상적으로 동작하지 못하므로 동시에 $S=R=1$로 하는 것은 금지된다.

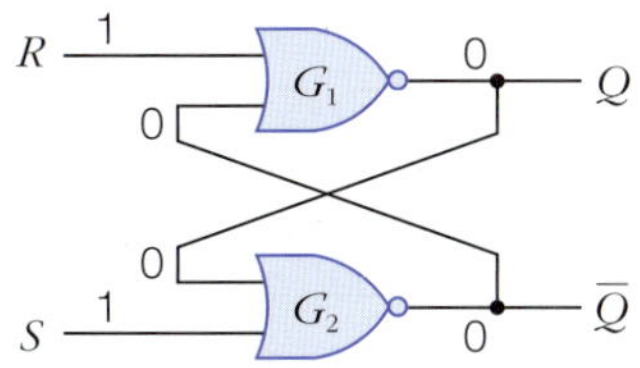

그림 8-5 NOR형 *SR* 래치 회로의 동작($S=1$, $R=1$)

예제 8-1

그림과 같은 파형을 NOR 게이트 *SR* 래치 회로에 인가하였을 때, 출력 Q의 파형을 그려라. 단, Q는 0으로 초기화되어 있으며, 게이트에서 전파 지연은 없다고 가정한다.

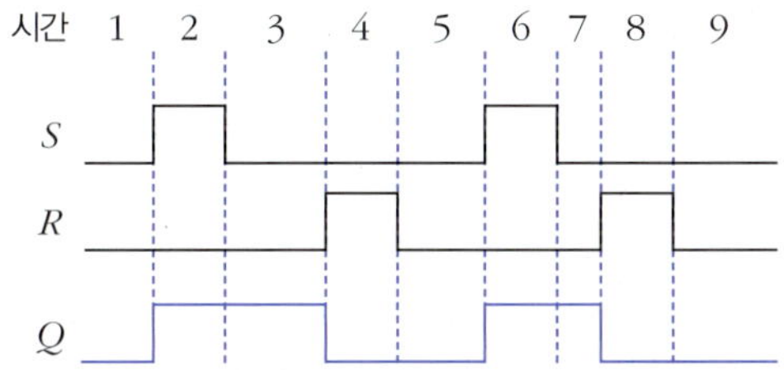

풀이

입력 S와 R을 통해서만 출력 Q가 변한다.

- 시간 구간 2에서 $S=1$, $R=0$이므로 $Q=1$
- 시간 구간 3에서 $S=0$, $R=0$이므로 이전 상태 유지($Q=1$)
- 시간 구간 4에서 $S=0$, $R=1$이므로 $Q=0$
- 시간 구간 5에서 $S=0$, $R=0$이므로 이전 상태 유지($Q=0$)
- 시간 구간 6에서 $S=1$, $R=0$이므로 $Q=1$
- 시간 구간 7에서 $S=0$, $R=0$이므로 이전 상태 유지($Q=1$)
- 시간 구간 8에서 $S=0$, $R=1$이므로 $Q=0$
- 시간 구간 9에서 $S=0$, $R=0$이므로 이전 상태 유지($Q=0$)

2 NAND 게이트로 구성된 *SR* 래치

[그림 8-6(a)]는 NAND 게이트를 사용한 *SR* 래치 회로로, NAND 게이트 G_1의 출력은 NAND 게이트 G_2의 입력에 연결되고, NAND 게이트 G_2의 출력은 NAND 게이트 G_1의 입력에 연결되는 형태로 구성된다. NAND 게이트를 사용한 *SR* 래치의 진리표는 [그림 8-6(b)]와 같다.

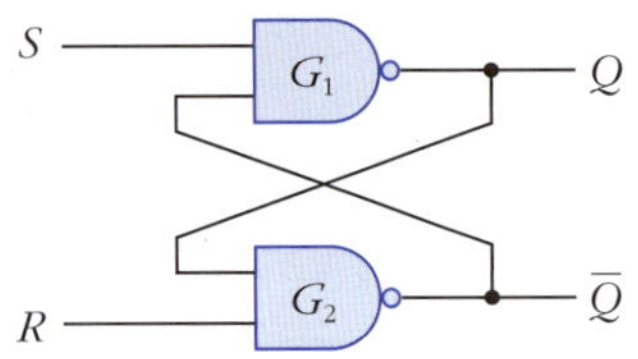

(a) 논리회로

S	R	$Q(t+1)$
0	0	부정
0	1	1
1	0	0
1	1	$Q(t)$ (불변)

(b) 진리표

TIP
$Q(t)$, $Q(t+1)$
다른 책에서는 Q_n, Q_{n+1}이라고 표기하는 경우도 있다.

그림 8-6 NAND 게이트 *SR* 래치 회로

2입력 NAND 게이트는 모든 입력에 논리 1이 입력될 때만 0이 출력되고, 그 외에는 모두 1이 출력된다. 따라서 2입력 NAND 게이트는 입력 상태 00, 01, 10, 11의 4가지가 입력될 수 있으므로 다음과 같이 설명할 수 있다.

입력 $S=0$, $R=0$일 때

입력이 $S=0$이고 $R=0$이면, G_1과 G_2의 출력은 또 다른 입력에 관계없이 모두 1이 되어 $Q=1$, $\overline{Q}=1$인 상태가 된다. 결과적으로 G_1과 G_2의 출력 $Q=1$과 $\overline{Q}=1$이 되어 서로 보수의 상태가 아닌 부정 상태가 되어 정상적으로 동작하지 못한다. 따라서 동시에 $S=R=0$으로 하는 것은 금지된다.

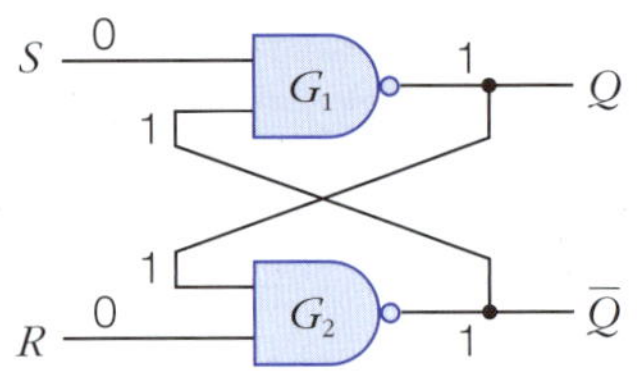

그림 8-7 NAND형 *SR* 래치 회로의 동작($S=0$, $R=0$)

TIP
NAND 게이트 진리표

A	B	F
0	0	1
0	1	1
1	0	1
1	1	0

입력 $S=0$, $R=1$일 때

입력 $S=0$이므로 G_1의 출력은 또 다른 입력인 $\overline{Q}$의 상태에 관계없이 1이 되어 $Q=1$이 된다. 따라서 G_2의 입력은 모두 1이므로 G_2의 출력은 $\overline{Q}=0$이다. 결과적으로 $S=0$, $R=1$이 입력되면 Q의 이전 상태에 관계없이 출력은 반드시 $Q=1$, $\overline{Q}=0$이다.

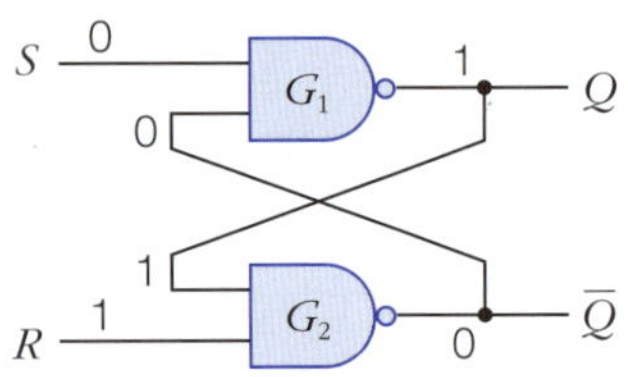

그림 8-8 NAND형 *SR* 래치 회로의 동작($S=0$, $R=1$)

입력 S=1, R=0일 때

입력 $R=0$이므로 G_2의 출력은 또 다른 입력인 Q의 상태에 관계없이 1이 되어 $\bar{Q}=1$이 된다. 따라서 G_1의 입력은 모두 1이므로 G_1의 출력은 $Q=0$이다. 결과적으로 $S=1$, $R=0$이 입력되면 Q의 이전 상태에 관계없이 출력은 반드시 $Q=0$, $\bar{Q}=1$이다.

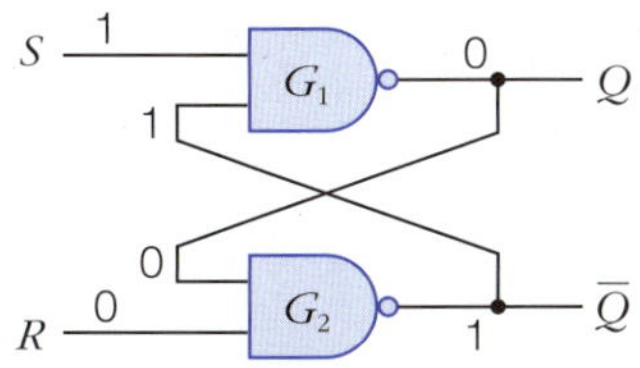

그림 8-9 NAND형 SR 래치 회로의 동작($S=1$, $R=0$)

입력 S=1, R=1일 때

❶ 현재의 출력 상태가 $Q=0$, $\bar{Q}=1$인 경우([그림 8-10(a)])

- $Q=0$과 $R=1$이 G_2에 입력되면, 출력은 $\bar{Q}=1$이다.
- $\bar{Q}=1$과 $S=1$이 G_1에 입력되면, 출력은 $Q=0$이다.

결과적으로 $Q=0$, $\bar{Q}=1$인 상태에서 $S=1$과 $R=1$이 입력되면 출력은 $Q=0$, $\bar{Q}=1$로 현재 상태를 유지한다.

❷ 현재의 출력 상태가 $Q=1$, $\bar{Q}=0$인 경우([그림 8-10(b)])

- $Q=1$과 $R=1$이 G_2에 입력되면, 출력은 $\bar{Q}=0$이다.
- $\bar{Q}=0$과 $S=1$이 G_1에 입력되면, 출력은 $Q=1$이다.

결과적으로 $Q=1$, $\bar{Q}=0$인 상태에서 $S=1$과 $R=1$이 입력되면 출력은 $Q=1$, $\bar{Q}=0$으로 현재 상태를 유지한다.

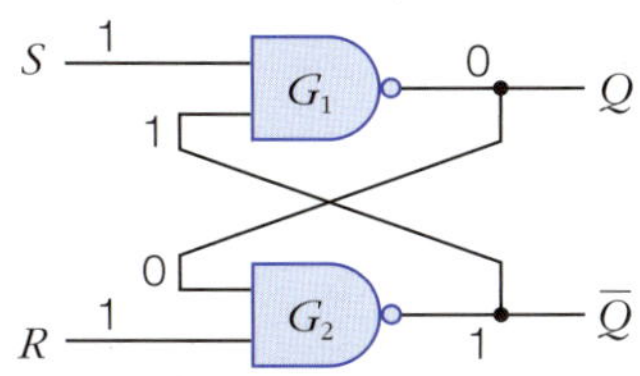

(a) $Q=0$, $\bar{Q}=1$인 경우

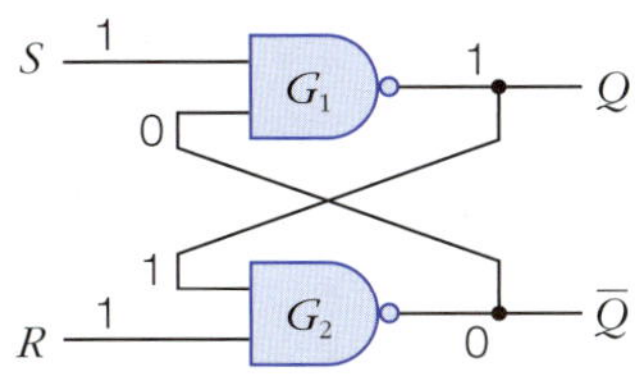

(b) $Q=1$, $\bar{Q}=0$인 경우

그림 8-10 NAND형 SR 래치 회로의 동작($S=1$, $R=1$)

예제 8-2

그림과 같은 파형을 NAND 게이트 SR 래치 회로에 인가했을 때, 출력 Q의 파형을 그려라. 단, Q는 0으로 초기화되어 있으며, 게이트에서 전파 지연은 없다고 가정한다.

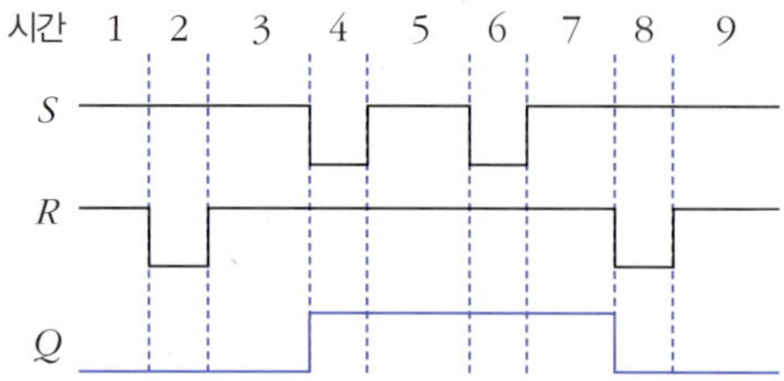

풀이

입력 S와 R에 의해서만 출력 Q가 변한다.

- 시간 구간 2에서 $S=1$, $R=0$이므로 $Q=0$
- 시간 구간 3에서 $S=1$, $R=1$이므로 이전 상태 유지($Q=0$)
- 시간 구간 4에서 $S=0$, $R=1$이므로 $Q=1$
- 시간 구간 5에서 $S=1$, $R=1$이므로 이전 상태 유지($Q=1$)
- 시간 구간 6에서 $S=0$, $R=1$이므로 $Q=1$
- 시간 구간 7에서 $S=1$, $R=1$이므로 이전 상태 유지($Q=1$)
- 시간 구간 8에서 $S=1$, $R=0$이므로 $Q=0$
- 시간 구간 9에서 $S=1$, $R=1$이므로 이전 상태 유지($Q=0$)

TIP

멀티바이브레이터

디지털 시스템에서 매우 중요하게 사용하는 것 중 하나가 멀티바이브레이터multivibrator이며, 회로 구성에 따라 다음과 같이 세 종류가 있다.

- 무안정 멀티바이브레이터astable multivibrator : 비안정 또는 불안정 멀티바이브레이터라고 하며, 한 상태에 머무르지 못하고 두 상태를 오가는 일종의 발진기oscillator로, 불안정한 2가지 상태인 Low 또는 High를 가진다. 또한 이것은 외부 입력 없이 스스로 주기적인 구형파를 발생시킨다.
- 단안정 멀티바이브레이터monostable multivibrator, one-shot 멀티바이브레이터 : 입력에 트리거 신호(짧은 펄스)가 가해질 때마다 폭이 일정한 구형 펄스 하나를 발생시키는 회로다. 트리거 신호에 의해 일단 준안정상태quasi-stable를 유지하다가 곧바로 안정된 상태로 복귀한다.
- 쌍안정 멀티바이브레이터bistable multivibrator : 2개의 안정상태를 가지며, 모든 플립플롭이 여기에 속한다.

8.2 *SR* 플립플롭

1 게이티드 *SR* 플립플롭

기본적인 *SR* 래치는 *S*나 *R* 입력에 의해 바로 출력이 결정되는 비동기식 회로다. 그러나 순서논리회로에서는 대부분 클록 펄스CP, clock pulse에 동기시켜서 동작시킨다. [그림 8-11(a)]는 NAND 게이트를 이용한 *SR* 래치 회로 앞에 NAND 게이트 2개를 연결하고 공통단자에 인에이블EN, enable 신호를 인가한 게이티드 *SR* 플립플롭gated *SR* flip-flop 회로를 나타낸 것이다. [그림 8-11(b)]는 게이티드 *SR* 플립플롭의 논리 기호를 나타낸다.

> **TIP**
> 게이티드 *SR* 플립플롭을 게이티드 *SR* 래치라고도 한다.

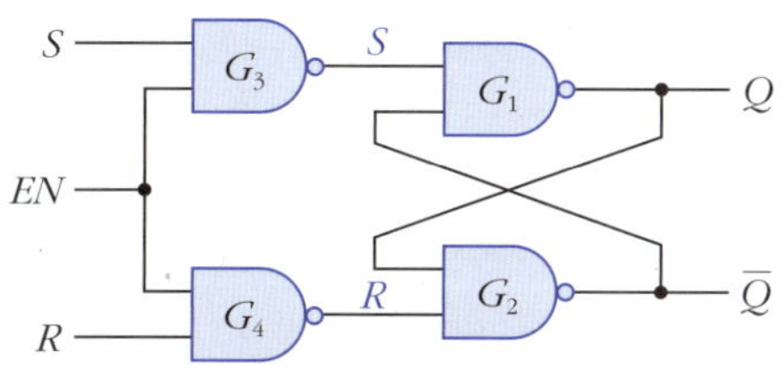

(a) 회로도

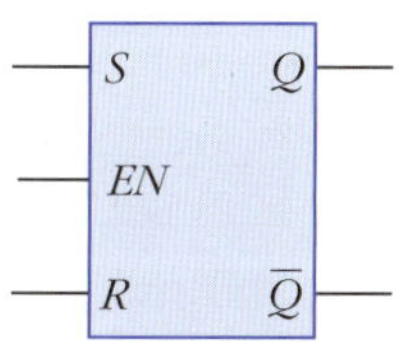

(b) 논리 기호

그림 8-11 게이티드 *SR* 플립플롭(NAND형)

> **TIP**
> NAND 게이트 *SR* 래치 회로 진리표

S	*R*	$Q(t+1)$
0	0	부정
0	1	1
1	0	0
1	1	$Q(t)$ (불변)

[그림 8-11]의 게이티드 *SR* 플립플롭은 앞단의 NAND 게이트의 동작만 이해하면 그 다음은 앞에서 살펴본 NAND 게이트 *SR* 래치와 같이 동작하므로 쉽게 이해할 수 있다. 먼저 $EN=0$이면 G_3과 G_4의 출력이 모두 1이 되므로 플립플롭의 출력 Q와 $\overline{Q}$는 변하지 않는다. 따라서 이 회로는 $EN=1$인 경우에만 동작하는 플립플롭이다. 게이티드 *SR* 플립플롭의 동작 상태를 살펴보면 다음과 같다.

❶ $S=0$, $R=0$인 경우

> G_3과 G_4의 출력이 모두 1이 된다. 따라서 NAND 게이트 SR 래치의 $S=1$, $R=1$인 경우와 같으므로 출력은 변하지 않는다.

❷ $S=0$, $R=1$인 경우

> G_3의 출력은 1이 되고, G_4의 출력은 0이 된다. 따라서 NAND 게이트 SR 래치의 $S=1$, $R=0$인 경우와 같으므로 출력은 $Q(t+1)=0$이 된다. 결과적으로 $S=0$, $R=1$이 입력되면 이전 상태 $Q(t)$에 관계없이 $Q(t+1)=0$이 된다.

❸ $S=1$, $R=0$인 경우

> G_3의 출력은 0이 되고 G_4의 출력은 1이 된다. 따라서 NAND 게이트 SR 래치의 $S=0$, $R=1$인 경우와 같으므로 출력은 $Q(t+1)=1$이 된다. 결과적으로 $S=1$, $R=0$이 입력되면 이전 상태 $Q(t)$에 관계없이 $Q(t+1)=1$이 된다.

❹ $S=1$, $R=1$인 경우

> G_3과 G_4의 출력이 모두 0이 된다. 따라서 NAND 게이트 SR 래치의 $S=0$, $R=0$인 경우와 같으므로 출력은 부정 상태가 된다.

[표 8-1]은 게이티드 SR 플립플롭의 동작 상태를 토대로 작성한 SR 플립플롭의 진리표다.

표 8-1 SR **플립플롭의 진리표**

EN	S	R	$Q(t+1)$
1	0	0	$Q(t)$ (불변)
1	0	1	0
1	1	0	1
1	1	1	부정

TIP

$Q(t)$: 현재 상태

$Q(t+1)$: 다음 상태

이 진리표를 근거로 입력 변수를 S, R, $Q(t)$로 하고 출력 변수를 $Q(t+1)$로 하는 SR 플립플롭의 특성표를 [표 8-2]에 나타내었다. 플립플롭의 **특성표**는 현재 상태($Q(t)$)와 플립플롭의 입력이 주어졌을 때, 다음 상태($Q(t+1)$)가 어떻게 변하는가를 나타내는 표이며, 이는 플립플롭의 진리표로부터 쉽게 얻을 수 있다.

표 8-2 *SR* 플립플롭의 특성표

$Q(t)$	S	R	$Q(t+1)$
0	0	0	0
0	0	1	0
0	1	0	1
0	1	1	부정
1	0	0	1
1	0	1	0
1	1	0	1
1	1	1	부정

TIP
$Q(t)$: 현재 상태
$Q(t+1)$: 다음 상태

[표 8-2]에서 부정 상태를 무관 상태don't care로 하여 카르노 맵을 그린 후 출력 $Q(t+1)$에 대한 불 함수를 구하면 다음과 같다.

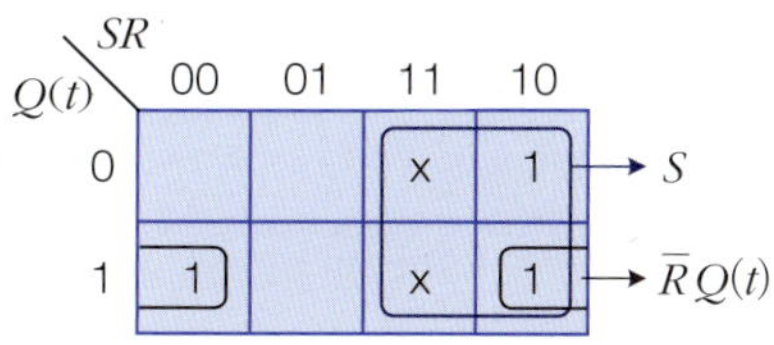

$Q(t+1) = S + \bar{R}Q(t),\ \ SR = 0$

그림 8-12 *SR* 플립플롭의 카르노 맵

여기서 $SR = 0$을 포함한 이유는 $S = R = 1$인 경우는 허용될 수 없음을 나타내기 위한 것이다. $Q(t+1)$을 **특성 방정식**characteristic equation이라고 한다.

[그림 8-13]은 *SR* 플립플롭의 상태도로, *SR* 플립플롭의 특성을 그림으로 표시한 것이다. 원 안에 있는 0이나 1은 플립플롭의 현재 상태($Q(t)$)를 나타내는데, 현재 상태가 0인 경우 $S=0$, $R=0$ 또는 $S=0$, $R=1$이 입력되면 플립플롭의 다음 상태($Q(t+1)$)는 0을 유지하고 $S=1$, $R=0$이 입력되면 다음 상태가 1이 됨을 의미한다.

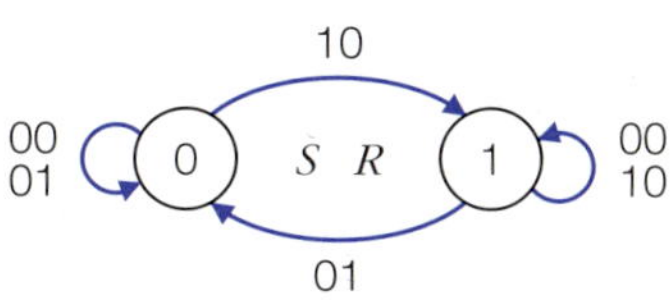

그림 8-13 *SR* 플립플롭의 상태도

[그림 8-14]에는 NOR 게이트를 이용한 *SR* 래치 회로에 *EN* 신호를 추가한 게이티드 *SR* 플립플롭의 회로도를 나타냈다. NOR 게이트를 이용한 게이티드 *SR* 플립플롭의 진리표도 [표 8-1]과 같다.

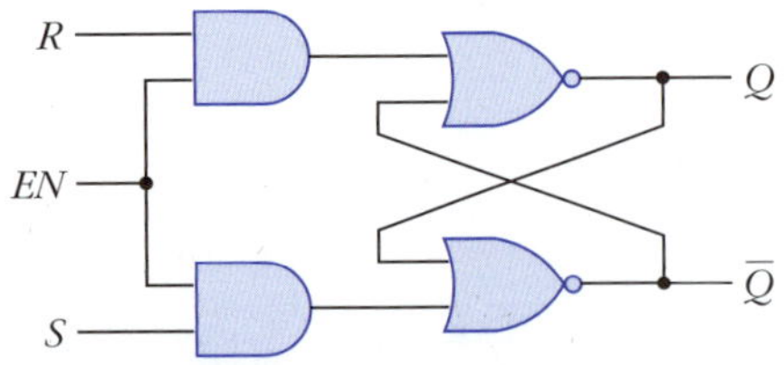

그림 8-14 게이티드 *SR* 플립플롭(NOR형)

예제 8-3

그림과 같은 파형을 게이티드 *SR* 플립플롭에 인가하였을 때, 출력 *Q*의 파형을 그려라. 단, *Q*는 0으로 초기화되어 있으며, 게이트에서 전파 지연은 없다고 가정한다.

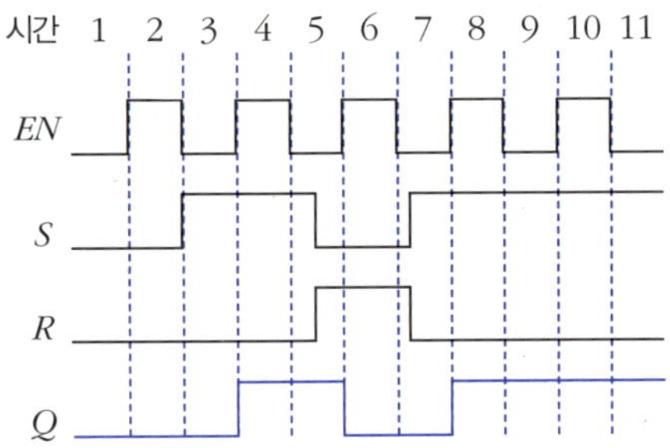

풀이

EN=1인 동안(시간 구간 2, 4, 6, 8, 10) 입력 *S*와 *R*에 따라서 출력 *Q*가 변하지만, *EN*=0인 동안에는 출력이 변하지 않는다.

- 시간 구간 2에서 $S=0$, $R=0$이므로 이전 상태 유지($Q=0$)
- 시간 구간 4에서 $S=1$, $R=0$이므로 $Q=1$
- 시간 구간 6에서 $S=0$, $R=1$이므로 $Q=0$
- 시간 구간 8에서 $S=1$, $R=0$이므로 $Q=1$
- 시간 구간 10에서 $S=1$, $R=0$이므로 $Q=1$

2 에지 트리거 *SR* 플립플롭

게이티드 *SR* 플립플롭은 기본적으로 궤환feedback이 존재하는 회로이며, $EN=1$인 상태에서 모든 동작이 수행된다. 그러므로 플립플롭의 동작 시간보다도 EN의 지속 시간이 길게 되면 플립플롭은 여러 차례 동작이 수행될 수 있고 따라서 예측하지 못한 동작을 할 여지가 충분하다. 이것은 게이티드 *SR* 플립플롭에 한정된 이야기는 아니다.

이러한 문제를 해결하는 방법 중에 에지 트리거edge trigger를 이용하는 방법이 있다. 플립플롭의 출력은 입력 신호의 순간적인 변화에 의해서만 결정될 필요가 있는데, 이러한 순간적인 변화를 **트리거**trigger라 한다. 트리거는 **레벨**level **트리거**와 **에지**edge **트리거**로 분류된다. 앞에서 살펴본 게이티드 플립플롭은 레벨 트리거level trigger를 한다고 할 수 있는데, $EN=1$이면 계속해서 입력을 받아들이기 때문이다. 이에 반해, 에지 트리거는 플립플롭의 내부 구조를 바꾸어 클록이 0에서 1로 변하거나 1에서 0으로 변하는 순간에만 입력을 받아들이게 하는 방법이다.

에지 트리거는 [그림 8-15]에서 보는 것처럼 **상승 에지**rising edge **트리거**와 **하강 에지**falling edge **트리거** 2가지가 있다. 상승 에지 트리거는 정 에지positive edge 트리거, 하강 에지 트리거는 부 에지negative edge 트리거라고도 한다.

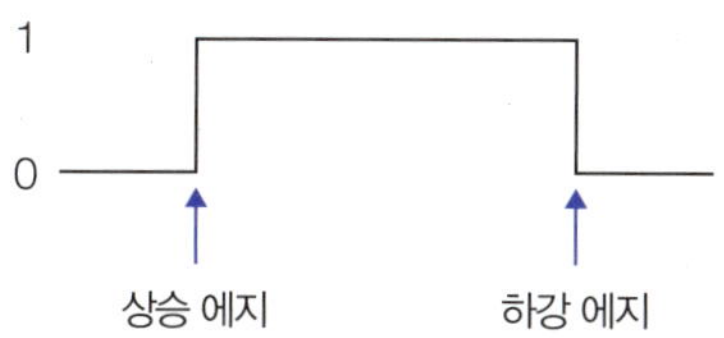

그림 8-15 에지 트리거링

일반적으로 동일한 1비트 기억 소자에 대하여, 에지 트리거를 하면 플립플롭이라 하고, 레벨 트리거를 하거나 EN을 사용하지 않으면 래치라고 한다.

에지 트리거 *SR* 플립플롭은 *S*와 *R*에 입력되는 정보를 클록 펄스의 에지 트리거에서만 동작하여 출력하기 때문에 *S*와 *R* 입력을 **동기 입력**synchronous input이라고 한다. [그림 8-16(a)]는 에지 트리거 *SR* 플립플롭의 회로도로, 게이티드 *SR* 플립플롭의 EN 입력에 펄스 전이 검출기를 추가하였다. **펄스 전이 검출기**는 [그림 8-16(b)]와 같이 입력되는 펄스를 상승 에지에서 짧은 전이만 일어나게 하여 지속 시간이 짧은 펄스를 만들기 위한 회로다. AND 게이트의 한 입력에는 펄스가 입력되고 다른 한 입력에는 NOT 게이트를 통해 원래의 펄스보다 수 nsnano second 정도 지연된 펄스가 입력되므로 AND 게이트의 출력에는 지속 시간이 매우 짧은 High인 클록 펄스가 출력된다. [그림 8-16(c)]는 하강 에지를 검출하는 회로이며, NOR 게이트의 출력에는 지속 시간이 매우 짧은 High인 클록 펄스가 출력된다.

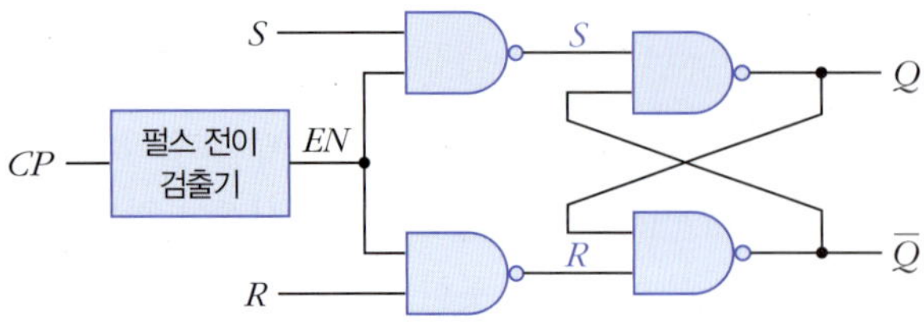

(a) 논리회로도

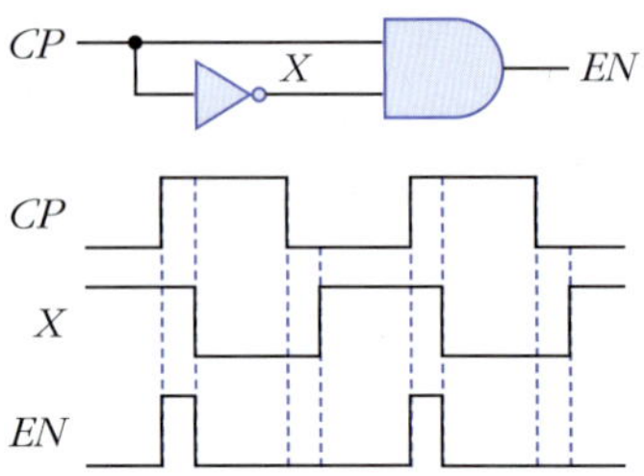

(b) 상승 에지 펄스 전이 검출기 회로

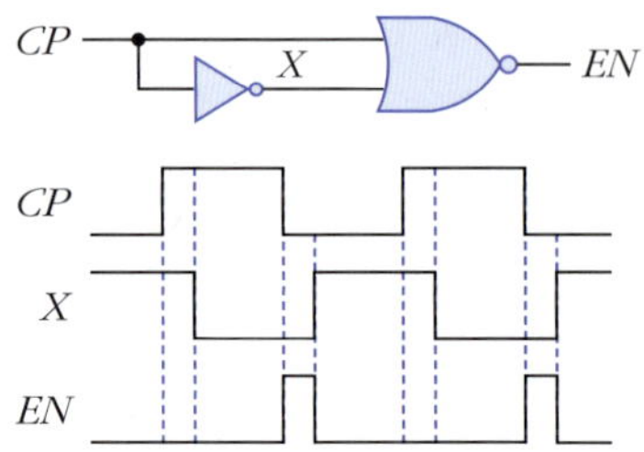

(c) 하강 에지 펄스 전이 검출기 회로

그림 8-16 에지 트리거 *SR* 플립플롭의 구조

[그림 8-17]은 에지 트리거 *SR* 플립플롭의 논리 기호와 진리표다. 클록 펄스^{CP} 입력에 있는 삼각형(▷)은 동적 표시dynamic indicator로, (a)는 상승 에지 트리거, (b)는 하강 에지 트리거(버블이 있음)를 의미한다. 상승 에지 트리거는 클록 펄스가 0에서 1로 변하는 전이 과정(↑)에서 출력이 변하고, 하강 에지 트리거는 클록 펄스가 1에서 0으로 변하는 전이 과정(↓)에서 출력이 변한다는 것을 의미한다.

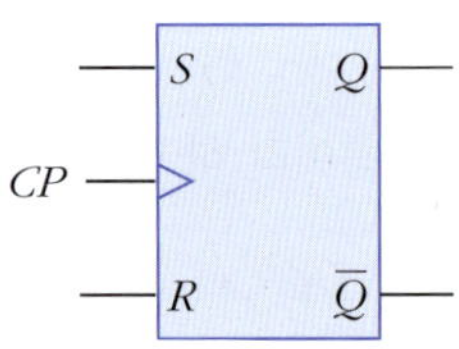

CP	*S*	*R*	*Q*(*t*+1)
↑	0	0	*Q*(*t*) (불변)
↑	0	1	0
↑	1	0	1
↑	1	1	부정

(a) 상승 에지 트리거 *SR* 플립플롭

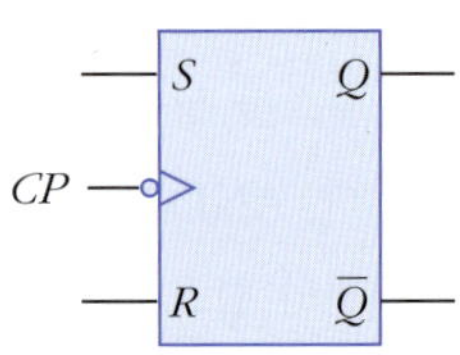

CP	*S*	*R*	*Q*(*t*+1)
↓	0	0	*Q*(*t*) (불변)
↓	0	1	0
↓	1	0	1
↓	1	1	부정

(b) 하강 에지 트리거 *SR* 플립플롭

그림 8-17 에지 트리거 *SR* 플립플롭의 논리 기호와 진리표

예제 8-4

그림과 같은 파형을 상승 에지 SR 플립플롭에 인가하였을 때, 출력 Q의 파형을 그려라. 단, Q는 0으로 초기화되어 있으며, 게이트에서 전파 지연은 없다고 가정한다.

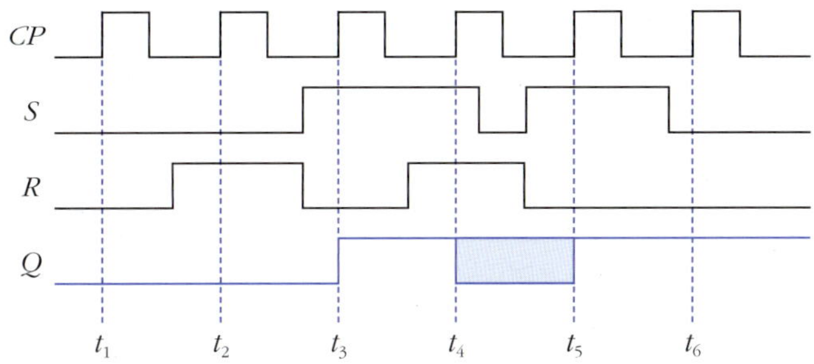

풀이

출력 Q는 CP가 0에서 1로 변하는 순간에만 변한다.

- t_1에서 $S=0$, $R=0$이므로 이전 상태 유지($Q=0$)
- t_2에서 $S=0$, $R=1$이므로 $Q=0$
- t_3에서 $S=1$, $R=0$이므로 $Q=1$
- t_4에서 $S=1$, $R=1$이므로 Q는 부정 상태
- t_5에서 $S=1$, $R=0$이므로 $Q=1$
- t_6에서 $S=0$, $R=0$이므로 이전 상태 유지($Q=1$)

8.3 D 플립플롭

1 게이티드 D 플립플롭

게이티드 SR 플립플롭에서 원하지 않는 상태($S=R=1$)를 제거하는 하나의 방법은 S와 R의 입력이 동시에 1이 되지 않도록 보장하는 것이다. 이러한 형태인 게이티드 D 플립플롭gated D flip-flop은 게이티드 SR 플립플롭을 변형한 것이다. 이를 [그림 8-18]에 나타냈는데, $EN=1$인 경우에만 입력 신호 D가 그대로 출력에 전달되는 특성이 있다. D 플립플롭은 1비트 타임time의 지연소자로, 입력 D에 의해 출력 Q가 1비트 타임 전 상태와 같게 동작한다. D 플립플롭이라는 이름은 데이터data를 전달하는 것과 지연delay시키는 역할에서 유래한다.

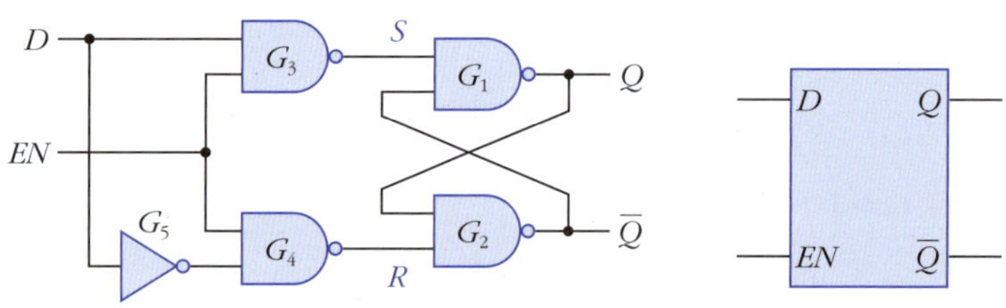

(a) 회로도 (b) 논리 기호

그림 8-18 게이티드 D 플립플롭

> **TIP** 게이티드 D 플립플롭을 Gated D 래치라고도 한다.

[그림 8-18]은 NAND 게이트로 구성된 게이티드 D 플립플롭으로, $EN=0$이면 G_3과 G_4의 출력이 모두 1이 되므로 플립플롭의 최종 출력 Q를 변화시킬 수 없다. 따라서 게이티드 D 플립플롭은 $EN=1$인 경우에만 동작하는 플립플롭이다. 게이티드 D 플립플롭의 동작 상태를 살펴보면 다음과 같다.

- $EN=1$, $D=1$이면 G_3의 출력은 0, G_4의 출력은 1이 된다. 따라서 NAND 게이트로 구성된 SR 래치의 입력은 $S=0$, $R=1$이 되므로 결과적으로 $Q(t+1)=1$을 얻는다.
- $EN=1$, $D=0$이면 G_3의 출력은 1, G_4의 출력은 0이 된다. 따라서 NAND 게이트로 구성된 SR 래치의 입력은 $S=1$, $R=0$이 되므로 결과적으로 $Q(t+1)=0$을 얻는다.

이 동작 상태로부터 D 플립플롭은 입력 D의 상태를 1비트 타임만큼 지연하는 기능이 있음을 알 수 있다. [표 8-3]에는 D 플립플롭의 진리표를 나타냈다. [표 8-3]의 진리표를 근거로 입력 변수를 D와 $Q(t)$, 출력을 $Q(t+1)$로 하는 D 플립플롭의 특성표를 [표 8-4]에 나타냈다.

표 8-3 D 플립플롭의 진리표

EN	D	$Q(t+1)$
1	0	0
1	1	1

표 8-4 D 플립플롭의 특성표

$Q(t)$	D	$Q(t+1)$
0	0	0
0	1	1
1	0	0
1	1	1

TIP
$Q(t)$: 현재 상태
$Q(t+1)$: 다음 상태

[표 8-4]를 토대로 카르노 맵을 그려서 출력 $Q(t+1)$에 대해 간소화한 특성 방정식을 구하면 [그림 8-19]와 같다. $Q(t+1) = D$는 플립플롭의 다음 상태는 D에만 종속적이라는 의미다. [그림 8-20]은 D 플립플롭의 상태도로, D 플립플롭의 특성을 그림으로 표시한 것이다. 원 안에 있는 0이나 1은 플립플롭의 현재 상태($Q(t)$)를 나타내는데, 현재 상태가 0인 경우 $D = 0$이 입력되면 플립플롭의 다음 상태($Q(t+1)$)는 0을 유지하고 $D = 1$이 입력되면 플립플롭의 다음 상태는 1이 됨을 의미한다.

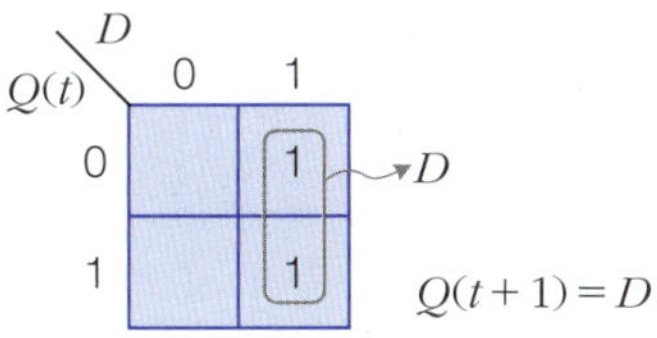

그림 8-19 D 플립플롭의 카르노 맵

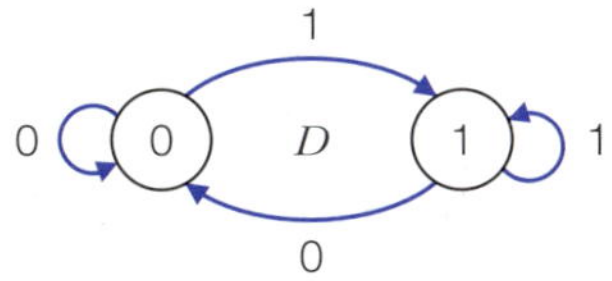

그림 8-20 D 플립플롭의 상태도

예제 8-5

그림과 같은 파형을 게이티드 D 플립플롭에 인가하였을 때, 출력 Q의 파형을 그려라. 단, Q는 1로 초기화되어 있으며, 게이트에서 전파 지연은 없다고 가정한다.

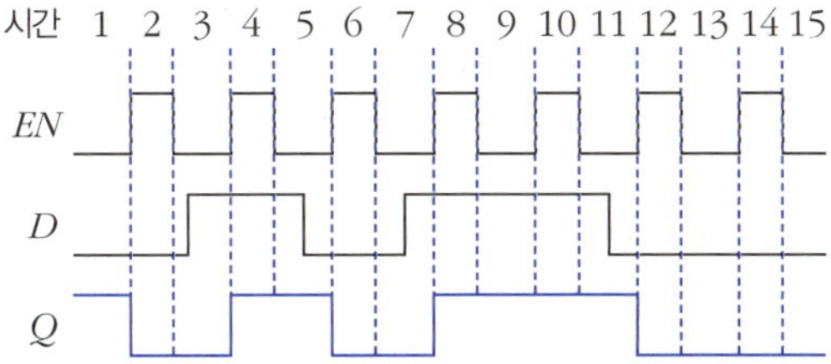

풀이

$EN=1$인 동안(시간 구간 2, 4, 6, 8, 10, 12, 14) 입력 D에 따라서 출력 Q가 변하지만, $EN=0$인 동안에는 출력이 변하지 않는다.

- 시간 구간 2에서 $D=0$이므로 $Q=0$
- 시간 구간 4에서 $D=1$이므로 $Q=1$
- 시간 구간 6에서 $D=0$이므로 $Q=0$
- 시간 구간 8에서 $D=1$이므로 $Q=1$
- 시간 구간 10에서 $D=1$이므로 $Q=1$
- 시간 구간 12에서 $D=0$이므로 $Q=0$
- 시간 구간 14에서 $D=0$이므로 $Q=0$

2 에지 트리거 *D* 플립플롭

에지 트리거 D 플립플롭은 게이티드 D 플립플롭의 EN 입력에 펄스 전이 검출기([그림 8-16(b), (c)] 참조)를 추가하여 구성할 수 있다. [그림 8-21]은 에지 트리거 D 플립플롭의 논리 기호와 진리표다. 클록 펄스의 상승 에지 또는 하강 에지에서 출력의 상태가 변한다는 점을 제외하면 기본적으로 게이티드 D 플립플롭과 동일하다. 에지 트리거 D 플립플롭은 클록 펄스가 입력될 때 $D=1$이면 $Q=1$이므로, D 입력의 논리 1 상태의 입력 정보는 클록 펄스가 입력될 때 클록 펄스의 상승 에지(또는 하강 에지)에서 플립플롭에 저장된다. 또 클록 펄스가 입력될 때 $D=0$이면 $Q=0$이므로, D 입력의 논리 0 상태의 입력 정보는 클록 펄스가 입력될 때, 클록 펄스의 상승 에지(또는 하강 에지)에서 플립플롭에 저장된다.

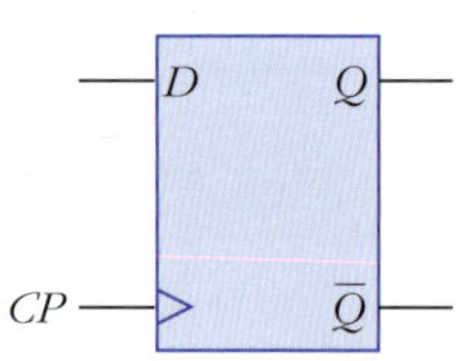

CP	D	$Q(t+1)$
↑	0	0
↑	1	1

(a) 상승 에지 트리거 D 플립플롭

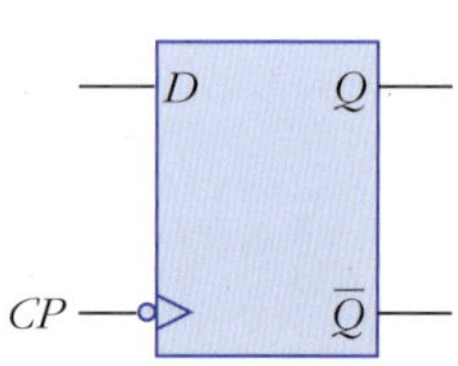

CP	D	$Q(t+1)$
↓	0	0
↓	1	1

(b) 하강 에지 트리거 D 플립플롭

그림 8-21 에지 트리거 D 플립플롭의 논리 기호와 진리표

TIP

IC 7474 핀 배치도

7474는 상승 에지 트리거 D 플립플롭 2개를 포함한 MSI다.

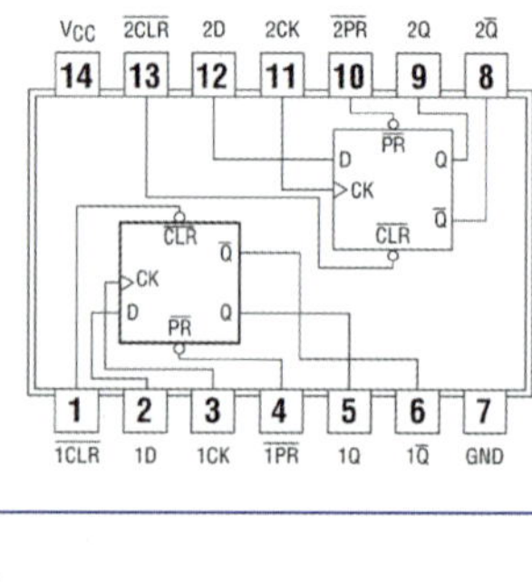

예제 8-6

그림과 같이 파형의 신호가 레벨 트리거, 상승 에지 트리거 그리고 하강 에지 트리거를 하는 D 플립플롭으로 입력되는 경우 출력 파형을 그려라. 단, 출력 Q는 0으로 초기화되어 있으며, 게이트에서 전파 지연은 없다고 가정한다.

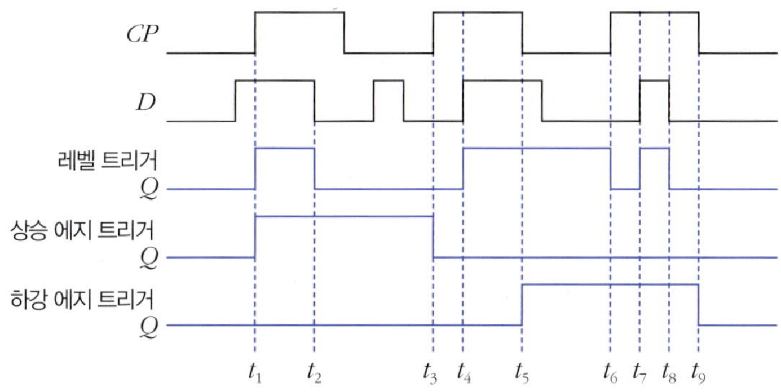

풀이

레벨 트리거(게이티드)는 $CP=1$인 동안 D의 논리값이 복사되어 출력에 저장되고, 상승(하강) 에지 트리거 플립플롭은 각 상승(하강) 에지에서의 D의 논리값이 출력에 저장된다.

8.4 *JK* 플립플롭

1 게이티드 *JK* 플립플롭

SR 플립플롭은 $S=1$, $R=1$인 경우 출력 상태가 불안정하다는 문제점이 있다. 이를 해결하기 위한 하나의 방법은 *S*와 *R*의 입력이 동시에 1이 되지 않게 보장하는 *D* 플립플롭으로 구성하는 것이다. 또 다른 방법이 바로 *JK* 플립플롭이다.

SR 플립플롭과 비교하면 *JK* 플립플롭의 *J*는 *S*(set)에, *K*는 *R*(reset)에 대응하는 입력이다. *JK* 플립플롭의 가장 큰 특징은 $J=1$, $K=1$인 경우 *JK* 플립플롭의 출력은 이전 출력의 보수 상태로 바뀐다는 점이다. 즉 $Q(t)=0$이면 $Q(t+1)=1$이 되며, $Q(t)=1$이면 $Q(t+1)=0$이므로 $Q(t+1)=\overline{Q}(t)$가 된다. [그림 8-22]는 NAND 래치 회로를 이용한 게이티드 *JK* 플립플롭의 회로도와 논리 기호이다.

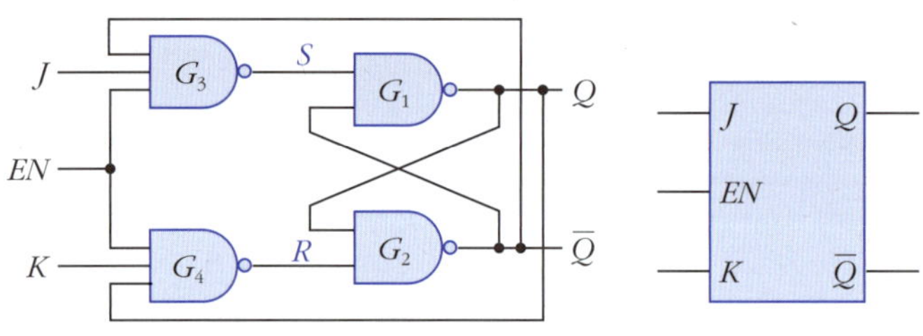

(a) 회로도 (b) 논리 기호

그림 8-22 게이티드 *JK* 플립플롭(NAND 게이트형)

TIP

NAND 게이트 *SR* 래치 회로 진리표

S	*R*	$Q(t+1)$
0	0	부정
0	1	1
1	0	0
1	1	$Q(t)$ (불변)

[그림 8-22]의 *JK* 플립플롭은 앞단의 NAND 게이트의 동작만 이해하면 그 다음은 앞에서 살펴본 *SR* 래치와 같이 동작하므로 쉽게 이해할 수 있다. 먼저 $EN=0$이면 G_3과 G_4의 출력이 모두 1이 되므로 플립플롭의 출력 *Q*를 변화시킬 수 없다. 따라서 이 회로는 $EN=1$인 경우에만 동작하는 플립플롭이다. 게이티드 *JK* 플립플롭의 동작 상태를 살펴보면 다음과 같다.

❶ $J=0$, $K=0$인 경우

> G_3과 G_4의 출력이 모두 1이 되므로 NAND 게이트 G_1과 G_2로 구성된 *SR* 래치는 출력이 변하지 않는다.

❷ $J=0$, $K=1$인 경우

> G_3의 출력은 1이 되고, G_4의 출력은 $\overline{Q(t)\cdot K\cdot EN}$인데 $K=1$, $EN=1$이므로 $\bar{Q}(t)$가 된다. $\bar{Q}(t)=0$이면 SR 래치의 $S=1$, $R=0$인 경우와 같으므로 출력은 $Q(t+1)=0$이 된다. $\bar{Q}(t)=1$이면 SR 래치의 $S=1$, $R=1$인 경우와 같으므로 출력은 변하지 않고 $Q(t+1)=0$이 된다. 결과적으로 $J=0$, $K=1$이 입력되면 이전 상태 $Q(t)$에 관계없이 $Q(t+1)=0$이 된다.

❸ $J=1$, $K=0$인 경우

> G_4의 출력은 1이 되고 G_3의 출력은 $\overline{\bar{Q}(t)\cdot J\cdot EN}$인데 $J=1$, $EN=1$이므로 $Q(t)$가 된다. $Q(t)=0$이면 SR 래치의 $S=0$, $R=1$인 경우와 같으므로 출력은 $Q(t+1)=1$이 된다. $Q(t)=1$이면 SR 래치의 $S=1$, $R=1$인 경우와 같으므로 출력은 변하지 않고 $Q(t+1)=1$이 된다. 결과적으로 $J=1$, $K=0$이 입력되면 이전 상태 $Q(t)$에 관계없이 $Q(t+1)=1$이 된다.

❹ $J=1$, $K=1$인 경우

> G_3의 출력은 $\overline{\bar{Q}(t)\cdot J\cdot EN}$인데 $J=1$, $EN=1$이므로 $Q(t)$가 된다. 또 G_4의 출력은 $\overline{Q(t)\cdot K\cdot EN}$인데 $K=1$, $EN=1$이므로 $\bar{Q}(t)$가 된다. $Q(t)=0$인 경우 SR 래치의 $S=0$, $R=1$인 경우와 같으므로 출력은 $Q(t+1)=1$이 된다. 마찬가지로 $Q(t)=1$인 경우 SR 래치의 $S=1$, $R=0$인 경우와 같으므로 출력은 $Q(t+1)=0$이 된다. 따라서 출력 $Q(t+1)$은 이전 상태 $Q(t)$의 보수가 된다.

[표 8-5]는 플립플롭의 동작 상태를 토대로 만든 JK 플립플롭의 진리표다.

표 8-5 JK 플립플롭의 진리표

EN	J	K	$Q(t+1)$
1	0	0	$Q(t)$ (불변)
1	0	1	0
1	1	0	1
1	1	1	$\bar{Q}(t)$ (toggle)

> **TIP**
> $Q(t)$: 현재 상태
> $Q(t+1)$: 다음 상태

[표 8-6]은 [표 8-5]의 진리표를 근거로 입력 변수를 J, K, $Q(t)$로 하고 출력 변수를 $Q(t+1)$로 하여 만든 JK 플립플롭의 특성표다.

표 8-6 JK 플립플롭의 특성표

$Q(t)$	J	K	$Q(t+1)$
0	0	0	0
0	0	1	0
0	1	0	1
0	1	1	1
1	0	0	1
1	0	1	0
1	1	0	1
1	1	1	0

TIP

$Q(t)$: 현재 상태

$Q(t+1)$: 다음 상태

[표 8-6]을 토대로 카르노 맵과 출력 $Q(t+1)$에 대한 간소화한 특성 방정식을 구하면 [그림 8-23]과 같다.

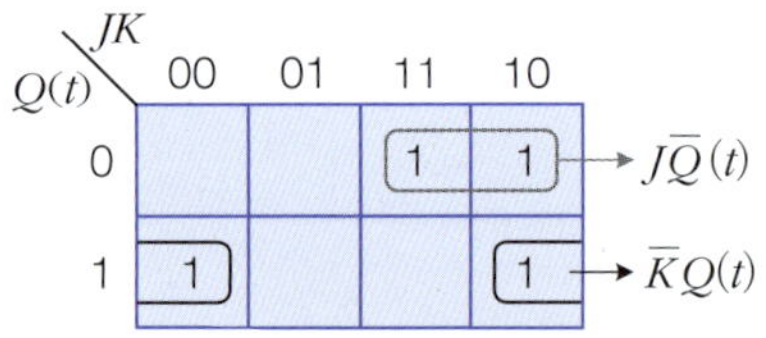

$$Q(t+1) = J\bar{Q}(t) + \bar{K}Q(t)$$

그림 8-23 JK 플립플롭의 카르노 맵

[그림 8-22]의 게이티드 JK 플립플롭을 이용하는 경우, 인에이블 신호 EN의 폭이 충분히 길고 $J=1$, $K=1$이라고 가정해보자. 이 경우에 $EN=1$인 신호가 가해져 출력이 보수가 된 후에도 EN은 여전히 1인 상태이므로 플립플롭은 변화된 출력 신호에 의해 또 다시 동작하게 된다. 그러므로 이러한 플립플롭을 이용하는 경우에는 EN 신호의 폭에 제한을 두어야 한다. 이러한 단점을 수정한 플립플롭이 에지 트리거 JK 플립플롭이다.

[그림 8-24]는 JK 플립플롭의 상태도로, JK 플립플롭의 특성을 그림으로 표시한 것이다. 원 안의 0이나 1은 플립플롭의 현재 상태($Q(t)$)를 나타내는데, 현재 상태가 0인 경우 $J=0$, $K=0$ 또는 $J=0$, $K=1$이 입력되면 플립플롭의 다음 상태($Q(t+1)$)가 0을 유지하고 $J=1$, $K=0$ 또는 $J=1$, $K=1$이 입력되면 플립플롭의 다음 상태가 1이 됨을 의미한다.

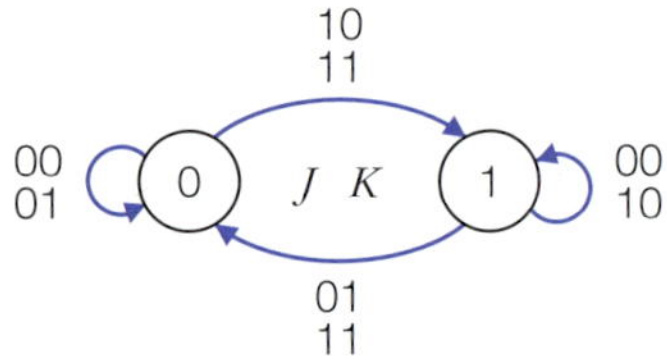

그림 8-24 JK 플립플롭의 상태도

JK 플립플롭은 가장 많이 사용되는 플립플롭이다. [그림 8-22]의 플립플롭을 NOR 게이트형 플립플롭으로 표현하면 [그림 8-25]와 같다.

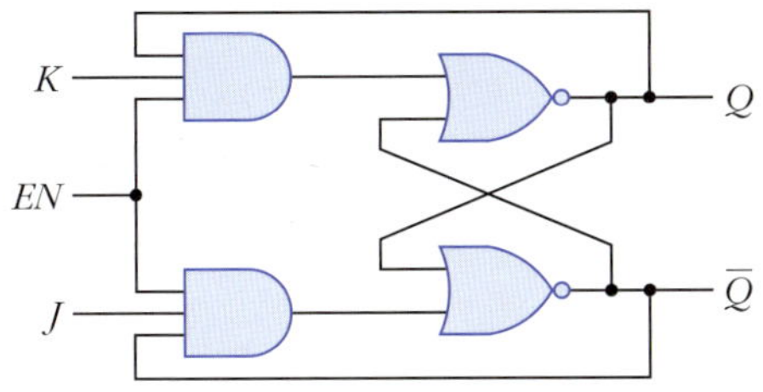

그림 8-25 게이티드 JK 플립플롭(NOR 게이트형)

예제 8-7

그림과 같은 파형을 게이티드 JK 플립플롭에 인가하였을 때, 출력 Q의 파형을 그려라. 단, 출력 Q는 0으로 초기화되어 있으며, 게이트에서 전파 지연은 없다고 가정한다.

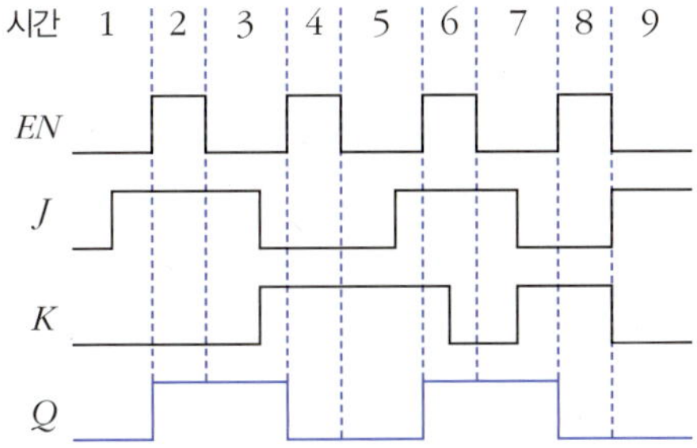

풀이

$EN=1$인 동안(시간 구간 2, 4, 6, 8) 입력 J와 K에 따라서 출력 Q가 변하지만, $EN=0$인 동안에는 출력이 변하지 않는다.

- 시간 구간 2에서 $J=1$, $K=0$이므로 $Q=1$
- 시간 구간 4에서 $J=0$, $K=1$이므로 $Q=0$
- 시간 구간 6에서 $J=1$, $K=1$이므로 토글되어 $Q=1$
- 시간 구간 6의 중간에서 $J=1$이고, K가 1에서 0으로 변하므로 $Q=1$
- 시간 구간 8에서 $J=0$, $K=1$이므로 $Q=0$

TIP

JK 플립플롭에서 J와 K의 어원에 대한 정확한 근거는 없으나, 미국의 물리학자 잭 킬비(Jack S. Kilby, 1923~2005)의 이름 이니셜이라는 설이 있다. 텍사스인스트루먼트사의 엔지니어였던 잭 킬비는 1958년 집적회로를 발명했고 2000년에 노벨물리학상을 수상했다. 또 다른 설은 가장 흔한 미국 남녀 이름인 John과 Kate에서 따온 말이라고도 하지만 정확한 것은 알려져 있지 않다.

❷ 에지 트리거 *JK* 플립플롭

에지 트리거 *JK* 플립플롭의 구조는 [그림 8-26]과 같이 게이티드 *JK* 플립플롭의 *EN* 입력에 펄스 전이 검출기([그림 8-16(b), (c)] 참조)를 추가하여 구성할 수 있다.

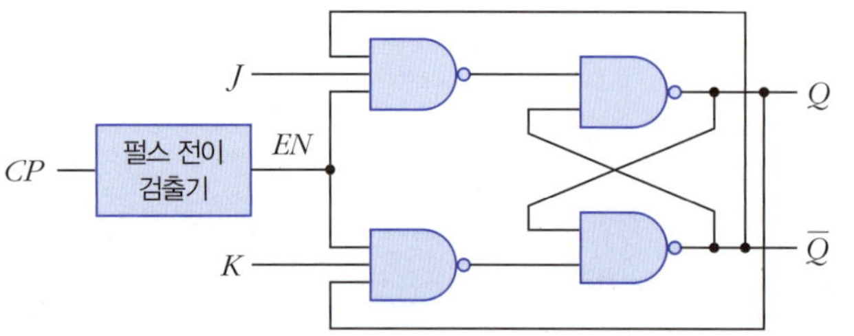

그림 8-26 에지 트리거 *JK* 플립플롭의 구조

[그림 8-27]은 에지 트리거 *JK* 플립플롭의 논리 기호와 진리표다. 클록 펄스의 상승 에지 또는 하강 에지에서 출력의 상태가 변한다는 점을 제외하면 기본적으로 게이티드 *JK* 플립플롭과 동일하다.

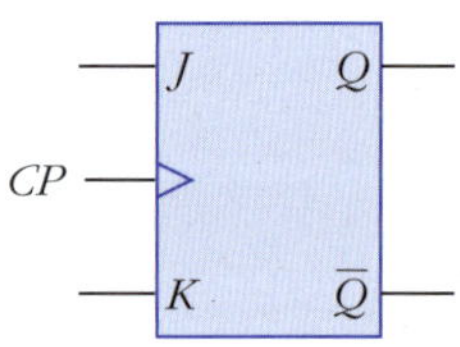

CP	*J*	*K*	*Q*(*t*+1)
↑	0	0	*Q*(*t*) (불변)
↑	0	1	0
↑	1	0	1
↑	1	1	$\bar{Q}(t)$ (toggle)

(a) 상승 에지 트리거 *JK* 플립플롭

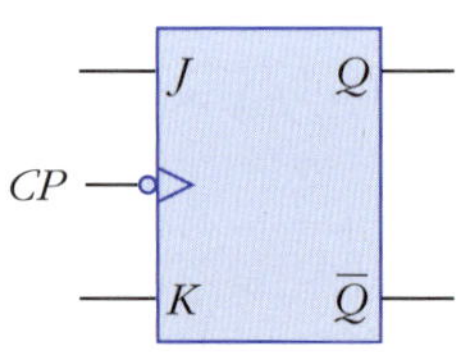

CP	*J*	*K*	*Q*(*t*+1)
↓	0	0	*Q*(*t*) (불변)
↓	0	1	0
↓	1	0	1
↓	1	1	$\bar{Q}(t)$ (toggle)

(b) 하강 에지 트리거 *JK* 플립플롭

그림 8-27 에지 트리거 *JK* 플립플롭의 논리 기호와 진리표

TIP

IC 74112 핀 배치도

74112는 하강 에지 트리거 *JK* 플립플롭 2개를 포함한 MSI다.

예제 8-8

그림과 같은 파형을 상승 에지 JK 플립플롭에 인가하였을 때, 출력 Q의 파형을 그려라. 단, 출력 Q는 1로 초기화되어 있으며, 게이트에서 전파 지연은 없다고 가정한다.

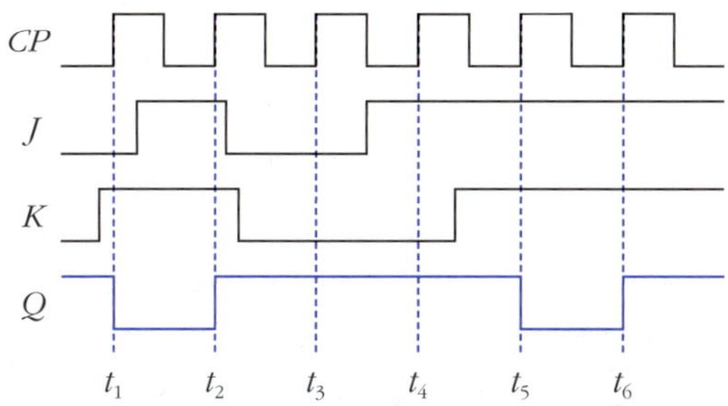

풀이

출력 Q는 CP가 0에서 1로 변하는 순간에만 변한다.

- t_1에서 $J=0$, $K=1$이므로 $Q=0$
- t_2에서 $J=1$, $K=1$이므로 출력은 토글되어 $Q=1$
- t_3에서 $J=0$, $K=0$이므로 이전 상태 유지($Q=1$)
- t_4에서 $J=1$, $K=0$이므로 $Q=1$
- t_5에서 $J=1$, $K=1$이므로 출력은 토글되어 $Q=0$
- t_6에서 $J=1$, $K=1$이므로 출력은 토글되어 $Q=1$

3 주종형 JK 플립플롭

레벨 트리거링을 행하는 플립플롭의 문제를 해결할 목적으로 많이 사용하는 방법 중에 주종형master-slave 플립플롭이 있다. **주종형 플립플롭**은 주 플립플롭master flip-flop, 종 플립플롭slave flip-flop 그리고 NOT 게이트로 구성된다. [그림 8-28]은 주종형 JK 플립플롭을 나타낸 것이다.

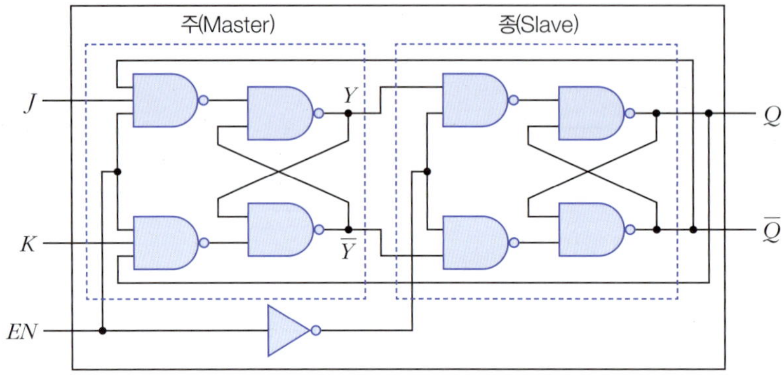

그림 8-28 주종형 JK 플립플롭

[그림 8-28]에서 볼 수 있듯이 $EN=1$이면 외부의 J와 K의 입력이 주 플립플롭에 전달된다. 그러나 $EN=1$인 동안에는 NOT 게이트 출력이 0이므로 종 플립플롭은 동작하지 않는다. $EN=0$이면 NOT 게이트의 출력은 1이다. 종 플립플롭의 클록 입력은 1이므로 종 플립플롭이 동작하여 Q는 Y가 되고 $\bar{Q}$는 $\bar{Y}$가 된다. 주 플립플롭은 $EN=0$이므로 동작하지 않는다. 이 내용을 타이밍도로 설명한 것이 [그림 8-29]이다.

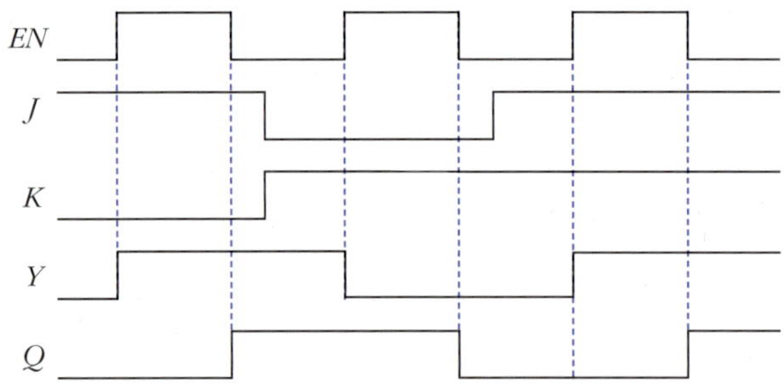

그림 8-29 주종형 JK 플립플롭의 파형도

> **TIP**
>
> **IC 7476 핀 배치도**
>
> 7476은 하강 에지 트리거 주종형 JK 플립플롭이며, 2개가 한 패키지 안에 들어있다.

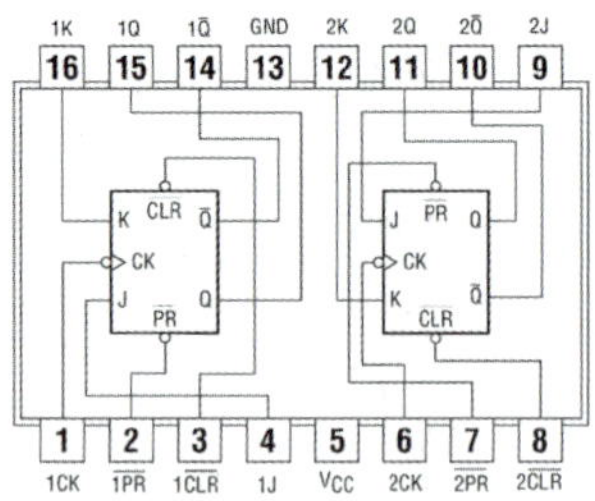

주종형 플립플롭은 플립플롭 2개로 비교적 간단히 레벨 트리거링의 문제를 완화시켜준다. 즉 [그림 8-28]에서 외부로 나타나는 출력은 *Q*뿐이며, *Q*는 어떤 경우에라도 한 번만 정해진다. 한 클록 주기 동안 이것이 다시 궤환되어 입력으로 들어가는 경우가 없어서 새로운 값에 *Q*가 들어가지 않는다. 한 클록 주기 동안 한 번만 상태가 정의되기 때문에 주종형 플립플롭은 의미가 있다.

주종형 플립플롭은 외견상 에지 트리거링인 것처럼 동작한다. 즉 [그림 8-29]를 보면 *Q*는 *EN*이 1에서 0으로 변할 때 입력에 대응하는 상태로 바뀐다. 그러나 실제로는 주종형 플립플롭은 에지 트리거링 방식은 아니다. 왜냐하면 *EN*이 1인 동안 주 플립플롭은 계속 입력을 받아들이고 있기 때문에 만일 *EN*이 길어서 그 사이에 잡음 등 여러 형태의 잘못된 신호가 입력되면 주 플립플롭의 상태가 바뀌고, 해당 값이 종 플립플롭으로 전달될 수도 있기 때문이다. 따라서 이러한 문제를 고려하면 순간적으로 상태가 바뀌는 에지 트리거링이 더 좋은 방법이라고 할 수 있다.

TIP

레이스race 현상

플립플롭은 출력이 입력에 피드백되어 있으므로 클록의 레벨 폭이 플립플롭의 지연 시간보다 크면 출력 상태에 의해 입력 상태가 바뀌고, 이로 인해 다시 출력 상태가 바뀌어 플립플롭이 안정화되지 못하는 현상이다. 이러한 레이스 현상을 방지하기 위해 사용되는 플립플롭에는 에지 트리거 플립플롭과 주종형 플립플롭이 있다.

8.5 T 플립플롭

1 게이티드 T 플립플롭

게이티드 T 플립플롭은 [그림 8-30]과 같이 게이티드 JK 플립플롭의 J와 K 입력을 묶어서 한 입력 신호 T로 동작시키는 플립플롭이다. 따라서 T 플립플롭은 JK 플립플롭의 동작 중에서 입력이 모두 0이거나 1인 경우만을 이용하는 플립플롭이다.

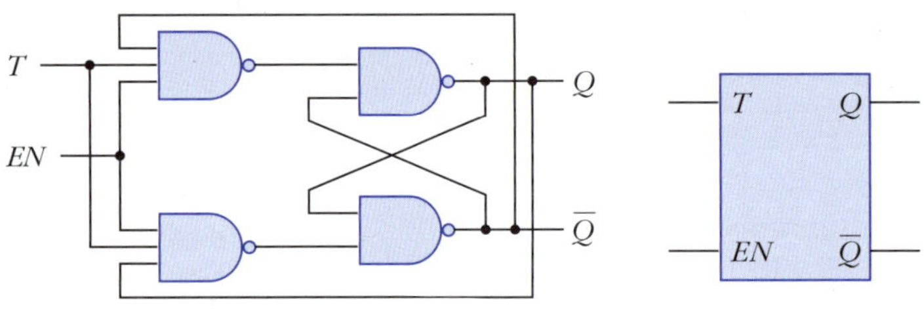

그림 8-30 게이티드 T 플립플롭

T 플립플롭의 입력 $T=0$인 경우 $J=0$, $K=0$인 JK 플립플롭과 같이 동작하므로 출력은 변하지 않는다. $T=1$인 경우 $J=1$, $K=1$인 JK 플립플롭과 같이 동작하므로 출력은 보수가 된다. 이러한 이유에서 T 플립플롭을 **토글**toggle **플립플롭**이라고 한다. [표 8-7]은 T 플립플롭의 동작 상태를 토대로 한 T 플립플롭의 진리표다.

표 8-7 T 플립플롭의 진리표

EN	T	$Q(t+1)$
1	0	$Q(t)$
1	1	$\overline{Q}(t)$

> **TIP**
> $Q(t)$: 현재 상태
> $Q(t+1)$: 다음 상태

[표 8-7]의 진리표를 근거로 입력 변수를 T, $Q(t)$로 하고 출력을 $Q(t+1)$로 하는 T 플립플롭의 특성표를 [표 8-8]에 나타냈다.

표 8-8 T 플립플롭의 특성표

$Q(t)$	T	$Q(t+1)$
0	0	0
0	1	1
1	0	1
1	1	0

> **TIP**
> $Q(t)$: 현재 상태
> $Q(t+1)$: 다음 상태

[표 8-8]을 토대로 카르노 맵을 그려서 출력 $Q(t+1)$에 대해 간소화한 특성 방정식을 구하면 다음과 같다.

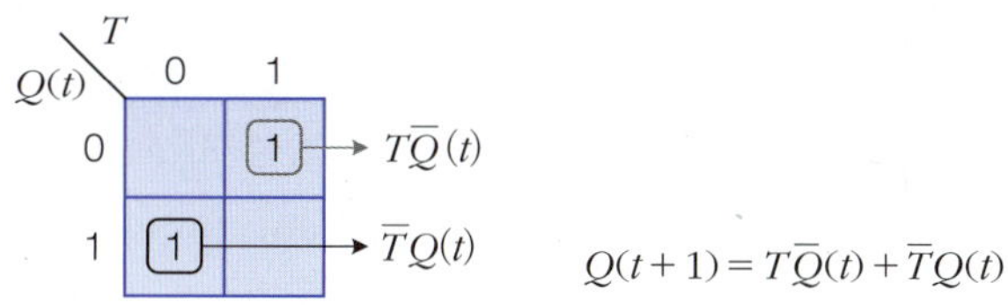

그림 8-31 T 플립플롭의 카르노 맵

[그림 8-32]는 T 플립플롭 특성을 표시한 상태도다. 원 안에 있는 0이나 1은 플립플롭의 현재 상태($Q(t)$)를 나타내는데, 현재 상태가 0인 경우 $T=0$이 입력되면 플립플롭의 다음 상태($Q(t+1)$)는 0을 유지하고 $T=1$이 입력되면 플립플롭의 다음 상태가 1이 됨을 의미한다.

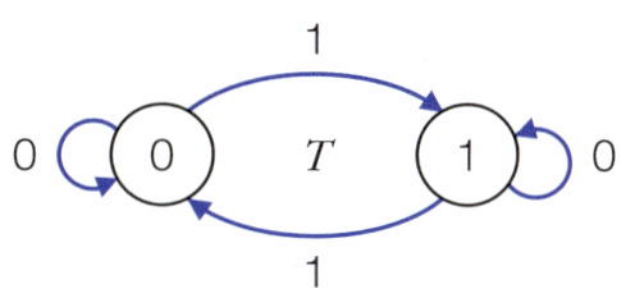

그림 8-32 T 플립플롭의 상태도

예제 8-9

그림과 같은 파형을 게이티드 T 플립플롭에 인가했을 때, 출력 Q의 파형을 그려라. 단, 출력 Q는 0으로 초기화되어 있으며, 게이트에서 전파 지연은 없다고 가정한다.

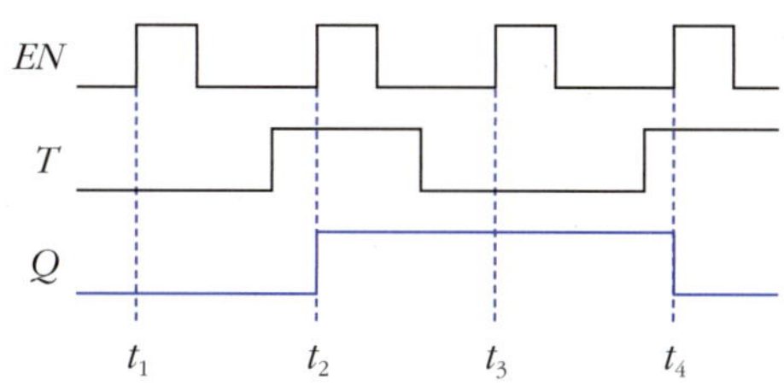

풀이

$EN=1$인 동안 입력 T에 따라서 출력 Q가 변하지만, $EN=0$인 동안에는 출력이 변하지 않는다.

- t_1에서 $T=0$이므로 Q의 상태를 유지한다($Q=0$).
- t_2에서 $T=1$이므로 Q의 상태가 토글된다($Q=1$).
- t_3에서 $T=0$이므로 Q의 상태를 유지한다($Q=1$).
- t_4에서 $T=1$이므로 Q의 상태가 토글된다($Q=0$).

2 에지 트리거 T 플립플롭

[그림 8-33]에는 에지 트리거 T 플립플롭의 논리 기호와 진리표를 나타냈다. 에지 트리거 T 플립플롭은 에지 트리거 JK 플립플롭의 J와 K 입력을 묶어 하나가 되게 구성한 것이다. T 입력이 논리 0일 때와 논리 1일 때의 2가지 동작이 있다. T 입력을 논리 0으로 하고 CP에 짧은 클록 펄스를 입력하면 출력 Q는 현재 상태를 유지한다. T 입력을 논리 1로 하고 CP에 짧은 클록 펄스를 입력하면 출력 Q는 보수 상태로 변한다.

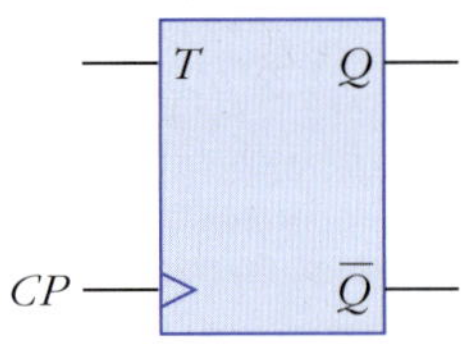

CP	T	$Q(t+1)$
↑	0	$Q(t)$
↑	1	$\overline{Q}(t)$

(a) 상승 에지 트리거 T 플립플롭

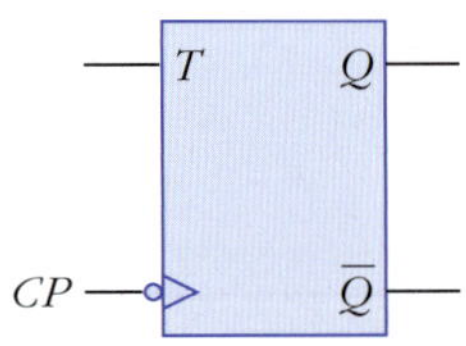

CP	T	$Q(t+1)$
↓	0	$Q(t)$
↓	1	$\overline{Q}(t)$

(b) 하강 에지 트리거 T 플립플롭

그림 8-33 에지 트리거 T 플립플롭의 논리 기호와 진리표

일반적으로 에지 트리거 T 플립플롭은 T 입력을 논리 1 상태로 고정하고 CP에 클록 펄스를 트리거 입력으로 사용하기도 한다. 이러한 경우 T 플립플롭은 클록 펄스가 들어올 때마다 상태가 반전되는 회로다. [그림 8-34]는 상승 에지 트리거 T 플립플롭의 논리 기호와 타이밍도다. 플립플롭의 출력 Q는 정확히 입력 신호 주파수의 1/2이라는 것에 주목하라.

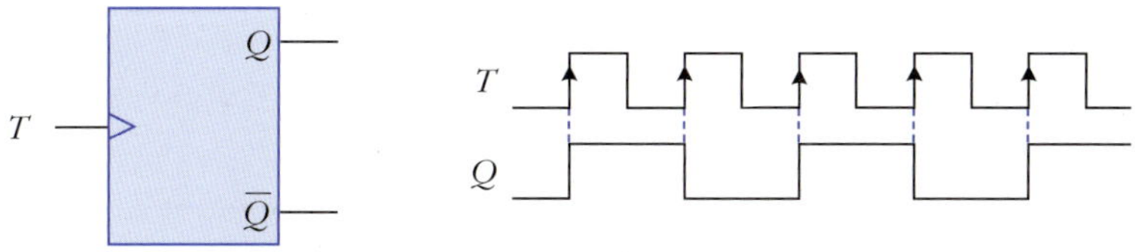

그림 8-34 에지 트리거 T 플립플롭의 논리 기호와 타이밍도

[그림 8-35]는 D 플립플롭 또는 JK 플립플롭으로부터 T 플립플롭을 구현하는 방법을 보여준다. [그림 8-35(a)]에서 $Q=0$, $\bar{Q}=1$인 상태에서 클록 펄스가 들어오면 상승 에지에서 $D=1$이므로 $Q=1$, $\bar{Q}=0=D$로 변한다. 다음 클록 펄스의 상승 에지에서 $D=0$이므로 $Q=0$, $\bar{Q}=1=D$와 같이 된다. 즉 클록 펄스가 들어올 때마다 출력이 반전된다. [그림 8-35(b)]에서 $Q=0$, $\bar{Q}=1$인 상태에서 클록 펄스가 들어오면 상승 에지에서 $J=1$, $K=0$이므로 $Q=1=K$, $\bar{Q}=0=J$로 변한다. 다음 클록 펄스의 상승 에지에서 $J=0$, $K=1$이므로 $Q=0$, $\bar{Q}=1$과 같이 된다. 즉 클록 펄스가 들어올 때마다 출력이 반전된다. [그림 8-35(c)]는 JK 플립플롭의 진리표로부터 $J=K=1$인 경우에는 클록 펄스가 들어올 때마다 출력이 반전됨을 보여준다. T 플립플롭은 카운터와 주파수 분할에 가장 많이 사용되는 플립플롭이다.

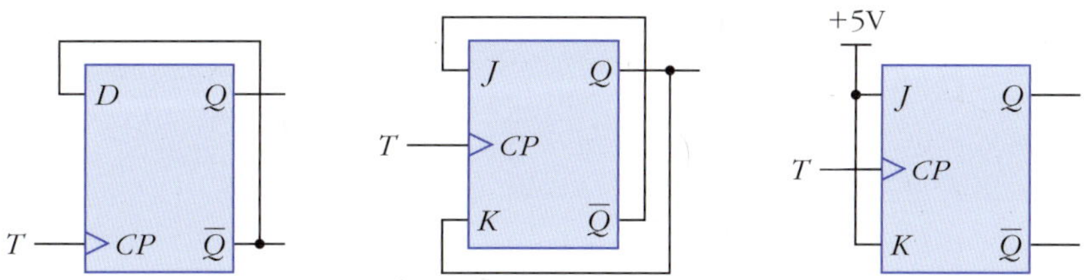

(a) D 플립플롭 이용 (b) JK 플립플롭 이용 (1) (c) JK 플립플롭 이용 (2)

그림 8-35 T 플립플롭을 구현하는 방법

예제 8-10

100MHz 클록 펄스 발생기를 사용해 25MHz를 만들려면 몇 개의 T 플립플롭이 필요한가?

풀이

T 플립플롭 1개는 입력 주파수의 1/2인 주파수를 출력하므로 필요한 T 플립플롭의 개수는 2개다.

TIP

D 플립플롭과 JK 플립플롭은 IC 제품이 많지만 SR 플립플롭이나 T 플립플롭은 IC 제품이 거의 없다. D 플립플롭의 IC 제품은 7474, 74174, 74175, 74273, 74374 등이 있으며, JK 플립플롭의 IC 제품은 7473, 7476, 74112, 74376 등이 있다.

8.6 비동기 입력

앞에서 설명한 *SR* 플립플롭, *D* 플립플롭, *JK* 플립플롭, *T* 플립플롭 등은 클록 펄스가 동작하는 동안에만 플립플롭이 동작하며, 입력 데이터는 클록 펄스에 동기되어 출력에 전달되므로 **동기 입력**synchronous input이라고 한다. 대부분의 플립플롭에는 클록 펄스를 통해서 플립플롭의 상태를 변화시킬 수 있는 동기 입력이 있고, 클록 펄스와 관계없이 비동기적으로 변화시킬 수 있는 **비동기 입력**인 preset($\overline{PR}$) 입력과 clear($\overline{CLR}$) 입력이 있다.

비동기 입력들은 임의의 시점에서 플립플롭의 상태를 바꿀 수 있기 때문에 주로 플립플롭의 초기 조건을 결정하는 용도로 사용된다. [그림 8-36]에는 비동기 입력을 가진 *JK* 플립플롭의 논리 기호와 진리표를 나타냈는데, $\overline{PR}$ 입력과 $\overline{CLR}$ 입력에 있는 원은 이 입력이 0일 때 플립플롭의 상태를 변하게 한다는 것을 의미한다. 즉 active-low이다.

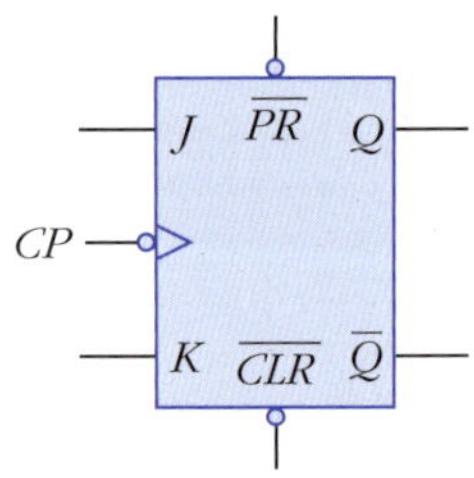

(a) 논리 기호

$\overline{PR}$	$\overline{CLR}$	CP	J	K	$Q(t+1)$
0	1	×	×	×	1
1	0	×	×	×	0
1	1	↓	0	0	불변
1	1	↓	0	1	0
1	1	↓	1	0	1
1	1	↓	1	1	토글

(b) 진리표

그림 8-36 비동기 입력을 가진 *JK* 플립플롭의 논리 기호와 진리표

[그림 8-37]은 $\overline{PR}$ 입력과 $\overline{CLR}$ 입력이 있는 *JK* 플립플롭의 논리회로다.

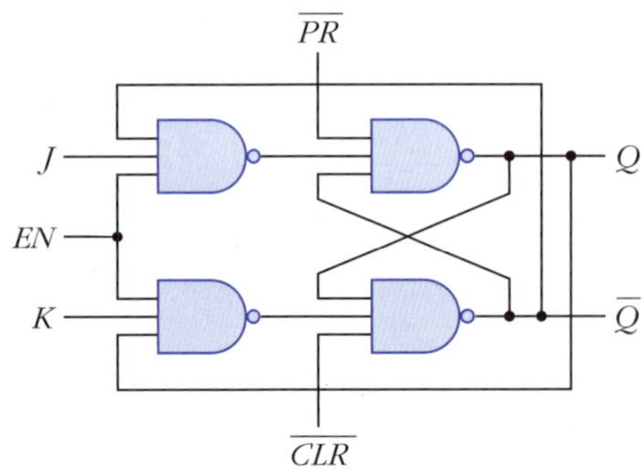

그림 8-37 preset 입력과 clear 입력이 있는 게이티드 *JK* 플립플롭의 논리회로

예제 8-11

그림과 같이 하강 에지 JK 플립플롭의 J와 K 입력을 논리 1(+5V)로 하고, $\overline{PR}$과 $\overline{CLR}$ 입력에 그림의 파형을 인가하였을 때, 출력 Q의 파형을 그려라. 단, 출력 Q는 0으로 초기화되어 있으며, 게이트에서 전파 지연은 없다고 가정한다.

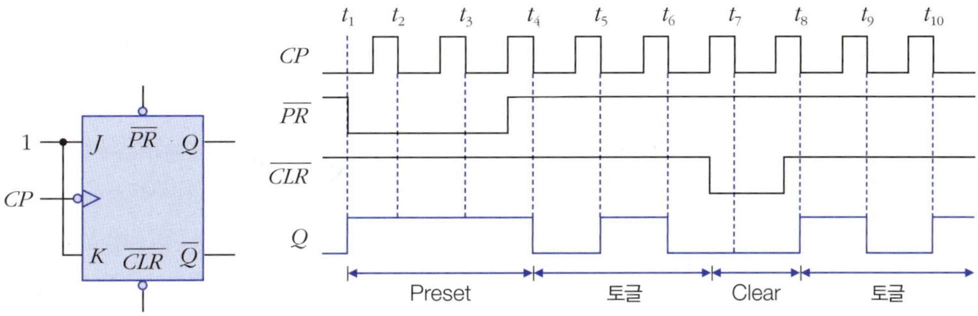

풀이

$J=K=1$이므로 클록 펄스가 들어올 때마다 출력은 토글된다. 또한 클록 입력에 보수 기호가 있으므로 출력 Q는 클록 펄스의 하강 에지에서 변한다.

- t_1, t_2, t_3에서는 $\overline{PR}=0$이므로 출력은 세트되어 $Q=1$이 된다.
- t_4, t_5, t_6에서는 $\overline{PR}=1$, $\overline{CLR}=1$이고, $J=1$, $K=1$이므로 출력 Q는 토글된다.
- t_6과 t_7 중간에 $\overline{CLR}$이 0으로 변하므로 $Q=0$이 된다.
- t_7에서는 $\overline{CLR}=0$이므로 출력은 리셋되어 $Q=0$이 된다.
- t_8, t_9, t_{10}에서는 $\overline{PR}=1$, $\overline{CLR}=1$이고, $J=1$, $K=1$이므로 출력 Q는 토글된다.

8.7 플립플롭의 동작 특성

플립플롭의 동작 특성은 디지털 논리 게이트의 전기적 특성과 매우 유사하지만 플립플롭의 특성 때문에 일부가 다르다. 실제 플립플롭의 응용에서 중요한 몇 가지 동작 특성이나 파라미터는 회로의 수행과 동작을 제한한다. 이들은 집적회로의 데이터에 나타나고 회로의 형태에 관계없이 모든 플립플롭에 적용할 수 있다. 플립플롭의 동작 특성을 나타내는 파라미터는 다음과 같다.

1 전파 지연 시간

전파 지연 시간propagation delay time은 입력 신호가 가해진 후 출력에 변화가 일어날 때까지의 시간 간격이다. 플립플롭의 동작에 중요한 몇 가지 전파 지연의 종류가 있다.

전파 지연(t_{PLH}) : 논리 0에서 논리 1까지의 시간

- 클록 펄스의 트리거링 에지triggering edge에서 출력이 논리 0에서 논리 1로 변하는 점까지의 시간 간격이다([그림 8-38(a)] 참조).
- preset($\overline{PR}$)이 입력되어 출력이 논리 0에서 논리 1로 변하는 점까지의 시간 간격이다([그림 8-39(a)] 참조).

전파 지연(t_{PHL}) : 논리 1에서 논리 0까지의 시간

- 클록 펄스의 트리거링 에지에서 출력이 논리 1에서 논리 0으로 변하는 점까지의 시간 간격이다([그림 8-38(b)] 참조).
- clear($\overline{CLR}$)가 입력되어 출력이 논리 1에서 논리 0으로 변하는 점까지의 시간 간격이다([그림 8-39(b)] 참조).

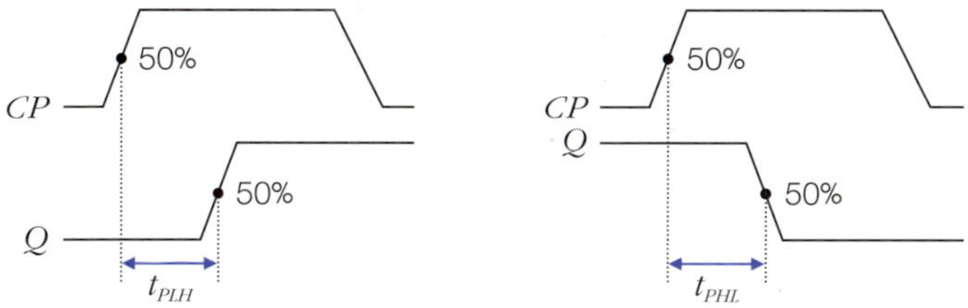

(a) 전파 지연 시간(t_{PLH})　　(b) 전파 지연 시간(t_{PHL})

그림 8-38 클록 펄스의 전파 지연 시간

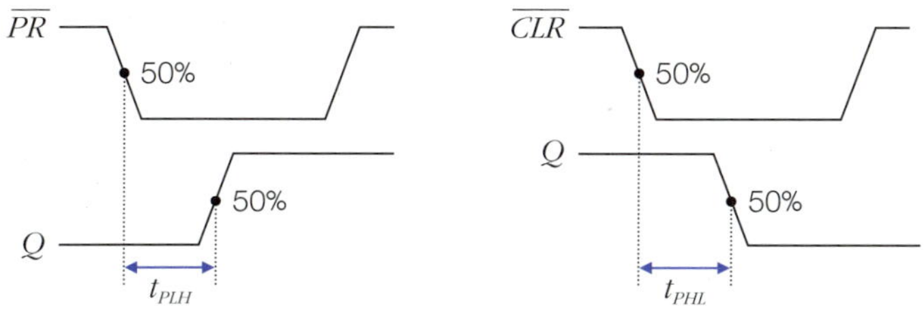

(a) 전파 지연 시간(t_{PLH})　　(b) 전파 지연 시간(t_{PHL})

그림 8-39 $\overline{PR}$과 $\overline{CLR}$에서 전파 지연 시간

2 설정 시간 및 유지 시간

설정 시간set-up time(t_s)은 플립플롭의 입력 신호가 플립플롭에서 안전하게 동작할 수 있게 하는 시간이다. 클록 펄스의 상승 에지 전이 전에 입력값이 일정 시간 동안 유지되어야 하는데, 이 때 필요한 시간 간격을 설정 시간이라고 한다.

유지 시간hold time(t_h)도 플립플롭이 신뢰성 있게 동작할 수 있도록 하는 시간이다. 플립플롭의 정상적인 동작을 위해서 클록 펄스가 상승 에지 전이 후에도 입력값이 변하면 안 되는 일정한 시간이 있는데, 이때 필요한 시간 간격을 유지 시간이라고 한다. [그림 8-40]은 D 플립플롭에서의 설정 시간과 유지 시간을 표시한 것이다.

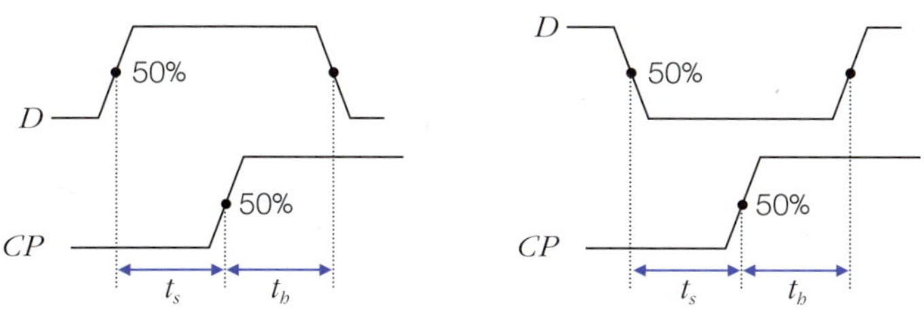

(a) $D=1$이 입력되는 경우　　(b) $D=0$이 입력되는 경우

그림 8-40 설정 시간 및 유지 시간

3 펄스 폭

플립플롭은 클록 입력에 입력되는 클록 펄스의 상승 에지 또는 하강 에지에서 동작하므로 상승 에지 또는 하강 에지의 펄스 폭이 어느 정도 유지되어야만 플립플롭이 정확하게 동작할 수 있다. 플립플롭이 정확하게 동작하기 위한 최소 펄스 폭pulse width(t_w)은 일반적으로 플립플롭의 preset과 clear 입력의 펄스로 규정하고 있다. 즉 preset과 clear 입력의 최소 논리 1 시간과 최소 논리 0 시간으로 규정한다.

4 최대 클록 주파수

플립플롭은 클록 펄스를 통해 동작하므로 클록 주파수는 플립플롭의 동작 속도를 결정하는 중요한 파라미터다. 최대 클록 주파수maximum clock frequency(f_{max})는 플립플롭이 안전하게 동작할 수 있는 최대 주파수다. 플립플롭은 최대 클록 주파수를 초과하면 정확하게 동작할 수 없기 때문에 항상 최대 클록 주파수 이하에서 동작해야 한다.

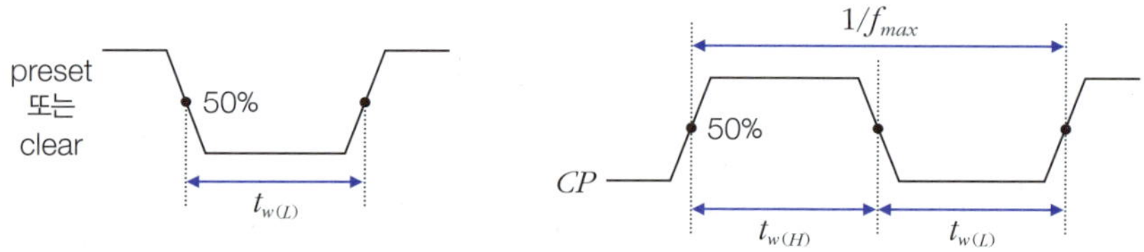

그림 8-41 펄스 폭 및 최대 클록 주파수

5 전력 소모

전력 소모power dissipation는 디지털 논리 게이트의 전력 소모와 같이 플립플롭이 동작하는 데 필요한 전체 전력을 나타낸다. 플립플롭의 전력 소모는 공급 전압 V_{CC}와 평균 공급 전류 I_{CC}의 곱이며, 플립플롭의 공급 전압은 일정하지만 공급 전류는 플립플롭의 동작에 따라 달라진다. 예를 들어, 플립플롭이 +5V 직류전원에서 동작하고 50mA의 전류가 흐른다면 전력 소모는 다음과 같다.

$$P = V_{CC} \times I_{CC} = 5\text{V} \times 50\text{mA} = 250\text{mW}$$

전력 소모는 직류전원용량을 고려하는 많은 응용에서 매우 중요하다. 예를 들어, 플립플롭이 총 10개 있고, 각 플립플롭은 250mW 전력을 소비하는 디지털 시스템에서 필요한 전체 전력은 다음과 같이 계산한다.

$$P_{total} = 10 \times 250\text{mW} = 2500\text{mW} = 2.5\text{W}$$

출력 용량을 고려할 때는 직류전원을 명시해야 한다. 예를 들면, 플립플롭이 +5V 직류에서 동작할 때 공급해야 하는 전류의 양은 다음과 같다.

$$I = \frac{2.5\text{W}}{5\text{V}} = 0.5\text{A}$$

6 기타 특성

디지털 논리 게이트의 전기적 특성에 있는 잡음 여유도, 팬-아웃, 팬-인 등은 플립플롭에도 동일하게 적용할 수 있다.

7 플립플롭의 특성 비교

[표 8-9]는 D 플립플롭인 7474와 JK 플립플롭인 74112를 동작 특성 관점에서 비교한 것이다.

표 8-9 플립플롭의 동작 파라미터 비교

파라미터 (단위 : ns)	TTL		CMOS	
	7474	74LS112	74C74	74HC112
t_s(set-up)	20	20	60	25
t_h(hold)	5	0	0	0
t_{PHL}(from CLK to Q)	40	24	200	31
t_{PLH}(from CLK to Q)	25	16	200	31
t_{PHL}(from $\overline{CLR}$ to Q)	40	24	225	41
t_{PLH}(from $\overline{PR}$ to Q)	25	16	225	41
$t_{w(L)}$(CLK Low time)	37	15	100	25
$t_{w(H)}$(CLK High time)	30	20	100	25
$t_{w(L)}$(at $\overline{PR}$ or $\overline{CLR}$)	30	15	60	25
f_{max}(in MHz)	15	30	5	20

01 그림과 같은 파형이 NOR 게이트 래치 회로에 입력하였을 때, 출력 Q의 변화를 그려라. 단, Q는 0으로 초기화되어 있으며, 게이트에서 전파 지연은 없다고 가정한다.

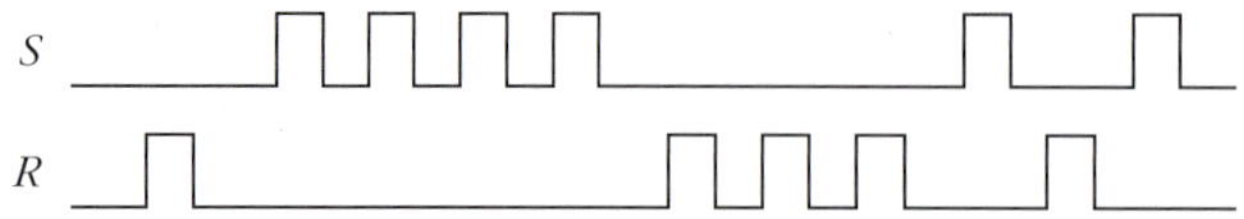

02 그림과 같은 파형이 NAND 게이트 래치 회로에 입력하였을 때, 출력 Q의 변화를 그려라. 단, Q는 0으로 초기화되어 있으며, 게이트에서 전파 지연은 없다고 가정한다.

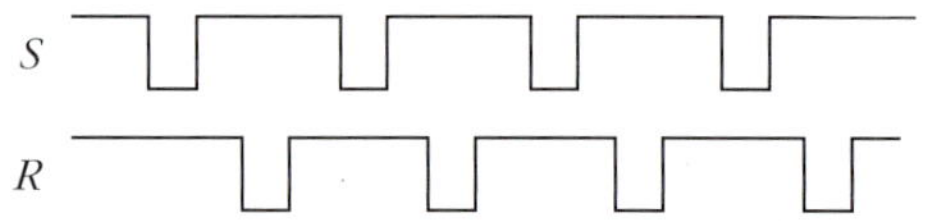

03 상승 에지 트리거 SR 플립플롭에서 클록 펄스와 S, R 입력이 그림과 같이 변할 때, 출력 Q의 변화를 그려라. 단, Q는 0으로 초기화되어 있으며, 게이트에서 전파 지연은 없다고 가정한다. 하강 에지 트리거 SR 플립플롭에 대해서도 반복하라.

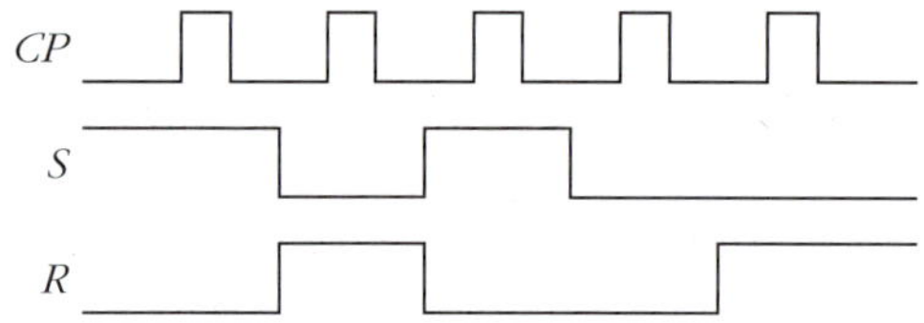

04 그림과 같은 파형이 상승 에지에서 동작하는 D 플립플롭에 입력되었을 때, 출력 Q의 파형을 그려라. 단, Q는 0으로 초기화되어 있으며, 게이트에서 전파 지연은 없다고 가정한다.

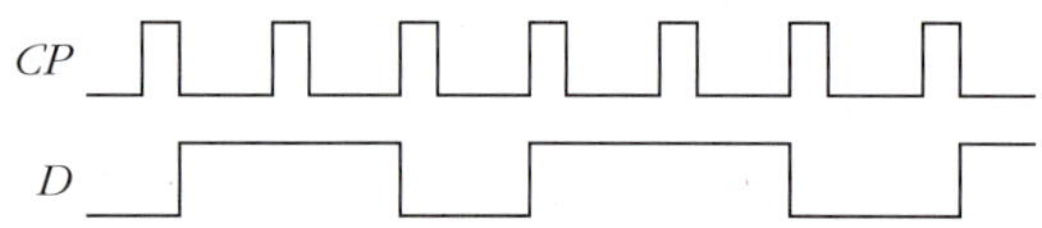

05 상승 에지 트리거 JK 플립플롭에 그림과 같은 파형을 입력하였다. 출력 Q를 구하라. 단, Q는 0으로 초기화되어 있으며, 게이트에서 전파 지연은 없다고 가정한다.

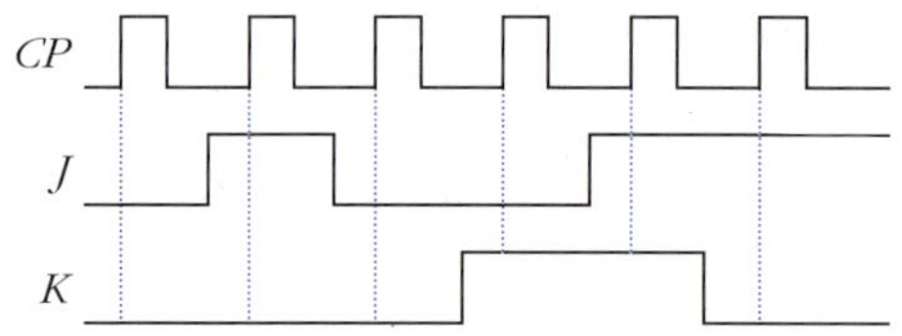

06 그림과 같은 회로에서 클록이 공급될 때, 각 플립플롭의 출력을 구하라. 단, 플립플롭의 초기 상태는 0이라고 가정한다.

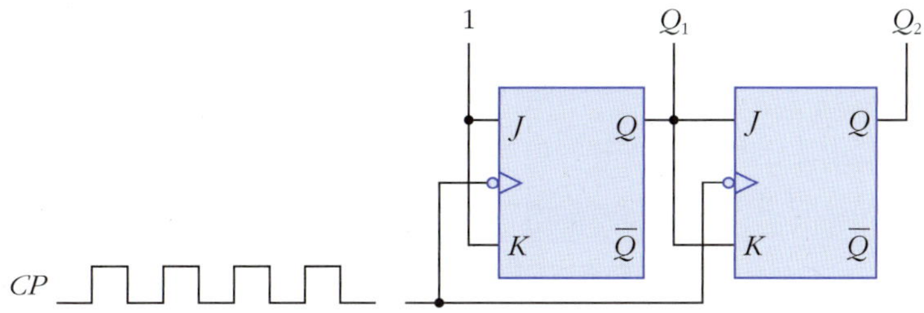

07 그림과 같은 회로가 JK 플립플롭으로 동작하는지 설명하라.

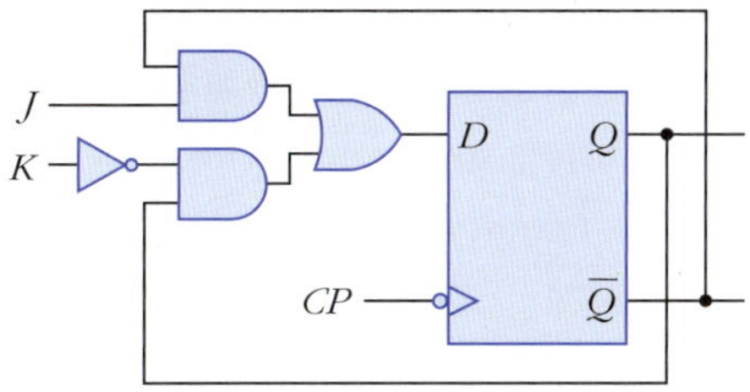

08 그림의 회로는 JK 플립플롭을 이용한 논리회로다. 물음에 답하라.

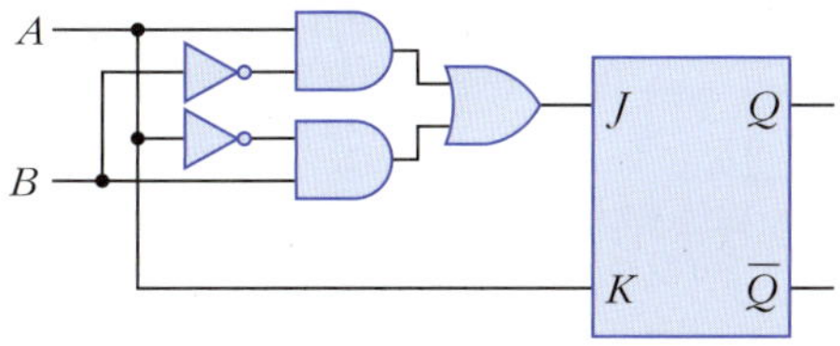

① JK 플립플롭의 특성 방정식 $Q(t+1) = J\overline{Q} + \overline{K}Q$를 이용해 이 회로의 특성 방정식을 구하라.

② 입력 신호를 A, B로 설정하고, 다음 상태 출력 $Q(t+1)$에 대한 진리표를 구하라.

③ 이 회로가 토글링하기 위한 입력 A, B는 어떻게 정해야 하는가?

09 그림과 같이 SR 플립플롭이 연결되어 있을 때, 클록 입력(CP)에 대한 출력 Q를 구하라. 또 이 회로의 기능을 설명하라. 단, 플립플롭의 초기 상태는 0이라고 가정한다.

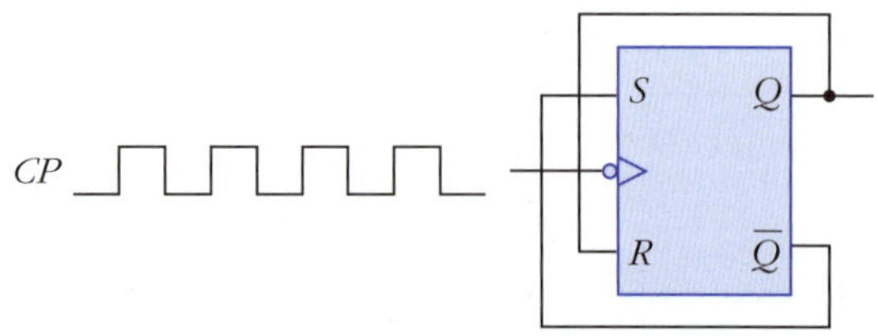

10 그림과 같이 D 플립플롭이 연결되어 있을 때, 클록 입력(CP)에 대한 출력 Q를 구하라. 이 회로의 기능을 설명하라. 단, 플립플롭의 초기 상태는 0이라고 가정한다.

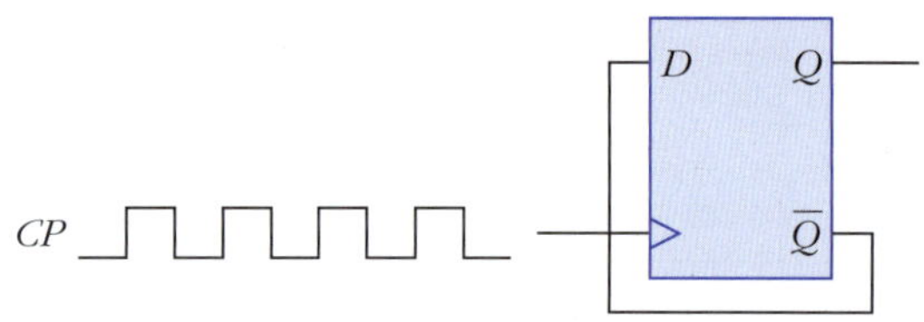

11 그림과 같은 회로에서 클록 입력(CP)에 대한 출력 Q를 구하라. 또 이 회로의 기능을 설명하라. 단, 플립플롭의 초기 상태는 0이라고 가정하며, 게이트 및 플립플롭에서의 전파 지연은 없다고 가정한다.

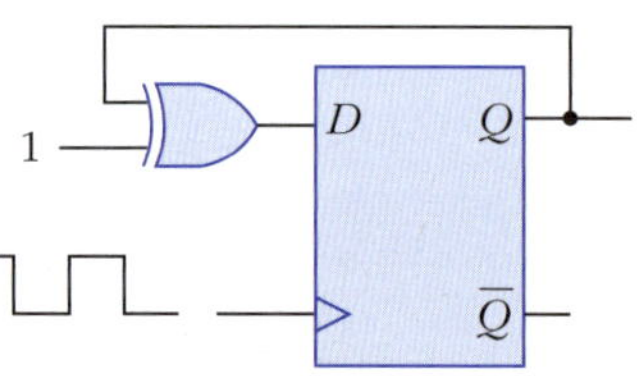

12 500KHz의 구형파가 T 플립플롭의 입력에 인가되고 있다. 출력 주파수는 얼마인가?

13 T 플립플롭 7개를 다단으로 연결했다. 입력 주파수가 512KHz일 때, 최종단에서의 출력 주파수는 얼마인가?

14 비동기 입력인 preset($\overline{PR}$)과 clear($\overline{CLR}$) 입력이 있는 상승 에지 JK 플립플롭에 그림과 같은 파형이 입력되었을 때, 출력 Q의 파형을 그려라. 단, Q는 0으로 초기화되어 있으며, 게이트에서 전파 지연은 없다고 가정한다.

15 다음은 비반전 래치 회로다. 물음에 답하라.

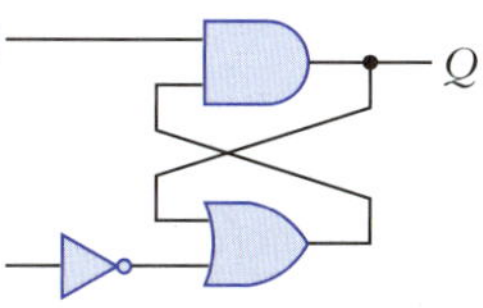

① 이 래치의 다음 출력 $Q(t+1)$에 대한 특성표를 완성하라.

② $Q(t+1)$에 대한 특성 방정식을 구하라.

③ 출력이 불변 상태이기 위한 입력 A, B는 무엇인가?

16 $SD^{\text{set-dominant}}$ 플립플롭은 SR 플립플롭의 제약 조건인 $S=R=1$을 허용하는 플립플롭이며, $S=R=1$일 때는 플립플롭의 출력 Q는 1이라고 한다. 이 SD 플립플롭의 특성표를 작성하고, 또한 특성 방정식을 유도하라.

17 $RD^{\text{reset-dominant}}$ 플립플롭은 SR 플립플롭의 제약 조건인 $S=R=1$을 허용하는 플립플롭이며, $S=R=1$일 때는 플립플롭의 출력 Q는 0이라고 한다. 이 RD 플립플롭의 특성표를 작성하고, 또한 특성 방정식을 유도하라.

18 JN 플립플롭은 두 입력 J와 N을 갖는다. 입력 J는 JK 플립플롭의 J 입력과 같이 동작하고, 입력 N은 JK 플립플롭의 K 입력의 보수처럼 동작한다. 이 JN 플립플롭의 진리표, 특성표와 특성 방정식을 작성하라. 또 두 입력 J와 N을 연결하면 어떠한 플립플롭이 되는지 설명하라.

19 입력이 A, B인 어떤 플립플롭의 특성 방정식이 $Q(t+1) = A + BQ$와 같다. 이 플립플롭을 D 플립플롭과 게이트를 사용해 구현하라.

20 [표 8-9]를 참조하여 다음 사항을 구하라.

① $Q = 0$이라고 가정하자. 7474의 CLK 입력에 상승 에지 트리거 신호가 발생하였을 때, Q가 High로 되기 위해 요구되는 시간은?

② $Q = 1$이라고 가정하자. 74HC112의 $\overline{CLR}$ 입력에 신호를 인가하였을 때, Q가 Low 상태로 되는 데 요구되는 시간은?

③ 74LS112에서 Q를 클리어시키기 위하여 $\overline{CLR}$ 입력에 인가할 수 있는 최소 펄스 폭은 얼마인가?

④ 표에서 클록의 천이가 발생한 후에 제어 입력이 안정된 상태를 유지하여야 하는 플립플롭은 어떤 것인가?

⑤ 활성 클록 전이 전에 일정 시간 동안 제어 입력을 안정되게 유지해야 하는 플립플롭은 어느 것인가?

21 그림은 상승 에지 트리거에서 동작하는 D 플립플롭의 타이밍도이다. 이 그림 위에 다음 양을 표시하라.

① 전파 지연 시간 t_{PLH} ② 설정 시간 $t_{s(H)}$ ③ 보류 시간 $t_{h(H)}$

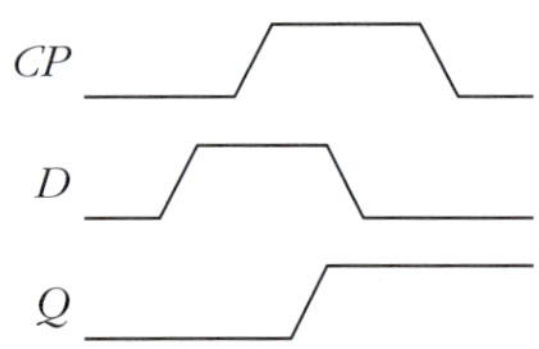

22 어떤 플립플롭의 데이터 시트data sheet를 보면 클록 펄스의 최소 High 시간은 30ns, 최소 Low 시간은 37ns로 기술되어 있다. 이 플립플롭의 최대 동작 주파수는 얼마인가?

23 DC +5V에서 동작하는 플립플롭에 필요한 직류전류는 15mA이다. 어떤 디지털 시스템이 이러한 플립플롭을 25개 사용하는 경우 이 시스템에 요구되는 전류와 전력 소모량을 구하라.

01 입력 신호에 의해 상태를 바꾸도록 지시할 때까지 현재의 2진 상태를 그대로 유지해주는 회로는?

① 플립플롭　② 디코더
③ 인코더　④ 커패시터

02 플립플롭(flip–flop)이 가지고 있는 기능은?

① gate 기능　② 기억 기능
③ 증폭 기능　④ 전원 기능

03 플립플롭을 응용해서 만들 수 없는 것은?

① 카운터　② 멀티플렉서
③ 레지스터　④ SRAM

04 다음에 열거하는 회로 중에서 플립플롭을 이용해 구성하는 회로가 아닌 것은?

① 시프트 레지스터　② 카운터
③ 분주기　④ 전가산기

05 다음 중 NOR 게이트로 구성된 *SR* 플립플롭에 대한 설명으로 틀린 것은?

① $S=R=0$이면 상태 변화가 없고 처음의 상태를 유지한다.
② $S=0$, $R=1$일 때, $Q_n=0$이면 변화가 없고 $Q_n=1$이면 $Q_{n+1}=0$으로 된다.
③ $S=1$, $R=1$일 때, $Q_n=0$이면 $Q_{n+1}=1$로 되고 $Q_n=1$이면 변화가 없다.
④ $S=1$, $R=0$일 때, $Q_n=0$이면 1로 되고 $Q_n=1$이면 Q_{n+1}은 변화가 없다.

06 다음 NOR 게이트로 구성된 *SR* 플립플롭의 진리표 중에서 잘못된 것은?

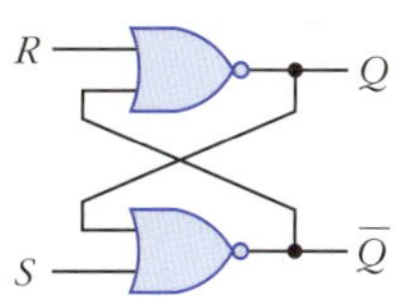

R S	Q_{n+1}
0 0	Q_n(불변)
0 1	1
1 0	0
1 1	$\bar{Q}_n$(toggle)

① Q_n(불변)　② 0
③ 1　④ $\bar{Q}_n$(toggle)

07 NOR 게이트로 구성된 *SR* 플립플롭에서 이전 상태를 유지하기 위해서는 *S*와 *R*이 어떤 경우일 때인가?

① $SR=01$일 때　② $SR=11$일 때
③ $SR=10$일 때　④ $SR=00$일 때

08 다음과 같은 NOR 게이트로 구성된 기본적인 플립플롭 회로에서 $S=1$, $R=0$인 상태일 때 Q, $\bar{Q}$의 상태는?

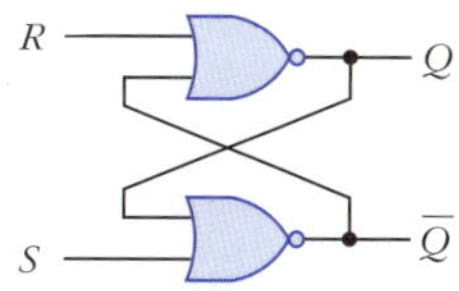

① $Q=0$, $\bar{Q}=1$　② $Q=1$, $\bar{Q}=1$
③ $Q=0$, $\bar{Q}=0$　④ $Q=1$, $\bar{Q}=0$

09 다음 그림은 어떤 플립플롭 회로인가?

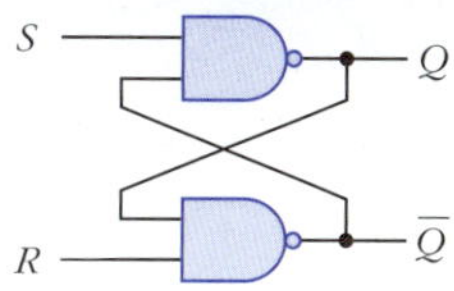

① basic 플립플롭　② *JK* 플립플롭
③ *D* 플립플롭　④ *T* 플립플롭

10 다음 중 NAND 게이트를 이용한 *SR* 래치(latch) 회로의 진리값으로 옳은 것은?

① 입력 $R=0$, $S=1$일 때 출력 $Q=0$, $\bar{Q}=0$
② 입력 $R=1$, $S=1$일 때 출력 이전 상태 유지(불변)
③ 입력 $R=1$, $S=0$일 때 출력 $Q=0$, $\bar{Q}=1$
④ 입력 $R=1$, $S=1$일 때 출력 부정

11 다음 회로에서 $Q_n=0$인 상태에서 $S=1$, $R=0$이 가해지면 그 직후의 출력은?

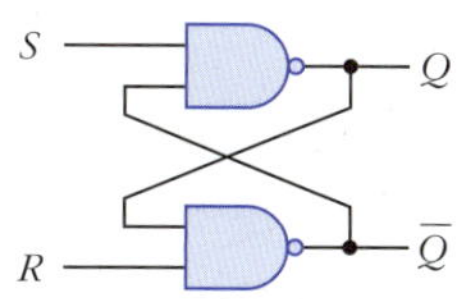

① $Q=1$, $\bar{Q}=0$　② $Q=0$, $\bar{Q}=1$
③ $Q=1$, $\bar{Q}=1$　④ $Q=0$, $\bar{Q}=0$

12 *SR* 플립플롭의 동작 설명 중 옳지 않은 것은?

① $S=0$, $R=0$ 입력일 때 불변 상태가 된다.
② $S=0$, $R=1$ 입력일 때 리셋 상태가 된다.
③ $S=1$, $R=0$ 입력일 때 세트 상태가 된다.
④ $S=1$, $R=1$ 입력일 때 토글 상태가 된다.

13 SR 플립플롭인 경우 시간 t_n에서 입력 $S=1$, $R=0$일 때 시간 t_{n+1}에서 출력 Q와 $\bar{Q}$의 상태는?

① $Q=0$, $\bar{Q}=0$　② $Q=0$, $\bar{Q}=1$
③ $Q=1$, $\bar{Q}=0$　④ $Q=1$, $\bar{Q}=1$

14 클록이 있는 SR 플립플롭에서 클록 펄스가 0일 때 이 회로의 기능은?

① JK 플립플롭　② latch
③ RAM　④ ROM

15 클록형 SR 플립플롭의 특성 방정식은?

① $Q(t+1)=S+\bar{R}Q$, $C_p=0$
② $Q(t+1)=S+RQ$, $C_p=0$
③ $Q(t+1)=S+\bar{R}Q$, $C_p=1$
④ $Q(t+1)=S+RQ$, $C_p=1$

16 다음의 플립플롭 회로에서 $A=0$, $B=0$인 경우 출력 $Q(t+1)$은 무엇인가?

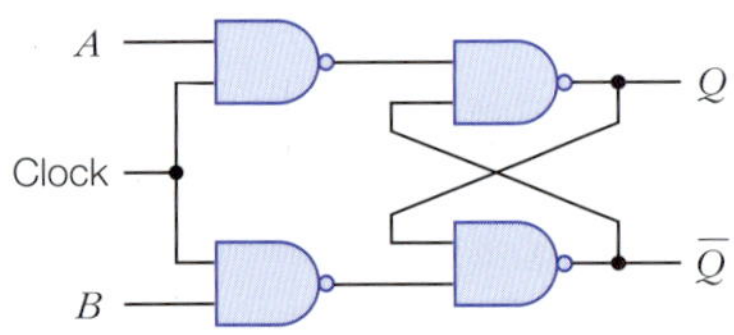

① 0　② 1
③ $Q(t)$　④ $Q(t+1)$

17 다음 회로에서 Q가 0일 때, A와 B가 아래와 같이 변하면 Q의 값의 변화는?

A : 001001　B : 010100

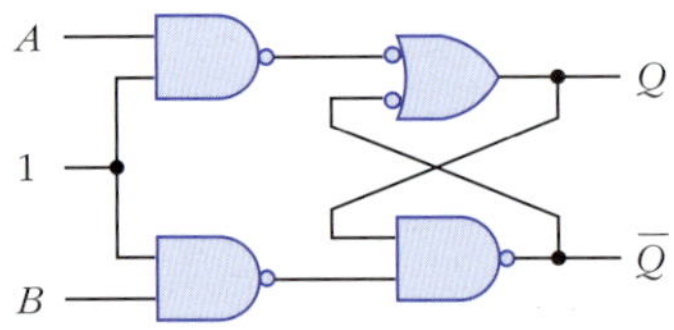

① 001101　② 001001
③ 010010　④ 001011

18 다음 SR 플립플롭 타이밍도의 결괏값(Q)은?

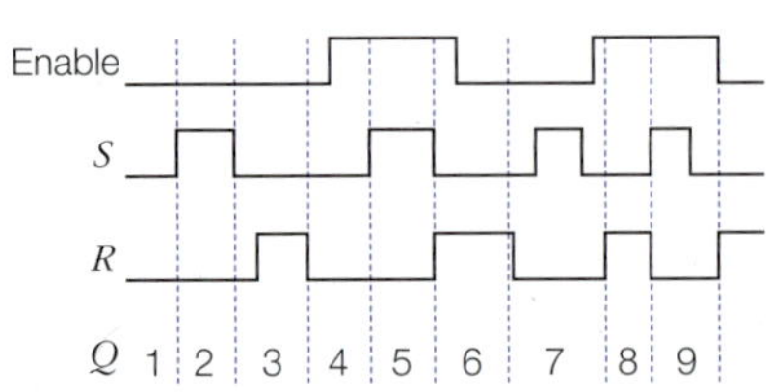

① 0-0-0-0-1-0-0-0-1
② 0-1-0-0-1-0-1-0-1
③ 0-0-1-0-0-1-0-1-0
④ 0-1-0-0-1-1-0-1-0

19 플립플롭 중에서 입력 상태가 그대로 출력되는 것은?

① SR 플립플롭　② D 플립플롭
③ JK 플립플롭　④ T 플립플롭

20 데이터의 임시 저장을 위하여 사용하기에 가장 편리한 플립플롭은?

① SR 플립플롭　② JK 플립플롭
③ D 플립플롭　④ T 플립플롭

21 지연 소자로 이용할 수 있는 플립플롭은?

① SR 플립플롭　② D 플립플롭
③ JK 플립플롭　④ T 플립플롭

22 현재 상태의 값에 관계없이 다음 상태가 "0"이 되려면 입력도 "0"이 되어야 하는 플립플롭은?

① T 플립플롭　② D 플립플롭
③ JK 플립플롭　④ SR 플립플롭

23 다음 회로와 등가인 회로는 어느 것인가?

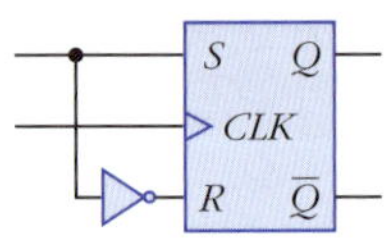

① SR 플립플롭　② JK 플립플롭
③ D 플립플롭　④ T 플립플롭

24 SR 플립플롭의 입력 양단 간에 inverter 회로를 접속하면 어떤 플립플롭의 동작을 하는가?

① D 플립플롭　② T 플립플롭
③ M/S 플립플롭　④ SR 플립플롭

25 다음 논리회로도가 나타내는 플립플롭 회로는 무엇인가?

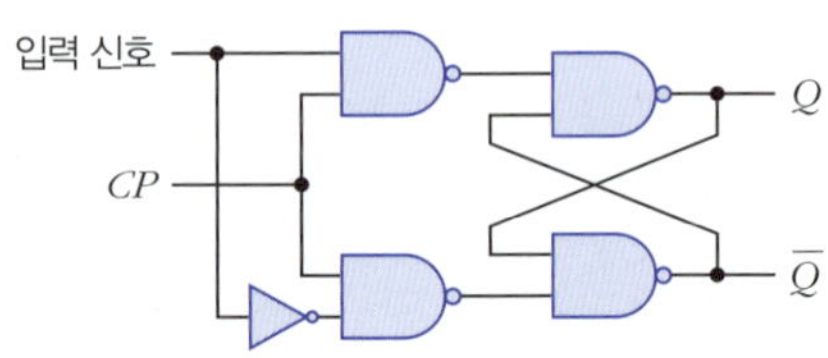

① T 플립플롭　② D 플립플롭
③ JK 플립플롭　④ SR 플립플롭

26 JK 플립플롭에 NOT 게이트를 추가하여 회로를 구성하면?

① M/S 플립플롭　② SR 플립플롭
③ D 플립플롭　④ T 플립플롭

27 아래와 같은 결선의 플립플롭은 어떠한 플립플롭의 동작인가?

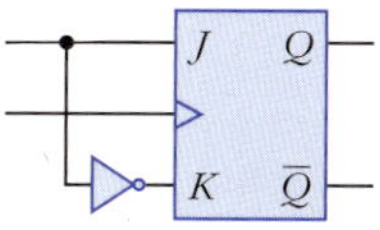

① SR 플립플롭　② T 플립플롭
③ D 플립플롭　④ JK 플립플롭

28 JK 플립플롭을 이용해 D형 플립플롭을 만들려면?

① J의 입력을 인버터를 통해 K에 연결한다.
② J와 K를 동일 입력으로 한다.
③ Q의 입력을 J에 궤환시킨다.
④ K의 입력을 J에 궤환시킨다.

29 아래 표는 D 플립플롭의 진리표다. Q_{n+1}의 상태는?

D	Q_n	Q_{n+1}
0	0	a
0	1	b
1	0	c
1	1	d

① $a=0,\ b=0,\ c=0,\ d=0$
② $a=0,\ b=0,\ c=0,\ d=1$
③ $a=0,\ b=1,\ c=0,\ d=1$
④ $a=0,\ b=0,\ c=1,\ d=1$

30 다음 플립플롭의 진리표로 옳은 것은?

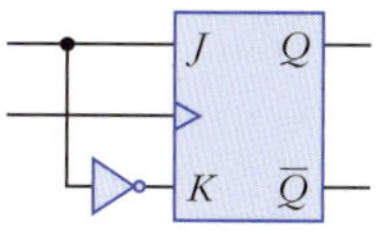

A	Q
0	q_1
1	q_2

① $q_1=0,\ q_2=0$　② $q_1=1,\ q_2=0$
③ $q_1=0,\ q_2=1$　④ $q_1=1,\ q_2=1$

31 D 플립플롭 회로의 특성 방정식은?

① $Q(t+1)=\bar{D}Q(t)$
② $Q(t+1)=D$
③ $Q(t+1)=D\bar{Q}(t)$
④ $Q(t+1)=Q(t)$

32 D 플립플롭의 특성 방정식은 $Q(t+1)=D$이다. 이 의미는?

① 플립플롭의 다음 상태는 현재 상태에 종속적이다.
② 플립플롭의 다음 상태는 D에만 종속적이다.
③ 플립플롭의 다음 상태는 항상 토글이다.
④ 플립플롭의 다음 상태는 항상 0이다.

33 다음 그림에서 D 값이 기억되기 위한 클록 조건은?

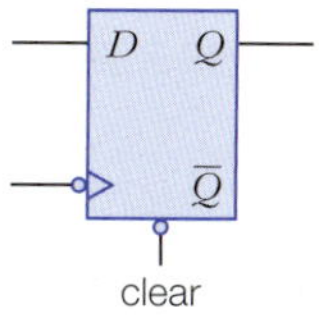

① 　② 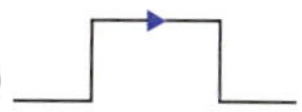
③ 　④ 

34 다음 그림의 파형이 positive 에지 트리거 D 플립플롭의 입력으로 들어간다. D 플립플롭에서 클록 펄스(CLK) 후 출력(Q)의 값은?

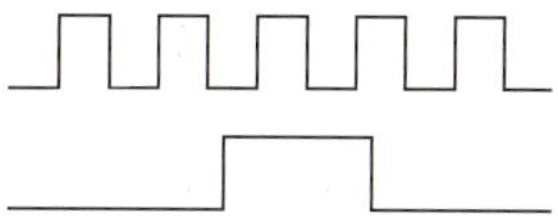

① 불변　② 반전
③ 1　④ 0

35 그림과 같은 타이밍 차트(timing chart)에 표시한 것과 같은 동작을 하는 플립플롭은? 단, (a)는 입력, (b)는 클록 펄스, (c)는 출력 파형이다.

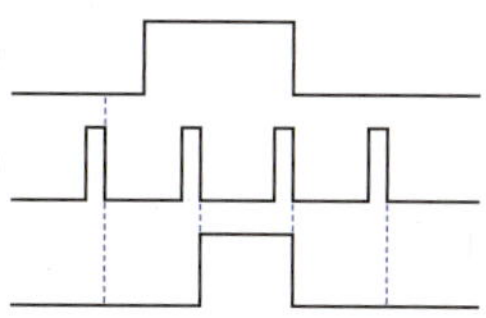

① T 플립플롭　② JK 플립플롭
③ D 플립플롭　④ SR 플립플롭

36 SR 플립플롭에서 $S=R=1$일 때 발생되는 결점을 보완한 플립플롭은?

① D 플립플롭　② T 플립플롭
③ SR 플립플롭　④ JK 플립플롭

37 다음과 같은 구성도는 어떤 형태의 플립플롭인가?

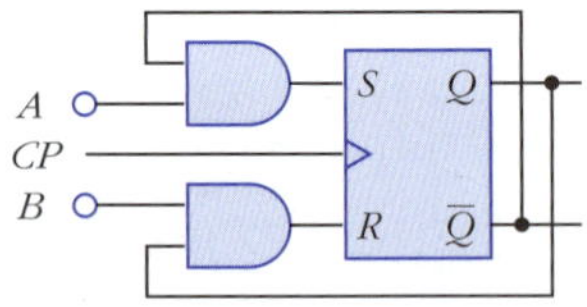

① D형　② M/S형
③ JK형　④ T형

38 SR 플립플롭을 JK 플립플롭으로 만들고자 할 때 필요한 게이트(gate)는?

① OR 게이트 2개　② AND 게이트 2개
③ NOR 게이트 2개　④ NAND 게이트 2개

39 JK 플립플롭은 2개의 입력 데이터에 의하여 출력에서 몇 개의 조합을 얻을 수 있는가?

① 2개　② 4개　③ 8개　④ ∞

40 JK 플립플롭에서 $J_n = 0$, $K_n = 0$일 때, Q_{n+1}의 출력은?

① 0　② 1　③ Q_n　④ −1

41 JK 플립플롭에서 $J_n = 0$, $K_n = 1$일 때 클록 펄스가 1이면 Q_{n+1}의 출력 상태는?

① 반전　② 1　③ 0　④ 부정

42 JK 플립플롭에서 $J_n = 1$, $K_n = 0$일 때 Q_{n+1}의 출력 상태는?

① 반전　② 불변　③ 세트　④ 리셋

43 JK 플립플롭에서 $J_n = K_n = 1$일 때 Q_{n+1}의 출력 상태는?

① 반전　② 변화가 없다.
③ 1　④ 0

44 다음 그림은 어떤 플립플롭의 타이밍 다이어그램인가?

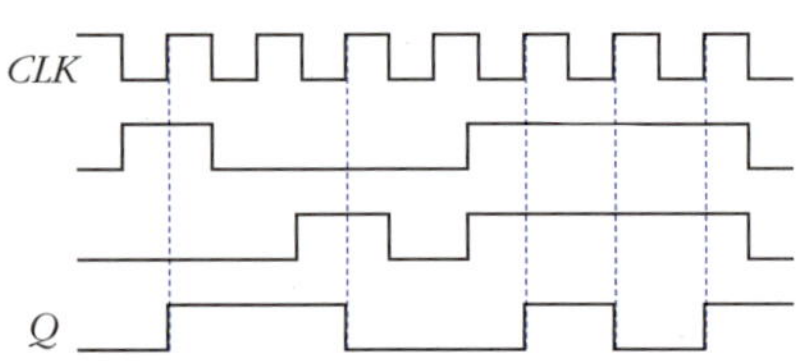

① SR 플립플롭　② D 플립플롭
③ T 플립플롭　④ JK 플립플롭

45 JK 플립플롭을 그림과 같이 결선하고, 클록 펄스가 계속 인가되면 출력은 어떤 상태가 되는가?

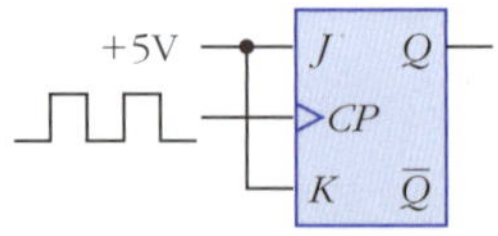

① set　② reset
③ toggling　④ 동작 불능

46 JK 플립플롭에서 클록 신호가 인가되더라도 현재의 출력이 변하지 않고 그대로 유지되게 하려면 J, K 입력은 각각 어떤 값이어야 하는가?

① $J = 0$, $K = 0$　② $J = 0$, $K = 1$
③ $J = 1$, $K = 0$　④ $J = 1$, $K = 1$

47 JK 플립플롭의 트리거 입력과 상태 전환 조건을 설명한 것 중 옳지 않은 것은?

① $J = 0$, $K = 0$일 때는 변하지 않는다.
② $J = 0$, $K = 1$일 때는 Q가 0으로 된다.
③ $J = 1$, $K = 0$일 때는 Q가 1로 된다.
④ $J = 1$, $K = 1$일 때는 반전되지 않는다.

48 현재의 출력(Q) 상태가 1일 때, JK 플립플롭의 설명으로 틀린 것은?

① $J = 1$이고 $K = 0$이면 1을 출력한다.
② $J = 1$이고 $K = 1$이면 0을 출력한다.
③ $J = 0$이고 $K = 1$이면 1을 출력한다.
④ $J = 0$이고 $K = 0$이면 1을 출력한다.

49 JK 플립플롭의 특성 방정식은? 이때, $Q(t)$는 현재 상태, $Q(t+1)$은 다음 상태이다.

① $Q(t+1) = \bar{J}\bar{Q}(t) + KQ(t)$
② $Q(t+1) = \bar{J}Q(t) + K\bar{Q}(t)$
③ $Q(t+1) = J\bar{Q}(t) + \bar{K}Q(t)$
④ $Q(t+1) = JQ(t) + \bar{K}\bar{Q}(t)$

50 다음 진리표와 같은 플립플롭을 나타내는 것은? 단, ×는 don't care이다.

입력	CP	Q_{n+1}　$\bar{Q}_{n+1}$
0　0	×	불변
0　1	↑	0　1
1　0	↑	1　0
1　1	↑	반전(toggle)

① D 플립플롭　② SR 플립플롭
③ JK 플립플롭　④ clock SR 플립플롭

51 다음 Q_{t+1} 열에 알맞은 것은?

Q_t	J	K	Q_{t+1}
0	0	1	ⓐ
0	1	0	ⓑ
0	1	1	ⓒ
1	0	0	ⓓ
1	0	1	ⓔ
1	1	0	ⓕ

	ⓐ	ⓑ	ⓒ	ⓓ	ⓔ	ⓕ
①	0	1	1	0	0	1
②	0	1	1	1	0	1
③	0	1	1	0	1	1
④	1	0	0	0	1	1

52 toggling 상태를 이용한 플립플롭 형태는?

① SR 플립플롭　② D 플립플롭
③ JK 플립플롭　④ T 플립플롭

53 다음 특성표(characteristic table)를 만족하는 플립플롭은?

입력	$Q(t)$	$Q(t+1)$
0	0	0
0	1	1
1	0	1
1	1	0

① SR 플립플롭　② D 플립플롭
③ JK 플립플롭　④ T 플립플롭

54 다음 T 플립플롭의 특성표에서 출력 $Q(t+1)$은?

$Q(t)$	T	$Q(t+1)$
0	0	ⓐ
0	1	ⓑ
1	0	ⓒ
1	1	ⓓ

① ⓐ → 0, ⓑ → 0, ⓒ → 1, ⓓ → 1
② ⓐ → 0, ⓑ → 1, ⓒ → 0, ⓓ → 1
③ ⓐ → 0, ⓑ → 1, ⓒ → 1, ⓓ → 0
④ ⓐ → 0, ⓑ → 1, ⓒ → 1, ⓓ → 1

55 T 플립플롭을 토글(toggle) 플립플롭이라고 하는 주된 이유는?

① 상태 변화를 위해서는 토글 스위치가 필요하므로
② 2개의 입력 펄스마다 토글되므로
③ 출력이 스스로 토글되므로
④ 각 입력 펄스마다 출력이 토글되므로

56 플립플롭 중 입력 단자가 하나이며, "1"이 입력될 때마다 출력 단자의 상태가 바뀌는 것은?

① SR 플립플롭　② T 플립플롭
③ D 플립플롭　④ M/S 플립플롭

57 다음과 같은 파형을 클록(CP)형 T 플립플롭에 가하였을 때, 출력 파형으로 맞는 것은? 단, T 플립플롭은 상승 에지(edge)에서 동작하고 클록이 입력되기 전의 T 플립플롭의 출력은 0이다.

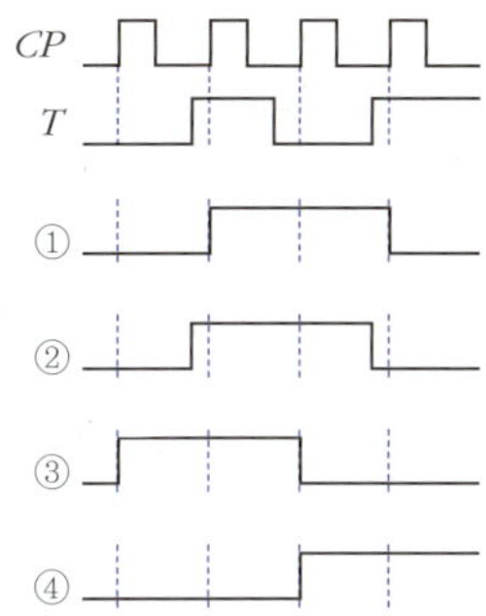

58 다음과 같은 입력 펄스에 따라 출력이 나타나는 플립플롭은?

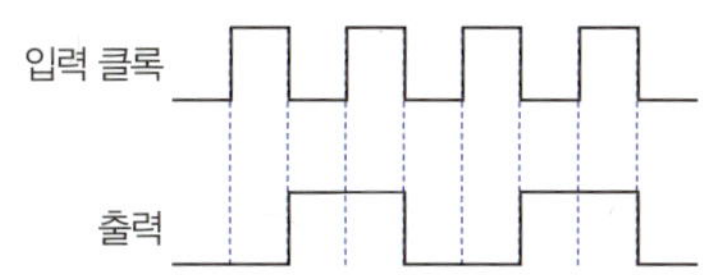

① SR 플립플롭　② RST 플립플롭
③ D 플립플롭　④ T 플립플롭

59 시간 폭이 매우 좁은 트리거 펄스 열이 입력단에 가해진다면, 이 펄스가 나타나는 순간마다 출력 상태가 바뀌는 플립플롭은?

① JK 플립플롭　② T 플립플롭
③ SR 플립플롭　④ D 플립플롭

60 JK 플립플롭을 그림과 같이 연결하면 어떤 플립플롭과 같은 동작을 하는가?

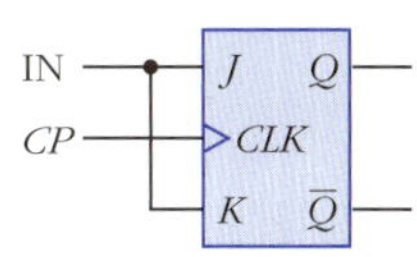

① D 플립플롭　② SR 플립플롭
③ T 플립플롭　④ master-slave 플립플롭

61 다음 회로와 같은 동작 기능을 갖는 플립플롭은? 단, 회로에서 접지는 생략되어 있다.

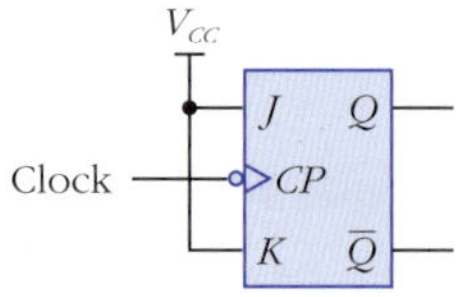

① SR 플립플롭 ② JK 플립플롭
③ T 플립플롭 ④ D 플립플롭

62 SR 플립플롭을 이용해 다음과 같이 연결하였을 때 기능상 어느 플립플롭과 같은가?

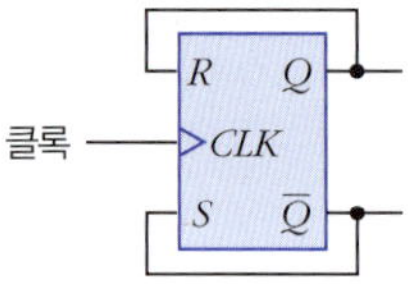

① JK 플립플롭 ② T 플립플롭
③ D 플립플롭 ④ M/S형 JK 플립플롭

63 JK 플립플롭을 그림과 같이 연결했을 때 어떤 것과 같은가?

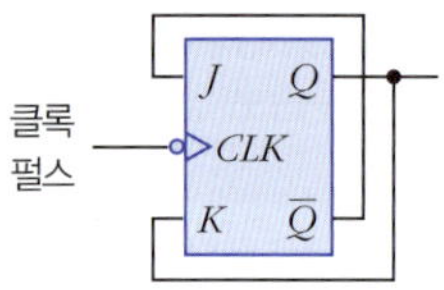

① D 플립플롭 ② SR 플립플롭
③ T 플립플롭 ④ 래치(latch)

64 그림과 같은 플립플롭의 입력 단자 T에 클록 펄스가 인가될 경우 출력($Q(t+1)$)은? 단, 현재 값을 $Q(t)$로 가정한다.

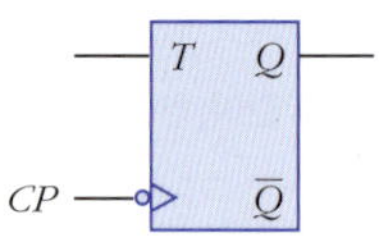

① $T=0$일 때 출력 상태는 현재값을 반전시켜 출력한다.
② $T=0$일 때 출력은 알 수가 없다.
③ $T=1$일 때 출력은 현재값을 유지하여 출력한다.
④ $T=1$일 때 출력 상태는 현재값을 반전시켜 출력한다.

65 JK 플립플롭을 그림과 같이 결선하고 클록 펄스가 인가될 때마다 출력 Q의 동작 상태는?

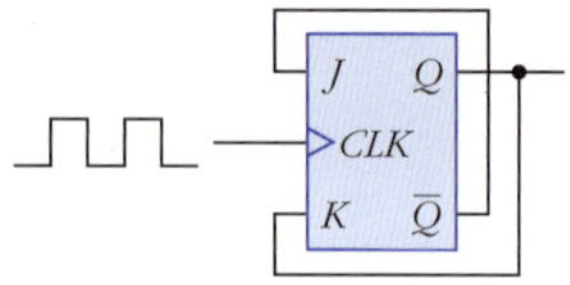

① toggle ② reset
③ set ④ race 현상

66 T 플립플롭의 특성 설명 중 옳지 않은 것은?
① 특성 방정식은 $\bar{T}\bar{Q}+TQ$이다.
② $T=1$일 때 보수 상태가 된다.
③ 1개의 입력을 필요로 한다.
④ 0이 입력될 때는 변화가 없다.

67 T 플립플롭에 대한 설명으로 틀린 것은?
① 토글 플립플롭(toggle flip-flop)이라고도 한다.
② 클록이 들어올 때마다 상태가 반전된다.
③ 출력 파형의 주파수는 입력 파형의 주파수와 동일하다.
④ 1/2 분주 회로 또는 계수 회로에 많이 쓰인다.

68 다음 중 T 플립플롭의 설명으로 틀린 것은?
① 지연 작용을 갖는 지연 플립플롭이라고도 한다.
② J와 K를 묶어서 T 입력 신호로 한 것이다.
③ 토글(toggle) 플립플롭이라고도 한다.
④ 입력 T가 0일 경우에는 상태가 불변이다.

69 T 플립플롭에서 $T=0$일 때 Q_{n+1}의 동작 상태는?
① Q_n ② 0
③ 1 ④ $\bar{Q}_n$

70 T 플립플롭의 특성 방정식은?
① $Q(t+1)=T$
② $Q(t+1)=T+\bar{Q}$
③ $Q(t+1)=\bar{T}+Q$
④ $Q(t+1)=\bar{T}Q+T\bar{Q}$

71 플립플롭의 특성에 관해 설명한 것 중 옳지 않은 것은?
① D 플립플롭은 SR 플립플롭의 변형이다.
② T 플립플롭은 JK 플립플롭을 1개의 입력으로 만든 것이다.
③ SR 플립플롭의 $S=0$, $R=0$ 상태의 불안정 상태를 개선한 것이 JK 플립플롭이다.
④ SR 플립플롭의 $S=1$, $R=1$ 상태의 불안정 상태를 개선한 것이 JK 플립플롭이다.

72 **플립플롭에 대한 설명 중 틀린 것은?**

① D 플립플롭의 D 입력에 1을 입력하면 출력은 1이 된다.

② T 플립플롭은 JK 플립플롭의 2개의 입력을 하나로 묶은 플립플롭이다.

③ JK 플립플롭의 입력 JK에 동시에 0이 입력되면 출력은 현 상태의 값이 된다.

④ JK 플립플롭의 입력 JK에 동시에 1이 입력되면 출력은 1이 된다.

73 **플립플롭에 관한 설명 중 틀린 것은?**

① D 플립플롭은 1비트 지연 소자로 동작한다.

② T 플립플롭은 클록 펄스가 발생하면 출력이 현재 상태의 보수가 된다.

③ JK 플립플롭은 2개의 입력 신호가 동시에 1이 되면 부정 상태가 된다.

④ 주종 플립플롭의 클록 펄스는 주 플립플롭과 종 플립플롭이 서로 반전되어 가해진다.

74 **플립플롭에 관한 설명 중 옳지 않은 것은?**

① 0 또는 1을 저장할 수 있다.

② 조합논리회로에 필수적으로 사용된다.

③ D 플립플롭은 입력 신호를 지연시켜서 그대로 출력한다.

④ T 플립플롭은 입력 신호가 1일 때 전 출력값의 보수를 출력한다.

75 **1KHz의 주파수를 500Hz로 변환하여 사용하고자 할 때 사용되는 플립플롭 회로는?**

① SR 플립플롭　　② JK 플립플롭

③ T 플립플롭　　④ D 플립플롭

76 **그림에서 클록 펄스가 CLK 입력에 인가되었다. Q의 주파수는?**

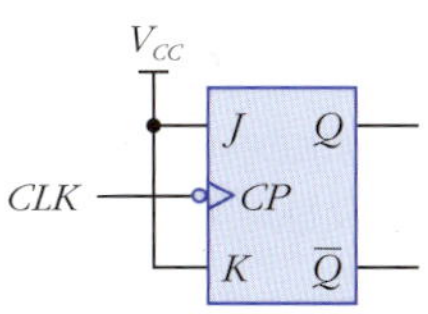

① $\frac{CLK}{2}$　　② $\frac{CLK}{4}$

③ $2 \times CLK$　　④ $4 \times CLK$

77 **다음 JK 플립플롭의 입력 신호 주파수가 1MHz일 때 출력 신호의 주파수는?**

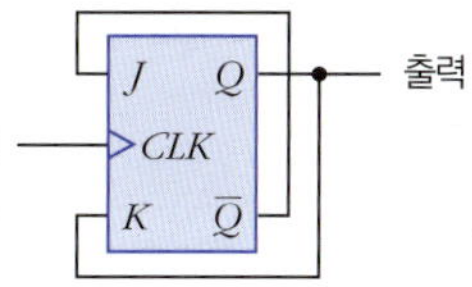

① 100KHz　　② 500KHz

③ 1MHz　　④ 4MHz

78 **T 플립플롭을 2단 직렬 연결한 후 입력에 4KHz 펄스를 인가하면 출력은?**

① 16KHz　　② 8KHz

③ 2KHz　　④ 1KHz

79 **그림과 같이 T 플립플롭을 접속하고 1번째 플립플롭에 1,000Hz의 구형파를 가해주면 최종 플립플롭에서의 출력 주파수는?**

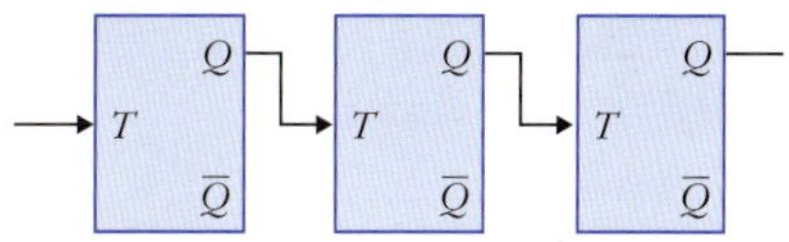

① 1,000Hz　　② 500Hz

③ 250Hz　　④ 125Hz

80 **7개의 T 플립플롭을 종속 접속하였다. 입력 주파수가 512Hz이면 최종 출력 주파수는 몇 Hz인가?**

① 4Hz　　② 8Hz

③ 12Hz　　④ 16Hz

81 **100MHz 발진기를 사용해서 25MHz를 만들려면 몇 개의 T형 플립플롭이 필요한가?**

① 1개　　② 2개

③ 3개　　④ 4개

82 **다음과 같이 1MHz의 수정 발진기 출력을 펄스 정형회로(pulse shaper)를 거쳐 구형파로 바꾼 후, 250Hz의 클록 주파수를 만들고자 한다. 블록 A에 카운터를 설계하여 분주하는 경우, 최소 몇 개의 플립플롭이 필요한가?**

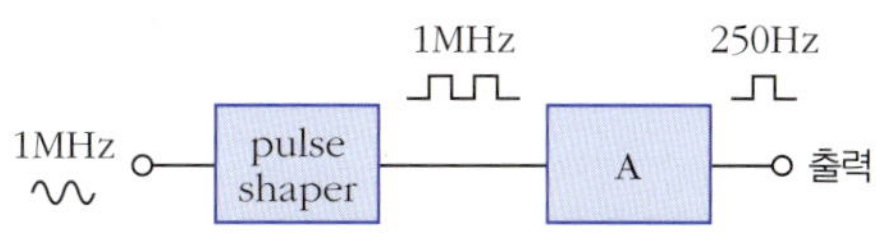

① 10개　　② 11개

③ 12개　　④ 13개

83 4개의 JK 플립플롭을 이용해 구성할 수 있는 분주기의 최댓값은 얼마인가?

① 8분주기 ② 10분주기
③ 16분주기 ④ 24분주기

84 D 플립플롭을 이용해 그림과 같은 회로를 구성하고, 클록(CLK) 단자에 5KHz 클록 펄스를 인가하였다. 동작 시작 단계에서 Q 출력을 +5V로 하였다면 출력은?

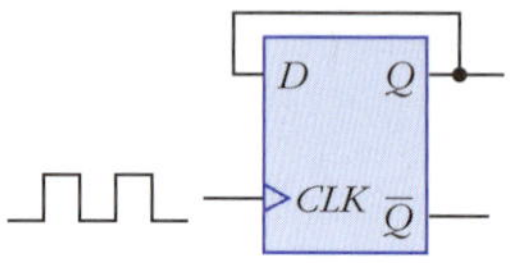

① 10KHz ② 2.5KHz
③ 5KHz ④ +5V DC

85 주인의 역할을 하는 회로와 종의 역할을 하는 2개의 별개 플립플롭으로 구성된 플립플롭은?

① JK 플립플롭 ② T 플립플롭
③ M/S 플립플롭 ④ D 플립플롭

86 2개의 레벨 트리거 플립플롭을 직렬로 연결하며, 레이스(race) 현상을 방지하기 위한 회로는?

① T ② SR
③ M/S ④ JK

87 플립플롭에서 클록 펄스가 1인 도중에 출력이 변하게 되면 입력 측에 변화를 일으켜 오동작을 발생하게 하는 현상은?

① delay 현상 ② toggle 현상
③ race 현상 ④ error 현상

88 에지 트리거 플립플롭을 사용하는 이유로 옳은 것은?

① clock pulse를 사용하기 위해
② toggle 작용을 하기 위하여
③ delay 시간을 길게 하려고
④ race 현상을 방지하기 위해

89 마스터-슬레이브 플립플롭은 어떤 문제를 해결하기 위한 회로인가?

① 딜레이(delay) 현상
② 부정 상태 제거
③ 토글(toggle) 상태
④ 레이스(race) 현상

90 레이스(race) 현상을 방지하기 위하여 사용되는 플립플롭은?

① D 플립플롭 ② SR 플립플롭
③ JK 플립플롭 ④ M/S 플립플롭

91 M/S(Master-Slave) 플립플롭에 대한 설명으로 옳지 않은 것은?

① SR 플립플롭 2개로 구성할 수 있다.
② master와 slave에 각각 서로 다른 상태의 CP (clock pulse)를 가한다.
③ 플립플롭의 레이스 현상이 일어나는 것을 제거하기 위한 것이다.
④ JK 플립플롭에서 불변 동작이 일어나는 것을 제거하기 위한 것이다.

92 마스터-슬레이브 플립플롭의 특징이 아닌 것은?

① 마스터-슬레이브 플립플롭은 SR 플립플롭만으로 구성한다.
② 2개 단의 플립플롭으로 구성한다.
③ 데이터의 입력이 직접 출력에 연결되지 않고, 입력과 출력이 완전히 분리 동작한다.
④ JK 플립플롭인 경우 클록 펄스가 1일 때 출력 상태가 변화하면 입력 측에 변화를 일으켜 오동작 발생을 막아 준다.

93 JK 플립플롭에서 발생할 수 있는 레이스(race) 현상의 원인이 되는 것은?

① J 입력과 K 입력으로 들어가는 신호의 전파 지연 시간이 서로 다르기 때문이다.
② 클록 펄스의 폭이 주입력에서 주출력까지의 전파 지연 시간보다 클 경우에 발생한다.
③ 회로의 출력 Q와 $\bar{Q}$가 동일한 값을 가질 경우에 발생한다.
④ NAND 게이트와 NOR 게이트를 혼용할 경우 발생한다.

94 M/S flip-flop의 진리표에서 $J_n=1$, $K_n=0$이고 클록 펄스를 인가할 때 출력 Q_{n+1}의 값은?

① Q_n ② 0 ③ 1 ④ 불확정

95 마스터-슬레이브 JK 플립플롭에서 클록 펄스가 들어올 때마다 출력 상태를 반전시키기 위한 J와 K의 입력으로 옳은 것은?

① $J=1$, $K=1$ ② $J=1$, $K=0$
③ $J=0$, $K=1$ ④ $J=0$, $K=0$

96 클록 펄스에 관계없이 비동기 입력을 가진 JK 플립플롭의 논리회로로 올바른 것은?

①
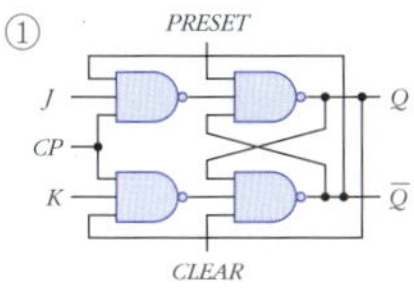

②
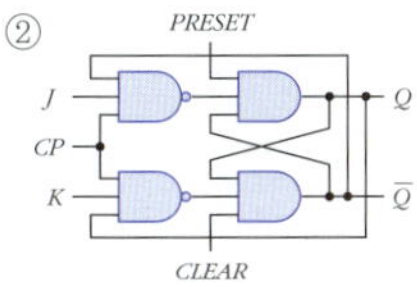

③
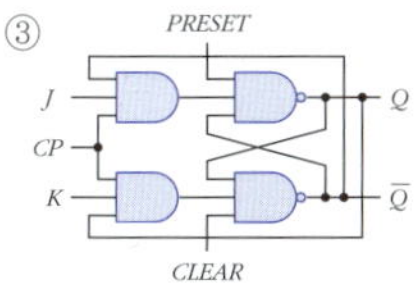

④
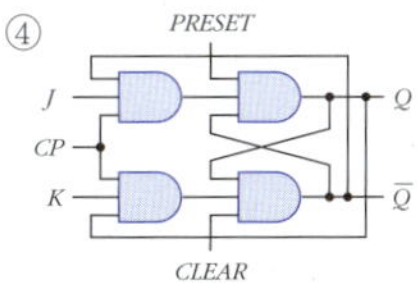

97 다음 표와 같이 동작하는 MN 플립플롭이 있다고 가정할 경우, 현재 상태 출력 $Q(t)=1$일 때 다음 상태 출력 $Q(t+1)=1$이기 위한 M과 N의 입력으로 가장 적당한 것은? 단, ×는 don't care이다.

M	N	$Q(t+1)$
0	0	0
0	1	Q
1	0	$\bar{Q}$
1	1	1

① $M=1$, $N=\times$　② $M=0$, $N=\times$
③ $M=\times$, $N=1$　④ $M=\times$, $N=0$

98 디지털 회로에서 clock pulse가 오기 전에 입력하고자 하는 입력 자료가 미리 대기하고 있어야 원하는 결과를 얻을 수 있다. 이때 대기하는 시간을 무엇이라 하는가?

① propagation delay time
② setup time
③ hold time
④ access time

99 플립플롭의 동작 특성 중 클록 펄스가 상승 에지 변이 이후에도 입력값이 변해서는 안 되는 일정한 시간을 의미하는 것은?

① 전파 지연 시간 + 홀드 시간 + 설정 시간
② 전파 지연 시간
③ 홀드 시간
④ 설정 시간

100 10개의 플립플롭이 +5V 직류전원에서 동작하고 25mA의 전류가 흐른다면 전력 소모량은 얼마인가?

① 125mW　② 250mW
③ 1.25W　④ 2.5W

101 D 플립플롭이 셋업(setup) 시간 = 5ns, 홀드(hold) 시간 = 10ns, 전파(propagation) 시간 = 15ns이다. 클록 에지가 발생하기 얼마 전에 데이터가 입력되어야 하는가?

① 5ns　② 10ns
③ 15ns　④ 30ns

102 어떤 플립플롭의 전파 지연 시간이 50ns라고 하면 이 플립플롭이 정상적인 동작을 하도록 인가할 수 있는 클록의 최대 주파수는 몇 MHz인가?

① 5MHz　② 10MHz
③ 20MHz　④ 50MHz

103 D 플립플롭은 클록 펄스를 0에서 1로 가하기 전에 D 입력에 새로운 입력값을 일정 시간 동안 유지하여 주어야 한다. 이 시간을 무엇이라고 하는가?

① setup 시간
② hold 시간
③ idle 시간
④ 실행 시간

104 플립플롭(flip-flop)과 같은 기능을 갖는 것은?

① 슈미트 트리거(Schmitt trigger)
② 비안정 멀티바이브레이터
③ 단안정 멀티바이브레이터
④ 쌍안정 멀티바이브레이터

105 2개의 안정 상태를 가지고 있는 쌍안정 멀티바이브 레이터를 의미하는 것은?

① 인코더　② 디코더
③ 플립플롭　④ 멀티플렉서

106 플립플롭은 몇 개의 안정 상태를 갖는가?

① 1개　② 2개
③ 4개　④ ∞

107 다음 중 외부로부터 트리거(trigger) 신호 없이 스스로 준안정 상태에서 다른 준안정 상태로 변화를 되풀이하는 것은?

① 비안정 멀티바이브레이터
② 쌍안정 멀티바이브레이터
③ 단안정 멀티바이브레이터
④ 슈미트 트리거

108 전원이 인가된 상태에서 연속적으로 펄스를 발생시키고자 할 때 사용되는 것은?

① 비안정 멀티바이브레이터
② 쌍안정 멀티바이브레이터
③ 단안정 멀티바이브레이터
④ 클램프 회로

109 비안정 멀티바이브레이터 회로에서 출력 전압의 파형은?

① 구형파 ② 정현파
③ 삼각파 ④ 스텝파

110 외부 트리거 입력 신호가 인가되는 경우에만 폭이 0.1ms이고 전압이 5V인 펄스를 발생시켜 출력하고자 한다. 이러한 목적에 가장 적합한 것은?

① 슈미트 트리거 회로
② 비안정 멀티바이브레이터
③ 쌍안정 멀티바이브레이터
④ 단안정 멀티바이브레이터

1 ①	2 ②	3 ②	4 ④	5 ③	6 ④	7 ④	8 ④	9 ①	10 ②	11 ②	12 ④
13 ③	14 ②	15 ③	16 ③	17 ②	18 ①	19 ②	20 ③	21 ②	22 ②	23 ③	24 ①
25 ②	26 ③	27 ③	28 ①	29 ④	30 ③	31 ②	32 ②	33 ③	34 ④	35 ③	36 ④
37 ③	38 ②	39 ②	40 ③	41 ③	42 ③	43 ①	44 ④	45 ③	46 ①	47 ④	48 ③
49 ③	50 ③	51 ②	52 ④	53 ④	54 ③	55 ④	56 ②	57 ①	58 ④	59 ②	60 ③
61 ③	62 ②	63 ③	64 ④	65 ①	66 ①	67 ③	68 ①	69 ①	70 ④	71 ③	72 ④
73 ③	74 ②	75 ③	76 ①	77 ②	78 ④	79 ④	80 ①	81 ②	82 ③	83 ③	84 ④
85 ③	86 ③	87 ③	88 ④	89 ④	90 ④	91 ④	92 ①	93 ②	94 ③	95 ①	96 ①
97 ③	98 ②	99 ③	100 ③	101 ①	102 ③	103 ①	104 ④	105 ③	106 ②	107 ①	108 ①
109 ①	110 ④										

Chapter

09

동기 순서논리회로

학습목표

- 동기 순서논리회로를 해석할 수 있다.
- 각종 플립플롭에서 여기표의 개념을 이해하고, 이를 설계 과정에 적용할 수 있다.
- 동기 순서논리회로를 설계할 수 있다.
- 상태 방정식을 이용해 동기 순서논리회로를 설계할 수 있다.

9.1 동기 순서논리회로 개요

조합논리회로combinational logic circuit는 임의의 시점에서 이전 입력값에 관계없이 현재 입력값에 따라 출력이 결정되는 논리회로다. 이에 반해 **순서논리회로**sequential logic circuit는 현재의 입력값과 이전 출력 상태에 따라 출력값이 결정되는 논리회로다.

순서논리회로는 신호의 타이밍timing에 따라 **동기**synchronous **순서논리회로**와 **비동기**asynchronous **순서논리회로**로 나눌 수 있다. 동기 순서논리회로에서 상태state는 단지 이산된discrete 각 시점, 즉 클록 펄스가 들어오는 시점에서 상태가 변하는 회로다. 이러한 펄스는 주기적periodic 또는 비주기적aperiodic으로 생성할 수 있으며, 클록 펄스는 클록 발생기clock generator라는 타이밍 장치에서 생성한다. 이와 같이 클록 펄스 입력을 통해서 동작하는 회로를 동기 순서논리회로 또는 단순히 동기순서회로라 한다.

한편, 비동기 순서논리회로는 시간에 관계없이 단지 입력이 변하는 순서에 따라 동작하는 논리회로를 말한다. 비동기 순서논리회로는 회로 입력이 변화할 경우에만 상태 전이state transition가 발생하므로 클록이 없는 메모리 소자unclocked memory device를 사용한다. 결과적으로 비동기 순서논리회로의 정확한 동작은 입력의 타이밍에 의존하기 때문에 마지막 입력 변화에서 회로가 안정되도록 설계해야 한다. 그렇지 않으면 회로는 정확하게 동작하지 않는다.

[그림 9-1]은 순서논리회로의 블록도를 나타낸다. 순서논리회로는 조합논리회로와 메모리 소자(플립플롭)로 구성된다. 클록 펄스*CP* : clock pulse가 있는 순서논리회로에서는 메모리 부

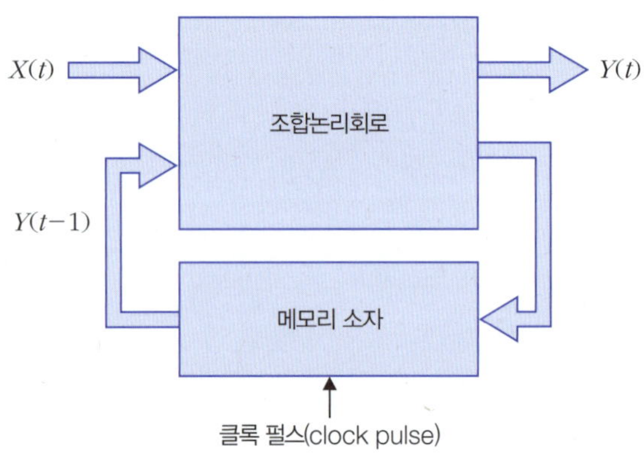

그림 9-1 순서논리회로의 블록도

분에 클록 입력이 있다. 순서논리회로의 출력 $Y(t)$는 현재 상태의 입력 $X(t)$와 이전 상태의 출력 $Y(t-1)$에 의하여 결정된다.

[그림 9-2]에 나타낸 것처럼 해석 과정은 이미 구현된 순서논리회로로부터 상태표나 상태도를 유도하는 절차이며, 설계 과정은 주어진 사양(상태표, 상태도, 불 함수)으로부터 순서논리회로를 구현하는 절차이다. 여기서는 먼저 동기 순서논리회로의 해석 과정에 대해서 알아보고, 4절에서 설계 과정에 대해 설명할 것이다.

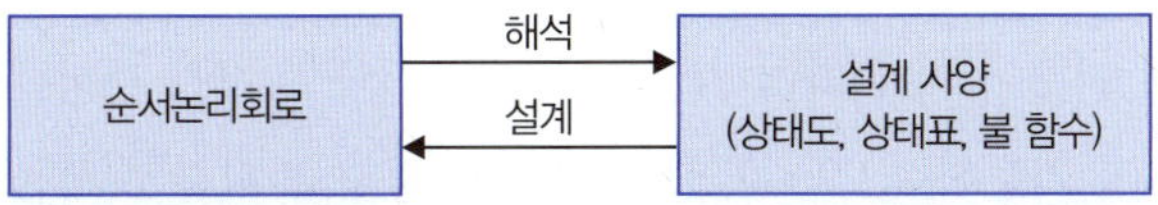

그림 9-2 순서논리회로의 해석과 설계 관계

9.2 동기 순서논리회로의 해석 과정

순서논리회로는 조합논리회로와 플립플롭으로 구성되므로 순서논리회로의 동작은 입력과 출력 및 플립플롭의 현재 상태에 따라 결정되며, 출력과 다음 상태는 현재 상태의 함수가 된다. 따라서 순서논리회로는 입력과 출력 및 현재 상태에 따라 결정되는 다음 상태의 시간 순서를 상태표나 상태도로 나타냄으로써 해석이 가능하다. 또 순서논리회로의 동작을 시간 순서를 포함하는 불 대수식으로 표시할 수도 있다.

순서논리회로의 해석 과정은 크게 다음과 같은 6단계로 수행된다.

[단계 1] 회로 입력과 출력에 대한 변수 명칭 부여
[단계 2] 조합논리회로가 있으면 조합논리회로의 불 대수식 유도
[단계 3] 회로의 상태표 작성
[단계 4] 상태표를 이용해 상태도 작성
[단계 5] 상태 방정식 유도
[단계 6] 상태표와 상태도를 분석하여 회로의 동작 설명

위의 각 단계를 적용하여 순서논리회로를 해석하는 과정을 상세히 알아보자. 해석하는 과정에서 입력, 클록, 플립플롭의 상태 및 출력 사이의 관계를 나타내는 타이밍도나 상태도를 작성할 것이다. 여기서는 클록의 상승 에지나 하강 에지에서 동작하는 에지 트리거 플립플롭들을 사용한다. 그리고 설정 시간setup time과 유지 시간hold time의 요구 조건이 만족되도록 클록 에지의 전후에서 플립플롭들의 입력이 충분한 시간 동안 안정된 값을 유지한다고 가정한다. 순서논리회로의 상태는 항상 상승 에지나 하강 에지에서 변화한다. 회로의 출력은 회로의 형태에 따라 플립플롭들이 상태를 바꿀 때 혹은 입력이 바뀔 때 변하게 된다.

순서논리회로는 2가지 형태가 있는데, 하나는 출력들이 오직 플립플롭들의 현재 상태에만 의존하는 것이고, 다른 하나는 플립플롭의 현재 상태와 입력들에 모두 의존하는 것이다. 만약 순서논리회로의 출력이 플립플롭들의 현재 상태만의 함수라면 해당 회로를 **무어 머신**Moore machine이라고 한다. 무어 머신의 상태도에서는 출력이 상태 안에 결합되어 표시된다. 만일 출력이 현재 상태와 입력 모두의 함수라면 그 회로를 **밀리 머신**Mealy machine이라 한다. 밀리 머신의 상태도에서는 출력이 상태 사이를 지나가는 화살선의 위에 표시된다. [그림 9-3]에는 무어 머신과 밀리 머신 상태도의 예를 나타냈다.

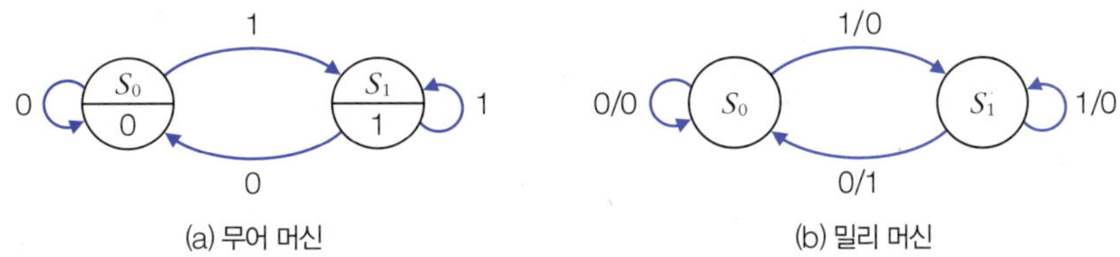

그림 9-3 무어 머신과 밀리 머신

1 변수 명칭 부여

[그림 9-4]는 *JK* 플립플롭을 사용한 순서논리회로의 예이며, 출력이 현재 상태와 입력의 함수이므로 밀리 머신의 상태도로 표현할 수 있다. 1번째 단계로 순서논리회로의 입력과 출력에 대한 변수의 명칭을 다음과 같이 부여한다.

- 입력 변수 : x
- 출력 변수 : y
- FF-A 플립플롭의 입력 : J_A, K_A
- FF-B 플립플롭의 입력 : J_B, K_B
- FF-A 플립플롭의 출력 : $A(=Q_A)$
- FF-B 플립플롭의 출력 : $B(=Q_B)$

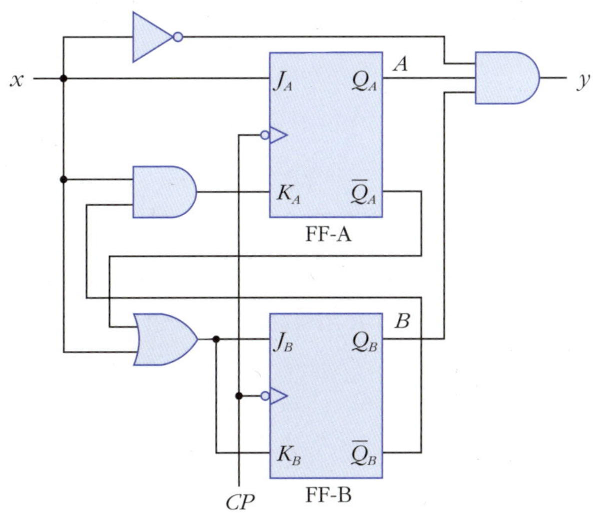

그림 9-4 동기 순서논리회로의 해석 예

2 불 대수식 유도

[그림 9-4]에서 두 JK 플립플롭의 입력에 있는 조합논리회로의 불 대수식을 구한다.

- FF-A 플립플롭의 입력 : $J_A = x,\ K_A = \bar{B}x$
- FF-B 플립플롭의 입력 : $J_B = \bar{A} + x,\ K_B = \bar{A} + x$
- 시스템 출력 : $y = AB\bar{x}$

3 상태표 작성

상태표state table는 현재 상태와 외부 입력의 변화에 따라 다음 상태와 출력의 변화를 정의한 것이다. [표 9-1]은 [그림 9-4]에 대한 상태표다. 먼저 **현재 상태**란 클록 펄스^{CP}의 인가 전 상태를 나타내며, **다음 상태**란 클록 펄스의 인가 후 상태를 나타낸다. 출력은 현재 상태의 출력값을 나타낸다.

표 9-1 [그림 9-4]의 상태표

현재 상태		입력	다음 상태		출력
A	B	x	A	B	y
0	0	0	0	1	0
0	0	1	1	1	0
0	1	0	0	0	0
0	1	1	1	0	0
1	0	0	1	0	0
1	0	1	0	1	0
1	1	0	1	1	1
1	1	1	1	0	0

상태표를 작성하기 위해 각 플립플롭의 다음 상태값과 출력을 구한다. 먼저 입력 x와 2개 플립플롭의 출력 A, B의 현재 상태값을 불 대수식에 대입하여 각 플립플롭의 J와 K 입력값을 구한다. 다음에는 클록 펄스가 인가되면 각 플립플롭의 J와 K 입력값을 대입하여 다음 상태값을 구한다.

❶ $A = 0,\ B = 0,\ x = 0$일 때

- FF-A는 $J_A = x = 0,\ K_A = \bar{B}x = 0$이므로 현재 상태가 변하지 않는다($A = 0$).
- FF-B는 $J_B = \bar{A} + x = 1,\ K_B = \bar{A} + x = 1$이므로 현재 상태가 반전한다($B = 1$).
- 출력은 $y = AB\bar{x} = 0$이다.

❷ $A=0, B=0, x=1$일 때

- FF-A는 $J_A = x = 1$, $K_A = \bar{B}x = 1$이므로 현재 상태가 반전한다($A=1$).
- FF-B는 $J_B = \bar{A} + x = 1$, $K_B = \bar{A} + x = 1$이므로 현재 상태가 반전한다($B=1$).
- 출력은 $y = AB\bar{x} = 0$이다.

❸ $A=0, B=1, x=0$일 때

- FF-A는 $J_A = x = 0$, $K_A = \bar{B}x = 0$이므로 현재 상태가 변하지 않는다($A=0$).
- FF-B는 $J_B = \bar{A} + x = 1$, $K_B = \bar{A} + x = 1$이므로 현재 상태가 반전한다($B=0$).
- 출력은 $y = AB\bar{x} = 0$이다.

❹ $A=0, B=1, x=1$일 때

- FF-A는 $J_A = x = 1$, $K_A = \bar{B}x = 0$이므로 set 상태가 된다($A=1$).
- FF-B는 $J_B = \bar{A} + x = 1$, $K_B = \bar{A} + x = 1$이므로 현재 상태가 반전한다($B=0$).
- 출력은 $y = AB\bar{x} = 0$이다.

❺ $A=1, B=0, x=1$일 때

- FF-A는 $J_A = x = 0$, $K_A = \bar{B}x = 0$이므로 현재 상태가 변하지 않는다($A=1$).
- FF-B는 $J_B = \bar{A} + x = 0$, $K_B = \bar{A} + x = 0$이므로 현재 상태가 변하지 않는다($B=0$).
- 출력은 $y = AB\bar{x} = 0$이다.

❻ $A=1, B=0, x=1$ 때

- FF-A는 $J_A = x = 1$, $K_A = \bar{B}x = 1$이므로 현재 상태가 반전한다($A=0$).
- FF-B는 $J_B = \bar{A} + x = 1$, $K_B = \bar{A} + x = 1$이므로 현재 상태가 반전한다($B=1$).
- 출력은 $y = AB\bar{x} = 0$이다.

❼ $A=1, B=1, x=0$일 때

- FF-A는 $J_A = x = 0$, $K_A = \bar{B}x = 0$이므로 현재 상태가 변하지 않는다($A=1$).
- FF-B는 $J_B = \bar{A} + x = 0$, $K_B = \bar{A} + x = 0$이므로 현재 상태가 변하지 않는다($B=1$).
- 출력은 $y = AB\bar{x} = 1$이다.

8 $A=1$, $B=1$, $x=1$일 때

- FF-A는 $J_A = x = 1$, $K_A = \bar{B}x = 0$이므로 set 상태가 된다($A = 1$).
- FF-B는 $J_B = \bar{A} + x = 1$, $K_B = \bar{A} + x = 1$이므로 현재 상태가 반전한다($B = 0$).
- 출력은 $y = AB\bar{x} = 0$이다.

4 상태도 작성

[표 9-1]의 상태표로부터 상태도를 그리면 [그림 9-5]와 같다. 상태도에는 두 플립플롭의 상태인 00, 01, 10, 11이 4개의 원 내부에 표시되어 있으며, 현재 상태에서 다음 상태로의 상태 변화는 화살표로 표시하였다. 방향 표시(화살표)가 된 선들은 슬래시(/)로 분리되는 2진수 2개를 갖는다. 슬래시 이전에 기술된 2진수는 상태 변화를 일으키는 입력값을, 다음에 나타난 2진수는 현재 상태에 대한 출력값을 나타낸다. 예를 들어, 01 → 10(01 상태에서 10 상태로의 변화)의 선에 1/0이라고 표시되어 있으면, 이것은 순서논리회로가 현재 상태 01, 입력 1, 출력 0일 때를 의미하며, 한 클록이 인가된 후 이 회로는 다음 상태 10으로 변함을 나타낸다.

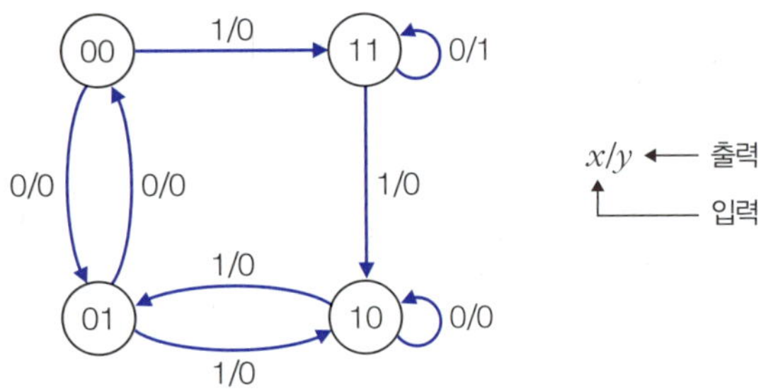

그림 9-5 [그림 9-4]의 상태도

5 상태 방정식 유도

상태 방정식state equation은 플립플롭 상태 전이에 대한 조건을 지정하는 대수식이다. 상태 방정식은 [표 9-1]의 상태표로부터 구할 수 있다. 플립플롭 A와 B가 논리 1이 되는 상태 방정식은 다음과 같다.

$$A(t+1) = \bar{A}\bar{B}x + \bar{A}Bx + A\bar{B}\bar{x} + AB\bar{x} + ABx$$
$$B(t+1) = \bar{A}\bar{B}\bar{x} + \bar{A}\bar{B}x + A\bar{B}x + AB\bar{x}$$

이를 [그림 9-6]과 같이 카르노 맵을 이용해 간소화한 상태 방정식은 다음과 같다.

$$A(t+1) = \bar{A}x + AB + A\bar{x}$$
$$B(t+1) = \bar{A}\bar{B} + \bar{B}x + AB\bar{x}$$

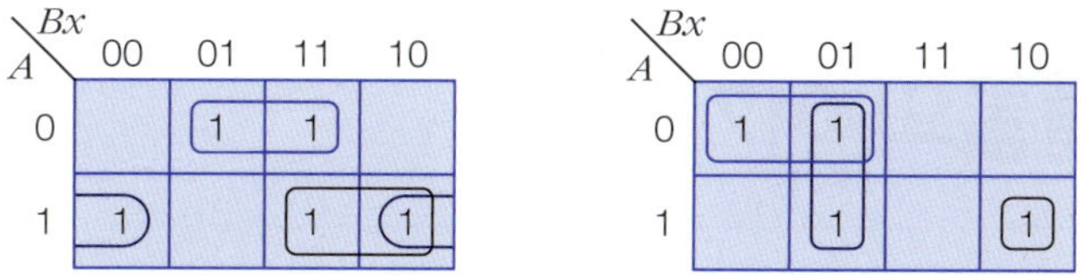

그림 9-6 상태 방정식에 대한 카르노 맵

JK 플립플롭의 특성 방정식을 플립플롭 A와 B의 함수로 표시하면 다음과 같다.

$$A(t+1) = (J_A)\bar{A} + (\bar{K}_A)A$$
$$B(t+1) = (J_B)\bar{B} + (\bar{K}_B)B$$

TIP
JK **플립플롭의 특성 방정식**
$Q(t+1) = J\bar{Q}(t) + \bar{K}Q(t)$

위에서 구한 $A(t+1)$과 $B(t+1)$의 상태 방정식을 JK 플립플롭의 특성 방정식에 맞게 상태 방정식의 형태를 변경하여 두 플립플롭의 입력인 J_A와 K_A, J_B와 K_B를 구한다.

$$A(t+1) = \bar{A}x + AB + A\bar{x} = x\bar{A} + (B+\bar{x})A = x\bar{A} + (\overline{\bar{B}x})A$$
$$B(t+1) = \bar{A}\bar{B} + \bar{B}x + AB\bar{x} = (\bar{A}+x)\bar{B} + A\bar{x}B = (\bar{A}+x)\bar{B} + (\overline{\bar{A}+x})B$$

이 상태 방정식에서 $J_A = x$, $K_A = \bar{B}x$이며, $J_B = \bar{A}+x$, $K_B = \bar{A}+x$가 된다. 따라서 상태 방정식으로부터 구한 두 플립플롭의 입력에 대한 불 대수식과 순서논리회로에서 구한 불 대수식이 같음을 알 수 있다.

6 회로의 동작 설명

순서논리회로의 동작은 상태도나 상태표를 이용해 설명할 수 있다. [그림 9-4]는 입력 x의 값에 따라 클록 펄스가 한 번씩 인가될 때마다 [그림 9-5]의 상태도에 나타낸 순서로 동작하는 순서논리회로다.

두 플립플롭의 현재 상태가 00이고, 출력 $y=0$, 입력이 $x=0$일 때 클록 펄스가 입력되면 01로 전이하며, 현재 상태가 01이고, 출력 $y=0$, 입력이 $x=1$일 때 클록 펄스가 인가되면 10으로 변한다. 플립플롭의 현재 상태가 10이고, 출력 $y=0$, 입력이 $x=1$일 때 클록 펄스가 입력되면 01로 전이하며, 현재 상태가 01이고, 출력 $y=0$, 입력이 $x=0$일 때 클록 펄스가 입력되면 00으로 변한다. 또한 두 플립플롭의 현재 상태가 00이고, 출력 $y=0$, 입력이 $x=1$일 때 클록 펄스가 인가되면 11로 변하고, 현재 상태가 11이고, 출력 $y=1$, 입력이 $x=0$이면 현재 상태 11을 유지한다. 플립플롭의 현재 상태가 11이고, 출력 $y=0$, 입력이 $x=1$일 때 클록 펄스가 인가되면 10으로 변한다.

9.3 플립플롭의 여기표

플립플롭의 **특성표**는 현재 상태와 입력값이 주어졌을 때, 다음 상태가 어떻게 변하는가를 나타내는 표이며, **여기표**excitation table는 현재 상태에서 다음 상태로 변하기 위해 요구되는 입력 조건을 나타내는 표다. 플립플롭의 여기표는 순서논리회로를 설계할 때 많이 사용한다.

1 *SR* 플립플롭의 여기표

[그림 9–7]에는 *SR* 플립플롭의 특성표를 이용해 여기표를 얻는 과정을 나타냈다. 특성표에서 왼쪽에 입력(S, R)과 현재 상태($Q(t)$)가 표시되고 오른쪽에는 다음 상태($Q(t+1)$)가 표시되어 있다. 이 특성표를 왼쪽에 $Q(t)$와 $Q(t+1)$을 표시하고 오른쪽에 각 플립플롭의 요구 입력을 표시하는 표로 변환하면 플립플롭의 여기표가 된다. 여기서 ×는 무관don't care 조건을 나타낸다.

특성표

입력		현재 상태	다음 상태
S	R	$Q(t)$	$Q(t+1)$
0	0	0	0
0	0	1	1
0	1	0	0
0	1	1	0
1	0	0	1
1	0	1	1
1	1	0	?
1	1	1	?

여기표

현재 상태	다음 상태	요구 입력	
$Q(t)$	$Q(t+1)$	S	R
0	0	0	×
0	1	1	0
1	0	0	1
1	1	×	0

그림 9–7 *SR* 플립플롭의 여기표 유도 과정

TIP

SR 플립플롭의 진리표

S	R	$Q(t+1)$
0	0	$Q(t)$ (불변)
0	1	0
1	0	1
1	1	부정

❶ $Q(t)=0$에서 $Q(t+1)=0$으로 변하는 경우

입력 S와 R은 2가지 조건이 있다. 즉 출력이 변하지 않았으므로 $S=0$, $R=0$인 경우와 $Q(t+1)=0$이 되기 위한 $S=0$, $R=1$인 경우다. 따라서 입력 조건은 $S=0$, $R=0$ 또는 $S=0$, $R=1$이며, 이것은 $S=0$, $R=\times$로 표시한다.

❷ $Q(t)=0$에서 $Q(t+1)=1$로 변하는 경우

> $S=1$, $R=0$인 경우만 변화가 가능하다.

❸ $Q(t)=1$에서 $Q(t+1)=0$으로 변하는 경우

> $S=0$, $R=1$인 경우만 변화가 가능하다.

❹ $Q(t)=1$에서 $Q(t+1)=1$로 변하는 경우

> 출력이 변하지 않으므로 $S=0$, $R=0$인 경우와 $Q(t+1)=1$이므로 출력이 1이 되는 $S=1$, $R=0$인 경우가 가능하다. 이것은 $S=\times$, $R=0$으로 표시한다.

2 *JK* 플립플롭의 여기표

[그림 9-8]에는 *JK* 플립플롭의 특성표를 이용해 여기표를 얻는 과정을 나타냈다.

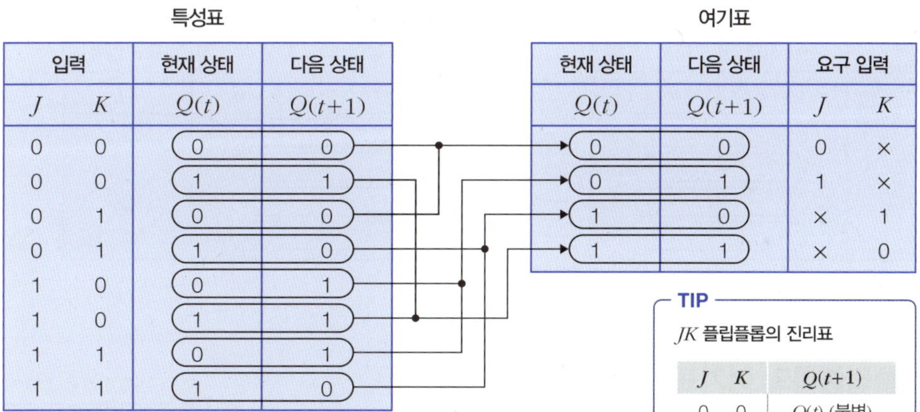

그림 9-8 *JK* 플립플롭의 여기표 유도 과정

TIP

JK 플립플롭의 진리표

J	K	$Q(t+1)$
0	0	$Q(t)$ (불변)
0	1	0
1	0	1
1	1	$\bar{Q}(t)$ (토글)

❶ $Q(t)=0$에서 $Q(t+1)=0$으로 변하는 경우

> 출력이 변하지 않았거나 $Q(t+1)=0$이 되었다고 생각할 수 있다. 전자는 $J=0$, $K=1$, 후자는 $J=0$, $K=1$의 입력이 필요하다. 따라서 $J=0$, $K=\times$로 표시한다.

❷ $Q(t)=0$에서 $Q(t+1)=1$로 변하는 경우

> 출력이 반전되었으므로 $J=1$, $K=1$이거나, $Q(t+1)=1$로 set되는 경우이므로 $J=1$, $K=0$인 입력이 필요하다. 따라서 $J=1$, $K=\times$로 표시한다.

❸ $Q(t)=1$에서 $Q(t+1)=0$으로 변하는 경우

> 출력이 반전되었으므로 $J=1$, $K=1$이거나, $Q(t+1)=0$으로 clear되는 경우이므로 $J=0$, $K=1$인 입력이 필요하다. 따라서 $J=\times$, $K=1$로 표시한다.

❹ $Q(t)=1$에서 $Q(t+1)=1$로 변하는 경우

> 출력이 변하지 않으므로 $J=0$, $K=0$인 경우와 $Q(t+1)=1$이므로 출력이 1이 되는 $J=1$, $K=0$인 입력이 필요하다. 이것은 $J=\times$, $K=0$으로 표시한다.

3 D 플립플롭의 여기표

[그림 9-9]에는 D 플립플롭의 특성표를 이용해 여기표를 얻는 과정을 나타냈다. 현재 상태에 관계없이 다음 상태는 항상 D 입력과 같다. 따라서 $Q(t+1)=0$이 되려면 $Q(t)$의 값에 관계없이 $D=0$이고 $Q(t+1)=1$이 되기 위해서는 $D=1$이 되어야 한다.

TIP

D 플립플롭의 진리표

D	$Q(t+1)$
0	0
1	1

특성표

입력	현재 상태	다음 상태
D	$Q(t)$	$Q(t+1)$
0	0	0
0	1	0
1	0	1
1	1	1

여기표

현재 상태	다음 상태	요구 입력
$Q(t)$	$Q(t+1)$	D
0	0	0
0	1	1
1	0	0
1	1	1

그림 9-9 D 플립플롭의 여기표 유도 과정

4 T 플립플롭의 여기표

[그림 9-10]에는 T 플립플롭의 특성표를 이용해 여기표를 얻는 과정을 나타냈다. $T=1$인 경우 플립플롭은 보수를 취하며, $T=0$인 경우 플립플롭의 상태는 변하지 않는다. 그러므로 플립플롭의 상태가 변하지 않을 때는 $T=0$, 상태가 변할 때는 $T=1$이어야 한다.

TIP

T 플립플롭의 진리표

T	$Q(t+1)$
0	$Q(t)$ (불변)
1	$\bar{Q}(t)$ (토글)

특성표

입력	현재 상태	다음 상태
T	$Q(t)$	$Q(t+1)$
0	0	0
0	1	1
1	0	1
1	1	0

여기표

현재 상태	다음 상태	요구 입력
$Q(t)$	$Q(t+1)$	T
0	0	0
0	1	1
1	0	1
1	1	0

그림 9-10 T 플립플롭의 여기표 유도 과정

9.4 동기 순서논리회로의 설계 과정

동기 순서논리회로는 조합논리회로 부분과 기억 소자 부분으로 구성된다. 여기서 조합논리회로 부분은 AND나 OR 같은 기본 논리 게이트들의 결합으로 구성되고, 기억 소자 부분은 플립플롭 1개 이상이 병렬 또는 직렬로 결합되어 구성된다. 이러한 동기 순서논리회로의 설계는 크게 8단계로 수행된다.

[단계 1] 회로 동작 기술(상태도 작성)
[단계 2] 정의된 회로의 상태표 작성
[단계 3] 필요한 경우 상태 축소 및 상태 할당
[단계 4] 플립플롭의 수와 종류 결정
[단계 5] 플립플롭의 입력, 출력 및 각각의 상태에 문자기호 부여
[단계 6] 상태표를 이용해 회로의 상태 여기표 작성
[단계 7] 간소화 방법을 이용해 출력 함수 및 플립플롭의 입력 함수 유도
[단계 8] 순서논리회로도 작성

각 단계를 적용하여 순서논리회로의 설계 과정을 상세히 알아보자.

1 *JK* 플립플롭을 이용한 순서논리회로 설계

회로 동작 기술

순서논리회로의 설계 과정은 먼저 회로 동작을 명확히 기술해야 하며, 이때 플립플롭의 상태도나 다른 정보를 포함할 수 있다. 다시 말해, 순서논리회로의 설계는 조합논리회로와 달리 현재 상태가 다음 상태에 영향을 미치기 때문에 가능한 모든 상태와 이들 상태에 대한 전이 관계를 명확히 정의하는 것이 중요하다. 일단 회로에 대한 사양specification이 정해지면 해당 내용에 따라 상태표를 작성하고 설계 절차에 따라 회로를 설계할 수 있다. [그림 9-11]은 설계하려는 동기 순서논리회로에 대한 상태도state diagram다.

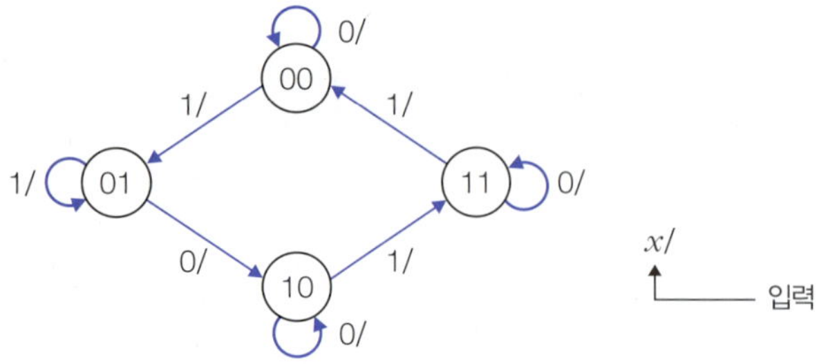

그림 9-11 동기 순서논리회로에 대한 상태도(*JK* 플립플롭을 이용하는 경우)

[그림 9-11]에서 4가지 상태에 각각 2진수 00, 01, 10, 11이 할당되었다. 일반적으로 방향 표시(화살표)가 된 선들은 슬래시(/)로 분리되는 2진수 2개를 갖는다. 슬래시 이전에 기술된 2진수는 현재 상태 동안의 입력값을, 다음에 나타난 2진수는 현재 상태 동안의 출력값을 나타낸다. 그러나 [그림 9-11]을 보면 출력이 없고 2진수 하나만 나타나 있는데, 입력 변수만 있고 출력 변수는 없는 상태에서 상태 변화가 일어남을 의미한다.

상태표 작성

상태표state table는 현재 상태와 외부 입력의 변화에 따라 다음 상태의 변화를 정의한 것으로 상태도로부터 유도할 수 있다. [그림 9-11]의 상태도로부터 상태표를 유도하기 위해서 4가지 상태를 나타내고 있는 두 플립플롭에는 상태 변수 A와 B를 할당하고, 외부 입력에는 변수 x를 할당한다. 이 회로에는 출력이 없음에 주의하라. [표 9-2]는 [그림 9-11]의 상태도로부터 유도된 상태표를 나타낸다.

표 9-2 [그림 9-11]의 상태표

현재 상태		입력	다음 상태	
A	B	x	A	B
0	0	0	0	0
0	0	1	0	1
0	1	0	1	0
0	1	1	0	1
1	0	0	1	0
1	0	1	1	1
1	1	0	1	1
1	1	1	0	0

[표 9-2]는 현재 상태 A, B가 외부 입력 x의 변화에 따라 다음 상태 A, B로 어떻게 변하는지를 나타내고 있다. 예를 들어, 현재 상태가 $A=0$, $B=1$이고 외부 입력 $x=0$인 경우 다음 상태는 $A=1$, $B=0$으로 변함을 알 수 있다. 이러한 변화는 [그림 9-11]의 상태도를 통해 직접 알 수 있다. 그러나 상태표에서는 현재 상태와 외부 입력 및 다음 상태를 정적인 형태로 표현하기 위하여 변수를 정의한 점이 다르다.

플립플롭의 수와 형태 결정

동기 순서논리회로를 구성하는 플립플롭의 수는 회로의 모든 가능한 상태 수에 따라 결정된다. 예를 들어, 정의해야 할 상태의 수가 4가지면 플립플롭이 2개($4=2^2$) 필요하며, 8가지면 플립플롭이 3개($8=2^3$) 필요하다. 또 상태 수가 6가지인 경우에는 플립플롭이 3개 필요하지만 2가지 상태는 사용하지 않는다. 이때 사용하지 않은 2가지 상태는 조합논리회로에서처럼 무관 조건don't care이 된다.

[그림 9-11]의 상태도의 경우 가능한 모든 상태는 4가지이므로 필요한 플립플롭의 수는 2개이며, 각각의 플립플롭에 대해 문자기호 A와 B를 할당한다. 일반적으로 플립플롭의 출력은 Q와 $\bar{Q}$로 구성된다. 따라서 4가지의 서로 다른 상태를 얻기 위해서는 플립플롭 2개가 필요하다.

[표 9-2]의 상태표에서 현재 상태와 다음 상태를 표시할 때 변수 A와 B를 사용했는데, 현재 상태 $A=1$, $B=1$이라고 하는 것은 2개의 플립플롭 중에서 플립플롭 A의 Q 출력, 즉 $Q_A=1$이고 플립플롭 B의 Q 출력, 즉 $Q_B=1$이라는 의미다. 그리고 외부 입력이 $x=1$이면, 플립플롭이 다음 상태인 $Q_A=0$과 $Q_B=0$으로 변한다는 의미가 된다.

동기 순서논리회로에 사용되는 기본적인 기억 소자에는 SR 플립플롭, D 플립플롭, JK 플립플롭, T 플립플롭이 있다. 이러한 플립플롭을 이용해 논리회로를 설계하는 경우, 설계할 회로 특성에 알맞으면서도 구현이 용이한 플립플롭을 선택해야 한다. 예를 들어, 카운터를 설계할 경우에는 회로의 특성상 주로 JK 플립플롭이나 T 플립플롭을 이용하는 것이 유리하다. 여기서 설명하는 회로의 설계는 JK 플립플롭을 이용한다.

TIP

정의해야 할 상태의 수가 m가지면 플립플롭이 $\lceil \log_2 m \rceil$개 필요하다.
예를 들어, $m=10$이면 $\log_2 10 \approx 3.219$이므로 $\lceil \log_2 10 \rceil=4$개의 플립플롭이 필요하다.

상태 여기표 유도

플립플롭의 진리표는 순서논리회로의 동작을 분석하는 데 유용하다. 즉 회로의 입력과 현재 상태가 주어지고 다음 상태의 결과를 얻기 위해서 진리표를 이용한다. 한편, 순서논리회로의 설계에 있어 현재 상태에서 다음 상태로의 전이transition를 알고 있을 때, 필요한 전이를 일으키는 플립플롭의 입력 조건을 결정해야 한다. 이러한 경우 주어진 상태 변화에 대해 필요한 입력 조건을 결정하는 표를 플립플롭의 여기표excitation table라 한다.

[표 9-2]의 상태표로부터 두 JK 플립플롭의 입력 상태를 얻기 위한 **상태 여기표**는 [표 9-3]과 같다. 상태 여기표는 현재 회로 상태가 외부 입력과 결합하여 다음 상태로 변할 때 플립플롭의 입력에 인가해야 하는 값을 보여주고 있다. 예를 들어, [표 9-3]의 8가지 상태 변화 중에서 마지막 행인 $A=1$, $B=1$에서 $A=0$, $B=0$으로 상태 전이가 일어나는 경우를 생각해 보자. 두 JK 플립플롭의 현재 상태가 $Q_A=1$, $Q_B=1$이고, 이 상태가 외부 입력 $x=1$과 결합하여 다음 상태인 $Q_A=0$, $Q_B=0$으로 변하고 있는데, 각 플립플롭은 똑같이 $Q=1$에서 $Q=0$으로 변한다. 결국 JK 플립플롭이 현재 상태 1에서 0으로 전이가 이루어지며, JK 플립플롭의 여기표를 참고하면 JK 플립플롭의 입력이 각각 $J=\times$, $K=1$이 되어야 함을 알 수 있다. 따라서 $Q_A=1$, $Q_B=1$에서 $Q_A=0$, $Q_B=0$이 되려면 두 JK 플립플롭에 $J_A=\times$, $K_A=1$, $J_B=\times$, $K_B=1$이 입력되어야 한다. 나머지 상태 변화도 같은 방법으로 이해할 수 있다.

표 9-3 [그림 9-11]의 상태 여기표

현재 상태		입력	다음 상태		플립플롭 입력			
A	B	x	A	B	J_A	K_A	J_B	K_B
0	0	0	0	0	0	×	0	×
0	0	1	0	1	0	×	1	×
0	1	0	1	0	1	×	×	1
0	1	1	0	1	0	×	×	0
1	0	0	1	0	×	0	0	×
1	0	1	1	1	×	0	1	×
1	1	0	1	1	×	0	×	0
1	1	1	0	0	×	1	×	1

TIP

JK 플립플롭의 여기표

$Q(t)$	$Q(t+1)$	J	K
0	0	0	×
0	1	1	×
1	0	×	1
1	1	×	0

플립플롭의 입력 함수 및 회로의 출력 함수 유도

조합논리회로의 설계에서 입출력 변수 간의 관계를 진리표로 나타낸 것과 마찬가지로 [표 9-3]과 같은 상태 여기표가 작성되면 설계하려는 순서논리회로의 함수(플립플롭의 입력 함수 또는 조합논리회로의 출력 함수)를 불 함수로 표현할 수 있다. 불 함수는 대수적으로 정리하여 간소화할 수도 있고, 카르노 맵을 이용해 간소화할 수도 있다.

입력 변수는 A, B, x이고 조합논리회로의 출력은 플립플롭의 입력이 된다. 플립플롭의 입력 함수는 [그림 9-12]와 같이 카르노 맵을 이용해 간소화할 수 있다.

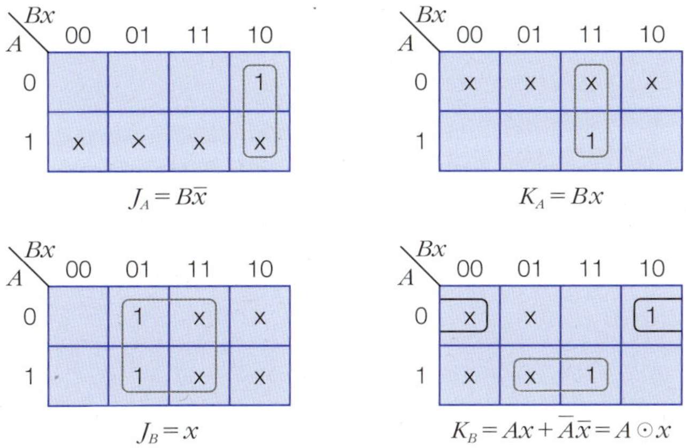

그림 9-12 카르노 맵을 이용한 간소화 과정

논리회로의 구현

간소화된 입력 함수를 이용해 전체 순서논리회로를 구현하면 [그림 9-13]과 같다. [그림 9-13]에 구현된 순서논리회로는 플립플롭의 현재 출력(Q_A, Q_B)이 외부 입력(x)과 함께 조합논리회로에 입력되어 조합논리회로의 출력(J_A, K_A, J_B, K_B)을 변화시키면, 조합논리회로의 출력이 바로 플립플롭의 입력이 되므로 플립플롭의 상태가 변하는 회로가 됨을 알 수 있다. 따라서 순서논리회로를 설계한다는 것은 사용하는 플립플롭의 상태가 설계자의 요구에 따라 일련의 변화를 하도록 조합논리회로를 설계하는 것과 같다고 할 수 있다.

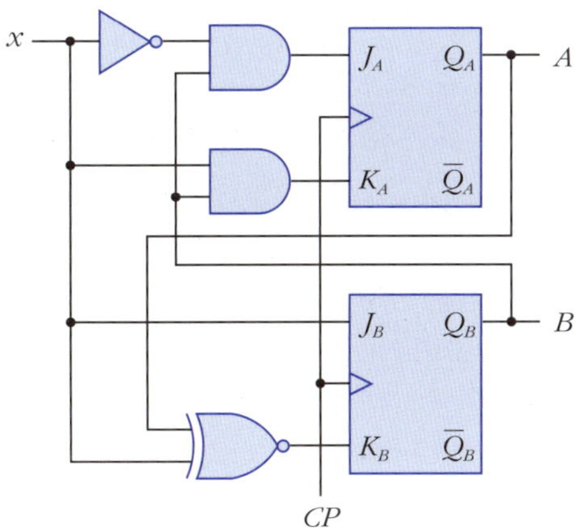

그림 9-13 JK 플립플롭을 이용한 순서논리회로의 구현

2 *D* 플립플롭을 이용한 순서논리회로 설계

D 플립플롭을 이용해 순서논리회로를 설계하는 방법을 설명하기 위하여 앞의 절차와 동일하게 설계하는 예를 살펴보자.

회로 동작 기술

[그림 9-14]는 설계하려는 순서논리회로에 대한 상태도를 나타낸다. 4가지 상태에 각각 2진수 00, 01, 10, 11이 할당되었다. [그림 9-14]를 보면 입력 변수와 출력 변수가 모두 있는 상태에서 변화가 일어난다.

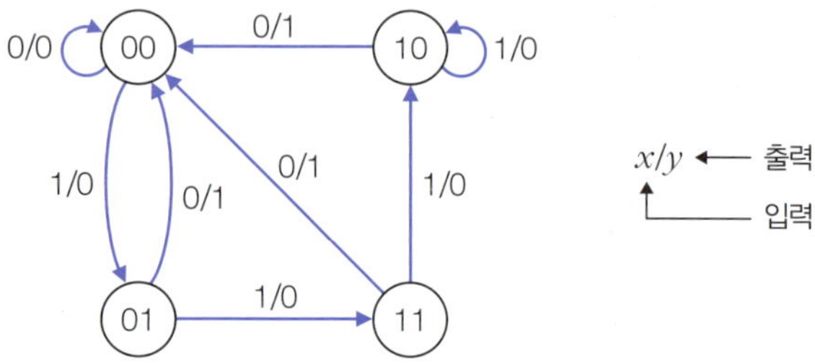

그림 9-14 동기 순서논리회로에 대한 상태도(*D* 플립플롭을 이용하는 경우)

상태표 작성

[그림 9-14]의 상태도로부터 상태표를 유도하기 위해서 4가지 상태를 나타내고 있는 두 플립플롭에는 상태 변수 *A*와 *B*를 할당하고, 외부 입력에는 변수 *x*를 할당한다. [표 9-4]는 [그림 9-14]의 상태도로부터 유도된 상태표를 나타낸다.

표 9-4 [그림 9-14]의 상태표

현재 상태		입력	다음 상태		출력
A	*B*	*x*	*A*	*B*	*y*
0	0	0	0	0	0
0	0	1	0	1	0
0	1	0	0	0	1
0	1	1	1	1	0
1	0	0	0	0	1
1	0	1	1	0	0
1	1	0	0	0	1
1	1	1	1	0	0

플립플롭의 수와 형태 결정

[그림 9-14]의 상태도의 경우, 가능한 모든 상태가 4가지이므로 플립플롭은 2개가 필요하다. 이러한 동작을 구현하는 데 어떠한 플립플롭도 사용될 수 있으나, 여기서는 비교적 설계 과정이 단순한 D 플립플롭을 사용하기로 한다.

상태 여기표 유도

D 플립플롭의 여기표를 이용해 [표 9-4]의 상태표로부터 두 D 플립플롭의 입력 상태를 얻기 위한 상태 여기표는 [표 9-5]와 같다. 예를 들어, [표 9-5]의 8가지 상태 변화 중에서 마지막 행인 $A=1$, $B=1$에서 $A=1$, $B=0$으로 상태 전이가 일어나는 경우를 생각해보자. D 플립플롭의 현재 상태가 $Q_A=1$, $Q_B=1$이고, 이 상태가 외부 입력 $x=1$과 결합하여 다음 상태인 $Q_A=1$, $Q_B=0$으로 변하고 있다. D 플립플롭의 여기표를 참고하면 이와 같이 상태가 변화하려면 D 플립플롭의 입력이 각각 $D_A=1$, $D_B=0$이 되어야 함을 알 수 있다. 나머지 상태 변화도 같은 방법으로 이해할 수 있다.

표 9-5 [그림 9-14]의 상태 여기표

현재 상태		입력	다음 상태		플립플롭 입력		출력
A	B	x	A	B	D_A	D_B	y
0	0	0	0	0	0	0	0
0	0	1	0	1	0	1	0
0	1	0	0	0	0	0	1
0	1	1	1	1	1	1	0
1	0	0	0	0	0	0	1
1	0	1	1	0	1	0	0
1	1	0	0	0	0	0	1
1	1	1	1	0	1	0	0

TIP

D 플립플롭의 여기표

$Q(t)$	$Q(t+1)$	D
0	0	0
0	1	1
1	0	0
1	1	1

플립플롭의 입력 함수 및 회로의 출력 함수 유도

[표 9-5]와 같은 상태 전이를 발생하기 위한 플립플롭의 입력 함수와 회로의 출력 함수를 얻기 위해서는 다음 상태 값이 1인 항들로 이루어진 SOP 표현을 구하면 된다. 이때 SOP 표현의 각 항은 현재 상태 변수인 $A(t)$, $B(t)$ 및 입력 변수 x로 이루어지며 그 결과는 다음과 같다.

$$A(t+1)=D_A=\bar{A}Bx+A\bar{B}x+ABx$$
$$B(t+1)=D_B=\bar{A}\bar{B}x+\bar{A}Bx$$
$$y(t+1)=\bar{A}B\bar{x}+A\bar{B}\bar{x}+AB\bar{x}$$

다음 단계로서 각 플립플롭의 입력 함수와 회로의 출력 함수를 카르노 맵을 이용해 간소화하면 [그림 9-15]와 같다.

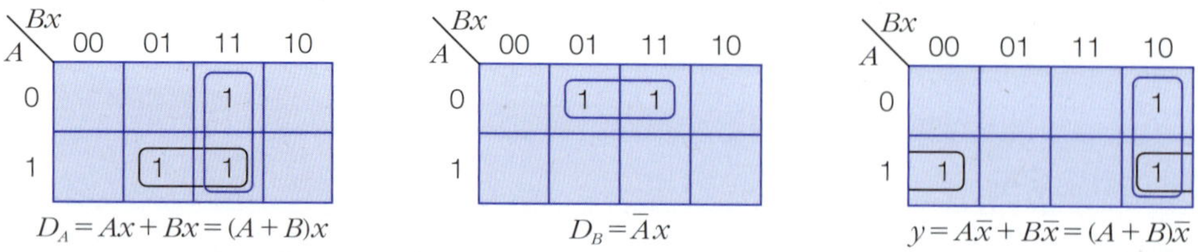

그림 9-15 카르노 맵을 이용한 간소화 과정

논리회로의 구현

플립플롭의 입력 함수(D_A , D_B)와 회로의 출력 함수(y)를 최소항의 합으로 표현한 것과 비교하면 변수가 줄었으므로 카르노 맵으로 구한 것이 좀 더 간소화된 표현임을 알 수 있으며, 간소화된 입력 함수 및 출력 함수를 이용해 전체 순서논리회로를 그리면 [그림 9-16]과 같다. [그림 9-16]에 구현된 순서논리회로는 플립플롭의 현재 출력(Q_A, Q_B)이 외부 입력(x)과 함께 조합논리회로에 입력되어 조합논리회로의 출력(D_A, D_B)을 변화시키면, 조합논리회로의 출력이 바로 플립플롭의 입력이 되므로 플립플롭의 상태가 변하는 회로가 됨을 알 수 있다.

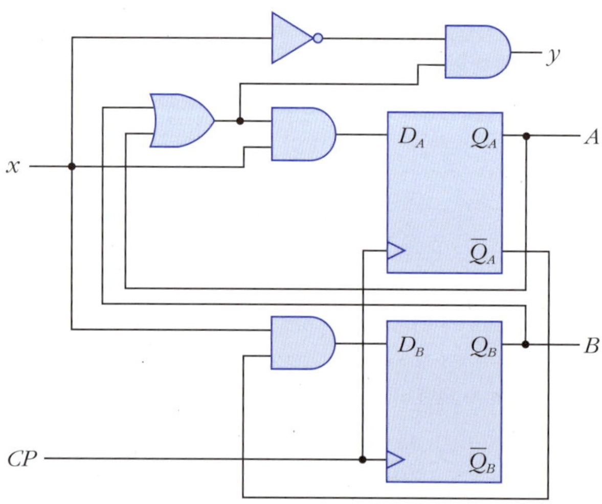

그림 9-16 D 플립플롭을 이용한 순서논리회로의 구현

9.5 미사용 상태의 설계

m개의 플립플롭을 가진 순서논리회로는 최대 2^m가지 현재 상태와 다음 상태를 가진다. 그러나 2^m가지 현재 상태를 순서논리회로에서 모두 사용하지 않는 경우가 있다. 카운터를 설계할 때도 마찬가지다. 순서논리회로를 설계할 때, 사용하지 않는 상태는 상태표나 상태 여기표에서 표시하지 않으며, 플립플롭의 입력 함수를 간소화할 경우에는 무관항으로 처리한다.

순서논리회로에서 사용하지 않는 상태를 처리하는 과정을 알아보기 위해 [그림 9-17]과 같이 주어지는 상태도를 JK 플립플롭 3개를 사용해 순서논리회로를 구현하는 경우를 예로 들어보자. 상태도에서 6가지 상태는 사용되었고, 2가지 상태(000, 001)는 사용되지 않았다.

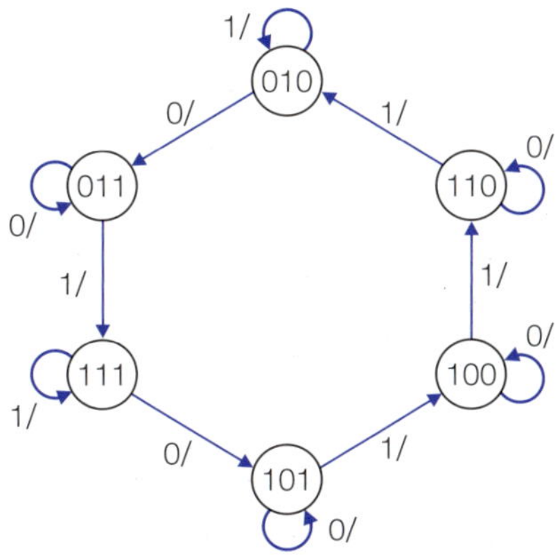

그림 9-17 미사용 상태를 포함한 상태도

상태도로부터 얻어진 상태 여기표는 [표 9-6]과 같다. 입력 변수 x만 있고, 출력은 없기 때문에 상태 여기표에도 출력 부분이 없다.

표 9-6 미사용 상태를 포함한 순서논리회로의 상태 여기표

현재 상태	입력	다음 상태	플립플롭 입력		
A B C	x	A B C	J_A K_A	J_B K_B	J_C K_C
0 1 0	0	0 1 1	0 ×	× 0	1 ×
0 1 0	1	0 1 0	0 ×	× 0	0 ×
0 1 1	0	0 1 1	0 ×	× 0	× 0
0 1 1	1	1 1 1	1 ×	× 0	× 0
1 0 0	0	1 0 0	× 0	0 ×	0 ×
1 0 0	1	1 1 0	× 0	1 ×	0 ×
1 0 1	0	1 0 1	× 0	0 ×	× 0
1 0 1	1	1 0 0	× 0	0 ×	× 1
1 1 0	0	1 1 0	× 0	× 0	0 ×
1 1 0	1	0 1 0	× 1	× 0	0 ×
1 1 1	0	1 0 1	× 0	× 1	× 0
1 1 1	1	1 1 1	× 0	× 0	× 0

TIP

JK 플립플롭의 여기표

$Q(t)$	$Q(t+1)$	J K
0	0	0 ×
0	1	1 ×
1	0	× 1
1	1	× 0

카르노 맵을 이용해 간소화된 플립플롭의 입력 함수를 구하면 [그림 9-18]과 같다. 여기서 사용하지 않은 2개의 상태(000, 001)에 대해서는 카르노 맵에서 무관항으로 처리하여 간소화한다.

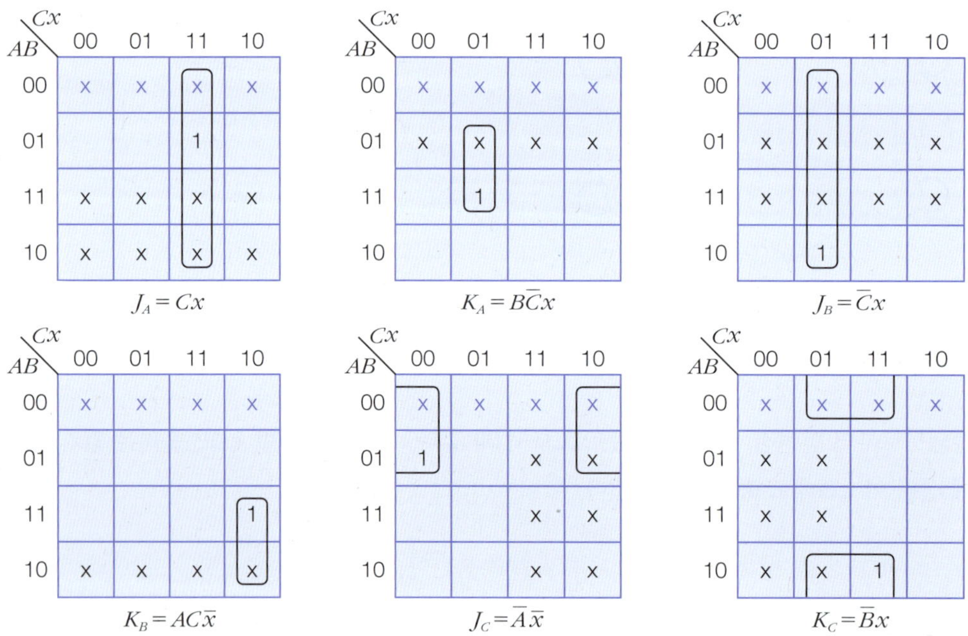

그림 9-18 미사용 상태를 포함한 순서논리회로의 카르노 맵

[표 9-6]의 상태 여기표에 대한 순서논리회로는 [그림 9-19]와 같다. 이 예에서는 사용하지 않는 2가지 상태 000, 001이 있으며, [그림 9-17]의 상태도에는 없기 때문에 발생하지 않는다. 순서논리회로에서는 어떠한 상태든지 초기 상태가 될 수 있다. 따라서 사용하지 않는 상태가 초기 상태가 될 수도 있으므로 사용하지 않는 상태에 대해 다음 상태가 어떤지 구해야 한다. 이 값은 [그림 9-19]의 순서논리회로에 대입하여 구할 수 있다.

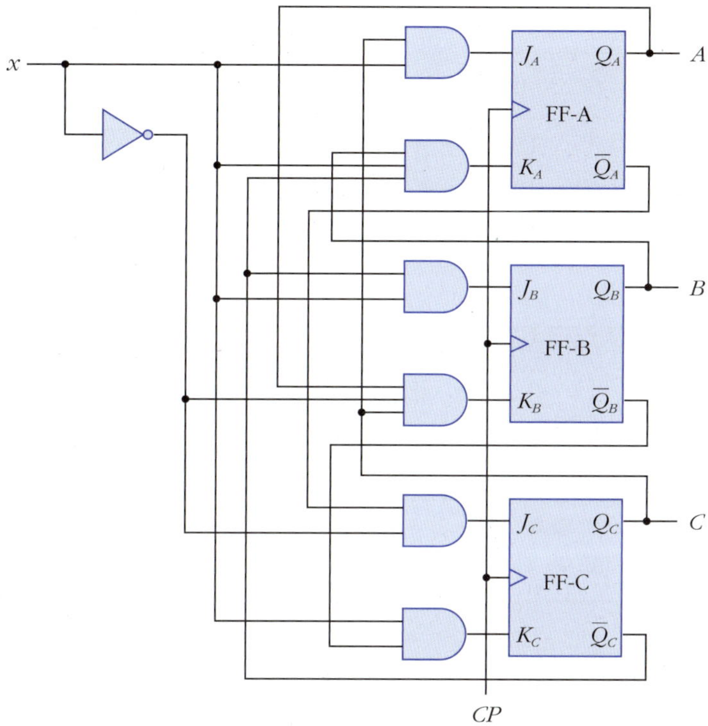

그림 9-19 [표 9-6]의 순서논리회로

먼저 플립플롭의 출력 A, B, C와 입력 x의 현재 상태값을 불 대수식에 대입하여 각 플립플롭의 J와 K 입력값을 구한다. 다음에는 클록 펄스가 인가되면 각 플립플롭의 J와 K 입력값을 대입하여 다음 상태값을 구한다.

❶ $A=0, B=0, C=0, x=0$일 때

- FF-A는 $J_A = Cx = 0$, $K_A = B\bar{C}x = 0$이므로 현재 상태가 변하지 않는다($A = 0$).
- FF-B는 $J_B = \bar{C}x = 0$, $K_B = AC\bar{x} = 0$이므로 현재 상태가 변하지 않는다($B = 0$).
- FF-C는 $J_C = \bar{A}\bar{x} = 1$, $K_C = \bar{B}x = 0$이므로 set 상태가 된다($C = 1$).

❷ $A=0, B=0, C=0, x=1$일 때

- FF-A는 $J_A = Cx = 0$, $K_A = B\bar{C}x = 0$이므로 현재 상태가 변하지 않는다($A=0$).
- FF-B는 $J_B = \bar{C}x = 1$, $K_B = AC\bar{x} = 0$이므로 set 상태가 된다($B=1$).
- FF-C는 $J_C = \bar{A}\bar{x} = 0$, $K_C = \bar{B}x = 1$이므로 clear 상태가 된다($C=0$).

❸ $A=0, B=0, C=1, x=0$일 때

- FF-A는 $J_A = Cx = 0$, $K_A = B\bar{C}x = 0$이므로 현재 상태가 변하지 않는다($A=0$).
- FF-B는 $J_B = \bar{C}x = 0$, $K_B = AC\bar{x} = 0$이므로 현재 상태가 변하지 않는다($B=0$).
- FF-C는 $J_C = \bar{A}\bar{x} = 1$, $K_C = \bar{B}x = 0$이므로 set 상태가 된다($C=1$).

❹ $A=0, B=0, C=1, x=1$일 때

- FF-A는 $J_A = Cx = 1$, $K_A = B\bar{C}x = 0$이므로 set 상태가 된다($A=1$).
- FF-B는 $J_B = \bar{C}x = 0$, $K_B = AC\bar{x} = 0$이므로 현재 상태가 변하지 않는다($B=0$).
- FF-C는 $J_C = \bar{A}\bar{x} = 0$, $K_C = \bar{B}x = 1$이므로 clear 상태가 된다($C=0$).

따라서 미사용 상태에 대한 결과는 [표 9-7]과 같다.

표 9-7 미사용 상태의 상태표

현재 상태			입력	다음 상태		
A	B	C	x	A	B	C
0	0	0	0	0	0	1
0	0	0	1	0	1	0
0	0	1	0	0	0	1
0	0	1	1	1	0	0

마지막으로 사용하지 않는 상태까지 고려한 상태도는 [그림 9-20]과 같다.

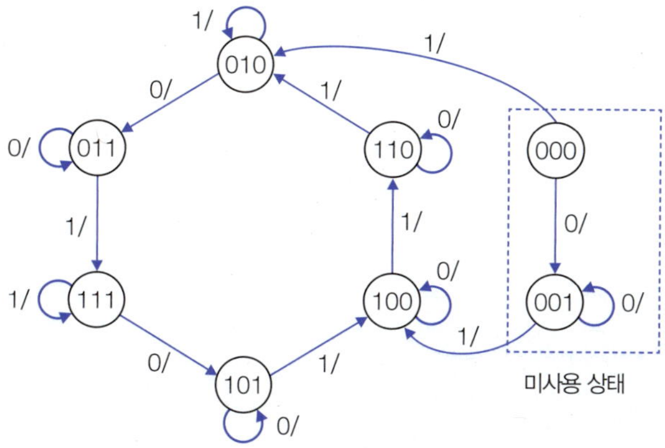

그림 9-20 미사용 상태를 포함한 상태도

플립플롭 3개를 사용한 순서논리회로에서는 최대 8가지(=2^3) 상태값을 가질 수 있으나, 이 예에서는 6가지의 상태값을 가지고 있으므로 2가지 상태는 미사용 상태가 된다. 만일 순서논리회로의 초기 상태가 6가지 유효한 상태인 경우에는 문제가 없으나 2가지 미사용 상태가 초기 상태인 경우에는 순서논리회로가 유효 상태로 돌아갈 수 있도록 순서논리회로를 구성해야 한다.

[그림 9-20]에서 미사용 상태인 001은 입력이 $x=0$일 때는 클록 펄스가 입력되어도 상태 변화가 없지만, $x=1$일 때 클록 펄스가 입력되면 유효 상태인 100으로 상태가 변한다. 또한 미사용 상태인 000은 입력이 $x=0$일 때 클록 펄스가 입력되면 같은 미사용 상태인 001로 상태가 변하지만, $x=1$일 때는 클록 펄스가 입력되면 유효 상태인 010으로 상태가 변한다. 이와 같이 순서논리회로에서는 미사용 상태도 1개 또는 2개 이상의 클록 펄스가 입력되면 유효한 상태로 전이하게 된다. 이때 미사용 상태에서 유효한 상태로 복귀하지 않는 상태를 Lookout이라 한다.

9.6 상태 방정식을 이용한 설계

순서논리회로는 상태 여기표를 사용하지 않고 상태 방정식을 이용해 설계할 수도 있다. 상태 방정식은 현재 상태와 입력 변수의 함수로서, 플립플롭의 다음 상태에 관한 조건이 주어지는 불 대수식을 말한다.

순서논리회로의 상태 방정식은 상태표에 표시된 정보와 똑같은 내용을 대수적으로 표시하고 있으며, 플립플롭의 특성 방정식과 형태가 유사하다. 상태 방정식은 상태표에서 쉽게 유도할 수 있으며, 어떤 순서논리회로이든지 상태 방정식으로 표시할 수 있다. 특히 *D* 플립플롭이나 *JK* 플립플롭을 사용하는 경우 상태 방정식을 이용해 순서논리회로를 설계하는 것이 더욱 편리하다. *SR* 플립플롭이나 *T* 플립플롭을 가진 회로에도 상태 방정식을 적용할 수 있으나 많은 대수적 처리가 필요하다.

1 *JK* 플립플롭의 상태 방정식을 이용한 경우

JK 플립플롭의 특성 방정식은 다음과 같다([그림 8-23] 참조).

$$Q(t+1) = J\bar{Q} + \bar{K}Q$$

JK 플립플롭의 특성 방정식은 현재 상태와 입력 함수로 다음 상태를 나타내는 방정식이다. 순서논리회로를 설계할 때 상태 여기표를 작성하지 않고 상태 방정식을 구하여 이를 통해 플립플롭의 입력 함수를 구한 후 순서논리회로를 설계할 수도 있다. *JK* 플립플롭의 상태 방정식을 *JK* 플립플롭의 특성 방정식과 같은 형태로 변형함으로써 *JK* 플립플롭의 *J*와 *K*의 입력 함수를 구할 수 있다.

상태 방정식을 이용해 *JK* 플립플롭을 사용한 순서논리회로를 구현하는 예를 [그림 9-21]에서 설명한다.

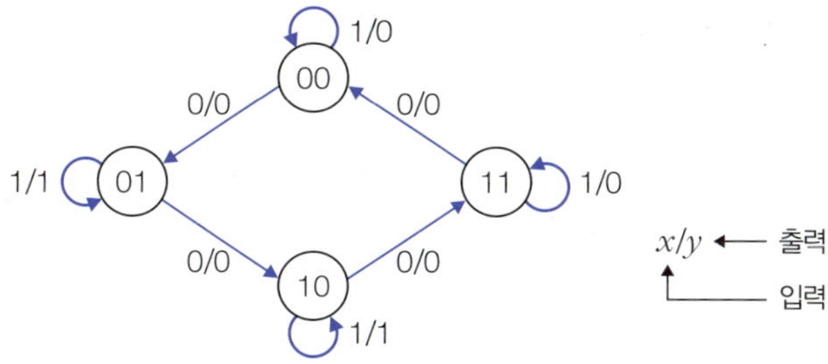

그림 9-21 *JK* 플립플롭의 상태 방정식을 이용하는 경우의 상태도

[그림 9-21]의 상태도를 이용해 상태표를 구하면 [표 9-8]과 같다.

표 9-8 *JK* 플립플롭의 상태 방정식을 이용하는 경우의 상태표

현재 상태		입력	다음 상태		출력
A	B	x	A	B	y
0	0	0	0	1	0
0	0	1	0	0	0
0	1	0	1	0	0
0	1	1	0	1	1
1	0	0	1	1	0
1	0	1	1	0	1
1	1	0	0	0	0
1	1	1	1	1	0

두 *JK* 플립플롭을 각각 A, B라 할 때, 상태표에서 플립플롭 A의 다음 상태가 논리 1이 되는 항을 최소항으로 하는 곱의 합sum of product형인 불 함수를 구하고, 플립플롭 B도 다음 상태가 논리 1이 되는 곱의 합형인 불 함수를 구한다. 플립플롭 A의 다음 상태를 $A(t+1)$, 플립플롭 B의 다음 상태를 $B(t+1)$이라고 하며, 각각에 대해 곱의 합형인 불 함수를 구하면 상태 방정식이 된다.

$$A(t+1) = \bar{A}B\bar{x} + A\bar{B}\bar{x} + A\bar{B}x + ABx$$
$$B(t+1) = \bar{A}\bar{B}\bar{x} + A\bar{B}\bar{x} + \bar{A}Bx + ABx$$

플립플롭 A의 상태 방정식을 특성 방정식의 형태로 변환한다.

$$\begin{aligned} A(t+1) &= \bar{A}B\bar{x} + A\bar{B}\bar{x} + A\bar{B}x + ABx \\ &= (B\bar{x})\bar{A} + (\bar{B}\bar{x} + \bar{B}x + Bx)A \\ &= (B\bar{x})\bar{A} + (\overline{\overline{\bar{B}\bar{x} + \bar{B}x + Bx}})A \end{aligned}$$

플립플롭 A의 상태 방정식을 $J_A = B\bar{x}$, $K_A = \overline{\bar{B}\bar{x} + \bar{B}x + Bx}$로 하면 특성 방정식과 동일한 형태의 불 대수식이 된다. 따라서 플립플롭 A의 입력인 J_A와 K_A는 다음과 같다.

$$
\begin{aligned}
J_A &= B\bar{x} \\
K_A &= \overline{\bar{B}\bar{x} + \bar{B}x + Bx} = \overline{\bar{B}\bar{x} + \bar{B}x + \bar{B}x + Bx} \\
&= \overline{\bar{B}(\bar{x}+x) + (\bar{B}+B)x} = \overline{\bar{B}+x} = B\bar{x}
\end{aligned}
$$

플립플롭 B의 상태 방정식도 특성 방정식 형태로 변환한다.

$$
\begin{aligned}
B(t+1) &= \bar{A}\bar{B}\bar{x} + A\bar{B}\bar{x} + \bar{A}Bx + ABx \\
&= (\bar{A}\bar{x} + A\bar{x})\bar{B} + (\bar{A}x + Ax)B \\
&= (\bar{A}\bar{x} + A\bar{x})\bar{B} + (\overline{\overline{\bar{A}x + Ax}})B
\end{aligned}
$$

플립플롭 B의 상태 방정식을 $J_B = \bar{A}\bar{x} + A\bar{x}$, $K_B = \overline{\bar{A}x + Ax}$로 하면 특성 방정식과 동일한 형태의 불 대수식이 된다. 따라서 플립플롭 B의 입력인 J_B와 K_B는 다음과 같다.

$$
\begin{aligned}
J_B &= \bar{A}\bar{x} + A\bar{x} = (\bar{A}+A)\bar{x} = \bar{x} \\
K_B &= \overline{\bar{A}x + Ax} = \overline{(\bar{A}+A)x} = \bar{x}
\end{aligned}
$$

마지막으로 출력 y는 상태표로부터 논리 1이 되는 곱의 합형인 불 함수를 구하면 다음과 같다.

$$
y = \bar{A}Bx + A\bar{B}x = (\bar{A}B + A\bar{B})x = (A \oplus B)x
$$

상태 방정식에서 구한 두 플립플롭의 입력 함수와 출력 함수를 이용해 순서논리회로를 그리면 [그림 9-22]와 같다.

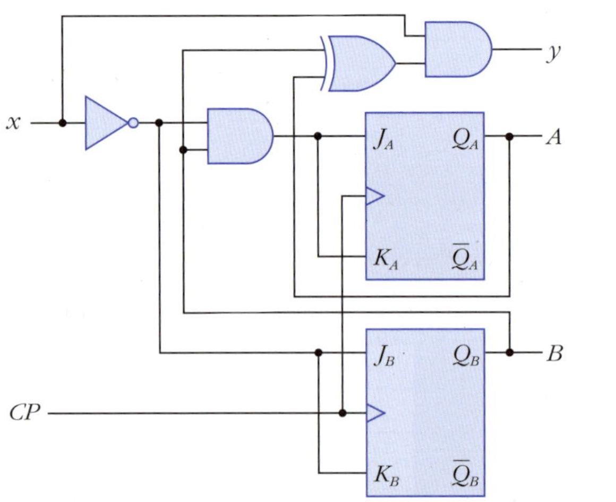

그림 9-22 순서논리회로(JK 플립플롭의 상태 방정식을 이용하는 경우)

2 D 플립플롭의 상태 방정식을 이용한 경우

D 플립플롭의 특성 방정식은 다음과 같다([그림 8-19] 참조).

$$Q(t+1) = D$$

D 플립플롭의 특성 방정식은 플립플롭의 다음 상태가 현재 상태에 관계없이 입력 D의 현재값과 같음을 나타낸다. D 플립플롭을 사용해 순서논리회로를 설계할 때도 상태 여기표를 작성하지 않고 상태 방정식을 구한 다음, 이를 통해 플립플롭의 입력 함수를 구하여 설계할 수도 있다.

[그림 9-23]의 상태도로부터 상태 방정식을 이용해 D 플립플롭을 사용한 순서논리회로를 구현하는 경우를 예를 들어 설명한다.

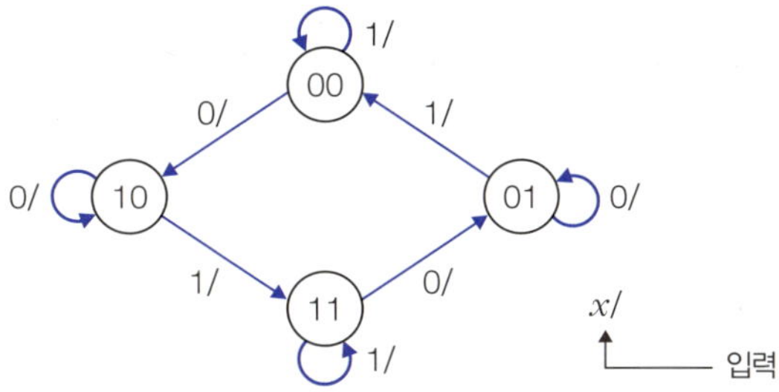

그림 9-23 D **플립플롭의 상태 방정식을 이용하는 경우의 상태도**

[그림 9-23]의 상태도를 이용해 상태표를 구하면 [표 9-9]와 같다.

표 9-9 D **플립플롭의 상태 방정식을 이용하는 경우의 상태표**

현재 상태		입력	다음 상태	
A	B	x	A	B
0	0	0	1	0
0	0	1	0	0
0	1	0	0	1
0	1	1	0	0
1	0	0	1	0
1	0	1	1	1
1	1	0	0	1
1	1	1	1	1

두 D 플립플롭을 각각 A, B라 할 때, 상태표에서 플립플롭 A의 다음 상태가 논리 1이 되는 항을 최소항으로 하는 곱의 합sum of product형인 불 함수를 구하고, 플립플롭 B도 다음 상태가 논리 1이 되는 곱의 합형인 불 함수를 구한다. 플립플롭 A의 다음 상태를 $A(t+1)$, 플립플

롭 B의 다음 상태를 $B(t+1)$이라고 하며, 각각에 대해 곱의 합형인 불 함수를 구하면 상태 방정식이 된다.

D 플립플롭 A의 상태 방정식을 특성 방정식의 형태로 변환한다.

$$\begin{aligned} A(t+1) &= \bar{A}\bar{B}\bar{x} + A\bar{B}\bar{x} + A\bar{B}x + ABx \\ &= (\bar{A}+A)\bar{B}\bar{x} + (\bar{B}+B)Ax \\ &= \bar{B}\bar{x} + Ax \end{aligned}$$

D 플립플롭 A의 상태 방정식을 특성 방정식과 비교하여 플립플롭 A의 입력인 D_A를 구하면 다음과 같다.

$$D_A = \bar{B}\bar{x} + Ax$$

D 플립플롭 B의 상태 방정식을 특성 방정식의 형태로 변환한다.

$$\begin{aligned} B(t+1) &= \bar{A}B\bar{x} + AB\bar{x} + A\bar{B}x + ABx \\ &= (\bar{A}+A)B\bar{x} + (\bar{B}+B)Ax \\ &= B\bar{x} + Ax \end{aligned}$$

D 플립플롭 B의 상태 방정식을 특성 방정식과 비교하여 플립플롭 B의 입력인 D_B를 구하면 다음과 같다.

$$D_B = B\bar{x} + Ax$$

앞에서 구한 입력 함수에 의해 순서논리회로를 구현하면 [그림 9-24]와 같다.

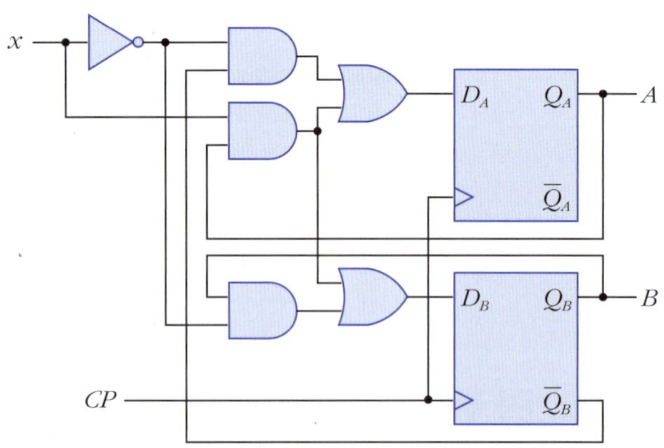

그림 9-24 순서논리회로(D 플립플롭의 상태 방정식을 이용하는 경우)

01 다음 순서논리회로에 대한 상태표와 상태도를 작성하고 논리회로의 기능을 설명하라.

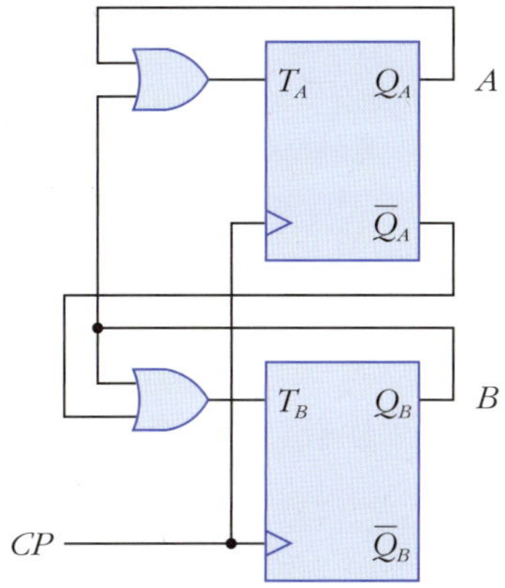

02 다음은 전가산기와 D 플립플롭을 연결한 순서논리회로다. 플립플롭 Q와 두 입력 x, y 그리고 출력 S로 구성되어 있을 때 회로의 상태표와 상태도를 구하라.

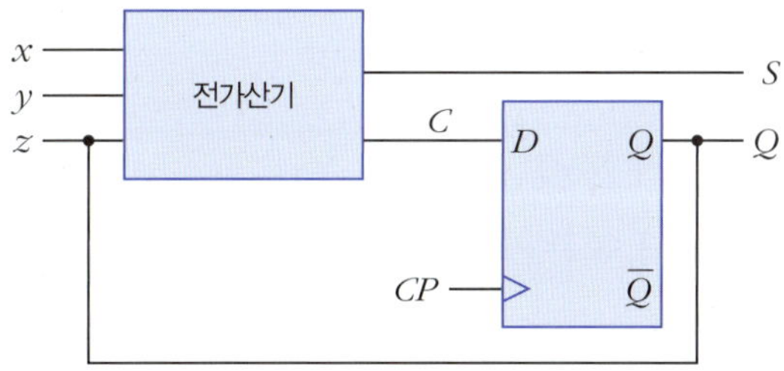

03 그림과 같이 JK 플립플롭 2개, 입력 x, 출력 F로 구성된 순서논리회로에서 상태표와 상태도를 구하라.

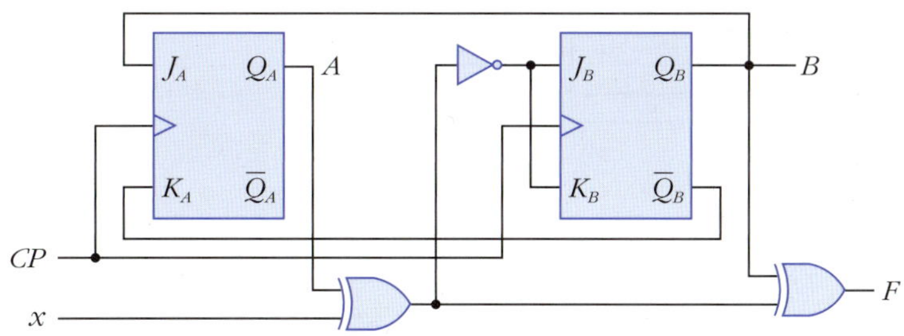

04 다음 회로를 분석하여 불 함수를 유도하고, 상태표와 상태도를 구하라.

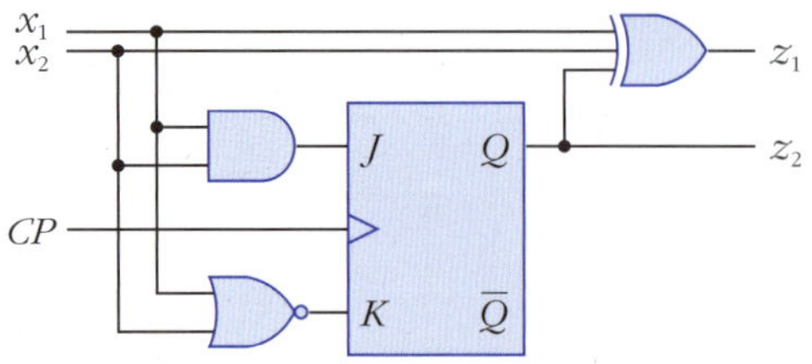

05 그림과 같은 회로의 상태도를 구하라. 단, 모든 플립플롭의 초기 상태는 1에서 시작하는 것으로 가정한다.

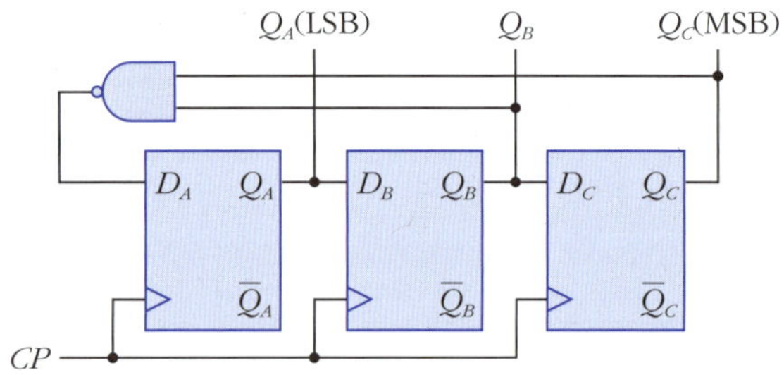

06 다음 그림과 같은 카운터의 상태도를 그려라. 단, 모든 카운터의 출력은 1로 초기화되었다고 가정한다.

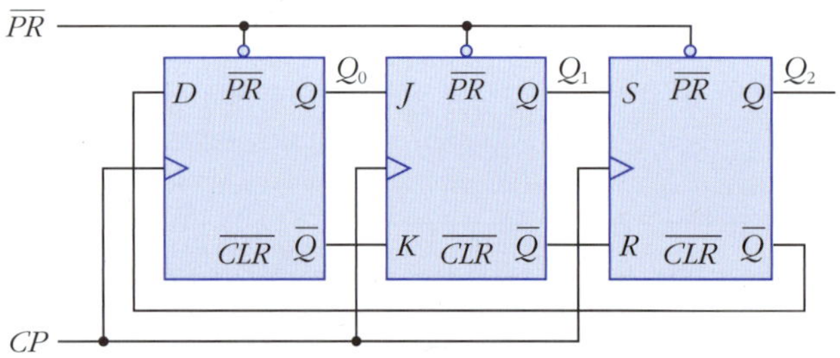

07 2개의 D 플립플롭 A, B와 두 입력 x, y 그리고 1개의 출력 F로 구성된 순서논리회로의 입력 함수가 $D_A = \overline{x}y + xA$, $D_B = \overline{x}B + xA$, $F = B$일 때,

① 순서논리회로를 구현하라.

② 상태표와 상태도를 구하라.

08 2개의 JK 플립플롭 A, B와 두 입력 x, y 그리고 출력 F로 구성된 순서논리회로에서 플립플롭의 입력 함수와 출력 함수가 다음과 같다.

$$J_A = xB + \overline{y}\overline{B} \qquad K_A = x\overline{y}\overline{B}$$
$$J_B = x\overline{A} \qquad K_B = A + x\overline{y}$$
$$F = xyA + \overline{x}\overline{y}B$$

① 순서논리회로를 설계하라.

② 상태표와 상태도를 그리고 상태 방정식을 구하라.

09 2개의 JK 플립플롭 A, B와 하나의 입력 x로 구성된 순서논리회로에서 플립플롭의 입력 함수가 다음과 같다.

$$J_A = x \qquad K_A = \overline{B}$$
$$J_B = x \qquad K_B = A$$

① 상태 방정식 $A(t+1)$, $B(t+1)$을 유도하라.

② 순서논리회로의 상태도를 그려라.

10 세 플립플롭 A, B, C와 입력 x, 출력 F로 구성된 순서논리회로의 상태도가 그림에 표시되어 있다. D 플립플롭을 사용해 순서논리회로를 구현하라.

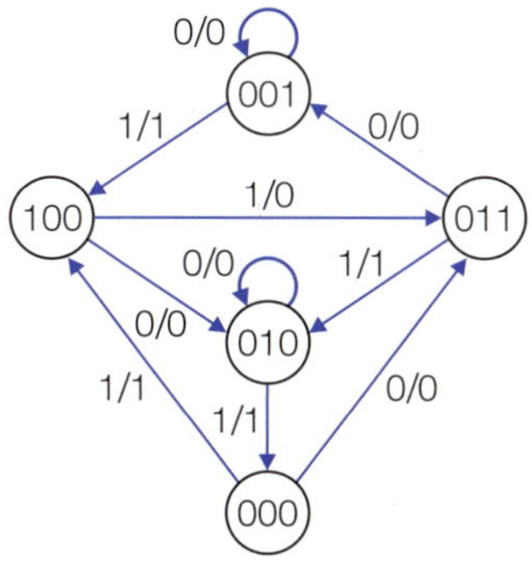

11 T 플립플롭을 사용해 다음 상태도를 갖는 순서논리회로를 구현하라.

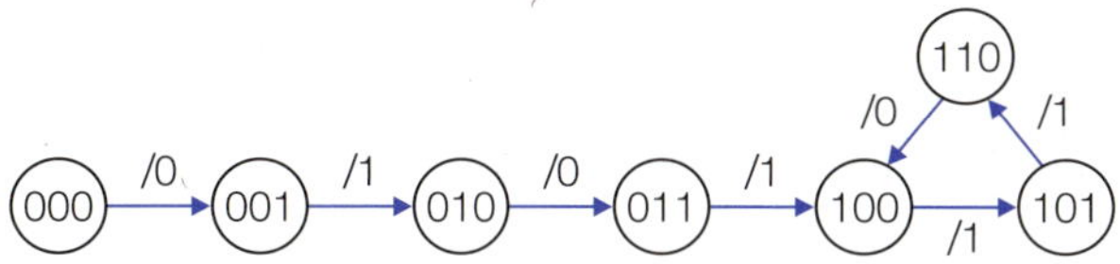

12 ① JK 플립플롭을 사용해 아래 왼쪽 그림의 상태도를 따르는 순서논리회로를 설계하라.

② 설계된 순서논리회로에 아래 오른쪽 그림과 같은 펄스가 x에 입력될 경우 플립플롭의 출력 A, B와 순서논리회로의 출력 F의 파형을 구하라. 플립플롭은 클록 펄스의 하강 에지에서 동작한다고 가정한다.

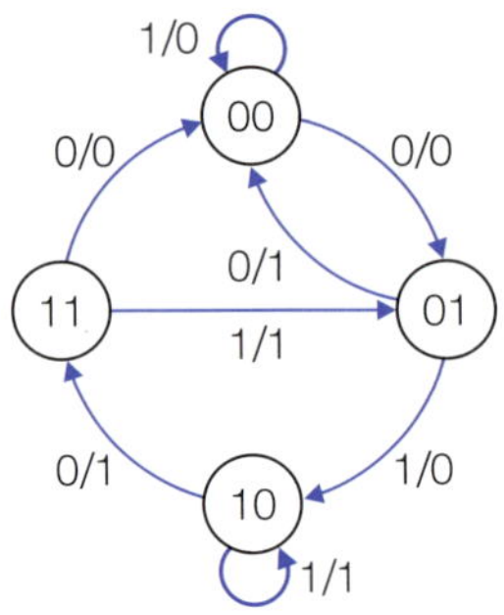

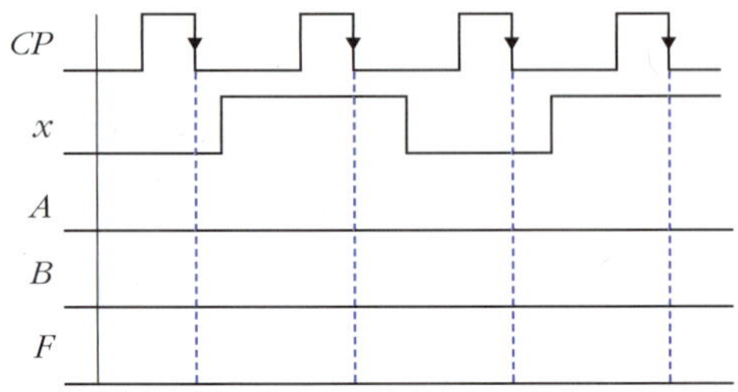

13 2개의 D 플립플롭 A, B와 입력 x로 구성된 순서논리회로를 구현하라. 이때 $x=0$이면 동일한 상태를 유지하고, $x=1$이면 00, 01, 11, 10 상태를 반복한다.

14 JK 플립플롭을 사용해 다음 상태도를 갖는 순서논리회로를 설계하라. 입력은 x와 y이며, 출력은 없다. JK 플립플롭은 클록 펄스의 하강 에지에서 동작한다고 가정한다.

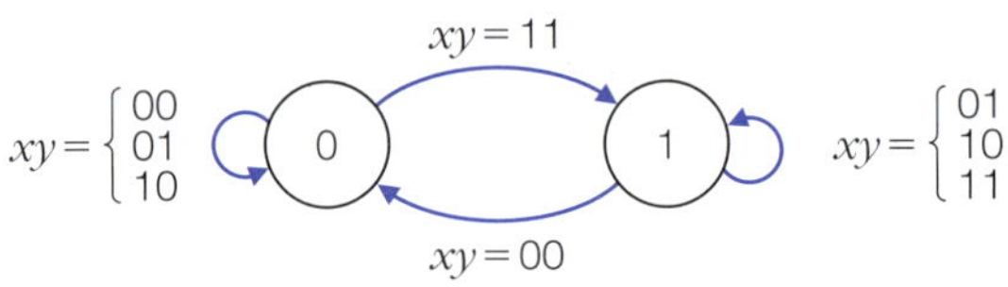

15 다음 상태표에 주어진 순서논리회로를 JK 플립플롭을 사용해 설계하라. 여기서 x는 시스템 입력이다.

현재 상태			다음 상태						출력	
			$x=0$			$x=1$			$x=0$	$x=1$
A	B	C	A	B	C	A	B	C	F	F
0	0	1	0	0	1	0	1	0	0	0
0	1	0	0	1	1	1	0	0	0	0
0	1	1	0	0	1	1	0	0	0	0
1	0	0	1	0	1	1	0	0	0	1
1	0	1	0	0	1	1	0	0	0	1

16 D 플립플롭을 사용해 아래와 같은 상태표에 해당하는 카운터를 설계하고, 미사용 상태에 대한 상태도를 구하라. 여기서 x는 시스템 입력이다.

현재 상태			다음 상태					
			$x=0$			$x=1$		
A	B	C	A	B	C	A	B	C
0	0	1	0	0	1	0	1	0
0	1	0	0	1	1	1	0	0
0	1	1	0	0	1	1	0	0
1	0	0	1	0	1	1	0	0
1	0	1	0	0	1	1	0	0

17 JK 플립플롭을 사용해 아래와 같은 순서로 진행되는 카운터를 설계하라.

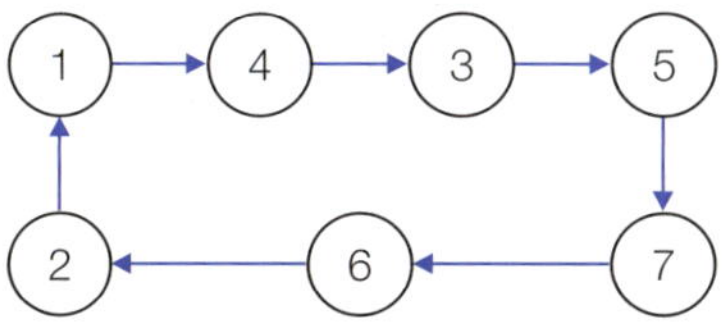

18 회로의 입력이 0이면, 출력이 0, 1, 2, 3의 순서를 반복하고 입력이 1이면 3, 2, 1, 0의 순서를 반복하는 순서논리회로를 설계하라. 단 클록 펄스 CP는 상승 에지에서 동작하는 JK 플립플롭을 사용한다.

19 아래 상태 방정식으로 표시되는 순서논리회로를 JK 플립플롭을 사용해 구현하라. 여기서 x는 시스템 입력이고 y는 출력이다.

$$A(t+1) = xAB + y\bar{A}C + xy$$
$$B(t+1) = xAC + \bar{y}B\bar{C}$$
$$C(t+1) = \bar{x}B + yA\bar{B}$$

20 아래 상태 방정식으로 표시되는 순서논리회로를 D 플립플롭을 사용해 설계하라. 여기서 x는 시스템 입력이다.

$$A(t+1) = \bar{x}\bar{A}B + \bar{x}A\bar{B} + x\bar{A}\bar{B} + xAB$$
$$B(t+1) = \bar{x}\bar{A}\bar{B} + \bar{x}A\bar{B} + x\bar{A}\bar{B} + xA\bar{B}$$

21 MN 플립플롭은 다음과 같이 동작한다고 가정한다.

- $MN = 00$이면, 플립플롭의 다음 상태는 0이다.
- $MN = 01$이면, 플립플롭의 다음 상태는 현재 상태와 같다.
- $MN = 10$이면, 플립플롭의 다음 상태는 현재 상태의 보수complement다.
- $MN = 11$이면, 플립플롭의 다음 상태는 1이다.

① 다음 표를 완성하라(무관 조건을 사용해도 좋음).

현재 상태	다음 상태	M	N
0	0		
0	1		
1	0		
1	1		

② 위의 여기표를 사용해 아래와 같은 순서를 갖는 카운터를 설계한다. MN 플립플롭 3개를 사용해 회로를 설계하라.

$ABC = 000, 001, 011, 111, 101, 100, 000, \cdots\cdots$

22 설계하려는 시스템은 입력 x와 출력 z를 갖는다. 출력 z는 입력 x가 3회 연속해서 1이 입력되면 $z = 1$이다. 이러한 시스템의 동작은 예를 들면 다음과 같다.

x 0 1 1 1 1 1 1 1 0 1 1 0 1 1 1 0 1
z 0 0 0 1 1 1 1 1 0 0 0 0 0 0 1 0 0 0

① 시스템의 상태를 아래와 같이 정의하는 경우 상태도를 그려라.

S_0 : 이전 입력이 0인 경우
S_1 : 이전 입력에서 1이 1회인 경우
S_2 : 이전 입력에서 1이 2회 이상인 경우

② 시스템의 상태표를 작성하라 .

③ 시스템의 상태를 아래와 같이 할당하는 경우 시스템의 상태 여기표를 작성하라. 단, 플립플롭은 JK 플립플롭을 사용하고 상태 변수명은 A, B이다.

상태	할당
S_0	0 0
S_1	0 1
S_2	1 0

④ 카르노 맵을 이용해 각 플립플롭의 입력 J_A, K_A, J_B, K_B와 출력을 구하라.

⑤ 시스템의 회로도를 그려라.

01 순서논리회로에 대한 설명 중 옳지 않은 것은?

① 플립플롭은 1비트를 저장한다.
② 플립플롭의 집합은 레지스터를 구성한다.
③ 조합논리회로에 논리 게이트를 포함하면 순서논리회로다.
④ 플립플롭은 2진 정보를 저장하고, 게이트는 그것을 제어한다.

02 순서논리회로의 설명 중 옳지 않은 것은?

① 조합논리회로가 포함된다.
② 기억 소자가 필요하다.
③ 카운터는 전형적인 순서논리회로다.
④ 입력값의 순서에는 영향을 받지 않는다.

03 순서논리회로에 대한 설명 중 옳지 않은 것은?

① 상태도를 구현할 수 있다.
② 기억 소자를 필요로 한다.
③ 현재 상태만이 다음 상태를 결정한다.
④ 밀리와 무어 회로로 구분 지을 수 있다.

04 순서논리회로의 구성에 관한 설명 중 옳지 않은 것은?

① 기억 소자가 필요하다.
② 조합논리회로를 포함한다.
③ 카운터는 순서논리회로가 아니다.
④ 입력 신호와 레지스터의 상태에 따라서 출력이 결정된다.

05 순서논리회로의 구성에 관한 설명으로 틀린 것은?

① 조합논리회로를 포함한다.
② 입력 신호와 레지스터의 상태에 따라 출력이 결정된다.
③ 이 회로의 한 예로 카운터를 들 수 있다.
④ 기억 소자가 필요 없다.

06 순서논리회로의 동작 특성을 가장 올바르게 설명한 것은?

① 같은 입력이 주어지는 한 출력은 항상 일정하다.
② 연속적으로 동일한 입력값이 주어질 때만 정상 동작을 한다.
③ 입력값에 관계없이 정해진 순서에 맞추어 출력이 생성된다.
④ 동일한 입력이 주어져도 내부 상태에 따라 출력이 달라질 수 있다.

07 순서논리회로와 조합논리회로의 차이점은?

① NAND 게이트로 구성되느냐 NOR 게이트로 구성되느냐의 차이
② AND 게이트로 구성되느냐 OR 게이트로 구성되느냐의 차이
③ 메모리가 있느냐 없느냐의 차이
④ 궤환이 되느냐 안 되느냐의 차이

08 순서논리회로의 기본 구성은?

① 반가산기 회로와 AND 게이트
② 전가산기 회로와 AND 회로
③ 조합논리회로와 논리 소자
④ 조합논리회로와 기억 소자

09 다음 회로는 일반적인 순서논리회로의 모델이다. 여기서 A와 B가 뜻하는 것은?

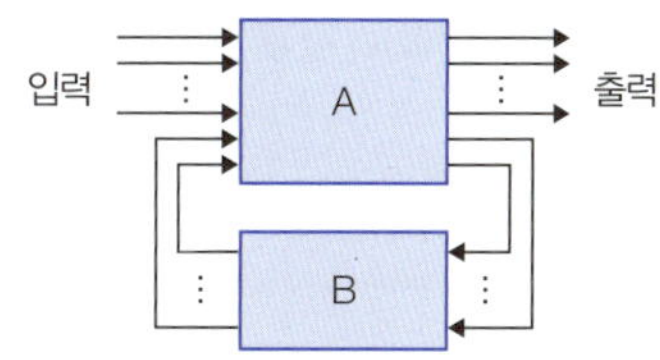

① A : 조합논리회로 + 플립플롭, B : 조합논리회로
② A : 플립플롭, B : 조합논리회로
③ A : 조합논리회로, B : 플립플롭
④ A : 플립플롭, B : 조합논리회로 + 플립플롭

10 다음과 같은 블록도로 표시한 회로의 기능을 나타낸 것은?

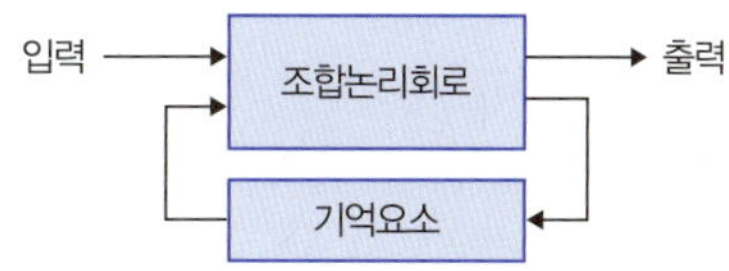

① 순서논리회로 ② 조합논리회로
③ 10진 디코더 ④ 멀티플렉서

11 순서논리회로에 대한 설명 중 옳지 않은 것은?

① 순서논리회로는 논리 게이트 외에 메모리 요소와 궤환(feedback) 기능을 포함한다.
② 순서논리회로의 출력은 현재 상태의 입력 상태와 전 상태에 의해 결정되며 회로의 동작은 내부 상태와 입력들의 시간 순차에 의해 결정된다.
③ 순서논리회로의 출력은 입력 상태와 메모리 요소들의 상태에 따라 값이 결정되므로 언제나 일정한 값을 갖지 않는다.

④ 순서논리회로는 현재 상태가 다음 상태의 출력에 영향을 미치는 논리회로로서 플립플롭, 패리티 발생기, 멀티플렉서 등이 있다.

12 순서논리회로를 설계하는 방법을 순서대로 나열한 것은?

ⓐ 상태표 작성
ⓑ 동작 상태를 상태도로 표시
ⓒ 플립플롭을 논리식으로 표시
ⓓ 플립플롭의 여기표 작성
ⓔ 논리식을 회로도로 표시

① ⓐ→ⓑ→ⓒ→ⓓ→ⓔ
② ⓑ→ⓒ→ⓐ→ⓓ→ⓔ
③ ⓔ→ⓓ→ⓒ→ⓐ→ⓑ
④ ⓑ→ⓐ→ⓓ→ⓒ→ⓔ

13 순서논리회로를 설계하려 할 때 그 순서가 옳은 것은?

ⓐ 상태도를 구성, 플립플롭의 종류와 수 결정
ⓑ 여기표에 의해 상태표 구성
ⓒ 간소화
ⓓ 회로 구성

① ⓑ→ⓒ→ⓓ→ⓐ ② ⓐ→ⓑ→ⓒ→ⓓ
③ ⓐ→ⓓ→ⓑ→ⓒ ④ ⓓ→ⓒ→ⓑ→ⓐ

14 다음 중 순서논리회로에 해당되는 것은?
① 인코더 ② 반가산기
③ 플립플롭 ④ 멀티플렉서

15 순서논리회로가 아닌 것은?
① 플립플롭(flip-flop)
② 가산기(adder)
③ 레지스터(register)
④ 계수기(counter)

16 순서 회로를 동기 순서 회로와 비동기 순서 회로로 구별하는 기준은?
① 신호의 타이밍 ② 저장요소
③ 레지스터의 사용 여부 ④ 계수기의 계수

17 플립플롭에서 현재 상태와 다음 상태를 알 때 플립플롭에 어떤 입력을 넣어야 하는가를 나타내는 표는 무엇인가?
① 진리표 ② 여기표
③ 순차표 ④ 상태표

18 다음 표는 SR 플립플롭의 여기표(excitation table)이다. A, B, C, D는 각각 어떻게 표시되는가? 단, ×는 무관 조건(don't care 조건)이다.

현재 상태	다음 상태	입력	
$Q(t)$	$Q(t+1)$	S	R
0	0	A	B
0	1	1	0
1	0	0	1
1	1	C	D

① $A=0,\ B=0,\ C=\times,\ D=\times$
② $A=1,\ B=0,\ C=0,\ D=1$
③ $A=\times,\ B=0,\ C=0,\ D=\times$
④ $A=0,\ B=\times,\ C=\times,\ D=0$

19 다음은 SR 플립플롭의 여기표다. 옳지 않은 것은? 단, ×는 무관 조건이다.

	$Q(t)$	$Q(t+1)$	S	R
(1)	0	0	0	×
(2)	0	1	1	×
(3)	1	0	0	1
(4)	1	1	×	0

① (1) ② (2) ③ (3) ④ (4)

20 다음 표와 같은 플립플롭 여기표의 ( )에 들어갈 내용은? 단, ×는 무관 조건이다.

$Q(t)$	$Q(t+1)$	(	)
0	0	0	×
0	1	1	×
1	0	×	1
1	1	×	0

① JK ② SR ③ D ④ T

21 다음 표는 JK 플립플롭의 여기표다. A, B, C, D는 각각 어떻게 표시되는가? 단, ×는 무관 조건이다.

현재 상태	다음 상태	입력	
$Q(t)$	$Q(t+1)$	J	K
0	0	0	×
0	1	A	B
1	0	C	D
1	1	×	0

① $A=0,\ B=\times,\ C=\times,\ D=0$
② $A=1,\ B=1,\ C=\times,\ D=\times$
③ $A=1,\ B=\times,\ C=\times,\ D=1$
④ $A=\times,\ B=1,\ C=1,\ D=\times$

22 다음 표는 어느 플립플롭의 여기표인가?

$Q(t)$	$Q(t+1)$	( )
0	0	0
0	1	1
1	0	1
1	1	0

① D ② T
③ SR ④ JK

23 다음 표는 각 플립플롭의 여기표다. 옳지 않은 것은? (단, $Q(t)$는 현재 상태, $Q(t+1)$은 다음 상태, ×는 무관 조건)

①

$Q(t)$	$Q(t+1)$	S	R
0	0	0	×
0	1	1	0
1	0	0	1
1	1	×	0

②

$Q(t)$	$Q(t+1)$	J	K
0	0	0	×
0	1	1	×
1	0	×	1
1	1	×	0

③

$Q(t)$	$Q(t+1)$	D
0	0	0
0	1	1
1	0	0
1	1	1

④

$Q(t)$	$Q(t+1)$	T
0	0	1
0	1	0
1	0	0
1	1	1

24 다음의 상태 변환도처럼 동작하는 순서논리회로를 설계할 때, 필요한 JK 플립플롭의 수는 최소 몇 개인가?

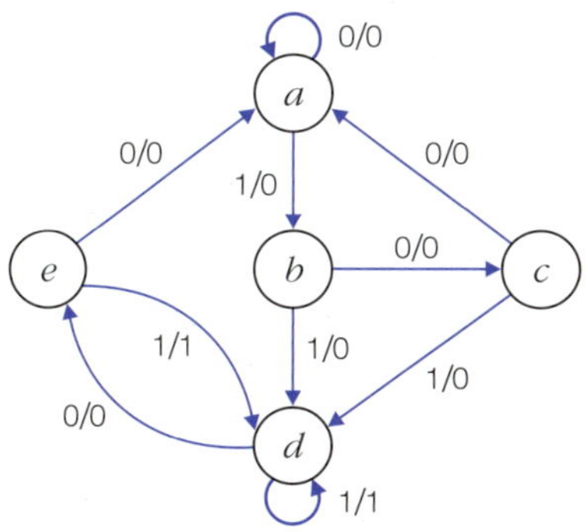

① 2개 ② 3개
③ 4개 ④ 5개

25 "1"이 연속으로 4개 들어올 때마다 출력을 "1"로 해주는 순서논리회로를 설계하고자 한다. JK 플립플롭을 사용할 경우 최소 몇 개의 플립플롭이 필요한가?

① 1개 ② 2개 ③ 3개 ④ 4개

26 다음의 상태 변화를 가지는 카운터는 최소 몇 개의 플립플롭으로 구성되는가?

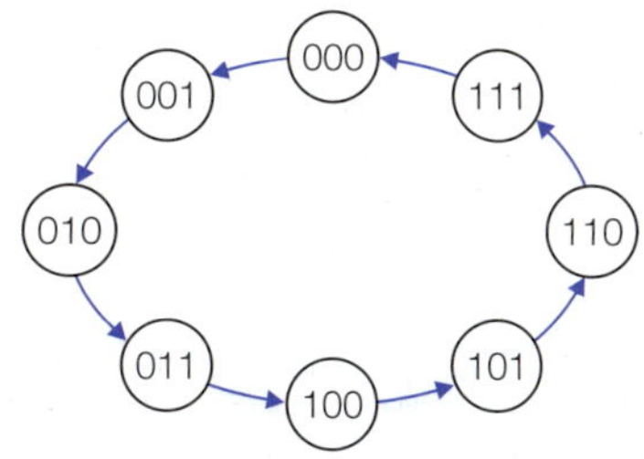

① 2개 ② 3개 ③ 4개 ④ 8개

27 다음의 상태도(state diagram)에 맞는 상태표(state table)는? 단, 상태를 A, 입력은 x, 출력은 y라 한다.

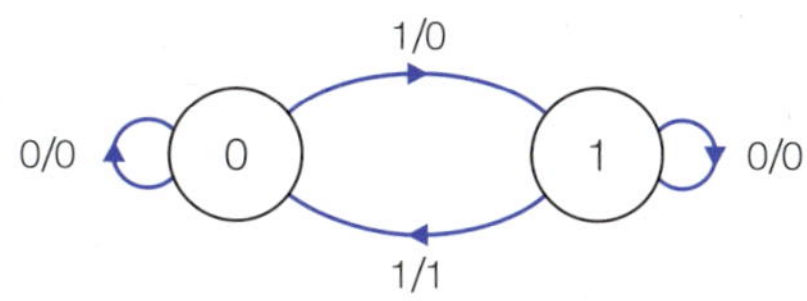

①

현재 상태	입력	다음 상태	출력
A	x	A	y
0	0	0	0
0	1	0	1
1	0	0	1
1	1	0	1

②

현재 상태	입력	다음 상태	출력
A	x	A	y
0	0	0	0
0	1	×	×
1	0	1	0
1	1	1	1

③

현재 상태	입력	다음 상태	출력
A	x	A	y
0	0	0	0
0	1	1	0
1	0	1	0
1	1	0	1

④

현재 상태	입력	다음 상태	출력
A	x	A	y
0	0	1	1
0	1	×	×
1	0	1	0
1	1	0	1

28 다음과 같은 상태도를 갖는 카운터를 설계하려고 한다. 클록에 동기화된 3개의 T 플립플롭 A, B, C를 이용할 때 T 플립플롭 A의 입력 T_A로 옳은 것은?

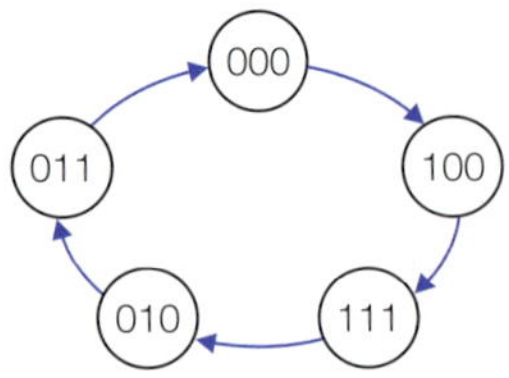

① $T_A = A + B$ ② $T_A = \bar{A}C + A\bar{B}$

③ $T_A = \bar{A}\bar{B} + AB$ ④ $T_A = A\bar{B} + \bar{A}B$

29 순서 회로의 차기 출력(next state output)이 $A(t+1) = \bar{A}B\bar{C} + \bar{A}\bar{B}C + ABC$로 주어진 경우 A 플립플롭의 입력식을 구하면? 단, A, B, C는 JK 플립플롭을 사용한다고 가정한다.

① $J = B \oplus C,\ K = B \cdot C$

② $J = B \cdot C,\ K = B \oplus C$

③ $J = B + C,\ K = \overline{BC}$

④ $J = B \oplus C,\ K = \overline{BC}$

30 다음에 주어진 상태표를 순서논리회로로 구현하고자 한다. JK 플립플롭의 입력 논리식은?

현재 상태	입력 신호	다음 상태
(Q)	(A)	(Q+)
1	0	1
1	1	0
0	0	1
0	1	0

① $J = Q,\ K = \bar{A}$ ② $J = A,\ K = A$

③ $J = \bar{A},\ K = \bar{A}$ ④ $J = \bar{A},\ K = A$

31 일반적으로 미사용 상태가 발생하더라도 문제없이 정상적인 카운트 루프로 복귀하는 카운터를 사용하는 것이 안전하다. 이와 같이 미사용 상태에서 정상의 카운트 루프로 복귀하지 않는 상태를 무엇이라 하는가?

① glitch ② Lockout

③ drop ④ jitter

1 ③	2 ④	3 ③	4 ③	5 ④	6 ④	7 ③	8 ④	9 ③	10 ①	11 ④	12 ④
13 ②	14 ③	15 ②	16 ①	17 ②	18 ④	19 ②	20 ①	21 ③	22 ②	23 ④	24 ②
25 ②	26 ②	27 ③	28 ③	29 ④	30 ④	31 ②					

Chapter

10

카운터와 레지스터

학습목표

- 비동기식 카운터의 동작을 이해하고 설계할 수 있다.
- 동기식 카운터의 동작을 이해하고 설계할 수 있다.
- 4가지 기본형 레지스터의 동작을 이해하고 구분하여 설명할 수 있다.
- 링 카운터와 존슨 카운터의 동작을 이해하고 응용할 수 있다.

10.1 비동기식 카운터

플립플롭의 주요 응용으로 입력되는 펄스의 수를 세는 카운터counter, 계수기가 있다. 카운터는 디지털 계측기기와 디지털 시스템에 널리 사용된다.

카운터는 크게 **비동기식 카운터**asynchronous counter와 **동기식 카운터**synchronous counter로 분류한다. 또한 카운터는 수를 세어 올라가는 **상향 카운터**up counter와 수를 세어 내려오는 **하향 카운터**down counter로 분류할 수 있다.

비동기식 카운터는 1번째 플립플롭의 CP 입력에만 클록 펄스가 입력되고, 다른 플립플롭은 각 플립플롭의 출력을 다음 플립플롭의 CP 입력으로 사용한다. 즉 첫 단 플립플롭의 출력이 다음 단의 플립플롭을 트리거하므로 클록의 영향이 물결처럼 뒷단으로 파급된다는 뜻에서 비동기식 카운터를 **리플 카운터**ripple counter라고도 한다. 비동기식 카운터는 각 단의 플립플롭들의 상태가 동시에 변하지 않고, 각 플립플롭을 통과할 때마다 지연 시간이 누적되므로 고속 계수에는 적당하지 않다.

일반적으로 카운터의 상태 수가 m일 때 이 카운터를 m진(mod−m) 카운터라고 한다. 플립플롭 n개를 종속으로 연결하면 0부터 최대 $2^n - 1$까지 계수할 수 있다. 예를 들어, 플립플롭 2개를 사용하면 0부터 최대 $3(=2^2 - 1)$까지 계수하는 4진(mod−4) 카운터를 구성할 수 있다. 플립플롭 3개를 사용하면 8진(mod−8) 카운터, 플립플롭 4개를 사용하면 16진(mod−16) 카운터를 구성할 수 있다.

비동기식 카운터는 JK 플립플롭을 사용해 구성하며, 모든 J와 K 입력을 논리 1(+5V)로 하여 토글toggle 상태가 되도록 한다.

1 4비트 비동기식 상향 카운터

비동기식 카운터의 가장 일반적인 형태는 순차적으로 2진수를 계수하는 2진 상향 카운터binary up counter다. [표 10−1]은 플립플롭 4개를 사용한 16진 카운터의 계수 상태를 나타낸 것으로 2진수의 4자리($Q_D Q_C Q_B Q_A$)를 사용해 $0000(0_{(10)})$에서 $1111(15_{(10)})$까지 계수한다. Q_D 열은 8에 해당하는 자리로 최상위 비트(MSB)라 하고, Q_A 열은 1에 해당하는 자리로 최하위 비트(LSB)라 한다. 0000에서 1111까지 카운트하는 상태의 수가 16개이므로 16진(mod-16) 카운터라고 한다.

표 10-1 4비트 비동기식 상향 카운터의 계수표

클록 펄스	Q_D	Q_C	Q_B	Q_A	10진수
1	0	0	0	0	0
2	0	0	0	1	1
3	0	0	1	0	2
4	0	0	1	1	3
5	0	1	0	0	4
6	0	1	0	1	5
7	0	1	1	0	6
8	0	1	1	1	7
9	1	0	0	0	8
10	1	0	0	1	9
11	1	0	1	0	10
12	1	0	1	1	11
13	1	1	0	0	12
14	1	1	0	1	13
15	1	1	1	0	14
16	1	1	1	1	15

[그림 10-1]은 JK 플립플롭을 사용한 4비트 비동기식 상향 카운터의 회로도, 타이밍도, 상태도를 보여준다. 모든 플립플롭의 입력은 $J=K=1$이므로 출력은 토글 상태로 동작한다. 설계 방법은 다음과 같다.

❶ 모든 JK 플립플롭의 입력 J와 K를 1(+5V)에 연결한다.

❷ 1번째 플립플롭의 클록 입력에 외부 클록 신호(CP)를 연결한다.

❸ 1번째 플립플롭의 출력 Q_A를 2번째 플립플롭의 클록 입력에 연결한다.

❹ 2번째 플립플롭의 출력 Q_B를 3번째 플립플롭의 클록 입력에 연결한다.

❺ 3번째 플립플롭의 출력 Q_C를 4번째 플립플롭의 클록 입력에 연결한다.

❻ 플립플롭 출력 단자 Q_D, Q_C, Q_B, Q_A로부터 출력된 값을 조합하면 상향 카운터가 된다.

이 카운터의 동작은 입력(CP)과 각 플립플롭의 출력을 포함하는 [그림 10-1(b)]의 타이밍도로 설명할 수 있다. 이제 모든 플립플롭의 출력이 0000($=Q_DQ_CQ_BQ_A$)으로 되어 있다고 가정하자. 각 플립플롭은 클록 펄스의 하강 에지에서 변한다. t_1에서 플립플롭 FF-A는 출력을 반전하여 $Q_DQ_CQ_BQ_A=0001$이 된다. t_2에서 FF-A의 출력은 다시 0으로 되고 이것은 즉시 FF-B의 클록에 인가되므로 FF-B의 출력은 1이 되어서 $Q_DQ_CQ_BQ_A=0010$이 된다. 계속해서 클록 펄스가 인가됨에 따라 각 플립플롭의 출력은 다음 플립플롭의 입력으로 들어가 해당 플립플롭의 출력을 연쇄적으로 반전시키게 된다. 따라서 각 플립플롭은 2진수로 0000에서 1111까지 카운트한다.

이상의 카운터에서 Q_A에서는 입력 클록 주파수의 1/2, Q_B에서는 1/4, Q_C에서는 1/8, Q_D에서는 1/16인 구형파가 얻어진다. [그림 10-1(c)]는 4비트 2진 상향 카운터의 상태도를 보여준다.

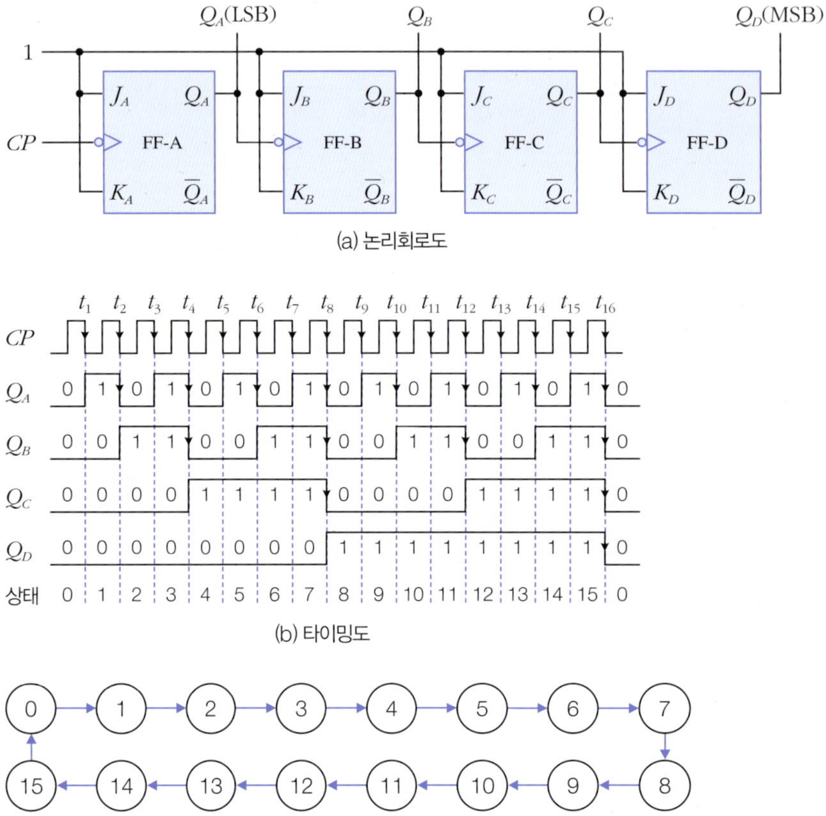

(a) 논리회로도

(b) 타이밍도

(c) 상태도

그림 10-1 4비트 비동기식 상향 카운터

TIP

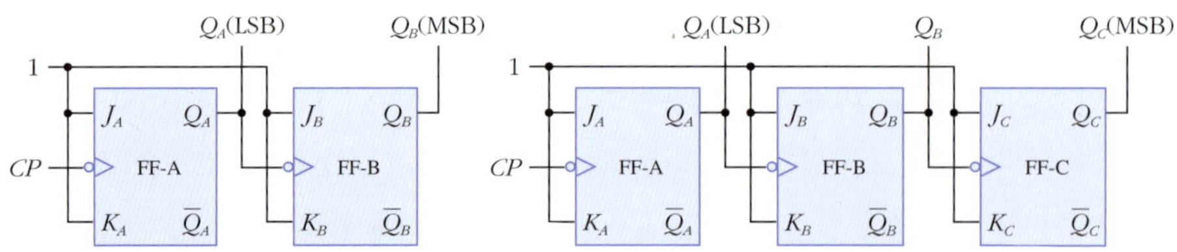

2비트 비동기식 상향 카운터

3비트 비동기식 상향 카운터

비동기식 카운터의 동작 속도

비동기식 카운터에서 1번째 플립플롭에 인가되는 클록 주파수는 다음 식을 만족해야 한다. 여기서 $f_{\max}$는 최대 클록 주파수, n은 플립플롭의 수, t_{pd}는 플립플롭 1개당 전파 지연 시간이다.

$$f_{\max} \le \frac{1}{n \times t_{pd}}$$

예를 들어, $t_{pd} = 20\text{ns}$이고 플립플롭의 수가 4개인 4비트 2진 비동기식 카운터를 설계할 경우 클록 주파수는 12.5MHz 이하이어야 한다.

$$f_{\max} \le \frac{1}{n \times t_{pd}} = \frac{1}{4 \times 20 \times 10^{-9}} = 12.5\text{MHz}$$

2 4비트 비동기식 하향 카운터

비동기식 카운터는 플립플롭의 클록 입력을 연결하는 방법에 따라 계수의 방향이 결정된다. 4비트 비동기식 상향 카운터에서 각 플립플롭의 $\bar{Q}$ 출력을 다음 단의 클록 입력으로 연결하면 하향 카운터가 된다. [표 10-2]는 4비트 비동기식 하향 카운터의 계수 상태다. 카운터는 1111에서 시작하여 15번째 클록 펄스의 끝에서 0000으로 감소한다. 16번째 클록 펄스가 인가된 후 카운터는 1111에서 반복한다.

표 10-2 4비트 비동기식 하향 카운터의 계수표

클록 펄스	Q_D	Q_C	Q_B	Q_A	10진수
1	1	1	1	1	15
2	1	1	1	0	14
3	1	1	0	1	13
4	1	1	0	0	12
5	1	0	1	1	11
6	1	0	1	0	10
7	1	0	0	1	9
8	1	0	0	0	8
9	0	1	1	1	7
10	0	1	1	0	6
11	0	1	0	1	5
12	0	1	0	0	4
13	0	0	1	1	3
14	0	0	1	0	2
15	0	0	0	1	1
16	0	0	0	0	0

[그림 10-2]는 4비트 비동기식 하향 카운터의 회로도, 타이밍도, 상태도를 보여준다. 모든 플립플롭의 입력은 $J=K=1$이므로 출력은 토글 상태로 동작하며, 각 플립플롭은 2진수로 1111에서 0000까지 카운트한다. 설계 방법은 각 플립플롭의 $\bar{Q}$ 출력을 다음 단의 클록 입력으로 연결한다는 점을 제외하면 4비트 비동기식 상향 카운터와 같다.

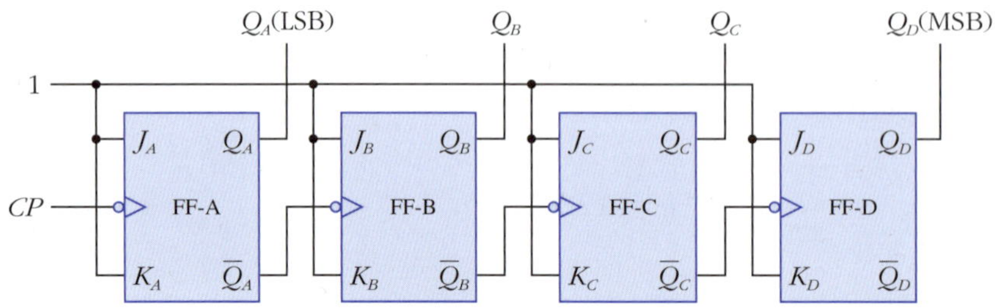

(a) 논리회로도

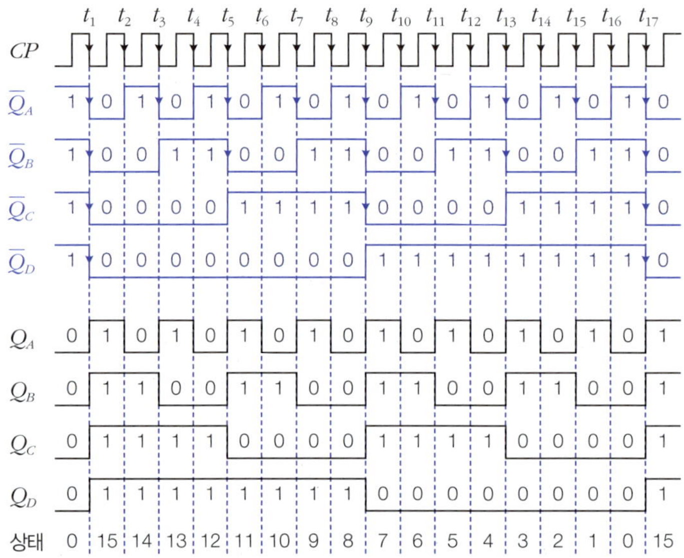

(b) 타이밍도

TIP

2비트 비동기식 하향 카운터

FF-A, FF-B만 사용

TIP

3비트 비동기식 하향 카운터

FF-A, FF-B, FF-C만 사용

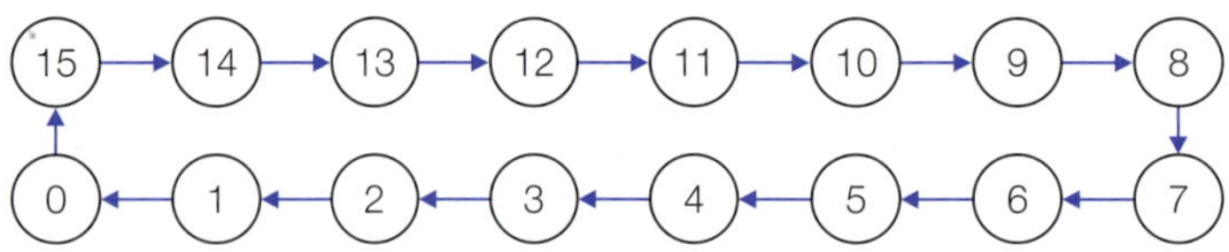

(c) 상태도

그림 10-2 4비트 비동기식 하향 카운터

처음에 모든 플립플롭의 출력이 $Q_D Q_C Q_B Q_A = 0000$으로 되어 있다고 가정한다. 이때 $\bar{Q}_D \bar{Q}_C \bar{Q}_B \bar{Q}_A = 1111$이다. 출력 Q_A는 클록 펄스(CP)의 하강 에지에서 상태를 반전한다. 출력 Q_B는 맨 앞단 플립플롭의 $\bar{Q}_A$가 1에서 0으로 변할 때마다(Q_A는 0에서 1로 변함) 상태를 반전한다. 출력 Q_C는 앞단 플립플롭의 $\bar{Q}_B$가 1에서 0으로 변할 때마다(Q_B는 0에서 1로 변함) 상태를 반전한다. 마찬가지로 출력 Q_D는 앞단 플립플롭의 $\bar{Q}_C$가 1에서 0으로 변할 때마다(Q_C는 0에서 1로 변함) 상태를 반전한다. 이후 각 플립플롭은 클록 펄스의 하강 에지에서 변하여 [그림 10-2(b)]와 같은 타이밍도를 얻을 수 있다.

3 4비트 비동기식 상향/하향 카운터

[그림 10-1(a)]에 주어진 비동기식 상향 카운터는 플립플롭의 출력 Q를 다음 플립플롭의 CP 입력에 연결하여 [표 10-1]과 같이 카운터의 순서가 0에서 시작하여 15로 증가하는 순서다. [그림 10-2(a)]에 주어진 비동기식 하향 카운터는 플립플롭의 출력 $\bar{Q}$를 다음 플립플롭의 CP 입력에 연결하여 [표 10-2]와 같이 카운터의 순서가 15에서 시작하여 0으로 감소하는 순서다.

앞의 2가지 카운터를 조합하면 상향/하향 카운터를 만들 수 있다. [그림 10-3]은 멀티플렉서(MUX)의 선택단자 S에 의해 상향 또는 하향 카운터로 동작하는 회로다. 즉 $S=0$으로 하면 MUX의 입력 D_0과 출력 F가 연결되므로 상향 카운터가 되고, $S=1$로 하면 MUX의 입력 D_1과 출력 F가 연결되므로 하향 카운터로 동작한다.

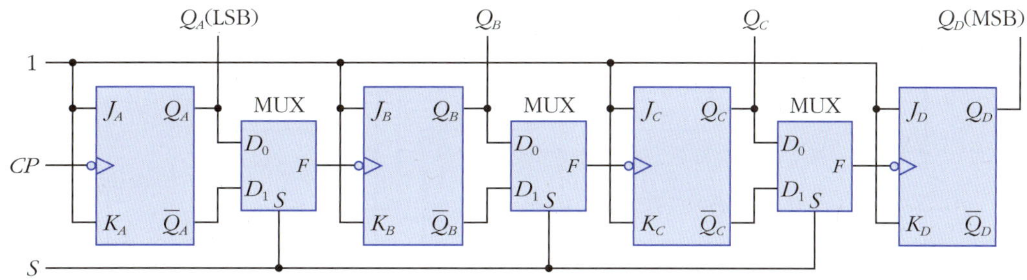

그림 10-3 4비트 비동기식 상향/하향 카운터

4 비동기식 10진 카운터

3비트 비동기식 카운터는 8진(mod-8) 카운터로, 0에서 7까지 카운트할 수 있다. 일반적으로 JK 플립플롭(또는 T 플립플롭) n개를 사용하면 2^n진(mod-2^n)까지의 카운터를 만들 수 있다. 예를 들면, JK 플립플롭 3개를 이용해 5진, 6진, 7진, 8진 카운터를 구성할 수 있다. 4진, 8진, 16진 등의 카운터는 단순히 플립플롭 2개, 3개, 4개를 종속으로 연결하여 구성할 수 있으므로 여기서는 그 외의 3진, 5진, 6진, 10진 비동기식 카운터의 구성을 생각하자.

예를 들어, [표 10-3]과 같이 0에서 9까지의 계수를 반복하는 비동기식 10진 카운터(BCD 카운터, decade counter, mod-10 카운터)를 구성해보자.

표 10-3 10진 카운터의 계수표

클록 펄스	Q_D	Q_C	Q_B	Q_A	10진수
1	0	0	0	0	0
2	0	0	0	1	1
3	0	0	1	0	2
4	0	0	1	1	3
5	0	1	0	0	4
6	0	1	0	1	5
7	0	1	1	0	6
8	0	1	1	1	7
9	1	0	0	0	8
10	1	0	0	1	9

0에서 9까지 계수하려면 4개의 플립플롭이 필요하다. 4개의 플립플롭을 종속으로 연결하면 0에서 15까지 계수할 수 있는데, 10진으로 하려면 카운터 출력이 '(목표하는 최고 카운트)+1'에 도달한 순간을 포착하여 모든 플립플롭을 0으로 클리어clear하면 된다. [그림 10-4]는 이 원리에 입각하여 구성한 비동기식 10진 카운터다. 각 플립플롭의 출력은 Q_D, Q_C, Q_B, Q_A이고, 플립플롭은 클록 펄스의 하강 에지에서 동작한다.

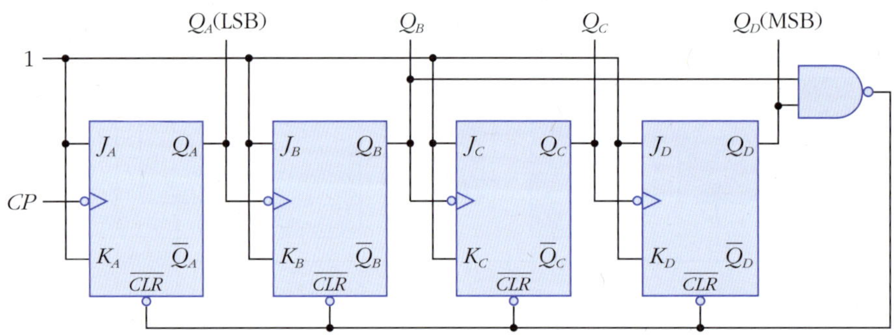

(a) 논리회로도

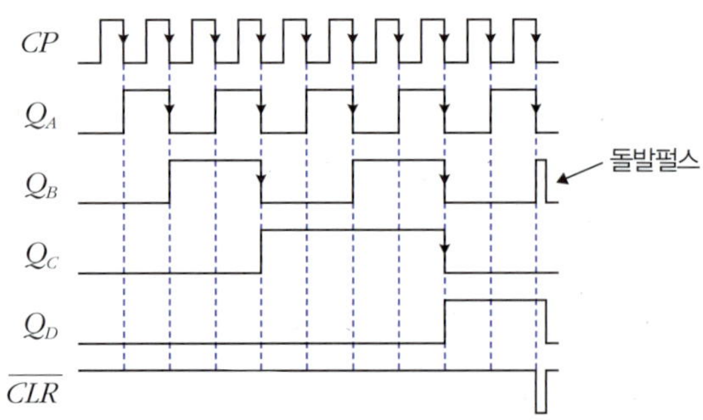

(b) 타이밍도

TIP

NAND 게이트 진리표

A	B	F
0	0	1
0	1	1
1	0	1
1	1	0

그림 10-4 비동기식 10진 카운터

비동기식 10진 카운터의 설계 방법은 다음과 같다.

❶ 모든 JK 플립플롭의 입력 J와 K를 1(+5V)에 연결한다.

❷ 1번째 플립플롭의 클록 입력을 외부 클록 신호(CP)와 연결한다.

❸ 1번째 플립플롭의 출력 Q_A를 2번째 플립플롭의 클록 입력에 연결한다.

❹ 2번째 플립플롭의 출력 Q_B를 3번째 플립플롭의 클록 입력에 연결한다.

❺ 3번째 플립플롭의 출력 Q_C를 4번째 플립플롭의 클록 입력에 연결한다.

❻ 카운터를 리셋시킬 계수값을 선정한 다음, 게이트 소자를 선택한다. 여기서는 1010(=$Q_D Q_C Q_B Q_A$)이므로 NAND 게이트를 사용해 Q_D와 Q_B를 2입력 NAND 게이트의 입력에 연결한다. 또한 NAND 게이트 출력을 모든 플립플롭의 클리어 입력($\overline{CLR}$)에 연결한다.

❼ 플립플롭의 출력 $Q_D Q_C Q_B Q_A$로부터 출력된 값을 조합하면 비동기식 10진 카운터가 된다.

위와 같이 설계하는 이유는 다음과 같다. [표 10-3]을 살펴보면 0부터 9까지는 Q_D와 Q_B 출력이 동시에 1이 되는 경우는 없으며, 비로소 10($1010_{(2)}$)이 되었을 때 Q_D와 Q_B 출력이 동시에 논리 1이 된다. 그러므로 Q_D와 Q_B를 2입력 NAND 게이트 입력으로 연결하고 NAND 출력을 모든 플립플롭의 $\overline{CLR}$ 입력에 연결하면 모든 플립플롭은 강제적으로 0이 된다. NAND 게이트는 입력이 모두 1인 경우에만 출력이 0이 되므로 0($0000_{(2)}$)에서부터 증가하다가 10($1010_{(2)}$)이 되면 NAND 게이트의 출력이 논리 0이 되어 모든 플립플롭을 클리어하여 9에서 0으로 재순환된다. 이 방법을 이용하면 임의의 비동기식 m진 카운터도 설계할 수 있다.

[그림 10-4(b)]의 타이밍도에서 Q_B의 출력 파형에 돌발펄스glitch가 있다. 이것은 9에서 0으로의 재순환 시 아주 짧은 시간 동안 10($1010_{(2)}$)의 상태였다가 0으로 변하기 때문에 이 짧은 시간 동안에는 출력이 논리 1이 된다. 돌발펄스는 카운터뿐만 아니라 다른 디지털 회로에서도 생기며, 디지털 시스템의 오동작 원인이 될 수도 있다.

5 IC 비동기식 카운터

7493 4bit binary counter

2진 카운터mod-2와 8진 카운터mod-8가 독립적으로 내장되어 있다. 2진 카운터로 사용할 때는 클록 입력을 *Input A*에 넣고 출력은 Q_A에서 얻는다. 8진 카운터로 사용할 때는 클록 입력을 *Input B*에 넣고 출력은 $Q_D Q_C Q_B$에서 얻는다. 따라서 Q_A를 *Input B*에 연결하고 클록 입력을 *Input A*에 넣으면 16진 카운터로 쓸 수 있으며, 출력은 $Q_D Q_C Q_B Q_A$에서 얻는다. 리셋 입력 $R_{0(1)}$, $R_{0(2)}$ 둘 다 1로 하면 카운터 출력은 0000으로 리셋된다.

7492divide-by-twelve counter

2진 카운터mod-2와 6진 카운터mod-6가 독립적으로 내장되어 있다. 사용법은 7493에 준한다. 즉 Q_A를 *Input B*에 연결하고 클록 입력을 *Input A*에 넣으면 12진 카운터로 쓸 수 있으며 출력은 $Q_DQ_CQ_BQ_A$에서 얻는다. 단점은 0부터 11까지 카운트하지 않으며, 0 → 1 → 2 → 3 → 4 → 5 → 8 → 9 → 10 → 11 → 12 → 13순으로 카운트한다.

7490decade counter

2진 카운터mod-2와 5진 카운터mod-5가 독립적으로 내장되어 있다. 사용법은 7493에 준한다. 즉 Q_A를 *Input B*에 연결하고 클록 입력을 *Input A*에 넣으면 10진 카운터로 쓸 수 있으며 출력은 $Q_DQ_CQ_BQ_A$에서 얻는다. 또 추가된 세트set 입력 $Q_{9(1)}$, $Q_{9(2)}$를 둘 다 1로 하면 카운터 출력은 비동기적으로 최대 카운트 1001(9)로 세트된다.

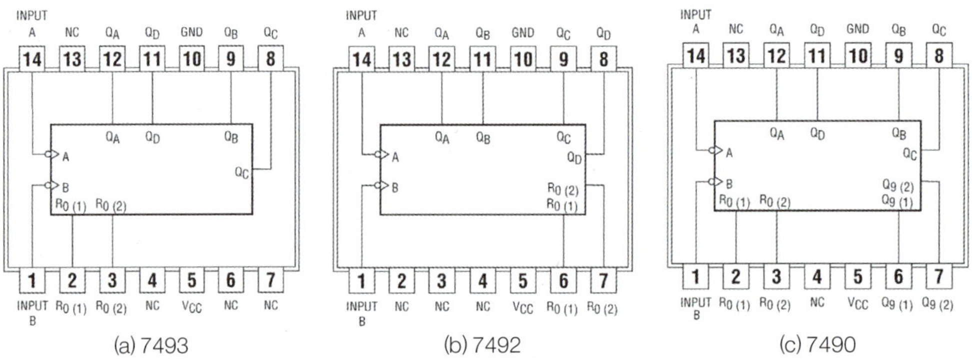

그림 10-5 7493, 7492, 7490의 핀 배치도

7493을 이용한 비동기식 13진 카운터

7493은 *input A*에 클록을 입력하고 Q_A를 *input B*에 연결하면 16진 비동기 카운터가 된다. 또 리셋 입력을 이용하여 특정한 값에 도달했을 때 모든 플립플롭을 0으로 만들어 주면 mod-m 카운터가 된다. 13(최고 카운트+1)에 도달했을 때 카운터를 0으로 만들면 13진 카운터를 만들 수 있다. 즉 $Q_DQ_CQ_BQ_A$=1101이 되는 순간 리셋reset 입력 $R_{0(1)}$, $R_{0(2)}$ 둘 다 1로 하면 카운터 출력은 $Q_DQ_CQ_BQ_A$=0000으로 리셋된다. 리셋 입력이 active-high이므로 3입력 AND 게이트에 $Q_DQ_CQ_A$를 넣어 준다.

이 방법을 이용하면 12진 카운터, 10진 카운터 등도 쉽게 설계할 수 있다. 7492는 12진 카운터지만 0부터 11까지 순서대로 카운트하지 못하므로 7493을 이용해 0부터 11까지 카운트하는 12진 카운터를 설계할 수 있다.

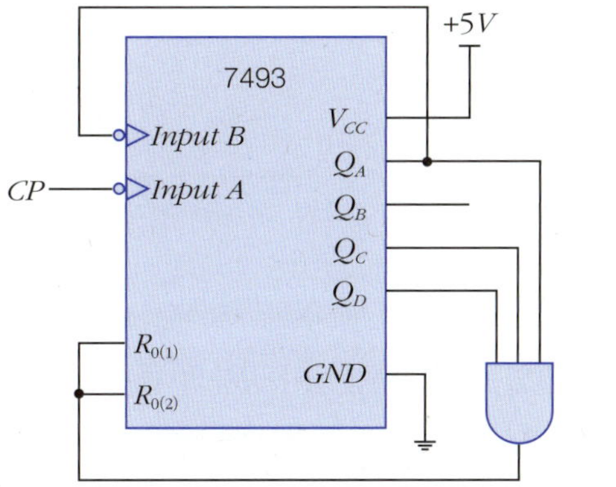

그림 10-6 IC 7493을 이용한 비동기식 13진 카운터 회로

10.2 동기식 카운터

동기식 카운터는 병렬 카운터라고도 하며, 카운터에 있는 플립플롭들이 공통의 클록 펄스에 의해 동시에 트리거trigger되어 고속 동작에는 적합하지만 비동기식 카운터에 비해 회로가 복잡하다는 단점이 있다.

동기식 카운터와 같은 순서논리회로를 설계하는 순서는 다음과 같다.

❶ 클록 신호에 대한 각 플립플롭의 상태 변화(클록 이전 상태와 이후 상태)를 표(상태 여기표)로 작성한다.
❷ 이러한 변화를 일으킬 수 있도록 플립플롭의 제어 신호(J, K)를 결정한다. 여기서 플립플롭의 여기표excitation table가 필요하다.
❸ 플립플롭의 제어 신호는 카르노 맵을 이용해 간소화한다.
❹ 카운터 회로를 그린다.

1 2비트 동기식 카운터

JK 플립플롭을 사용해 2비트 동기식 카운터를 순서논리회로 설계방식으로 설계해보자. 이 카운터의 상태도는 [그림 10-7]과 같다.

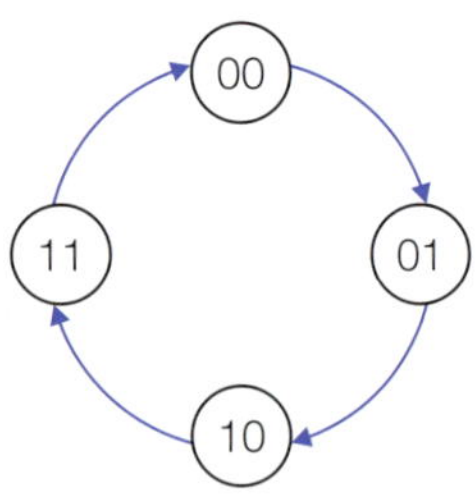

그림 10-7 2비트 동기식 2진 카운터의 상태도

표 10-4 2비트 동기식 2진 카운터의 상태 여기표

현재 상태		다음 상태		플립플롭 입력			
Q_B	Q_A	Q_B	Q_A	J_B	K_B	J_A	K_A
0^a	0^c	0^b	1^d	0	×	1	×
0	1	1	0	1	×	×	1
1	0	1	1	×	0	1	×
1	1	0	0	×	1	×	1

TIP

JK 플립플롭의 여기표

$Q(t)$	$Q(t+1)$	J	K
0	0	0	×
0	1	1	×
1	0	×	1
1	1	×	0

설계할 카운터는 클록 펄스가 입력될 때마다 00에서 시작하여 01, 10, 11 그리고 11 다음은 00으로 되돌아가는 것이다. [그림 10-7]의 상태도로부터 [표 10-4]와 같은 상태 여기표를 작성한다. 카운터에서 사용할 상태 수가 4가지이므로 JK 플립플롭은 2개가 필요하다. 2개 플립플롭의 출력을 Q_B, Q_A라 하자.

상태 여기표 작성 방법은 다음과 같다. 카운터는 00~11까지를 반복하므로 현재 상태 항에 00부터 11까지 순차적으로 모든 상태를 적는다. [그림 10-7]의 상태도에 의하면 현재 상태가 00이면 다음 상태는 01이고, 현재 상태가 01이면 다음 상태는 10이 된다. 계속해서 마지막으로 현재 상태가 11이면 다음 상태가 00이 된다. 이러한 내용을 기초로 다음 상태 항을 작성한다.

다음에는 JK 플립플롭의 여기표를 바탕으로 현재 상태와 다음 상태를 비교하여 플립플롭의 입력 항을 작성한다. 예를 들어, Q_B의 현재 상태(a)가 0이고 다음 상태(b)가 0이면 여기표로부터 $J_B=0$, $K_B=\times$가 된다. Q_A의 현재 상태(c)가 0이고 다음 상태(d)가 1이면 $J_A=1$, $K_A=\times$가 된다. 이와 같은 방법으로 각 플립플롭의 입력 항을 모두 작성한다. 각 플립플롭의 입력 함수를 카르노 맵을 이용해 간소화하면 [그림 10-8]과 같다.

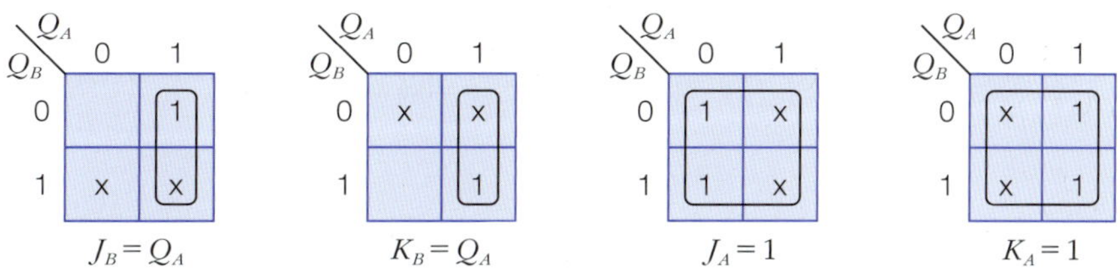

그림 10-8 카르노 맵을 이용한 2비트 동기식 카운터의 간소화 과정

[그림 10-9]는 위의 논리식을 토대로 구성한 2비트 동기식 카운터 회로와 타이밍도다.

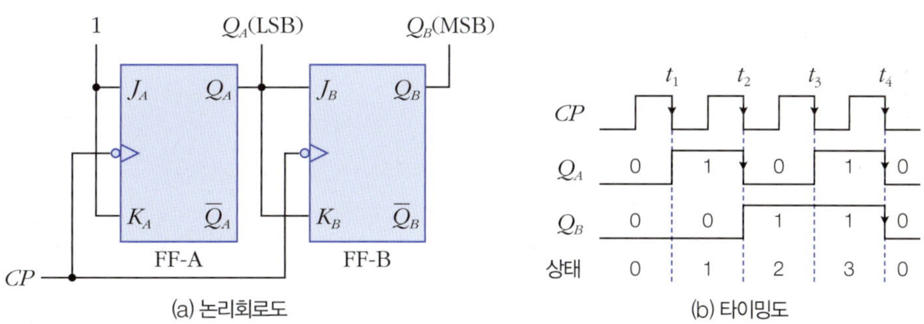

그림 10-9 2비트 동기식 카운터 회로 및 타이밍도

2비트 동기식 카운터는 [그림 10-9(a)]와 같이 JK 플립플롭 2개를 사용하며, 클록 펄스는 두 플립플롭에 공통으로 입력되고, 클록 펄스의 하강 에지에서 동작한다. 1번째 플립플롭(FF-A)의 J_A와 K_A 입력은 모두 논리 1(+5V)로 하여 토글되도록 하며, 2번째 플립플롭(FF-B)의 J_B와 K_B 입력에는 Q_A출력이 연결된다.

2비트 동기식 카운터의 초기 상태를 $Q_B Q_A = 00$이라고 가정하고, 클록 펄스의 입력에 따른 카운터의 동작을 [그림 10-9(b)]를 참조하여 설명하면 다음과 같다.

- t_1에서 FF-A는 반전되어 $Q_A = 1$이 되고 FF-B는 상태가 변하지 않는다.
- t_2에서 FF-A는 반전되어 $Q_A = 0$이 된다. FF-B는 J_B와 K_B 입력이 모두 논리 1이므로 t_2에서 반전되어 $Q_B = 1$ 상태가 된다.
- t_3에서 FF-A는 반전되어 $Q_A = 1$이 된다. FF-B는 J_B와 K_B 입력이 모두 논리 0이므로 클록 펄스가 입력되어도 현재 상태를 그대로 유지한다.
- t_4에서 FF-A는 반전되어 $Q_A = 0$이 된다. FF-B는 J_B와 K_B 입력이 모두 논리 1이므로 t_4에서 반전되어 $Q_B = 0$ 상태가 된다.

2비트 동기식 카운터는 클록 펄스 4개가 입력되면 처음과 같은 상태가 되어 위 동작을 반복한다. [그림 10-9(b)]를 보면 플립플롭의 상태 전이와 클록 펄스의 하강 에지가 동일한 시점에서 변화하는데, 실제로는 플립플롭의 전파 지연 때문에 조금 뒤에 나타난다.

2 3비트 동기식 카운터

3비트 동기식 카운터도 순서논리회로 설계방식으로 설계해보자. 이 카운터의 상태도는 [그림 10-10]과 같다.

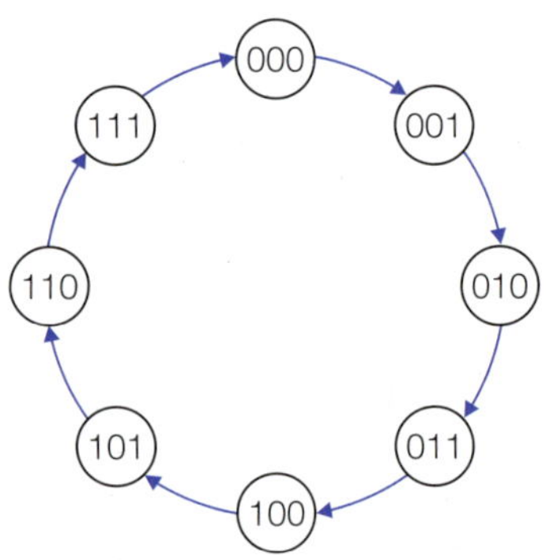

그림 10-10 3비트 동기식 2진 카운터의 상태도

설계할 카운터는 클록 펄스가 입력될 때마다 000에서 시작하여 001, 010, ... 111 그리고 111 다음은 000으로 되돌아가는 것이다. [그림 10-10]의 상태도로부터 [표 10-5]와 같은 상태 여기표를 작성한다. 카운터에서 사용할 상태 수가 8가지이므로 JK 플립플롭은 3개가 필요하다. 3개 플립플롭의 출력을 Q_C, Q_B, Q_A라 하자.

표 10-5 3비트 동기식 카운터의 상태 여기표

현재 상태			다음 상태			플립플롭 입력					
Q_C	Q_B	Q_A	Q_C	Q_B	Q_A	J_C	K_C	J_B	K_B	J_A	K_A
0	0	0	0	0	1	0	×	0	×	1	×
0	0	1	0	1	0	0	×	1	×	×	1
0	1	0	0	1	1	0	×	×	0	1	×
0	1	1	1	0	0	1	×	×	1	×	1
1	0	0	1	0	1	×	0	0	×	1	×
1	0	1	1	1	0	×	0	1	×	×	1
1	1	0	1	1	1	×	0	×	0	1	×
1	1	1	0	0	0	×	1	×	1	×	1

TIP

JK 플립플롭의 여기표

$Q(t)$	$Q(t+1)$	J	K
0	0	0	×
0	1	1	×
1	0	×	1
1	1	×	0

상태 여기표 작성 방법은 2비트 동기식 카운터의 경우와 같다. 카운터는 000~111까지를 반복하므로 현재 상태 항에 000부터 111까지 순차적으로 모든 상태를 적는다. [그림 10-10]의 상태도에 의하면 현재 상태가 000이면 다음 상태는 001이고, 현재 상태가 001이면 다음 상태는 010이 된다. 계속해서 마지막으로 현재 상태가 111이면 다음 상태가 000이 된다. 이러한 내용을 기초로 다음 상태 항을 작성한다.

다음에는 플립플롭의 입력 항을 작성하기 위해 JK 플립플롭의 여기표를 이용한다. 각 플립플롭의 현재 상태와 다음 상태를 비교하여 각 플립플롭의 입력 항을 작성한다. 각 플립플롭의 입력 함수를 카르노 맵을 이용해 간소화하면 [그림 10-11]과 같다.

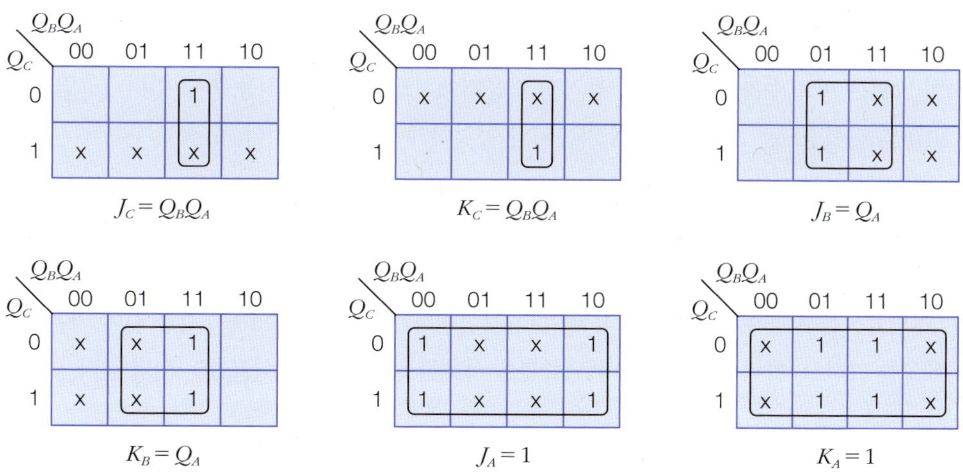

그림 10-11 카르노 맵을 이용한 3비트 동기식 카운터의 간소화 과정

모든 JK 플립플롭의 클록 신호(CP)를 동시에 인가하고, 위의 결과를 이용해 회로를 그리면 [그림 10-12]와 같다.

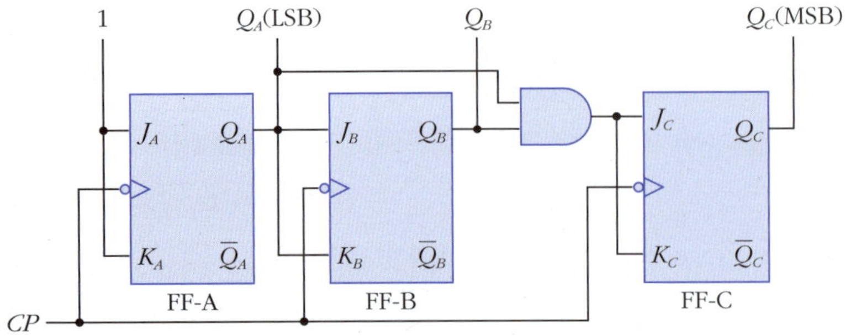

(a) 논리회로도

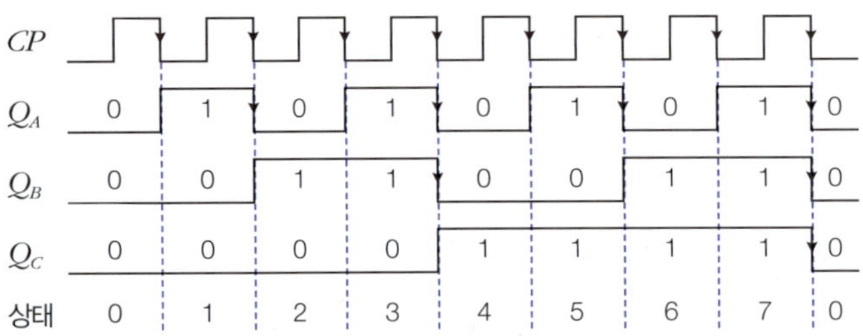

(b) 타이밍도

그림 10-12 3비트 동기식 카운터 회로 및 타이밍도

3비트 동기식 카운터는 [그림 10-12(a)]와 같이 JK 플립플롭 3개와 AND 게이트 1개로 구성된다. 클록 펄스는 세 플립플롭에 공통으로 입력되고, 클록 펄스의 하강 에지에서 동작한다. 1번째 플립플롭(FF-A)의 J_A와 K_A 입력은 모두 논리 1(+5V)로 하여 토글되게 하며, 2번째 플립플롭(FF-B)의 J_B와 K_B 입력에는 Q_A를 연결하였다. 3번째 플립플롭(FF-C)의 J_C와 K_C 입력은 FF-A의 출력 Q_A와 FF-B의 출력 Q_B를 AND 게이트로 연결하였다. 이와 같은 구성 방법은 비트 수가 3개 이상인 동기식 카운터에서도 동일하게 적용할 수 있다. [그림 10-12(b)]의 타이밍도는 2비트 동기식 카운터와 동일하게 설명할 수 있다.

3 4비트 동기식 카운터

JK 플립플롭을 사용해 4비트 동기식 카운터를 설계하기 위해 [그림 10-13]과 같이 카운터의 상태도를 그리고, 상태도로부터 JK 플립플롭을 사용한 상태 여기표는 [표 10-6]과 같다.

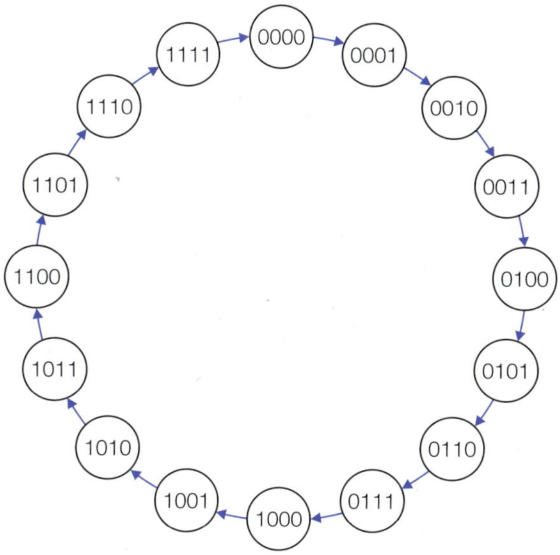

그림 10-13 4비트 동기식 카운터의 상태도

> **TIP**
>
> JK 플립플롭의 여기표
>
> | $Q(t)$ | $Q(t+1)$ | J | K |
> |---|---|---|---|
> | 0 | 0 | 0 | × |
> | 0 | 1 | 1 | × |
> | 1 | 0 | × | 1 |
> | 1 | 1 | × | 0 |

표 10-6 4비트 동기식 카운터의 상태 여기표

현재 상태				다음 상태				플립플롭 입력							
Q_D	Q_C	Q_B	Q_A	Q_D	Q_C	Q_B	Q_A	J_D	K_D	J_C	K_C	J_B	K_B	J_A	K_A
0	0	0	0	0	0	0	1	0	×	0	×	0	×	1	×
0	0	0	1	0	0	1	0	0	×	0	×	1	×	×	1
0	0	1	0	0	0	1	1	0	×	0	×	×	0	1	×
0	0	1	1	0	1	0	0	0	×	1	×	×	1	×	1
0	1	0	0	0	1	0	1	0	×	×	0	0	×	1	×
0	1	0	1	0	1	1	0	0	×	×	0	1	×	×	1
0	1	1	0	0	1	1	1	0	×	×	0	×	0	1	×
0	1	1	1	1	0	0	0	1	×	×	1	×	1	×	1
1	0	0	0	1	0	0	1	×	0	0	×	0	×	1	×
1	0	0	1	1	0	1	0	×	0	0	×	1	×	×	1
1	0	1	0	1	0	1	1	×	0	0	×	×	0	1	×
1	0	1	1	1	1	0	0	×	0	1	×	×	1	×	1
1	1	0	0	1	1	0	1	×	0	×	0	0	×	1	×
1	1	0	1	1	1	1	0	×	0	×	0	1	×	×	1
1	1	1	0	1	1	1	1	×	0	×	0	×	0	1	×
1	1	1	1	0	0	0	0	×	1	×	1	×	1	×	1

상태 여기표에서 각 플립플롭의 입력을 구하기 위해 이용하는 카르노 맵은 [그림 10-14]와 같다.

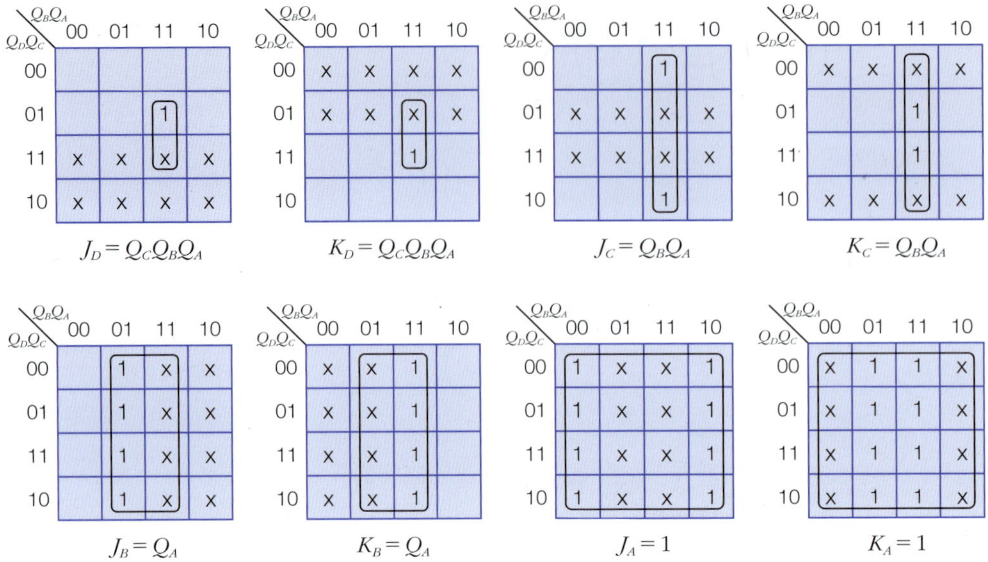

그림 10-14 카르노 맵을 이용한 4비트 동기식 카운터의 간소화 과정

[그림 10-15]는 위의 논리식을 토대로 구성한 4비트 동기식 카운터 회로와 타이밍도다. 4비트 동기식 카운터는 [그림 10-15(a)]와 같이 JK 플립플롭 4개와 AND 게이트 2개로 구성된다. 클록 펄스는 플립플롭 4개에 공통으로 입력되고, 클록 펄스의 하강 에지에서 동작한다. 1번째 플립플롭(FF-A)의 J_A와 K_A 입력은 모두 논리 1(+5V)로 하여 토글 상태가 되며, 2번째 플립플롭(FF-B)의 J_B와 K_B 입력에는 Q_A 출력을 연결하였다. 또한 3번째 플립플롭(FF-C)의 J_C와 K_C 입력에는 FF-A의 Q_A 출력과 FF-B의 Q_B 출력을 AND 게이트로 결합하여 연결하였다. 4번째 플립플롭(FF-D)의 J_D와 K_D 입력에는 FF-A의 Q_A 출력과 FF-B의 Q_B 출력의 AND 게이트 출력과 FF-C의 Q_C 출력을 다시 AND 게이트로 결합하여 연결하면 된다.

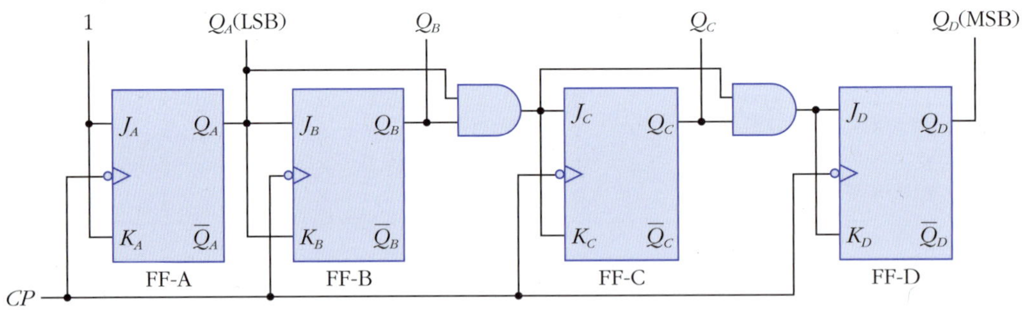

(a) 회로도

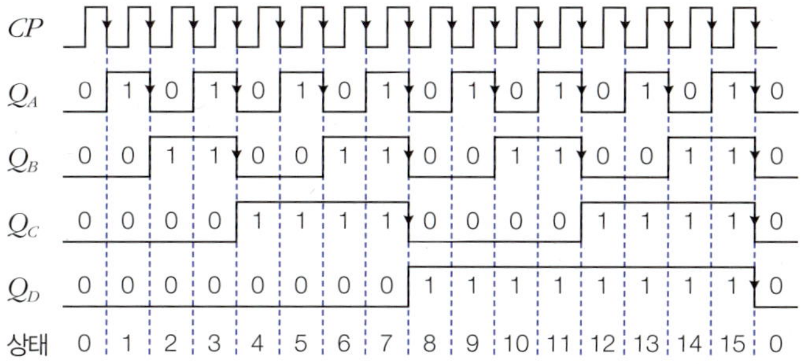

(b) 타이밍도

그림 10-15 4비트 동기식 카운터 회로 및 타이밍도

[그림 10-15(b)]는 [표 10-7]의 4비트 동기식 카운터의 계수표를 보면 알 수 있다. FF-A의 Q_A 출력이 논리 1이면 FF-B의 Q_B 출력 상태가 반전하며, FF-A의 Q_A 출력과 FF-B의 Q_B 출력이 모두 논리 1이면 FF-C의 Q_C 출력 상태가 반전한다. 또 FF-A의 Q_A 출력과 FF-B의 Q_B 출력과 FF-C의 Q_C 출력이 모두 논리 1이면 FF-D의 Q_D 출력 상태가 반전한다.

표 10-7 4비트 동기식 카운터의 계수표

클록 펄스	Q_D	Q_C	Q_B	Q_A	10진수
1	0	0	0	0	0
2	0	0	0	1	1
3	0	0	1	0	2
4	0	0	1	1	3
5	0	1	0	0	4
6	0	1	0	1	5
7	0	1	1	0	6
8	0	1	1	1	7
9	1	0	0	0	8
10	1	0	0	1	9
11	1	0	1	0	10
12	1	0	1	1	11
13	1	1	0	0	12
14	1	1	0	1	13
15	1	1	1	0	14
16	1	1	1	1	15
17	0	0	0	0	0

[표 10-7]의 계수표를 보면 필요한 플립플롭의 입력 함수를 추정할 수 있다. 하위의 모든 출력이 1일 때, 각 출력은 0 → 1로, 또는 1 → 0으로 변화한다. 토글 동작이 필요할 때, J와 K 입력은 모두 1이 되어야 한다. 그리고 플립플롭의 입력 함수는 간단하게 하위 비트의 논리적 AND다. 이와 같은 사실은 [표 10-7]로부터 알 수 있으며, 각 플립플롭의 입력 논리식은 다음과 같다.

$$J_A = K_A = 1$$
$$J_B = K_B = Q_A$$
$$J_C = K_C = Q_B Q_A$$
$$J_D = K_D = Q_C Q_B Q_A$$
$$J_E = K_E = Q_D Q_C Q_B Q_A$$
$$J_F = K_F = Q_E Q_D Q_C Q_B Q_A$$
$$\cdots\cdots$$

동기식 카운터의 동작 속도

동기식 카운터에서 모든 플립플롭은 동시에 상태가 변한다. 즉 모든 플립플롭은 입력 클록 펄스의 하강 에지에 동기되어 있다. [그림 10-15(a)]와 같은 동기식 카운터의 총 지연 시간은 하나의 플립플롭의 반전 시간과 AND 게이트 1개를 통과하여 J와 K에 도달하는 시간의 합이다.

$$\text{총 지연 시간} = \text{플립플롭 } t_{pd} + \text{AND 게이트 } t_{pd}$$

동기식 카운터의 총 지연 시간은 카운터 내의 플립플롭 수가 몇 개든 모두 같으며, 같은 수의 플립플롭을 갖는 비동기식 카운터보다 훨씬 작다. 따라서 동기식 카운터는 높은 입력 주파수를 사용하는 응용에 적합하다. 그러나 동기식 카운터 회로는 비동기식보다 더 복잡하다.

예제 10-1

[그림 10-15(a)]의 카운터에서 각 플립플롭의 t_{pd}가 50ns이고, 각 AND 게이트의 t_{pd}가 20ns일 때 f_{max}를 구하라. mod-16 비동기식 카운터의 f_{max}와 비교하라.

풀이

동기식 카운터에서 총 지연 시간은 50ns + 20ns = 70ns이므로 f_{max}는 14.3MHz가 된다.

$$f_{\max} \le \frac{1}{70\text{ns}} = \frac{1}{70 \times 10^{-9}} = 14.3\text{MHz}$$

mod-16 비동기식 카운터는 t_{pd} = 50ns인 플립플롭 4개를 사용하므로 f_{max}는 5MHz가 된다.

$$f_{\max} \le \frac{1}{4 \times 50\text{ns}} = \frac{1}{200 \times 10^{-9}} = 5\text{MHz}$$

따라서 동기식 카운터가 비동기식 카운터에 비해 고속으로 동작시킬 수 있다.

4 3비트 동기식 상향/하향 카운터

3비트 동기식 상향/하향 카운터binary up/down counter는 2진수의 계수가 0 → 1→ 2 → ··· → 7과 같이 증가하거나 7 → 6 → ··· → 0과 같이 감소하는 카운터다. 3비트 동기식 상향/하향 카운터의 상태도는 [그림 10-16]과 같으며, 상태 여기표는 [표 10-8]과 같다. 여기서 외부 입력 $x = 0$이면 상향 카운터로 동작하며, $x = 1$이면 하향 카운터로 동작한다.

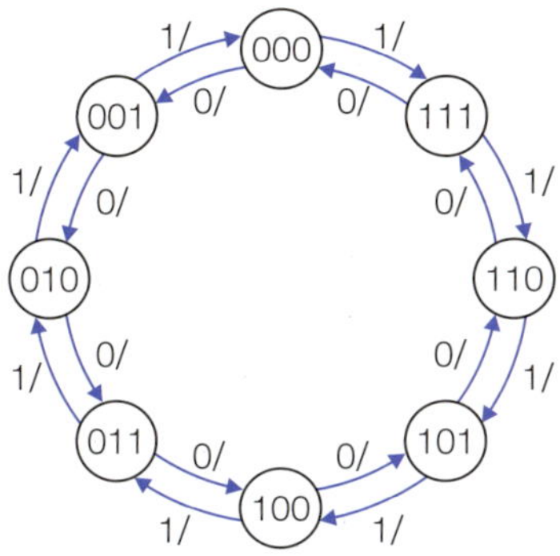

그림 10-16 3비트 동기식 상향/하향 카운터의 상태도

TIP

JK 플립플롭의 여기표

$Q(t)$	$Q(t+1)$	J	K
0	0	0	×
0	1	1	×
1	0	×	1
1	1	×	0

표 10-8 3비트 동기식 상향/하향 카운터의 상태 여기표

현재 상태			외부 입력	다음 상태			플립플롭 입력					
Q_C	Q_B	Q_A	x	Q_C	Q_B	Q_A	J_C	K_C	J_B	K_B	J_A	K_A
0	0	0	0	0	0	1	0	×	0	×	1	×
0	0	0	1	1	1	1	1	×	1	×	1	×
0	0	1	0	0	1	0	0	×	1	×	×	1
0	0	1	1	0	0	0	0	×	0	×	×	1
0	1	0	0	0	1	1	0	×	×	0	1	×
0	1	0	1	0	0	1	0	×	×	1	1	×
0	1	1	0	1	0	0	1	×	×	1	×	1
0	1	1	1	0	1	0	0	×	×	0	×	1
1	0	0	0	1	0	1	×	0	0	×	1	×
1	0	0	1	0	1	1	×	1	1	×	1	×
1	0	1	0	1	1	0	×	0	1	×	×	1
1	0	1	1	1	0	0	×	0	0	×	×	1
1	1	0	0	1	1	1	×	0	×	0	1	×
1	1	0	1	1	0	1	×	0	×	1	1	×
1	1	1	0	0	0	0	×	1	×	1	×	1
1	1	1	1	1	1	0	×	0	×	0	×	1

[표 10-8]의 상태 여기표로부터 각 플립플롭의 입력 함수를 카르노 맵으로 구하면 [그림 10-17]과 같다.

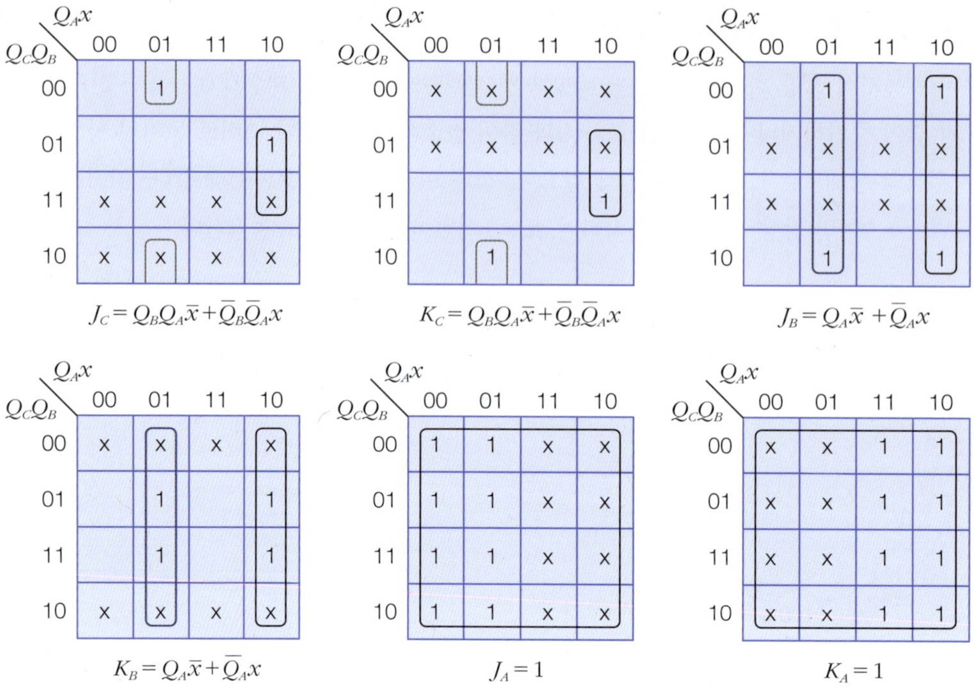

그림 10-17 3비트 동기식 상향/하향 카운터의 카르노 맵

[그림 10-18]은 3비트 동기식 상향/하향 카운터 회로다. 최하위 비트인 FF-A의 출력 Q_A는 클록 펄스가 입력될 때마다 상태가 반전하며, FF-B의 출력 Q_B는 $Q_A\bar{x} + \bar{Q}_Ax$가 논리 1일 때 클록 펄스가 입력되면 상태가 반전된다. FF-C의 출력인 Q_C는 $Q_BQ_A\bar{x} + \bar{Q}_B\bar{Q}_Ax$가 논리 1일 때 상태가 반전된다.

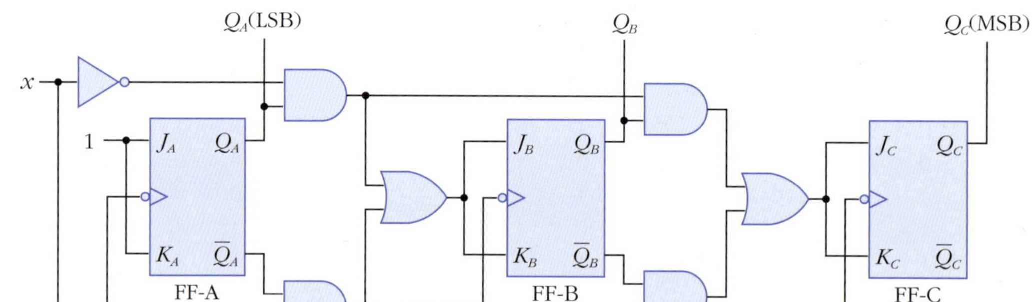

그림 10-18 3비트 동기식 상향/하향 카운터의 회로도

4비트, 5비트 동기식 상향/하향 카운터는 앞에서와 같은 패턴이 반복되어 각 플립플롭의 입력은 다음과 같다.

$$J_D = K_D = Q_CQ_BQ_A\bar{x} + \bar{Q}_C\bar{Q}_B\bar{Q}_Ax$$
$$J_E = K_E = Q_DQ_CQ_BQ_A\bar{x} + \bar{Q}_D\bar{Q}_C\bar{Q}_B\bar{Q}_Ax$$

5 동기식 BCD 카운터

모듈로-N 카운터란 카운터가 가질 수 있는 상태의 수가 N개인 카운터를 말한다. 예를 들어, 카운터의 상태가 0부터 (N-1)까지의 상태들을 순차적으로 발생시키고 다시 이와 같은 상태들을 반복하는 카운터가 있다. 모듈로-N 카운터의 한 예로서 디지털 시계의 분minute이나 초second는 00~59까지 변한다. 앞자리 숫자는 0에서 5까지 반복하므로 모듈로-6 카운터이며, 뒷자리 숫자는 0에서 9까지 반복하므로 모듈로-10 카운터가 된다. 모듈로-10 카운터를 BCD 카운터라고도 한다.

동기식 BCD 카운터(동기식 10진 카운터, 동기식 모듈로-10 카운터, 동기식 mod-10 카운터)를 순서논리회로 방식으로 설계하기 위하여 [그림 10-19]와 같이 카운터의 상태도를 그리고, 상태도로부터 JK 플립플롭을 사용한 상태 여기표는 [표 10-9]와 같다.

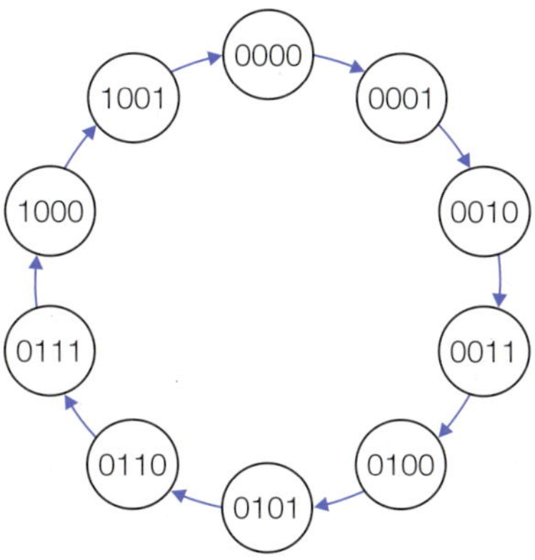

그림 10-19 동기식 BCD 카운터의 상태도

TIP

JK 플립플롭의 여기표

$Q(t)$	$Q(t+1)$	J	K
0	0	0	×
0	1	1	×
1	0	×	1
1	1	×	0

표 10-9 동기식 BCD 카운터의 상태 여기표

현재 상태				다음 상태				플립플롭 입력							
Q_D	Q_C	Q_B	Q_A	Q_D	Q_C	Q_B	Q_A	J_D	K_D	J_C	K_C	J_B	K_B	J_A	K_A
0	0	0	0	0	0	0	1	0	×	0	×	0	×	1	×
0	0	0	1	0	0	1	0	0	×	0	×	1	×	×	1
0	0	1	0	0	0	1	1	0	×	0	×	×	0	1	×
0	0	1	1	0	1	0	0	0	×	1	×	×	1	×	1
0	1	0	0	0	1	0	1	0	×	×	0	0	×	1	×
0	1	0	1	0	1	1	0	0	×	×	0	1	×	×	1
0	1	1	0	0	1	1	1	0	×	×	0	×	0	1	×
0	1	1	1	1	0	0	0	1	×	×	1	×	1	×	1
1	0	0	0	1	0	0	1	×	0	×	×	0	×	1	×
1	0	0	1	0	0	0	0	×	1	0	×	0	×	×	1

상태 여기표에서 각 플립플롭의 입력을 구하기 위해 [그림 10-20]과 같은 카르노 맵을 이용한다. 여기서 BCD 입력으로 사용되지 않는 $Q_DQ_CQ_BQ_A = 1010 \sim 1111$은 무관don't care항으로 처리하였다.

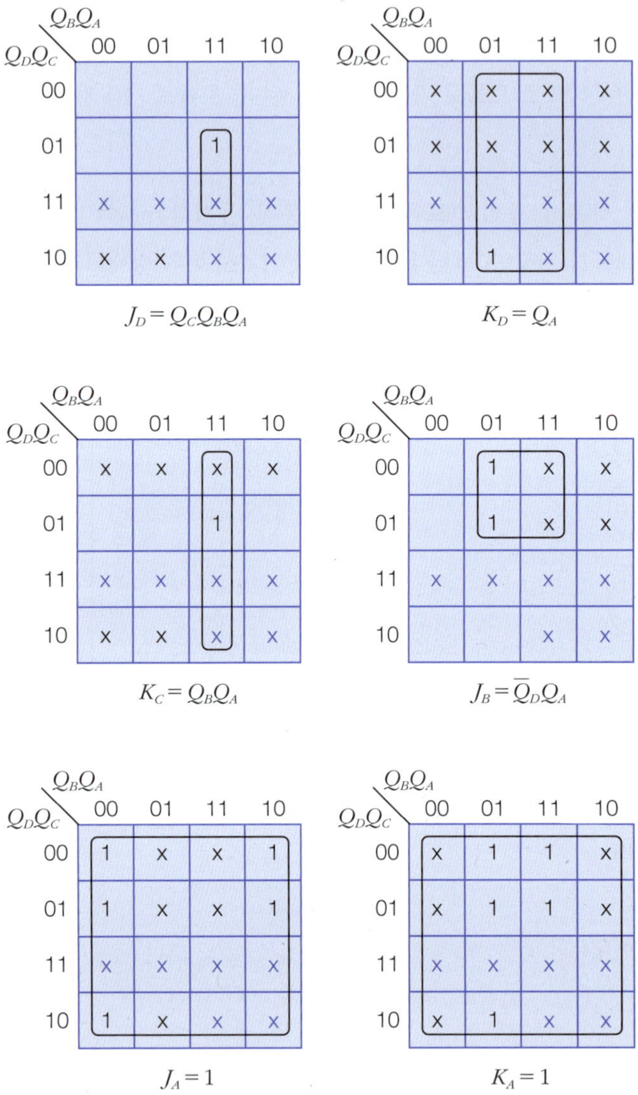

그림 10-20 카르노 맵을 이용한 동기식 BCD 카운터의 간소화 과정

모든 *JK* 플립플롭에 클록 신호(*CP*)를 동시에 인가하고, 위의 결과를 이용해 회로를 그리면 [그림 10-21]과 같다. 동기식 BCD 카운터를 여러 개 종속으로 연결하면 여러 자리의 카운터도 쉽게 구성할 수 있다.

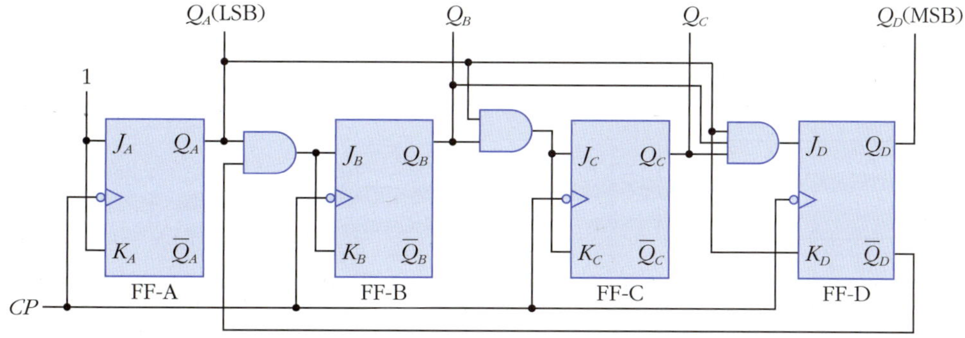

그림 10-21 동기식 BCD 카운터 회로도

10진 카운터는 0에서 9까지 카운트할 수 있으므로 n자리 10진수를 카운트하려면 10진 카운터 n개를 종속으로 연결하면 된다. [그림 10-22]는 4자리 10진수인 0000에서 9999까지 카운트할 수 있는 카운터를 10진 카운터 4개로 구성한 예를 보인 것이다. 각 자리의 값이 9에서 0으로 변할 때, 즉 Q_D가 1에서 0으로 변할 때 다음 자리의 10진 카운터가 1씩 증가하도록 구성되어 있다.

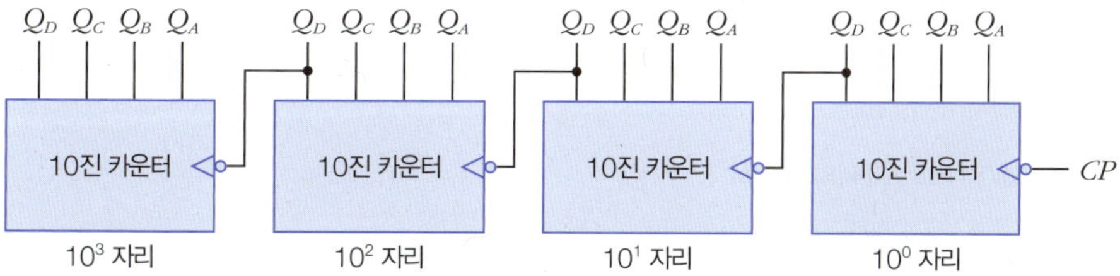

그림 10-22 4자리 10진 카운터의 블록도

6 모듈로-N 카운터

IC 74161/74163은 4비트 동기식 카운터로서 JK 플립플롭 4개로 구성되며, 4비트 병렬 입력과 병렬 출력이 있다. [그림 10-23]은 핀 배치도와 블록도다. 블록도 구성요소로 CP(CLOCK), $\overline{CLEAR}$, $\overline{LOAD}$, ENP(ENABLE P), ENT(ENABLE T) 입력과 RCORipple Carry Output 출력이 있다.

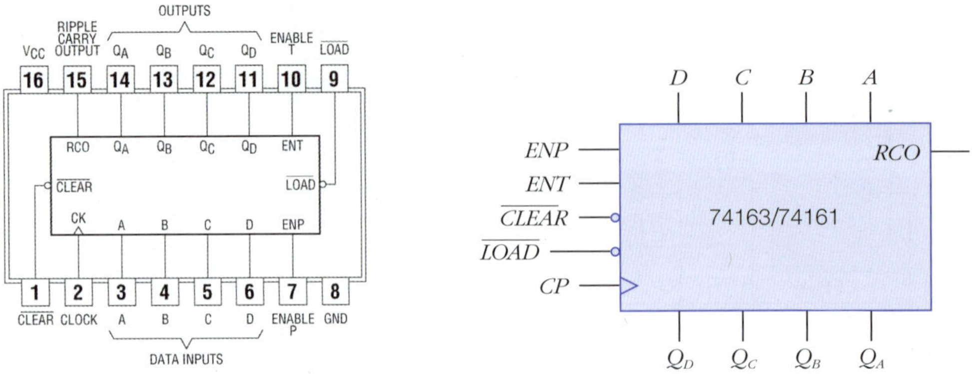

(a) 핀 배치도 (b) 블록도

그림 10-23 IC 74161/74163의 핀 배치도 및 블록도

IC 74161/74163의 동작은 [표 10-10]을 보면 알 수 있다. $\overline{CLEAR}$와 $\overline{LOAD}$ 입력이 논리 1이고 *ENP*와 *ENT* 입력이 논리 1이면 카운터가 인에이블되어 클록 펄스의 상승 에지에서 상태가 변한다. 카운터가 마지막 상태인 15(=$1111_{(2)}$)가 되면 *RCO*가 논리 1이 된다. *ENP*와 *ENT* 입력 및 *RCO* 출력은 더 높은 계수를 갖는 카운터를 설계할 때 사용된다. 74161과 74163은 핀 기능, 동작, 사용법 등이 동일한 16진 동기식 상향 카운터다. 다만, 74161은 비동기적인 클리어 입력을 갖는다.

표 10-10 IC 74161/74163 카운터의 동작표

$\overline{CLEAR}$	$\overline{LOAD}$	*ENP, ENT*	기능
0	×	×	플립플롭이 클리어된다.
1	0	×	병렬 입력이 수행된다.
1	1	0	불변 상태가 된다.
1	1	1	카운터가 동작한다.

모듈로-*N* 카운터는 임의의 *N*개의 상태를 나타내는 카운터를 설계할 때 많이 사용한다. 모듈로-10 카운터는 10개 계수의 순서를 갖는 카운터이며, 10개의 계수는 임의로 정할 수 있다. 비동기적인 클리어 입력을 갖는 IC 74161을 이용해 0~9, 3~12, 6~15의 순서로 동작하는 모듈로-10 카운터를 설계해보자.

0~9 순서로 계수하는 모듈러-10 카운터($\overline{LOAD}$ 입력 사용)

상태 0($0000_{(2)}$)에서 시작하는 모듈로-10 카운터는 [그림 10-24(a)]와 같이 병렬 입력은 모두 논리 0(0V)으로 하고(*DCBA*=0000), 병렬 출력 중 Q_D와 Q_A를 NAND 게이트로 결합하여 $\overline{LOAD}$ 입력에 연결한다. 카운터는 0($0000_{(2)}$) 상태에서 시작하여 9($1001_{(2)}$)에 도달하면 NAND 게이트의 출력이 논리 0이 되므로 $\overline{LOAD}$ 입력이 논리 0이 된다. 그러면 앞서 설정한 병렬 데이터 0000이 입력되므로 초기 상태로 돌아간다.

0~9 순서로 계수하는 모듈러-10 카운터($\overline{CLEAR}$ 입력 사용)

IC 74161을 0에서 9까지 카운트하는 모듈로-10 카운터로 사용하기 위해서는 [그림 10-24(b)]와 같이 Q_D와 Q_B를 NAND 게이트로 결합하여 그 출력을 $\overline{CLEAR}$ 입력에 연결하면 된다. 카운터의 상태가 10(=1010$_{(2)}$)에 도달하면 $Q_D = 1$, $Q_B = 1$이므로 NAND 게이트의 출력은 0이 되어 카운터의 출력은 모두 0이 된다. 이것은 10에서 0으로의 재순환 시 아주 짧은 시간 동안 10(=1010$_{(2)}$)의 상태였다가 0으로 변하기 때문에 카운터의 상태 10은 없는 것으로 간주할 수 있다.

3~12 순서로 계수하는 모듈러-10 카운터

상태 3(0011$_{(2)}$)에서 시작하는 모듈로-10 카운터는 [그림 10-24(c)]와 같이 병렬 입력은 3(0011$_{(2)}$) 상태가 되게 하고, 병렬 출력 중 Q_D와 Q_C를 NAND 게이트로 결합하여 $\overline{LOAD}$ 입력에 연결한다. 카운터는 3(0011$_{(2)}$) 상태에서 시작하여 12(1100$_{(2)}$)에 도달하면 NAND 게이트의 출력이 논리 0이 되므로 $\overline{LOAD}$ 입력이 논리 0이 된다. 그러면 앞서 설정한 병렬 데이터 0011이 입력되므로 초기 상태로 돌아간다.

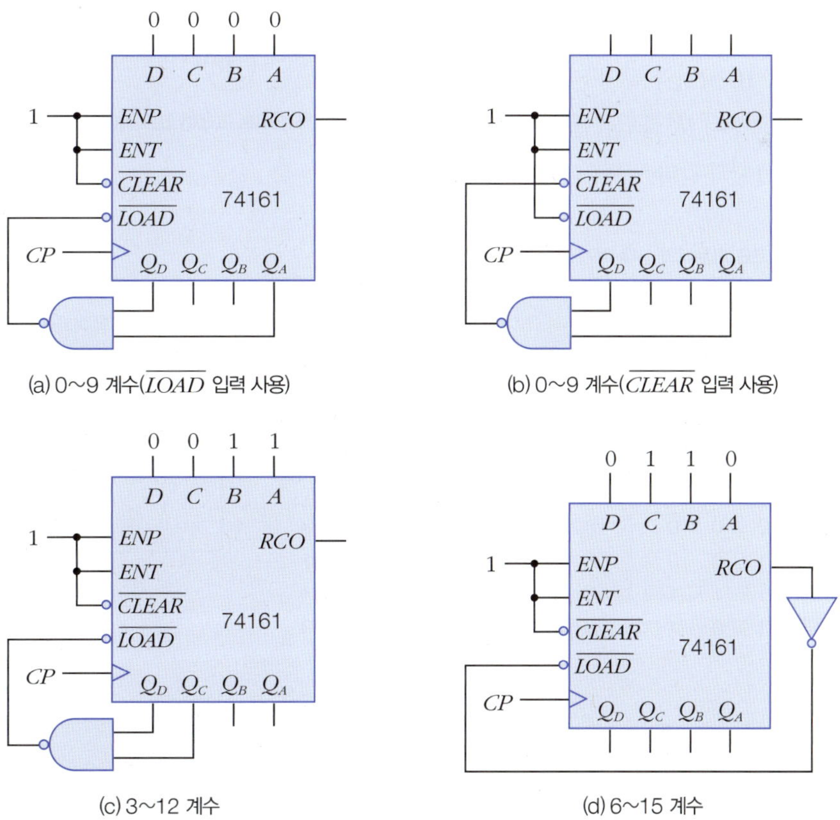

(a) 0~9 계수($\overline{LOAD}$ 입력 사용)

(b) 0~9 계수($\overline{CLEAR}$ 입력 사용)

(c) 3~12 계수

(d) 6~15 계수

그림 10-24 IC 74161을 사용한 모듈로-10 카운터 구현

6~15 순서로 계수하는 모듈러-10 카운터

IC 74161을 6에서 15까지 카운트하는 모듈로-10 카운터로 사용하기 위해서는 [그림 10-24(d)]와 같이 병렬 입력을 $6(0110_{(2)})$으로 하고 RCO 출력을 NOT 게이트로 통해 $\overline{LOAD}$ 입력에 연결하면 된다. 이 카운터는 $6(0110_{(2)})$의 상태에서 시작하여 $15(1111_{(2)})$에 도달하면 올림수가 발생하므로 올림수 출력(RCO)이 NOT 게이트를 통과하면 논리 0이 되므로 $\overline{LOAD}$ 입력이 논리 0이 된다. 그러면 앞서 설정한 병렬 데이터 $6(0110_{(2)})$이 입력되므로 초기 상태로 돌아간다.

7 불규칙한 순서를 갖는 카운터

다른 형태의 카운터로서 순차적으로 변하지 않고 불규칙하게 변하는 카운터를 설계해보자. 이러한 유형의 카운터로서 클록 펄스가 들어올 때마다 카운터의 상태가 [그림 10-25]와 같이 변하는 3비트 그레이 코드 카운터를 설계해보자.

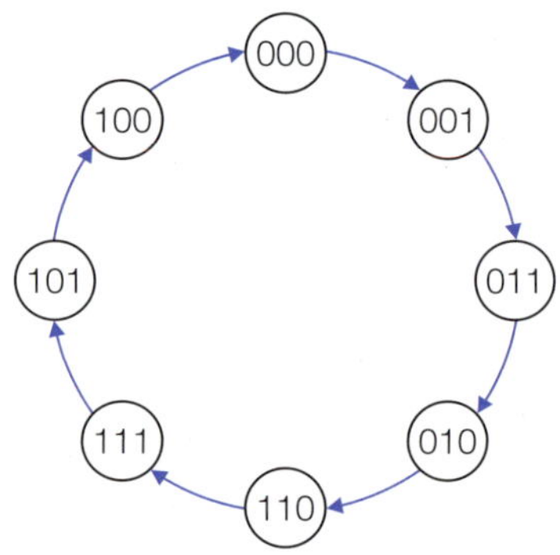

그림 10-25 3비트 그레이 코드 카운터의 상태도

3비트 그레이 코드 카운터를 순서논리회로 방식으로 설계하기 위해 [그림 10-25]와 같이 카운터의 상태도를 그리고, 상태도로부터 JK 플립플롭을 사용한 상태 여기표는 [표 10-11]과 같다.

표 10-11 3비트 그레이 코드 카운터의 상태 여기표

현재 상태			다음 상태			플립플롭 입력					
Q_C	Q_B	Q_A	Q_C	Q_B	Q_A	J_C	K_C	J_B	K_B	J_A	K_A
0	0	0	0	0	1	0	×	0	×	1	×
0	0	1	0	1	1	0	×	1	×	×	0
0	1	0	1	1	0	1	×	×	0	0	×
0	1	1	0	1	0	0	×	×	0	×	1
1	0	0	0	0	0	×	1	0	×	0	×
1	0	1	1	0	0	×	0	0	×	×	1
1	1	0	1	1	1	×	0	×	0	1	×
1	1	1	1	0	1	×	0	×	1	×	0

TIP

JK 플립플롭의 여기표

$Q(t)$	$Q(t+1)$	J	K
0	0	0	×
0	1	1	×
1	0	×	1
1	1	×	0

[표 10-11]의 상태 여기표로부터 각 플립플롭의 입력 함수를 카르노 맵으로 구하면 [그림 10-26]과 같다.

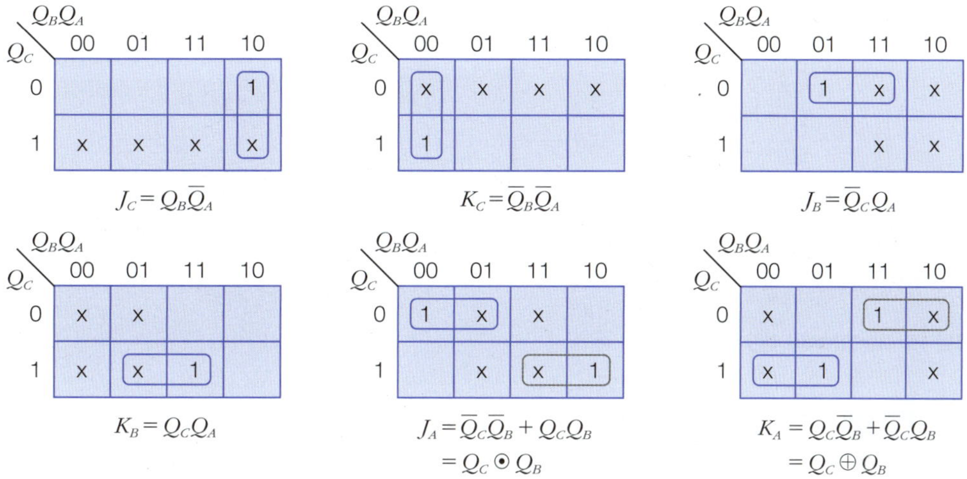

그림 10-26 카르노 맵을 이용한 3비트 그레이 코드 카운터의 간소화 과정

모든 JK 플립플롭에 클록 신호(CP)를 동시에 인가하고, 위의 결과를 이용해 회로를 그리면 [그림 10-27]과 같다.

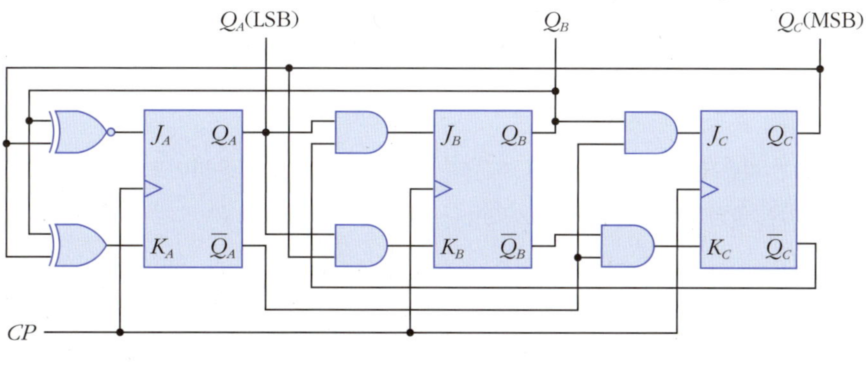

그림 10-27 3비트 그레이 코드 카운터 회로도

8 주파수 분할

T 플립플롭에서 출력은 입력 주파수의 1/2이 되므로 T 플립플롭 4개를 종속으로 연결하면 입력 주파수의 1/2, 1/4, 1/8, 1/16인 주파수를 얻을 수 있다. 이를 [그림 10-28(a)]에 나타냈다. 또한 m진mod-m 카운터의 최상위 비트MSB 출력을 n진mod-n 카운터의 입력에 연결함으로써 ($m \times n$)의 주파수 분할을 할 수 있다. 이를 나타내면 [그림 10-28(b)]와 같다. 예를 들

어, 6진 카운터와 10진 카운터를 이용하면 입력 주파수의 1/60의 주파수를 얻을 수 있으며, 이 경우 입력 주파수가 60Hz이면 출력 주파수는 1Hz가 되어, 이 클록은 디지털 시계의 초를 구동하는 클록으로 사용할 수 있다.

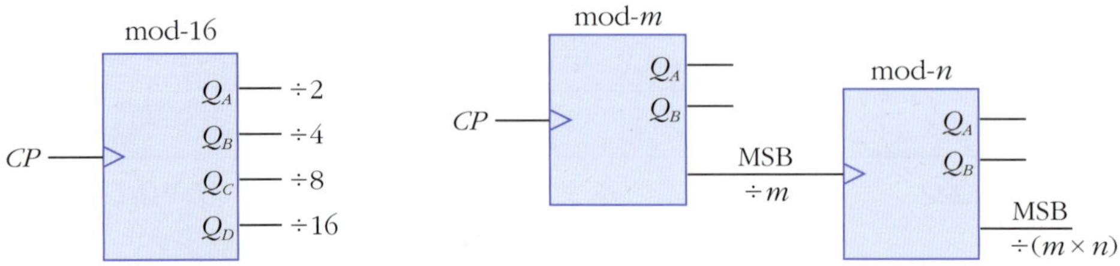

(a) 16진 카운터 블록도

(b) ($m \times n$) 분주 회로 개념도

그림 10-28 카운터에 의한 주파수 분할

예제 10-2

(a) 다음 그림에서 입력 클록(CP) 주파수가 1MHz일 때 출력 주파수를 구하라.

(b) mod−16의 Q_D에서의 출력을 mod−10의 CP 입력으로 연결한 경우 출력 주파수를 구하라.

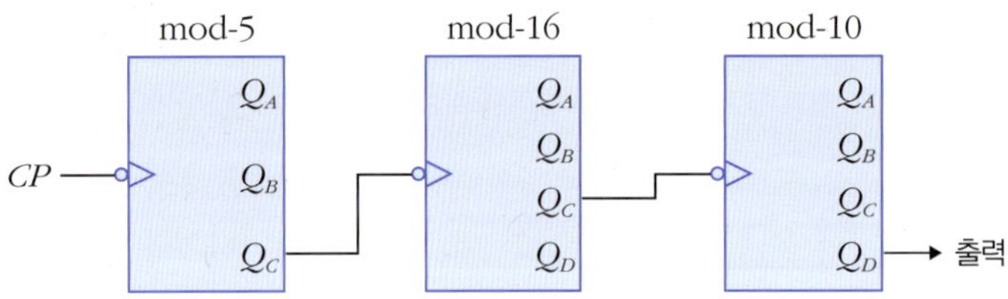

풀이

(a) 1번째 단은 5진 카운터, 2번째 단은 8진 카운터, 3번째 단은 10진 카운터이므로 입력 주파수가 1MHz이면 출력 주파수는 2.5KHz이다.

$$\frac{10^6}{5 \times 8 \times 10} = 2500\text{Hz} = 2.5\text{KHz}$$

(b) 1번째 단은 5진 카운터, 2번째 단은 16진 카운터, 3번째 단은 10진 카운터이므로 입력 주파수가 1MHz이면 출력 주파수는 1.25KHz이다.

$$\frac{10^6}{5 \times 16 \times 10} = 1250\text{Hz} = 1.25\text{KHz}$$

10.3 레지스터

1 레지스터의 분류

플립플롭은 1비트를 저장할 수 있으며, 플립플롭 여러 개를 일렬로 배열하여 적당히 연결함으로써 여러 비트로 구성된 2진수를 저장할 수 있게 한 것을 **레지스터**register라고 한다. 따라서 n비트 레지스터는 n개의 플립플롭으로 구성되며, n비트의 2진 정보를 저장할 수 있다.

레지스터는 데이터를 입출력시키는 방법에 따라 4가지 종류가 있다. 먼저 n비트 레지스터에 데이터를 입력시킬 때, n비트를 병렬로 동시에 시프트shift: 옮긴다는 뜻시켜 입력시킬 수도 있고(병렬 시프트), 한 비트 한 비트씩 직렬로 시프트하면서 입력시킬 수도 있다(직렬 시프트). 마찬가지로 레지스터에 저장된 데이터를 출력할 때에도 직렬과 병렬의 2가지 방식이 있다. 따라서 총 4종류인 기본형 레지스터는 [그림 10-29]와 같다.

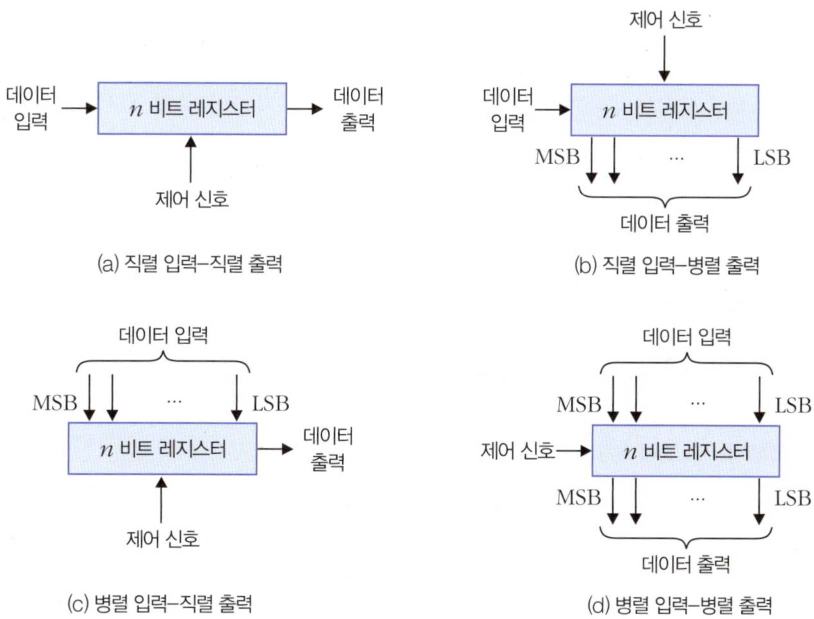

그림 10-29 레지스터의 종류

직렬 입력-직렬 출력SISO : Serial-In Serial-Out은 데이터를 직렬로 입력하여 직렬로 출력하는 레지스터로, 모뎀modem과 같은 장치에 이용한다. 직렬 입력-병렬 출력SIPO : Serial-In

Parallel-Out은 데이터를 직렬로 입력하여 병렬로 출력하는 레지스터로, 직렬 통신 시 데이터를 한 비트씩 직렬로 수신하여 1바이트 데이터가 수신되면 데이터를 병렬로 변환하여 컴퓨터 내부로 읽어들일 때 사용한다. 병렬 입력-직렬 출력PISO : Parallel-In Serial-Out은 데이터를 병렬로 입력하여 직렬로 출력하는 레지스터로, 직렬 통신 시 컴퓨터 내부의 병렬 데이터를 직렬로 전송하기 위해 데이터를 한 비트씩 직렬로 시프트할 때 사용한다. 마지막으로 병렬 입력-병렬 출력PIPO : Parallel-In Parallel-Out은 데이터를 병렬로 입력하여 병렬로 출력하는 레지스터로, 범용 입출력 장치나 프린터 등에 사용한다.

[그림 10-29]를 보면 제어 신호가 데이터의 입출력 동작을 제어한다. 레지스터에 데이터를 입출력시킬 때 비트의 시프트 동작이 다르기 때문에 이러한 레지스터를 **시프트 레지스터**shift register라고 부른다.

2 직렬 입력-직렬 출력 레지스터

[그림 10-30]은 직렬 입력-직렬 출력 레지스터를 D 플립플롭을 이용해 4비트 레지스터로 구성한 예를 보여준다. 처음에 모든 플립플롭의 출력 Q는 0이라고 가정하자. 클록 펄스가 입력될 때마다 클록 펄스의 하강 에지에서 입력 데이터가 한 비트씩 오른쪽으로 시프트하면서 저장된다($I \rightarrow Q_A$, $Q_A \rightarrow Q_B$, $Q_B \rightarrow Q_C$, $Q_C \rightarrow Q_D$). 이 과정은 새로운 클록 펄스의 하강 에지마다 반복되므로 4번째 클록 펄스의 하강 에지에서 비로소 Q_D에 처음에 입력된 데이터 비트가 나타난다. 이후로 계속적인 오른쪽 시프트 동작이 일어나서 레지스터 출력으로부터 데이터 비트가 출력되어 다음에 연결된 장치로 넘어간다.

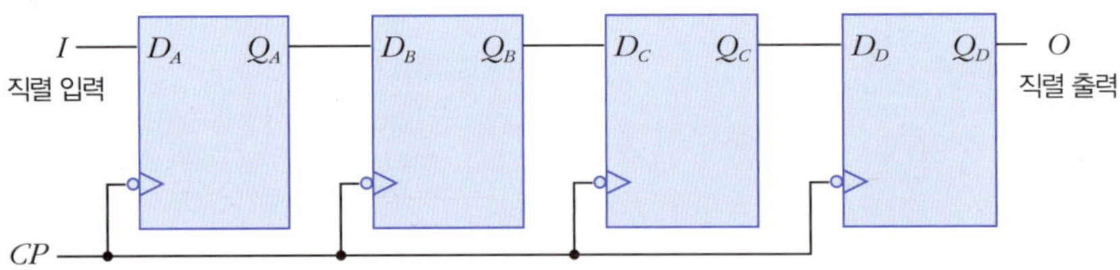

그림 10-30 4비트 직렬 입력-직렬 출력 레지스터

> **TIP**
>
> **IC 7491**
>
> 7491은 SR 주종형 플립플롭 8개를 직렬로 연결하여 구성한 직렬 입력-직렬 출력 레지스터다.

예를 들어, 샘플된 입력 데이터가 순차적으로 1, 1, 0, 1이었다면, 4번째 클록 펄스 이후부터 출력 Q_D에 입력 순서대로 비트가 순차적으로 나타난다. [그림 10-31(a)]는 클록 펄스의 하강 에지 t_1, t_2, t_3, t_4에서 레지스터의 내용을 나타낸다. $t = t_4$에서 마침내 의미 있는 입력 데이터가 레지스터에 들어 있다. [그림 10-31(b)]는 같은 상황을 타이밍도로 나타낸 것이다.

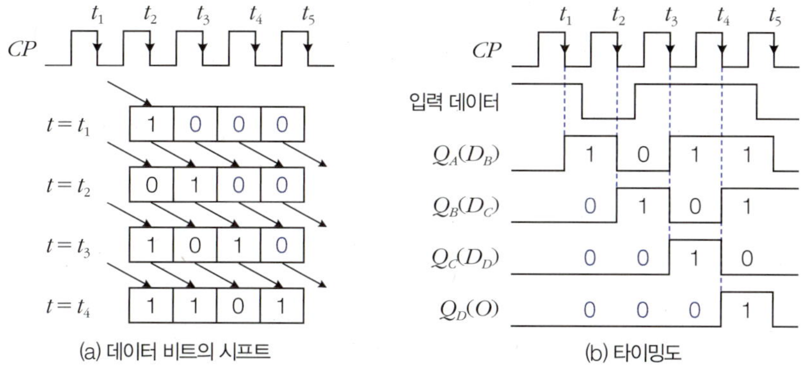

그림 10-31 직렬 입력-직렬 출력 레지스터의 데이터 이동

3 직렬 입력-병렬 출력 레지스터

[그림 10-32]는 직렬 입력-병렬 출력 레지스터를 D 플립플롭을 이용해 4비트로 구성한 예를 보여준다. 이것은 [그림 10-30]의 직렬 입력-직렬 출력 레지스터와 기본적으로 동일한 구조이며, 각 출력에 3상태tri-state 버퍼가 연결된 점만 다르다.

처음에 모든 플립플롭의 출력 Q는 0이라고 가정하자. 클록 펄스의 하강 에지에서 입력 데이터가 한 비트씩 오른쪽으로 시프트하면서 저장된다. 4비트 레지스터는 클록 펄스 4개가 입력되면 4비트 직렬 입력 데이터가 레지스터에 모두 저장된다. 레지스터에 저장된 데이터를 출력하려면 새로운 4비트 데이터가 레지스터에 차게 되는 4번째, 8번째, 12번째 클록 펄스 등에서 3상태 버퍼를 인에이블enable하여 동시에 읽어내면 된다. 즉 병렬 출력은 $\overline{RD}=0$이면 각 플립플롭에 저장되어 있던 데이터가 출력 O_A, O_B, O_C, O_D에 동시에 출력되며, $\overline{RD}=1$이면 3상태 버퍼가 하이 임피던스High-Z 상태가 되어 버퍼의 입력과 출력 사이의 연결이 완전히 끊어져서 출력되지 않는다([그림 4-6(a)] 참조).

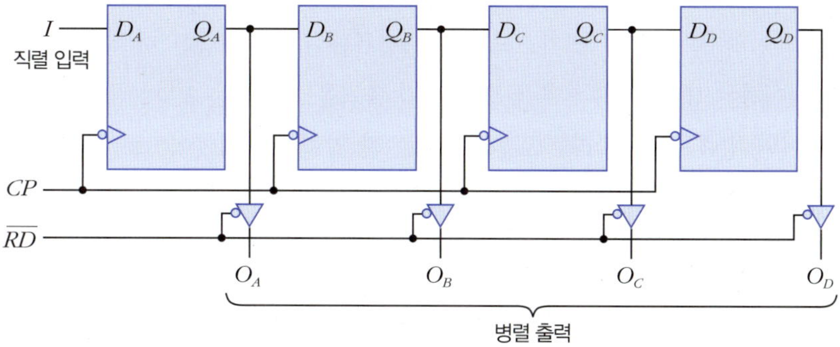

그림 10-32 4비트 직렬 입력-병렬 출력 레지스터

> **TIP**
> **IC 74164**
> 74164는 SR 플립플롭 8개로 구성한 직렬 입력-병렬 출력 레지스터다.

4 병렬 입력-직렬 출력 레지스터

[그림 10-33]은 4비트 병렬 입력-직렬 출력 레지스터이며, 4개의 데이터(I_A, I_B, I_C, I_D)를 병렬로 입력하거나 시프트하기 위한 제어 신호 $SH/\overline{LD}$가 있다. 먼저 2 ×1 MUX의 동작을 살펴보면 $S=0$이면 입력 A와 출력 F가 연결되고, $S=1$이면 입력 B와 출력 F가 연결된다([그림 7-39] 참조).

$SH/\overline{LD}=0$으로 하면 입력 데이터 I_A, I_B, I_C, I_D가 각 플립플롭의 입력 D_A, D_B, D_C, D_D와 각각 연결되므로 클록 펄스의 하강 에지에서 입력 데이터의 각 비트가 대응하는 플립플롭의 출력 Q에 동시에 저장된다. 이제 $SH/\overline{LD}=1$로 하면, 클록 펄스의 하강 에지마다 레지스터 내용이 오른쪽으로 시프트되어 마지막 단의 레지스터 출력에서 데이터 비트는 직렬로 나온다. 입력 데이터는 클록 펄스 4개마다 한 번씩 입력되어야 한다.

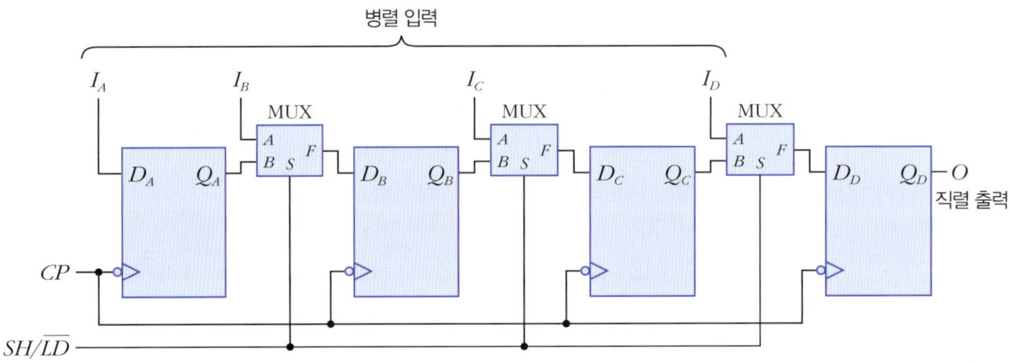

그림 10-33 4비트 병렬 입력-직렬 출력 레지스터

> **TIP**
>
> **IC 74165**
>
> 74165는 SR 플립플롭 8개와 조합논리회로로 구성된 병렬 입력-직렬 출력 레지스터다.

5 병렬 입력-병렬 출력 레지스터

[그림 10-34]는 병렬 입력-병렬 출력 레지스터를 D 플립플롭 4개로 구성한 경우를 보여주는데, 병렬 입력을 제어하는 WRwrite를 뜻함 신호와 병렬 출력을 제어하는 $\overline{RD}$read를 뜻함 신호가 있다. $WR=1$이면 AND 게이트 G_A, G_B, G_C, G_D는 한 입력이 논리 1이므로 병렬 데이터 I_A, I_B, I_C, I_D는 각 AND 게이트를 통해 동시에 각 플립플롭의 D 입력에 전송된다. 이후 클록 펄스가 입력되면 클록 펄스의 하강 에지에서 병렬 데이터가 각 플립플롭의 D 입력을 통해 레지스터에 저장된다.

병렬 출력은 $\overline{RD}=0$이면 각 플립플롭의 출력 데이터는 3상태 버퍼를 통해 동시에 O_A, O_B, O_C, O_D에 출력되며, $\overline{RD}=1$이면 출력되지 않는다. 즉 $\overline{RD}=0$으로 하면 3상태 버퍼가 플립플롭의 출력 Q를 레지스터의 출력 O_A, O_B, O_C, O_D에 연결해주고, 반대로 $\overline{RD}=1$로 하면 3상태 버퍼가 하이 임피던스High-Z 상태가 되어 양자 간 연결이 완전히 끊어진다.

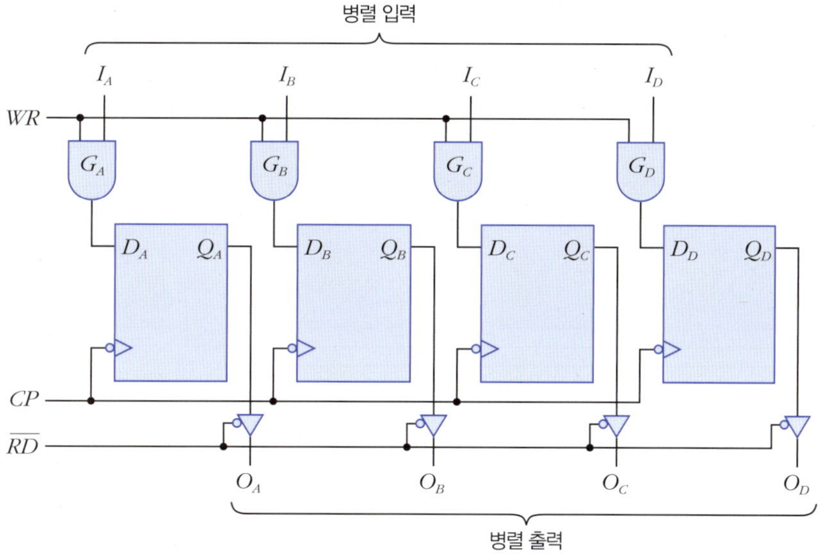

그림 10-34 4비트 병렬 입력-병렬 출력 레지스터

> **TIP**
>
> **IC 74195**
>
> 74195는 4비트 병렬 입력-병렬 출력 기능과 직렬 시프트 기능을 포함한 레지스터다.

6 양방향 시프트 레지스터

[그림 10-35]는 양방향 시프트가 가능한 직렬 입력-병렬 출력 시프트 레지스터의 블록도와 회로 구성을 보여준다. [그림 10-35(a)]의 각종 기호에서 S는 shift, R은 right, L은 left, I는 in, O는 out을 나타낸다. 예를 들어, SRIshift right input는 오른쪽 시프트 입력을 나타내고, SLOshift left output는 왼쪽 시프트 출력을 나타낸다. 제어 신호 $R/\overline{L}$은 시프트 방향을 제어하는 것으로, 데이터를 SRI에 입력시켜 오른쪽으로 시프트하면서 SRO에서 출력하고자 할 때에는 $R/\overline{L}=1$로 해야 하고, 반대로 데이터를 SLI에서 입력하여 왼쪽으로 시프트하면서 SLO에서 출력하고자 할 때는 $R/\overline{L}=0$으로 해야 한다.

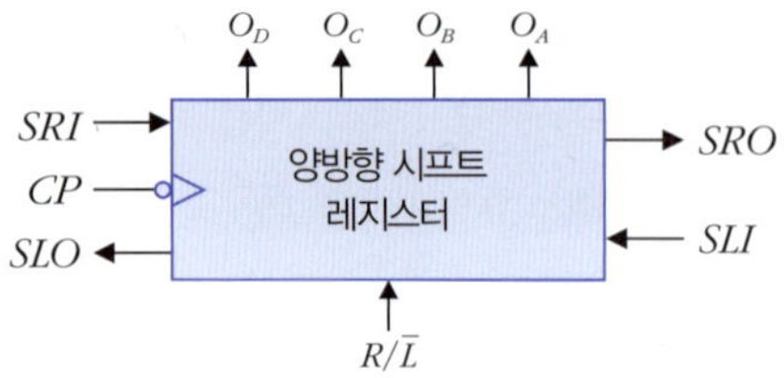

(a) 블록도

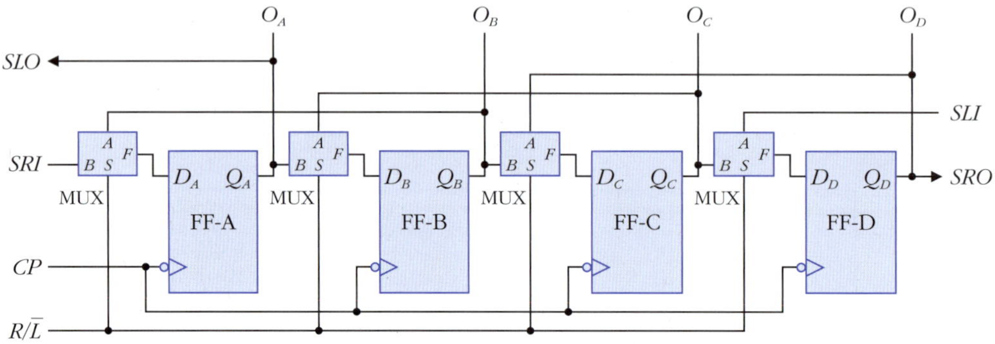

(b) 회로도

그림 10-35 양방향 시프트 레지스터의 블록도와 회로도

> **TIP**
>
> IC 74178, 74194
>
> 74178과 74194는 직렬 입력-직렬 출력, 직렬 입력-병렬 출력, 병렬 입력-직렬 출력, 병렬 입력-병렬 출력이 가능한 4비트 레지스터다.

[그림 10-35(b)]에서 각 2×1 MUX에서 $R/\bar{L}(=S)$이 논리 1일 때 각 MUX의 B와 그 출력 F가 연결되므로 이때의 회로 연결은 [그림 10-36(a)]와 같다. 이는 [그림 10-30]과 같으므로 SRI에서 SRO 쪽으로 오른쪽 시프트가 일어난다. 또 $R/\bar{L}=0$일 때는 각 MUX의 A와 그 출력 F가 연결되므로 이때의 회로 연결은 [그림 10-36(b)]와 같다. 따라서 SLI에서 SLO 쪽으로 왼쪽 시프트가 일어난다.

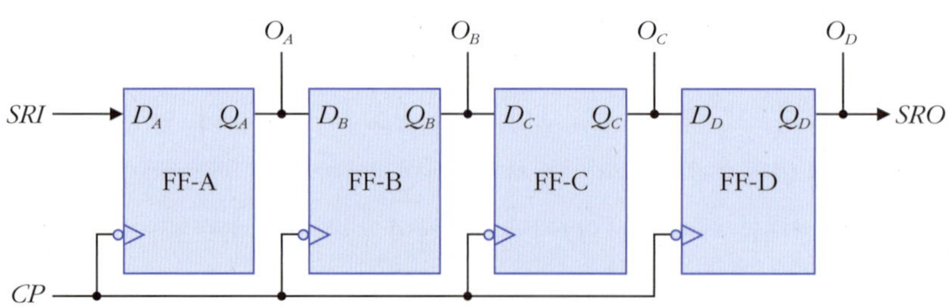

(a) $R/\bar{L}=1$인 경우(shift right)

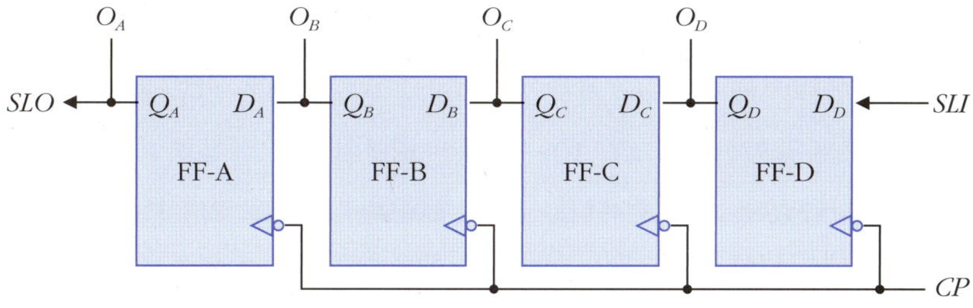

(b) $R/\overline{L} = 0$인 경우(shift left)

그림 10-36 제어 입력에 따른 양방향 시프트 레지스터 동작

논리 시프트 연산

논리 시프트logical shift 연산은 레지스터 내의 데이터 비트들을 왼쪽 또는 오른쪽으로 한 칸씩 이동하는 것을 말한다. [그림 10-37(a)]와 같이 8비트 레지스터에 저장된 데이터 00011010에 대하여 논리 왼쪽 시프트LSL : Logical Shift-Left 연산을 수행하면 비트들이 왼쪽으로 한 칸씩 이동한다. 최상위 비트MSB는 버리게 되고drop out, 최하위 비트LSB에는 0이 들어온다. [그림 10-37(b)]와 같이 반대 방향의 연산인 논리 오른쪽 시프트LSR : Logical Shift-Right, 연산에서는 모든 비트들이 오른쪽으로 한 칸씩 이동하게 된다. 이 경우에는 최상위 비트에는 0이 들어오고, 최하위 비트는 버린다.

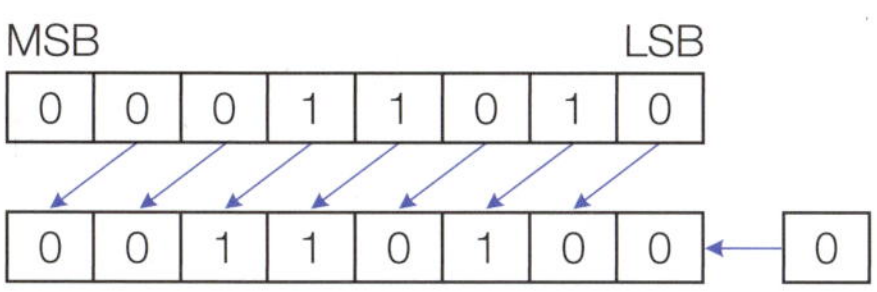

(a) 논리 왼쪽 시프트(LSL)

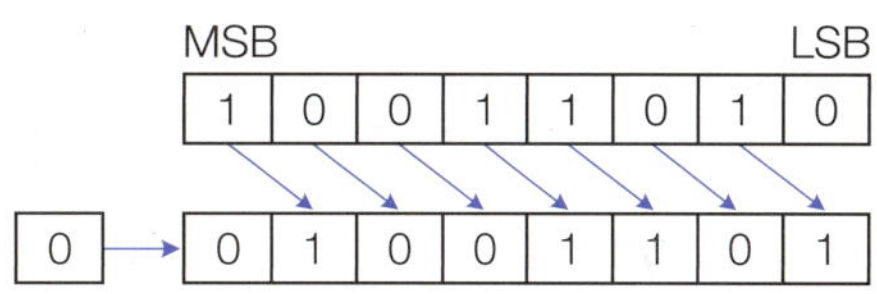

(b) 논리 오른쪽 시프트(LSR)

그림 10-37 8비트 레지스터에서의 논리 시프트

회전 시프트 연산

순환 시프트circular shift라고도 부르는 **회전 시프트**rotate shift 연산은 논리 시프트와 근본적으로 같지만 최상위 비트 또는 최하위 비트를 버리지 않고 반대편 끝에 있는 비트 위치로 들어가게 한다는 것이 다르다. [그림 10-38(a)]는 회전 왼쪽 시프트RSL : Rotate Shift-Left 연산을, [그림 10-38(b)]는 회전 오른쪽 시프트RSR : Rotate Shift-Right 연산이다.

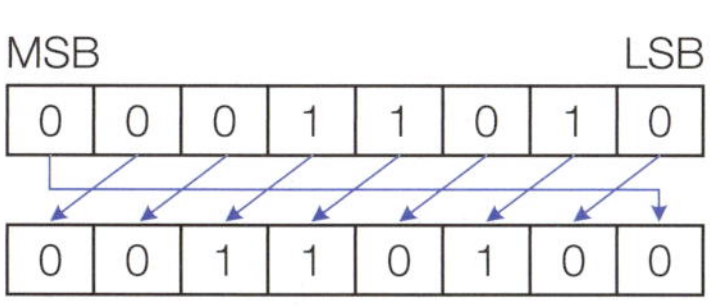

(a) 회전 왼쪽 시프트(RSL)

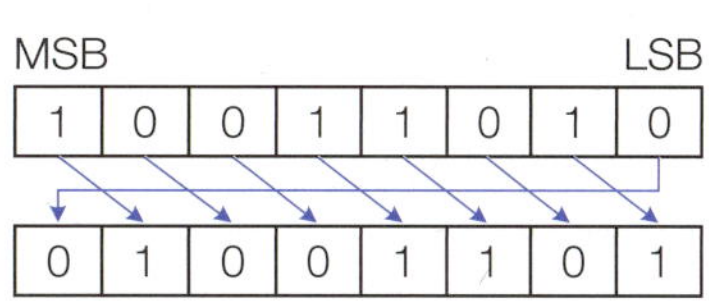

(b) 회전 오른쪽 시프트(RSR)

그림 10-38 8비트 레지스터에서의 회전 시프트

산술 시프트 연산

산술 시프트arithmetic shift 연산은 레지스터에 저장된 데이터가 부호를 가진 경우에 부호 비트를 고려하여 수행되는 시프트를 말한다. [그림 10-39]에는 최상위 비트가 부호 비트인 경우 산술 시프트 연산 과정을 나타냈다. 모든 컴퓨터는 IEEE 표준을 따르므로 2의 보수 표현 방법을 가정하여 설명한다. 산술 왼쪽 시프트ASL : Arithmetic Shift-Left는 논리 왼쪽 시프트LSL와 같지만 산술 오른쪽 시프트ASR : Arithmetic Shift-Right는 부호 비트 값을 유지한 채 시프트하므로, 양수일 때는 논리 시프트와 같지만 음수일 때는 부호 비트를 1로 유지하면서 오른쪽으로 시프트한다. 산술 오른쪽 시프트ASR는 부호 비트가 그 오른쪽의 비트로 복사되므로 이것은 2장에서 설명한 부호 확장과 같은 결과를 얻는다.

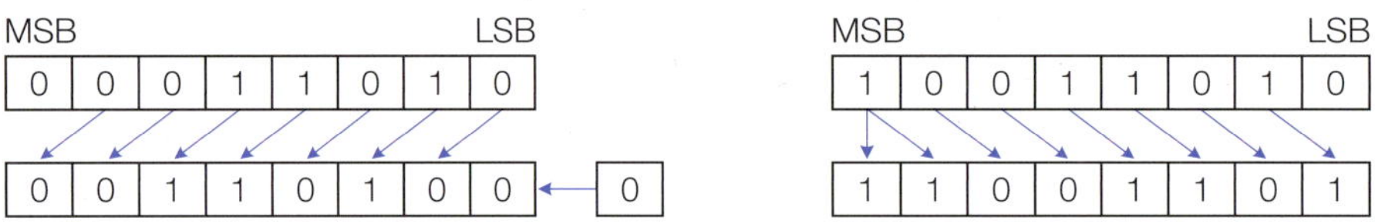

(a) 산술 왼쪽 시프트 (b) 산술 오른쪽 시프트

그림 10-39 8비트 레지스터에서의 산술 시프트

[그림 10-39(a)]에서 00011010($=26_{(10)}$)을 산술 왼쪽 시프트를 1회 실행하면 00110100($=52_{(10)}$)이 되어서 원래의 수에 2를 곱한 값이 된다. 반대로 00011010($=26_{(10)}$)을 산술 오른쪽 시프트를 1회 실행하면 00001101($=13_{(10)}$)이 되어서 2로 나눈 값이 된다. 따라서 N비트 왼쪽 또는 오른쪽으로 산술 시프트 연산을 수행한 경우 그 결과값은 다음과 같다.

- N비트 왼쪽 이동한 결과값 = 이동하기 전의 값 $\times 2^N$
- N비트 오른쪽 이동한 결과값 = 이동하기 전의 값 $\div 2^N$

예를 들어, [그림 10-39(b)]와 같이 2의 보수로 표현된 -102(10011010)에 대하여 산술 오른쪽 시프트 연산을 연속적으로 수행한 결과를 살펴보자. 1번째 산술 오른쪽 시프트 결과를 살펴보면 잃어버리는 비트인 LSB가 0인 경우 결과값은 이동하기 전의 값을 2로 나눈 것과 같다. 즉 $-102 \div 2 = -51$이다. 그러나 2번째 산술 오른쪽 시프트 결과처럼 잃어버리는 비트가 1이면, 이동하기 전의 값은 홀수이므로 2로 나누면 소수점 이하는 절단truncation되어 정확한 값을 얻지 못한다. 즉 $-51 \div 2 = -25.5$이므로 -26과 다르다.

- 10011010($-102_{(10)}$) (초기 상태)
- 11001101($-51_{(10)}$) (1번째 산술 오른쪽 시프트 결과)
- 11100110($-26_{(10)}$) (2번째 산술 오른쪽 시프트 결과)

수의 표현이 부호와 절댓값인 경우 부호 비트는 복사되지 않는다. 즉 부호 비트는 그대로 두고 나머지 비트들만 시프트하면 된다. 예를 들어, [그림 10-39(b)]에 있는 값이 부호와 절댓값으로 표현된 경우라면, 연속해서 오른쪽 시프트를 실행한 결과는 다음과 같다.

- 10011010($-26_{(10)}$)　　(초기 상태)
- 10001101($-13_{(10)}$)　　(1번째 산술 오른쪽 시프트 결과)
- 10000110($-6_{(10)}$)　　(2번째 산술 오른쪽 시프트 결과)

예제 10-3

8비트 부호와 2의 보수로 나타낸 수 $-77_{(10)}$을 오른쪽으로 두 비트 산술 시프트 수행한 결과는?

풀이

먼저 −77을 2의 보수로 변환하면 다음과 같다.

$$-77_{(10)} = -0100\ 1101 \rightarrow 1011\ 0011_{(2의\ 보수)}$$

부호 비트를 제외하고 오른쪽으로 두 비트 시프트하면(빈자리는 부호 비트 1로 채움) 결과는 1110 1100이다. 이를 10진수로 변환하면 −20이 된다.

- 10110011 (초기 상태)
- 11011001 (1번째 산술 오른쪽 시프트 결과)
- 11101100 (2번째 산술 오른쪽 시프트 결과)

7 시프트 레지스터의 응용

직렬 데이터 통신

시프트 레지스터는 음성 통신을 위한 시스템에서 광범위하게 사용된다. 전자교환기는 각 전화 가입자의 아날로그 음성 신호를 ADC(Analog-to-Digital Converter)를 통해 디지털 신호로 변환한다. ADC는 입력 아날로그 신호를 초당 8000번 샘플링(sampling)하여 8비트 병렬 데이터로 변환한다(8000×8=64Kbps). 이것은 다시 병렬 입력-직렬 출력 시프트 레지스터를 통해서 직렬 데이터로 변환된다. 그 이유는 중계선(trunk)이라는 전송 선로를 이용해서 데이터를 원거리에 전송하기 위해서다.

전송 선로의 전송 능력은 T1 방식(북미에서 사용하는 전송 방식)의 경우에는 24채널, E1 방식(유럽에서 사용하는 전송 방식)의 경우에는 32채널을 다중화(multiplexing)한다. 따라서 T1 중계선의 전송 속도는 오버헤드를 포함하여 24×64Kbps+8Kbps=1544Kbps=1.544

Mbps, E1 중계선의 전송 속도는 32×64Kbps = 2048Kbps = 2.048Mbps가 된다. 수신 측의 전자교환기에서는 직렬 입력-병렬 출력 시프트 레지스터로 이 직렬 데이터를 병렬 데이터로 변환한 다음 24채널(또는 32채널)로 역다중화하고, 각 채널의 8비트 병렬 데이터를 64KHz의 DAC Digital-to-Analog Converter를 통해 원래의 아날로그 신호를 재생한다. [그림 10-40]은 전화 계통의 디지털 다중시스템의 블록도를 나타낸다. 직렬 데이터를 전송하기 위한 데이터선 외에 비트 전송의 타이밍 기준을 제공하기 위한 클록을 보내는 선과 직렬 데이터의 형태 format를 정의하기 위한 동기 신호를 보내는 선이 필요하다.

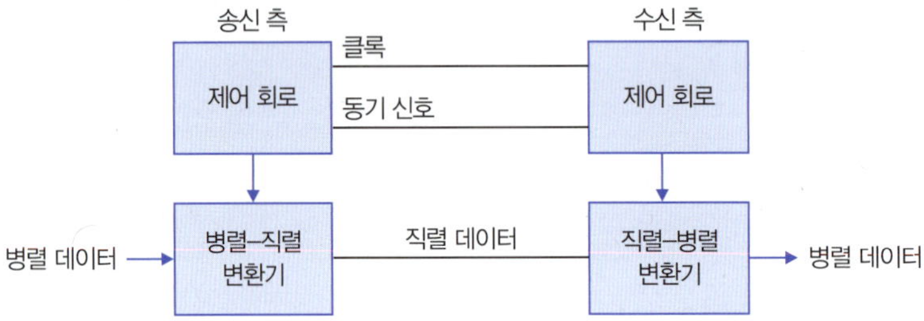

그림 10-40 직렬 데이터 통신 개념도

디지털 금고

디지털 금고는 비밀번호를 미리 지정해놓고 그 순서대로 키를 누를 때에 한해서 금고가 열리도록 한 것이다. [그림 10-41]에 간단한 디지털 금고 시스템의 예를 나타냈는데, 여기서는 비밀번호가 3, 1, 9, 0인 경우를 가정하였다.

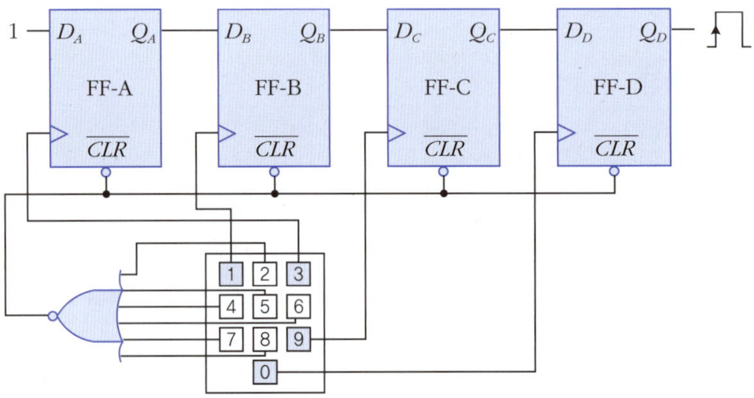

그림 10-41 디지털 금고 개념도

키 패드에서 키 3은 FF-A의 클록 펄스 단자와 연결되어 있으며, 키 1은 FF-B의 클록 펄스 단자, 키 9는 FF-C의 클록 펄스 단자 그리고 키 0은 FF-D의 클록 펄스 단자와 연결되어 있다. 이외의 키들은 NOR 게이트의 입력에 연결되어 있다. 먼저 키 3을 누르면 $D_A = 1$이 Q_A 즉 D_B로 시프트된다. 다음에 키 1을 누르면 $D_B = 1$이 D_C로 시프트된다. 다음에 키 9를 누르면 $D_C = 1$이 D_D로 시프트된다. 마지막으로 키 0을 누르면 $D_D = 1$이 Q_D로 출력되므로 $Q_D = 1$이 되어 금고문이 열린다. 반드시 이 순서대로 키를 눌러야 하며, 그 외에는 금고문이 열리지 않는다. 비밀번호 외의 번호는 NOR 게이트 입력에 연결되어 있으므로 3, 1, 9, 0 외의 키를 누르면 NOR 게이트의 출력은 논리 0이 되므로 모든 플립플롭의 출력은 클리어된다(모든 $Q = 0$).

시간 지연 회로

n비트 직렬 입력-직렬 출력 레지스터를 사용하면 입력에 가해진 클록 펄스보다 $(n-1)T$(T는 클록의 주기)만큼 지연되어 펄스가 출력된다. [그림 10-42]는 4비트 레지스터를 사용한 경우다. 예를 들어, 클록 주파수가 1MHz이면 $T = 1\mu s (= 1/10^6$ s), 따라서 3μs 지연되어 펄스가 나온다. 시간지연time delay을 더욱 증가하려면 레지스터를 필요한 개수만큼 직렬 연결하고, 클록 펄스를 공통으로 사용하면 된다.

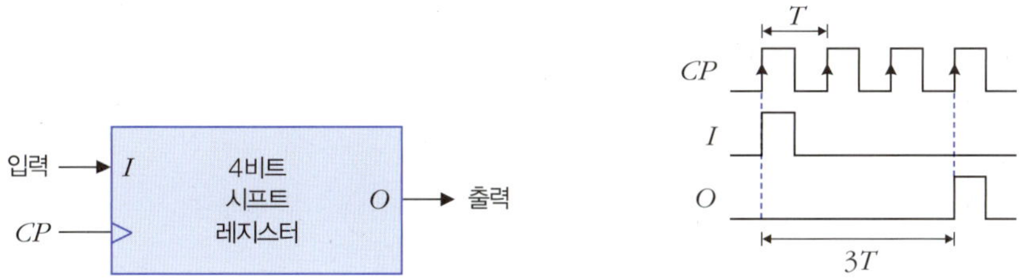

그림 10-42 시간 지연 회로

난수 발생 회로

난수 발생 회로는 랜덤random 수열을 발생하는 회로를 의미한다. [그림 10-43(a)]는 그 한 예로 4비트 시프트 레지스터와 XOR 게이트를 이용한 난수 발생기pseudo-random number generator의 구성을 나타낸다. 회로는 3번째와 4번째 플립플롭의 출력 Q_C와 Q_D를 XOR 게이트의 입력으로 연결하고 XOR 게이트의 출력을 1번째 D 플립플롭의 입력인 D_A에 연결하였다.

처음에 $\overline{PR}$을 논리 0(0V)으로 하여 모든 플립플롭의 출력을 1로 한 다음, $\overline{PR}$을 다시 논리 1(+5V)로 하면 난수 발생 회로의 최초의 출력은 1111이 된다.

$$Q_A Q_B Q_C Q_D = 1111$$

1번째 클록 펄스의 상승 에지에서 $Q_A \to Q_B$, $Q_B \to Q_C$, $Q_C \to Q_D$와 같이 오른쪽으로 한 비트씩 시프트하고 Q_A는 $(Q_C \oplus Q_D)$의 결과$(1 \oplus 1 = 0)$가 저장되므로 1번째 클록 펄스가 인가된 후의 플립플롭의 출력은 $Q_A Q_B Q_C Q_D = 0111$이 된다. 2번째 클록 펄스가 인가된 후에는 한 비트씩 오른쪽으로 시프트하고 Q_A는 0이 되어 플립플롭의 출력은 0011로 변한다. 계속해서 15개의 클록 펄스가 인가된 후에는 초기 상태인 1111이 되어 원래의 상태로 돌아오며, 이상의 순환이 반복된다. 난수 발생 회로의 상태도는 [그림 10-43(b)]와 같다.

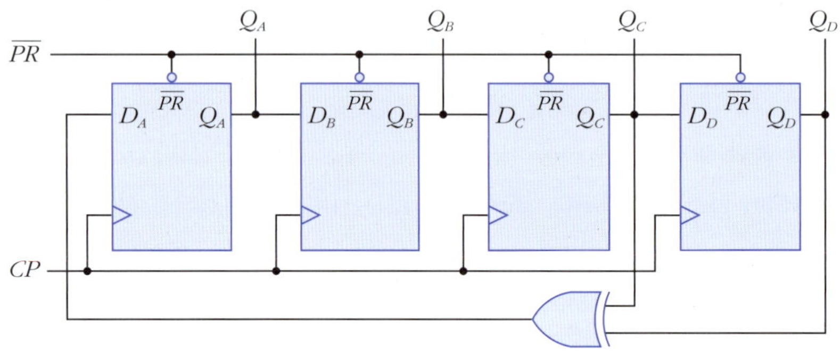

(a) 회로도

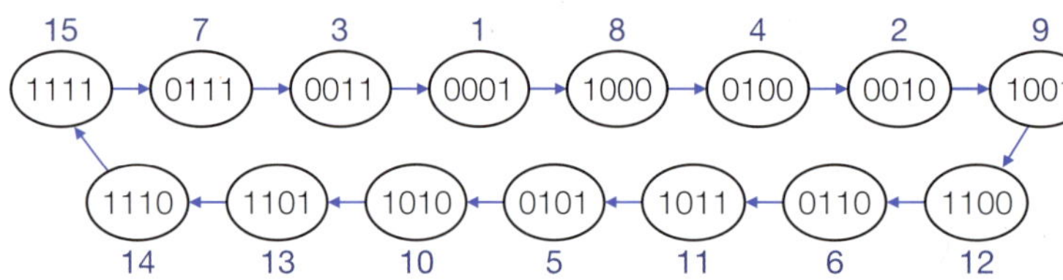

(b) 상태도

그림 10-43 난수발생 회로도 및 상태도

초기 상태는 0000을 제외한 어떤 상태에서 시작해도 무방하다. 초기 상태로 0000을 제외한 이유는 회로의 상태가 0000에서 더이상 변하지 않기 때문이다.

난수 발생 회로는 레지스터의 개수와 XOR 게이트의 입력을 다르게 함으로써 다양한 랜덤 수열을 얻을 수 있는데, n비트 레지스터인 경우 난수 $(2^n - 1)$개가 발생한 후 원래 수로 돌아간다.

10.4 시프트 레지스터 카운터

1 링 카운터

앞서 살펴본 모든 카운터는 2진수로서 카운트되었으나 **링 카운터**ring counter는 임의의 시간에 한 플립플롭만 논리 1이 되고 나머지 플립플롭은 논리 0이 되는 카운터다. 논리 1은 입력 펄스에 따라 그 위치가 한쪽 방향으로 순환한다. 4비트 링 카운터의 상태도는 [그림 10-44]와 같다.

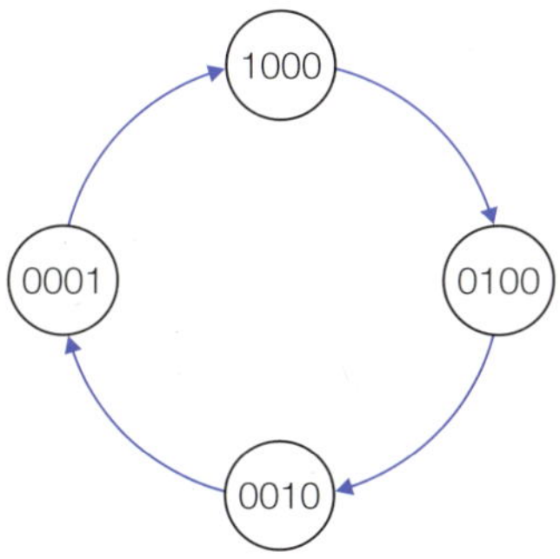

그림 10-44 4비트 링 카운터의 상태도

[표 10-12]는 상태도를 이용해 상태 여기표를 작성한 것으로, D 플립플롭 4개가 필요하다.

표 10-12 4비트 링 카운터의 상태 여기표

현재 상태	다음 상태	플립플롭 입력
Q_A Q_B Q_C Q_D	Q_A Q_B Q_C Q_D	D_A D_B D_C D_D
1 0 0 0	0 1 0 0	0 1 0 0
0 1 0 0	0 0 1 0	0 0 1 0
0 0 1 0	0 0 0 1	0 0 0 1
0 0 0 1	1 0 0 0	1 0 0 0

TIP

D 플립플롭의 여기표

$Q(t)$	$Q(t+1)$	D
0	0	0
0	1	1
1	0	0
1	1	1

[그림 10-45]는 상태 여기표로부터 플립플롭의 입력 함수를 구하기 위한 간소화 과정이다. 변수 4개에 의한 상태 수는 총 16가지지만, 여기서는 상태 8, 4, 2, 1의 4가지 상태만 사용하며, 나머지는 무관don't care항으로 처리하였다.

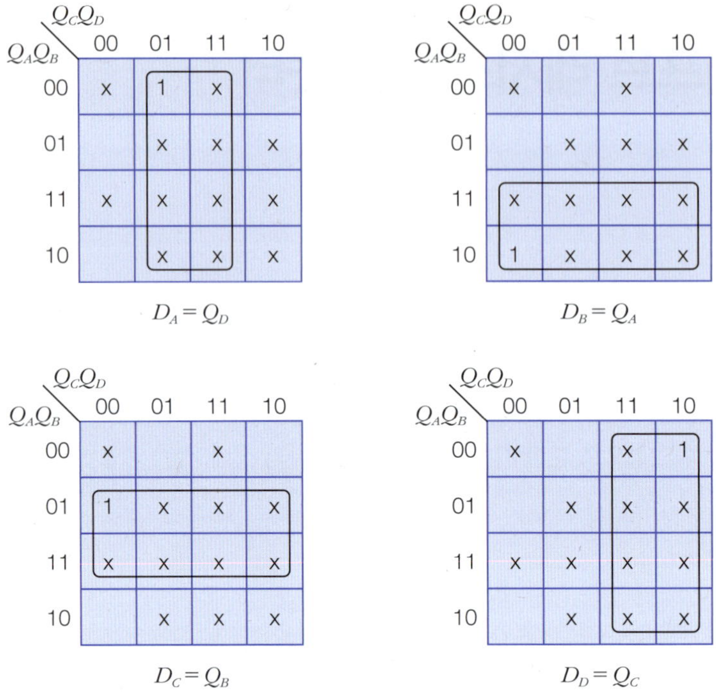

그림 10-45 카르노 맵을 이용한 4비트 링 카운터의 간소화 과정

위의 입력 함수를 이용해 순서논리회로를 구성하면 [그림 10-46(a)]와 같다. 링 카운터는 앞단 플립플롭의 출력이 다음 단 플립플롭의 입력으로 연결되는 과정이 반복되며, 최종단 플립플롭의 출력(Q_D)은 맨 앞단 플립플롭의 입력(D_A)으로 연결되는 구조를 갖는 카운터다.

처음에 *INIT* 단자를 논리 0(0V)으로 하면 1번째 플립플롭의 출력 Q_A는 1(+5V)로 세트되고 나머지 플립플롭의 출력은 $Q_BQ_CQ_D = 000$이 된다. *INIT* 단자를 다시 논리 1로 하면 링 카운터의 최초 출력은 $Q_AQ_BQ_CQ_D = 1000$이 된다. 이후부터 클록 펄스가 입력될 때마다 클록 펄스의 상승 에지에서 오른쪽으로 한 자리씩 이동하며, 출력 Q_D는 다시 D_A로 입력된다. [그림 10-46(b)]는 링 카운터의 타이밍도이며, 각 플립플롭의 출력은 클록 펄스 4개를 주기로 한 번씩 논리 1의 상태가 된다.

[그림 10-46(a)]는 D 플립플롭을 사용해 구현한 것으로, JK 플립플롭 또는 SR 플립플롭을 사용해 구현할 수도 있다. SR 플립플롭을 사용하는 경우는 맨 오른쪽 플립플롭의 출력 Q와 $\bar{Q}$를 맨 왼쪽 플립플롭의 S와 R에 연결하면 된다. 또 JK 플립플롭을 사용하는 경우는 맨 오른쪽 플립플롭의 출력 Q와 $\bar{Q}$를 맨 왼쪽 플립플롭의 J와 K에 연결하면 된다.

링 카운터는 계수의 목적으로 사용하기보다는 어떤 일련의 동작을 제어하는 데 매우 유용하다. 예를 들어, 다양한 종류의 벤딩머신vending machine을 제어하는 데 유용하게 사용할 수 있다.

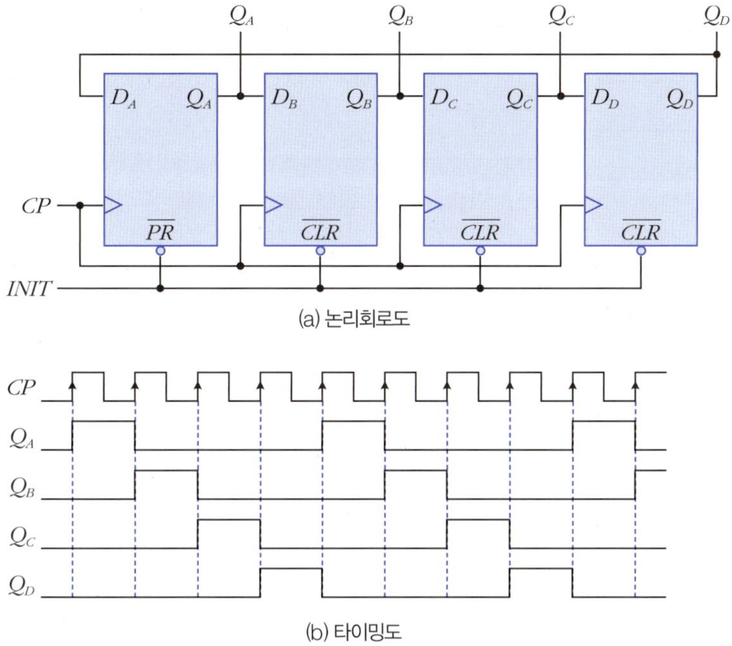

그림 10-46 4비트 링 카운터 회로도 및 타이밍도

2 존슨 카운터

플립플롭 n개로 구성된 링 카운터는 n가지 상태를 출력한다. 링 카운터와 달리 맨 오른쪽 D 플립플롭의 $\bar{Q}$ 출력을 맨 왼쪽 D 플립플롭의 D 입력에 연결하면 서로 다른 상태의 수는 2배로 늘어난다.

[그림 10-47(a)]는 D 플립플롭 4개를 사용한 존슨 카운터Johnson counter의 순서논리회로로, 각 플립플롭의 출력 Q를 오른쪽 플립플롭의 D 입력에 연결하고, 맨 오른쪽 플립플롭의 $\bar{Q}_D$ 출력을 맨 왼쪽 D 플립플롭의 D_A 입력에 연결한다.

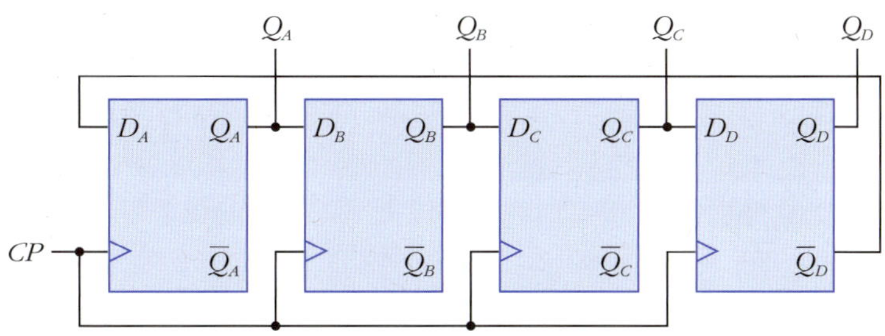

(a) 논리회로도

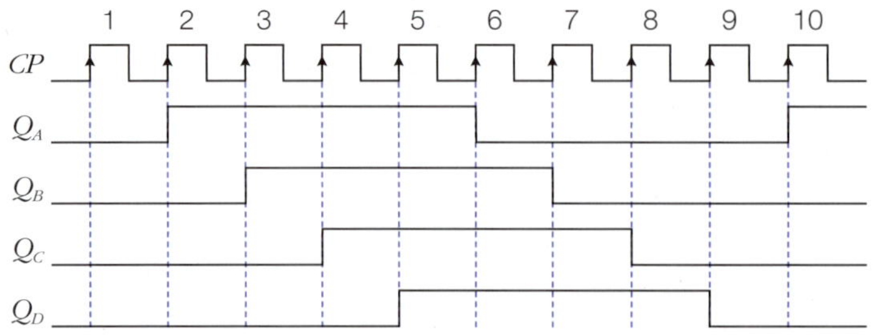

(b) 타이밍도

그림 10-47 4비트 존슨 카운터 회로도 및 타이밍도

클리어clear 상태에서 시작한 존슨 카운터는 [그림 10-47(b)]의 타이밍도와 같이 8가지 연속적인 상태가 출력된다. 존슨 카운터가 0000 상태에서 시작하면 클록 펄스가 입력될 때마다 왼쪽의 플립플롭으로부터 논리 1이 삽입되어 모든 플립플롭의 출력이 모두 논리 1이 되는 1111 상태가 된다. 다시 다음 클록 펄스가 입력될 때마다 왼쪽부터 논리 0이 삽입되어 모든 플립플롭의 출력이 논리 0이 되는 0000 상태가 된다. [표 10-13]은 4비트 존슨 카운터의 상태표를, [그림 10-48]은 상태도를 보여준다.

표 10-13 4비트 존슨 카운터의 상태표

클록 펄스	Q_A	Q_B	Q_C	Q_D	10진수
1	0	0	0	0	0
2	1	0	0	0	8
3	1	1	0	0	12
4	1	1	1	0	14
5	1	1	1	1	15
6	0	1	1	1	7
7	0	0	1	1	3
8	0	0	0	1	1

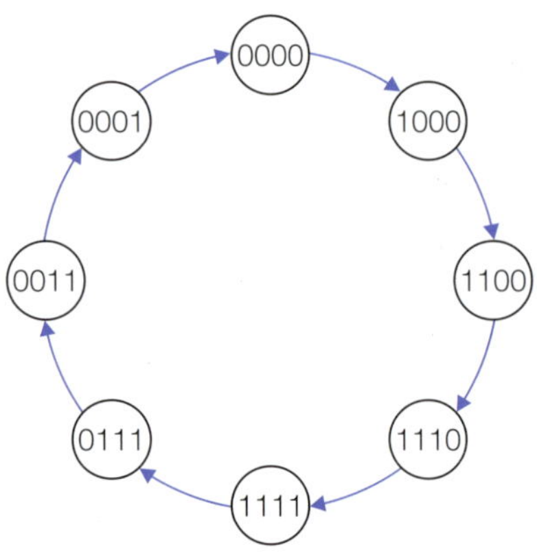

그림 10-48 4비트 존슨 카운터의 상태도

존슨 카운터의 단점은 사용되지 않는 초기 상태가 주어지면 사용되지 않는 계수의 순서만 계속하여 반복된다는 점이다. 예를 들어, [표 10-13]에 없는 상태인 0100이 초기 상태인 경우를 가정하자. 클록 펄스가 인가됨에 따라 다음과 같은 상태를 반복하므로 존슨 카운터는 정상 상태로 진입하지 못할 것이다.

0100 → 1010 → 1101 → 0110 → 1011 → 0101 → 0010 → 1001 → 0100

이와 같은 단점은 [그림 10-47(a)]의 회로에서 3번째 플립플롭의 입력을 다음의 불 함수로 수정하면 해결할 수 있다.

$$D_C = (Q_A + Q_C)Q_B$$

예제 10-4

4비트 링 카운터의 각 플립플롭에서 출력 파형의 주파수와 듀티 사이클을 구하라. 단, 클록(*CP*) 주파수가 1MHz라고 가정한다. 또한 4비트 존슨 카운터에 대해서 반복하라.

풀이

(a) 4비트 링 카운터인 경우

[그림 10-46(b)]를 참조하면 각 플립플롭에서 출력 파형의 주파수는 클록 주파수의 1/4이다. 즉 250KHz(=10^6 / 4)이다. 또한 듀티 사이클은 1주기 동안 High 구간의 비율이므로 25%다. 링 카운터의 크기가 커지면 듀티 사이클은 작아진다.

(b) 4비트 존슨 카운터인 경우

[그림 10-47(b)]를 참조하면 각 플립플롭에서 출력 파형의 주파수는 클록 주파수의 1/8이다. 즉 125KHz(=10^6 / 8)이다. 또한 듀티 사이클은 1주기 동안 High 구간의 비율이므로 50%다. 그러나 존슨 카운터의 크기가 커져도 듀티 사이클은 50%다.

연습문제

01 JK 플립플롭을 사용해 비동기식 6진 상향 카운터를 설계하라.

02 JK 플립플롭을 사용해 비동기식 60진(0~59까지) 상향 카운터를 설계하라.

03 그림과 같은 비동기식 카운터의 동작상태를 클록이 인가됨에 따른 계수 상태표를 나타내고 어떤 카운터인지 설명하라.

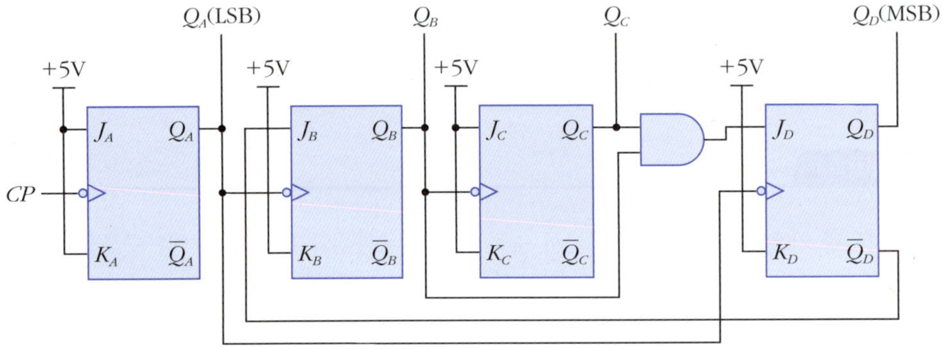

04 JK 플립플롭을 사용해 000→001→010→011→100→101의 상태를 반복하는 동기식 6진 카운터modulo-6 counter를 설계하라.

05 JK 플립플롭에서 클록 펄스 CP가 논리 1에서 논리 0으로 변하는 시간과 출력이 보수화되는 시간 사이에는 10ns의 지연 시간이 있다. 이 플립플롭을 사용하는 10비트 비동기식 2진 카운터의 최대 지연 시간은 얼마인가? 이 카운터가 신뢰성 있게 정상적으로 동작할 수 있는 최대 주파수는 얼마인가?

06 [그림 10-4]의 비동기식 BCD 카운터에서 사용되지 않는 6가지 상태에 대해서 다음 상태값을 구하라. 또한 미사용 상태를 고려하여 카운터가 자기 스타트self-start가 가능한지를 구하라.

07 플립플롭과 5진 카운터, 10진 카운터를 사용해 10MHz 클록에서 다음 주파수를 얻기 위한 방법을 일반적인 블록선도로 나타내라.

① 5MHz	② 2.5MHz	③ 2MHz	④ 1MHz	⑤ 500KHz
⑥ 250KHz	⑦ 62.5KHz	⑧ 40KHz	⑨ 10KHz	⑩ 1KHz

08 7490 IC를 사용헤 0부터 6까지 카운트하는 7진 카운터를 설계하라.

09 7490 IC를 사용해 0부터 5까지 카운트하는 6진 카운터를 설계하라. 단, 게이트는 사용하지 않고 리셋입력($R_{0(1)}$, $R_{0(2)}$)만을 사용한다.

10 7493 IC를 사용해 0부터 12까지 카운트하는 13진 카운터를 설계하라.

11 7493 IC를 사용해 0부터 9까지 카운트하는 10진 카운터를 설계하라. 단, 게이트는 사용하지 않고 리셋입력($R_{0(1)}$, $R_{0(2)}$)만을 사용한다.

12 7490 IC를 3개 사용해 000에서부터 999까지 카운트하는 회로를 설계하라.

13 7490 IC를 사용해 4MHz의 구형파 펄스로부터 10Hz와 1Hz를 얻을 수 있는 분주기를 설계하라. 단, 7490은 여러 개 사용할 수 있다.

14 IC 74160을 사용해 9진 카운터를 설계하라. 74160은 74161과 동일한 입력과 출력을 가지며, 74161은 4비트 동기식 16진 카운터이지만, 74160은 4비트 동기식 10진 카운터다.

15 IC 74161을 사용해 4부터 15까지 계수하는 12진 카운터를 설계하라.

16 IC 74161을 2개 사용해 121 분주 카운터의 구성도를 그려라.

17 다음 그림은 자동차 주차관리 시스템의 입구와 출구에 설치한 센서의 출력이다. 주차장에는 이미 자동차 35대가 주차되어 있다고 가정하고, 24시간 후 카운터의 상태를 설명하라.

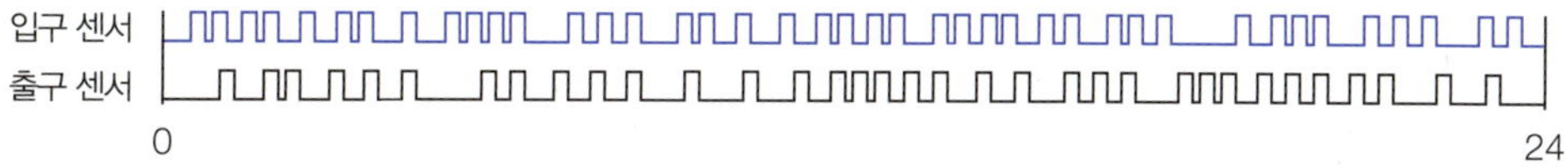

18 클록의 상승 에지에서 트리거되는 JK 플립플롭을 사용해 직렬 입력-직렬 출력 레지스터([그림 10-30] 참조)를 구성하고 입력 데이터와 클록 펄스(CP)가 다음 그림과 같은 경우 출력 $Q_DQ_CQ_BQ_A$의 타이밍도를 그려라. 단, 초기상태는 $Q_DQ_CQ_BQ_A$=0000이라고 가정한다.

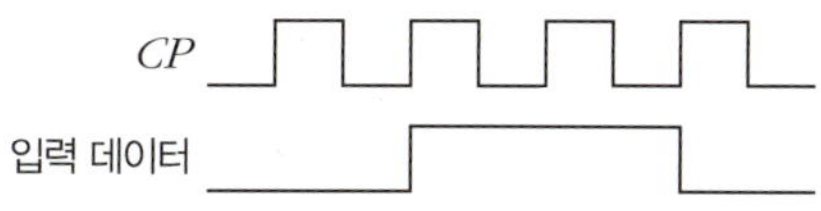

19 4비트 시프트 레지스터의 초깃값이 1101이다. 직렬 입력이 101101인 경우 레지스터의 내용을 6번 오른쪽으로 시프트한다. 한 자리씩 시프트할 때마다 레지스터의 내용을 표시하라.

20 클록 주파수가 100KHz인 시스템이 있다. 1바이트의 데이터를 직렬로 전송하는 데 필요한 시간과 병렬로 전송하는 데 필요한 시간을 각각 구하라.

21 [그림 10-41]의 회로를 확장하여 5비트 암호 48196이 검출되는 회로를 설계하라.

22 그림과 같은 난수 발생기에서 처음에 $Q_AQ_BQ_CQ_D$를 1111로 하고 클록 펄스를 인가할 때 클록에 따라 $Q_AQ_BQ_CQ_D$의 상태는 어떻게 변하겠는가?

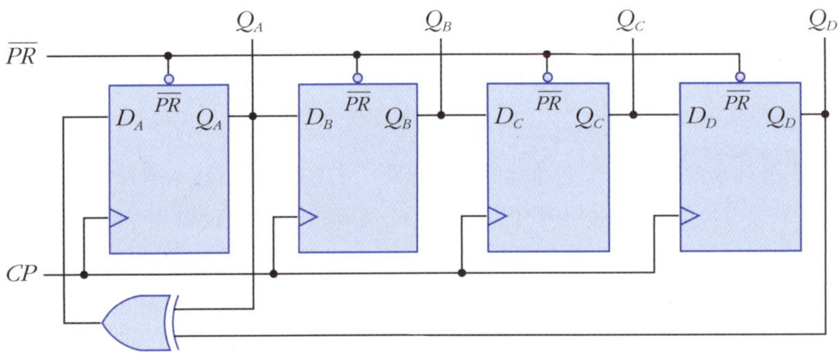

23 *JK* 플립플롭을 사용해 4비트 링 카운터를 설계하고 타이밍도를 그려라.

24 *JK* 플립플롭을 사용해 타이밍 신호 10개를 발생시키는 존슨 카운터를 설계하라.

25 *N*개의 플립플롭으로 구성된 링 카운터의 출력 주파수와 듀티 사이클을 각각 구하라. 단, 클록 펄스의 주파수는 f_i라고 가정한다. 존슨 카운터에 대해서도 반복하라.

01 일련의 순차적인 수를 세는 회로는?

① 카운터 ② 레지스터
③ 디코더 ④ 인코더

02 입력 펄스에 따라 미리 정해진 순서대로 상태가 변화하는 레지스터로서 발생 횟수를 세거나 동작 순서를 제어하기 위한 타이밍(timing) 신호를 만드는 데 가장 적합한 회로는?

① 범용 레지스터 ② 멀티플렉서
③ 카운터 ④ 스택

03 다음 중 카운터에 관한 설명으로 틀린 것은?

① 토글(T) 플립플롭의 원리를 이용한다.
② mod−N 카운터는 모듈러스가 N이다.
③ 동기식 카운터는 주로 고속에 사용된다.
④ 플립플롭이 4개라면 계수는 4가지 경우가 존재한다.

04 2진 계수 회로에 가장 적합한 플립플롭은?

① SR 플립플롭 ② D 플립플롭
③ T 플립플롭 ④ JK 플립플롭

05 비동기식 5진 카운터(counter) 회로는 최소 몇 개의 플립플롭(flip–flop)이 필요한가?

① 4개 ② 3개
③ 2개 ④ 1개

06 다음의 상태 변화를 가지는 카운터는 최소 몇 개의 플립플롭으로 구성되는가?

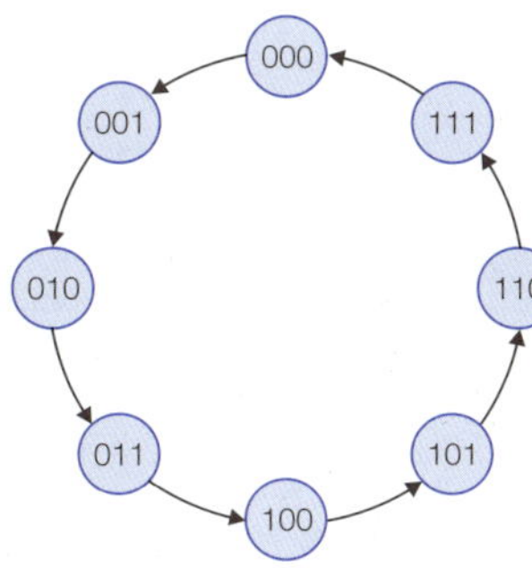

① 2개 ② 3개
③ 4개 ④ 8개

07 10진 카운터를 구성하려고 한다. 플립플롭을 몇 단으로 하면 가장 적절한가?

① 2단 ② 3단 ③ 4단 ④ 5단

08 동기식 15진 카운터를 구성하려면 필요한 플립플롭의 개수는?

① 2개 ② 3개 ③ 4개 ④ 5개

09 25진 리플 카운터를 설계하고자 한다. 최소한 몇 개의 플립플롭이 필요한가?

① 4개 ② 5개 ③ 6개 ④ 7개

10 카운터를 이용해 컨베이어 벨트를 통과하는 생산품의 개수를 파악하려고 한다. 최대 500개의 생산품을 카운트하기 위한 카운터를 플립플롭을 이용해 제작할 때 최소한 몇 개의 플립플롭이 필요한가?

① 5개 ② 7개 ③ 9개 ④ 11개

11 듀얼 JK 플립플롭인 74HC76을 이용한 카운터 회로를 제작하여 출입문을 통과하는 인원을 파악하려고 한다. 최대 1000명을 계수하기 위해서 최소한 몇 개의 IC가 필요한가?

① 4개 ② 5개 ③ 8개 ④ 10개

12 1024개의 입력 펄스가 들어올 때마다 1개의 출력 펄스를 발생시키려고 한다. T 플립플롭을 이용할 경우 몇 개가 필요한가?

① 4개 ② 6개 ③ 8개 ④ 10개

13 8MHz 구형파를 카운터의 입력으로 인가할 때 250KHz를 얻기 위해 필요한 카운터의 비트 수는 얼마인가?

① 2비트 ② 3비트
③ 5비트 ④ 4비트

14 3개의 플립플롭으로 구성된 카운터의 모듈러스는?

① mod−3 ② mod−4
③ mod−8 ④ mod−16

15 플립플롭 4개로 구성된 카운터가 가질 수 있는 최대의 2진 상태는 몇 가지인가?

① 8가지 ② 12가지
③ 16가지 ④ 20가지

16 6개의 플립플롭으로 구성된 상향 카운터(up counter)의 모듈러스와 이 카운터로 계수할 수 있는 최대 계수는?

① 모듈러스 : 5, 최대 계수 : 63
② 모듈러스 : 6, 최대 계수 : 64
③ 모듈러스 : 63, 최대 계수 : 64
④ 모듈러스 : 64, 최대 계수 : 63

17 다음 캐스케이드 카운터 구성에서 총 모듈러스는?

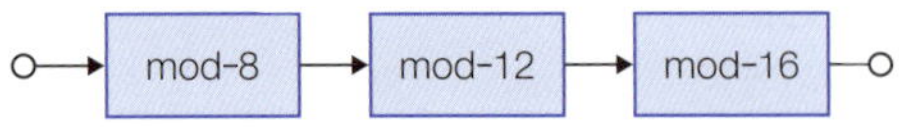

① 36　　② 72
③ 144　　④ 1536

18 다음 카운터의 기능은?

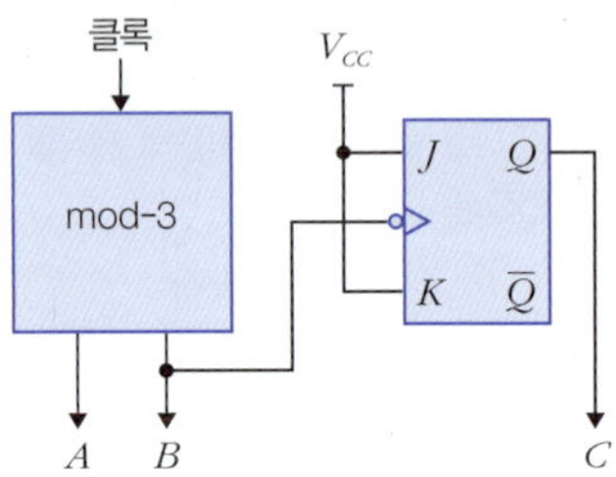

① mod-4　　② mod-6
③ mod-8　　④ mod-10

19 1번째 플립플롭의 CP 입력에만 클록 펄스가 입력되고, 다른 플립플롭은 각 플립플롭의 출력을 다음 플립플롭의 CP 입력으로 사용하는 것을 무엇이라 하는가?

① 존슨 카운터　　② 링 카운터
③ 리플 카운터　　④ 동기식 BCD 카운터

20 한 플립플롭의 출력이 다른 플립플롭을 구동시키는 카운터는?

① 링 카운터　　② 존슨 카운터
③ 10진 카운터　　④ 리플 카운터

21 리플 카운터의 특징이 아닌 것은?

① 비동기식 카운터다.
② 카운트 속도가 동기식 카운터에 비해 느리다.
③ 최대 동작 주파수에 제한을 받지 않는다.
④ 회로 구성이 간단하다.

22 비동기식 카운터에 대한 설명 중 옳지 않은 것은?

① 설계가 쉽다.
② ripple counter라고도 한다.
③ 동기식에 비하여 속도가 빠르다.
④ 전단의 출력이 다음 단의 trigger 입력이 된다.

23 다음 중 카운터의 설명과 거리가 먼 것은?

① 카운터는 미리 결정된 시퀀스를 계속 생성시키는 순서논리회로다.
② 카운터는 클록의 사용에 따라 동기식과 비동기식으로 나뉜다.
③ n비트 카운터는 $(n-1)$개의 플립플롭을 가지고 있다.
④ 동기식 카운터는 비동기식 카운터보다 회로가 복잡하다.

24 다음 중 비동기식 카운터에 대한 설명으로 틀린 것은?

① 동기식 카운터에 비해 입력 신호의 전달 지연 시간이 길다.
② 동기식에 비해 논리상의 오차 발생 비율이 많다.
③ 구조상으로 동기식에 비해 회로가 간단하다.
④ 같은 클록 펄스에 의해 트리거 된다.

25 비동기식 카운터의 플립플롭 구성 설명으로 틀린 것은?

① 플립플롭 2개를 사용하면 16진 카운터 계수를 나타낸다.
② T 플립플롭으로 구성한다.
③ JK 플립플롭으로 구성할 때, 입력을 $J=K=1$로 한다.
④ T 플립플롭으로 구성할 때, 입력을 $T=1$로 하여 toggle 상태로 한다.

26 JK 플립플롭을 사용해 2진 리플 카운터를 만들려는 경우 J와 K의 값은?

① $J=0$, $K=0$　　② $J=0$, $K=1$
③ $J=1$, $K=0$　　④ $J=1$, $K=1$

27 다음 카운터(counter)의 명칭 중 맞는 것은?

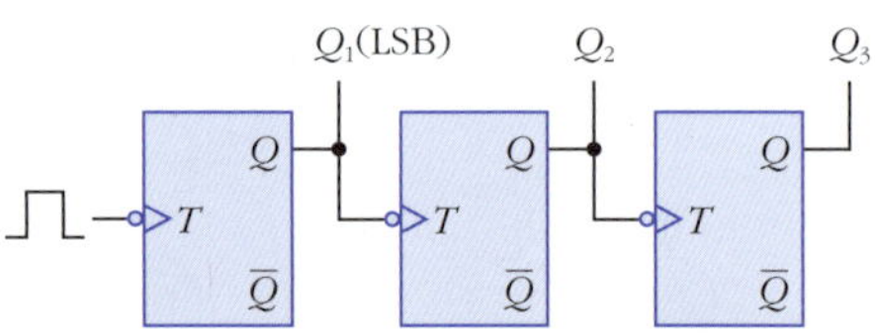

① 상향 4진 카운터　　② 하향 4진 카운터
③ 상향 8진 카운터　　④ 하향 8진 카운터

28 다음 JK 플립플롭 3개를 연결하여 구성된 회로에서 CP를 입력으로 하고 A_3, A_2, A_1을 출력으로 할 때 이 회로가 수행하는 기능은?

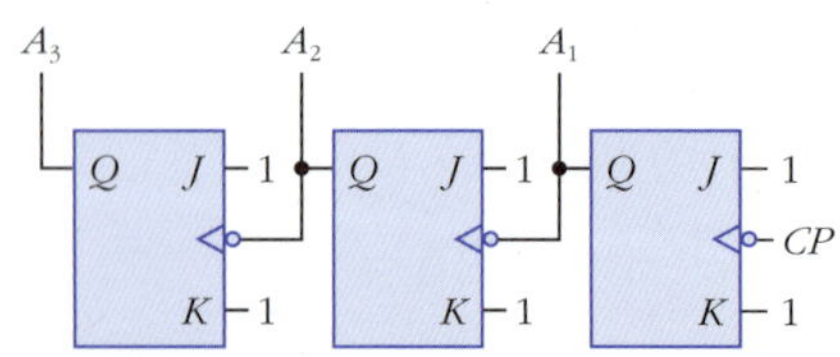

① 32진 카운터(counter)

② 16진 카운터(counter)

③ 3비트 2진 리플 카운터(ripple counter)

④ 4비트 2진 리플 카운터(ripple counter)

29 다음은 리플 카운터(ripple counter)다. 초기 상태가 $A=0$, $B=0$, $C=0$이라면 클록 펄스가 12개 인가된 후 상태는?

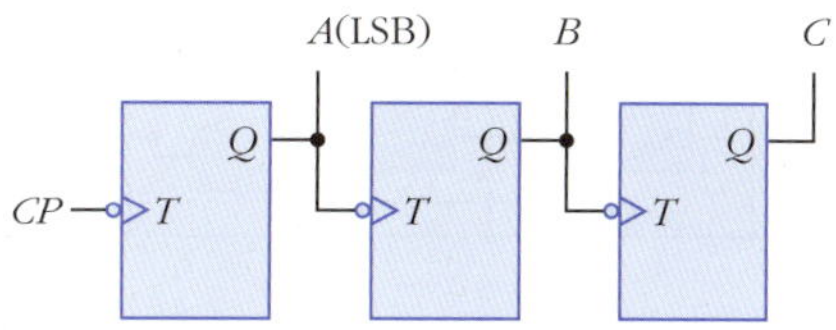

① $A=0$, $B=0$, $C=1$ ② $A=0$, $B=1$, $C=1$

③ $A=1$, $B=1$, $C=0$ ④ $A=1$, $B=0$, $C=0$

30 다음은 어떤 동작을 하는 회로인가?

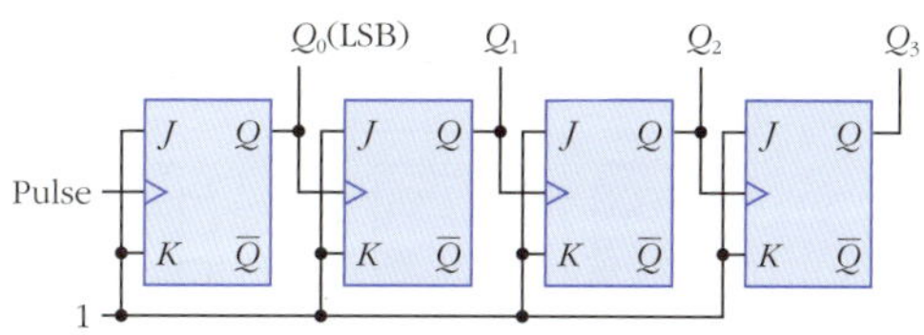

① 4비트 2진 리플 카운터

② 4비트 동기식 2진 카운터

③ BCD 리플 카운터

④ 시프트 레지스터

31 다음의 카운터 회로는 몇 진 카운터인가? 단, 카운터의 출력은 첨자 0이 붙은 쪽이 LSB라고 본다.

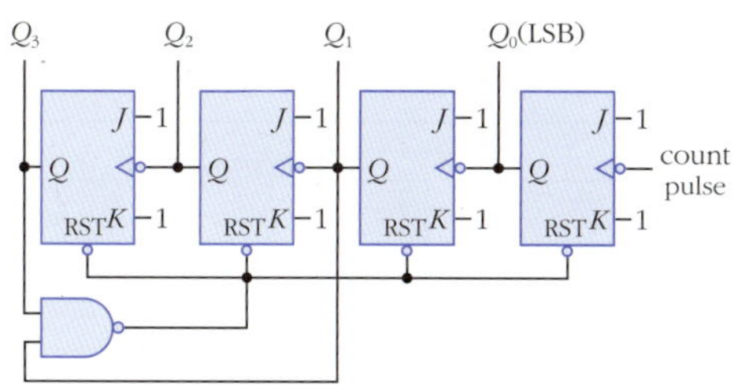

① 2 ② 8

③ 10 ④ 16

32 다음 그림은 T 플립플롭을 이용한 비동기 10진 상향 카운터다. 계수값이 10이 되었을 때 카운터를 0으로 하기 위해서는 전체 플립플롭을 clear시켜야 하는데 이렇게 하기 위해 (가)에 알맞은 게이트는?

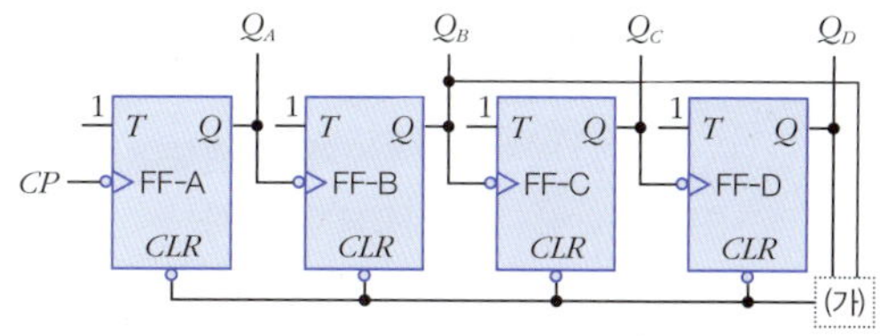

① OR ② AND ③ NOR ④ NAND

33 5비트 리플 카운터(ripple counter)의 입력에 4MHz의 구형파를 인가할 때, 최종 단 플립플롭의 주파수는?

① 125KHz ② 250KHz

③ 500KHz ④ 800KHz

34 지연 시간 50ns의 플립플롭을 사용한 5단의 리플 카운터가 있다. 카운터의 동작 최고 주파수는?

① 1MHz ② 4MHz

③ 10MHz ④ 20MHz

35 어떤 플립플롭에서 CP(clock pulse)가 1에서 0으로 변하는 시간과 출력이 보수화되는 시간 사이에 20ns의 지연이 생긴다면 10bit 리플 카운터의 지연 시간은?

① 2ns ② 20ns

③ 200ns ④ 400ns

36 어떤 카운터가 0.2초 동안 게이트되었다. 계수되는 신호파의 주파수가 250KHz라면 게이트 펄스가 끝나는 시각에서 카운터의 BCD 출력은?

① 50,000 ② 25,000

③ 10,000 ④ 5,000

37 4bit binary ripple counter가 0100의 값을 갖고 있다. 9개의 input pulse가 공급된 후의 counter 상태는?

① 0010 ② 1001

③ 1011 ④ 1101

38 5비트 2진 카운터가 00000 상태에서 계수를 시작한다고 가정하면 144개의 펄스가 입력된 후 계수 상태는?

① $00000_{(2)}$ ② $11111_{(2)}$

③ $10000_{(2)}$ ④ $00001_{(2)}$

39 4단 하향 카운터에서 10번째 클록 펄스가 인가되면 각 단이 나타내는 2진수를 10진수로 변환하면? 단, 카운터의 초기 상태는 0000이라고 가정한다.

① 6 ② 7

③ 8 ④ 9

40 동기식 카운터의 설명 중 옳은 것은?

① 리플 카운터라고도 한다.
② 플립플롭의 단수와 동작 속도와는 무관하다.
③ 컴퓨터 회로에는 별로 사용되지 않는다.
④ 전단의 출력이 후단의 트리거(trigger) 입력이 된다.

41 동기식 카운터의 특징과 가장 거리가 먼 것은?

① 회로가 복잡하다.
② 동작 속도가 저속이다.
③ 시간 지연(time delay)이 발생하지 않는다.
④ 클록 펄스를 공동(병렬)으로 사용한다.

42 동기식 카운터의 설명으로 옳지 않은 것은?

① 비동기식보다 최종 플립플롭의 지연 시간 변화를 단축시킬 수 있다.
② 입력 펄스가 플립플롭의 모든 클록에 동시에 가해지는 구조다.
③ 저속의 카운터가 되지만 플립플롭의 회로가 간단하다.
④ 모든 플립플롭이 동시에 동작한다.

43 동기식 카운터와 비동기식 카운터 비교 설명 중 맞는 것은?

① 동기식 카운터는 각 플립플롭의 clock에 동기되는 카운터다.
② 동기식 카운터는 비동기식 카운터에 비해서 안정되지 못하는 결점이 있다.
③ 동기식과 비동기식 카운터는 플립플롭에 공동으로 클록이 공급된다.
④ 동기식 up counter는 기억 소자로 응용될 수 있다.

44 동기식 카운터로 사용할 수 없는 것은?

① 2진 업-다운 카운터 ② 3초과 BCD 카운터
③ 2진 카운터 ④ 리플 카운터

45 다음은 몇 진 카운터인가?

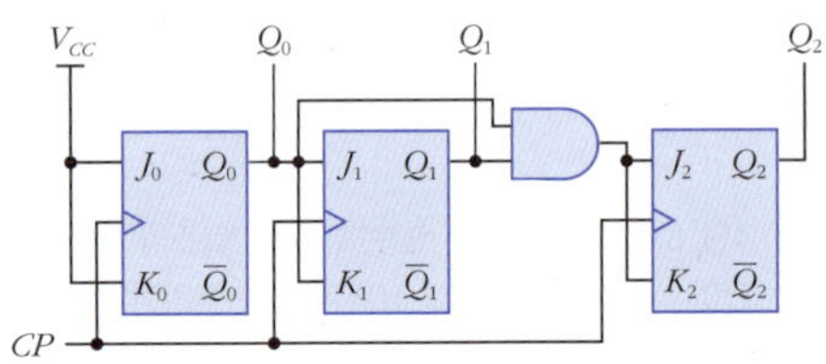

① 동기식 8진 업 카운터
② 비동기식 8진 업 카운터
③ 동기식 8진 다운 카운터
④ 비동기식 8진 다운 카운터

46 그림과 같은 회로의 명칭은?

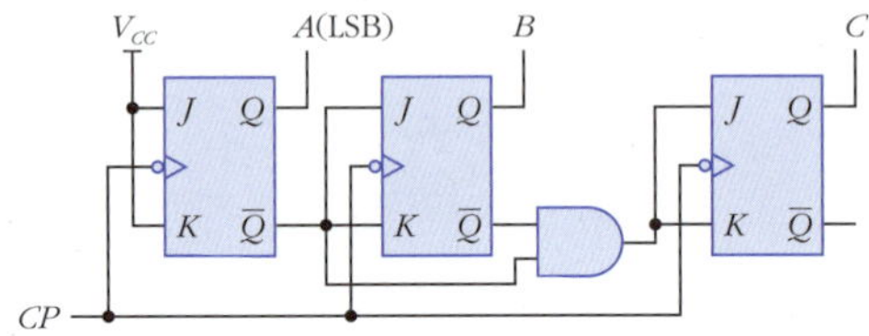

① 비동기식 8진 하향 카운터
② 비동기식 8진 상향 카운터
③ 동기식 8진 상향 카운터
④ 동기식 8진 하향 카운터

47 다음은 몇 진 카운터인가?

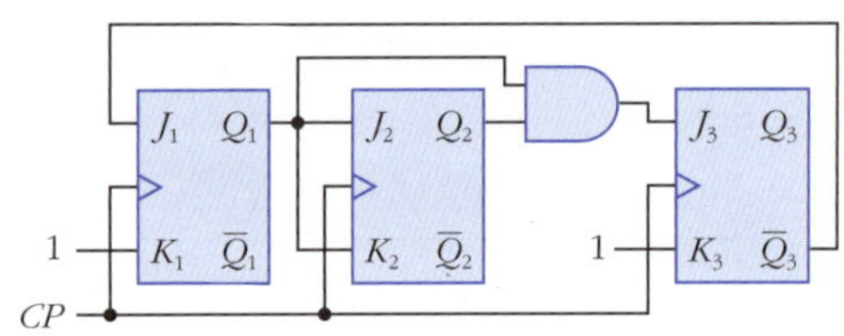

① 동기식 4진 카운터 ② 동기식 5진 카운터
③ 동기식 6진 카운터 ④ 동기식 7진 카운터

〈참고〉 000 → 001 → 010 → 011 → 100

48 카운터 회로 Q_1, Q_2, Q_3의 초기 상태가 각각 0, 0, 0이다. CP가 6번 들어갔을 때 Q_1, Q_2, Q_3 상태 중 옳은 것은?

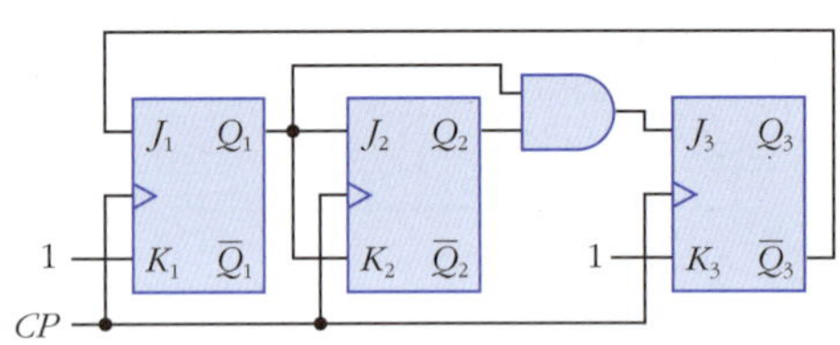

① $Q_1 = 0$, $Q_2 = 0$, $Q_3 = 1$
② $Q_1 = 1$, $Q_2 = 0$, $Q_3 = 0$
③ $Q_1 = 0$, $Q_2 = 1$, $Q_3 = 1$
④ $Q_1 = 1$, $Q_2 = 1$, $Q_3 = 0$

49 다음 회로는 직접 리셋형 3단 mod-5 카운터 회로다. X 부분에 적합한 게이트는?

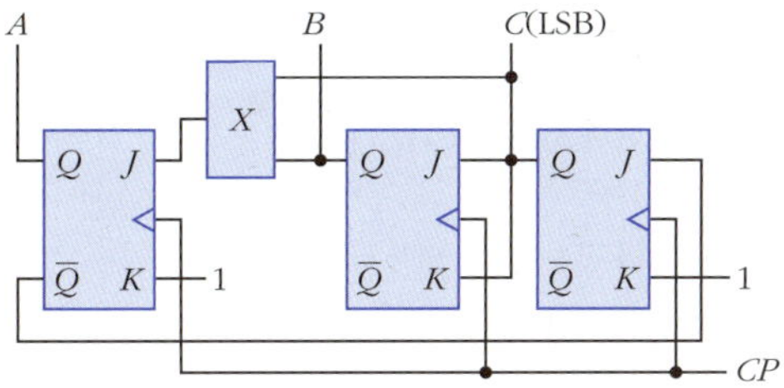

① OR ② AND
③ NOR ④ NAND

50 그림의 회로 명칭은?

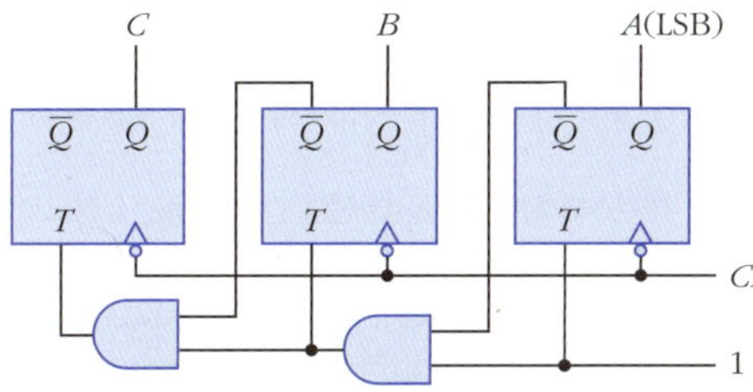

① 2진 감산 카운터 ② 2진 가산 카운터
③ 8진 감산 카운터 ④ 8진 가산 카운터

51 그림과 같이 주파수 발생기와 종속 연결된 10진 카운터 7490 IC가 연결되었을 때, 출력이 아래의 구형파와 같다면 7490 IC를 몇 개 사용해야 하는가? 단, 주파수 발생기의 주파수는 5MHz이다.

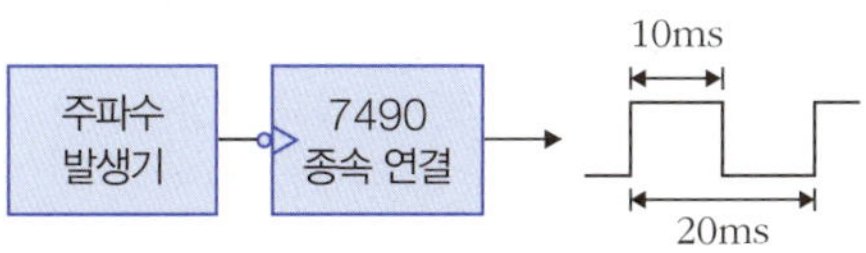

① 3개 ② 4개
③ 5개 ④ 6개

52 레지스터(register)의 기능은?
① counter로 사용 ② pulse를 발생
③ data 일시 저장 ④ 동작 속도 조절

53 레지스터의 기본 회로는?
① 증폭기 ② 플립플롭
③ 변조기 ④ 발진기

54 시프트 레지스터(shift register)를 만드는 데 가장 적합한 플립플롭은?
① SR 플립플롭 ② RST 플립플롭
③ D 플립플롭 ④ T 플립플롭

55 레지스터에 대한 설명으로 틀린 것은?
① 레지스터는 워드를 구성하는 비트 개수만큼의 플립플롭으로 구성된다.
② 여러 개의 플립플롭은 공통 클록의 입력에 의해 동시에 여러 비트의 입력 자료가 저장된다.
③ 레지스터에 사용되는 플립플롭은 외부 입력을 그대로 저장하는 T 플립플롭이 적당하다.
④ 레지스터를 구성하는 플립플롭은 저장하는 값을 임의로 설정하기 위해 별도의 입력 단자를 추가할 수 있으며, 저장값을 0으로 하는 것을 설정 해제(CLR)라 한다.

56 시프트 레지스터의 특징으로 옳지 않은 것은?
① 플립플롭의 연결 구조가 직렬
② 모든 플립플롭은 공통으로 연결된 클록 입력을 사용
③ 레지스터에 저장된 2진 정보를 이동시킬 수 있는 레지스터
④ 본질적으로 클록 펄스에 따라 미리 정해진 순서대로 상태를 변화시키는 레지스터

57 일반적으로 카운터(counter)와 시프트 레지스터(shift register)의 차이점을 가장 잘 표현한 것은?
① 카운터에는 특정한 상태 순서가 있으나, 시프트 레지스터는 상태 순서가 없다.
② 카운터에는 특정한 상태 순서가 없으나, 시프트 레지스터는 상태 순서가 있다.
③ 카운터와 시프트 레지스터는 데이터의 이동 기능이 주된 목적이다.
④ 카운터와 시프트 레지스터는 데이터의 저장 기능이 주된 목적이다.

58 다음 회로는 무엇을 표현한 것인가?

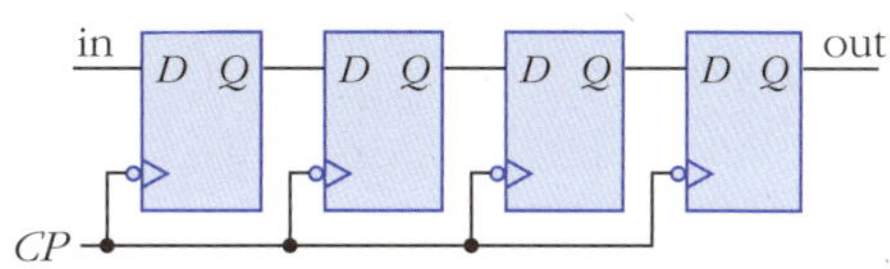

① 자리이동 레지스터(shift register)
② ROM(read only memory)
③ 4비트 레지스터(4bit register)
④ 직렬 가산기(serial adder)

59 다음과 같은 회로는?

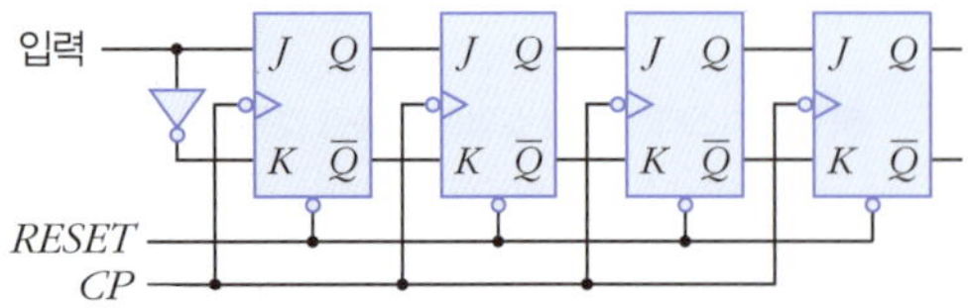

① 4bit ring counter
② 4bit 비동기식 2진 counter
③ 4bit shift register
④ 4bit 직렬 가산기

60 다음 회로의 명칭으로 옳은 것은?

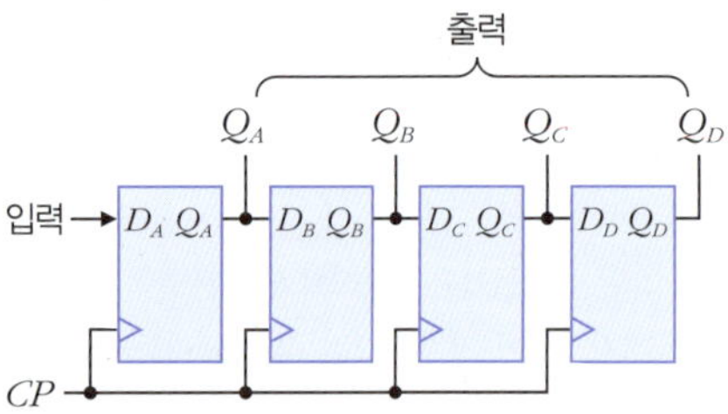

① 병렬 입력-직렬 출력 시프트 레지스터
② 병렬 입력-병렬 출력 시프트 레지스터
③ 직렬 입력-직렬 출력 시프트 레지스터
④ 직렬 입력-병렬 출력 시프트 레지스터

61 다음에 열거한 인터페이스의 종류 중에서 회선의 개수가 많지만 속도가 가장 빠른 인터페이스는?

① 직렬 입력-직렬 출력 ② 직렬 입력-병렬 출력
③ 병렬 입력-직렬 출력 ④ 병렬 입력-병렬 출력

62 다음 레지스터 형태 중 한 순간에 단지 1비트의 데이터가 들어가고, 모든 데이터 비트가 한 번에 출력되는 형태는?

① PISO ② PIPO ③ SISO ④ SIPO

63 다음 중 클록 주파수가 1MHz인 8비트 병렬 입력-병렬 출력 레지스터에 1초 동안 입력할 수 있는 데이터는 최대 몇 바이트인가?

① 1,000 ② 1,250
③ 1,000,000 ④ 1,250,000

64 n단으로 구성된 일반 카운터는 2^n개의 모드를 갖는 데 반해, n단으로 구성된 시프트 카운터는 몇 개의 모드를 갖는가?

① n개 ② $n+1$개
③ $2n$개 ④ $3n$개

65 직렬 전송 레지스터와 병렬 전송 레지스터의 장단점을 옳게 설명한 것은?

① 직렬 전송 레지스터가 빠르게 동작하나 비경제적이다.
② 직렬 전송 레지스터가 빠르게 동작하나 회로가 복잡하다.
③ 병렬 전송 레지스터가 느리게 동작하나 경제적이다.
④ 병렬 전송 레지스터가 빠르게 동작하나 회로가 복잡하다.

66 병렬 데이터 전송 방식에 대한 설명 중 맞지 않는 것은?

① 한 번에 단위 데이터(보통 1byte)가 병렬로 전송된다.
② 직렬 전송에 비하여 데이터의 전송 속도가 느리다.
③ 직렬 전송 방식에 비하여 전송 선의 수가 많다.
④ 주로 근거리 주변 장치와의 통신에 사용된다.

67 레지스터 사이의 데이터 전송 방법에 대한 설명으로 가장 옳지 않은 것은?

① 직렬 전송 방식에 의한 레지스터 전송은 하나의 클록 펄스 동안 하나의 비트가 전송되고, 이러한 비트 단위 전송이 모여 워드를 전송하는 방식을 말한다.
② 병렬 전송 방식에 의한 레지스터 전송은 하나의 클록 펄스 동안에 레지스터 내의 모든 비트 즉 워드가 동시에 전송되는 방식을 말한다.
③ 병렬 전송 방식에 의한 레지스터 전송은 직렬 방식에 비해 속도가 빠르고 결선의 수가 적다는 장점을 가지고 있다.
④ 버스 전송 방식에 의한 레지스터 전송은 공통의 통신로를 이용하므로 병렬 전송 방식에 의한 레지스터 전송 방식보다 결선의 수가 적다.

68 시프트 레지스터에 대한 설명 중 옳지 않은 것은?

① 시프트 레지스터의 가능한 입출력 방식에는 직렬 입력-직렬 출력, 직렬 입력-병렬 출력, 병렬 입력-직렬 출력, 병렬 입력-병렬 출력이 있다.
② n비트 시프트 레지스터는 n개의 플립플롭과 시프트 동작을 제어하는 게이트로 구성되어 있다.
③ 레지스터는 왼쪽 시프트, 오른쪽 시프트 중에 하나일 수 있고, 둘을 겸할 수도 있다.
④ 시프트 레지스터를 왼쪽으로 1번 시프트하면 2로 나눈 결과가 되고, 오른쪽으로 1번 시프트하면 2로 곱한 결과가 된다.

69 직렬 또는 병렬 방식 레지스터 전송에 대한 설명으로 옳지 않은 것은?

① 직렬 방식은 데이터를 전송할 때 많은 시간이 필요하다.
② 병렬 방식은 하드웨어 규모가 간단하다.
③ 직렬 방식은 클록 펄스에 의해 한 번에 1bit씩 자리 이동한다.
④ 병렬 방식은 모든 bit의 데이터를 한 번의 클록 펄스에 모두 전송시킨다.

70 병렬 전송 시 버스를 이루는 선(線)들의 수는 레지스터의 bit 수(數)와 어떠한 관계가 있는가?

① 같다. ② 1/2이다.
③ 2배이다. ④ 2^2이다.

71 시프트 레지스터에 저장된 데이터를 왼쪽으로 1비트 이동 후 데이터 값은? 단, 자리 넘침은 없다고 가정한다.

① 원래 데이터의 2배 ② 원래 데이터의 4배
③ 원래 데이터의 1/2배 ④ 원래 데이터의 1/4배

72 시프트 연산에서 binary number가 4번 shift left한 경우의 number는?

① number × 4 ② number × 16
③ number ÷ 4 ④ number ÷ 16

73 시프트 레지스터(shift register)의 내용을 오른쪽으로 1번 시프트하면 데이터는 어떻게 변하는가?

① 기존 데이터의 0.5배 ② 기존 데이터의 0.25배
③ 기존 데이터의 2배 ④ 기존 데이터의 4배

74 시프트 레지스터에서 4로 나누려면 몇 비트 이동해야 하는가?

① 오른쪽으로 2비트 ② 왼쪽으로 2비트
③ 오른쪽으로 4비트 ④ 왼쪽으로 4비트

75 8bit register의 데이터가 00101001이다. 이 데이터를 4배 증가시키려고 할 때 취하는 연산 명령은?

① Shift Left 4회 ② Shift Left 2회
③ Shift Right 4회 ④ Shift Right 2회

76 8비트로 구성된 11010000에 대하여 왼쪽 시프트(left shift) 논리 연산을 1bit씩 3번 수행하였을 때의 결과로 옳은 것은?

① 01000000 ② 10000000
③ 10100000 ④ 11010000

77 16개의 플립플롭으로 구성된 shift register에 10진수 13이 기억되어 있을 때 3bit만큼 왼쪽으로 shift했을 때의 값은?

① 26 ② 39 ③ 52 ④ 104

78 오른쪽 이동 순환 레지스터에 1101의 데이터가 기억되어 있을 경우, 3개 펄스가 인가되면 어떻게 변하는가?

① 1011 ② 1110 ③ 1100 ④ 1101

79 8비트 2진수 01010110을 왼쪽으로 2번 회전시킬 때 변경된 데이터의 최종값은?

① 00010101 ② 01011001
③ 10010101 ④ 01011000

80 8비트의 자료 11011001에 대하여 왼쪽 시프트(left shift) 논리 연산을 1비트씩 2번 했을 때와 왼쪽 로테이트(left rotate) 논리 연산을 2번 했을 때의 결과값은 각각 어떻게 되는가?

① 11011001, 11011001 ② 01100100, 01110110
③ 01100100, 01100111 ④ 01100100, 01100100

81 $-24_{(10)}$를 부호와 절댓값 방법에서 1비트 왼쪽 이동할 경우 올바른 것은? 단, 표현은 8비트로 한다.

① 11011110 ② 01011100
③ 10110000 ④ 01010111

82 $74_{(10)}$라는 수가 8비트의 레지스터에 기록되어 있다. 그 중 가장 왼쪽 비트는 부호를 나타내고, 나머지 7비트는 절댓값을 나타낸다. 이 레지스터를 오른쪽으로 한 비트 산술적 이동(arithmetic shift)을 한 결과는?

① 35 ② 36 ③ 37 ④ 38

83 8비트로 표현되는 부호와 절댓값 방식에서 $-50_{(10)}$을 1비트 오른쪽으로 시프트(shift)했을 때 옳은 것은?

① 10011000 ② 11011000
③ 11011001 ④ 10011001

84 10110101이라는 2진 자료가 2's complement 방식으로 표현되어 있다. 이를 오른쪽으로 3비트만큼 산술적 이동(arithmetic shift)하였을 때의 결과는?

① 11110110 ② 11010110
③ 10000110 ④ 00010110

85 2의 보수로 표현된 $-14_{(10)}$를 오른쪽으로 1비트 산술 시프트했을 때의 결과는? 단, 2진수의 표현은 8비트(부호 비트 포함)를 사용한다.

① 10111001 ② 11111001
③ 11111000 ④ 11110100

86 −25를 2의 보수 형태의 2진수로 나타냈을 때 이를 왼쪽으로 1비트만큼 이동했을 때의 값은? 단, 각 수는 8bit로 표시한다.

① $11001111_{(2)}$ ② $11001110_{(2)}$
③ $10110011_{(2)}$ ④ $11110011_{(2)}$

87 8개의 플립플롭으로 구성된 시프트 레지스터(shift register)에 10진수로 64가 기억되어 있을 때 이를 오른쪽으로 3비트만큼 산술 시프트하면 그 값은?

① 4 ② 8
③ 12 ④ 24

88 부호를 나타내지 않은 양의 수에 대한 산술적 시프트를 한 경우에 대한 설명으로 옳지 않은 것은?

① 왼쪽으로 시프트 시 밀려나는 비트가 1이면 절단 현상이 발생한다.
② 시프트 시 새로 들어오는 비트는 0이다.
③ 오른쪽으로 1번 시프트하면 2로 나눈 것과 같다.
④ 왼쪽으로 1번 시프트하면 2배한 것과 같다.

89 어떤 시스템에서 데이터의 전송 속도가 200bps라고 할 때 이 시스템에서 10초간 전송하는 데이터는 모두 몇 bit인가?

① 2bit ② 20bit ③ 200bit ④ 2,000bit

90 다음과 같은 비밀번호를 입력하는 회로에서 비밀번호는 무엇인가?

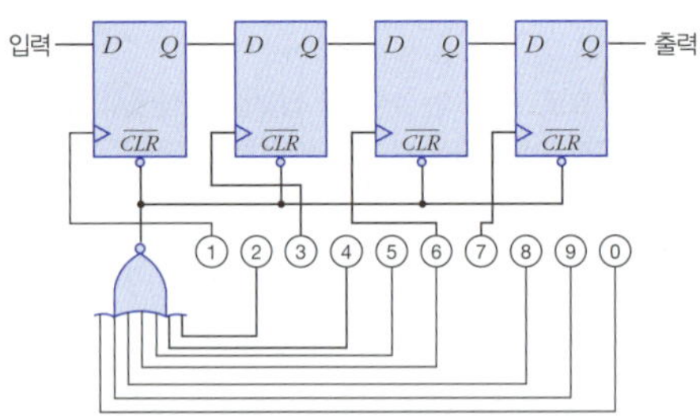

① 2, 4, 5, 8, 9, 0 ② 1, 3, 8, 9
③ 2, 5, 9, 0 ④ 1, 3, 6, 7

91 n비트 직렬 입력-직렬 출력 레지스터를 이용해 시간 지연 회로를 구성할 때, 4비트 레지스터를 사용하였다면 time delay는 얼마인가? 단, 클록 주파수는 1MHz이다.

① 1μs ② 2μs ③ 3μs ④ 4μs

92 난수 발생 회로에서 n비트의 레지스터를 사용할 경우 발생하는 난수는 최대 몇 개인가?

① $n-1$개 ② 2^n-1개
③ 2^n+1개 ④ $n+1$개

93 시프트 레지스터 출력을 입력에 궤환(feedback)시킴으로써 클록 펄스가 가해지면 같은 2진수가 레지스터 내부에서 순환하도록 만든 카운터는?

① 링 카운터 ② 2진 리플 카운터
③ 동기형 카운터 ④ 업/다운 카운터

94 다음 중 환형 카운터(ring counter)와 같은 것은?

① BCD 카운터
② 가역 카운터
③ 시프트 레지스터
④ 순환 시프트 레지스터

95 자리이동 레지스터를 사용해 임의의 시간에 자리이동 레지스터 중에서 1개의 플립플롭만 논리 1이 되고 나머지 플립플롭은 논리 0이 되도록 하는 카운터는?

① 링 카운터 ② BCD 카운터
③ 존슨 카운터 ④ 리플 카운터

96 다음 시프트 레지스터의 카운터 명칭은?

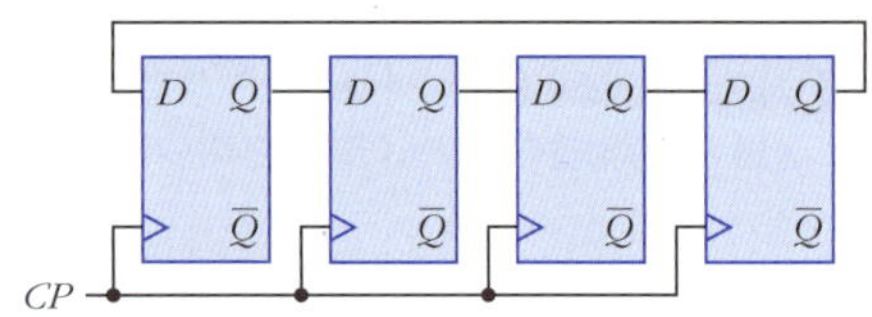

① mod−4 링 카운터
② mod−8 링 카운터
③ mod−4 존슨 카운터
④ mod−8 존슨 카운터

97 다음 그림과 같이 구성된 회로는 무슨 카운터인가?

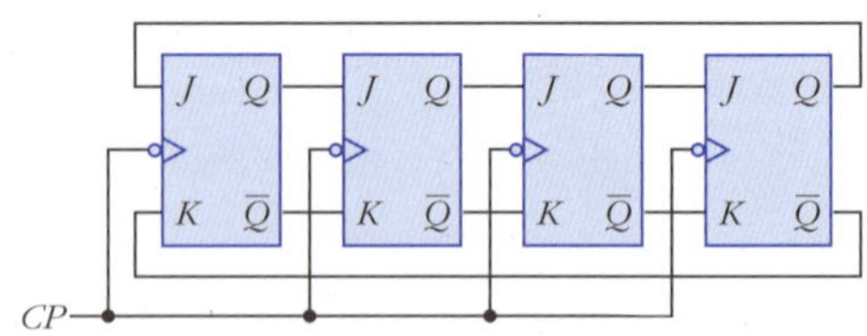

① 동기식 카운터 ② 비동기식 카운터
③ 존슨 카운터 ④ 링 카운터

98 mod-8 링 카운터를 설계할 때 필요한 플립플롭의 수는?

① 4개 ② 8개
③ 16개 ④ 256개

99 5단 링 카운터에 해당되는 % 듀티 사이클은?

① 50% ② 25%
③ 20% ④ 10%

100 링 카운터에 대한 설명 중 가장 적합한 것은?

① 직렬 시프트 레지스터의 최초 플립플롭의 출력(Q)을 최초 플립플롭의 J에 연결한다.
② 직렬 시프트 레지스터의 최종 플립플롭의 출력(Q)을 최초 플립플롭의 J에 연결한다.
③ 직렬 시프트 레지스터의 최종 플립플롭의 보수 출력($\bar{Q}$)을 최종 플립플롭의 J에 연결한다.
④ 직렬 시프트 레지스터의 최초 플립플롭의 보수 출력($\bar{Q}$)을 최종 플립플롭의 J에 연결한다.

101 어떤 링 카운터가 1번째 플립플롭은 1로 프리셋되고 나머지 플립플롭은 모두 0으로 클리어되어 초기화되었다. 다음 중 링 카운터의 특징 및 동작에 대한 설명으로 가장 옳지 않은 것은?

① 카운팅 시 각각의 출력에 있어서 하나의 플립플롭만 1값을 갖는다.
② 통상의 N진 카운터에 비해 많은 플립플롭이 필요하므로 비경제적이다.
③ 카운팅 시 모든 플립플롭들의 상태가 0이 될 수 있다.
④ M개의 플립플롭으로 구성된 링 카운터는 M개의 클록마다 초기 상태로 되돌아가면서 상태를 반복한다.

102 다음 카운터의 명칭은?

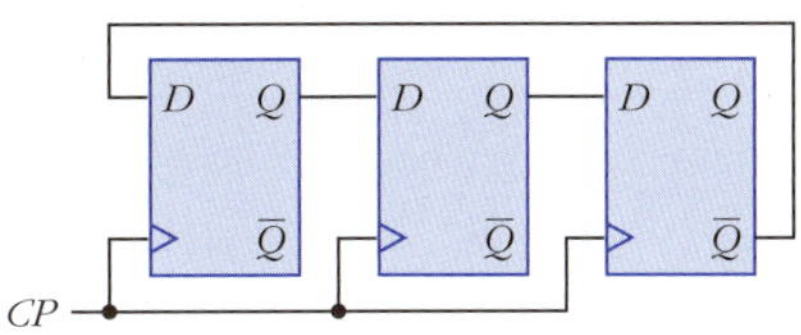

① 존슨 카운터(Johnson counter)
② BCD 카운터(BCD counter)
③ 업/다운 카운터(up/down counter)
④ 링 카운터(ring counter)

103 다음은 무슨 카운터인가?

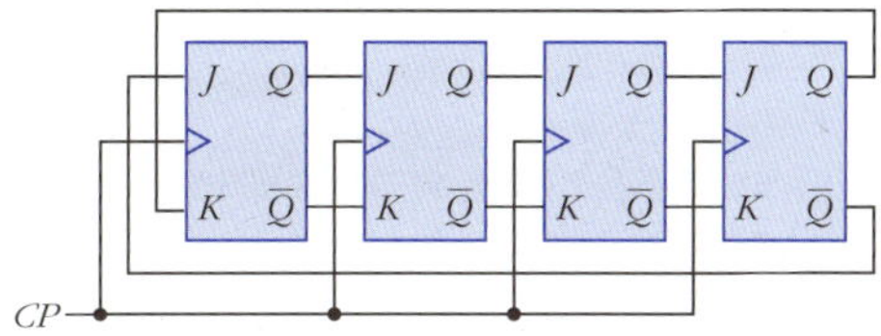

① 리플 카운터 ② 존슨 카운터
③ 링 카운터 ④ 궤환 카운터

104 다음과 같은 순차표를 가지는 카운터의 명칭은?

CLK	Q_0	Q_1	Q_2	Q_3
0	0	0	0	0
1	1	0	0	0
2	1	1	0	0
3	1	1	1	0
4	1	1	1	1
5	0	1	1	1
6	0	0	1	1
7	0	0	0	1

① 동기식 2진 카운터 ② 링 카운터
③ 존슨 카운터 ④ 모듈러 카운터

105 아래의 회로에서 CP(clock pulse)에 따라 A와 C를 동시에 측정하였더니, A = 0111100으로 측정치가 나타났다. 이때 C의 측정치는? 단, $ABCE$ = 0000 초기치 가정이다.

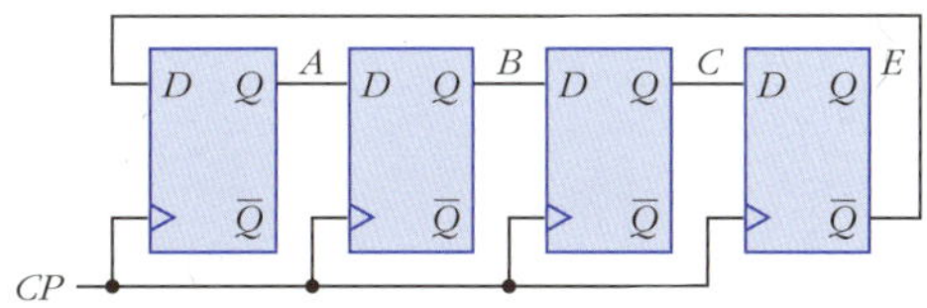

① 0011110 ② 0001111
③ 0000111 ④ 0111100

106 다음 회로에서 초기 상태가 $A_3A_2A_1A_0$ = 0000에서 클록이 6개 입력된 후의 출력을 구하면?

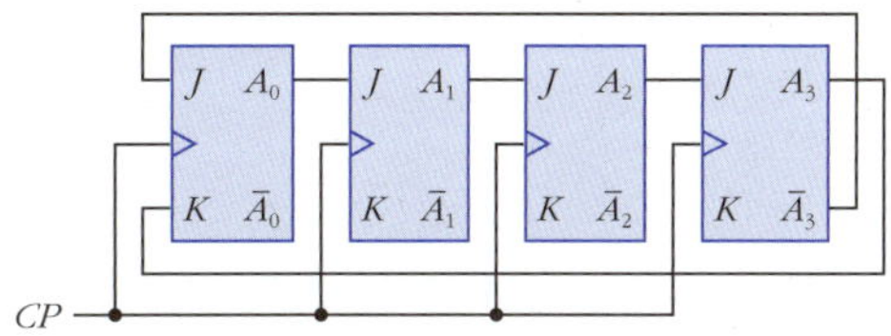

① 0011 ② 1100 ③ 0001 ④ 1000

107 mod-12 존슨(Johnson) 카운터를 설계하기 위해 필요한 플립플롭의 수는 몇 개인가?

① 4개 ② 6개 ③ 8개 ④ 12개

108 5비트 존슨 카운터는 몇 개의 모듈러스(modulus)를 갖는가?

① 5개 ② 10개 ③ 20개 ④ 25개

109 3단 존슨 카운터는 몇 번째 클록 때 최초 상태로 돌아오는가?

① 3번째 ② 6번째 ③ 8번째 ④ 9번째

110 다음은 존슨 카운터의 정상 순서다. 빈칸에 들어갈 2진수는?

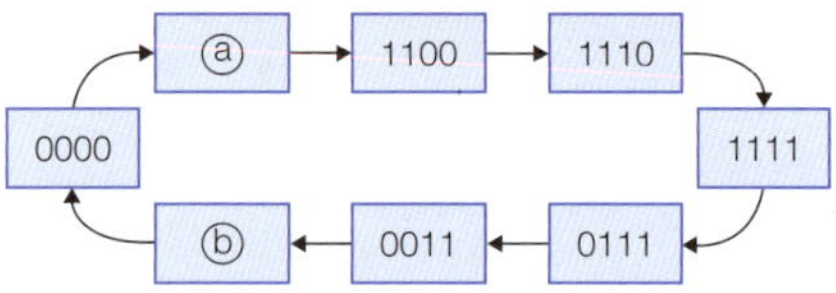

① ⓐ : 1111, ⓑ : 1111
② ⓐ : 0001, ⓑ : 0001
③ ⓐ : 1000, ⓑ : 1000
④ ⓐ : 1000, ⓑ : 0001

111 다음 중 존슨 카운터 회로에 대한 설명으로 틀린 것은?

① 입력값은 순환된다.
② 시프트 카운터라고도 한다.
③ 동기식 카운터다.
④ N개의 플립플롭으로 2^N개의 상태를 나타낼 수 있다.

112 다음 중 링 카운터와 존슨 카운터의 구성상 차이점은 무엇인가?

① 구성상의 차이점은 없다.
② 최종 출력에서 초단 입력으로 궤환시킬 때 Q 또는 $\bar{Q}$ 공급 방법이 다르다.
③ 2개의 카운터 모두 클록 신호를 inverting시킨다.
④ 2개의 카운터 모두 각 단마다 Q와 $\bar{Q}$를 교차하면서 다음 단 카운터에 공급한다.

113 링 카운터와 존슨 카운터에 대한 설명으로 틀린 것은?

① 두 카운터 모두 비동기식이다.
② N진 존슨 카운터를 설계하기 위해서는 $N/2$개의 플립플롭이 필요하다. (단, N은 짝수)
③ N진 링 카운터를 설계하기 위해서는 N개의 플립플롭이 필요하다.
④ 플립플롭의 출력이 다른 플립플롭 입력의 일부로 연결되는 궤환(feedback) 구조를 가지고 있다.

1 ①	2 ③	3 ④	4 ③	5 ②	6 ②	7 ③	8 ③	9 ②	10 ③	11 ②	12 ④
13 ③	14 ③	15 ③	16 ④	17 ④	18 ②	19 ③	20 ④	21 ③	22 ③	23 ③	24 ④
25 ①	26 ④	27 ③	28 ③	29 ①	30 ①	31 ③	32 ④	33 ①	34 ②	35 ③	36 ①
37 ④	38 ③	39 ①	40 ②	41 ②	42 ③	43 ①	44 ④	45 ①	46 ④	47 ②	48 ②
49 ②	50 ③	51 ③	52 ③	53 ②	54 ③	55 ③	56 ④	57 ①	58 ①	59 ③	60 ④
61 ④	62 ④	63 ③	64 ③	65 ④	66 ②	67 ③	68 ④	69 ②	70 ①	71 ①	72 ②
73 ①	74 ①	75 ②	76 ②	77 ④	78 ①	79 ②	80 ③	81 ③	82 ③	83 ④	84 ①
85 ②	86 ②	87 ②	88 ①	89 ④	90 ④	91 ③	92 ②	93 ①	94 ④	95 ①	96 ①
97 ④	98 ②	99 ③	100 ②	101 ③	102 ①	103 ②	104 ③	105 ②	106 ②	107 ②	108 ②
109 ②	110 ④	111 ④	112 ②	113 ①							

Chapter 11

메모리

학습목표

- 메모리를 구분하여 설명할 수 있다.
- ROM의 구조 및 동작 원리를 이해할 수 있다.
- RAM의 구조 및 동작 원리를 이해할 수 있다.
- 플래시 메모리의 구조 및 동작 원리를 이해하고 응용 분야를 설명할 수 있다.
- 메모리의 확장 개념을 이해하고 응용할 수 있다.

11.1 메모리 개요

메모리는 컴퓨터, 기타 신호 처리 장치(마이크로프로세서microprocessor, 디지털 신호 프로세서digital signal processor 등)에 사용하는 데이터와 명령을 일시적으로 저장할 수 있고, 저장된 데이터를 읽을 수도 있다. 또 저장된 데이터는 새로운 데이터가 입력되는 경우를 제외하면 입출력할 때 변경되지 않는다. 컴퓨터에는 현재 실행되고 있는 프로그램과 데이터를 저장하기 위한 주기억 장치main memory 외에도 다른 경우에 사용할 프로그램과 데이터를 저장하는 대용량 보조 기억 장치mass storage가 있다. 보조 기억 장치로 사용하는 자기 테이프magnetic tape, 플로피 디스크floppy disk, 하드 디스크hard disk, 레이저 디스크 등에는 기계적 구동부가 있어서 동작 속도가 느리다. 또한 모니터나 프린터 등과 같은 컴퓨터의 주변 장치peripheral devices에는 소용량 메모리가 존재하며, 이들은 프로그램 실행 도중에 데이터를 일시적으로 저장하거나 속도가 느린 입출력 장치와 주기억 장치 사이의 버퍼로 사용된다.

1 메모리의 구조

메모리는 2진 데이터를 **워드**word라는 비트의 집합으로 저장한다. 즉 워드는 메모리에서 입출력시 한 번에 전송되는 비트들을 의미한다. 메모리 워드는 0과 1의 조합으로 숫자 하나, 명령 코드 하나, 영문자 하나 이상 또는 그 외의 2진화된 정보를 나타낸다. 비트가 8개 모인 것을 바이트byte라고 한다. 대부분의 컴퓨터는 8비트의 배수의 길이를 워드 길이로 사용한다. 따라서 16비트 워드는 2바이트, 32비트 워드는 4바이트로 구성된다. 일반적으로 대부분의 메모리 장치의 용량은 저장할 수 있는 전체 바이트 수로 나타낸다.

메모리와 주변 장치 사이의 데이터 전송은 제어 신호 2개와 레지스터 2개를 통해 이루어지며, 제어 신호는 데이터 전송 방향을 결정한다. 두 레지스터 중에서 하나는 메모리에 있는 특정한 메모리 레지스터를 지시하는 데 사용되며, 또 하나는 메모리 워드의 2진 비트 구성을 나타낸다. [그림 11-1]에 제어 신호와 외부 레지스터가 표시되어 있다.

- 읽기 제어 신호read control signal : 메모리로부터 데이터를 읽으라는 신호다.
- 쓰기 제어 신호write control signal : 데이터를 메모리에 저장하라는 신호다.

- 메모리 주소 레지스터MAR : memory address register : 메모리에 있는 특정한 워드와 데이터 전송을 수행하는 경우, 해당 워드의 주소가 MAR에 전송된다.
- 메모리 버퍼 레지스터MBR : memory buffer register : 레지스터와 외부 장치 사이에서 전송되는 데이터의 통로다. 즉 메모리에 쓰기 제어 신호가 입력되면 내부 제어는 MBR의 내용을 지정된 주소의 메모리에 저장하며, 읽기 제어 신호가 입력되면 내부 제어는 지정된 주소의 메모리 내용을 MBR로 전송한다.

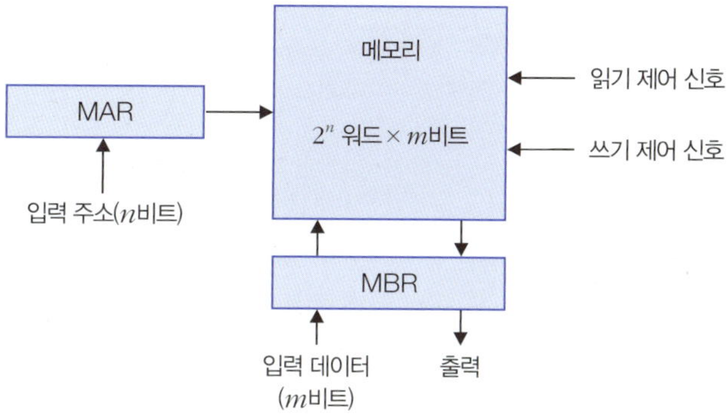

그림 11-1 메모리의 블록도

> **TIP**
> **주소**address
> 개별 메모리 바이트나 병렬 장치의 위치를 구별하는 데 사용하는 유일한 2진값

특정한 워드와 데이터 전송을 수행하려면 해당 워드의 주소를 MAR에 전송해야 하며, 메모리의 내부 회로가 이 주소를 입력받아 이 주소가 지시하는 워드와 데이터 전송을 수행하는 데 필요한 통로를 열어놓는다. n비트 MAR은 최대 2^n개의 메모리 주소를 표시할 수 있다. 컴퓨터의 메모리는 1,024(=2^{10})개 워드일 때는 10비트 MAR이 필요하며, 1,048,576(=2^{20})개 워드일 때는 20비트 MAR이 필요하다.

예제 11-1

메모리 용량이 1024×8이라고 할 때 MAR과 MBR은 각각 몇 비트인가?

풀이

1,024×8 = 2^{10}×8이므로 MAR = 10비트, MBR = 8비트다.

참고로 MAR = address line = address bus, MBR = data line = data bus = word의 길이다.

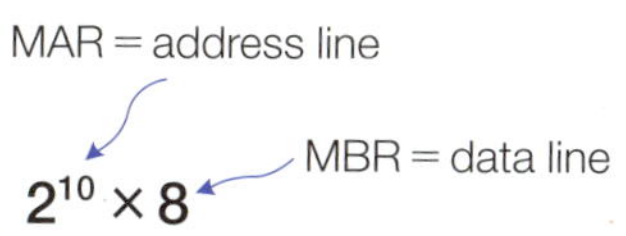

예제 11-2

컴퓨터 주기억 장치의 용량이 1GiB라면 주소 버스는 최소한 몇 비트여야 하는가?

풀이

1GiB = $2^{30} \times 8$이므로 주소 버스는 30비트이며, 데이터 버스는 8비트다.

2 메모리의 동작

메모리 읽기 동작

MAR이 지정하는 주소의 메모리 내용을 읽는read 동작 순서는 다음과 같다.

❶ 선택된 워드의 주소를 MAR로 전송한다.

❷ 읽기 제어 신호를 동작시킨다.

[그림 11-2]는 읽기 동작의 예로, MAR에는 $0000101110_{(2)}$(= 46), MBR에는 $01101010_{(2)}$이 들어 있다. 그리고 메모리 46번지에는 11001001이 저장되어 있다. 그림에서 MAR에 표시된 2진수는 10진수로 46이므로 MAR이 지정하는 메모리의 주소는 46번지가 된다. 메모리에 읽기 제어 신호가 입력되면, 메모리 46번지에 저장되어 있던 2진 데이터 11001001이 MBR로 전송된다.

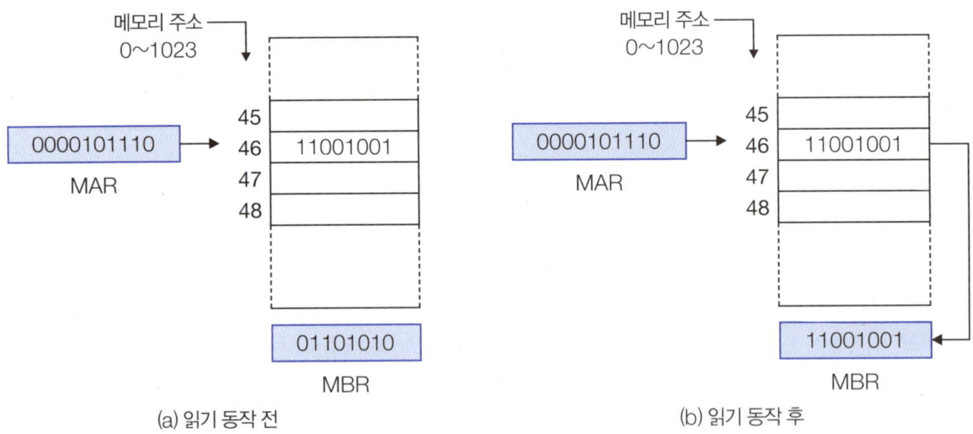

그림 11-2 메모리의 읽기 동작

메모리 쓰기 동작

MAR이 지정하는 주소의 메모리에 새 데이터를 저장write하는 동작 순서는 다음과 같다.

❶ 지정된 메모리의 주소를 MAR로 전송한다.
❷ 저장하려는 데이터 비트를 MBR로 전송한다.
❸ 쓰기 제어 신호를 동작시킨다.

[그림 11-3]은 메모리에 쓰기 제어 신호가 입력되었을 때의 수행 결과를 보여준다. 이 그림에서 MBR에 저장되어 있던 데이터 01101010은 MAR이 지정하는 46번지에 저장된다.

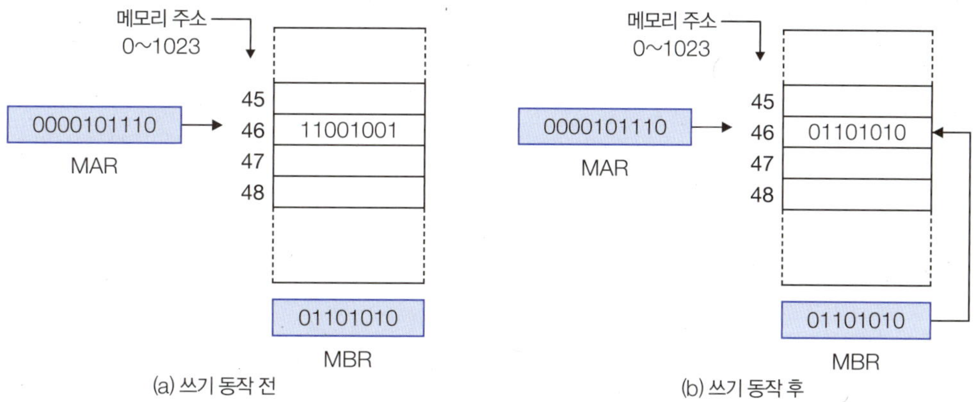

그림 11-3 메모리의 쓰기 동작

3 메모리 분류

메모리를 분류하는 관점은 여러 가지가 있으나 대표적으로 접근 방법, 기록 기능, 기억 방식, 휘발성 및 비휘발성 등에 따라서 분류한다. [그림 11-4]는 반도체 메모리를 분류하여 나타낸 것이다.

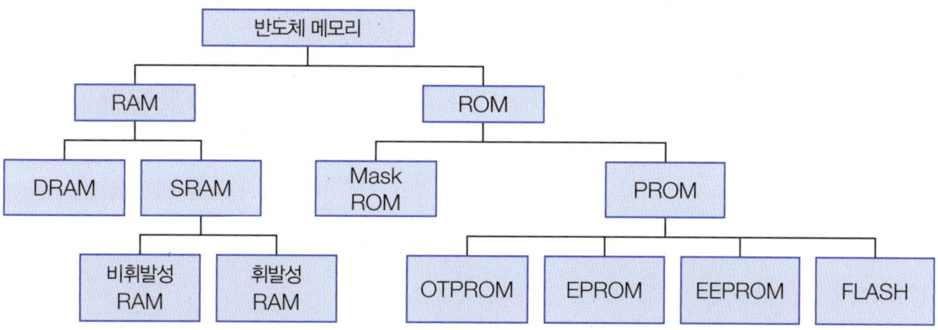

그림 11-4 반도체 메모리의 분류

접근 방법에 의한 분류

메모리의 주소에 해당하는 위치에 데이터를 읽거나 쓰는 것을 액세스access라고 한다. 메모리 시스템에서 필요한 정보에 액세스하는 방법은 2가지로 구분할 수 있다. 하나는 랜덤 액세스 메모리RAM : Random Access Memory로, 액세스 시간은 어느 위치나 동일하게 걸리는 메모리 형태다. 다른 하나는 순차 액세스 메모리SAM : Sequential Access Memory로, 원하는 위치에 도달하는 데 일정한 시간이 경과되는 형태다. 따라서 액세스 시간은 위치에 따라 달라진다. 예를 들어, 자기 테이프 장치는 처음 위치에서부터 조사하여 지정된 위치에 도달해야만 정보를 액세스할 수 있다.

기록 기능에 의한 분류

대부분의 메모리는 정보를 기록하는 기능과 기록되어 있는 정보를 읽어내는 판독 기능이 있다. 그러나 기록 기능에는 사용자가 기록하는 것이 가능한 경우와 그렇지 않은 경우가 있다. 사용자가 기록과 판독 2가지를 모두 수행할 수 있는 메모리를 RWMRead and Write Memory이라고 하며, 판독만 가능한 메모리는 ROMRead Only Memory이라고 한다. 일반적으로 RAM은 RWM 메모리를 가리키는 것이다.

ROM에 기록된 정보는 전원이 꺼져도 지워지지 않으므로 프로그램이나 문자 패턴 등 고정된 정보를 기억할 때 사용된다. ROM은 제조 시 정보가 기록되어 있는 마스크 ROMMROM, mask ROM과 제조된 후 사용자가 기록할 수 있는 PROMprogrammable ROM으로 나눌 수 있다. PROM은 한 번만 기록할 수 있는 fuse-link PROM과 자외선을 쪼여서 그 내용을 지운 후에 다시 기록할 수 있는 EPROMErasable PROM, 그리고 EEPROMElectrically Erasable PROM처럼 전기적으로 내용을 지운 후에 다시 기록할 수 있는 것으로 구분할 수 있다.

기억 방식에 의한 분류

RAM은 SRAMStatic RAM과 DRAMDynamic RAM으로 구분한다. SRAM은 주로 2진 정보를 저장하는 내부 플립플롭으로 구성되며, 저장된 정보는 전원이 공급되는 동안 보존된다. DRAM은 2진 정보를 커패시터에 공급되는 전하 형태로 보관한다. 그런데 커패시터에 사용되는 전하는 시간이 경과하면 방전되므로 DRAM에서는 일정한 시간 안에 전하를 재충전refresh해야 한다. 재충전은 수백분의 1초마다 주기적으로 행한다. DRAM은 전력 소비가 적고 단일 메모리 칩에 더 많은 정보를 저장할 수 있으며, SRAM은 사용하기 쉽고 읽기와 쓰기 사이클이 더 짧다는 특징이 있다.

휘발성/비휘발성 메모리

일정한 시간이 지나거나 전원이 꺼지면 저장된 내용이 지워지는 메모리 형태를 휘발성volatile 메모리 또는 소멸성 메모리라고 한다. RAM은 모두 외부에서 공급되는 전원을 통해 정보를 저장하기 때문에 여기에 해당한다. 반면에 자기 코어나 자기 디스크, ROM 같은 비휘발성non-volatile 메모리는 전원이 차단되어도 기록된 정보가 유지된다. 왜냐하면 자기 소자에 저장된 정보는 자화 방향으로 나타내는데, 이 자화 방향은 전원이 차단된 후에도 상태를 계속 유지하기 때문이다. 비휘발성 메모리는 이러한 특성 때문에 디지털 컴퓨터 동작에 필요한 프로그램을 저장하는 데 사용할 수 있다.

기억 소자에 의한 분류

기억 소자에 따라서 바이폴라bipolar 메모리, MOSMetal Oxide Semiconductor 메모리, 그리고 CCDCharge Coupled Device, MBMMagnetic Bubble Memory 등으로 나눌 수 있다. 바이폴라 메모리는 메모리 셀 및 주변 회로에 BJTBipolar Junction Transistor를 사용한 메모리로, TTL, ECL 등의 RAM, PROM, 시프트 레지스터 등이 있다. 액세스 시간이 빠르지만 전력 소비가 많으므로 집적도가 높은 경우에는 사용하지 않는다. MOS 메모리는 PMOS, NMOS 또는 CMOS를 사용한 메모리로 RAM, PROM, ROM, 시프트 레지스터 등이 있다. MOS 메모리는 바이폴라 메모리에 비해서 속도가 느리지만 전력 소비가 적고 VLSI에 적합하다.

4 컴퓨터에서의 메모리

메모리는 컴퓨터에서 데이터와 명령을 저장하는 데 필수적이다. 컴퓨터에는 중앙 처리 장치CPU : Central Processing Unit에서 현재 실행하고 있는 프로그램과 데이터를 저장하는 주기억 장치 외에도 다른 경우에 사용할 목적으로 프로그램과 데이터를 저장하는 대용량 보조 기억 장치가 있다. 주기억 장치는 바이폴라 메모리나 MOS 메모리로 구성된 반도체 메모리를 사용한다. 보조 기억 장치로 사용되는 자기 테이프, 하드 디스크 등은 기계적 구동부가 있어 동작 속도가 느리다. 또 프린터와 같은 주변 장치peripheral device에도 소용량 메모리가 존재하며, 이들은 프로그램 실행 도중에 데이터를 일시적으로 저장하거나 속도가 느린 입출력 장치와 주기억 장치 사이의 버퍼로 사용된다.

[그림 11-5]는 컴퓨터의 중앙 처리 장치와 주기억 장치 및 입출력 장치 사이에 데이터를 송수신하는 구성도다. 여기서 굵게 표시된 버스의 지로는 버스선들의 병렬 연결을 의미한다. 중앙 처리 장치는 특정 메모리의 주소를 지정하여 주소 버스address bus에 실어 내보내고 동시에 제어 신호(칩 선택, 읽기/쓰기 제어 등)를 제어 버스control bus에 실어 내보낸다. 또 데이터는 데이터 버스data bus에 실어서 내보낸다. 주소 버스와 제어 버스는 단방향이지만 데이터 버스는 양방향이다. RAM은 데이터를 읽거나 쓰기도 하므로 양방향이고 ROM은 데이터를 읽기만 하므로 단방향이다. 중앙 처리 장치는 입력 장치에서 데이터를 읽어들여야 하고 출력 장치에 데이터를 내보내야 한다. 입출력 장치도 지정된 주소를 통해서 데이터를 송수신하게 된다. 입출력 장치는 속도가 느리기 때문에 일단 입출력 래치latch에 데이터를 저장해둔다.

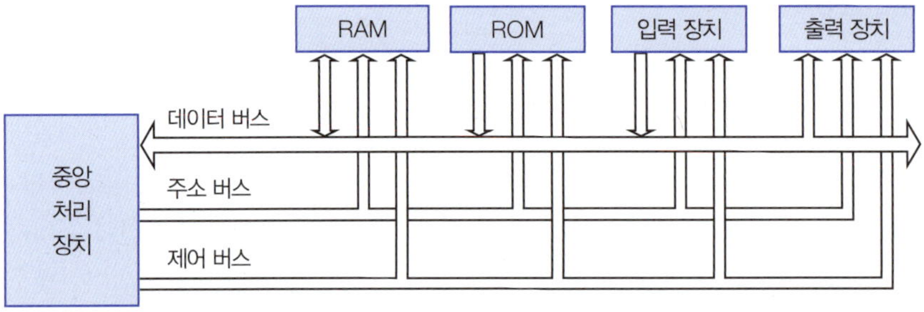

그림 11-5 컴퓨터 시스템 블록도

이와 같은 컴퓨터 시스템에서는 장치 2개 이상이 동시에 입력 모드로 동작하는 것을 허용하지 않는다. 왜냐하면 데이터 버스에서 데이터의 충돌이 일어나기 때문이다. 이를 방지하기 위하여 각 장치의 출력에 3상태 버퍼tri-state buffer를 삽입하여 해당 장치가 선택되지 않을 경우에는 칩 선택chip select 신호를 통해 하이 임피던스high-impedance 상태가 되게 함으로써 데이터 버스와의 연결을 전기적으로 끊는다.

TIP

주소 버스

1개의 메모리 위치를 선택하기 위하여 CPU에서 메모리 IC까지 2진 주소를 전달하는 단방향 버스

데이터 버스

CPU와 메모리 IC 사이에서 데이터를 옮기는 양방향 버스

제어 버스

CPU에서 메모리 IC까지 제어 신호를 전달하는 단방향 버스

11.2 ROM

ROM은 저장된 데이터를 읽을 수는 있으나 특별한 장치가 없이는 데이터를 기록하거나 변경할 수 없다. ROM은 자주 사용하는 데이터를 영구적 또는 반영구적으로 저장할 때 사용하는 메모리로 코드 변환, 수학적 환산표, 컴퓨터 명령어 등 변하지 않고 자주 사용하는 데이터를 저장하는 데 많이 사용한다. 반도체 ROM은 바이폴라 트랜지스터와 MOS 트랜지스터로 제조된다.

ROM은 한 IC에 디코더와 OR 게이트를 모두 포함하고 있는 장치로, 디코더의 출력과 OR 게이트의 입력들을 서로 연결하여 ROM을 프로그래밍할 수 있다. ROM은 고정된 2진 데이터의 집합이 저장되어 있는 메모리이며, 2진 데이터는 먼저 사용자에 의해 표시된 후 ROM 속에 기록된다. ROM은 특별한 내부 퓨즈fuse를 가지고 있으며, 이 퓨즈들은 필요한 회로를 구성하기 위해 절단되거나 원래의 연결 상태로 두게 된다. ROM은 일단 프로그램이 완성되면 전원이 나가도 저장된 데이터는 지워지지 않고 남아 있다.

TIP

펌웨어firmware

하드웨어 장치를 이용해 ROM에 정보를 기억시키는 것을 롬 프로그래밍(ROM programming)이라고 한다. ROM에 저장된 프로그램을 펌웨어(firmware)라고 하는데, 이는 하드웨어 요소인 기억 장치에 소프트웨어 요소인 프로그램이나 정보가 결합된 형태를 의미한다.

1 ROM의 구성

[그림 11-6]은 기본적인 ROM의 구조를 나타낸 것으로, 입력선 n개와 출력선 m개로 구성된다. 입력 변수들의 비트 조합은 주소가 되고, 출력선에서 출력되는 비트 조합은 워드가 되며, 한 워드는 비트 m개로 구성된다. 주소는 n개 변수의 최소항들 중 하나를 나타내는 2진수다. 입력 변수가 n개인 경우, 디코더로 지정할 수 있는 서로 다른 주소의 수는 최대 2^n개가 되며, 한 주소에 한 워드가 대응한다. 따라서 ROM에는 최대 2^n개의 주소들이 있으므로 최대 2^n개의 서로 다른 워드를 저장할 수 있다. 임의의 시간에 출력선에 나타나는 워드는 입력선에 적용되는 주소에 따라 결정되며, ROM은 워드의 개수인 최대 2^n개와 워드당 비트 수인 m개로 표시할 수 있다.

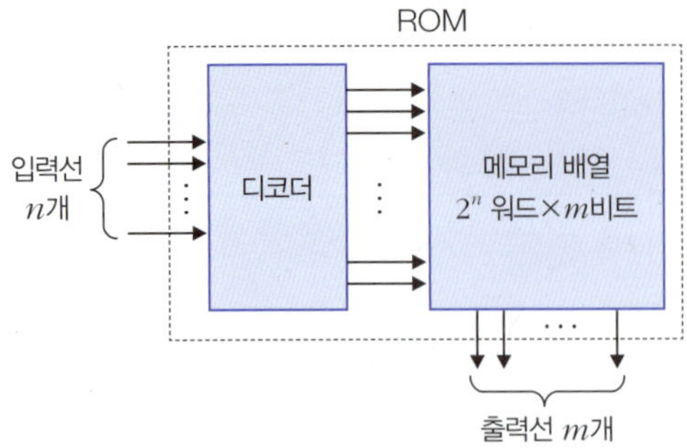

그림 11-6 ROM의 기본 구조

입력선이 n개인 ROM에서는 최대 2^n개의 워드를 지정할 수 있다. 그러나 어떤 ROM에서는 ROM을 표시할 때 포함하고 있는 전체 비트의 수($2^n \times m$)로 표시하는 경우도 있다. 예를 들어, 2,048비트의 ROM은 8비트로 된 256개 워드로 표시할 수도 있으며, 이때 ROM은 출력선 8개와 워드 256(=2^8)개를 지정하기 위한 입력선 8개로 구성된다. ROM은 AND 게이트와 OR 게이트로 구성된 조합논리회로이며, AND 게이트는 디코더를 구성한다. 또한 OR 게이트는 디코더의 출력인 최소항들을 합하는 데 사용하며, OR 게이트의 수는 ROM의 출력선의 수와 같다.

[그림 11-7]은 32×4 ROM의 내부 논리 구조다. 입력 변수 5개는 디코더를 통해 32개가 출력되며, 각 디코더의 출력은 32개 주소 중에서 1개만 선택한다. 주소 입력은 5비트이며 디코더로부터 선택되는 최소항은 입력의 5비트와 등가인 10진수로 표시되는 최소항이다. 디코더의 32개 출력은 각 OR 게이트의 퓨즈를 통해 연결된다. [그림 11-7]에는 OR 게이트의 입력에 퓨즈 3개만 표시되어 있으나 실제로 각 OR 게이트는 32개 입력에 퓨즈를 가지고 있으므로 내부 퓨즈가 32×4=128개 있으며, 이 입력들은 퓨즈를 통해 연결되어 있고 프로그램으로 퓨즈의 연결을 절단할 수 있다. [그림 11-8]은 32×4 ROM의 내부 구조를 간단하게 표시한 것이다.

ROM은 디지털 컴퓨터 시스템의 설계에서 매우 중요하다. ROM은 복잡한 조합논리회로들을 실현하는 데는 물론 다른 많은 응용 분야에서도 사용하고 있다.

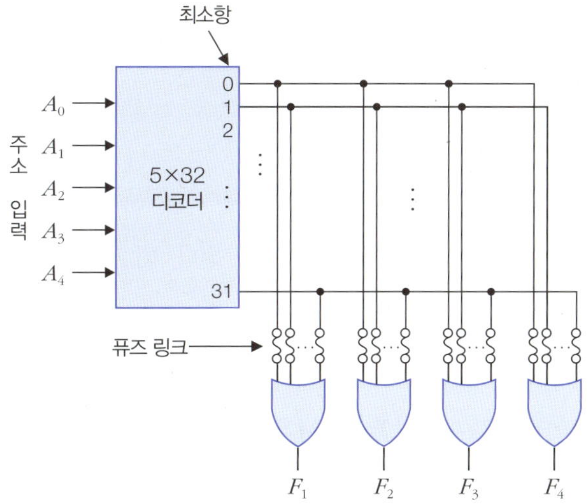

그림 11-7 32×4 ROM의 내부 논리 구조

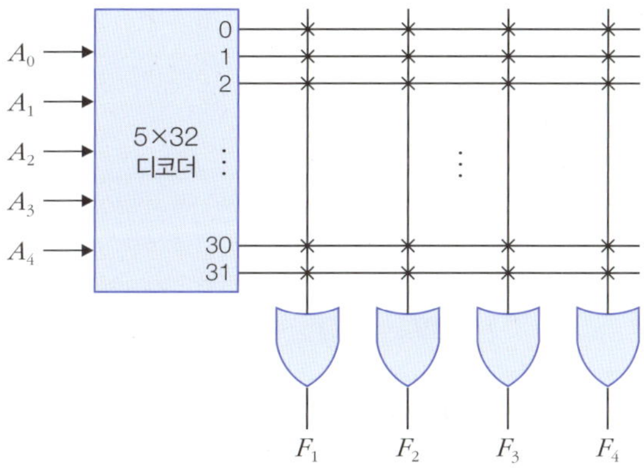

그림 11-8 간소화한 32×4 ROM의 내부 논리 구조

2 ROM을 사용한 조합논리회로의 구현

ROM의 각 출력은 입력 변수 n개의 최소항을 모두 합한 것이며, 임의의 불 함수는 곱의 합SOP : sum of product으로 표현할 수 있다. 이때 불 함수에 포함되지 않는 최소항들은 퓨즈를 절단하여 출력 변수들에 대한 불 함수를 구성한다. 이와 같이 퓨즈를 절단하는 과정을 'ROM을 프로그래밍programming한다'고 한다. 예를 들어, 입력 n개와 출력 m개를 가진 조합논리회로를 구성하는 경우, $2^n \times m$ ROM이 필요하다. 설계자는 ROM에서 필요한 통로들에 대한 정보를 나타내는 ROM 프로그램 표를 작성하면 되며, 이때 실제로 프로그래밍하는 것은 프로그램 표에 나열되어 있는 사양에 따르는 하드웨어 과정이다.

다음 불 함수를 ROM을 사용해 구현하는 경우를 예로 들어 설명한다.

$$F_1(A, B) = \Sigma m(1, 2, 3)$$
$$F_2(A, B) = \Sigma m(0, 2)$$

조합논리회로를 ROM을 사용해 구현할 때 함수를 곱의 합으로 표현해야 한다. 만일 출력 함수가 간소화되면 이 회로는 OR 게이트와 NOT 게이트 하나만 사용해도 된다. 이 조합논리회로를 구현하는 ROM의 크기는 4×2가 된다.

[그림 11-9(a)]는 출력 함수 값이 논리 1인 최소항을 ROM으로 구현한 경우의 조합논리회로이며, [그림 11-9(b)]는 출력 함수 값이 논리 0인 최소항을 ROM으로 구현한 경우의 조합논리회로다. 따라서 [그림 11-9(b)]의 출력에는 NOT 게이트가 연결되어 있으므로 정상적인 함수를 출력한다.

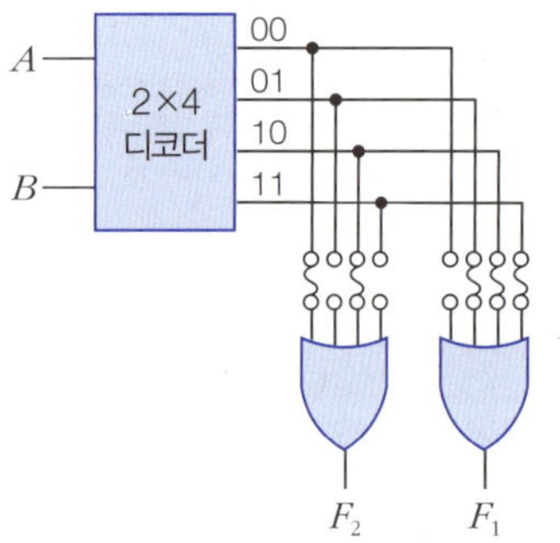

(a) AND-OR 게이트의 ROM

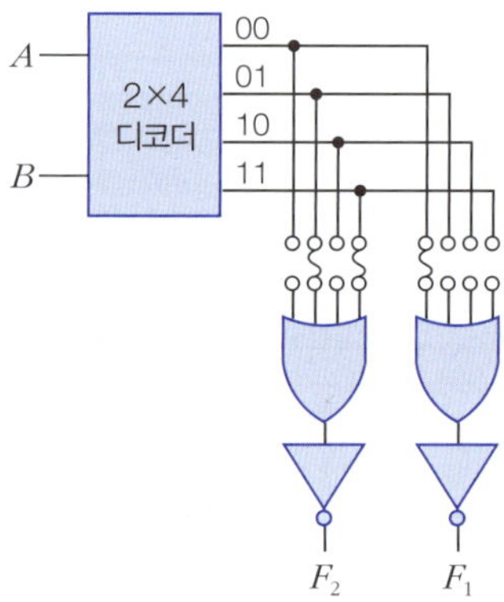

(b) AND-OR-NOT 게이트의 ROM

그림 11-9 ROM을 사용한 조합논리회로

조합논리회로를 ROM으로 구현하는 경우 조합논리회로의 입력과 출력의 수에 따라 먼저 필요한 ROM의 크기를 결정해야 하며, 그 다음 ROM의 진리표를 얻어야 한다. 진리표에서 출력 함수들을 논리 0(또는 논리 1)으로 만드는 최소항들의 퓨즈를 절단하여 곱의 합(SOP)으로 필요한 조합논리회로를 구하게 된다.

실제 ROM으로 회로를 설계할 때 [그림 11-9]와 같이 ROM 안에서 퓨즈들의 내부 게이트 연결을 보일 필요는 없다. 이것은 단지 설명을 위한 것이다. 설계자가 할 일은 ROM을 프로그래밍하는 데 필요한 모든 정보를 담고 있는 ROM의 진리표를 제공하는 것이다.

예제 11-3

다음 진리표를 만족하는 조합논리회로를 ROM을 사용해 구현하라.

A	B	F_1	F_2
0	0	1	0
0	1	1	1
1	0	0	1
1	1	1	0

풀이

진리표에서 출력 함수들은 논리 0인 최소항들의 퓨즈를 절단하여 곱의 합SOP 형태의 논리식으로 표현한다. ROM은 입력 2개(A, B)와 출력 2개(F_1, F_2)를 가지며, ROM의 크기는 4×2이다.

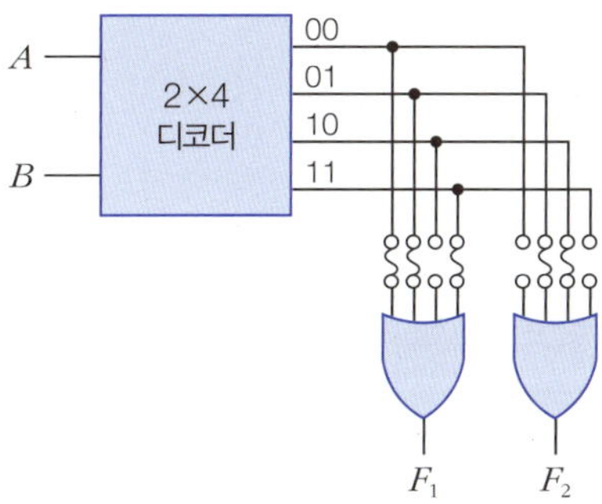

예제 11-4

[그림 7-28]과 같은 점등 패턴을 갖고, active-high로 동작하는 BCD-7-세그먼트 디코더(IC 7448)를 ROM을 사용해 구현하라.

풀이

[그림 7-28]과 같이 LED를 on함으로써 숫자를 표현하기 위한 BCD-7-세그먼트 디코더의 진리표는 다음과 같다. 여기서 디코더의 출력은 1일 때 LED는 on된다(active-high).

10진수	입력				출력						
	D	*C*	*B*	*A*	*a*	*b*	*c*	*d*	*e*	*f*	*g*
0	0	0	0	0	1	1	1	1	1	1	0
1	0	0	0	1	0	1	1	0	0	0	0
2	0	0	1	0	1	1	0	1	1	0	1
3	0	0	1	1	1	1	1	1	0	0	1
4	0	1	0	0	0	1	1	0	0	1	1
5	0	1	0	1	1	0	1	1	0	1	1
6	0	1	1	0	0	0	1	1	1	1	1
7	0	1	1	1	1	1	1	0	0	0	0
8	1	0	0	0	1	1	1	1	1	1	1
9	1	0	0	1	1	1	1	0	0	1	1
10	1	0	1	0	0	0	0	1	1	0	1
11	1	0	1	1	0	0	1	1	0	0	1
12	1	1	0	0	0	1	0	0	0	1	1
13	1	1	0	1	1	0	0	1	0	1	1
14	1	1	1	0	0	0	0	1	1	1	1
15	1	1	1	1	0	0	0	0	0	0	0

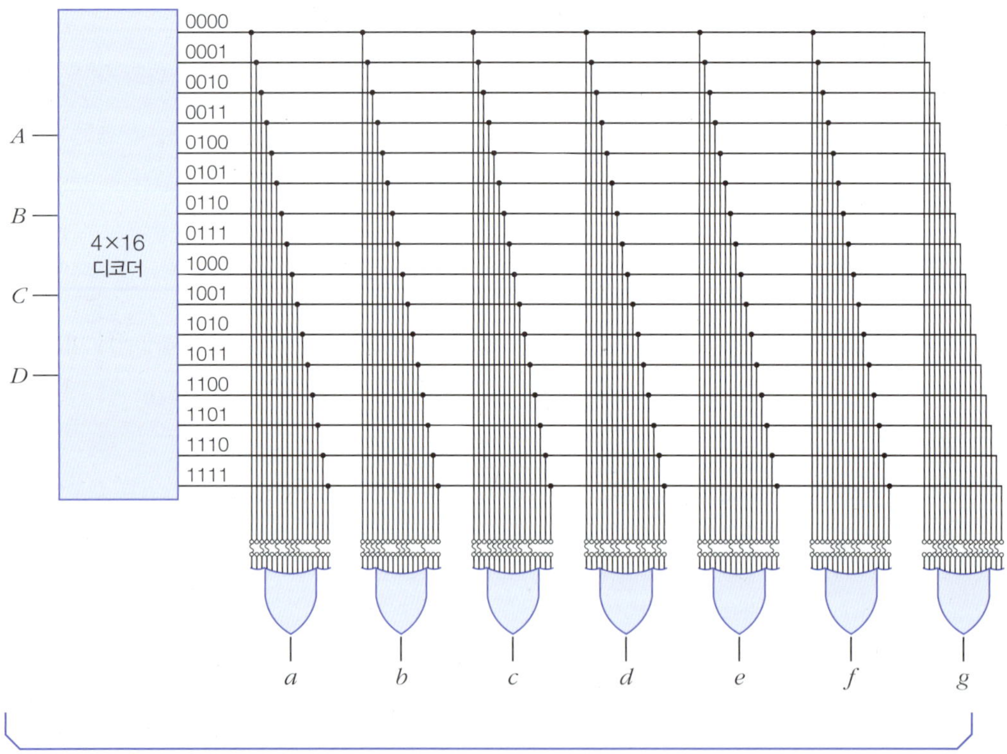

3 ROM의 종류

ROM은 프로그래밍 방법에 따라 크게 마스크 ROM, PROM, EPROM의 3가지로 구분할 수 있다.

마스크 ROM

마스크 ROM은 제조 과정 중 제작자가 마지막 조립 과정에서 프로그래밍하며, ROM에 기록된 프로그램은 절대 변경할 수 없다. 일반적으로 마스크 ROM을 ROM이라고 한다. 마스크 ROM은 사용자의 요구에 따라 제조된다. 따라서 마스크 ROM을 조립할 때는 사용자가 ROM 진리표를 제작자에게 제출하고, 제작자는 사용자의 진리표에 따라 논리 0과 논리 1을 구현하는 통로를 만든다. 마스크 ROM은 사용자의 요구에 따라 제조되는 것이므로 초기 설계에는 많은 비용이 소요되지만, 일단 설계가 완료되면 대량 생산할 수 있다. 동일한 형태가 대량으로 소요되는 경우에 마스크 ROM을 사용하면 경제적이다.

PROM

PROM은 사용자가 특별한 프로그램 장치를 이용해 프로그래밍할 수 있으므로 소량으로 필요한 경우에는 매우 경제적이다. 초기 PROM은 손상되지 않은 원래 상태의 퓨즈로 구성되므로, 원하는 형태로 퓨즈를 절단하면 된다. 즉 PROM에 있는 퓨즈를 원하는 형태로 절단하려면 해당하는 주소를 선택한 다음 출력 단자를 통해 전류 펄스를 인가하면 된다. 절단된 퓨즈 상태는 2진수의 논리 0, 절단되지 않은 퓨즈는 논리 1을 나타낸다. PROM도 마스크 ROM과 같이 일단 프로그래밍하면 퓨즈의 연결 형태가 그대로 유지되며 변경할 수 없다.

EPROM

EPROM은 PROM과 같이 퓨즈의 형태로 구성되어 있으며, 원하는 형태로 퓨즈를 절단할 수 있다. PROM은 절단된 퓨즈를 복원할 수 없으나, EPROM은 퓨즈가 절단되어도 모든 퓨즈를 절단되지 않은 초기 상태로 복원할 수 있는 PROM이다. 일정 시간 자외선을 쪼이면 절단된 퓨즈가 복원되면서 저장되어 있던 데이터가 지워지는 것이다. 복원 과정을 통해 초기 상태로 복원된 EPROM은 다시 프로그램을 통해 필요한 데이터를 저장할 수 있다.

TIP

EPROM

EEPROM

EEPROM은 EPROM과 같으나, 초기 상태로 복원하는 과정에서 자외선 대신 전기 신호를 사용해 데이터를 지우는 PROM이다.

11.3 RAM

RWM은 메모리에 저장된 데이터를 읽을 수 있으며, 또 필요한 데이터를 저장할 수 있는 메모리다. 그러나 일반적으로 RWM 대신에 RAM이라는 용어를 사용한다.

RAM의 종류로는 SRAM과 DRAM이 있다. SRAM은 바이폴라 트랜지스터 또는 MOS 트랜지스터를 사용해 제조되며, DRAM은 MOS 트랜지스터를 사용해 제조된다. SRAM에 사용되는 저장 소자는 래치latch이므로 전원이 켜 있는 동안에는 언제나 데이터를 저장하거나 읽을 수 있다. DRAM은 커패시터capacitor에 데이터를 저장하므로 일정 시간마다 주기적으로 재충전refreshing해야 한다.

1 SRAM(정적 RAM)

SRAM은 일단 데이터 비트가 메모리 셀cell에 저장되면 전원이 꺼지거나 새로운 데이터가 입력되지 않는 한 계속 유지하고, 전원이 꺼지면 저장된 데이터가 소멸되는 휘발성 메모리다.

SRAM의 메모리 셀 구조와 동작

각 워드가 n비트이고, 워드 m개로 구성된 RAM의 내부 구조는 메모리 셀 $m \times n$개와 각 워드를 선택하는 데 필요한 주소를 출력하는 논리회로로 구성된다. [그림 11-10]에는 1비트 데이터를 저장하는 SRAM의 메모리 셀(또는 2진 셀binary cell)의 논리회로가 표시되어 있으며, 이 메모리 셀은 메모리를 구성하는 기본 단위가 된다. [그림 11-10]을 보면 메모리 셀은 래치 1개(또는 플립플롭)와 게이트 몇 개로 표시되어 있지만, 실제로는 입력이 여러 개인 트랜지스터 2개로 구성되어 있다. SRAM의 메모리 셀은 래치 1개, 입력 3개, 출력 1개로 구성되어 있으며, 동작은 다음과 같다.

메모리 셀에서 선택 입력S : Select은 여러 메모리 셀 중에서 주소를 통해 선택되었을 때 논리 1이 입력된다. $S=1$일 때, $R/\overline{W}$Read/Write 입력이 논리 1(읽기 동작)이면 래치에 저장된 데이터 비트가 데이터 출력 단자를 통해 출력되며, $R/\overline{W}$ 입력이 논리 0(쓰기 동작)이면 데이터 입력 단자에 있던 데이터 비트가 래치로 전송되어 저장된다. 이런 경우에 래치는 클록 펄스 없이 동작하여 데이터의 1비트를 메모리 셀에 저장한다.

반도체 메모리에 따라서는 읽기와 쓰기 제어 입력이 별도로 분리되어 있는 경우도 있고, 입력 1개로 2가지 제어 기능을 수행하는 경우도 있다. 또한 여러 반도체 메모리를 조합하여 용량이 큰 메모리를 구성할 수 있게 하는 인에이블$^{E\text{ : Enable}}$ 입력이 있다.

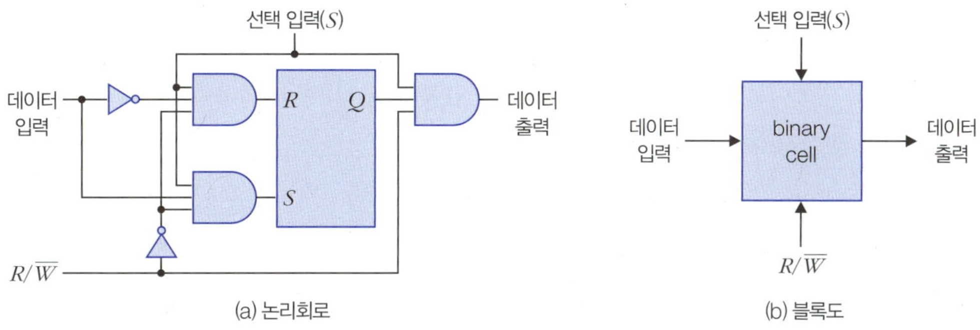

그림 11-10 SRAM의 메모리 셀 구조

SRAM의 기본 구조

[그림 11-11]에는 4 × 4 SRAM의 논리 구조가 표시되어 있다. 이 SRAM은 한 워드가 4비트고, 워드 4개로 구성되어 있으므로 전체 메모리 셀은 16개다. 그림에서 BC[binary cell]는 메모리 셀 1개를 표시하며, 각 BC마다 출력이 1개 있다.

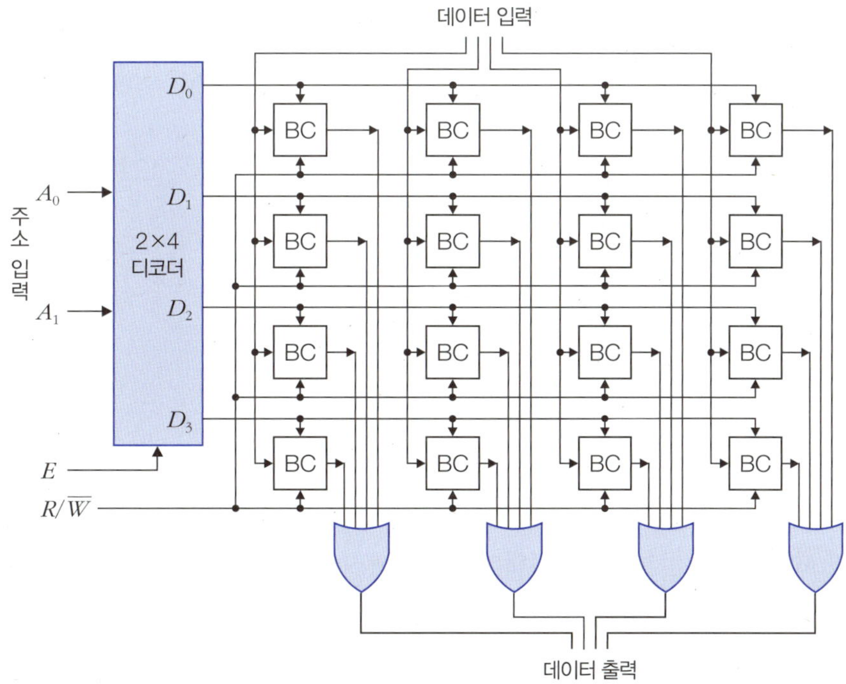

그림 11-11 4×4 SRAM의 기본 구조

[그림 11-11]에서 주소 입력 2개가 2×4 디코더에 연결되어 있으며, 이 디코더에는 인에이블(E) 입력이 있다. 즉 인에이블 입력이 논리 0이면 디코더의 모든 출력은 논리 0이 되어 워드를 선택할 수 없으며, 인에이블 입력이 논리 1이면 두 주소 입력값에 따라 워드 4개 중 하나가 선택된다. 이때 $R/\overline{W}$ 입력이 논리 1이면 지정된 워드의 2진 데이터가 OR 게이트 4개를 통해 출력되며, 논리 0이면 입력 단자에 있던 데이터가 지정된 워드의 메모리 셀 배열에 전송되어 저장된다. 인에이블 입력이 논리 0이면 $R/\overline{W}$ 입력에 관계없이 메모리에 있는 모든 메모리 셀의 내용은 변하지 않는다.

2 DRAM(동적 RAM)

DRAM은 데이터 비트를 커패시터에 저장한다. DRAM의 메모리 셀은 구조가 매우 단순하다. DRAM은 SRAM보다 비트 당 가격이 저렴하고, 고밀도 칩을 구성할 수 있다. 그러나 메모리 셀을 구성하는 커패시터는 일정한 시간이 지나면 저장된 데이터가 소멸되기 때문에 주기적으로 재충전해 주어야 한다. 이 재충전 과정에 부수적인 논리회로가 필요하다. [그림 11-12]에는 MOS 트랜지스터와 커패시터로 구성된 DRAM의 메모리 셀이 표시되어 있으며, MOS 트랜지스터는 스위치로 동작한다.

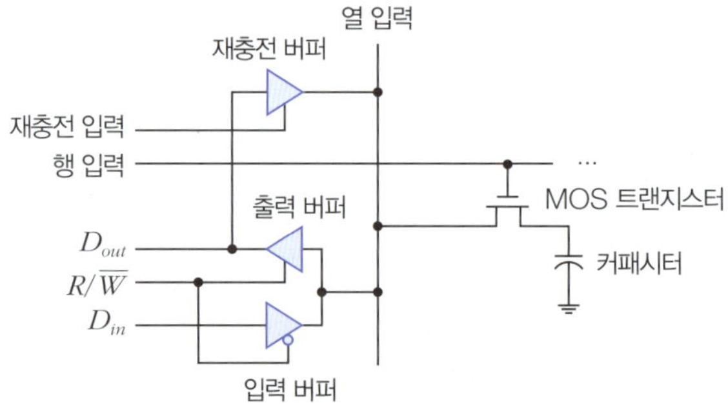

그림 11-12 DRAM의 메모리 셀 구조

쓰기 모드

$R/\overline{W}$가 논리 0인 쓰기 모드에서는 3상태 버퍼인 입력 버퍼가 인에이블되고, 출력 버퍼는 디스에이블된다. 메모리 셀에 논리 1을 저장하려면 데이터 입력 D_{in}을 논리 1로 하고, 행 입력이 논리 1이면 MOS 트랜지스터는 on 상태가 되어 커패시터에 양(+)의 전압이 충전된다. 논리 0을 저장하기 위해서 데이터 입력(D_{in})을 논리 0으로 하면 커패시터는 충전되지 않는다. 이때 커패시터에 논리 1이 저장되어 있는 경우 커패시터는 방전하게 된다. 그러나 열 입력이 논리 0이므로 트랜지스터는 off가 되어, 커패시터의 전하(논리 1 또는 논리 0)는 트래핑trapping된다.

읽기 모드

$R/\overline{W}$가 논리 1인 읽기 모드에서는 3상태 버퍼인 출력 버퍼가 인에이블되고, 입력 버퍼는 디스에이블된다. 행 입력이 논리 1이면 MOS 트랜지스터는 on 상태가 되어 커패시터는 열 입력선을 통해 출력 버퍼에 연결된다. 따라서 저장된 데이터는 출력(D_{out})을 통해 외부로 출력된다.

재충전

DRAM 메모리 셀을 재충전하려면 $R/\overline{W}$와 행 입력과 재충전 입력을 논리 1로 하면 된다. 그러면 MOS 트랜지스터는 on이 되어 커패시터가 열 입력선에 연결된다. 출력 버퍼는 인에이블되고, 저장된 데이터 비트는 재충전 입력이 논리 1이 되어 인에이블되므로 재충전 버퍼에 다시 입력된다. 이는 저장된 비트의 논리값을 커패시터에 다시 충전하기 위해서이다.

3 SRAM과 DRAM 비교

[표 11-1]은 SRAM과 DRAM의 특징을 비교한 표다. DRAM의 메모리 셀은 SRAM의 경우보다 더 간단하므로 크기도 작고, 전력 소모도 적다. 따라서 DRAM은 단위 면적당 더 많은 메모리 셀을 집적시킬 수 있으므로 같은 용량의 SRAM에 비해 가격이 저렴하다. DRAM은 재충전 회로가 추가되어야 하지만 기억 용량이 커질수록 재충전 회로가 차지하는 비중은 상대적으로 줄어들기 때문에 가격에는 큰 영향을 주지 않는다. 또한 SRAM은 DRAM보다 액세스 속도가 빠르다. 이러한 특징들 때문에 SRAM은 캐시 메모리로 사용되며, DRAM은 주기억 장치에 사용된다.

표 11-1 SRAM과 DRAM의 비교

구분	SRAM	DRAM
구성 소자	플립플롭	커패시터
집적도	낮음	높음
전력 소모	많음	적음
동작 속도	빠름	느림
가격	고가	저가
재충전 여부	필요하지 않음	필요함
용도	캐시 메모리	주기억 장치

TIP

캐시 메모리 cache memory

중앙 처리 장치(CPU)와 상대적으로 느린 주기억 장치 사이에서 두 장치 간의 데이터 접근 속도를 완충해 주기 위해 사용되는 고속의 기억 장치다. 캐시 메모리는 주기억 장치를 구성하는 DRAM보다 속도가 빠른 SRAM으로 구성하여 전원이 공급되는 상태에서는 기억 내용을 유지하는 임시 메모리다.

한 번 액세스한 정보는 다시 액세스할 확률이 높으므로 주기억 장치 내의 정보를 복사하여 일시적으로 고속 메모리(캐시 메모리)에 보관한 후, 다음 액세스 시 캐시 메모리에서 정보를 꺼내면 주기억 장치의 액세스 속도를 고속화할 수 있다.

11.4 플래시 메모리

플래시 메모리flash memory에서 '플래시'를 사전에서 찾으면 '일순간' 또는 '빛난다'라는 의미로 되어 있다. 플래시 메모리의 플래시는 일순간의 의미와 일치한다. 즉 일순간에 데이터를 소거한다, 또는 일순간에 데이터를 읽고/쓴다, 액세스 속도가 빠르다 등의 의미를 포함한다.

플래시 메모리는 1980년대 초에 개발된 반도체 메모리로서 블록 단위로 읽기, 쓰기, 지우기가 가능한 EEPROM의 한 종류이다. 플래시 메모리는 전원이 끊겨도 저장된 데이터를 보존(비휘발성)하는 ROM의 장점과 정보의 입출력이 자유로운 RAM의 장점을 동시에 지닌 반도체 메모리다. 플래시 메모리는 크기가 작고 속도가 빠르며 전력 소모가 적고, CD나 DVD처럼 드라이브를 장착해야 하는 번거로움이 없다. 플래시 메모리는 2001년부터 USB 드라이브, thumb 드라이브라는 이름으로 소개되면서 주목을 받기 시작했다. 이후 디지털 캠코더, 휴대폰, 디지털 카메라, PDA, 게임기, MP3 플레이어 등의 휴대용 디지털 기기에 사용되면서 그 사용량이 급격히 증가하기 시작했다.

1 플래시 메모리의 셀 구조

플래시 메모리는 **FGMOS**Floating Gate MOSFET라는 특별한 구조의 MOSFET에 전하electrical charge를 축적하여 데이터를 기억한다. FGMOS의 구조는 [그림 11-13]과 같이 **제어 게이트**control gate, **플로팅 게이트**floating gate, 드레인drain, 소스source로 구성된다. 2층 구조의 게이트는 위쪽이 제어 게이트, 아래쪽이 플로팅 게이트다. 제어 게이트와 플로팅 게이트 사이의 절연막은 ONOOxide-Nitride-Oxide의 3층 구조로 되어 있고, 플로팅 게이트 아래에는 매우 얇은 산화막이 있다. 플로팅 게이트는 모든 주위가 전기적으로 절연되어 공중에 떠있는floating 게이트이며, 제어 게이트는 메모리 셀 어레이의 워드라인WL : Word Line을 겸하는 게이트다. 플래시 메모리는 플로팅 게이트에 축적된 전하의 유무에 따라 0과 1의 데이터를 저장하며, 축적된 전하는 전원 공급이 없어도 2~10년 동안 전하를 저장할 수 있다.

제어 게이트에 충분한 전압을 인가하면 플로팅 게이트에 전자(전하)가 저장된다. 플로팅 게이트에 저장된 전자가 많으면 논리 0이 저장되고, 전자가 적거나 없을 경우에는 논리 1이 저장된다. FGMOS가 off 상태에서 on 상태로 변하는 게이트 전압을 **문턱전압**threshold voltage V_T라고 한다. 플로팅 게이트에 전자가 있으면 제어 게이트에서 나오는 전기장에 영향을 주어 문턱전압이 변경된다. 이와 같이 제어 게이트에 특정 전압을 인가하여 그 메모리 셀의 정보를 읽을 때, 플로팅 게이트에 있는 전자의 수에 따라 V_T가 다르기 때문에 드레인에서 소스로 전류가 흐르거나 흐르지 않는다. 전류가 흐르면 논리 1, 흐르지 않으면 논리 0으로 해석되는 원리다.

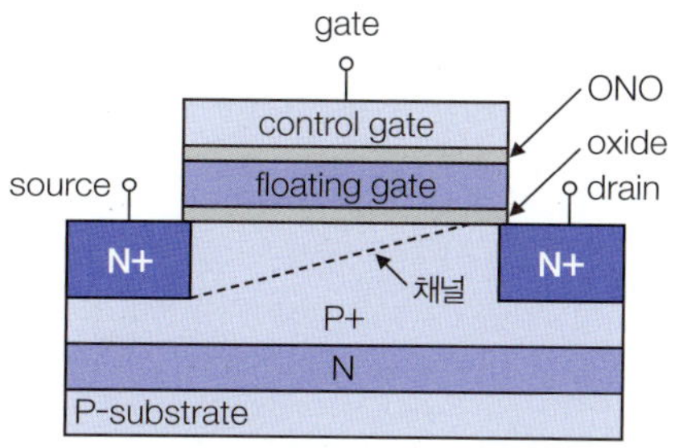

(a) 셀 구조

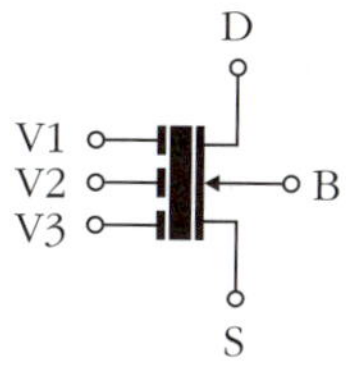

(b) 기호

그림 11-13 플래시 메모리의 셀 구조

2 NAND 플래시와 NOR 플래시의 비교

플래시 메모리는 NAND 플래시NAND flash와 NOR 플래시NOR flash로 나누어지는데, 이것은 반도체 칩 내부의 전자회로 형태에 따라 붙인 용어이다. NAND 플래시는 저장 단위인 메모리 셀을 수직으로 배열하고 NOR 플래시는 메모리 셀을 수평으로 배열한다. NAND 플래시는 대용량화에 유리하고 쓰기 및 지우기 속도가 빠른 반면, NOR 플래시는 읽기 속도가 빠른 장점을 갖고 있다. [표 11-2]는 NAND 플래시와 NOR 플래시를 비교한 표다.

표 11-2 NAND 플래시와 NOR 플래시 특성 비교

구분	NAND 플래시	NOR 플래시
용도	데이터 저장용	프로그램 코드 저장용
읽기 속도	느리다	빠르다
쓰기 속도	빠르다	느리다
지우기 속도	빠르다	느리다
구조	셀이 직렬로 연결, 데이터/주소 통합 구조	셀이 병렬로 연결, 데이터/주소 분리 구조
액세스 단위	페이지 및 블록	워드 및 바이트
랜덤 액세스	Data Read 시 불가능	Data Read 시 가능
불량 섹터	있다	없다
단가	단가 낮음	단가 높음
저장 용량	대용량	소용량
사용 기기	USB 드라이브, 메모리 카드에 이용	휴대폰, 셋톱박스용 칩에 사용
주도 업체	삼성전자, 도시바	인텔, AMD

3 플래시 메모리와 타 메모리의 비교

DRAM과 플래시 메모리

DRAM은 휘발성이고 고집적도이며 읽기/쓰기가 가능한 메모리다. DRAM은 데이터 보존을 위해 일정한 전원과 주기적인 재충전을 필요로 한다. DRAM 셀은 1개의 트랜지스터와 1개의 커패시터로 구성되지만, 플래시 메모리 셀은 1개의 트랜지스터로만 구성되어 있고 재충전이 필요하지 않기 때문에 집적도가 DRAM보다 높다. 또한 플래시 메모리는 등가의 DRAM보다 전력 소비가 적다.

SRAM과 플래시 메모리

SRAM은 휘발성이고 읽기/쓰기가 가능한 메모리이며, 플립플롭으로 구성되기 때문에 집적도는 상대적으로 낮다. 플래시 메모리는 읽기/쓰기가 가능한 메모리지만 비휘발성이며, SRAM보다 플래시 메모리의 집적도가 훨씬 높다.

EPROM, EEPROM과 플래시 메모리

EPROM은 고집적도 비휘발성 메모리이지만, 데이터를 지우기 위해서는 시스템으로부터 분리하여 자외선을 사용해야 하며, 특별한 장치를 사용해 재프로그래밍할 수 있다. EEPROM은 시스템에서 분리하지 않고도 재프로그래밍할 수 있으나 EPROM보다 셀 구조가 복잡하여 집적도가 낮으며 비트 당 가격이 높다. 플래시 메모리는 읽기/쓰기가 가능한 메모리이므로 시스템 내에서 쉽게 재프로그래밍할 수 있다. 플래시 메모리는 1cell−1Tr.이므로 집적도는 EPROM과 비슷하다. EPROM이나 EEPROM과 마찬가지로 플래시 메모리도 전원이 끊어진 상태에서도 데이터가 소멸되지 않는 비휘발성 메모리다.

[표 11−3]은 각종 메모리의 특성을 비교한 표다.

표 11-3 각종 메모리 특성 비교

구분	비휘발성	In-system 쓰기	High density	Low power	Low cost
DRAM	No	Yes	Yes	No	Yes
SRAM	No	Yes	No	No	No
EPROM	Yes	No	Yes	Yes	Yes
EEPROM	Yes	Yes	No	Yes	No
FLASH	Yes	Yes	Yes	Yes	Yes

4 SLC, MLC, TLC, QLC의 차이와 특성

플래시 메모리는 데이터를 저장하는 최소 단위인 메모리 셀에 데이터를 저장하는 방식에 따라 **SLC**Single Level Cell, **MLC**Multi Level Cell, **TLC**Triple Level Cell, **QLC**Quadruple Level Cell로 나뉘어진다.

- SLC : 하나의 셀에 1비트의 정보를 저장 0, 1
- MLC : 하나의 셀에 2비트의 정보를 저장 00, 01, 10, 11
- TLC : 하나의 셀에 3비트의 정보를 저장 000, 001, 010, 011, 100, 101, 110, 111
- QLC : 하나의 셀에 4비트의 정보를 저장 0000, 0001, 0010, 0011, 0100, 0101, 0110, 0111
  1000, 1001, 1010, 1011, 1100, 1101, 1110, 1111

제어 게이트에 인가하는 전압에 따라 플로팅 게이트에 주입되는 전자의 양은 달라지고, 그리고 플로팅 게이트에 주입된 전자의 양을 파악하는 것도 가능하다. SLC, MLC, TLC, QLC는 이러한 개념을 이용한 것이다. [그림 11-14]와 같이 SLC는 단순히 플로팅 게이트에 전자를 채우고 비운다는 개념만을 가지고 셀을 운용했다면 MLC, TLC, QLC는 플로팅 게이트에 주입된 전자의 양에 따라 데이터를 구분하는 개념으로 셀을 운용하는 것이다.

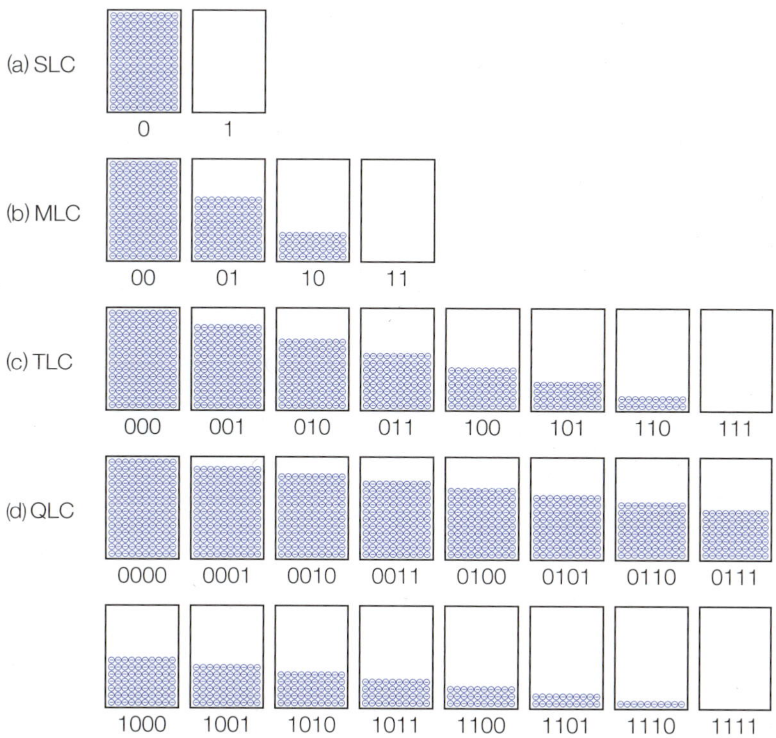

그림 11-14 플래시 메모리 셀의 데이터 저장 방식

문제는 제어 게이트에 인가하는 전압에 비례하여 정확하게 원하는 수준의 전자가 플로팅 게이트에 주입되지 않는다는 데 있다. 제어 게이트에 특정 전압을 인가하면 플로팅 게이트에 일정한 범위 내의 전자가 채워지며, 마찬가지로 데이터를 읽는 것도 플로팅 게이트의 전하량이 일정한 범위 내에 있으면 해당 데이터로 읽는다. 즉 데이터의 저장과 읽기에 오차 허용 범위를 두고 있다. 이를 [그림 11-15]에 나타냈으며, 전압은 임의로 설정하였다.

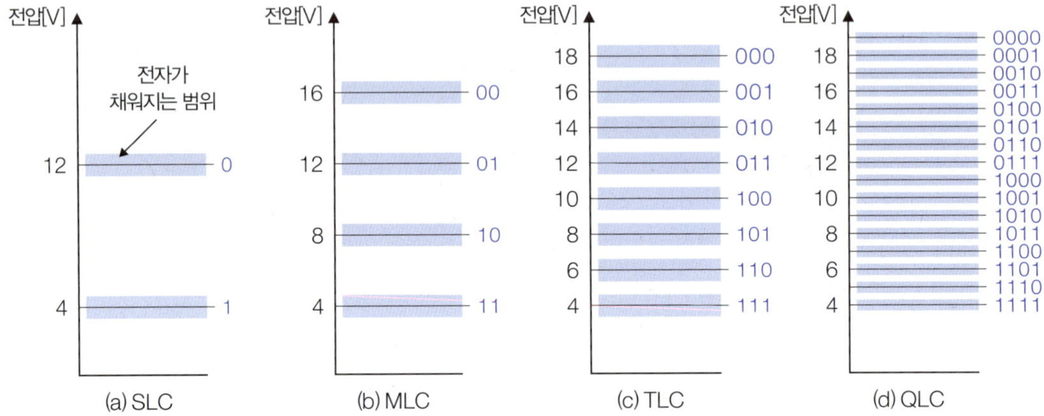

그림 11-15 제어 게이트에 특정 전압을 인가했을 때 전자가 채워지는 범위

SLC는 각 데이터를 규정하는 범위 간에 간격이 충분히 넓기 때문에 데이터를 저장하고 읽는데 오류가 적다. 반면에 TLC나 QLC는 영역 간에 간섭이 일어나지 않을 정도로 촘촘하게 셀을 운용하기 때문에 데이터를 저장하고 읽는데 오류 발생 확률이 높다. 따라서 NAND 플래시 메모리에서는 오류를 검출하고 정정할 수 있도록 데이터와 함께 오류 정정 코드인 ECC^{Error Correcting Code} 코드를 함께 저장한다. ECC 코드는 일정 비트까지의 오류는 스스로 정정할 수 있지만 일정 비트 이상의 오류는 검출만 가능하고 정정할 수는 없다. 만약 쓰기 작업 후 확인한 결과 정정할 수 없다면 단순히 다시 쓰면 된다.

SLC는 오류 발생 확률이 적기 때문에 ECC 코드도 간단하게 구성되어 있다. 반면에 MLC, TLC, QLC로 갈수록 오류 발생 빈도가 높아지기 때문에 그만큼 더 강력하고 복잡한 방식의 ECC 코드가 사용된다. ECC 코드가 복잡할수록 저장해야 할 ECC 코드의 크기도 늘어나고, 또 해당 ECC 코드를 해석하기 위한 시간도 길어진다. 즉 전체적으로 데이터의 읽기, 쓰기, 지우기 작업이 느려지므로 SLC → MLC → TLC → QLC 순으로 성능이 현저하게 떨어진다.

이론적으로 메모리의 면적이 같을 때 TLC가 SLC보다 최대 3배의 용량을 가진다. 현실적으로 TLC는 SLC보다 ECC 코드 영역으로 할당해야 할 용량이 커지기 때문에 정확하게 3배의 용량은 나오지 않는다. 그렇지만 SLC보다는 MLC, TLC, QLC가 동일한 저장용량을 구성할 때 가격이 저렴한 것은 사실이다.

또한 플래시 메모리에서 셀의 수명이 한정되어 있다는 문제가 있다. 메모리 셀에 데이터를 쓰거나 지우는 과정에서 제어 게이트에 높은 전압을 인가하면 전자가 절연체인 산화막을 통과하는 터널 효과가 발생한다. 이때 전자들이 산화막을 통과하는 과정에서 일부 전자들이 산화막에도 축적되는 현상이 발생한다. 그리고 재기록 횟수가 늘어날수록 산화막에 더 많은 전자들이 축적되며, 이로 인해 산화막의 저항이 변하게 된다. 따라서 동일한 터널 효과를 발생시키기 위해서는 초기보다 더 높은 전압을 인가해야 한다. 이를 위해 플래시 메모리는 인가하는 전압의 크기를 점차 조정하지만 인가할 수 있는 전압에는 한계가 있다. 결론적으로 쓰기 및 지우기가 일정 횟수에 다다르면 커진 산화막의 저항으로 인해 원하는 터널 효과를 발생시킬 수 없어서 플래시 메모리 셀의 수명이 한정되는 것이다.

SLC는 각 상태별 전압 간의 차이가 크고, 여유 전압도 보다 넓게 구성할 수 있기 때문에 산화막의 저항이 변하는 것에 그만큼 오랜 대응이 가능하다. 그러나 MLC, TLC, QLC의 경우, 각 상태별 전압의 폭도 좁고 여유 전압도 작기 때문에 전압 조절을 통한 대응 방식이 금방 한계에 다다르게 된다. 이것이 SLC → MLC → TLC → QLC 순으로 수명이 급격하게 줄어드는 이유다.

[표 11-4]에는 SLC, MLC, TLC, QLC의 특성을 비교하여 나타내었다.

표 11-4 SLC, MLC, TLC, QLC의 특성 비교

구분	SLC	MLC	TLC	QLC
셀 당 비트 수(bit/cell)	1	2	3	4
최대 재기록 가능 횟수	100,000	15,000	3,000~5,000	800~1,500
읽기 시간 (read time)	20~25㎲	55~110㎲	75~170㎲	120~200㎲
쓰기 시간(write time)	50㎲~100㎲	0.4~1.5ms	0.8~2ms	2~3ms
지우기 시간(erase time)	2~5ms	5~10ms	10~15ms	15~20ms

5 플래시 메모리의 응용

플래시 메모리는 별도의 리더 장치 없이 PC에 USB 방식으로 직접 꽂아서 사용할 수 있는 일체형 제품과(USB 드라이브) 별도의 리더기가 있어야 PC와 연결할 수 있는 제품으로 구분된다. 후자의 제품들은 디지털 카메라와 PDA 등의 저장장치로 널리 이용되고 있으며 CF, SMC, MS 등이 사용된다.

USB 메모리

USB Universal Serial Bus란 컴퓨터와 주변기기 사이에 데이터를 주고받을 때 사용하는 버스 규격 중 하나다. 1990년대 후반부터 대부분의 개인용 컴퓨터에 USB 장치를 꽂을 수 있게 됨에 따라 USB는 다른 규격의 버스에 비해 보급률이 매우 높다. USB와 플래시 메모리를 결합해 하나의 제품으로 만든 것이 바로 USB 플래시 드라이브 USB flash drive, 흔히 말하는 USB 메모리다. USB 메모리는 대개 손가락 하나 정도 크기의 막대형 본체에 USB 커넥터가 노출된 형태이다. [그림 11-16]에는 USB 메모리의 구성도를 나타냈는데, 내부는 데이터를 저장하는 플래시 메모리 칩, 그리고 커넥터와 메모리 칩 사이에서 데이터 전송을 제어하는 컨트롤러 controller로 구성되어 있다.

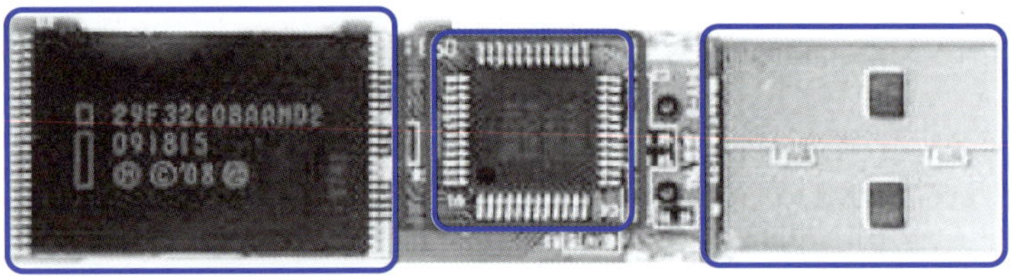

그림 11-16 USB 메모리 구성도

> **TIP**
>
> A타입 커넥터
>
> 
>
> 단자 노출형 커넥터
>
> 

USB 버스의 데이터 전송 속도가 향상됨에 따라 USB 메모리의 속도도 향상되었다. 초기 USB 메모리는 최대 12Mbps의 데이터 전송 속도를 갖춘 USB 1.1 규격을 사용했으나, USB 메모리가 대중화되기 시작한 2003년 이후의 제품들은 최대 480Mbps의 USB 2.0 규격을 지원한다. 또한 2010년에는 데이터 전송 속도가 최대 5Gbps인 USB 3.0 규격의 제품이 등장했다. USB 버스는 기본적으로 하위 호환성을 제공해 하위 규격의 USB 포트에 상위 규격의 USB 메모리를 꽂아도 사용할 수 있으며, 그 반대의 경우도 마찬가지다. 다만 이런 경우 데이터 전송 속도는 하위 규격에 맞춰지게 된다.

CF Compact Flash 카드

1994년 샌디스크 SanDisk가 개발한 규격이며, 널리 사용되고 있는 메모리로 크기는 36mm×43mm이다. CF는 두께의 차이로 Type-I과 Type-II로 구분되며, Type-I의 두께는 3.3mm이고 Type-II는 5mm 정도이다. 대부분의 디지털 카메라에 사용되는 CF는 Type-I 방식이며, Type-II는 2GiB, 4GiB, 8GiB의 대용량의 마이크로 드라이브(micro drive)에 사용된다. CF에는 컨트롤러가 내장되어 있다.

SMC Smart Media Card / XD Picture Card

1995년 일본 도시바Toshiba가 최초로 규격화하고 CF만큼 널리 사용되었던 메모리로, 크기는 45mm×37mm×0.76mm이다. 사용 전압에 따라 +5V용과 +3.3V용으로 구분된다. 최근에 출시되는 모든 SMC는 +3.3V용이며 CF에 비해 메모리 가격이 저렴하다. SMC의 메모리 용량은 최대 128MiB까지만 지원되며, 데이터 전송 속도가 느리고, 내구력이 취약하다는 단점 때문에 2005년에 생산이 중단되고 XD 픽쳐 카드로 대체되었다. XD 픽쳐 카드는 소형화, 경량화되는 플래시 메모리 추세에 맞게 올림푸스Olympus와 후지Fuji가 선택한 차세대 메모리로, 고급형 디지털 카메라에 널리 이용된다. 크기는 20mm×25mm×1.7mm이고, 무게는 2g이며, 용량은 최대 8GiB까지 지원한다.

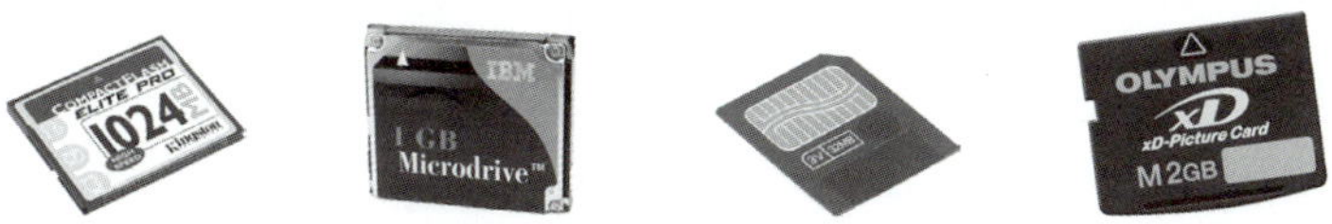

(a) CF 카드 (b) 마이크로 드라이브 (c) SMC (d) XD 픽쳐 카드

그림 11-17 CF 카드, 마이크로 드라이브, SMC, XD 픽쳐 카드 모양

MMC Multi Media Card / MMC Micro 메모리 / RS-MMC

1997년 샌디스크SanDisk와 지멘스Siemens가 공동 개발한 메모리로 대용량 데이터를 저장하기 위한 용도로 개발되어 디지털 카메라나 PDA 등에 사용되었다. CF와 마찬가지로 컨트롤러를 내장하여 제어가 쉬운 반면 SMC나 SD에 비해 전송 속도는 느리다. MMC는 저가의 장점 때문에 한동안 SD와 공존했지만 저렴한 SD 카드가 대량으로 보급되면서 MMC는 점차 시장에서 모습을 감추게 되었다. 속도를 높인 HS-MMC, 카드 크기를 줄인 RS-MMCreduced size multi-media card 및 MMC 마이크로 등이 나오긴 했지만 그다지 많이 보급되지는 못했다.

SD Secure Digital 카드 / 미니 SD 카드

1999년 파나소닉Panasonic, 샌디스크SanDisk, 도시바Toshiba가 공동 개발한 메모리로, 우표 정도의 크기에 2g으로 초경량 제품이다. MMC에 비해 초당 1.25Mbyte로 데이터 전송 속도를 고속화하고 저작권이 보호된 파일의 전송 횟수를 제한하는 규격Digital Rights Management을 추가한 것이 특징이다. 기존에 출시된 CF, SMC에 비해 MMC가 휴대성은 뛰어나지만 고가이기 때문에 널리 이용되지 못했다. 이에 보안성과 성능이 우수한 SD 카드가 출시되었는데, 다른 메모리에 비해 견고해서 충격에도 데이터가 안전하게 보존되어 디지털 카메라용 메모리로 널리 이용될 수 있었다. 미니 SD 카드Mini SD Card는 기존 SD 카드에 비해 크기를 1/2로 줄인 제품이고, 마이크로 SD(또는 Trans Flash)는 미니 SD 카드에 비해 1/4 정도의 크기로 스마트폰 또는 자동차의 블랙박스에 많이 사용되고 있다.

(a) MMC (b) SD 카드

그림 11-18 MMC, SD 카드 모양

MS Memory Stick

1998년 소니sony에서 50mm×21.5mm, 두께 2.8mm의 규격으로 발표한 메모리로, 자사에서 출시되는 디지털 카메라, 바이오 노트북, 보이스 레코더, PDA 등에 사용된다. 일반적으로 보라색 MS를 사용하지만, 저작권에 민감한 콘텐츠를 저장하는 경우에는 보안 기능을 강화한 흰색 MS를 사용한다. MS Duo는 기존 MS에 비해 1/2 정도의 크기로 소형화한 제품이며, MS Micro는 가장 작은 크기의 제품이다. MS는 용량에 따라 초기 MS는 128MiB, MS Pro는 최대 32GiB까지 지원하며, MS XC는 최대 2TiB까지 지원한다.

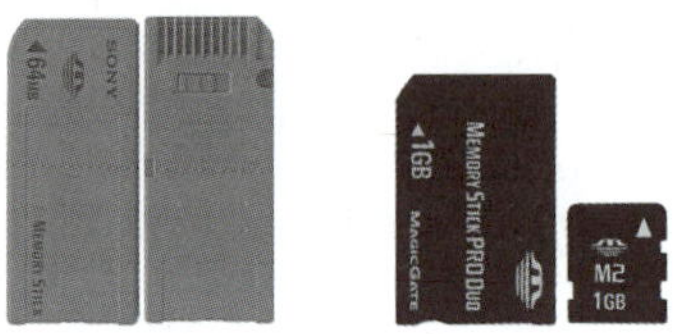

(a) MS (b) MS Duo MS Micro

그림 11-19 MS 카드 모양

SSD

SSD의 내부 구조는 [그림 11-20]과 같이 PC와 연결되는 인터페이스(연결 포트 등)와 데이터 저장용 NAND 플래시 메모리, 그리고 인터페이스와 메모리 사이의 데이터 교환 작업을 제어하는 SSD 컨트롤러controller 및 외부 장치와 SSD 간의 처리 속도 차이를 줄여주는 버퍼buffer로 사용되는 DRAM 캐시로 구성되어 있다. 이 중에서 SSD 컨트롤러는 NAND 플래시 메모리에 데이터를 저장하고, NAND 플래시 메모리를 관리하고, 다시 데이터를 읽는 것까지 모든 것을 관장하는 가장 핵심 부품이다.

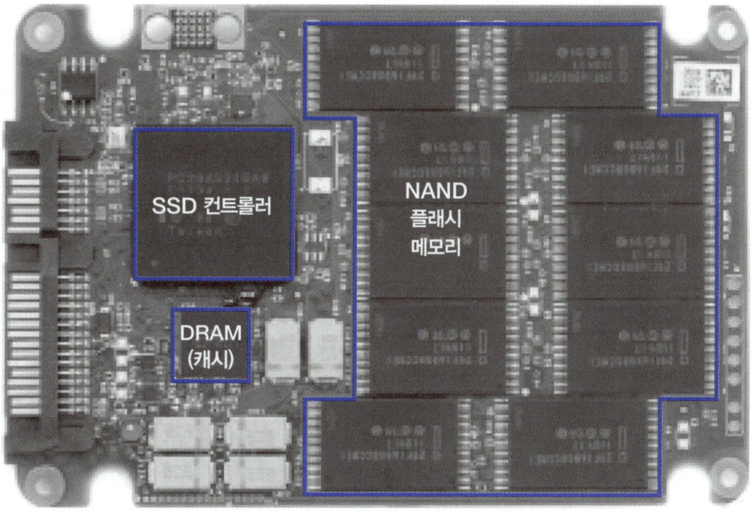

그림 11-20 SSD의 내부 구조(Intel SSD 320)

SSD 제품에 따라서 저장 매체로 일반 램RAM을 탑재한 모델과 플래시 메모리flash memory를 탑재한 모델로 나뉜다. 램 기반의 SSD는 매우 압도적인 속도를 발휘하는데, 이를 탑재한 PC는 전원을 켠 후 2~3초 만에 윈도우 운영체제의 부팅을 끝낼 수 있을 정도다. 다만, 램은 전원이 꺼지면 저장 데이터가 모두 사라지기 때문에 PC의 전원을 끈 상태에서도 SSD에 지속적으로 전원을 공급해주는 전용 배터리를 필수적으로 갖춰야 한다. 만약 PC가 꺼진 상태에서 SSD에 연결된 배터리마저 방전된다면 모든 데이터가 지워진다. 이런 단점 때문에 램 기반의 SSD는 그다지 사용되지 않는다. 따라서 일반적인 SSD라고 한다면 플래시 메모리 기반의 모델을 지칭한다. 플래시 메모리는 전원이 꺼지더라도 기록된 데이터가 보존되기 때문에 기존의 하드 디스크와 같은 감각으로 사용이 가능하여 편리하다. 그리고 속도 면에서는 램 기반의 SSD에 비해 느리긴 하지만 하드 디스크에 비하면 빠르다. 플래시 메모리 기반의 SSD를 장착한 PC는 하드 디스크를 장착한 동급 사양의 PC에 비해 최소 2배 이상 빠른 운영체제 부팅 속도나 프로그램 실행 속도를 기대할 수 있다.

11.5 메모리 확장

현재 사용되는 메모리는 워드 길이(각 주소에 있는 비트의 수)나 워드 용량(주소의 수), 또는 양자 모두를 확장할 수 있다. 적당한 수의 메모리 칩을 주소, 데이터 및 제어 버스에 연결하여 메모리를 확장하는 방법에 대하여 살펴보자.

1 워드 길이 확장

메모리의 워드 길이word length를 확장하기 위해서는 데이터 버스의 비트 수를 확장해야 한다. [그림 11-21]은 4비트 워드 길이를 가진 16×4 RAM 2개를 이용해 워드 길이가 8비트인 16×8 RAM을 구성한 예다.

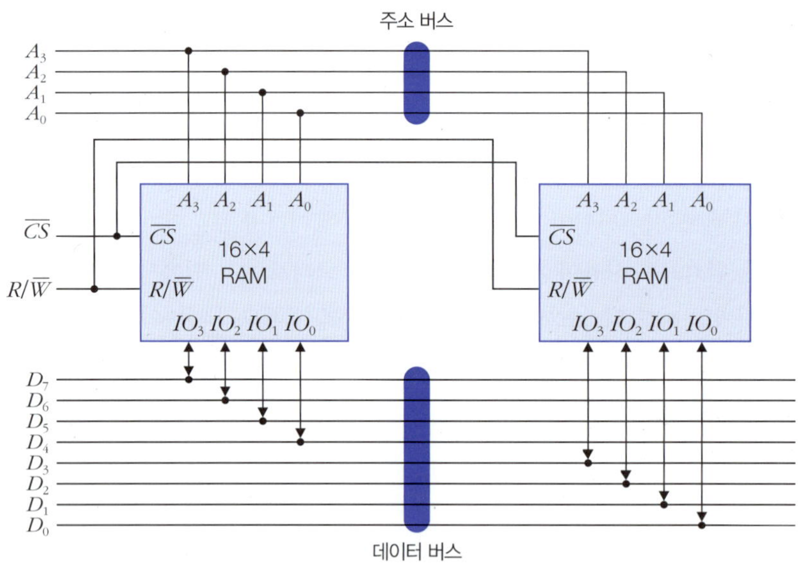

그림 11-21 워드 길이 확장 (2개의 16×4 RAM을 16×8 RAM으로 확장)

$\overline{CS}$chip select는 RAM을 선택하는 입력이며, $R/\overline{W}$(read/write)는 선택된 RAM 칩의 읽기read와 쓰기write 동작을 제어한다.

$\overline{CS}=1$이면 RAM 칩은 선택되지 않고 출력은 하이 임피던스 상태가 된다. $\overline{CS}=0$이고 $R/\overline{W}=1$이면 주소에 의해 선택된 8비트의 데이터가 출력선을 통해 출력된다.

연결된 메모리의 주소 수는 각각의 메모리 주소 수와 같은 $16(=2^4)$개다. 4비트 데이터 버스를 갖는 두 메모리의 데이터 버스를 결합하여 8비트 데이터 버스로 만든다. 주소가 선택되면 각 메모리에서 4비트씩 합쳐 모두 8비트의 데이터가 만들어진다.

예제 11-5

2개의 $1K \times 8$ RAM을 사용해 $1K \times 16$ RAM을 구성하라.

풀이

2개의 RAM 칩을 사용해 16비트의 데이터 입력과 출력을 구성한다. 10개의 주소선, $\overline{CS}$, $R/\overline{W}$ 입력은 2개의 RAM 칩에 공통으로 접속된다. $1K \times 16$ RAM의 구성도는 다음과 같다.

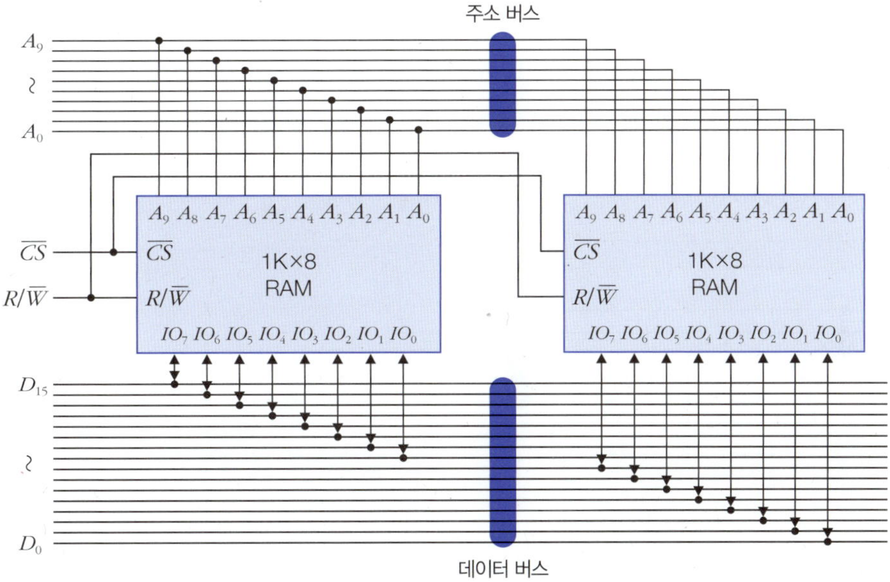

2 워드 용량 확장

메모리 설계 시 원하는 워드 용량을 하나의 RAM 칩으로 구성할 수 없는 경우가 많은데, 이런 경우에는 여러 개의 RAM 칩을 사용해 주소 수를 증가시킴으로써 구성할 수 있다. [그림 11-22]는 16 × 4 RAM 2개를 사용해 32 × 4 RAM을 구성한 예다. 메모리 모듈의 전체 용량이 32 × 4이므로 32개의 서로 다른 주소가 존재한다. 이것은 5비트의 주소 버스를 필요로 하는데, 기존의 4비트 주소 버스에 추가로 하나의 주소 버스가 더 필요하다. 상위 주소선 A_4는 2개의 RAM 중 하나를 선택할 수 있도록 동작한다. 다른 주소선 A_3~A_0는 선택된 RAM 모듈에 대해서 16개의 메모리 중 하나를 선택할 때 사용된다.

$A_4 = 0$일 때, 오른쪽 RAM #0의 $\overline{CS}$는 읽거나 쓰기가 가능하도록 칩을 인에이블enable시킨다. 나머지 4개의 주소선 A_3~A_0들은 원하는 위치를 선택하기 위해 $0000_{(2)}$에서 $1111_{(2)}$까지의 범위를 갖는다. 따라서 오른쪽 RAM #0의 주소공간 범위는 다음과 같다.

$$A_4A_3A_2A_1A_0 = 00000_{(2)} \sim 01111_{(2)} = 00_{(16)} \sim 0F_{(16)}$$

$A_4 = 1$일 때, 왼쪽 RAM #1의 $\overline{CS}$는 읽거나 쓰기가 가능하도록 칩을 인에이블시킨다. 따라서 왼쪽 RAM #1의 주소공간 범위는 다음과 같다.

$$A_4A_3A_2A_1A_0 = 10000_{(2)} \sim 11111_{(2)} = 10_{(16)} \sim 1F_{(16)}$$

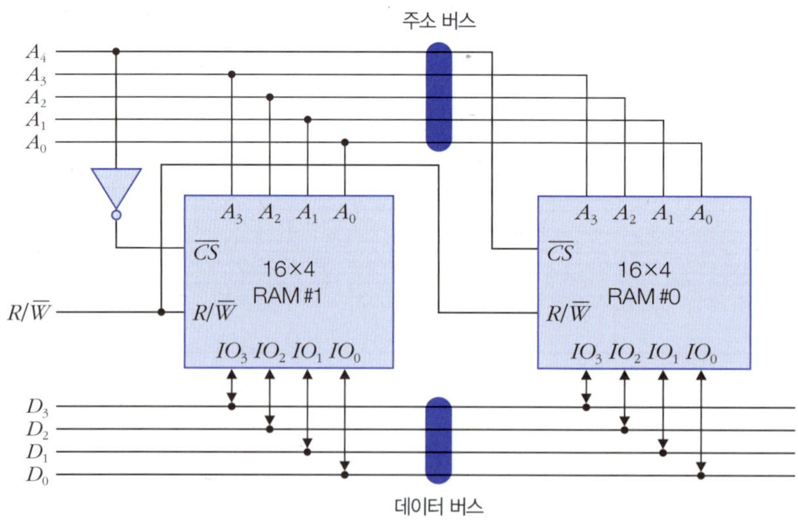

그림 11-22 워드 용량 확장(2개의 16 × 4 RAM을 이용해 32 × 4 RAM으로 확장)

예제 11-6

1K × 8 RAM 4개를 사용해 4K × 8 RAM을 구성하라.

풀이

4K를 구성하기 위한 12개의 주소선 중 하위 10개의 주소선은 모든 RAM 칩에 공통으로 접속된다. 2×4 디코더의 4개의 출력은 각각 RAM 칩의 $\overline{CS}$ 입력에 접속된다. 여기서 디코더는 active-low로 동작한다고 가정한다. 디코더의 $\overline{E}$enable 입력이 논리 1이면, 메모리가 디스에이블disable되어 디코더의 4개 출력은 모두 1(High)이 되어 RAM 칩은 선택되지 않는다.

디코더가 인에이블되면($\overline{E} = 0$) A_{11}, A_{10}의 2개의 주소선에 의해 4개의 RAM 칩이 선택된다. 만약 $A_{11}A_{10} = 00$이면 RAM #0이 선택되고, 10개의 하위 주소선(A_9~A_0)에 의해 0~1023($000_{(16)}$~$3FF_{(16)}$)의 메모리 주소가 선택된다. $A_{11}A_{10} = 01$이면 RAM #1이 선택되어 1024~2047($400_{(16)}$~$7FF_{(16)}$)의 메모리 주소가 선택된다. 또 $A_{11}A_{10} = 10$이면 RAM #2가 선택되어 2048~3071($800_{(16)}$~$BFF_{(16)}$)의 메모리 주소가 선택되고 마지막으로 $A_{11}A_{10} = 11$이면 RAM #3이 선택되어 3072~4095($C00_{(16)}$~$FFF_{(16)}$)의 메모리 주소가 선택된다.

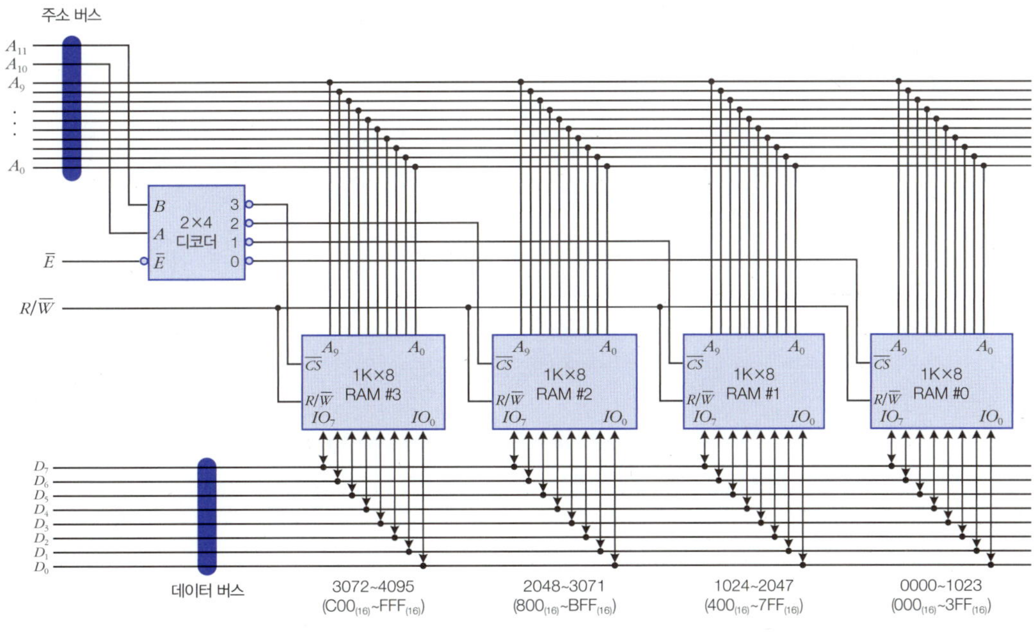

연습문제

01 다음과 같은 메모리 장치에서 주소선의 수와 데이터선의 수를 각각 구하라.

① 2K × 16

② 64K × 8

③ 16M × 32

④ 96K × 12

02 한 워드의 길이가 32비트이며, 8192워드 용량을 가진 메모리 장치가 있다. MAR과 MBR을 구성하는 데 플립플롭이 몇 개 필요한가? 또 MAR이 15비트인 경우에는 메모리 장치의 용량은 얼마인가?

03 8K×8의 용량이 필요한 메모리 회로가 있다. 2K×8 PROM을 결합하여 이 회로를 구성하려고 한다. PROM 칩이 몇 개 필요한가? 그때 필요한 주소선은 몇 개인가?

04 1K × 8(=1024 × 8)의 용량을 갖는 메모리 IC가 있다.

① 이 메모리 IC에는 주소선과 데이터선의 수는 각각 몇 개인가?

② 16K × 16 RAM을 구성하려면 메모리 IC는 몇 개 필요한가? 또 이 경우에 주소선과 데이터선의 수는 각각 몇 개인가?

05 다음 보기를 참조하여 다음 목적에 적합한 메모리의 종류를 말하라. 어떤 설명은 1가지 이상의 메모리 형태에 해당할 수 있다.

> SRAM, 마스크 ROM, PROM, EPROM, EEPROM, 플래시 메모리

① 프로그램 실행 상 수시로 데이터를 쓰고 읽기 위한 working memory

② 영구적인 프로그램 저장

③ 개발 단계에서 프로그램 저장

④ 사용자에 의해 프로그램될 수 있으나 지울 수 없다.

⑤ 제작자에 의해 프로그램된다.

⑥ 휘발성이다.

⑦ 반복해서 지우고 다시 프로그램할 수 있다.

⑧ 각 워드 단위로 지우고 다시 쓸 수 있다.

06 다음 논리식 4개를 구현하는 8×4 ROM에 대한 진리표를 구하라. 여기서 m은 최소항의 번호를 나타낸다.

$$W(A,\ B,\ C) = \Sigma m(1,\ 2,\ 4,\ 6) \qquad X(A,\ B,\ C) = \Sigma m(0,\ 1,\ 6,\ 7)$$
$$Y(A,\ B,\ C) = \Sigma m(2,\ 6) \qquad Z(A,\ B,\ C) = \Sigma m(1,\ 2,\ 3,\ 5,\ 7)$$

07 3비트 2진수를 입력하여 입력의 제곱에 해당하는 2진수를 출력하는 조합논리회로를 ROM을 사용해 구현하라.

08 브라유Braille는 튀어나온 점의 촉각을 이용해서 시각장애인들이 글씨를 읽을 수 있는 시스템이다. 다음 표와 같이 0~9까지 10진수를 브라유로 변환하는 조합논리회로를 ROM을 사용해 구현하라. 단, 점이 있으면 논리 1, 없으면 논리 0이다.

10진수	A B C D	W X / Z Y
0	0 0 0 0	
1	0 0 0 1	
2	0 0 1 0	
3	0 0 1 1	
4	0 1 0 0	
5	0 1 0 1	
6	0 1 1 0	
7	0 1 1 1	
8	1 0 0 0	
9	1 0 0 1	

09 4096×16비트의 ROM 칩은 4개의 칩 선택 단자(CS)가 있으며 +5V 전원에서 동작한다고 가정한다. 이러한 ROM 칩에는 몇 개의 외부 핀이 필요한가? 또한 ROM의 모든 입력 및 출력 단자에 라벨을 붙인 블록도를 그려라.

10 64K×4 ROM을 확장하여 64K×16 ROM을 구성하기 위한 외부 연결을 나타내라.

11 64K×8 ROM 4개와 디코더를 사용해 256K×8 ROM을 구성하기 위한 외부 연결을 나타내라.

01 컴퓨터에서 MAR(Memory Address Register)의 역할은?

① 수행되어야 할 프로그램의 주소를 가리킨다.
② 메모리에 보관된 내용을 누산기(accumulator)에 전달하는 역할을 한다.
③ 고급 수준 언어를 기계어로 변환해 주는 일종의 소프트웨어이다.
④ CPU에서 기억 장치 내의 특정 주소에 있는 데이터나 명령어를 인출하기 위해 그 주소를 기억하는 역할을 한다.

02 메모리 버퍼 레지스터(MBR)의 설명으로 옳은 것은?

① 다음에 실행할 명령어의 주소를 기억하는 레지스터
② 현재 실행중인 명령의 내용을 기억하는 레지스터
③ 기억 장치를 출입하는 데이터를 일시적으로 저장하는 버퍼 레지스터
④ 기억 장치를 출입하는 데이터의 주소를 기억하는 레지스터

03 메모리에 새로운 워드를 저장시키려 한다. 올바른 순서는?

ⓐ MBR의 데이터를 메모리로 전송
ⓑ write 제어 신호 작동
ⓒ 지정된 워드의 주소를 MAR로 전송

① ⓐ-ⓑ-ⓒ ② ⓒ-ⓑ-ⓐ
③ ⓐ-ⓒ-ⓑ ④ ⓒ-ⓐ-ⓑ

04 컴퓨터의 메모리 용량이 16K × 32bit라고 하면 MAR(memory address register)과 MBR(memory buffer register)은 각각 몇 비트인가?

① MAR : 12, MBR : 16
② MAR : 32, MBR : 14
③ MAR : 12, MBR : 32
④ MAR : 14, MBR : 32

05 16384 × 16의 용량을 가진 메모리에서 MAR은 몇 비트로 구성되는가?

① 12비트 ② 14비트
③ 16비트 ④ 32비트

06 주소 영역(address space)이 1GiB인 컴퓨터가 있다. 이 컴퓨터의 MAR(memory address register)의 크기는?

① 30비트 ② 30바이트
③ 32비트 ④ 32바이트

07 4096 × 16의 용량을 가진 RAM이 있다. 메모리 버퍼 레지스터(MBR)는 몇 비트의 레지스터인가?

① 8비트 ② 16비트
③ 32비트 ④ 4,096비트

08 SRAM의 용량이 1024byte일 경우 필요한 어드레스선의 개수는 몇 개인가? 단, 데이터선은 8선이다.

① 4개 ② 9개 ③ 10개 ④ 20개

09 4096 × 8비트 ROM의 경우 최소한 몇 개의 address line이 필요한가?

① 10개 ② 11개 ③ 12개 ④ 13개

10 컴퓨터 주기억 장치의 용량이 256MB라면 주소 버스는 최소한 몇 bit이어야 하는가?

① 24bit ② 26bit ③ 28bit ④ 30bit

11 주소 신호선의 수를 N개, 데이터의 수를 n비트, IC의 기억 용량을 M비트라 할 때 관계식은 $N = \log_2(M/n)$이다. 64Kbit의 LSI 칩으로 4bit씩 묶어서 입출력하는 경우 신호선의 수는?

① 10개 ② 12개 ③ 14개 ④ 16개

12 컴퓨터 주기억 장치의 용량을 1Mbyte의 크기로 구성하려고 한다. 1바이트가 8비트이고 패리티 비트를 포함한다면 64Kbit DRAM 칩이 몇 개가 필요한가?

① 16개 ② 17개 ③ 128개 ④ 144개

13 4096 × 1bit의 반도체 메모리 RAM 칩을 이용해 16Kbyte의 기억 장치를 구성하기 위해 필요한 가장 적당한 칩의 수는?

① 16개 ② 32개 ③ 64개 ④ 128개

14 256 × 4비트의 구성을 갖는 메모리 IC(집적회로)를 사용해 4096 × 16비트 메모리를 구성하려고 한다. 몇 개의 IC가 필요한가?

① 16개 ② 32개
③ 64개 ④ 128개

15 다음 그림은 어떤 ROM 소자의 블록도다. 이 소자를 사용해 4KB 메모리를 구성하려면 몇 개의 소자가 필요한가?

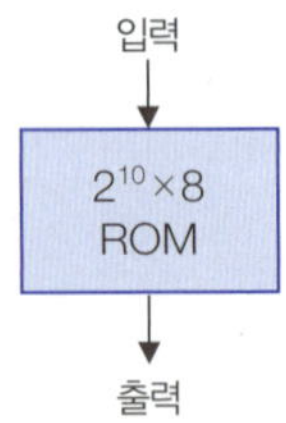

① 2개
② 4개
③ 8개
④ 10개

16 입력 주소선이 10개, 출력 데이터선이 8개인 ROM의 기억 용량은?

① 256byte　② 1,024byte
③ 2,048byte　④ 8,192byte

17 마이크로프로세서가 16비트 데이터 버스와 8비트 주소 버스를 갖고 있다고 가정할 때 마이크로프로세서에 연결될 수 있는 최대 메모리 용량은?

① 256byte　② 512byte
③ 1,024byte　④ 2,048byte

18 주소(address)가 16선(line)이고, 데이터(data)가 8선인 프로세서에서 어드레스 1선을 추가하면 전체 프로세서의 용량은 얼마나 되는가?

① 526Kbyte　② 128Kbyte
③ 64Kbyte　④ 32Kbyte

19 어떤 컴퓨터의 주소 레지스터(address register)가 16비트일 때 최대 주소 지정 가능한 용량은?

① 256K　② 64K　③ 32K　④ 16K

20 다음 그림은 마이크로 컴퓨터의 ROM(Read Only Memory)을 나타낸 것이다. 각 핀의 상태를 기준으로 할 때 메모리의 최대 용량은 얼마인가?

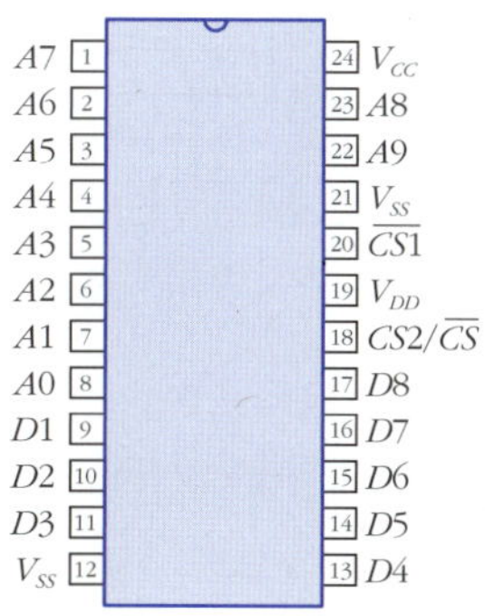

① 1024×8(bit)　② 512×16(bit)
③ 2048×8(bit)　④ 256×16(bit)

21 그림과 같은 메모리 IC에 필요한 핀(pin)의 수는?

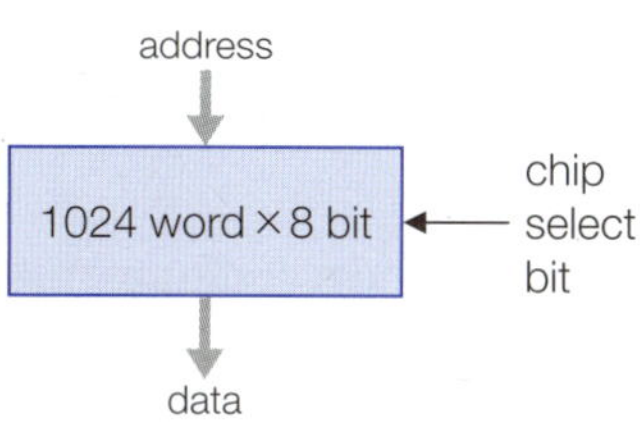

① 17개　② 18개　③ 19개　④ 20개

22 14개의 어드레스 비트는 몇 개의 메모리 장소의 내용을 리드(read)할 수 있는가?

① 14　② 140
③ 16,384　④ 32,768

23 10개의 입력 선과 16개의 출력 선을 갖는 ROM이 있다. 이 ROM의 전체 비트 수는?

① 10×16　② $2^{10} \times 16$
③ 10×2^{16}　④ $2^{10} \times 2^{16}$

24 어떤 마이크로 컴퓨터의 기억 용량이 64Kbyte이다. 이 마이크로 컴퓨터의 메모리 수와 필요한 주소선의 수는? 단, 메모리 1개의 용량은 1byte이다.

① 2^{16}개, 16line　② 2^{64}개, 64line
③ 2^{64}개, 16line　④ 2^{16}개, 64line

25 다음의 소자 중에서 전원과 관련된 신호는 제외하고 연결선의 수가 가장 많은 것은?

① 1K × 4bit DRAM　② 8K × 4bit SRAM
③ 4K × 1bit DRAM　④ 64K × 8bit SRAM

26 1GiB의 USB 메모리에 저장할 수 있는 최대 한글 글자 수는? 단, 한글 1자를 저장하기 위해서는 2byte가 필요하다.

① 2^{15}개　② 2^{20}개
③ 2^{29}개　④ 2^{30}개

27 반도체 기억 소자와 관련이 없는 것은?

① 자기코어　② 플립플롭
③ EPROM　④ RAM

28 컴퓨터의 주 메모리(main memory) 장치에 널리 사용되는 것은?

① 자기 테이프
② 플로피 디스크
③ 하드 디스크
④ 반도체 IC 메모리

29 랜덤 액세스 기억 장치의 특징은?

① 데이터 입출력의 고속 처리
② 데이터 입출력의 순서적 처리
③ 데이터 입출력의 정확한 처리
④ 데이터 기억 밀도의 조밀화

30 ROM에 대한 설명 중 옳지 않은 것은?

① 내용을 읽어내는 것만 가능하다.

② 기억된 내용을 임의로 변경시킬 수 없다.

③ 주로 마이크로프로그램과 같은 제어 프로그램을 기억시키는 데 사용한다.

④ 사용자가 작성한 프로그램이나 데이터를 기억시켜 처리하기 위해 사용하는 메모리다.

31 기억 상태를 읽는(read) 동작만 할 수 있는 메모리로 알맞은 것은?

① SRAM ② DRAM

③ register ④ ROM

32 마이크로 컴퓨터에서 지워지면 안 되는 시스템 프로그램을 기억시키는 소자는?

① RAM ② ROM

③ CD-ROM ④ Disc

33 ROM IC의 특징을 설명한 것 중 옳지 않은 것은?

① Mask ROM : 반도체 공장에서 내용이 기입된다.

② PROM : PROM writer로 기입되고 내용을 지울 수 없다.

③ EPROM : 자외선을 조사하면 내용을 지울 수 있다.

④ EPROM : refresh 회로가 필요하다.

34 ROM의 주요 구성 요소는?

① 인코더와 OR 게이트

② 디코더와 OR 게이트

③ 인코더와 AND 게이트

④ 디코더와 AND 게이트

35 16 × 8 ROM을 설계하고자 할 때 필요한 게이트의 종류와 그 개수는?

① AND 8개, OR 8개 ② AND 8개, OR 16개

③ AND 16개, OR 8개 ④ AND 16개, OR 16개

36 주소 라인이 6비트이고 워드의 크기가 8비트인 ROM을 이용해서 만들 수 있는 논리식에 대한 설명으로 잘못된 것은?

① 출력 신호 8개까지만 논리식 구현 가능

② AND 게이트의 개수 64개까지만 논리식 구현 가능

③ 입력 신호 6개까지만 논리식 구현 가능

④ OR 게이트의 개수 6개까지만 논리식 구현 가능

37 ROM 칩에 필요하지 않은 신호는?

① 쓰기 신호 ② 주소

③ 읽기 신호 ④ 칩 선택 신호

38 다음 ROM의 회로도를 보고 진리표의 A, B, C값을 구하면? 단, ×는 절단 상태를 의미한다.

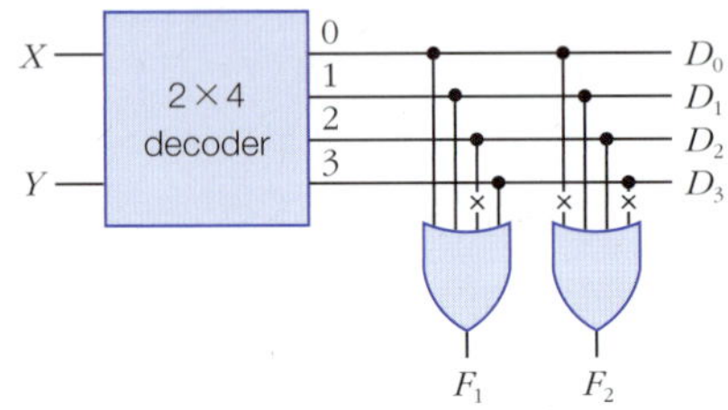

X	Y	F_1	F_2
0	0	1	A
0	1	1	1
1	0	0	1
1	1	B	C

① $A=0$, $B=1$, $C=0$ ② $A=0$, $B=1$, $C=1$

③ $A=1$, $B=1$, $C=0$ ④ $A=1$, $B=1$, $C=1$

39 다음은 ROM 회로의 logic diagram이다. 이에 해당하는 진리표로 옳은 것은? 단, ×는 절단 상태를 의미한다.

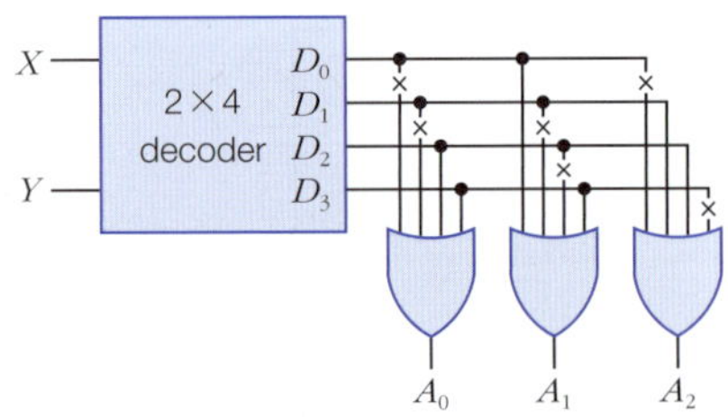

①

X	Y	A_0	A_1	A_2
0	0	0	1	0
0	1	0	0	1
1	0	1	0	1
1	1	1	1	0

②

X	Y	A_0	A_1	A_2
0	0	1	0	1
0	1	1	1	0
1	0	0	1	0
1	1	0	0	1

③

X	Y	A_0	A_1	A_2
0	0	1	1	1
0	1	1	0	0
1	0	0	0	0
1	1	0	1	1

④

X	Y	A_0	A_1	A_2
0	0	0	1	1
0	1	0	0	0
1	0	1	0	0
1	1	1	1	1

40 사용자의 요구에 따라 제조 단계에서 프로그램과 데이터를 기억시키는 ROM은?

① PROM ② EPROM

③ EEPROM ④ Mask ROM

41 사용자가 한 번만 내용을 기입할 수 있으나 지울 수 없는 것은?

① mask ROM　② PROM
③ EPROM　④ EEPROM

42 반도체 기억 소자로서 기억된 내용을 자외선을 이용해 지우고 다시 사용할 수 있는 메모리 소자는?

① SRAM　② DRAM
③ EPROM　④ flash memory

43 다음 기억 소자 중 기억된 내용을 여러 번 지워서 사용할 수 있는 것은?

① ROM　② PROM
③ EPROM　④ PLA

44 동일한 데이터 배열이 대량으로 요구되는 경우 경제성을 위해 제조 공정 시 만들어내는 ROM은?

① Mask ROM　② PROM
③ EPROM　④ EEPROM

45 전원 공급이 중단되어도 내용이 지워지지 않으며 전기적으로 삭제하고 다시 쓸 수도 있는 기억 장치는?

① SRAM　② PROM
③ EPROM　④ EEPROM

46 기억된 정보를 읽어내기도 하고 다른 정보를 기억시킬 수도 있으며 응용 프로그램의 일시적 로딩, 데이터의 일시적 저장 등에 사용되는 것은?

① ROM　② RAM
③ register　④ address

47 $M \times N$의 명칭을 가지는 RAM에 대한 틀린 설명은?

① 저장 가능한 전체 비트(bit) 수가 $M \times N$개다.
② N비트의 데이터가 입력 또는 출력된다.
③ 어드레스의 비트 수는 M에 의해 결정된다.
④ M은 read 동작에 N은 write 동작에만 관계된다.

48 휘발성(volatile)과 가장 밀접한 관계를 갖는 메모리는?

① RAM　② ROM
③ PROM　④ EPROM

49 RAM에 대한 설명 중 옳지 않은 것은?

① RWM이라고도 한다.
② 등속 호출 기억 장치다.
③ 별도의 read 및 write 선이 있다.
④ 전원이 나가도 기억된 정보는 소실되지 않는다.

50 SRAM과 DRAM에 대한 설명 중 틀린 것은?

① DRAM은 리프레시 타임이 있다.
② SRAM은 DRAM에 비해 데이터 저장 용량을 높이는 데 용이하다.
③ DRAM과 SRAM은 전원을 끊으면 데이터가 소실된다.
④ SRAM에는 리프레시 타임이 없다.

51 SRAM과 DRAM을 설명한 것으로 옳은 것은?

① SRAM은 재충전이 필요 없는 메모리다.
② DRAM은 SRAM에 비해 속도가 빠르다.
③ SRAM의 소비 전력이 DRAM보다 낮다.
④ DRAM의 메모리 셀은 플립플롭으로 구성되어 있다.

52 SRAM이 DRAM보다 장점인 특성은 어느 것인가?

① 메모리 용량　② 전력 손실
③ 비트당 가격　④ 액세스 시간

53 그림은 1bit의 기억 소자를 개념적으로 그린 것이다. 각 단자 중 자료를 기억시키기 위해 입력되는 단자는?

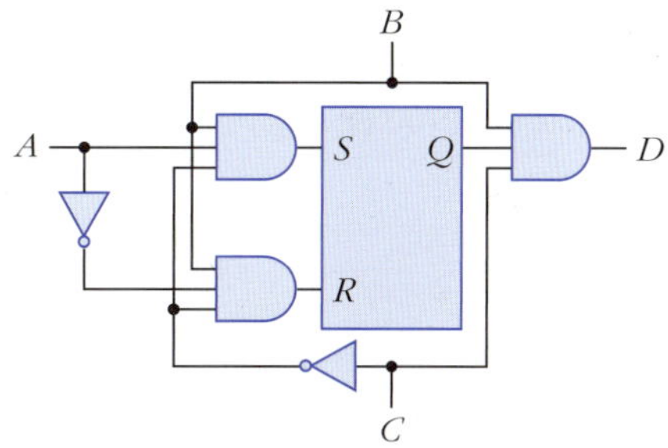

① A　② B　③ C　④ D

54 다음 그림은 메모리 셀(cell)의 논리 구조도다. 읽기/쓰기(read/write)를 제어하기 위한 단자는?

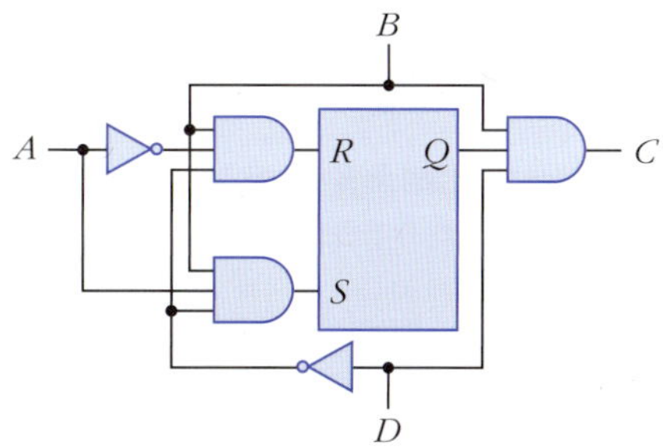

① A　② B　③ C　④ D

55 전원을 껐다가 켜면 내용이 소멸되는 기억 장치는?
① EPROM ② PLA
③ SRAM ④ 자기 디스크

56 플립플롭 구조를 단위 소자의 구조로 하여 이루어진 기억 장치용 IC는?
① DRAM ② SRAM
③ PROM ④ EPROM

57 메모리 계층(hierarchy)에서 캐시 메모리로 주로 사용되는 것은?
① ROM ② DRAM
③ SRAM ④ VRAM

58 전원 공급이 계속되더라도 주기적으로 충전시키지 않으면 기억된 내용이 모두 소멸하는 기억 장치는?
① ROM ② RAM
③ DRAM ④ SRAM

59 미소의 커패시터에 전하를 충전하는 형태의 원리를 이용하는 메모리로 재충전(refresh)이 필요한 것은?
① SRAM ② DRAM
③ PROM ④ EPROM

60 SRAM에 비해 DRAM의 특징이 아닌 것은?
① 가격이 저렴하다.
② 전력 소모가 적다.
③ 동작 속도가 빠르다.
④ 단위 면적당 기억 용량이 크다.

61 다음 중 DRAM에 대한 설명으로 맞는 것은?
① 플립플롭 회로를 사용해 만들어졌다.
② 모든 메모리 유형 중에서 가장 빠르다.
③ 일반적으로 CPU의 레지스터나 캐시 메모리에만 사용된다.
④ 저장된 데이터를 유지하기 위해 계속적으로 데이터를 새롭게 하는 것이 필요하다.

62 DRAM에 대한 설명 중 옳지 않은 것은?
① SRAM에 비해서 집적도가 높다.
② 기억된 정보를 보관하기 위해 주기적인 refresh가 필요하다.
③ 일반적으로 SRAM에 비하여 메모리 접근 속도가 느리다.
④ 캐시 메모리에 주로 사용된다.

63 동적 램(RAM)에 관한 설명 중 옳지 않은 것은?
① SRAM에 비해 기억 용량이 크다.
② 쌍안정 논리회로의 성질을 응용한다.
③ 주기억 장치 구성에 사용된다.
④ SRAM에 비해 속도가 느리다.

64 RAM에 관한 설명 중 틀린 것은?
① DRAM은 커패시터에 전하를 저장하는 방식으로 데이터를 저장한다.
② SRAM은 플립플롭을 사용해 데이터를 저장하기 때문에 방전 현상이 나타난다.
③ DRAM은 상대적으로 소비 전력이 적으며 대용량 메모리 제조에 적합하다.
④ SRAM은 컴퓨터에서 캐시 메모리로 주로 사용된다.

65 ROM과 RAM의 차이점을 설명한 것으로 틀린 것은?
① RAM은 휘발성 메모리라고 한다.
② 어느 ROM이나 한 번 쓰면 지울 수 없다.
③ RAM은 동적 RAM과 정적 RAM으로 나눌 수 있다.
④ ROM의 종류에는 EPROM, EEPROM, PROM 등이 있다.

66 전원이 끊겨도 저장된 정보가 지워지지 않기 때문에 휴대 전화, 디지털 카메라 등에 널리 사용되는 것은?
① EPROM ② SRAM
③ DRAM ④ flash memory

67 읽고 쓰기가 가능하고 전원이 소멸되어도 기억된 내용이 지워지지 않는 RAM과 같은 ROM은?
① 캐시 메모리
② 플래시 메모리
③ 가상 메모리
④ 연상 기억 장치

68 전기적으로 데이터를 지우고 다시 기록할 수 있는 비휘발성 컴퓨터 기억 장치로 여러 구역으로 구성된 블록 안에서 지우고 쓸 수 있는 것은?
① EEPROM ② 플래시 메모리
③ PROM ④ DRAM

69 데이터를 지우는 방식이 다른 기억 소자는?
① EPROM ② EEPROM
③ NOR 플래시 ④ NAND 플래시

70 하드 디스크 드라이브(HDD)와 비슷하게 동작하면서 기계적 장치인 HDD와는 달리 반도체를 이용해 정보를 저장하는 것은?

① CCD ② SSD
③ 캐시 메모리 ④ DVD

71 SSD(solid state drive)에서 하나의 셀에 3비트의 정보를 저장하는 방식은?

① ALC ② MLC
③ SLC ④ TLC

72 256×2 RAM으로 주소 $1000_{(16)}$~$17FF_{(16)}$ 사이의 기억 장치를 구성하려면, 필요한 RAM의 개수는? 단, 기억 장치 한 주소는 8비트로 되어 있다.

① 8개 ② 16개
③ 32개 ④ 64개

73 128×8 크기의 RAM이 4개가 있고, 512×8 크기의 ROM이 1개 있다. 마이크로프로세서에서 어드레스로 이 칩들을 연결하고자 한다. 각 RAM과 ROM에는 $\overline{CS1}$과 $\overline{CS2}$의 2개의 chip select 선이 있다고 한다. 2×4 디코더를 사용해서 각 칩을 선택하고자 한다면 최소의 어드레스 선은 몇 개가 필요한가?

① 8개 ② 9개
③ 10개 ④ 11개

74 다음과 같이 메모리의 주소가 8비트(A_7~A_0)로 구성된 메모리의 주소를 지정하고자 한다. 메모리 어드레스 디코더의 A_7, A_6 입력이 모두 1이 입력되는 경우 어드레스 공간을 16진수로 올바르게 나타낸 것은?

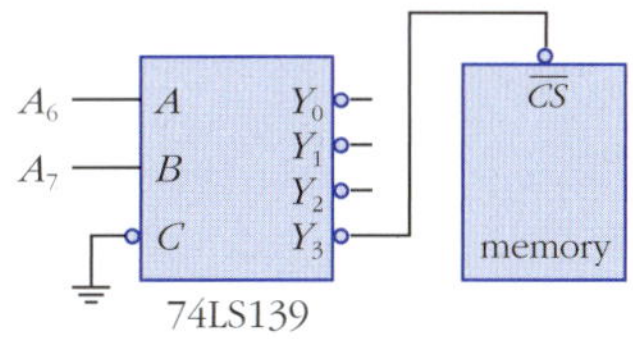

① $00_{(16)}$ ~ $30_{(16)}$ ② $80_{(16)}$ ~ $BF_{(16)}$
③ $C0_{(16)}$ ~ $FF_{(16)}$ ④ $18_{(16)}$ ~ $1F_{(16)}$

75 그림과 같이 256×8 RAM 칩의 주소를 A_0~A_7로 지정하고 RAM1을 A_8로 RAM2를 A_9로 CS에 연결하여 칩 선택 신호로 사용할 때, $A_8=1$이면 RAM1 칩이 선택되고, 주소 범위는 $100_{(16)}$~$1FF_{(16)}$가 된다. $A_9=1$이면 RAM2 칩이 선택되도록 할 때, RAM2에 할당되는 주소 범위는?

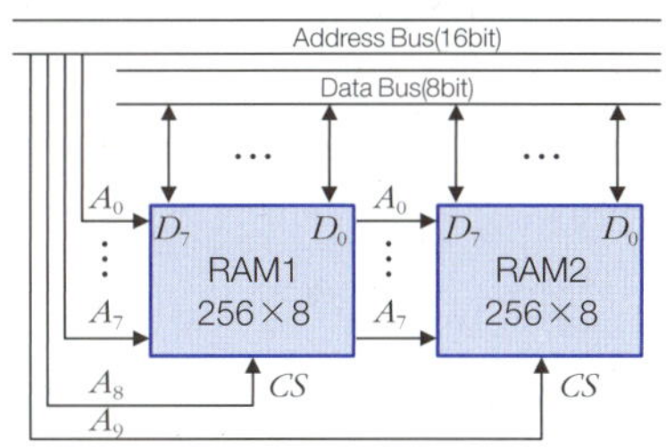

① $100_{(16)}$~$1FF_{(16)}$
② $200_{(16)}$~$2FF_{(16)}$
③ $300_{(16)}$~$3FF_{(16)}$
④ $400_{(16)}$~$4FF_{(16)}$

1 ④	2 ③	3 ④	4 ④	5 ②	6 ①	7 ②	8 ③	9 ③	10 ③	11 ③	12 ④
13 ②	14 ③	15 ②	16 ②	17 ②	18 ②	19 ②	20 ①	21 ③	22 ③	23 ②	24 ①
25 ④	26 ③	27 ①	28 ④	29 ①	30 ④	31 ④	32 ②	33 ④	34 ②	35 ③	36 ④
37 ①	38 ①	39 ①	40 ④	41 ②	42 ③	43 ③	44 ①	45 ④	46 ②	47 ④	48 ①
49 ④	50 ②	51 ①	52 ④	53 ①	54 ④	55 ③	56 ②	57 ③	58 ③	59 ②	60 ③
61 ④	62 ④	63 ②	64 ②	65 ②	66 ④	67 ②	68 ②	69 ①	70 ②	71 ④	72 ③
73 ③	74 ③	75 ②									

찾아보기

기 호

숫 자

A ~ C

D ~ F

G ~ M

N ~ R

ㅂ ~ ㅅ

찾아보기

ㅇ ~ ㅈ

찾아보기

ㅊ ~ ㅎ